卓越工程师培养计划

"十二五"高等学校规划教材

http://www.phei.com.cn

周润景 刘晓霞 韩 丁 朱 莉 编著

传感器与检测技术（第2版）

電子工業出版社
Publishing House of Electronics Industry
北京 · BEIJING

内容简介

本书系统介绍了常用传感器的基本原理、工作特性及其信号调理电路的设计，基于LabVIEW的虚拟检测系统的设计方法，以及检测系统的抗干扰设计。本书将EDA技术应用于传感器的建模和调理电路的设计中，并实现了Multisim与LabVIEW虚拟仪器之间的无缝互调。本书采用原理知识与应用实例相结合的讲解方式，对各类传感器的典型电路设计进行了详细介绍。

本书内容丰富，取材新颖，范例实用，既适合传感器和检测专业的工程技术人员阅读，也可作为高等学校检测技术、自动控制、仪器仪表及机电类专业的教学用书。

图书在版编目（CIP）数据

传感器与检测技术/周润景等编著. —2版. —北京：电子工业出版社，2014.1
（卓越工程师培养计划）
ISBN 978-7-121-22289-4

Ⅰ. ①传… Ⅱ. ①周… Ⅲ. ①传感器-检测-高等学校-教材 Ⅳ. ①TP212

中国版本图书馆CIP数据核字（2014）第002525号

责任编辑：张　剑（zhang@ phei. com. cn）
印　　刷：北京京师印务有限公司
装　　订：北京京师印务有限公司
出版发行：电子工业出版社
　　　　　北京市海淀区万寿路173信箱　邮编：100036
开　　本：787×1092　1/16　印张：22.25　字数：570千字
印　　次：2014年1月第1次印刷
印　　数：3 000册　　定价：49.90元

凡所购买电子工业出版社图书有缺损问题，请向购买书店调换。若书店售缺，请与本社发行部联系，联系及邮购电话：（010）88254888。

质量投诉请发邮件至zlts@ phei. com. cn，盗版侵权举报请发邮件至dbqq@ phei. com. cn。

服务热线：（010）88258888。

前　　言

随着计算机辅助设计技术（CAD）、微机电系统（MEMS）技术、光纤技术和信息技术的发展，获取各种信息的传感器已经成为各个应用领域，特别是自动检测、自动控制系统中不可缺少的重要技术工具，也越来越成为信息社会赖以生存和发展的物质与技术基础。因此，传感器与检测技术在现代测量与控制系统中具有非常重要的地位。在国内的高等学校中，“传感器与检测技术”这门课程已经成为自动化、电气工程及其自动化、测控技术与仪器等专业的主干课程。本书是作者在总结多年教学经验和科研成果的基础上编写而成的。

本书共 18 章，第 1 章介绍了传感器的基本概念与特性；第 2 章至第 10 章分别介绍了应变式传感器、电感式传感器、电容式传感器、压电式传感器、磁敏式传感器、热电式传感器、光电式传感器、超声波传感器、半导体传感器的结构、工作原理及应用；第 11 章介绍了检测技术基础；第 12 章介绍了虚拟仪器技术；第 13 章至第 18 章分别介绍了各种常用传感器的实际应用电路，并通过使用 LabVIEW 虚拟仪器与 Multisim 的联合仿真，使读者掌握传感器检测系统设计的原理与方法，并了解传感器与检测技术领域内的新技术和新动向。

与国内现有的教材相比，本书具有以下特色：

☺ **注重系统性**——将传感器与检测技术有机地结合起来，使读者能够更全面地学习和掌握信号传感、信号采集、信号处理及信号传输的整个过程。

☺ **注重实用性**——针对每种传感器，提供了实际的应用电路，并做了详尽的分析，内容丰富，取材新颖，范例实用。

☺ **注重先进性**——将 EDA 技术应用于传感器的建模、调理电路的设计中，并使用 LabVIEW 虚拟仪器进行联合仿真。借助现代新技术和新方法扩展功能，拓宽读者的眼界。

本书由周润景、刘晓霞、韩丁和朱莉编著。其中，韩丁编写了第 4 章和第 5 章，李伟峰编写了第 6 章和第 7 章，刘晓霞编写了第 11 章和第 12 章，朱莉编写了第 18 章，其余章节由周润景编写。全书由周润景教授统稿。参加本书编写的还有张龙龙、姜攀、托亚、贾雯、陈艳梅、刘怡芳、陈雪梅、张丽娜、丁莉和张红敏。

由于作者水平有限，书中难免有错误和不足之处，敬请读者批评指正！

编著者

目　录

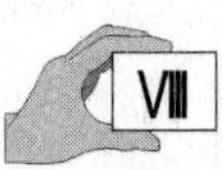

第1章 传感器概述

1.1 基本概念

1. 传感器的定义

传感器（Transducer/Sensor）是一种以一定的准确度把被测量转换为与之有确定对应关系的、便于应用的某种物理量的测量装置，能完成检测任务；它的输入量是某一被测量，可能是物理量，也可能是化学量、生物量等；它的输出量是某种物理量，这种物理量要便于传输、转换、处理、显示等，可以是气、光、电量等，但主要是电量。传感器的输入—输出转换规律（关系）已知，转换精度要满足测控系统的应用要求。

传感器应用场合（领域）不同，叫法也不同，如在过程控制中称为变送器，标准化的传感器在射线检测中则称为发送器、接收器或探头。

作为对比，下面介绍一下敏感器。敏感器是一种把被测的某种非电量转换为传感器可用非电量的器件或装置。设 x 为被测非电量，z 为传感器可用非电量，y 为传感器输出电量，则

敏感器传输函数：$z=\psi(x)$

传感器传输函数：$y=\varphi(z)$

敏感器传感器复合函数：$y=\varphi(z)=\varphi[\psi(x)]=f(x)$

2. 传感器的组成

传感器的组成如图1-1所示。其中，敏感元件直接感受被测量，并输出与被测量成确定关系的物理量；转换元件把敏感元件的输出信号作为它的输入信号，并将其转换成电路参量；将上述电路参量接入转换电路，便可转换成电量输出。

图1-1　传感器的组成

由半导体材料制成的物性型传感器基本是将敏感元件和转换元件合二为一的，它可以直接将被测量转换为电量输出，如压电传感器、光电池、热敏电阻等。

3. 传感器的分类

传感器的品种很多，原理各异，检测对象门类繁多，因此其分类方法甚繁，至今尚无统一的规定。人们通常是站在不同的角度，突出某一侧面而进行分类的。下面是几种常见的分类方法。

1）按工作机理分类　这种分类方法将物理、化学和生物等学科的原理、规律、效应作为分类的依据，于是可分为物理型传感器、化学型传感器和生物型传感器。其中按构成原理可分为结构型、物性型和复合型三大类。

（1）结构型传感器是利用物理学的定律等构成的，其性能与构成材料关系不大。这是一类其结构的几何尺寸（如厚度、角度、位置等）在被测量作用下会发生变化，并可获得比例于被测非电量的电信号的敏感元器件或装置。

（2）物性型传感器是利用物质的某种或某些客观属性构成的，其性能因其构成材料的不同而有明显的区别。这是一类由其构成材料的物理特性、化学特性或生物特性直接敏感于被测非电量，并可将被测非电量转换成电信号的敏感元器件或装置。

（3）复合型传感器是指将中间转换环节与物性型敏感元件复合而成的传感器。之所以要采用中间环节，是因为在大量被测非电量中，只有少数（如应变、光、磁、热、水分和某些气体）可直接利用某些敏感材料的物质特性转换成电信号，所以为了增加非电量的测量种类，就必须将不能直接转换成电信号的非电量变换成上述少数物理量中的一种，然后再利用相应的物性型敏感元器件将其转换成电信号。

按工作机理进行分类的优点是对于传感器的工作原理分析得比较清楚，类别少，有利于从原理与设计上进行归纳性的分析和研究。

2）按能量关系分类　按能量关系分类可将传感器分为能量控制型和能量转换型两种。能量控制型传感器又称为无源传感器，它本身不是一个换能装置，被测非电量仅对传感器中的能量起控制或调节作用，所以它必须具有辅助能源，这类传感器分为电阻式、电容式和电感式等，常用电桥和谐振电路等电路测量。能量转换型传感器又称为换能器或有源传感器，它一般是将非电能量转换成电能量，通常配有电压测量和放大电路，如压电式、热电式、压阻式传感器等。

3）按输入量分类　按输入量分类，传感器可分为常用的有机、光、电和化学等传感器，如位移、速度、加速度、力、温度和流量传感器等。

4）按输出信号的性质分类　可分为模拟式传感器和数字式传感器两种。

4. 传感器技术的发展方向

1）开发新的敏感、传感材料　在发现力、热、光、磁、气体等物理量都会使半导体材料的性能发生改变，从而制成力敏、热敏、光敏、磁敏和气敏等敏感元件后，人们更加重视相关的基础研究，寻找具有新原理、新效应的敏感元件和传感元件。如果没有进行深入细致的研究，就不会有新传感元件的问世，也就无法利用新型传感器组成新型测试系统。

2）开发研制新型传感器及组成新型测试系统

（1）利用 MEMS 技术研制微型传感器，如用于微型侦察机的 CCD 传感器，用于管道爬壁机器人的力敏、视觉传感器等。

（2）研制仿生传感器。

（3）研制海洋探测用传感器。

（4）研制成分分析用传感器。

（5）研制微弱信号检测传感器。

3）研究新一代的智能化传感器及测试系统　如电子血压计，智能水、电、煤气、热量表等。它们的特点是将传感器与微型计算机有机结合，构成智能传感器，其系统功能最大程度地用软件来实现。

4）传感器发展集成化　随着固体功能材料的进一步开发和集成技术的不断发展，传感器集成化也得到了迅猛发展。所谓集成化，即在同一芯片上将更多同一类型的单个传感元件集成为一维线型或二维阵列型传感器；或者将传感器与调节、补偿等电路集成一体化。

5）多功能与多参数传感器的研究　如同时检测压力、温度和液位的传感器已逐步市场化。

1.2　传感器的一般特性

在生产过程和科学实验中，要对各种各样的参数进行检测和控制，就要求传感器能够感受被测非电量的变化，并将其不失真地变换成相应的电量，这取决于传感器的基本特性，即输入—输出特性。如果把传感器看做二端口网络，即有两个输入端和两个输出端，那么传感器的输入—输出特性是与其内部结构参数相关的外部特性。传感器的基本特性可用静态特性和动态特性来描述。

1. 传感器的静态特性

传感器的静态特性是指当被测量的值处于稳定状态时的输入—输出关系。只考虑传感器的静态特性时，输入量与输出量之间的关系式中不含有时间变量。衡量静态特性的重要指标是线性度、灵敏度、迟滞特性、重复性和漂移等。

1）线性度　传感器的线性度是指传感器的输出量与输入量之间数量关系的线性程度。输入—输出关系可分为线性特性和非线性特性两种。从传感器的性能来看，希望其具有线性关系，即具有理想的输入—输出关系。但实际的传感器大多为非线性的，若不考虑迟滞和蠕变等因素，传感器的输入—输出关系可用一个多项式表示，即

$$y = a_0 + a_1 x_1 + a_2 x_2^2 + \cdots + a_n x_n^2 \tag{1-1}$$

式中，a_0为输入量 x 为零时的输出量；a_1为传感器线性灵敏度，$a_2,\cdots,a_n$为非线性项系数。

式（1-1）中各项系数不同，决定了特性曲线的具体形状也各不相同。

静态特性曲线可通过实际测试获得。在实际使用中，为了标定和数据处理的方便，希望得到线性的输入—输出关系，因此引入各种非线性补偿环节。如采用非线性补偿电路或计算机软件进行线性化处理，从而使传感器的输入—输出关系为线性或接近线性。但若传感器非线性的方次不高，输入量变化范围较小时，可用一条直线（切线或割线）近似地代表实际曲线的一段，如图 1-2 所示，使传感器输入—输出特性线性化，所采用的直线称为拟合直线。实际特性曲线与拟合直线之间的偏差称为传感器的非线性误差（或线性度），通常用相

对误差 r_L表示，即

$$r_L = \pm \frac{\Delta L_{max}}{Y_{FS}} \times 100\% \tag{1-2}$$

式中，ΔL_{max}为最大非线性绝对误差；Y_{FS}为满量程输出。

从图 1-2 中可见，即使是同类传感器，拟合直线不同，其线性度也是不同的。选取拟合直线的方法很多，用最小二乘法求取的拟合直线的拟合精度最高。

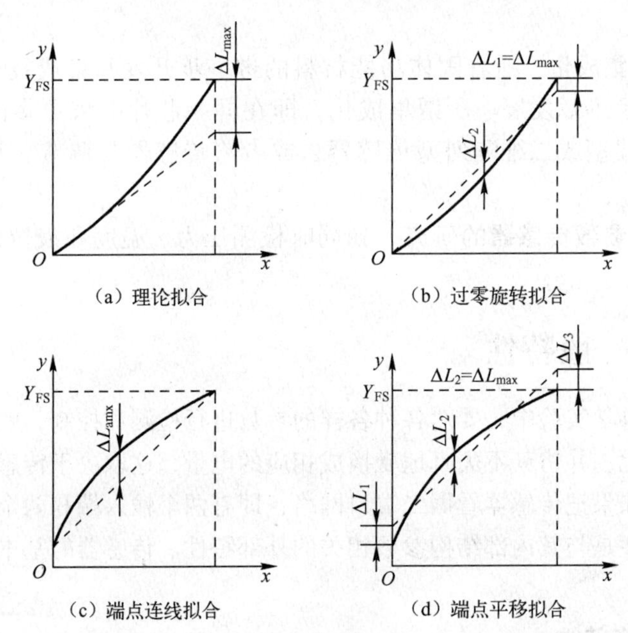

图 1-2　几种直线拟合方法

2）灵敏度　灵敏度 S 是指传感器的输出量增量 Δy 与引起输出量增量 Δy 的输入量增量 Δx 的比值，即

$$S = \frac{\Delta y}{\Delta x} \tag{1-3}$$

对于线性传感器，它的灵敏度就是其静态特性的斜率（$S = \Delta y/\Delta x$ 为常数），即

$$S = \frac{y - y_0}{x}$$

而非线性传感器的灵敏度为一变量，用 $S = \mathrm{d}y/\mathrm{d}x$ 表示。传感器的灵敏度如图 1-3 所示。

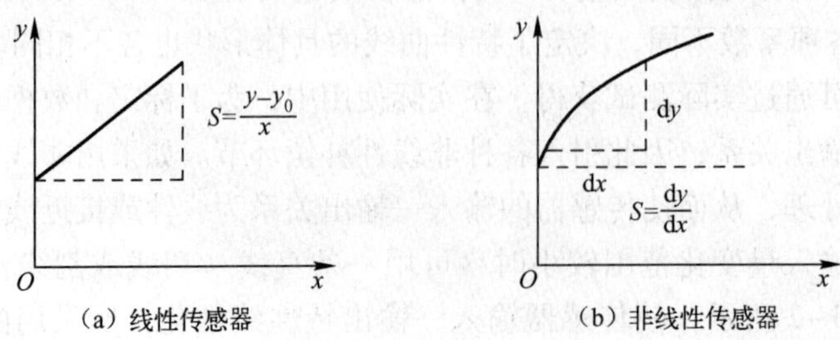

图 1-3　传感器的灵敏度

3）迟滞特性　传感器在正（输入量增大）、反（输入量减小）行程期间其输入—输出特性曲线不重合的现象称为迟滞特性，如图 1-4 所示。也就是说，对于同一大小的输入信号，传感器的正反行程输出信号大小不相等。迟滞特性是由于传感器敏感元件材料的物理性质和机械零部件的缺陷所造成的，如弹性敏感元件的弹性滞后、运动部件摩擦、传动机构的间隙、紧固件松动等。

迟滞大小通常由实验来确定。迟滞误差 r_H可由式（1-4）计算：

$$r_H = \pm \frac{1}{2} \frac{\Delta H_{max}}{Y_{FS}} \times 100\% \tag{1-4}$$

式中，ΔH_{max}为正、反行程输出值之间的最大差值。

4）重复性　重复性是指传感器在输入量按同一方向作全量程连续多次变化时，所得特性曲线不一致的程度，如图 1-5 所示。重复性误差属于随机误差，常用标准偏差 σ 表示，也可用正、反行程中的最大偏差 ΔR_{max} 表示，即

$$r_R = \pm \frac{(2 \sim 3)\sigma}{Y_{FS}} \times 100\% \tag{1-5}$$

$$r_R = \pm \frac{1}{2} \frac{\Delta R_{max}}{Y_{FS}} \times 100\% \tag{1-6}$$

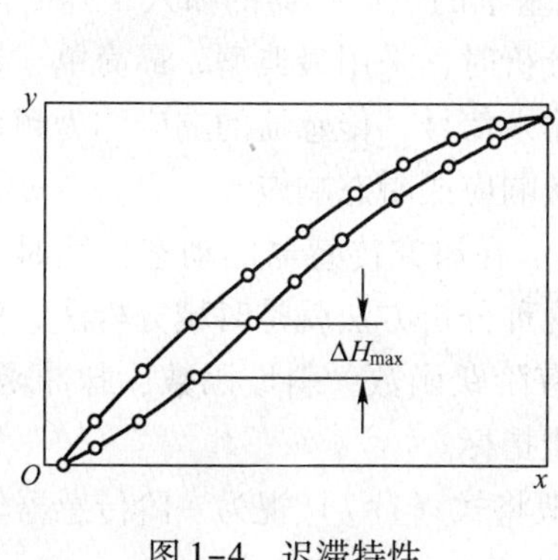

图 1-4　迟滞特性

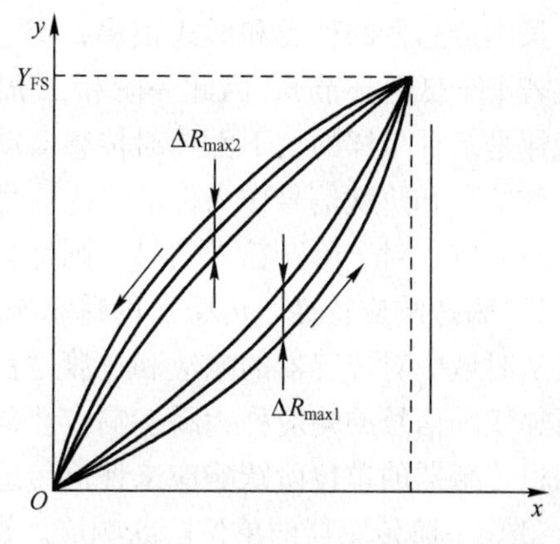

图 1-5　重复性

5）漂移　传感器的漂移是指在外界的干扰下，输出量发生与输入量无关的、不需要的变化。漂移包括零点漂移和灵敏度漂移等。其中，零点漂移或灵敏度漂移又可分为时间漂移和温度漂移。时间漂移是指在规定的条件下，零点或灵敏度随时间推移而发生的缓慢变化。温度漂移是指由环境温度变化而引起的零点或灵敏度的漂移。

2. 传感器的动态特性

传感器的动态特性是指其输出量对随时间变化的输入量的响应特性。当被测量随时间变化（即时间的函数）时，则传感器的输出量也是时间的函数，其间的关系要用动态特性来表示。一个动态特性好的传感器，其输出量将再现输入量的变化规律，即具有相同的时间函数。实际上除了具有理想的比例特性外，输出信号将不会与输入信号具有相同的时间函数，这种差异就是所谓的动态误差。

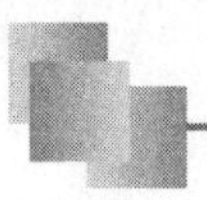

为了说明传感器的动态特性，下面简要介绍动态测温的问题。在被测温度随时间变化或传感器突然插入被测介质中，以及传感器以扫描方式测量某温度场的温度分布等情况下，都存在动态测温问题。如把一支热电偶从温度为 t_0 环境中迅速插入一个温度为 t 的恒温水槽中（插入时间忽略不计），这时热电偶测量的介质温度从 t_0 突然上升到 t，而热电偶反映出来的温度从 t_0 变化到 t 需要经历一段时间，即有一段过渡过程，如图 1–6 所示。热电偶反映出来的温度与介质温度的差值就称为动态误差。之所以会造成热电偶输出波形失真和产生动态误差，是因为温度传感器有热惯性（由传感器的比热容和质量大小决定）和传热热阻，使得在动态测温时传感器的输出总是滞后于被测介质的温度变化。如带有套管的热电偶的热惯性要比裸热电偶大得多。这种热惯性是热电偶固有的，它决定了热电偶测量快速温度变化时产生动态误差。影响动态特性的“固有因素”在任何传感器中都必然存在，只是其表现形式和作用程度不同而已。

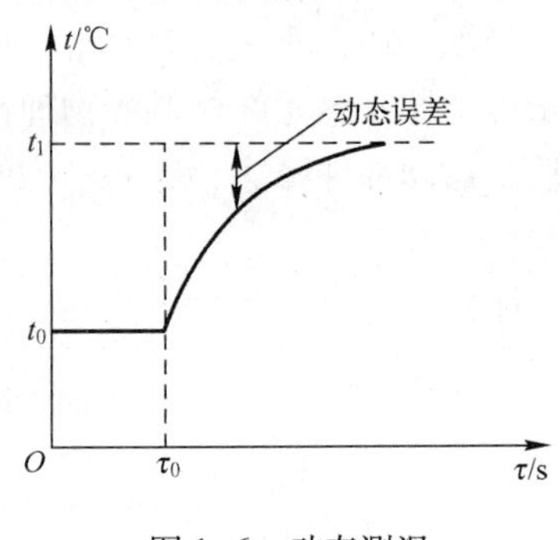

图 1–6　动态测温

动态特性除了与传感器的固有因素有关外，还与传感器输入量的变化形式有关。也就是说，在研究传感器动态特性时，通常是根据不同输入变化规律来考察传感器的响应的。

虽然传感器的种类和形式很多，但它们一般可以简化为一阶或二阶系统（高阶可以分解成若干个低阶环节），因此一阶和二阶的传感器是最基本的。传感器的输入量随时间变化的规律是多种多样的，下面在对传感器动态特性进行分析时，采用最典型、最简单、易实现的正弦信号和阶跃信号作为标准输入信号。对于正弦输入信号，传感器的响应称为频率响应或稳态响应；对于阶跃输入信号，则称为传感器的阶跃响应或瞬态响应。

1）瞬态响应特性　传感器的瞬态响应是时间响应。在研究传感器的动态特性时，有时需要从时域中对传感器的响应和过渡过程进行分析。这种分析方法就是时域分析法，传感器对所加激励信号的响应称为瞬态响应。常用激励信号有阶跃函数、斜坡函数、脉冲函数等。下面以传感器的单位阶跃响应来评价传感器的动态性能指标。

（1）一阶传感器的单位阶跃响应。在工程上，一般将式（1–7）视为一阶传感器单位阶跃响应的通式。

$$\tau \frac{\mathrm{d}y(t)}{\mathrm{d}t} + y(t) = x(t) \tag{1-7}$$

式中，$x(t)$、$y(t)$分别为传感器的输入量和输出量（均是时间的函数）；τ 表征传感器的时间常数，具有时间“秒”的量纲。

一阶传感器的传递函数：

$$H(s) = \frac{Y(s)}{X(s)} = \frac{1}{\tau s + 1} \tag{1-8}$$

对初始状态为零的传感器，若输入一个单位阶跃信号

$$x(t) = \begin{cases} 0, t \leq 0 \\ 1, t > 0 \end{cases}$$

由于 $x(t)$ 为单位阶跃信号，$X(s)=1/s$，传感器输出的拉普拉斯变换为

$$Y(s)=H(s)X(s)=\frac{1}{\tau s+1}\cdot\frac{1}{s} \tag{1-9}$$

一阶传感器的单位阶跃响应信号为

$$y(t)=1-e^{-\frac{t}{\tau}} \tag{1-10}$$

相应的响应曲线如图 1-7 所示。由图 1-7 可见，传感器存在惯性，它的输出不能立即复现输入信号，而是从零开始，按指数规律上升，最终达到稳态值。理论上传感器的响应只在 t 趋于无穷大时才达到稳态值，但实际上当 $t=4\tau$ 时其输出达到稳态值的 98.2%，可以认为已达到稳态。τ 越小，响应曲线越接近于输入阶跃曲线，因此，τ 值是一阶传感器重要的性能参数。

（2）二阶传感器的单位阶跃响应。二阶传感器的单位阶跃响应的通式为

$$\frac{d^2y(t)}{dt^2}+2\xi\omega_n\frac{dy(t)}{dt}+\omega_n^2y(t)=\omega_n^2x(t) \tag{1-11}$$

式中，ω_n 为传感器的固有频率；ξ 为传感器的阻尼比。

二阶传感器的传递函数：

$$H(s)=\frac{\omega_n^2}{s^2+2\xi\omega_n s+\omega_n^2} \tag{1-12}$$

传感器输出的拉普拉斯变换：

$$Y(s)=H(s)X(s)=\frac{\omega_n^2}{s(s^2+2\xi\omega_n s+\omega_n^2)} \tag{1-13}$$

二阶传感器对阶跃信号的响应在很大程度上取决于阻尼比 ξ 和固有频率 ω_n。固有频率 ω_n 由传感器主要结构参数所决定，ω_n 越高，传感器的响应越快。当 ω_n 为常数时，传感器的响应取决于阻尼比 ξ。图 1-8 所示为二阶传感器的单位阶跃响应曲线。阻尼比 ξ 直接影响超调量和振荡次数。当 $\xi=0$ 时，为临界阻尼，超调量为 100%，产生等幅振荡，达不到稳态。当 $\xi>1$ 时，为过阻尼，无超调也无振荡，但达到稳态所需时间较长。当 $\xi<1$ 时，为欠阻尼，衰减振荡，达到稳态值所需时间随 ξ 的减小而加长。当 $\xi=1$ 时，响应时间最短。但实际使用中常按欠阻尼调整，ξ 取 0.7～0.8 为最好。

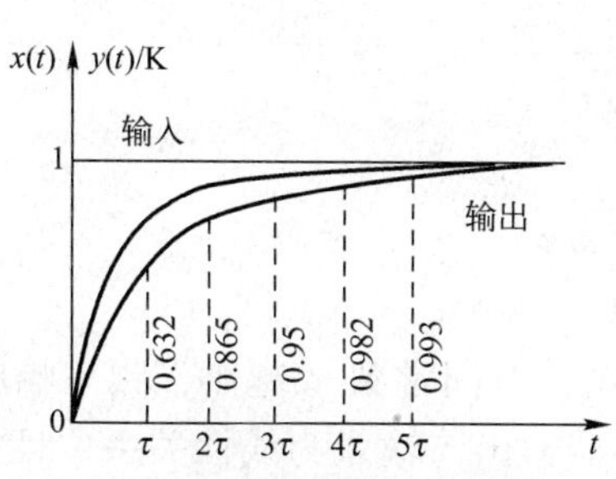

图 1-7　一阶传感器单位阶跃响应

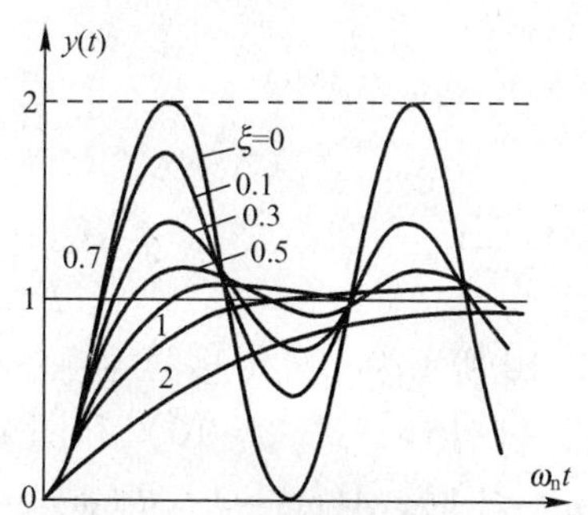

图 1-8　二阶传感器单位阶跃响应

（3）瞬态响应特性指标。给传感器输入一个单位阶跃信号时，其输出特性如图 1-9 所示。瞬态响应特性指标的定义如下所述。

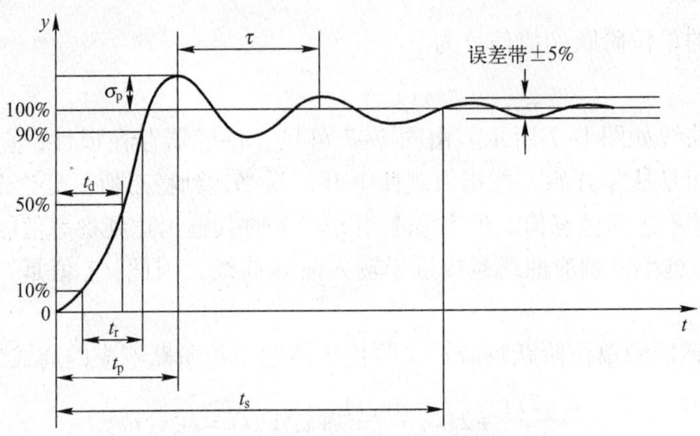

图 1-9　瞬态响应特性指标

【时间常数 τ】 一阶传感器时间常数 τ 越小，响应速度越快。

【延时时间 t_d】 传感器输出达到稳态值的 50% 所需的时间。

【上升时间 t_r】 传感器输出达到稳态值的 90% 所需的时间。

【最大超调量 σ_p】 传感器输出超过稳态值的最大值，$\sigma_p = \dfrac{y(t_p) - y(\infty)}{y(\infty)} \times 100\%$。

【峰值时间 t_p】 响应曲线到达第一个峰值所需的时间。

【响应时间 t_s】 响应曲线衰减到稳态值 ±5% 或 ±2% 范围内所需的时间。

2）频率响应特性　传感器对正弦输入信号的响应特性，称为频率响应特性。频率响应法是从传感器的频率特性出发研究传感器的动态特性的。

（1）一阶传感器的频率响应。将一阶传感器的传递函数中的 s 用 $\mathrm{j}\omega$ 代替后，即可得频率特性表达式，即

$$H(\mathrm{j}\omega) = \frac{1}{\tau(\mathrm{j}\omega) + 1} \tag{1-14}$$

幅频特性：

$$A(\omega) = \frac{1}{\sqrt{1 + (\omega\tau)^2}} \tag{1-15}$$

相频特性：

$$\Phi(\omega) = -\arctan(\omega\tau) \tag{1-16}$$

图 1-10 所示为一阶传感器的频率响应特性曲线。

从式（1-15）、式（1-16）和图 1-10 可以看出，时间常数 τ 越小，频率响应特性越好。当 $\omega\tau \ll 1$ 时，$A(\omega) \approx 1$，$\Phi(\omega) \approx 0$，表明传感器输出与输入为线性关系，且相位差也很小，输出 $y(t)$ 比较真实地反映输入 $x(t)$ 的变化规律。因此，减小 τ 可以改善传感器的频率特性。

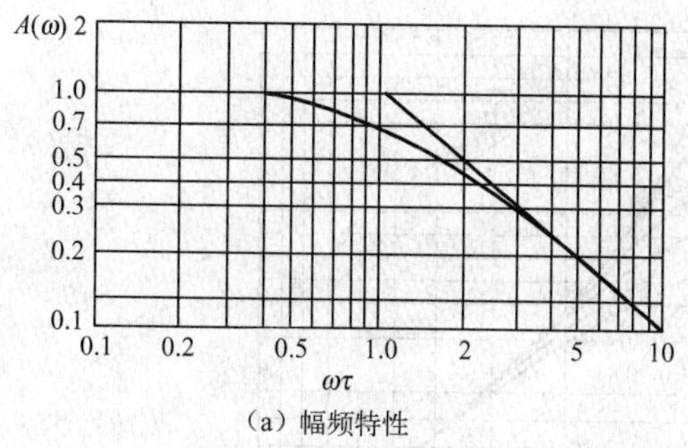

（a）幅频特性

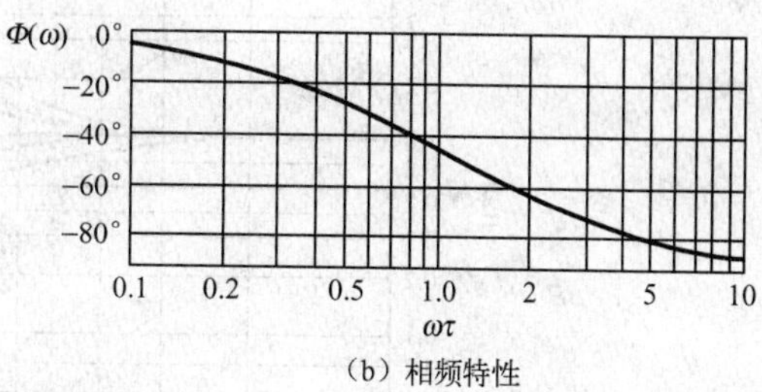

（b）相频特性

图 1-10　一阶传感器频率响应特性

（2）二阶传感器的频率响应。由二阶传感器的传递函数（式（1-12））可写出它的频率特性表达式，即

$$H(\mathrm{j}\omega)=\frac{1}{1-\left(\frac{\omega}{\omega_{\mathrm{n}}}\right)^{2}+2\mathrm{j}\xi\frac{\omega}{\omega_{\mathrm{n}}}} \tag{1-17}$$

其幅频特性和相频特性分别为

$$A(\omega)=\frac{1}{\sqrt{\left[-\left(\frac{\omega}{\omega_{\mathrm{n}}}\right)^{2}\right]^{2}+\left(2\xi\frac{\omega}{\omega_{\mathrm{n}}}\right)^{2}}} \tag{1-18}$$

$$\Phi(\omega)=-\arctan\frac{2\xi\frac{\omega}{\omega_{\mathrm{n}}}}{1-\left(\frac{\omega}{\omega_{\mathrm{n}}}\right)^{2}} \tag{1-19}$$

图 1-11 所示为二阶传感器的频率响应特性曲线。从式（1-17）、式（1-18）和图 1-11 可见，传感器的频率响应特性的好坏主要取决于传感器的固有频率 ω_{n} 和阻尼比 $|\xi|$。当 $\xi<1$，$\omega_{\mathrm{n}}\ll\omega$ 时，$A(\omega)\approx1$，$\Phi(\omega)$ 很小，此时，传感器的输出 $y(t)$ 再现了输入 $x(t)$ 的波形。通常，固有频率 ω_{n} 至少应大于被测信号频率 ω 的 3 ~ 5 倍。

为了减小动态误差和扩大频率响应范围，一般需要提高传感器固有频率 ω_{n}。而固有频率 ω_{n} 与传感器运动部件质量 m 和弹性敏感元件的刚度 k 有关，即 $\omega_{\mathrm{n}}=(k/m)^{\frac{1}{2}}$。增大刚度 k 和减小质量 m 均可提高其固有频率，但刚度 k 的增加，会使传感器灵敏度降低。所以，在实际应用中，应综合各种因素来确定传感器的各个特征参数。

3. 传感器的其他特性

静态特性和动态特性并不能完全描述传感器的性能。表 1-1 列出了在选择传感器时应当考虑的传感器和待检测量有关的另一些特性。除这些传感器特性外，测量方法也必须始终适合于应用。例如，在测量流量时，若插入流量计对疏通段造成显著妨碍时，便会引起误差。

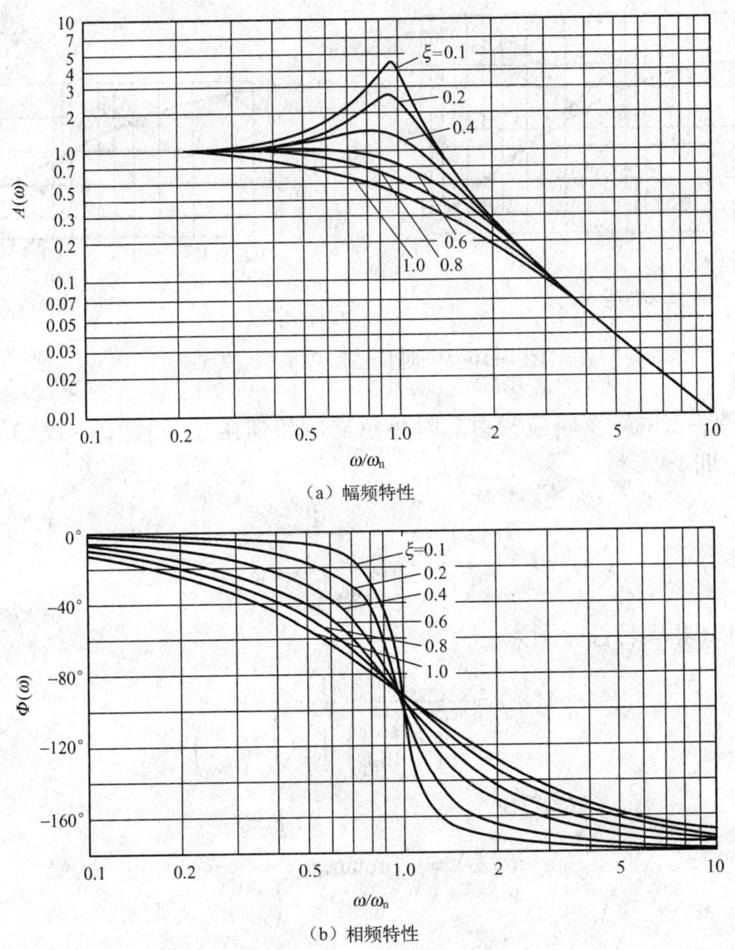

（a）幅频特性

（b）相频特性

图 1–11　二阶传感器频率响应特性

表 1–1　选择传感器时应当考虑的一些特性

待测的量※	输 出 特 性	电 源 特 性	环 境 特 性	其 他 特 性
间隔 目标准确度 分辨率 稳定度 带宽 响应时间 输出阻抗 极值 干扰量 变更量	灵敏度 本底噪声 信号、电压、电流、频率 信号类型：单端，差动，悬浮 阻抗 若为数字输出，则需编码	电压 电流 有效功率 频率（交流电源） 稳定度	环境温度 热冲击 温度循环 湿度 振动 冲击 化学试剂 爆炸危险 灰尘 浸渍 电磁环境 静电放电 电离辐射	可靠性 工作寿命 过载保护 购置费用 质量，尺寸 适用性 电缆敷设要求 连接器类型 装配要求 安装要求 出现故障时状态 校准和测试费用 维护费用 更换费用

※传感器的静态特性和动态特性必须与待测的量的要求相适合。

1）输入特性——阻抗　待测的量的输出阻抗决定了传感器的输入阻抗。前面所说明的传感器静态特性和动态特性都不能反映组合的传感器——被测系统的真实性能。用方块图描述传感器或测量系统时，忽略了传感器要从测量系统提取某些功率这一事实。当这种功率提取使被测量的值变更时，便视为存在加载误差。方框图只适用于方框之间没有能量交换的场合。输入阻抗的概念能使我们确定何时会出现加载误差。

当对一个量 x_1 进行测量时，总是涉及另一个量 x_2，因此，乘积 $x_1 \cdot x_2$ 具有功率的量纲。例如，在测量力时，总存在速度；在测量流量时，总存在压力差；在测量温度时，总存在热流；在测量电流时，总存在电压差等。

若非机械变量是在空间中的两点或区域之间被测量时，则它们被指定为作用变量（电压、压力、温度）；若它们是在空间中的某一点或某个区域处被测量时，则被指定为流动变量（电流、体积流、热流）。对于机械变量则采用相反的定义，即在某一点上的测量为作用变量（力、力矩），而在两点之间的测量为流动变量（线速度、角速度）。

对于可以用线性关系来描述的元件，输入阻抗 $Z(s)$ 定义为输入作用变量的拉普拉斯变换与相关流动变量之商。输入导纳 $Y(s)$ 定义为 $Z(s)$ 的倒数。$Z(s)$ 和 $Y(s)$ 往往随频率变化而变化。当考虑很低的频率时，则用刚性和柔性代替阻抗和导纳。

为了使加载误差最小，测量作用变量时，必须使输入阻抗很高。若 x_1 是作用变量，则

$$Z(s) = \frac{X_1(s)}{X_2(s)} \tag{1-20}$$

从被测系统提取的功率为 $P = x_1 x_2$。若要使 P 维持最小，则必须使 x_2 尽可能小。因此，输入阻抗必须很高。

为了在测量流动变量时维持 P 最小，必须使 x_1 很小，从而要求低输入阻抗（即高输入导纳）。

为了获得高输入阻抗，可能需要变更元器件值或重新设计系统，并使用有源元器件。对于有源元器件，大部分功率都来自辅助电源，而不是来自被测系统。另一个可供选择的方案是利用平衡法进行测量，因为只有当输入变量的值改变时，才有显著的耗用功率。

传感器的输出阻抗决定了接口电路所需的输入阻抗。电压输出要求高输入阻抗，以使检测电压

$$V_i = V_o = \frac{Z_i}{Z_i + Z_o} \tag{1-21}$$

接近传感器的输出电压。相反，电流输出则要求低输入阻抗，以使输入电流

$$I_i = I_o \frac{Z_o}{Z_i + Z_o} \tag{1-22}$$

接近传感器的输出电流。

2）可靠性　传感器只有在规定条件和规定期间无故障工作才是可靠的。在统计学上，高可靠性意味着按要求工作的概率接近于 1（即在所考虑的期间，该传感器的部件几乎不失效）。失效率是指某一产品每单位寿命测度（时间、周期）的失效数与保持完好的产品数之比。

1.3 传感器的标定和校准

传感器的标定是指通过试验建立传感器输入量与输出量之间的关系，同时确定出不同使用条件下的误差关系。

传感器的标定工作可分为如下两个方面。

（1）新研制的传感器需进行全面技术性能的检定，用检定数据进行量值传递，同时检定数据也是改进传感器设计的重要依据。

（2）经过一段时间的储存或使用后，对传感器的复测工作。

传感器的标定分为静态标定和动态标定两种。静态标定的目的是确定传感器的静态特性指标，如线性度、灵敏度、迟滞特性和重复性等。动态标定的目的是确定传感器的动态特性参数，如频率响应、时间常数、固有频率和阻尼比等。

1. 传感器的静态特性标定

1）静态标准条件 没有加速度、振动、冲击（除非这些参数本身就是被测物理量），环境温度一般为室温（20℃ ±5℃），相对湿度不大于85% RH，大气压力为(101 ±7) kPa。

2）标定仪器设备准确度等级的确定 对传感器进行标定，就是根据试验数据确定传感器的各项性能指标，实际上也是确定传感器的测量准确度。标定传感器时，所用的测量仪器的准确度至少要比被标定的传感器的准确度高一个等级。这样，通过标定确定的传感器的静态性能指标才是可靠的，所确定的准确度才是可信的。

3）静态特性标定的方法 静态特性的标定过程可按以下步骤进行。

（1）将传感器全量程（测量范围）分成若干等间距点。

（2）根据传感器量程分点情况，由小到大逐点输入标准量值，并记录与各输入值相对应的输出值。

（3）由大到小逐点输入标准量值，同时记录与各输入值相对应的输出值。

（4）按步骤（2）和步骤（3）所述过程，对传感器进行正、反行程往复循环多次测试，将得到的输入—输出测试数据用表格列出或画成曲线。

（5）对测试数据进行必要的处理，根据处理结果就可以确定传感器的线性度、灵敏度、迟滞特性和重复性等静态特性指标。

2. 传感器的动态特性标定

传感器的动态特性主要是研究传感器的动态响应，以及与动态响应相关的参数。一阶传感器只有一个时间常数 τ，二阶传感器则有固有频率 ω_n 和阻尼比 ξ 两个参数。

标准激励信号是阶跃变化和正弦变化的输入信号。一阶传感器的单位阶跃响应函数为

$$Y(t)=1-e^{-\frac{t}{\tau}}$$

$$Z=\ln[1-y(t)]$$

则上式可变为

$$Z=-\frac{t}{\tau}$$

图1–12所示的是一阶传感器时间常数的测定。图中，z 和时间 t 成线性关系，且 $\tau=\Delta t/$

Δz，可以根据测得的 $y(t)$ 值作出 $z-t$ 曲线，并根据 $\Delta t/\Delta z$ 的值获得时间常数 τ。

如图 1-13 所示，二阶欠阻尼传感器（$\xi<1$）的单位阶跃响应为

$$y(t)=1-[\mathrm{e}^{-\xi\omega_{\mathrm{n}}t}/\sqrt{1-\xi^2}]\times\sin(\sqrt{1-\xi^2}\,\omega_{\mathrm{n}}t+\arcsin\sqrt{1-\xi^2})$$

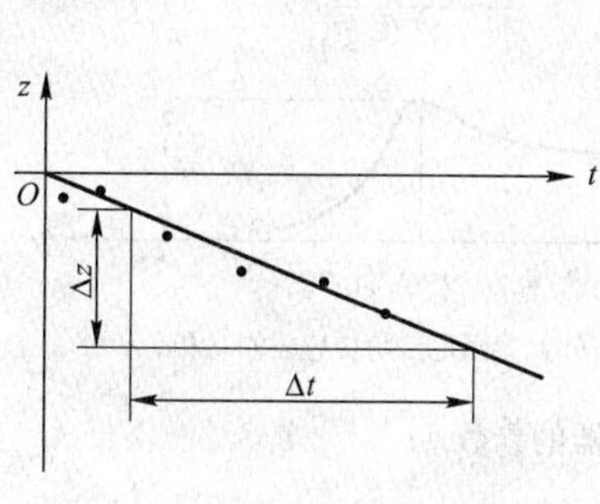

图 1-12　一阶传感器时间常数的测定

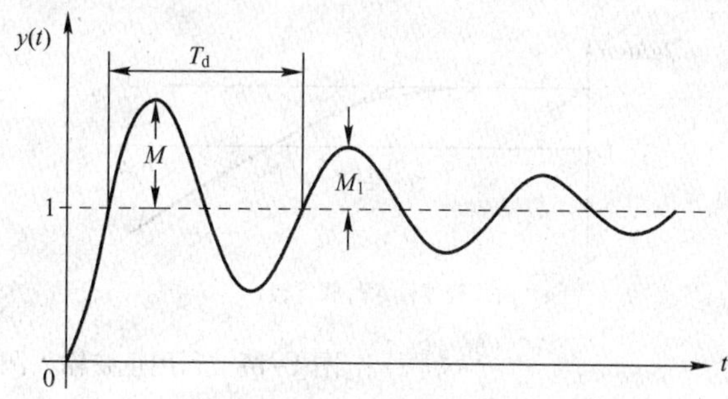

图 1-13　二阶传感器阶跃响应曲线

最大超调量与阻尼比的关系为

$$M=\mathrm{e}^{-\left(\frac{\xi\pi}{\sqrt{1-\xi^2}}\right)}$$

因此，测得 M 后，便可根据下式求得阻尼比

$$\xi=\frac{1}{\sqrt{\left(\frac{\pi}{\ln M}\right)^2+1}}$$

如果测得阶跃响应的较长瞬变过程，则可利用任意两个过冲量 M_i 和 M_{i+n} 求得阻尼比 ξ，其中 n 是该两峰值相隔的周期数（整数）。

$$\xi=\frac{\delta_n}{\sqrt{\delta^2+4\pi^2n^2}}$$

式中，$\delta_n=\ln\frac{M_i}{M_{i+n}}$。

当 $\xi<0.1$ 时，以 1 代替 $\sqrt{1-\xi^2}$，此时不会产生过大的误差（不大于 0.6%），则可用下式计算 ξ，即

$$\xi\approx\frac{\ln\frac{M_i}{M_{i+n}}}{2n\pi}$$

若传感器是精确的二阶传感器，则 n 值采用任意正整数所得的 ξ 值不会有差别。反之，若 n 取不同值可获得不同的 ξ 值，则表明该传感器不是线性二阶系统。

根据响应曲线测出振动周期 T_{d}，则有阻尼的固有频率 ω_{d} 为

$$\omega_{\mathrm{d}}=2\pi\frac{1}{T_{\mathrm{d}}}$$

无阻尼固有频率 ω_{n} 为

$$\omega_{\mathrm{n}}=\frac{\omega_{\mathrm{d}}}{\sqrt{1-\xi^2}}$$

利用正弦输入，测定输出和输入的幅值比和相位差来确定传感器的幅频特性和相频特性，然后根据幅频特性，可求得一阶传感器的时间常数 τ 和欠阻尼二阶传感器的固有频率和阻尼比，如图1-14所示。

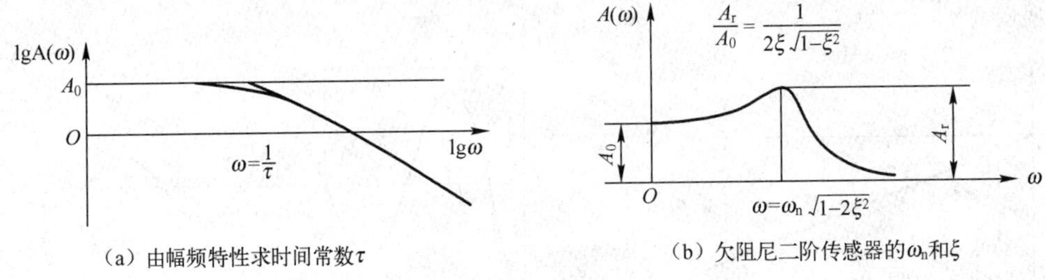

（a）由幅频特性求时间常数 τ　　（b）欠阻尼二阶传感器的 ω_n 和 ξ

图1-14　利用正弦输入测定传感器的参数

1.4　传感器选择的一般原则

1）根据测量对象与测量环境确定传感器的类型　若要进行具体的测量工作，首先要考虑采用何种原理的传感器，这需要分析多方面的因素后才能确定。因为，即使是测量同一物理量，也有多种原理的传感器可供选用，哪一种原理的传感器更为合适，则需要根据被测量的特点和传感器的使用条件考虑以下一些具体问题：①量程的大小；②被测位置对传感器体积的要求；③测量方式为接触式还是非接触式；④信号的引出方法，有线或是非接触测量；⑤传感器的来源，国产还是进口，价格能否承受，或是自行研制。在考虑上述问题后，就能确定选用何种类型的传感器，然后再考虑传感器的具体性能指标。

2）灵敏度的选择　通常，在传感器的线性范围内，希望传感器的灵敏度越高越好。因为只有灵敏度高时，与被测量变化对应的输出信号的值才比较大，有利于信号处理。但要注意的是，传感器的灵敏度越高，与被测量无关的外界噪声也越容易混入，它也会被放大系统放大，从而影响测量精度。因此，要求传感器本身应具有较高的信噪比，尽量减少从外界引入的干扰信号。传感器的灵敏度是有方向性的。当被测量是单向量，而且对其方向性要求较高时，则应选择其他方向灵敏度小的传感器；若被测量是多维向量，则要求传感器的交叉灵敏度越小越好。

3）频率响应特性　传感器的频率响应特性决定了被测量的频率范围，必须在允许频率范围内保持不失真的测量条件。实际上，传感器的响应总有一定延迟，延迟时间越短越好。传感器的频率响应高，可测的信号频率范围就宽，而由于受到结构特性的影响，机械系统的惯性较大，因此频率低的传感器可测信号的频率较低。在动态测量中，应根据信号的特点（稳态、瞬态、随机等）响应特性，以免产生过大的误差。

4）线性范围　传感器的线性范围是指输出量与输入量成正比的范围。以理论上讲，在此范围内，灵敏度保持定值。传感器的线性范围越宽，则其量程越大，并且能保证一定的测量精度。在选择传感器时，当传感器的种类确定后，首先要看其量程是否满足要求。但实际上，任何传感器都不能保证绝对的线性，其线性度也是相对的。当所要求测量精度比较低时，在一定的范围内，可将非线性误差较小的传感器近似看做是线性的，这会给测量带来极

大的方便。

5）稳定性　传感器使用一段时间后，其性能保持不变化的能力称为稳定性。影响传感器长期稳定性的因素除传感器本身结构外，主要是传感器的使用环境。因此，要使传感器具有良好的稳定性，传感器必须要有较强的环境适应能力。在选择传感器前，应对其使用环境进行调查，并根据具体的使用环境选择合适的传感器，或者采取适当的措施，减小环境的影响。传感器的稳定性有定量指标，在超过使用期限后，应重新进行标定，以确定传感器的性能是否发生变化。在某些要求传感器能长期使用而又不能轻易更换或标定的场合，所选用的传感器稳定性要求更严格，要能够经受住长时间的考验。

6）精度　精度是传感器的一个重要的性能指标，它关系到整个测量系统的测量精度。传感器的精度越高，其价格越昂贵。因此，只要传感器的精度满足整个测量系统的精度要求即可，不必选得过高。这样就可以在满足同一测量目的的诸多传感器中选择比较便宜和简单的传感器。如果测量目的是定性分析的，选用重复精度高的传感器即可，不宜选用绝对量值精度高的；如果是为了定量分析，必须获得精确的测量值，就需选用精度等级能满足要求的传感器。对某些特殊使用场合，无法选到合适的传感器时，则需自行设计制造传感器。自制传感器的性能应满足使用要求。

习题

（1）什么是传感器？它由哪几个部分组成？分别起到什么作用？

（2）传感器技术的发展方向表现在哪几个方面？

（3）传感器的性能参数反映了传感器的什么关系？静态参数有哪些？各种参数代表什么意义？动态参数有哪些？应如何进行选择？

（4）某位移传感器，在输入量变化 5mm 时，输出电压变化 300mV，求其灵敏度。

第2章 应变式传感器

基于元器件电阻值变化的传感器十分常见，这是因为许多物理量（如力、力矩、位移、形变、速度、加速度等）都会对材料的电阻值产生影响。电阻应变式传感器是利用电阻应变片将应变转换为电阻值变化的传感器，传感器由在弹性元件上粘贴电阻应变敏感元件构成。当被测物理量作用在弹性元件上时，弹性元件的变形引起应变敏感元件的电阻值变化，然后通过转换电路将其转变成电压输出，电压变化的大小反映了被测物理量的大小。应变式传感器的灵敏度较高，广泛应用于各种检测系统中。

2.1 工作原理

电阻应变片的工作原理是基于应变效应的，即在导体产生机械变形时，其电阻值相应发生变化。如图 2-1 所示，一根金属电阻丝，在其未受力时，其原始电阻值为

$$R = \frac{\rho L}{S} \tag{2-1}$$

式中，ρ 为电阻丝的电阻率；L 为电阻丝的长度；S 为电阻丝的截面积。

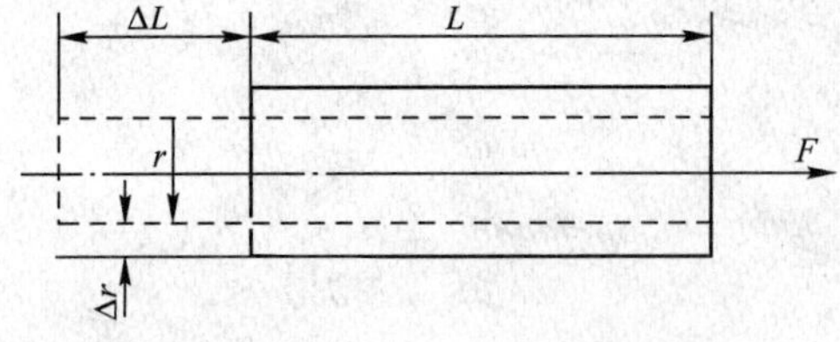

图 2-1 金属电阻丝应变效应

当电阻丝受到拉力 F 作用时，将伸长 ΔL，横截面积相应减小 ΔS，电阻率将因晶格发生变形等因素而改变 $\Delta\rho$，故引起电阻值相对变化量为

$$\frac{\Delta R}{R} = \frac{\Delta L}{L} - \frac{\Delta S}{S} + \frac{\Delta\rho}{\rho} \tag{2-2}$$

式中，$\Delta L/L$ 是长度相对变化量，用金属电阻丝的轴向应变 ε 表示。ε 数值一般很小，常以微应变度量，即

$$\varepsilon = \frac{\Delta L}{L} \tag{2-3}$$

$\Delta S/S$ 为圆形电阻丝的截面积相对变化量，即

$$\frac{\Delta S}{S}\approx\frac{2\Delta r}{r} \tag{2-4}$$

由材料力学可知，在弹性范围内，金属丝受拉力作用时，沿轴向伸长，沿径向缩短，那么轴向应变和径向应变的关系可表示为

$$\frac{\Delta r}{r}=-\mu\frac{\Delta L}{L}=-\mu\varepsilon \tag{2-5}$$

式中，μ 为电阻丝材料的泊松比。一般金属的 $\mu=0.3\sim0.5$。负号表示应变方向相反。

将式（2-3）、式（2-4）和式（2-5）代入式（2-2），可得

$$\frac{\Delta R}{R}=(1+2\mu)\varepsilon+\frac{\Delta\rho}{\rho} \tag{2-6}$$

又因为

$$\Delta\rho/\rho=\lambda\sigma=\lambda E\varepsilon \tag{2-7}$$

式中，λ 为压阻系数，与材质有关；σ 为试件的应力；E 为试件材料的弹性模量。所以

$$\frac{\Delta R}{R}=(1+2\mu+\lambda E)\varepsilon \tag{2-8}$$

用应变片测量应变或应力时，根据上述特点，在外力作用下，被测对象产生微小机械变形，应变片随着发生相同的变化，同时应变片电阻值也发生相应变化。当测得应变片电阻值变化量 ΔR 时，便可得到被测对象的应变值。又由式（2-7）可知

$$\sigma=E\cdot\varepsilon$$

应力 σ 正比于应变 ε，而试件应变 ε 正比于电阻值的变化，所以应力 σ 正比于电阻值的变化，这就是利用应变片测量应变的基本原理。

2.2　电阻应变片特性

1. 电阻应变片的种类

电阻应变片品种繁多，形式多样。但常用的应变片可分为两类，即金属电阻应变片和半导体电阻应变片。

金属电阻应变片由敏感栅、基片、覆盖层和引线等部分组成，如图 2-2 所示。敏感栅是应变片的核心部分，它粘贴在绝缘的基片上，其上再粘贴起保护作用的覆盖层，两端焊接引出导线。金属电阻应变片的敏感栅有丝式、箔式和薄膜式 3 种。

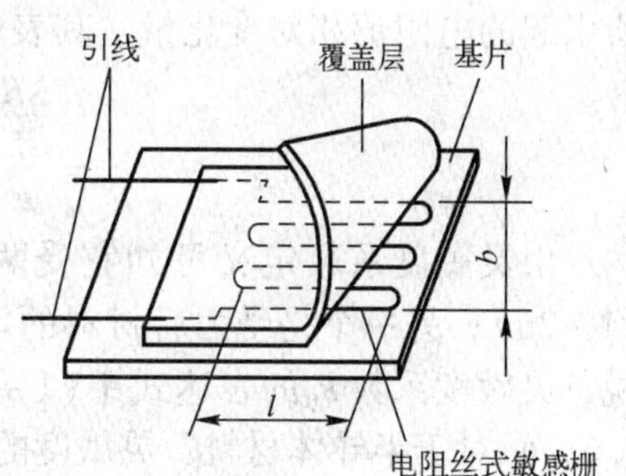

图 2-2　金属电阻应变片的结构

箔式应变片是利用光刻、腐蚀等工艺制成的一种很薄的金属箔栅，其厚度一般在 0.003 ~ 0.01mm。其优点是散热性好，允许通过的电流较大，便于批量生产，可制成各种所需的形状，如图 2-3 所示。其缺点是电阻分散性大。薄膜式应变片是采用真空蒸发或真空沉淀等方法在薄的绝缘基片上形成 0.1μm 以下的金属电阻薄膜的敏感栅，最后再加上保护层。它的优点是应变灵敏度系数大，允许电

流密度大，工作范围广。

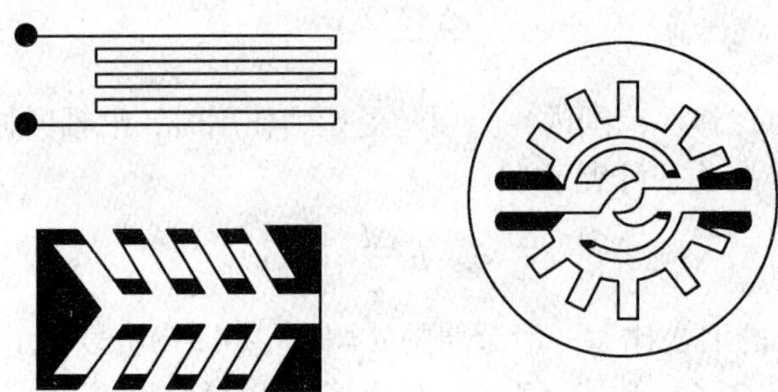

图 2-3　各种形状的箔式应变片

半导体电阻应变片是用半导体材料制成的，其工作原理是基于半导体材料的压阻效应。所谓半导体材料的压阻效应，是指半导体材料在某一轴向受外力作用时，其电阻率 ρ 发生变化的现象。

半导体电阻应变片受轴向力作用时，其电阻相对变化为

$$\frac{\Delta R}{R}=(1+2\mu)\varepsilon+\frac{\Delta\rho}{\rho}=(1+2\mu+\lambda E)\varepsilon$$

实验证明，半导体材料的 λE 比（$1+2\mu$）大上百倍，所以（$1+2\mu$）可以被忽略，因而半导体电阻应变片的电阻相对变化为

$$\frac{\Delta R}{R}=\lambda E\varepsilon \tag{2-9}$$

半导体电阻应变片的突出优点是灵敏度高（比金属丝式电阻应变片高 50～80 倍），尺寸小，横向效应小，动态响应好。但它也有温度系数大，应变时非线性比较严重等缺点。

应变片是用黏合剂粘贴到被测件上的。黏合剂形成的胶层必须准确迅速地将被测件的应变传导到敏感栅上。黏合剂的性能及粘贴工艺的质量直接影响着应变片的工作特性，如零漂、蠕变、迟滞、灵敏系数、线性度，以及它们受温度变化影响的程度。

2. 电阻丝的灵敏度系数 k_0

通常把单位应变能引起的电阻值变化称为电阻丝的灵敏度系数。其物理意义是单位应变所引起的电阻值相对变化量，其表达式为

$$k_0=\frac{\frac{\Delta R}{R}}{\varepsilon}=(1+2\mu)+\frac{\frac{\Delta\rho}{\rho}}{\varepsilon}=1+2\mu+\lambda E \tag{2-10}$$

由灵敏度系数定义可知它受两个因素影响：一个是受力后材料几何尺寸的变化，即 $(1+2\mu)$；另一个是受力后材料的电阻率发生的变化，即 $(\Delta\rho/\rho)/\varepsilon$。对金属材料电阻丝来说，灵敏度系数 k_0 的表达式中 $(1+2\mu)$ 的值要比 $(\Delta\rho/\rho)/\varepsilon$ 大得多，即 $k_0\approx 1+2\mu=1.7$～3.6；而对于半导体材料，灵敏度的 $((\Delta\rho/\rho)/\varepsilon)$ 项的值比 $(1+2\mu)$ 大得多，即 $k_0\approx(\Delta\rho/\rho)/\varepsilon=\lambda E$。大量实验证明，在电阻丝拉伸极限内，电阻值的相对变化与应变成正比，即 k_0 为常数。

3. 应变片的灵敏系数 k

当具有初始电阻值 R 的应变片粘贴于试件表面时，试件受力引起的表面应变传递给应

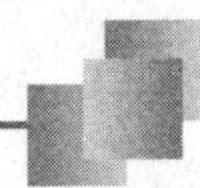

变片的敏感栅，使其产生电阻值相对变化 $\Delta R/R$。理论和实践表明，在一定应变范围内，$\Delta R/R$ 与 ε_t 的关系满足式（2-11）：

$$\frac{\Delta R}{R}=k\varepsilon_t \tag{2-11}$$

式中，ε_t 为应变片的轴向应变；电阻应变片的电阻值 R 是应变片未经安装也不受外力的情况下，于室温测得的电阻值；k 为应变片的灵敏系数。

【注意】 但应变片的灵敏系数不等于其敏感栅应变丝的灵敏系数 k_0。一般情况下，$k<k_0$，其原因有两个：一个是黏结层传递变形失真，另一个是栅端圆弧部分的横向效应。

k 值通常需要在规定条件下通过实测来确定，此时的 k 值称为标称灵敏度系数。上述规定的条件是，试件材料取泊松系数为 0.286 的钢材，试件单向受力，且受力方向与应变片轴向一致。

4. 横向效应

将直的电阻丝绕成敏感栅后，虽然长度不变，应变状态相同，但由于应变片敏感栅的电阻值变化较小，因而其灵敏系数 k 较电阻丝的灵敏系数 k_0 小，这种现象称为应变片的横向效应。

当将图 2-4 所示的应变片粘贴在被测试件上时，由于其敏感栅是由 n 条长度为 l_1 的直线段和（$n-1$）个半径为 r 的半圆组成的，若该应变片承受轴向应力而产生纵向拉应变 ε_t 时，则各直线段的电阻将增加，但在半圆弧段则受到从 $-\mu\varepsilon_t$ 到 $+\varepsilon_t$ 之间变化的应变，圆弧段电阻值的变化将小于沿轴向安放的同样长度电阻丝电阻值的变化，所以 k 值减小。

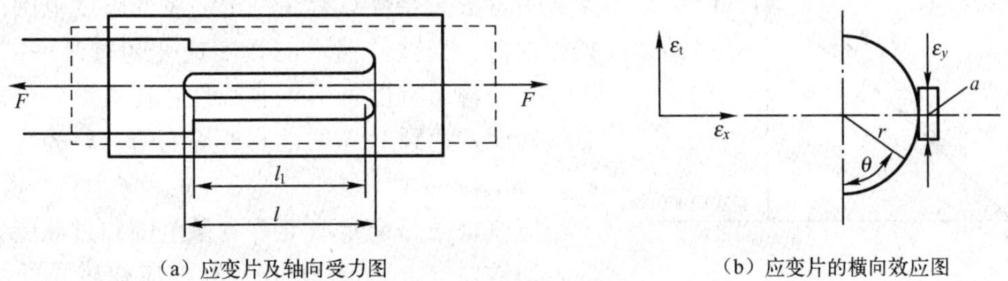

（a）应变片及轴向受力图　　（b）应变片的横向效应图

图 2-4　应变片轴向受力及横向效应

当实际使用应变片的条件与其灵敏系数 k 的标定条件不同时，如 $\mu\neq0.285$ 或受非单向应力状态，由于横向效应的影响，实际 k 值要改变，若仍按标称灵敏度系数来进行计算，可能造成较大误差。当不能满足测量精度要求时，应进行必要的修正。

横向效应在圆弧段产生，消除圆弧段即可消除横向效应。为了减小横向效应产生的测量误差，现在一般多采用箔式应变片。

5. 应变片的其他特性

1）机械滞后、零漂和蠕变　实际应用中，由于受敏感栅基底和黏合剂材料性能的影响，或者使用中的过载、过热，都会使应变片产生残余变形，导致应变片输出的不重合。这种不重合性用机械滞后来衡量。它是指粘贴在试件上的应变片，在恒温条件下增（加载）、减（卸载）试件应变的过程中，对应同一机械应变所指示应变量（输出）之差值，如

图 2-5 所示。实测中，可在测试前通过多次重复预加、卸载，来减小机械滞后产生的误差。

粘贴在试件上的应变片，在温度保持恒定且没有机械应变的情况下，其电阻值随时间变化的特性称为应变片的零漂，如图 2-6 中的 P_0所示。

粘贴在试件上的应变片，若温度保持恒定，在承受某一恒定的机械应变时，其电阻值随时间变化而变化的特性称为应变片的蠕变，如图 2-6 中 θ 所示。一般来说，蠕变的方向与原应变量变化的方向相反。

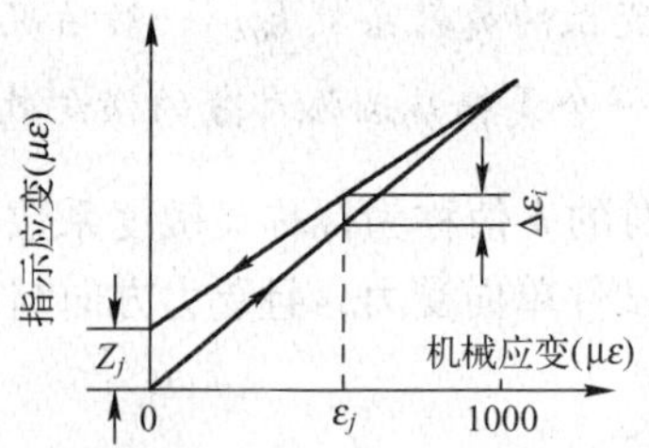

图 2-5　应变片的机械滞后特性

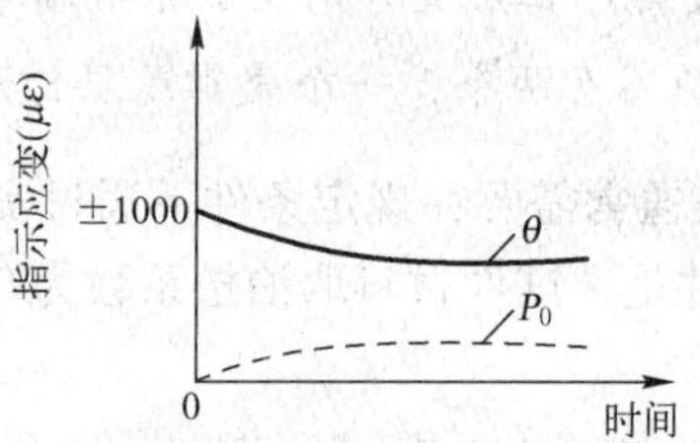

图 2-6　应变片的蠕变和零漂特性

蠕变反映了应变片在长时间工作中对时间的稳定性，通常要求 $\theta<(3\sim15)\,\mu s$。引起蠕变的主要原因是，制作应变片时内部产生的内应力和工作中出现的剪应力，使丝栅、基底，尤其是胶层之间产生的“滑移”所致。选用弹性模量较大的黏合剂和基底材料，适当减薄胶层和基底，并使之充分固化，有利于蠕变性能的改善。

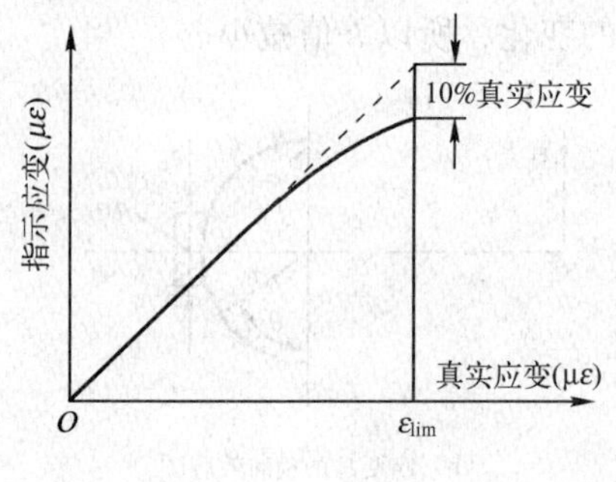

图 2-7　应变极限

2）应变极限和疲劳寿命　应变片的线性（灵敏系数为常数）特性只有在一定的应变限度范围内才能得以保持。当试件输入的真实应变超过某一限值时，应变片的输出特性将出现非线性。在恒温条件下，使非线性误差达到 10% 时的真实应变值，称为应变极限 ε_{lim}，如图 2-7 所示。

应变极限是衡量应变片测量范围和过载能力的指标，通常要求 $\varepsilon_{lim}\geqslant8000\mu\varepsilon$。影响应变极限的主要因素及改善措施，与蠕变的基本相同，即应选用抗剪强度较高的黏合剂和基底材料，基底和黏合剂的厚度不宜太大，并经适当的固化处理。

对于已安装的应变片，在恒定幅值的交变力作用下可以连续工作而不产生疲劳损坏的循环次数，称为应变片的疲劳寿命。

3）最大工作电流和绝缘电阻　最大工作电流是指允许通过应变片而不影响其工作特性的最大电流。工作电流大，应变片输出信号大，灵敏度高，但过大的电流会使应变片过热，灵敏系数产生变化，零漂及蠕变增加，甚至烧毁应变片。

绝缘电阻是指以粘贴的应变片的引线与被测件之间的电阻值。通常要求绝缘电阻在 50～100MΩ 以上。绝缘电阻下降，将使测量系统的灵敏度降低，使应变片的指示应变产生误差。绝缘电阻取决于黏合剂及基底材料的种类及固化工艺。

4）动态响应特性　电阻应变片在测量频率较高的动态应变时，应考虑其动态特性。动态应变是以应变波的形式在试件中传播的。如图 2-8 所示，它是以相同于声波的形式和速

度在材料中传播的。它依次通过一定厚度的基底、胶层（两者都很薄，可忽略不计）和栅长 l 而为应变计所响应时，就会有时间的滞后。应变计的这种响应滞后尤其会对动态（高频）应变测量产生误差。应变片的动态特性就是指其感受随时间变化的应变时的响应特性。

（1）对正弦应变波的响应：应变片对正弦应变波的响应是在其栅长 l 范围内所感受应变量的平均值。因此，响应波的幅值将低于真实应变波，从而产生误差。

图 2-8 表示一个频率为 f，幅值为 ε_0 的正弦波，以速度 v 沿着应变片纵向（x 方向）传播时，在某一瞬时 t 的分布图。应变片中点 x_t 的瞬时应变为

$$\varepsilon_t = \varepsilon_0 \sin(2\pi/\lambda)x_t \tag{2-12}$$

而栅长 l 范围 $[x_t \pm (l/2)]$ 内的平均应变为

$$\varepsilon_p = \frac{1}{l}\int_{x_t-l/2}^{x_t+l/2} \varepsilon_0 \sin\frac{2\pi x}{\lambda}\mathrm{d}x = \frac{\lambda}{l\pi}\sin\frac{l\pi}{\lambda}\varepsilon_t \tag{2-13}$$

由此产生的相对误差为

$$e = \left|\frac{\varepsilon_p - \varepsilon_t}{\varepsilon_t}\right| = \frac{\varepsilon_p}{\varepsilon_t} - 1 = \frac{\lambda}{l\pi}\sin\frac{l\pi}{\lambda} - 1 \tag{2-14}$$

考虑到 $\frac{l\pi}{\lambda} \ll 1$，将 $\frac{\lambda}{l\pi}\sin\frac{l\pi}{\lambda}$ 展开成级数形式，并略去高阶项后可解得：

$$|e| = \frac{1}{6}\left(\frac{l\pi}{\lambda}\right)^2 = \frac{1}{6}\left(\frac{lf\pi}{v}\right)^2 \tag{2-15}$$

由式（2-15）可见，粘贴在一定试件（v 为常数）上的应变片对正弦应变的响应误差随栅长 l 和应变频率 f 的增加而增大。在设计和应用应变片时，就可按式（2-15）给定的 e、l、f 三者关系，根据给定的精度 e，来确定合理的 l 或工作频率 f。

（2）对阶跃应变波的响应：图 2-9 所示为应变片对阶跃应变波的响应。图中 a 为试件产生的阶跃机械应变波；b 为传播速度为 v 的应变波，通过栅长 l 而滞后一段时间 $t_h = l/v$ 的理论响应特性；c 为应变片对应变波的实际响应特性，它的上升工作时间 $t_r = 0.8l/v$，工作频限 $f \approx 0.44v/l$。

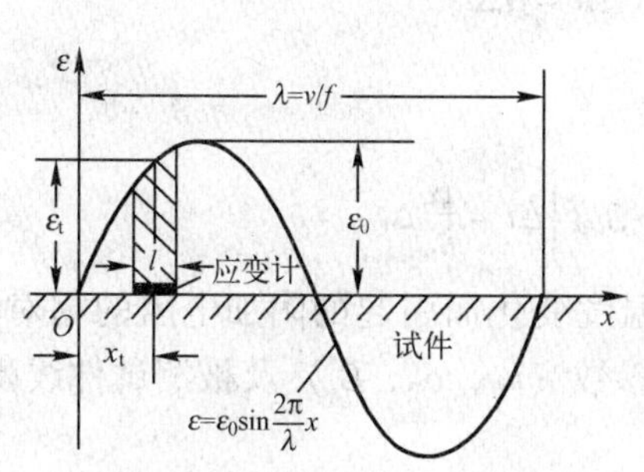

图 2-8　应变片的动态特性

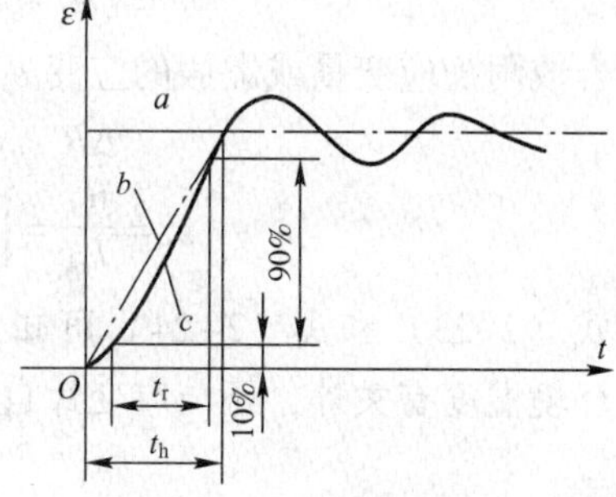

图 2-9　应变计对阶跃应变波的响应

6. 应变片的温度误差及补偿

1）应变片的温度误差　当测量现场环境温度变化时，由于敏感栅温度系数及栅丝与试件膨胀系数之差异性而给测量带来的附加误差，称为应变片的温度误差。产生应变片温度误

差的主要因素分析如下所述。

（1）电阻温度系数的影响。敏感栅的电阻丝电阻值随温度变化的关系可用式（2-16）表示：

$$R_t = R_0(1+\alpha\Delta t) \tag{2-16}$$

式中，R_t为温度为t(℃)时的电阻值；R_0为温度为t_0(℃)时的电阻值；α为金属丝的电阻温度系数；Δt为温度变化值，$\Delta t = t - t_0$。

当温度变化Δt时，电阻丝电阻值的变化值为

$$\Delta R_t = R_t - R_0 = R_0\alpha\Delta t \tag{2-17}$$

（2）试件材料和电阻丝材料的线膨胀系数的影响。当试件与电阻丝材料的线膨胀系数相同时，不论环境温度如何变化，电阻丝的变形仍和自由状态一样，不会产生附加变形。当试件和电阻丝线膨胀系数不同时，由于环境温度的变化，电阻丝会产生附加变形，从而产生附加电阻。

设电阻丝和试件在温度为0℃时的长度均为L_0，它们的线膨胀系数分别为β_s和β_g，若二者不粘贴，则它们的长度分别为

$$L_s = L_0(1+\beta_s\Delta t) \tag{2-18}$$

$$L_g = L_0(1+\beta_g\Delta t) \tag{2-19}$$

当二者粘贴在一起时，电阻丝产生的附加变形ΔL，附加应变ε_β和附加电阻变化ΔR_β分别为

$$\Delta L = L_g - L_s = (\beta_g - \beta_s)L_0\Delta t \tag{2-20}$$

$$\varepsilon_\beta = \frac{\Delta L}{L_0} = (\beta_g - \beta_s)\Delta t \tag{2-21}$$

$$\Delta R_\beta = k_0R_0\varepsilon_\beta = k_0R_0(\beta_g - \beta_s)\Delta t \tag{2-22}$$

由式（2-17）和式（2-22）可得由于温度变化而引起应变片总电阻相对变化量为

$$\begin{aligned}\frac{\Delta R}{R_0} &= \frac{\Delta R_t + \Delta R_\beta}{R_0} = \alpha_0\Delta t + k_0(\beta_g - \beta_s)\Delta t \\ &= [\alpha_0 + k_0(\beta_g - \beta_s)]\Delta t = \alpha\Delta t\end{aligned} \tag{2-23}$$

折合成附加应变量或虚假的应变ε_t，有

$$\varepsilon_t = \frac{\frac{\Delta R}{R_0}}{k_0} = \left[\frac{\alpha_0}{k_0} + (\beta_g - \beta_s)\right]\Delta t = \frac{\alpha}{k_0}\Delta t \tag{2-24}$$

由式（2-23）和式（2-24）可知，因环境温度变化而引起的附加电阻的相对变化量，除了与环境温度有关外，还与应变片自身的性能参数（k_0，α_0，β_s）及被测试件线膨胀系数β_g相关。

2）电阻应变片的温度补偿方法 电阻应变片的温度补偿方法通常有线路补偿法和应变片自补偿法两大类。

（1）线路补偿法：电桥补偿是最常用的且效果较好的线路补偿法。图2-10所示的是电桥补偿法的原理图。电桥输出电压U_o与桥臂参数的关系为

$$U_o = A(R_1R_4 - R_BR_3) \tag{2-25}$$

式中，A 为由桥臂电阻和电源电压决定的常数；R_1 为工作应变片；R_B 为补偿应变片（应和 R_1 特性相同）。

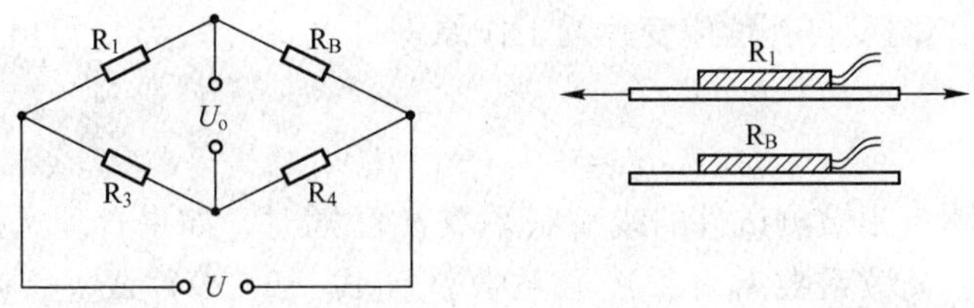

图 2-10　电桥补偿法

由式（2-25）可知，当 R_3 和 R_4 为常数时，R_1 和 R_B 对电桥输出电压 U_o 的作用方向相反。利用这一基本关系可实现对温度的补偿。测量应变时，工作应变片 R_1 粘贴在被测试件表面上，补偿应变片 R_B 粘贴在与被测试件材料完全相同的补偿块上，且仅工作应变片承受应变。

当被测试件不承受应变时，R_1 和 R_B 又处于同一环境温度为 t 的温度场中，调整电桥参数，使之达到平衡，有

$$U_o = A(R_1R_4 - R_BR_3) = 0 \tag{2-26}$$

工程上，一般按 $R_1 = R_B = R_3 = R_4$ 选取桥臂电阻。当温度升高或降低 $\Delta t = t - t_0$ 时，两个应变片因温度而引起的电阻变化量相等，电桥仍处于平衡状态，即

$$U_o = A[(R_1 + \Delta R_1 t)R_4 - (R_B + \Delta R_B t)R_3] = 0 \tag{2-27}$$

若此时被测试件有应变 ε 的作用，则工作应变片电阻 R_1 又有新的增量 $\Delta R_1 = R_1 k\varepsilon$，而补偿片因不承受应变，故不产生新的增量，此时电桥输出电压为

$$U_o = AR_1R_4k\varepsilon \tag{2-28}$$

由式（2-28）可知，电桥的输出电压 U_o 仅与被测试件的应变 ε 有关，而与环境温度无关。

【注意】 若实现完全补偿，上述分析过程必须满足以下 4 个条件。

☺ 在应变片工作过程中，保证 $R_3 = R_4$

☺ R_1 和 R_B 两个应变片应具有相同的电阻温度系数 α，线膨胀系数 β，应变灵敏度系数 k 和初始电阻值 R_o

☺ 粘贴补偿片的补偿块材料和粘贴工作片的被测试件材料必须一样，两者的线膨胀系数相同

☺ 两个应变片应处于同一温度场

电桥补偿法简单易行，而且能在较大的温度范围内补偿，但上述的 4 个条件不易满足，尤其是两个应变片很难处于同一温度场中。

此外，还可采用热敏电阻补偿法，如图 2-11 所示。图中热敏电阻 R_t 与应变片处在相同的温度下，当应变片的灵敏度随温度升高而下降时，热敏电阻 R_t 的电阻值下降，使电桥的输入电压随温度升高而增加，从而提高电桥的输出电压。选择分流电阻 R_5 的值，可以使应变片灵敏度下降对电桥输出

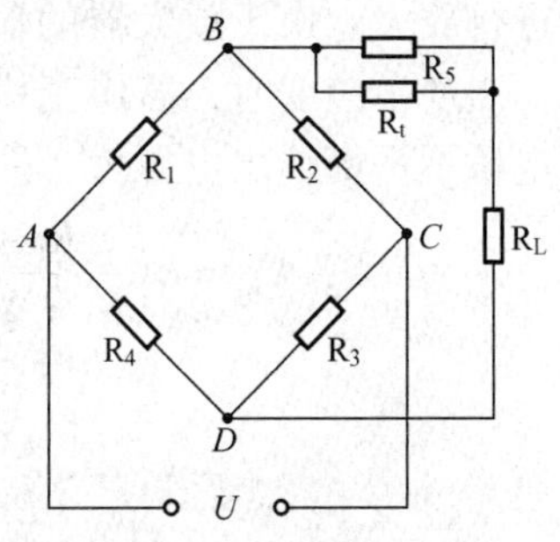

图 2-11　热敏电阻补偿法

的影响得到很好的补偿。

（2）应变片的自补偿法：这种温度补偿法利用自身具有温度补偿作用的应变片（称为温度自补偿应变片）。温度自补偿应变片的工作原理可由式（2-23）得出，要实现温度自补偿，必须有

$$\alpha_0 = -k_0(\beta_g - \beta_s) \tag{2-29}$$

式（2-29）表明，当被测试件的线膨胀系数β_g已知时，如果合理选择敏感栅材料，即其电阻温度系数α_0、灵敏系数k_0和线膨胀系数β_s使式（2-29）成立，则不论温度如何变化，均有$\frac{\Delta R}{R_0}=0$，从而达到温度自补偿的目的。

2.3 电阻应变片的测量电路

由于机械应变一般都很小，要把微小应变引起的微小电阻值变化测量出来，同时要把电阻值相对变化$\Delta R/R$转换为电压或电流的变化，因此需要有专用的用于测量应变变化而引起电阻值变化的测量电路，通常采用直流电桥和交流电桥两种测量电路。电桥电路的主要指标是桥路灵敏度、非线性和负载特性。

1. 直流电桥

1）直流电桥平衡条件 直流电桥如图2-12所示。图中E为电源，R_1、R_2、R_3及R_4为桥臂电阻，R_L为负载电阻。输出电压为

$$U_o = E\left(\frac{R_1}{R_1+R_2} - \frac{R_3}{R_3+R_4}\right) \tag{2-30}$$

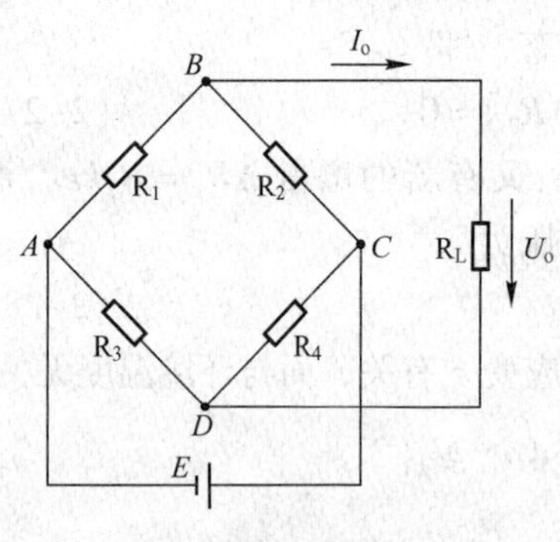

图2-12 直流电桥

当电桥平衡时，$U_o=0$，则有

$$R_1R_4 = R_2R_3$$

或

$$\frac{R_1}{R_2} = \frac{R_3}{R_4} \tag{2-31}$$

式（2-31）称为电桥平衡条件。这说明，欲使电桥平衡，其相邻两臂电阻的比值应相等，或者相对两臂电阻的乘积相等。

2）电压灵敏度 设R_1为电阻应变片，R_2、R_3和R_4为电桥固定电阻，这就构成了惠斯顿电桥。应变片工作时，其电阻值变化很小，电桥相应输出电压也很小，一般需要加入放大器进行放大。由于放大器的输入阻抗比桥路输出阻抗高很多，所以此时仍视电桥为开路情况。当产生应变时，若应变片电阻值变化为ΔR，其他桥臂固定不变，电桥输出电压$U_o \neq 0$，则电桥不平衡输出电压为

$$\begin{aligned} U_o &= E\left(\frac{R_1+\Delta R_1}{R_1+\Delta R_1+R_2} - \frac{R_3}{R_3+R_4}\right) = E\frac{\Delta R_1 R_4}{(R_1+\Delta R_1+R_2)(R_3+R_4)} \\ &= E\frac{\dfrac{R_4}{R_3}\dfrac{\Delta R_1}{R_1}}{\left(1+\dfrac{\Delta R_1}{R_1}+\dfrac{R_2}{R_1}\right)\left(1+\dfrac{R_4}{R_3}\right)} \end{aligned} \tag{2-32}$$

设桥臂比 $n=\frac{R_2}{R_1}$，由于 $\Delta R_1 \ll R_1$，分母中 $\Delta R_1/R_1$ 可忽略，并考虑到平衡条件$\frac{R_1}{R_2}=\frac{R_3}{R_4}$，则式（2-32）可写为

$$U_o = E\frac{n}{(1+n)^2}\frac{\Delta R_1}{R_1} \tag{2-33}$$

电桥电压灵敏度定义为

$$K_V = \frac{U_o}{\frac{\Delta R_1}{R_1}} = E\frac{n}{(1+n)^2} \tag{2-34}$$

从式（2-34）分析发现：

☺ 电桥电压灵敏度正比于电桥供电电压，供电电压越高，电桥电压灵敏度越高。但供电电压的提高受到应变片允许功耗的限制，所以要作适当选择

☺ 电桥电压灵敏度是桥臂电阻比值 n 的函数，恰当地选择桥臂比 n 的值，可以保证电桥具有较高的电压灵敏度

当 E 值确定后，n 值取何值时 K_v 最高呢？由 $\mathrm{d}K_v/\mathrm{d}n=0$ 求 K_v 的最大值，得

$$\frac{\mathrm{d}K_v}{\mathrm{d}n} = \frac{1-n^2}{(1+n)^3} = 0 \tag{2-35}$$

求得 $n=1$ 时，K_v 为最大值。这就是说，在电桥电压确定后，当 $R_1=R_2=R_3=R_4$ 时，电桥电压灵敏度最高，此时有

$$U_o = \frac{E}{4}\cdot\frac{\Delta R_1}{R} \tag{2-36}$$

$$K_v = \frac{E}{4} \tag{2-37}$$

由此可知，当电源电压 E 和电阻相对变化量 $\Delta R_1/R_1$ 一定时，电桥的输出电压及其灵敏度也是定值，且与各桥臂电阻值的大小无关。

3）非线性误差及其补偿方法　由式（2-33）求出的输出电压因略去分母中的 $\Delta R_1/R$ 项而得出的是理想值，实际值计算为

$$U'_o = E\frac{n\frac{\Delta R_1}{R_1}}{\left(1+n+\frac{\Delta R_1}{R_1}\right)(1+n)} \tag{2-38}$$

U'_o 与$\frac{\Delta R_1}{R_1}$的关系是非线性的，非线性误差为

$$\gamma_L = \frac{U_o - U'_o}{U_o} = \frac{\frac{\Delta R_1}{R_1}}{1+n+\frac{\Delta R_1}{R_1}} \tag{2-39}$$

如果是四等臂电桥，即 $R_1=R_2=R_3=R_4$，则

$$\gamma_L = \frac{\frac{\Delta R_1}{2R_1}}{1+\frac{\Delta R_1}{2R_1}} \tag{2-40}$$

对于一般应变片来说，所受应变 ε 通常在 5×10^{-3} 以下，若取应变片灵敏系数 $k=2$，则 $\Delta R_1/R_1=k\varepsilon=0.01$，代入式（2-40）计算得非线性误差为0.5%；若 $k=130$，$\varepsilon=1\times10^{-3}$ 时，$\Delta R_1/R_1=0.130$，则得到非线性误差为6%，故当非线性误差不能满足测量要求时，必须予以消除。

为了减小和克服非线性误差，常采用差动电桥，如图2-13所示。在试件上安装两个工作应变片，一个受拉应变，另一个受压应变，接入电桥相邻桥臂，称为半桥差动电路。该电桥输出电压为

$$U_o = E\left(\frac{\Delta R_1 + R_1}{\Delta R_1 + R_1 + R_2 - \Delta R_2} - \frac{R_3}{R_3 + R_4}\right) \tag{2-41}$$

若 $\Delta R_1=\Delta R_2$，$R_1=R_2$，$R_3=R_4$，则得

$$U_o = \frac{E}{2}\cdot\frac{\Delta R_1}{R_1} \tag{2-42}$$

由式（2-42）可知，U_o 与 $\Delta R_1/R_1$ 呈线性关系，差动电桥无非线性误差，而且电桥电压灵敏度 $K_v=E/2$，比惠斯顿电桥工作时提高一倍，同时还具有温度补偿作用。

若将电桥4个臂接入4个应变片，如图2-13（b）所示，即两个受拉应变，另外两个受压应变，将两个应变符号相同的接入相对桥臂上，构成全桥差动电路。若 $\Delta R_1=\Delta R_2=\Delta R_3=\Delta R_4$，且 $R_1=R_2=R_3=R_4$，则

$$U_o = E\frac{\Delta R_1}{R_1} \tag{2-43}$$

$$K_v = E \tag{2-44}$$

此时全桥差动电路不仅没有非线性误差，而且电压灵敏度是单片的4倍，同时仍具有温度补偿作用。

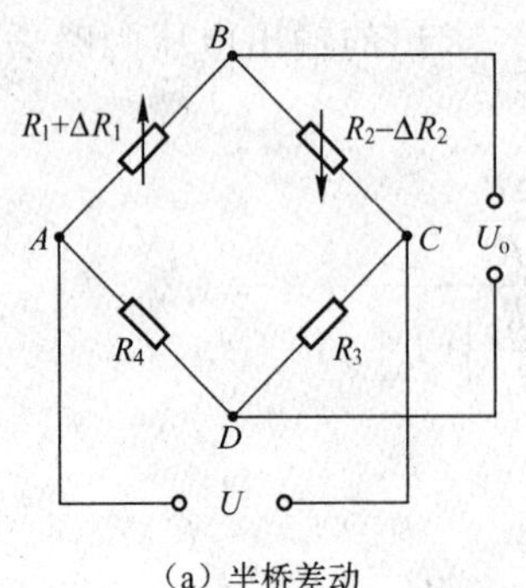

（a）半桥差动

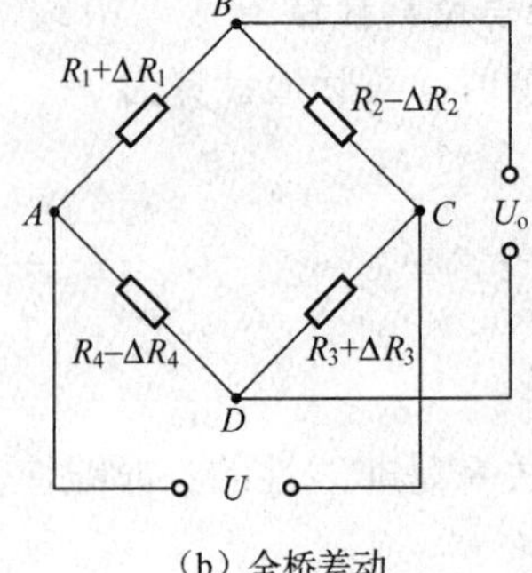

（b）全桥差动

图2-13　差动电桥

2. 交流电桥

根据直流电桥分析可知，由于应变电桥输出电压很小，一般都要加放大器，而直流放大

器易于产生零漂，因此应变电桥多采用交流电桥。

图 2-14 所示为半桥差动交流电桥的一般形式，$\dot{U}$ 为交流电压源，开路输出电压为 $\dot{U}_o$，由于供桥电源为交流电源，引线分布电容使得两个桥臂应变片呈现复阻抗特性，即相当于两个应变片各并联了一个电容，则每个桥臂上的复阻抗分别为

$$\left.\begin{aligned} Z_1 &= \frac{R_1}{R_1 + j\omega R_1 C_1} \\ Z_2 &= \frac{R_2}{R_2 + j\omega R_2 C_2} \\ Z_3 &= R_3 \\ Z_4 &= R_4 \end{aligned}\right\} \tag{2-45}$$

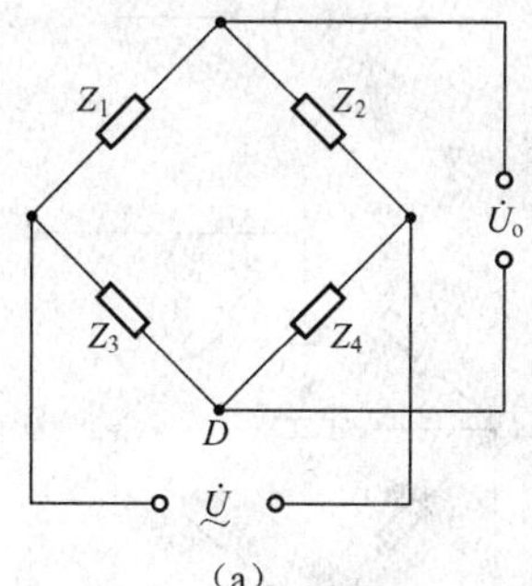

（a）

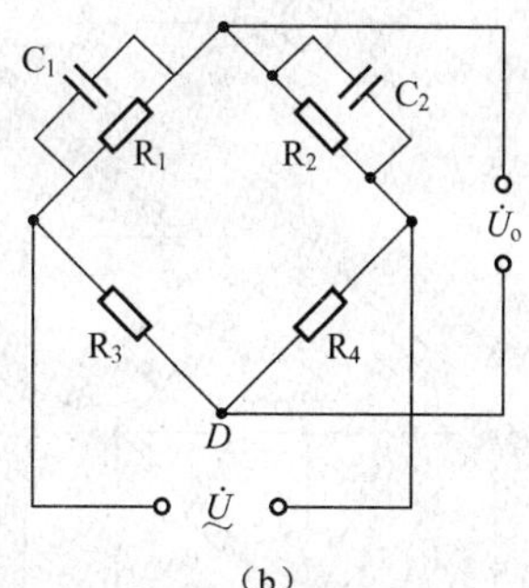

（b）

图 2-14　交流电桥

式中，C_1、C_2 为应变片引线分布电容。

由交流电路分析可得

$$\dot{U}_o = \frac{\dot{U}(Z_1 Z_4 - Z_2 Z_3)}{(Z_1 + Z_2)(Z_3 + Z_4)} \tag{2-46}$$

要满足电桥平衡条件，即 $\dot{U}_o = 0$，则有

$$Z_1 Z_4 = Z_2 Z_3 \tag{2-47}$$

将式（2-45）代入式（2-47），可得

$$\frac{R_1}{1 + j\omega R_1 C_1} R_4 = \frac{R_2}{1 + j\omega R_2 C_2} R_3 \tag{2-48}$$

整理式（2-48）得

$$\frac{R_3}{R_1} + j\omega R_3 C_1 = \frac{R_4}{R_2} + j\omega R_4 C_2 \tag{2-49}$$

因其实部、虚部分别相等，整理后可得交流电桥的平衡条件为

$$\frac{R_2}{R_1} = \frac{R_4}{R_3}$$

及

$$\frac{R_2}{R_1}=\frac{C_1}{C_2} \tag{2-50}$$

对这种交流电容电桥，除要满足电阻平衡条件外，还必须满足电容平衡条件。为此，在桥路上除设有电阻平衡调节外，还设有电容平衡调节。电桥平衡调节电路如图 2-15 所示。

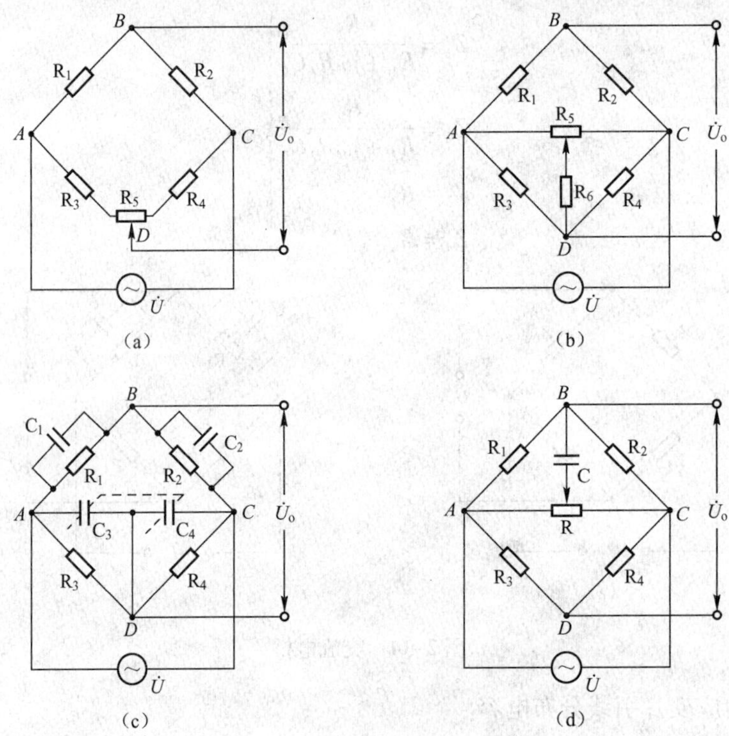

图 2-15　交流电桥平衡调节电路

图 2-15（a）所示为电阻串联法调零的电路图，通过调节可变电阻 R_5 来调节电桥平衡。图 2-15（b）所示为电阻并联法调零的电路图，电阻 R_6 决定可调的范围，R_6 越小，可调的范围越大，但测量误差也大，R_5 和 R_6 通常取相同的值。这两种方法也可用于直流电桥调零。

图 2-15（c）所示为差动电容调零法的电路图，C_3、C_4 为差动电容，调节 C_3 和 C_4 时，由于电容大小相等，极性相反，可使电桥平衡。图 2-15（d）所示为阻容调零法的电路图，该电路接入了“T”形 RC 阻容电路，可通过调节电位器 R 使电桥达到平衡状态。

3. 测量电路设计注意事项

（1）当增大电桥供电电压时，虽然会使输出电压增大，放大电路本身的漂移和噪声相对减少，但电源电压或电流的增大，会造成应变片的发热，从而造成测量误差，甚至使应变传感器的损坏，故一般电桥电压的设计应低于 6V。

（2）由于应变片电阻值的分散性，即使应变片处于无压的状态，电桥仍然会有电压输出，故电桥应设计调零电路。

（3）由于应变片受温度的影响，应考虑温度补偿电路。

2.4 应变式传感器应用

1. 基于应变式传感器的高度显示气压计

许多压力传感器都可以用来制作高度显示气压计，下面介绍基于 KP100A（PHILIPS 公司生产）的高度显示气压计的原理。KP100A 的零点温度漂移典型值和满量程时温度漂移典型值都是 0.1%/℃。当在 25℃ ±5℃的室温下使用时，将会产生 0.5% 的温度漂移。

1）**KP100A 压力传感器简介**　KP100A 是恒电压驱动的测量绝对压力用的压力传感器。驱动电压为 7.5V，是由运算放大器的电源提供的。如果不需要这种温度补偿电路，可以由第 1 脚，即 U_B^+ 引出线提供 5V 的电压。KP100A 压力传感器的测量电路如图 2-16 所示，图中虚线框内即为 KP100A 的内部结构。传感器内部的三极管是在恒定输入电压的基础上发挥温度补偿作用的。电桥各桥臂上为应变电阻。

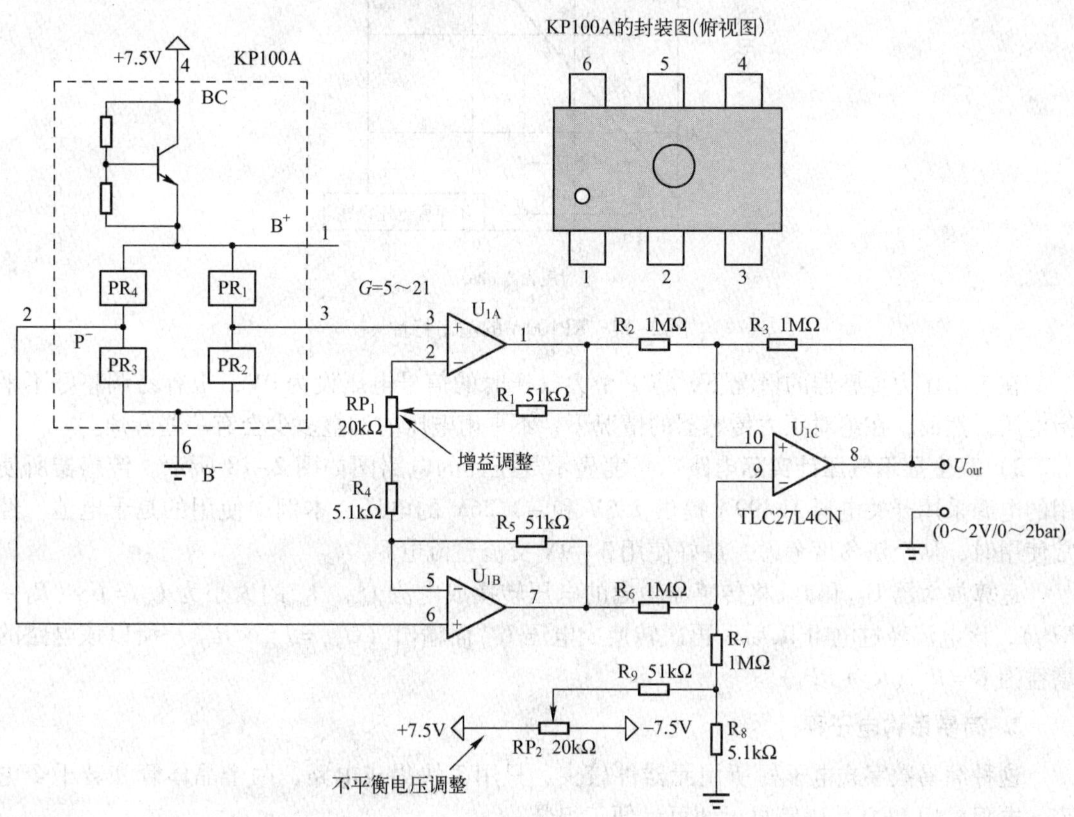

图 2-16　KP100A 压力传感器的测量电路

KP100A 的压力灵敏度为 13mV/(V · bar)，在 7.5V 的电压驱动、1bar 压力下，若 U_B^+ 处的电压为 5V，则传感器输出电压为

$$U_s = 13\text{mV}/(\text{V}\cdot\text{bar}) \times 5.0\text{V} \times 1\text{bar} = 65\text{mV}（注：1\text{bar} = 10^5\text{Pa} = 1 个大气压）$$

KP100A 的不平衡电压最大为 ±5mV/V，由于 U_B^+ 处的电压为 5V，因此不平衡电压的最大值为 5 × 5.0 = 25.0mV。利用电位器 RP_2 进行调整。

图2-17所示的是KP100A本身的输出特性。由图2-17中可以看出，在1个大气压时，包含不平衡电压在内的输出电压为79mV。在完全真空时，输出电压应为0V。但是，实际上由于不平衡电压的存在，此时的电压不为0V。也就是说，完全真空时的输出电压就是不平衡电压。从图2-17可以读出，不平衡电压约为10mV。从1bar时的全部输出电压中扣除不平衡电压，就可以得到它的灵敏度为67.3mV/bar。由于完全真空很难达到，通常对应于大气压，施加±0.5bar的压力，然后利用所得线段的斜率推算出完全真空时的电压，即为不平衡电压。

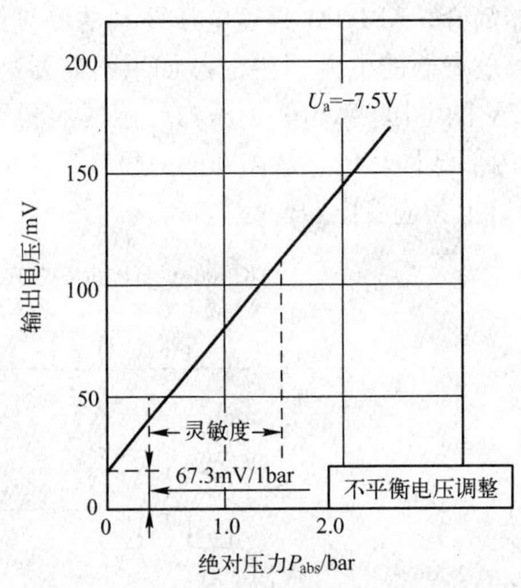

图2-17　KP100A的输出特性

在表压压力传感器的情况下，将1个大气压时的信号电压设为0V，很容易调整好不平衡电压。然而，在绝对压力传感器的情况下，不平衡电压的调整多少会有一些麻烦。

2）高度显示气压计实际电路　高度显示气压计的电路图如图2-18所示。传感器所使用的电源采用开关电源TL499A提供7.5V和−1.26V的电压。本例中使用的是干电池，经常使用时，从经济角度考虑，最好使用3～9V交流整流电源。

运算放大器U_{2A}和U_{2B}将传感器输出的电压转换成电流I_{out}。I_{out}的大小为$I_{out}=U_s/(R_4+RP_1)$，该电流经过电阻R_5后，再次转换成电压U_{out}而输出（$U_{out}=I_{out}\times R_5$）。所以该电路的增益为$G=R_5/(R_4+RP_1)$。

2. 简易吊钩电子秤

这种简易数字式电子秤所用元器件较少，只用7块集成电路，两个晶体管和若干个电容、电阻，用LED数码管显示便可，便于组装。

简易吊钩电子秤的电路图如图2-19所示，传感器选用BLR-1型电阻应变式拉/压力传感器。测量电桥因受重力作用引起的输出电压变化很小，必须对其进行放大。电压放大器由第四代斩波稳零运算放大器ICL7650组成。这是一个差动放大器，其电压放大倍数为100倍。如果称重量程为2000kg，差动变压器的反馈电阻和分压电阻取值100kΩ是合适的；若量程较小或较大，应适当减小或增大这两个电阻值。输出经简单RC滤波后输出到A/D转换器。

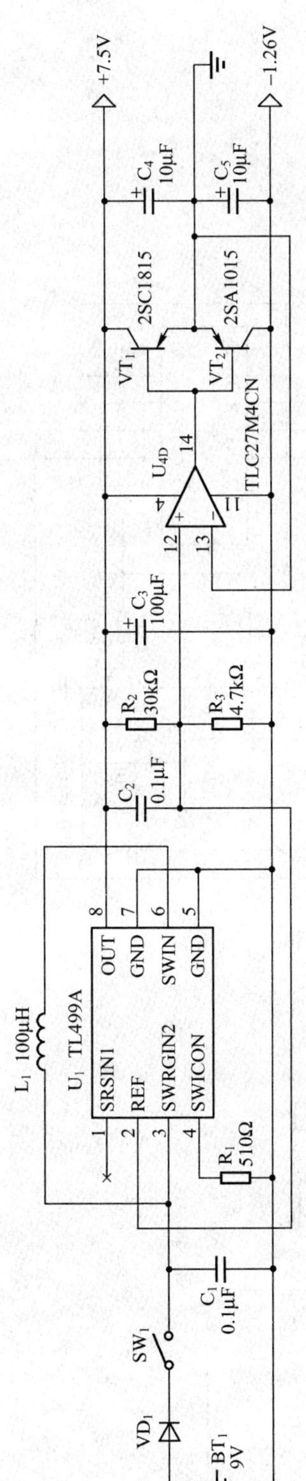

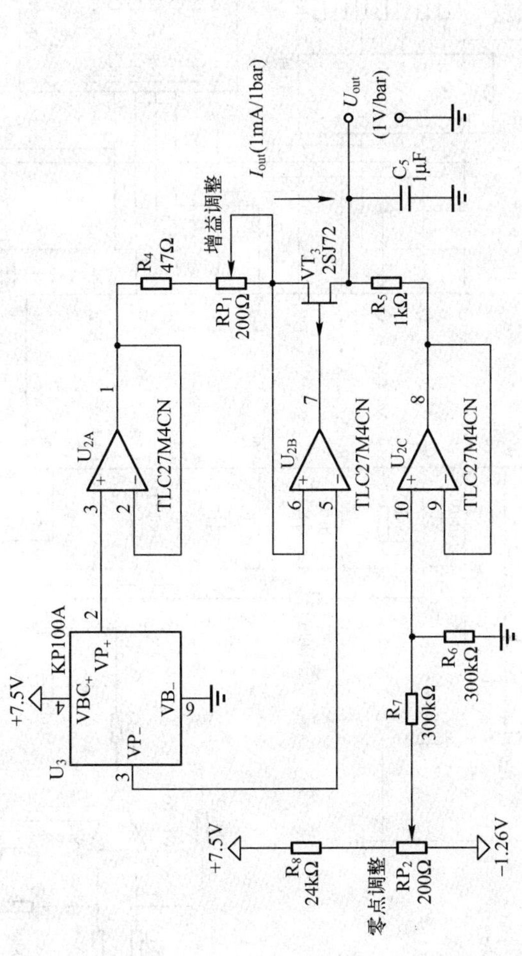

图2-18　高度显示气压计的电路

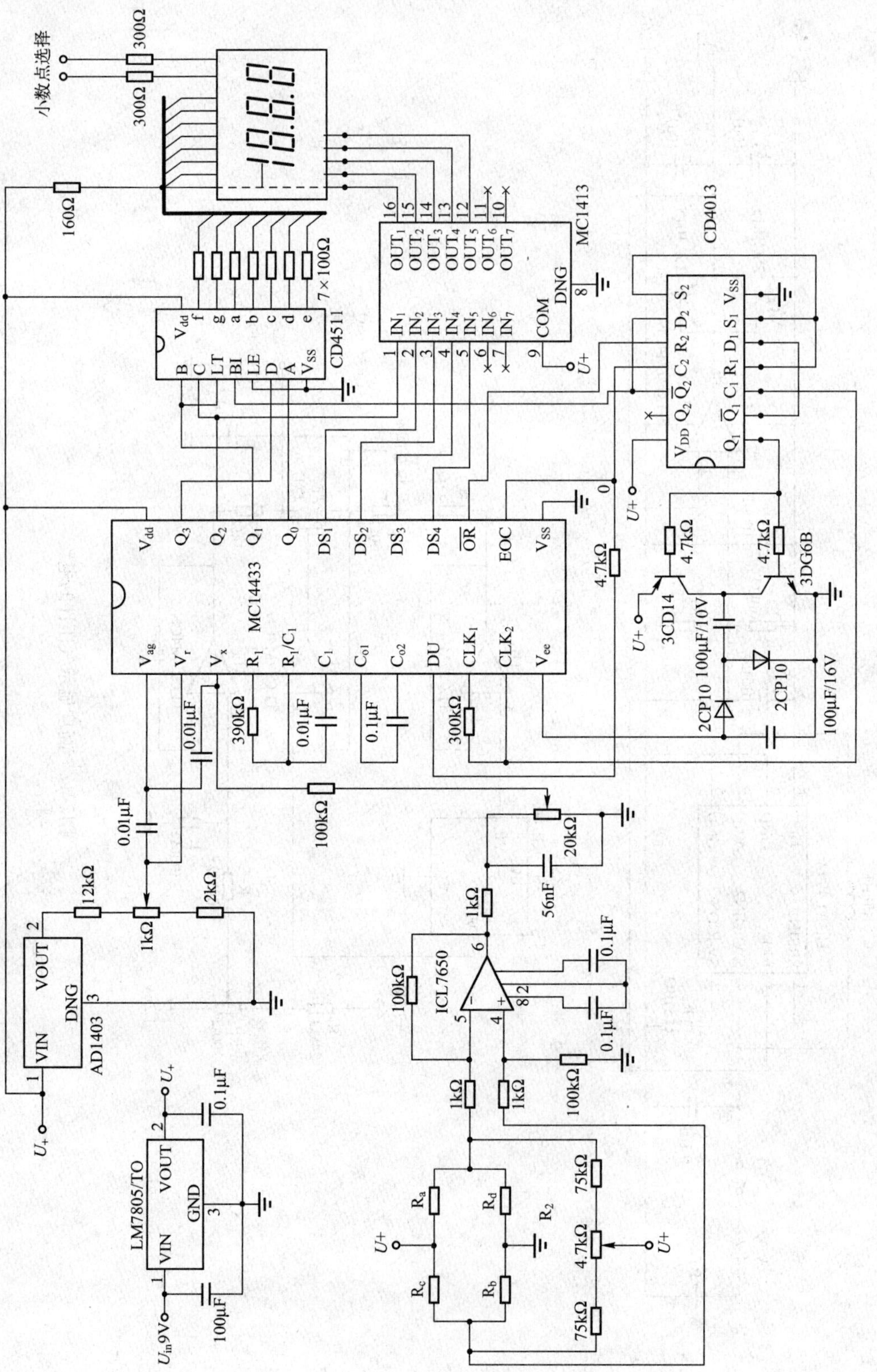

图2-19　简易吊钩电子秤的电路图

A/D 转换器的“基准”电压 V_f 的值在 333 ~ 500mV 之间（根据满度量程进行调节）。MC14433 具有信号溢出端 $\overline{OR}$，当 $V_x < V_f$，即未超量程时，OR =“1”，这是正常工作的情况。为了报警超量程，这里设计一个超量程报警电路。选用一个双 D 触发器 CD4013，报警电路只用了一个 D 触发器，D 触发器的时钟由 A/D 转换器的 EOC 供给，EOC 输出方脉冲，其脉冲宽度大约为 16400 个 CLK（第 13 脚和第 14 脚），其频率较低，因此当 D 触发器报警时，眼睛能看到闪烁现象。

当 $V_x < V_f$ 即未超量程时，OR =“1”，使 D 触发器复位，允许七段译码信号输出，显示出被测量值。反之，当 $V_x > V_f$，即超量时，OR =“0”，复位信号解除，每接收一次 EOC 信号，$\overline{Q}$ 端状态改变一次，当 $\overline{Q}$ 端置“0”时，七段译码器输出为全“0”，显示屏全暗；当 $\overline{Q}$ 端置“1”时，七段译码器有输出，使显示的数字出现闪烁，表示超过允许量限。$\overline{Q}$ 端接译码器 CD4511 的消隐端 BI（第 4 脚），当 BI =“0”时，七段译码器输出为全“0”，即 LED 全熄灭；当 BI =“1”时，按输入状态进行译码。因此数码管全亮、全熄地闪烁，以示报警。

本电路由 +9V 电池供电（也可用工频电源整流供电），但电路中各有源器件的电源设计为 5V，而且 MC14433 和 ICL7650 也要求±5V 电源。+5V 电源由集成稳压电路 LM7805 提供；-5V 电源由 3CG14B 和 3DG6B 晶体管构成的达林顿管振荡器和倍压整流电路组成。达林顿管的输入由 CD4013 的另一个 D 触发器的 Q 端提供信号，经倍压整流变成约 -5V，输入到 MC14433 的负电源端 V_{EE}（第 12 脚）。

习题

（1）什么是应变效应？什么是压阻效应？什么是横向效应？

（2）试说明金属应变片与半导体应变片的相同和不同之处。

（3）应变片产生温度误差的原因及减小或补偿温度误差的方法是什么？

（4）在钢材上粘贴的应变片的电阻变化率为 0.1%，钢材的应力为 10kg/mm^2。试求：

① 求钢材的应变。

② 钢材的应变为 300×10^{-6} 时，粘贴的应变片的电阻变化率为多少？

（5）图 2-20 所示为等强度梁测力系统，R_1 为电阻应变片，应变片灵敏度系数 $k = 2.05$，未受应变时 $R_1 = 120\Omega$，当试件受力 F 时，应变片承受平均应变 $\varepsilon = 8 \times 10^{-4}$，求：

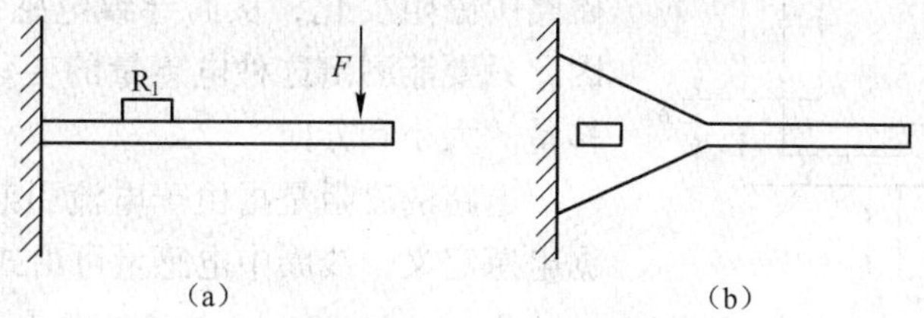

图 2-20　等强度梁测力系统

① 应变片电阻值变化量 ΔR_1 和电阻值相对变化量 $\Delta R_1/R_1$。

② 将电阻应变片置于惠斯顿电桥，电桥电源电压为直流 3V，求电桥输出电压。

（6）惠斯顿电桥存在非线性误差，试说明解决方法。

第3章 电感式传感器

电感式传感器是利用电磁感应原理将被测非电量（如位移、压力、流量、重量、振动等）转换成线圈自感量 L 或互感量 M 的变化，再由测量电路转换为电压或电流的变化量输出的装置。电感式传感器具有结构简单，工作可靠，寿命长，测量精度高，零点稳定，输出功率较大等优点，其主要缺点是灵敏度、线性度和测量范围相互制约，传感器自身频率响应低，不适用于快速动态测量。这种传感器能实现信息的远距离传输、记录、显示和控制，在工业自动控制系统中被广泛应用。

电感式传感器种类很多，有利用自感原理的自感式传感器，利用互感原理制成的差动变压器式传感器，还有利于涡流原理制成的涡流式传感器，利用压磁原理制成的压磁式传感器等。本章主要介绍自感式、互感式和电涡流式 3 种电感式传感器。

3.1 变磁阻式传感器

1. 工作原理

变磁阻式传感器的结构如图 3-1 所示。它由线圈、铁心和衔铁 3 部分组成。铁心和衔铁由导磁材料如硅钢片或坡莫合金制成，在铁心和衔铁之间有气隙，气隙厚度为 δ，传感器的运动部分与衔铁相连。当衔铁移动时，气隙厚度 δ 发生改变，引起磁路中磁阻变化，从而导致电感线圈的电感值变化，因此只要能测出这种电感量的变化，就能确定衔铁位移量的大小和方向。

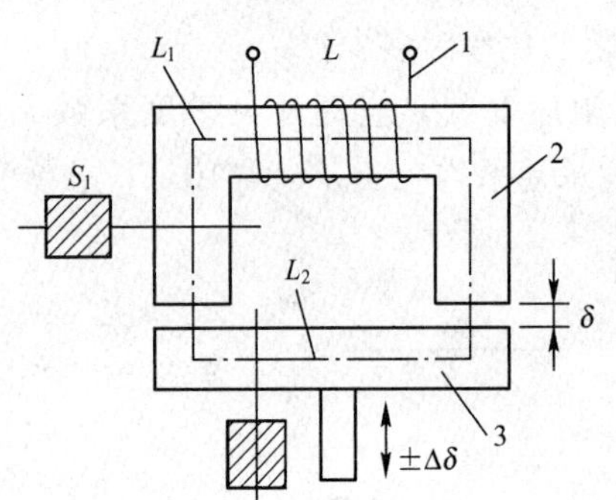

图 3-1　变磁阻式传感器
1—线圈；2—铁心（定铁心）；
3—衔铁（动铁心）

电路的磁阻是指由于电流引起的链合磁通量。根据电感定义，线圈中电感量可由式（3-1）确定：

$$L=\frac{\Psi}{I}=\frac{N\Phi}{I} \tag{3-1}$$

式中，Ψ 为线圈总磁链；I 为通过线圈的电流；N 为线圈的匝数；Φ 为穿过线圈的磁通。

由磁路欧姆定律，得磁通表达式：

$$\Phi = \frac{IN}{R_m} \tag{3-2}$$

式中，R_m为磁路总磁阻。对于变隙式传感器，因为气隙很小，所以可以认为气隙中的磁场是均匀的。若忽略磁路磁损，则磁路总磁阻为

$$R_m = \frac{L_1}{\mu_1 S_1} + \frac{L_2}{\mu_2 S_2} + \frac{2\delta}{\mu_0 S_0} \tag{3-3}$$

式中，μ_1为铁心材料的磁导率（H/m）；μ_2为衔铁材料的磁导率（H/m）；L_1为磁通通过铁心的长度（m）；L_2为磁通通过衔铁的长度（m）；S_1为铁心的截面积（m^2）；S_2为衔铁的截面积（m^2）；μ_0为空气的磁导率（$4\pi \times 10^{-7}$H/m）；S_0为气隙的截面积（m^2）；δ为气隙的厚度（m）。

通常气隙磁阻远大于铁心和衔铁的磁阻，即

$$\left.\begin{aligned} \frac{2\delta}{\mu_0 S_0} \gg \frac{L_1}{\mu_1 S_1} \\ \frac{2\delta}{\mu_0 S_0} \gg \frac{L_2}{\mu_2 S_2} \end{aligned}\right\} \tag{3-4}$$

则式（3-3）可近似为

$$R_m \approx \frac{2\delta}{\mu_0 S_0} \tag{3-5}$$

联立式（3-1）、式（3-2）及式（3-5），可得

$$L = \frac{N^2}{R_m} = \frac{N^2 \mu_0 S_0}{2\delta} \tag{3-6}$$

式（3-6）表明，当线圈匝数为常数时，电感 L 仅为磁路中磁阻 R_m的函数，只要改变δ或S_0，均可导致电感变化，因此变磁阻式传感器又可分为变气隙厚度δ的传感器和变气隙面积S_0的传感器两种。使用最广泛的是变气隙厚度δ式电感传感器。

2. 等效电路

变磁阻式传感器通常都具有线圈。将传感器线圈等效成图 3-2 所示的等效电路，并对电路参数进行简单讨论。

【铜损电阻 R_c】 取决于导线材料及线圈的几何尺寸。

【涡流损耗电阻 R_e】 由频率为f的交变电流激励产生的交变磁场，会在线圈、铁心中造成涡流及磁滞损耗。根据经典的涡流损耗计算公式可知，为降低涡流损耗，叠片式铁心片的厚度应尽量薄；高电阻率有利于损耗的下降，而高磁导率却会使涡流损耗增加。

【磁滞损耗电阻 R_a】 铁磁物质在交变磁化时，磁分子来回翻转而要克服阻力，类似摩擦生热的能量损耗。

【寄生电容 C】 主要由线圈的固有电容与电缆分布电容构成。

为便于分析，先不考虑寄生电容 C 和磁滞损耗电阻 R_a，并将图 3-2 中的线圈电感与涡流损耗电阻等效为串联铁损电阻 R'_e与串联电感 L'的等效电路，如图 3-3 所示。这时 R'_e和 L'的串联阻抗与 R_e和 L 的并联阻抗相等，即

$$R'_e + jL'\omega = \frac{R_e jL\omega}{R_e + jL\omega} \tag{3-7}$$

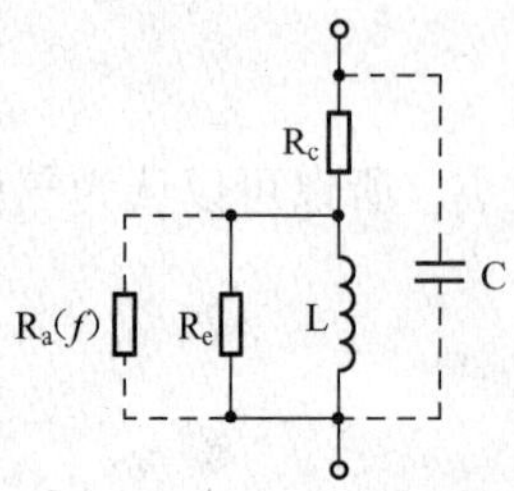

图 3-2　传感器线圈的等效电路

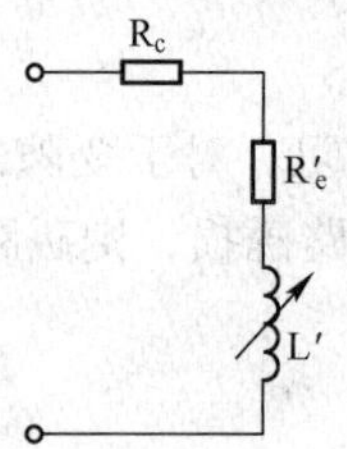

图 3-3　线圈等效电路的变换形式

$$R'_e = \frac{R_e}{1+(R_e/L\omega)^2} \tag{3-8}$$

$$L' = \frac{L}{1+\dfrac{1}{(R_e/L\omega)^2}} \tag{3-9}$$

式（3-8）表明，铁损的串联等效电阻 R'_e 与 L 有关。因此，当被测非电量的变化引起线圈电感量改变时，其电阻值也发生不希望有的变化。要减少这种附加电阻变化的影响，比值 $R_e/\omega L$ 应尽量小，以使 $R'_e \ll \omega L'$，从而减小了附加电阻变化的影响。可见，在设计传感器时应尽可能减少铁损。

当考虑实际存在并联寄生电容 C 时，阻抗 Z 为

$$Z = \frac{(R'+\mathrm{j}L'\omega)/\mathrm{j}C\omega}{R'+\mathrm{j}L'\omega+1/\mathrm{j}C\omega} = \frac{R'}{(1-L'C\omega^2)^2+(L'\omega^2/Q)^2} + \mathrm{j}\frac{L'\omega[(1-L'C\omega^2)-L'C\omega^2/Q^2]}{(1-L'C\omega^2)^2+(L'C\omega^2/Q)^2} \tag{3-10}$$

式中，总的损耗电阻 $R' = R_c + R_e$；品质因数 $Q = L'\omega/R'$。

有效品质因数 Q_S 为

$$Q_S = L_S\omega/R_S = (1-L'C\omega^2)Q \tag{3-11}$$

电感的相对变化为

$$\frac{\Delta L_S}{L_S} = \frac{1}{1-L'C\omega^2}\frac{\Delta L'}{L'} \tag{3-12}$$

由式（3-10）、式（3-11）和式（3-12）可知，并联电容 C 的存在，使有效串联损耗电阻与有效电感均增加，有效品质因数 Q_S 值下降并引起电感的相对变化增加，即灵敏度提高。因此，从原理上来看，按规定校正好的仪器，如果更换了电缆，则应重新校正或采用并联电容加以调整。实际使用中，因大多数变磁阻式传感器工作在较低的激励频率下（$f \leqslant 10$kHz），上述影响常可忽略，但对于工作在较高激励频率下的传感器（如反射式涡流传感器），上述影响必须引起充分重视。

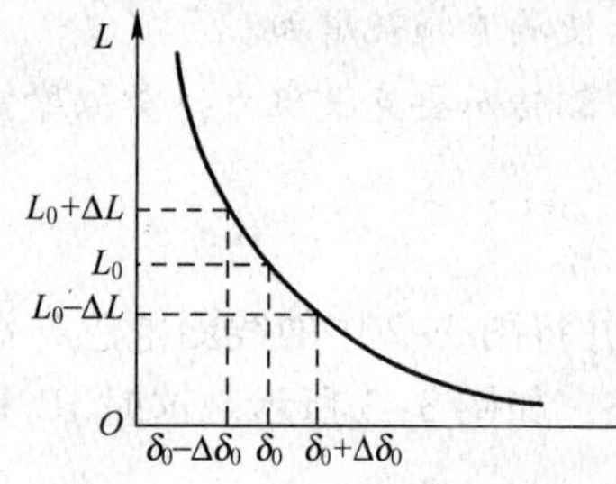

图 3-4　变隙式电感传感器的 $L-\delta$ 特性

3. 输出特性

设电感传感器初始气隙为 δ_0，初始电感量为 L_0，衔铁位移引起的气隙变化量为 $\Delta\delta$，从式（3-6）可知，L 与 δ 之间呈非线性关系，其特性曲线如图 3-4 所示，初

始电感量为

$$L_0=\frac{\mu_0 S_0 N^2}{2\delta_0}$$

当衔铁上移 $\Delta\delta$ 时，传感器气隙减小 $\Delta\delta$，即 $\delta=\delta_0-\Delta\delta$，则此时输出电感为 $L=L_0+\Delta L$，代入式（3-6）式并整理，得

$$L=L_0+\Delta L=\frac{N^2\mu_0 S_0}{2(\delta_0-\Delta\delta)}=\frac{L_0}{1-\dfrac{\Delta\delta}{\delta_0}} \tag{3-13}$$

当 $\Delta\delta/\delta\in(0,1)$ 时，可将式（3-13）用泰勒级数展开成级数形式：

$$L=L_0+\Delta L=L_0\left[1+\left(\frac{\Delta\delta}{\delta_0}\right)+\left(\frac{\Delta\delta}{\delta_0}\right)^2+\left(\frac{\Delta\delta}{\delta_0}\right)^3+\cdots\right] \tag{3-14}$$

由式（3-14）可求得电感增量 ΔL 和相对增量 $\Delta L/L_0$ 的表达式，即

$$\Delta L=L_0\frac{\Delta\delta}{\delta_0}\cdot\left[1+\left(\frac{\Delta\delta}{\delta_0}\right)+\left(\frac{\Delta\delta}{\delta_0}\right)^2+\cdots\right] \tag{3-15}$$

$$\frac{\Delta L}{L_0}=\frac{\Delta\delta}{\delta_0}\cdot\left[1+\left(\frac{\Delta\delta}{\delta_0}\right)+\left(\frac{\Delta\delta}{\delta_0}\right)^2+\cdots\right] \tag{3-16}$$

当衔铁下移 $\Delta\delta$ 时，传感器气隙增大 $\Delta\delta$，即 $\delta=\delta_0+\Delta\delta$，则此时输出电感为 $L=L_0-\Delta L$，代入式（3-6）式并整理，得

$$\Delta L=L_0\frac{\Delta\delta}{\delta_0}\cdot\left[1-\left(\frac{\Delta\delta}{\delta_0}\right)+\left(\frac{\Delta\delta}{\delta_0}\right)^2-\cdots\right] \tag{3-17}$$

$$\frac{\Delta L}{L_0}=\frac{\Delta\delta}{\delta_0}\left[1-\left(\frac{\Delta\delta}{\delta_0}\right)+\left(\frac{\Delta\delta}{\delta_0}\right)^2-\cdots\right] \tag{3-18}$$

对式（3-16）、式（3-18）作线性处理，忽略高次项，可得

$$\frac{\Delta L}{L_0}=\frac{\Delta\delta}{\delta_0} \tag{3-19}$$

灵敏度为

$$k_0=\frac{\dfrac{\Delta L}{L_0}}{\Delta\delta}=\frac{1}{\delta_0} \tag{3-20}$$

由此可见，变间隙式电感传感器的测量范围与灵敏度及线性度相矛盾，所以变隙式电感式传感器用于测量微小位移时是比较精确的。

4. 测量电路

电感式传感器的测量电路有交流电桥式、交流变压器式及谐振式等几种形式。

1）交流电桥式测量电路　图 3-5 所示为输出端对称交流电桥测量电路，把传感器的两个线圈作为电桥的两个桥臂 Z_1 和 Z_2，另外两个相邻的桥臂用纯电阻代替，对于高 Q 值（$Q=\omega L/R$）的差动式电感传感器，其输出电压为

$$\dot{U}_o=\frac{\dot{U}}{2}\cdot\frac{\Delta Z}{Z}=\frac{\dot{U}}{2}\cdot\frac{j\omega\Delta L}{R_0+j\omega L_0}\approx\frac{\dot{U}}{2}\cdot\frac{\Delta L}{L_0} \tag{3-21}$$

式中，L_0 为衔铁在中间位置时，单个线圈的电感；R_0 为其损耗；ΔL 为单线圈电感的变化量。

将 $\Delta L = L_0\Delta\delta/\delta_0$代入式（3-21）得 $\dot{U}_o = \frac{\dot{U}}{2}\cdot\frac{\Delta\delta}{\delta_0}$，可知电桥输出电压与 $\Delta\delta$ 相关，也与衔铁移动方向相关。

2）变压器式交流电桥测量电路 如图 3-6 所示，电桥两臂 Z_1、Z_2为传感器线圈阻抗，另外两个桥臂为交流变压器二次绕组的 1/2 阻抗。当负载阻抗为无穷大时，桥路输出电压

$$\dot{U}_o = \frac{Z_1\dot{U}}{Z_1+Z_2} - \frac{\dot{U}}{2} = \frac{Z_1-Z_2}{Z_1+Z_2}\cdot\frac{\dot{U}}{2} \tag{3-22}$$

当传感器的衔铁处于中间位置，即 $Z_1 = Z_2 = Z$ 时，有 $\dot{U}_o = 0$，电桥平衡。

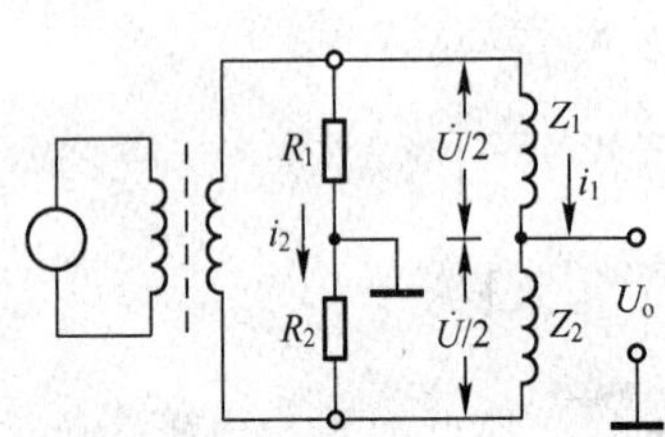

图 3-5 交流电桥式测量电路

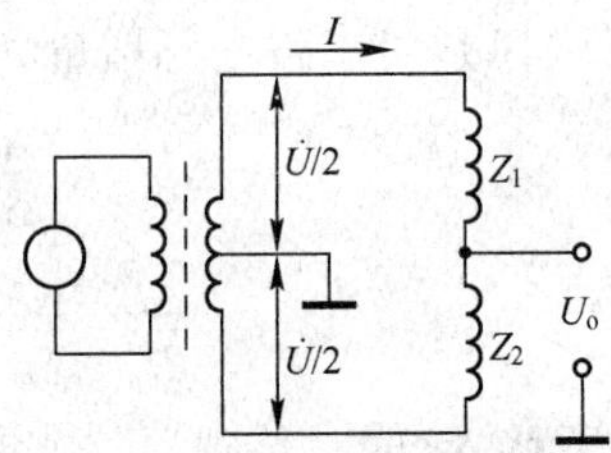

图 3-6 变压器式交流电桥测量电路

当传感器衔铁上移时，上面线圈的阻抗增加，而下面线圈的阻抗减小，即 $Z_1 = Z+\Delta Z$，$Z_2 = Z-\Delta Z$，此时

$$\dot{U}_o = \frac{\dot{U}}{2}\cdot\frac{\Delta Z}{Z} = \frac{\dot{U}}{2}\cdot\frac{\mathrm{j}\omega\Delta L}{R+\mathrm{j}\omega L} \tag{3-23}$$

当传感器衔铁下移时，则 $Z_1 = Z-\Delta Z$，$Z_2 = Z+\Delta Z$，此时

$$\dot{U}_o = -\frac{\dot{U}}{2}\cdot\frac{\Delta Z}{Z} = -\frac{\dot{U}}{2}\cdot\frac{\mathrm{j}\omega\Delta L}{R+\mathrm{j}\omega L} \tag{3-24}$$

设线圈 Q 值很高，忽略损耗电阻，则式（3-23）和式（3-24）可写为

$$\dot{U}_o = \pm\frac{\dot{U}}{2}\cdot\frac{\Delta L}{L} \tag{3-25}$$

从式（3-25）可知，衔铁上、下移动相同距离时，输出电压的大小相等，但方向相反，由于 $\dot{U}_o$ 是交流电压，输出指示无法判断位移方向，必须配合相敏检波电路来解决。

3）谐振式测量电路 谐振式测量电路分为谐振式调幅电路和谐振式调频电路两种，分别如图 3-7 和图 3-8 所示。

在调幅电路中，传感器电感 L 与电容 C 和变压器一次侧串联在一起，接入交流电源 $\dot{U}$，变压器二次侧将有电压 $\dot{U}_o$ 输出，输出电压的频率与电源频率相同，而幅值随着电感 L 而变化。图 3-7（b）所示为输出电压 $\dot{U}_o$ 与电感 L 的关系曲线，其中 L_0 为谐振点的电感值，此电路灵敏度很高，但线性较差，适用于线性要求不高的场合。

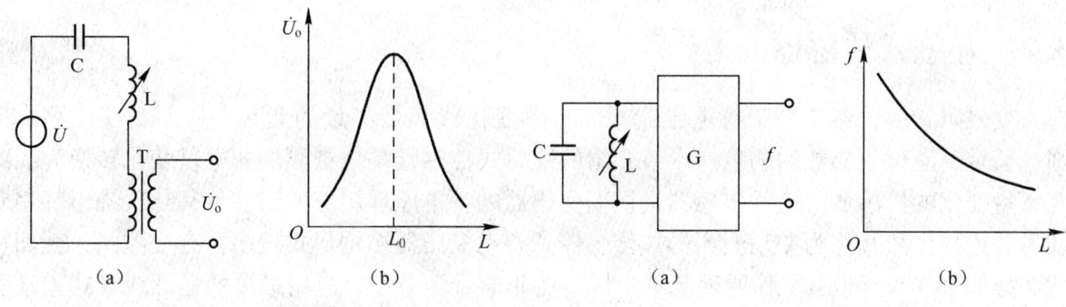

图 3-7　谐振式调幅电路　　　　图 3-8　谐振式调频电路

调频电路的基本原理是传感器电感 L 的变化将引起输出电压频率的变化。一般是把传感器电感 L 和电容 C 接入一个振荡回路中，其振荡频率 $f=\dfrac{1}{2\pi\sqrt{LC}}$。当 L 变化时，振荡频率随之变化，根据 f 的大小即可测出被测量的值。图 3-8（b）所示为谐振式调频电路的 $f-L$ 特性曲线，它具有明显的非线性关系。

5. 变磁阻式传感器的应用

图 3-9 所示的是变隙电感式压力传感器结构图。它由膜盒、铁心、衔铁及线圈等组成，衔铁与膜盒的上端连接在一起。

当压力进入膜盒时，膜盒的顶端在压力 P 的作用下产生与压力 P 大小成正比的位移，于是衔铁也发生移动，从而使气隙发生变化，流过线圈的电流也发生相应的变化，电流表指示值就反映了被测压力的大小。

图 3-10 所示为变隙式差动电感电压传感器。它主要由“C”形弹簧管、衔铁、铁心和线圈等组成。当被测压力进入“C”形弹簧管时，“C”形弹簧管产生变形，其自由端发生位移，带动与自由端连接成一体的衔铁运动，使线圈 1 和线圈 2 中的电感发生大小相等、符号相反的变化，即一个电感量增大，另一个电感量减小。电感的这种变化通过电桥电路转换成电压输出。由于输出电压与被测压力之间成比例关系，所以只要用检测仪表测量输出电压，即可得知被测压力的大小。

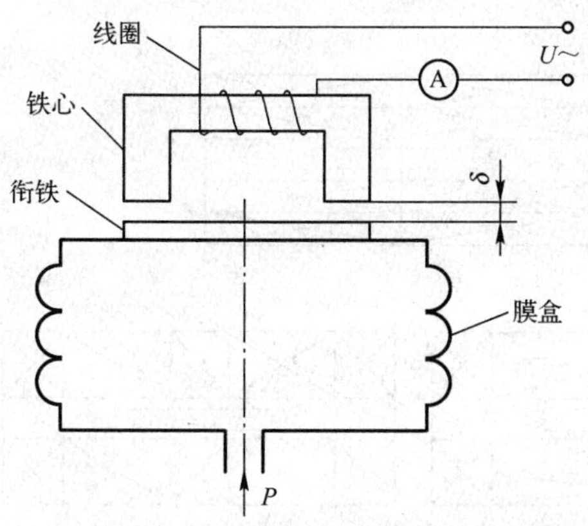

图 3-9　变隙电感式压力传感器结构图

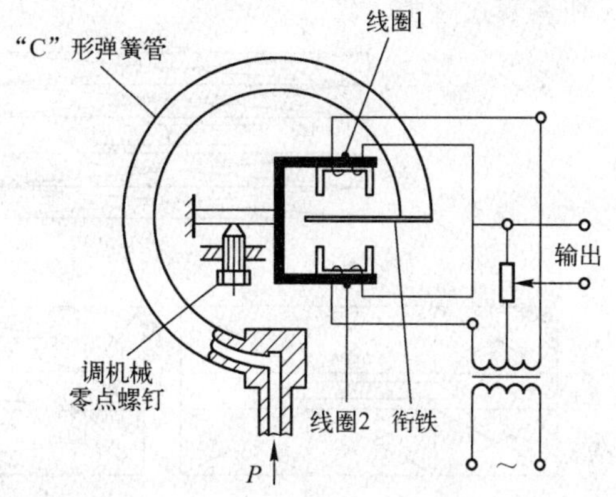

图 3-10　变隙式差动电感电压传感器

3.2 互感式传感器

变磁阻式传感器是基于将电感线圈的自感变化代替被测量的变化，从而实现位移、压强、荷重、液位等参数的测量。本节介绍的互感式传感器是把被测的非电量变化转换为线圈互感量变化的传感器。这种传感器是根据变压器的基本原理制成的，并且其二次绕组都用差动形式连接，故又称为差动变压器式传感器。差动变压器结构形式较多，有变隙式、变面积式和螺线管式等，但其工作原理基本一样。在非电量测量中，应用最多的是螺线管式差动变压器，它可以测量 1～100mm 范围内的机械位移，并具有测量精度高，灵敏度高，结构简单，性能可靠等优点。下面以螺线管式差动变压器为例，说明差动变压器式传感器的工作原理。

1. 工作原理

螺线管式差动变压器结构如图 3-11 所示。它由一个一次绕组，两个二次绕组和插入线圈中央的圆柱形铁心等组成。

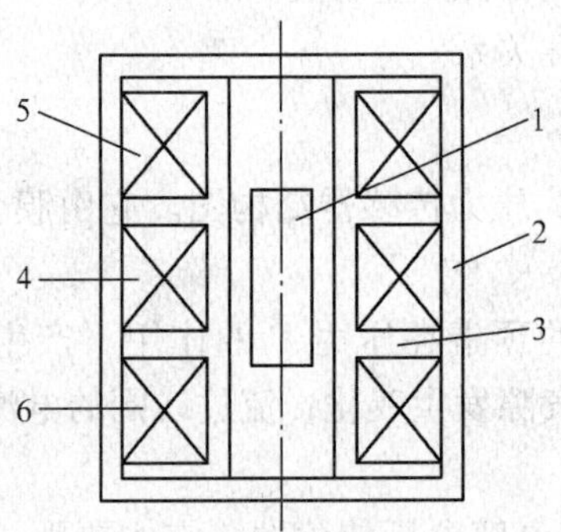

图 3-11 螺线管式差动变压器结构

1—活动衔铁；2—导磁外壳；3—骨架；4—匝数为 W_1 的一次绕组；
5—匝数为 W_{2a} 的二次绕组；6—匝数为 W_{2b} 的二次绕组

螺线管式差动变压器按绕组的排列方式不同，可分为一节、二节、三节、四节和五节式等类型，如图 3-12 所示。一节式灵敏度高，三节式零点残余电压较小，通常采用的是二节式和三节式两类。

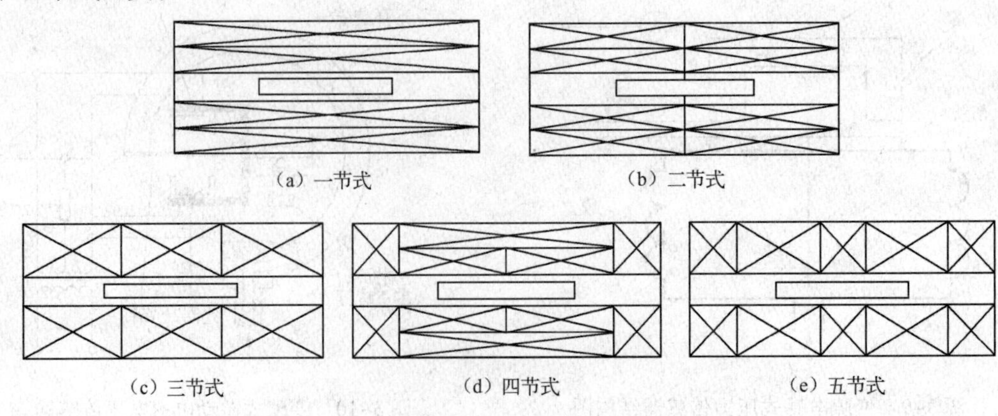

图 3-12 螺线管式差动变压器绕组的排列方式

差动变压器式传感器中两个二次绕组反向串联，并且在忽略铁损、导磁体磁阻和绕组分布电容的理想条件下，其等效电路如图 3-13 所示。当一次绕组 W_1 加以激励电压 $\dot{U}_1$ 时，根据变压器的工作原理，在两个二次绕组 W_{2a} 和 W_{2b} 中便会产生感应电势 $\dot{E}_{2a}$ 和 $\dot{E}_{2b}$。如果工艺上保证变压器结构完全对称，则当活动衔铁处于初始平衡位置时，必然会使其互感系数 $M_1=M_2$。根据电磁感应原理，将有 $\dot{E}_{2a}=\dot{E}_{2b}$。由于变压器两个二次绕组反向串联，因而 $\dot{U}_2=\dot{E}_{2a}-\dot{E}_{2b}=0$，即差动变压器输出电压为零。

活动衔铁向上移动时，由于磁阻的影响，W_{2a} 中磁通将大于 W_{2b}，使 $M_1>M_2$，因而 $\dot{E}_{2a}$ 增加，而 $\dot{E}_{2b}$ 减小；反之，$\dot{E}_{2b}$ 增加，$\dot{E}_{2a}$ 减小。因为 $\dot{U}_2=\dot{E}_{2a}-\dot{E}_{2b}$，所以当 $\dot{E}_{2a}$、$\dot{E}_{2b}$ 随着衔铁位移 x 变化时，$\dot{U}_2$ 也必将随 x 变化。图 3-14 给出了变压器输出电压 $\dot{U}_2$ 与活动衔铁位移 x 的关系曲线。实际上，当衔铁位于中心位置时，差动变压器输出电压并不等于零，我们把差动变压器在零位移时的输出电压称为零点残余电压，记作 $\Delta\dot{U}_o$，它的存在使传感器的输出特性不过零点，造成实际特性与理论特性不完全一致。

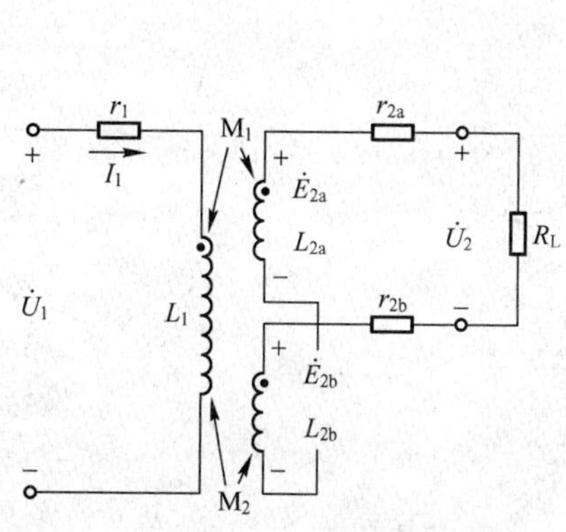

图 3-13　差动变压器等效电路

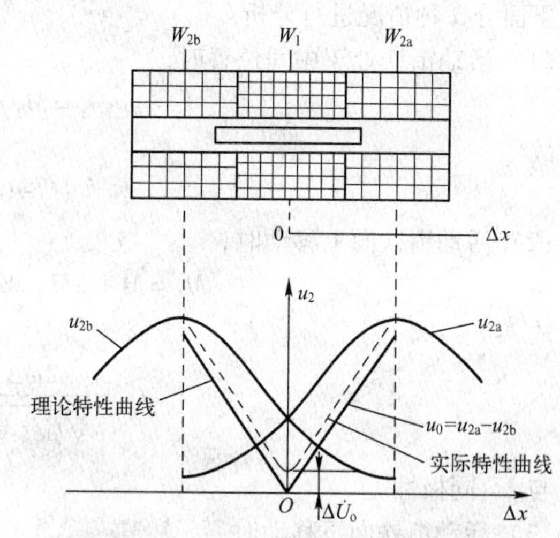

图 3-14　差动变压器输出电压特性曲线

零点残余电压主要是由传感器的两个二次绕组的电气参数与几何尺寸不对称，以及磁性材料的非线性等问题引起的。零点残余电压的波形十分复杂，主要由基波和高次谐波组成。基波产生的主要原因是，传感器的两个二次绕组的电气参数和几何尺寸不对称，导致它们产生的感应电势的幅值不等、相位不同，因此不论怎样调整衔铁位置，两个绕组中感应电势都不能完全抵消。高次谐波中起主要作用的是 3 次谐波，产生的原因是由于磁性材料磁化曲线存在非线性（磁饱和、磁滞）。零点残余电压一般在数十毫伏以下，在实际使用时，应设法减小 $\Delta\dot{U}_o$，否则将会影响传感器的测量结果。

2. 等效电路与计算

差动变压器等效电路如图 3-13 所示。当二次侧开路时，一次绕组激励电流为

$$\dot{I}_1 = \frac{\dot{U}_1}{r_1 + \mathrm{j}\omega L_1} \tag{3-26}$$

式中，ω 为激励电压 $\dot{U}_1$ 的角频率；$\dot{U}_1$ 为一次绕组激励电压；$\dot{I}_1$ 为一次绕组激励电流；r_1、L_1为一次绕组直流电阻和电感。

根据电磁感应定律，二次绕组中感应电势的表达式分别为

$$\dot{E}_{2a} = -\mathrm{j}\omega M_1 \dot{I}_1 \tag{3-27}$$

$$\dot{E}_{2b} = -\mathrm{j}\omega M_2 \dot{I}_1 \tag{3-28}$$

由于两个二次绕组反向串联，且考虑到二次侧开路，则由以上关系可得

$$\dot{U}_2 = \dot{U}_{2a} - \dot{U}_{2b} = -\frac{\mathrm{j}\omega(M_1 - M_2)\dot{U}}{r_1 + \mathrm{j}\omega L_1} \tag{3-29}$$

输出电压的有效值为

$$U_2 = \frac{\omega(M_1 - M_2)U_1}{\sqrt{r_1^2 + (\omega L_1)^2}} \tag{3-30}$$

下面分3种情况进行分析。

（1）活动衔铁处于中间位置时，

$$M_1 = M_2 = M$$

故

$$U_2 = 0$$

（2）活动衔铁向上移动时，

$$M_1 = M + \Delta M,\ M_2 = M - \Delta M$$

故

$$U_2 = \frac{2\omega \Delta M U_1}{\sqrt{r_1^2 + (\omega L_1)^2}}$$

与 $\dot{E}_{2a}$同极性。

（3）活动衔铁向下移动时，

$$M_1 = M - \Delta M,\ M_2 = M + \Delta M$$

故

$$U_2 = -\frac{2\omega \Delta M U_1}{\sqrt{r_1^2 + (\omega L_1)^2}}$$

与 $\dot{E}_{2b}$同极性。

3. 测量电路

差动变压器输出的是交流电压，若用交流电压表测量，只能反映衔铁位移的大小，而不能反映移动方向。另外，其测量值中将包含零点残余电压。为了达到能辨别移动方向及消除零点残余电压的目的，实际测量时，常常采用差动整流电路和相敏检波电路。

1）差动整流电路 差动整流电路具有结构简单，不需要考虑相位调整和零点残余电压

的影响，分布电容影响小和便于远距离传输等优点，因而获得广泛应用。这种电路是把差动变压器的两个二次绕组的输出电压分别整流，然后将整流的电压或电流的差值作为输出。下面结合图 3-15，分析差动整流工作原理，电阻 R_0用于调整零点残余电压。

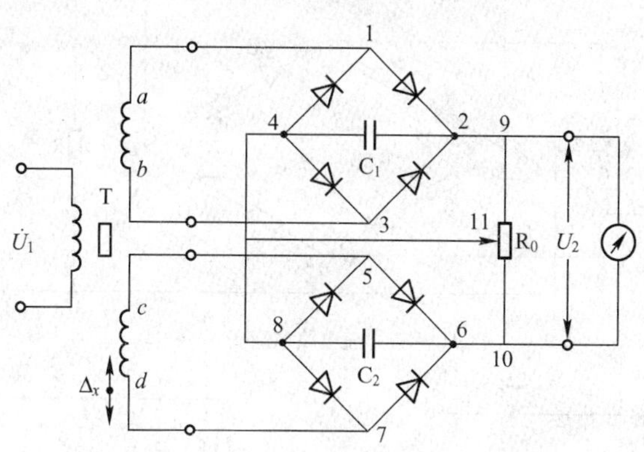

图 3-15　差动整流电路

从图 3-15 电路结构可知，不论两个二次绕组的输出瞬时电压极性如何，流经电容 C_1的电流方向总是从 2 到 4，流经电容 C_2的电流方向总是从 6 到 8，故整流电路的输出电压为

$$\dot{U}_2 = \dot{U}_{24} - \dot{U}_{68} \tag{3-31}$$

当衔铁在零位时，因为 $\dot{U}_{24} = \dot{U}_{68}$，所以 $\dot{U}_2 = 0$；当衔铁在零位以上时，因为 $\dot{U}_{24} > \dot{U}_{68}$，则 $\dot{U}_2 > 0$；而当衔铁在零位以下时，则有 $\dot{U}_{24} < \dot{U}_{68}$，则 $\dot{U}_2 < 0$。

2）相敏检波电路　图 3-16 所示为二极管相敏检波电路。VD_1、VD_2、VD_3、VD_4为 4 个性能相同的二极管，以同一方向串联成一个闭合回路，形成环形电桥。输入信号 u_2（差动变压器式传感器输出的调幅波电压）通过变压器 T_1加到环形电桥的一个对角线上。参考信号 u_s通过变压器 T_2加入环形电桥的另一个对角线上。输出信号 u_o从变压器 T_1与 T_2的中心抽头引出。平衡电阻 R 起限流作用，避免二极管导通时变压器 T_2的二次电流过大。R_L为负载电阻。u_o的幅值要远大于输入信号 u_2的幅值，以便有效控制 4 个二极管的导通状态，且 u_s和差动变压器式传感器激磁电压 u_1由同一振荡器供电，保证二者同频、同相（或反相）。

由图 3-17（a）、（c）、（d）可知，当位移 $\Delta x > 0$ 时，u_s、u_2同频同相；当位移 $\Delta x < 0$ 时，u_s与 u_2同频反相。

当 $\Delta x > 0$ 时，u_s与 u_2为同频同相，当 u_s与 u_2均为正半周时（见图 3-16（a）），环形电桥中二极管 VD_2、VD_4截止，VD_1、VD_3导通，则可得图 3-16（b）所示的等效电路。

根据变压器的工作原理，考虑到 O、M 分别为变压器 T_1、T_2的中心抽头，则有

$$u_{s1} = u_{s2} = \frac{u_s}{2n_2} \tag{3-32}$$

$$u_{21} = u_{22} = \frac{u_2}{2n_1} \tag{3-33}$$

式中，n_1，n_2为变压器 T_1、T_2的电压比。采用电路分析的基本方法，可求得图 3-15（b）所示电路的输出电压 u_o的表达式

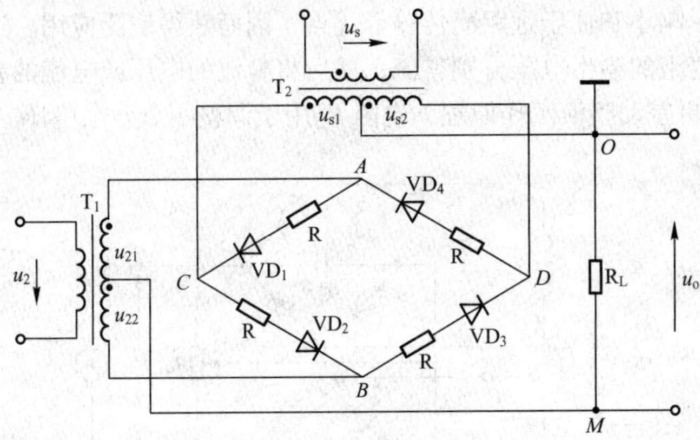

（a）相敏检波电路原理图

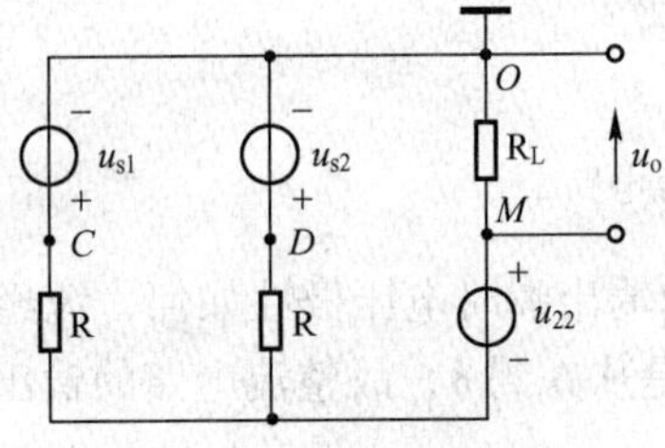

（b）u_s、u_2为正半周时等效电路

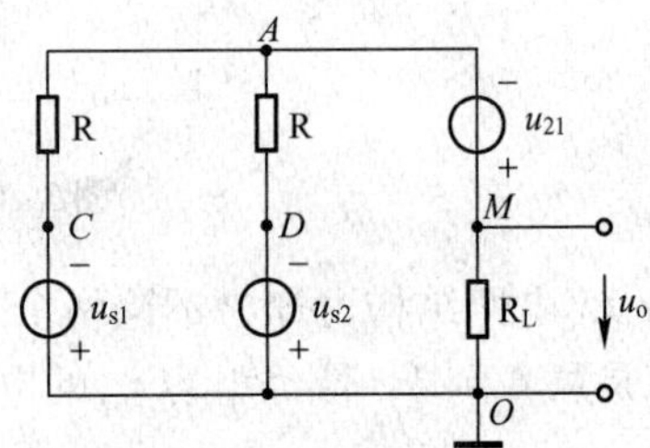

（c）u_s、u_2为负半周时等效电路

图 3-16　相敏检波电路

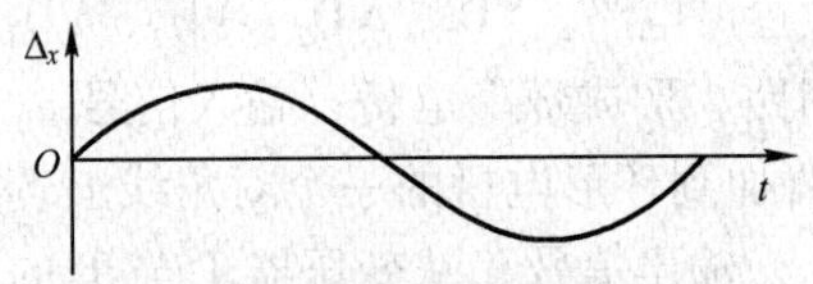

（a）被测位移变化波形图

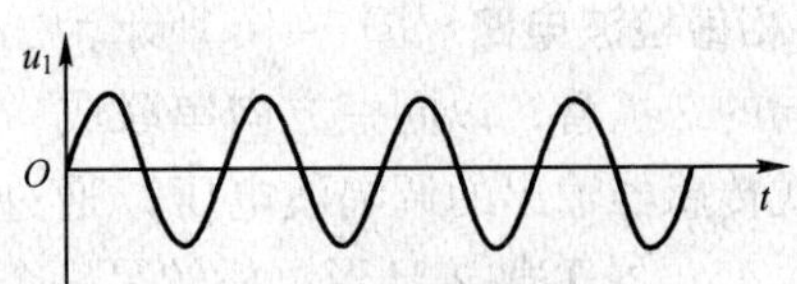

（b）差动变压器激励电压波形

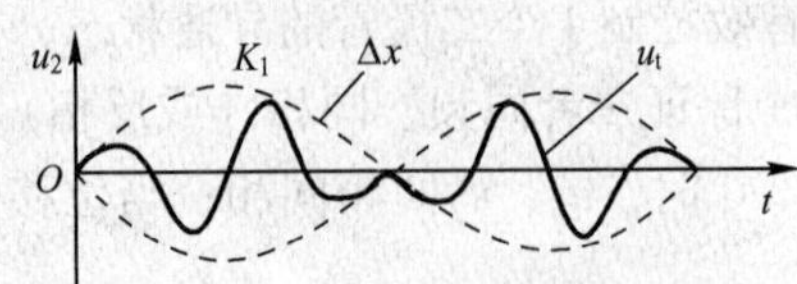

（c）差动变压器输出电压波形

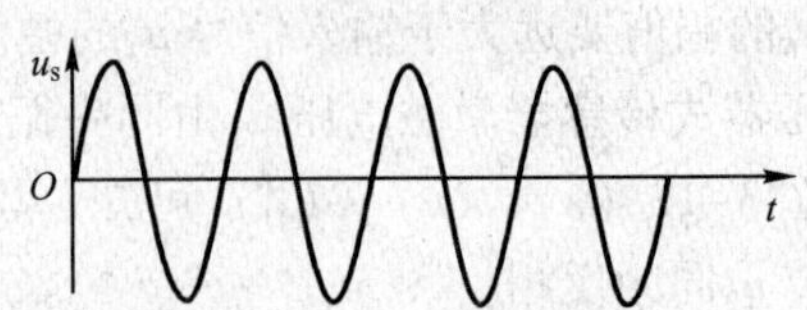

（d）相敏检波解调电压波形

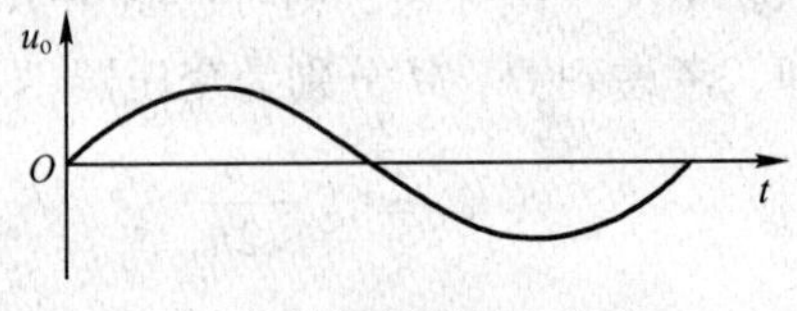

（e）相敏检波输出电压波形

图 3-17　波形图

$$u_o = \frac{R_L u_{22}}{\dfrac{R}{2} + R_L} = \frac{R_L u_2}{n_1(R_1 + 2R_L)} \tag{3-34}$$

同理，当 u_2与 u_s均为负半周时，二极管 VD_1、VD_3截止，VD_2、VD_4导通，其等效电路如图 3-15（c）所示，输出电压 u_o表达式与式（3-34）相同，说明只要位移 $\Delta x > 0$，不论 u_2与 u_s是正半周还是负半周，负载 R_L两端得到的电压 u_o始终为正。

当 $\Delta x < 0$ 时，u_2与 u_s为同频反相。采用上述分析方法不难得知，当 $\Delta x < 0$ 时，不论 u_2与 u_o是正半周还是负半周，负载电阻 R_L两端得到的输出电压 u_o表达式均为

$$u_o = -\frac{R_L u_2}{n_1(R + 2R_L)} \tag{3-35}$$

所以，上述相敏检波电路输出电压 u_o的变化规律充分反映了被测位移量的变化规律，即 u_o的值反映位移 Δx 的大小，而 u_o的极性则反映了位移 Δx 的方向。

4. 差动变压器式传感器的应用

利用差动变压器式传感器可以测量低速运动物体的即时速度。该差动变压器测速装置的测量电路包括加法器及其所需的交、直流激励电源，电压跟随器、减法器、滤波器、放大器等电路，如图 3-18 所示。

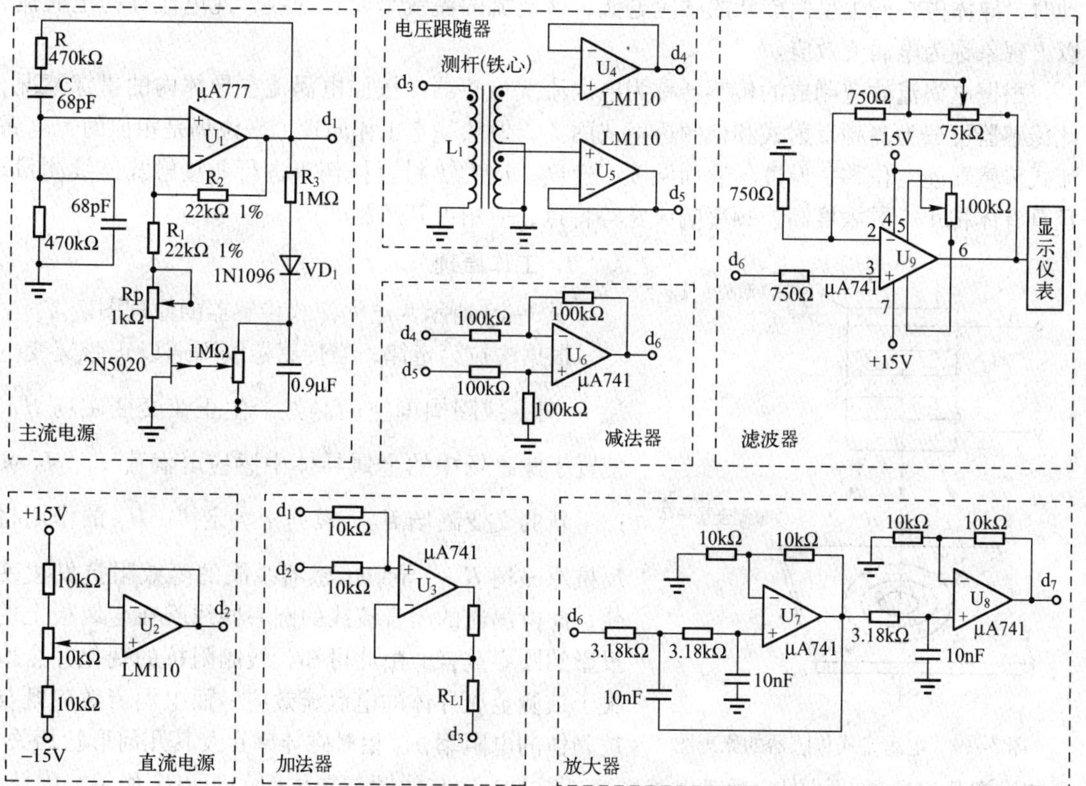

图 3-18　差动变压器测速装置测量电路

差动变压器一次绕组的励磁电流为交流、直流同时供给，通过加法器后的电流即为差动变压器的一次电流。交流电源和一个直流电源分别由文氏桥振荡器和直流电源电路产生。文氏桥振荡器提供的正弦电压的频率$f=1/2\pi RC\approx 5\text{kHz}$，场效应晶体管工作在线性电阻区，提供自动增益控制。为了满足稳定振荡条件的正反馈，运算放大器的闭环增益必须不小于3。R_1与R_p之和应选择得比R_1的电阻值约小1kΩ。场效应晶体管作为一个动态微调电阻，以保证合适的闭环增益。R_3和VD_1组成隔离、整流和滤波电路，将输出的正弦波转换为直流电压，去控制场效应晶体管的栅极，由于使用了低漏－源电压，场效应晶体管对栅－源电压提供了一个对称的线性电阻。

电压跟随器电路的输入阻抗很大，常作为隔离级使用。本例中选用集成电压跟随器LM110，其输入电阻为106MΩ（也可选用其他运算放大器）。两个电压跟随器输出的信号经U_6组成的减法器后，信号中既含有直流成分又含有交流成分，必须使其仅含有交流成分，这样才能使输出电压正比于速度，因此设计了3阶低通滤波器。最后将输出信号经适当放大后输出到显示仪表上。

3.3　电涡流式传感器

根据法拉第电磁感应原理，将块状金属导体置于变化磁场中或在磁场中作切割磁力线运动时，导体内将产生呈涡旋状的感应电流，该电流的流线呈闭合回线，此电流称为电涡流，以上现象称为电涡流效应。

根据电涡流效应制成的传感器称为电涡流式传感器。按照电涡流在导体内的贯穿情况，此传感器可分为高频反射式和低频透射式两类，但从基本工作原理上来说仍是相似的。电涡流式传感器能对位移、厚度、表面温度、速度、应力、材料损伤等进行非接触式连续测量，且具有体积小、灵敏度高、频率响应宽等特点，应用极其广泛。

1. 工作原理

图3-19所示为电涡流式传感器的原理图。

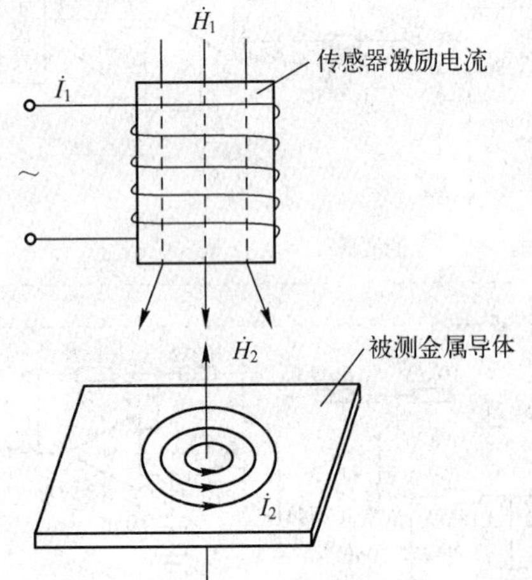

图3-19　电涡流式传感器的原理图

根据法拉第定律，当传感器线圈通以正弦交变电流$\dot{I}_1$时，线圈周围空间必然产生正弦交变磁场$\dot{H}_1$，使置于此磁场中的金属导体中感应电涡流$\dot{I}_2$，$\dot{I}_2$又产生新的交变磁场$\dot{H}_2$。根据楞次定律，$\dot{H}_2$的作用将反抗原磁场$\dot{H}_1$，导致传感器线圈的等效阻抗发生变化，此电涡流的闭合流线的圆心同线圈在金属板上的投影的圆心重合。由此可知，线圈阻抗的变化完全取决于被测金属导体的电涡流效应。而电涡流效应既与被测体的电阻率ρ、相对磁导率μ及其几何形状相关，又与线圈几何参数、线圈中激磁电流频率f相关，还与线圈与导体间的距离x相关。因此，传感器线圈受电涡流影响时的等效阻抗Z的函数关系式为

$$Z=F(\rho,\mu,r,f,x) \tag{3-36}$$

式中，ρ 为被测体的电阻率；μ 为相对磁导率；r 为线圈与被测体的尺寸因子；f 为线圈激磁电流的频率；x 为线圈与导体间的距离。

如果保持式（3-36）中其他参数不变，而只改变其中一个参数，传感器线圈阻抗 Z 就仅为这个参数的单值函数。通过与传感器配用的测量电路测出阻抗 Z 的变化量，即可实现对该参数的测量。

2. 基本特性

电涡流式传感器简化模型如图 3-20 所示。模型中把在被测金属导体上形成的电涡流等效成一个短路环，即假设电涡流仅分布在环体之内，模型中涡流渗透深度 h 由式（3-37）求得

$$h = 5000\sqrt{\frac{\rho}{\mu f}} \tag{3-37}$$

根据简化模型，可绘制出如图 3-21 所示的等效电路图。图中 R_2 为电涡流短路环等效电阻，其表达式为

$$R_2 = \frac{2\pi\rho}{h\ln\frac{r_a}{r_i}} \tag{3-38}$$

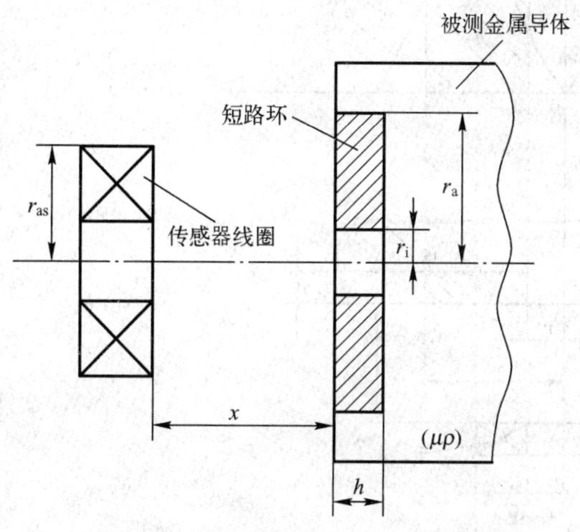

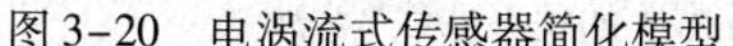

图 3-20　电涡流式传感器简化模型

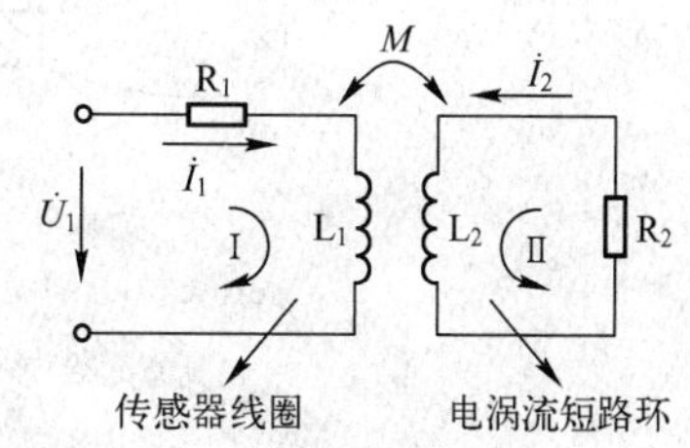

图 3-21　电涡流式传感器等效电路

根据基尔霍夫第二定律，可列出如下方程

$$\left.\begin{aligned} R_1\dot{I}_1 + \mathrm{j}\omega L_1\dot{I}_1 - \mathrm{j}\omega M\dot{I}_2 = \dot{U}_1 \\ -\mathrm{j}\omega M\dot{I}_1 + R_2\dot{I}_2 + \mathrm{j}\omega L_2\dot{I}_2 = 0 \end{aligned}\right\} \tag{3-39}$$

式中，ω 为线圈激磁电流角频率；R_1、L_1 为线圈电阻和电感；L_2 为短路环等效电感；R_2 为短路环等效电阻；M 为互感系数。

由式（3-39）解得等效阻抗 Z 的表达式为

$$Z = \frac{\dot{U}_1}{\dot{I}_1} = R_1 + \frac{\omega^2 M^2}{R_2^2 + (\omega L_2)^2}R_2 + \mathrm{j}\omega\left[L_1 - \frac{\omega^2 M^2}{R_2^2 + (\omega L_2)^2}L_2\right]$$

$$= R_{eq} + j\omega L_{eq} \tag{3-40}$$

式中，R_{eq}为线圈受电涡流影响后的等效电阻；L_{eq}为线圈受电涡流影响后的等效电感。

线圈的等效品质因数 Q 值为

$$Q = \frac{\omega L_{eq}}{R_{eq}} \tag{3-41}$$

由式（3-40）可知，由于涡流的影响，线圈阻抗的实数部分增大，虚数部分减小，因此线圈 Q 值下降；同时看到，电涡流式传感器等效电路参数均是互感系数和电感 L、L_1的函数，故把这类传感器归为电感式传感器。

3. 电涡流形成范围

1）电涡流的径向形成范围　线圈—导体系统产生的电涡流密度既是线圈与导体间距离 x 的函数，又是沿线圈半径方向 r 的函数。当 x 一定时，电涡流密度 J 与半径 r 的关系曲线如图 3-22 所示。

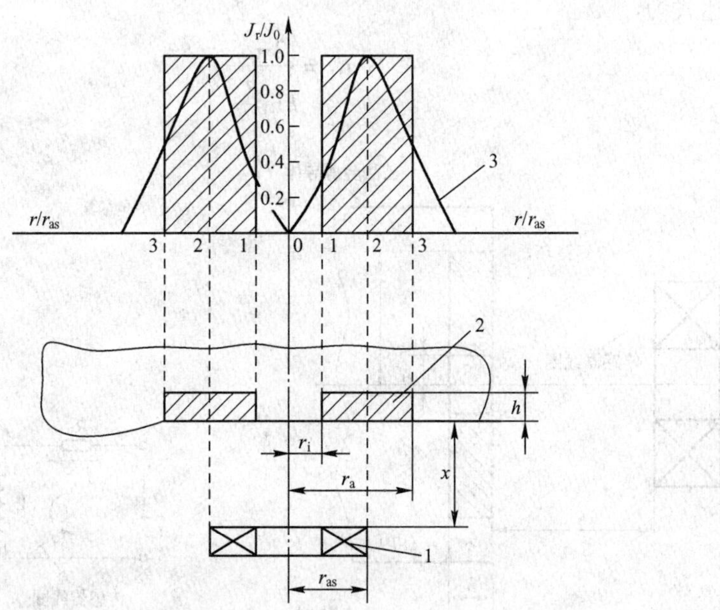

图 3-22　电涡流密度 J 与半径 r 的关系曲线

图中 J_0为金属导体表面电涡流密度，即电涡流密度最大值。J_r为半径 r 处的金属导体表面电涡流密度。由图 3-22 可知：

☺ 电涡流径向形成的范围大约在传感器线圈外径 r_{as} 的 1.8～2.5 倍范围内，且分布不均匀。

☺ 电涡流密度在短路环半径 $r=0$ 处为零。

☺ 电涡流的最大值在 $r=r_{as}$ 附近的一个狭窄区域内。

☺ 可以用一个平均半径为 r_{as}（$r_{as}=(r_i+r_a)/2$）的短路环来集中表示分散的电涡流（图中阴影部分）。

2）电涡流强度与距离的关系　理论分析和实验都已证明，当 x 改变时，电涡流密度发

生变化，即电涡流强度随距离 x 的变化而变化。根据线圈—导体系统的电磁作用，可以得到金属导体表面的电涡流强度为

$$I_2 = I_1\left[1 - \frac{x}{\sqrt{x^2 + r_{as}^2}}\right] \tag{3-42}$$

式中，I_1为线圈激励电流；I_2为金属导体中等效电流；x 为线圈到金属导体表面距离；r_{as}为线圈外径。

根据式（3-42）绘制出的归一化曲线如图 3-23 所示。

以上分析表明：

☺ 电涡流强度与距离 x 呈非线性关系，且随着 x/r_{as} 的增加而迅速减小。

☺ 当利用电涡流式传感器测量位移时，只有在 $x/r_{as} \leqslant 1$（一般取 0.05～0.15）的范围才能得到较好的线性和较高的灵敏度。

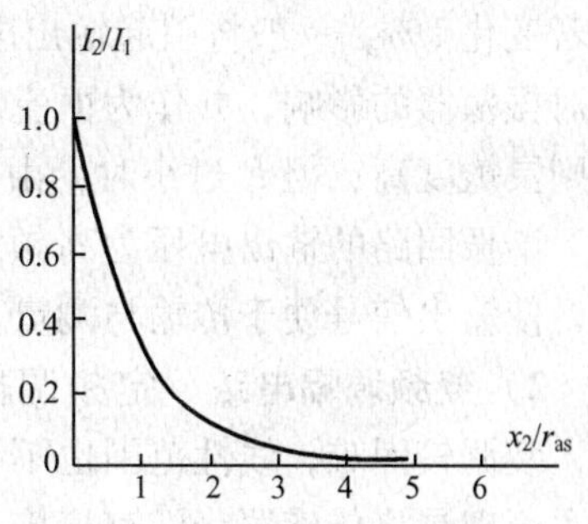

图 3-23　电涡流强度与距离归一化曲线

3）电涡流的轴向贯穿深度　电涡流的贯穿深度是指把电涡流强度减小到表面强度的 1/e 处的表面厚度。由于金属导体的趋肤效应，电涡流沿金属导体纵向厚度的分布是不均匀的，其分布按指数规律衰减，可用式（3-43）表示：

$$J_d = J_0 e^{-d/h} \tag{3-43}$$

式中，d 为金属导体中某一点至表面的距离；J_d为沿 H_1 轴向 d 处的电涡流密度；J_0为金属导体表面电涡流密度，即电涡流密度最大值；h 为电涡流轴向贯穿深度（趋肤深度）。

由式 3-37 可知，被测体电阻率越大，相对磁导率越小，以及传感器线圈的激磁电流频率越低，则电涡流贯穿深度 h 越大。

4. 测量电路

根据电涡流式传感器的工作原理，其测量电路有 3 种，即谐振电路、电桥电路和 Q 值测试电路。这里主要介绍谐振电路。目前所用的谐振电路有 3 种类型，即定频调幅式、变频调幅式和调频式。

1）定频调幅电路　图 3-24 所示为定频调幅电路原理框图。图中 L 为传感器线圈电感，与电容 C 组成并联谐振回路，晶体振荡器提供高频激励信号。在无被测导体时，LC 并联谐振回路调谐在与晶体振荡器频率一致的谐振状态，这时回路阻抗最大，回路压降最大（图 3-25 中 U_0）。

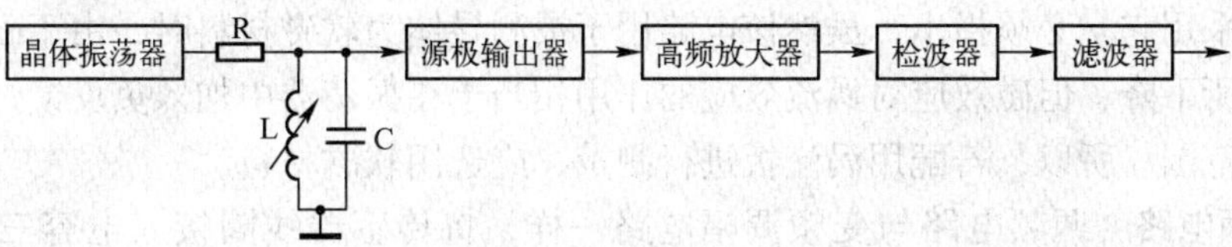

图 3-24　定频调幅电路原理框图

当传感器接近被测导体时，损耗功率增大，回路失谐，输出电压相应变小。这样，在一定范围内，输出电压幅值与间隙（位移）呈近似线性关系。由于输出电压的频率 f_0 始终恒定，因此称为定频调幅式。

LC 回路谐振频率的偏移如图 3-25 所示。当被测导体为软磁材料时，由于 L 增大而使谐振频率下降（向左偏移）。当被测导体为非软磁材料时则反之（向右偏移）。这种电路采用石英晶体振荡器，旨在获得高稳定度频率的高频激励信号，以保证输出的稳定。因为振荡频率若变化 1%，一般将引起输出电压 10% 的漂移。图 3-24 中 R 为耦合电阻，用来减小传感器对振荡器的影响，并作为恒流源的内阻。R 的大小直接影响灵敏度：R 大则灵敏度低，R 小则灵敏度高；但 R 过小时，由于对振荡器起旁路作用，也会使灵敏度降低。

谐振回路的输出电压为高频载波信号，信号较小，因此设有高频放大、检波和滤波等环节，使输出信号便于传输与测量。图中源极输出器是为减小振荡器的负载而加的。

2）变频调幅电路　定频调幅电路虽然有很多优点，并获得广泛应用，但其线路较复杂，装调较困难，线性范围也不够宽。因此，人们又研究了一种变频调幅电路，这种电路的基本原理是将传感器线圈直接接入电容三点式振荡回路。当导体接近传感器线圈时，由于涡流效应的作用，振荡器输出电压的幅度和频率都发生变化，利用振荡幅度的变化来检测线圈与导体间的位移变化，而对频率变化不予理会。变频调幅电路的谐振曲线如图 3-26 所示。无被测导体时，振荡回路的 Q 值最高，振荡电压幅值最大，振荡频率为 f_0。当有金属导体接近线圈时，涡流效应使回路 Q 值降低，谐振曲线变钝，振荡幅度降低，振荡频率也发生变化。当被测导体为软磁材料时，由于磁效应的作用，谐振频率降低，曲线左移；被测导体为非软磁材料时，谐振频率升高，曲线右移。所不同的是，振荡器输出电压不是各谐振曲线与 f_0 的交点，而是各谐振曲线峰点的连线。

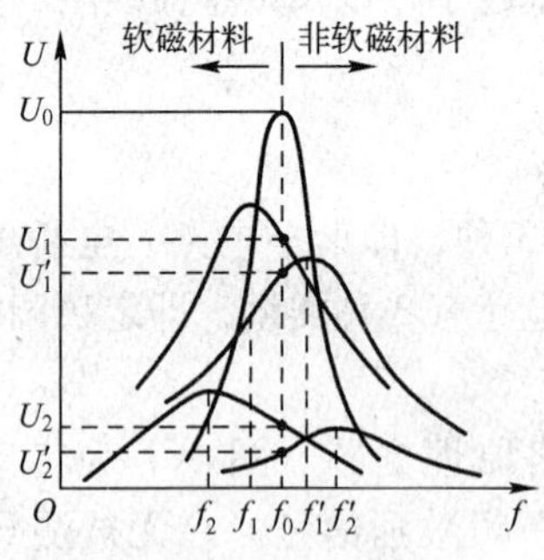

图 3-25　定频调幅谐振曲线

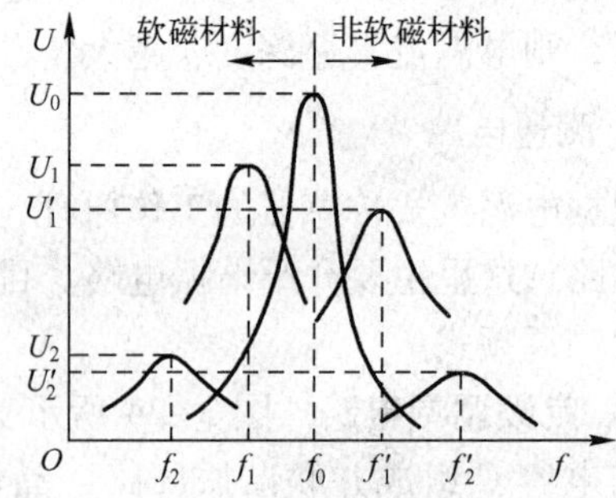

图 3-26　变频调幅谐振曲线

这种电路除结构简单、成本较低外，还具有灵敏度高、线性范围宽等优点，因此在监控等场合中常采用它。必须指出，虽然该电路用于被测导体为软磁材料时，由于磁效应的作用使灵敏度有所下降，但磁效应对涡流效应的作用相当于在振荡器中加入负反馈，因而能获得很宽的线性范围。所以，若配用涡流板进行测量，应选用软磁材料。

3）调频电路　调频电路与变频调幅电路一样，将传感器线圈接入电容三点式振荡回路，所不同的是，以振荡频率的变化作为输出信号。若欲以电压作为输出信号，则应后接鉴频器。这种电路的关键是提高振荡器的频率稳定度。通常可以从环境温度变化、电缆电容变

化及负载影响 3 个方面考虑。

提高谐振回路元件本身的稳定性也是提高频率稳定度的一个重要措施。为此，传感器线圈 L 可采用热绕工艺绕制在低膨胀系数材料的骨架上，并配以高稳定的云母电容或具有适当负温度系数的电容（进行温度补偿）作为谐振电容 C。此外，提高传感器探头的灵敏度也能提高仪器的相对稳定性。

5. 电涡流式传感器的应用

1）测位移　电涡流式传感器的主要用途之一是用于测量金属件的静态或动态位移，最大量程达数百毫米，分辨率为 0.1%。目前电涡流位移传感器的分辨力最高已做到 0.05μm（量程 0～15μm）。凡是可转换为位移量的参数，都可用电涡流式传感器测量，如机器转轴的轴向窜动、金属材料的热膨胀系数、钢水液位、纱线张力、流体压力等。

图 3-27 所示为用电涡流式传感器构成的液位监控系统，通过浮子 3 与杠杆带动涡流板 1 上下位移，由电涡流式传感器 2 发出信号控制电动泵的启/停而使液位保持一定。

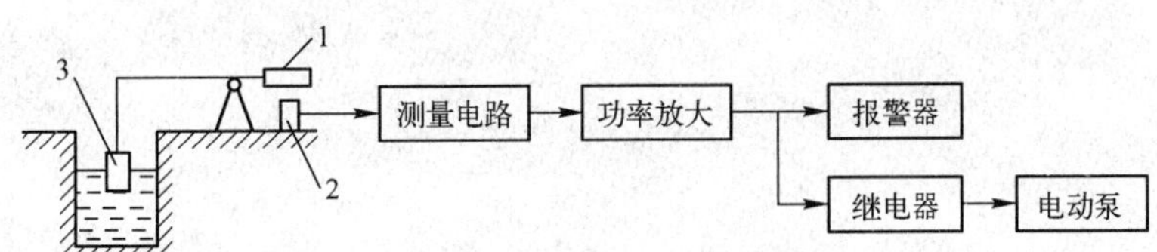

图 3-27　液位监控系统

利用电涡流式传感器测位移，由于测量范围宽，反应速度快，可实现非接触测量，常用于在线检测。

2）涡流探伤　涡流探伤可以用来检查金属的表面裂纹、热处理裂纹，以及用于焊接部位的探伤等。综合参数（x，ρ，μ）的变化将引起传感器参数的变化，通过测量传感器参数的变化即可达到探伤的目的。

在探伤时，导体与线圈之间有相对运动速度，在测量线圈上就会产生调制频率信号。在探伤时，重要的是缺陷信号和干扰信号比。为了获得需要的频率而采用滤波器，使某一频率的信号通过，而将干扰频率信号衰减。图 3-28 所示为用涡流探伤时的测量信号。

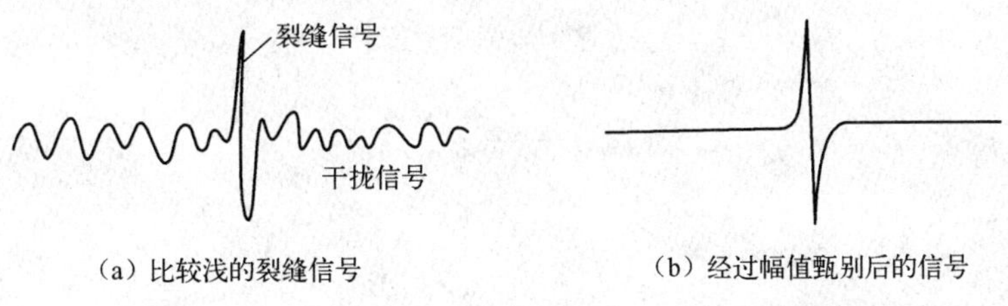

（a）比较浅的裂缝信号　　（b）经过幅值甄别后的信号

图 3-28　用于涡流探伤时的测量信号

除上述应用外，电涡流式传感器还可利用磁导率与硬度有关的特性实现非接触式硬度连续测量；利用转矩变化引起的振荡器幅值和频率的变化可实现非接触转速测量等。

习题

（1）为什么电感式传感器一般都采用差动形式？

（2）交流电桥的平衡条件是什么？

（3）涡流的形成范围和贯穿深度与哪些因素有关？被测体对涡流式传感器的灵敏度有何影响？

（4）涡流式传感器的主要优点是什么？

（5）除了能测量位移外，电涡流式传感器还能测量哪些非电量？

第4章 电容式传感器

电容式传感器是实现非电量到电容量转化的一类传感器，它可以应用于位移、振动、角度、加速度等参数的测量中。由于电容式传感器结构简单、体积小、分辨率高，且可非接触测量，因此很有应用前景。

4.1 电容式传感器的工作原理和结构

由绝缘介质分开的两个平行金属板组成的平板电容器，如果不考虑边缘效应，其电容量为

$$C=\frac{\varepsilon A}{d} \tag{4-1}$$

式中，ε 为电容极板间介质的介电常数，$\varepsilon=\varepsilon_0\cdot\varepsilon_r$，其中 ε_0 为真空介电常数，ε_r 为极板间介质相对介电常数；A 为两平行板所覆盖的面积；d 为两平行板之间的距离。

当被测参数变化使得式（4-1）中的 A，d 或 ε 发生变化时，电容量 C 也随之变化。如果保持其中两个参数不变，而仅改变其中一个参数，就可把该参数的变化转换为电容量的变化，通过测量电路就可将其转换为电量输出。因此，电容式传感器可分为变极距型、变面积型和变介质型 3 种类型。

在实际使用时，电容式传感器常以改变平行板间距 d 来进行测量，因为这样获得的测量灵敏度高于改变其他参数的电容传感器的灵敏度。改变平行板间距 d 的传感器可以测量微米数量级的位移，而改变面积 A 的传感器只适用于测量厘米数量级的位移。

1. 变极距型电容传感器

图 4-1 所示为变极距型电容式传感器的原理图。当传感器的 ε_r 和 A 为常数，初始极距为 d_0 时，由式（4-1）可知其初始电容量 C_0 为

$$C_0=\frac{\varepsilon_0\varepsilon_r A}{d_0} \tag{4-2}$$

若电容器极板间距离由初始值 d_0 缩小 Δd，电容量增大 ΔC，则有

$$C=C_0+\Delta C=\frac{\varepsilon_0\varepsilon_r A}{d_0-\Delta d}=\frac{C_0\left(1+\frac{\Delta d}{d_0}\right)}{1-\frac{(\Delta d)^2}{d_0^2}} \tag{4-3}$$

由式（4-3）可知，传感器的输出特性 $C=f(d)$ 是非线性的，如图 4-2 所示。

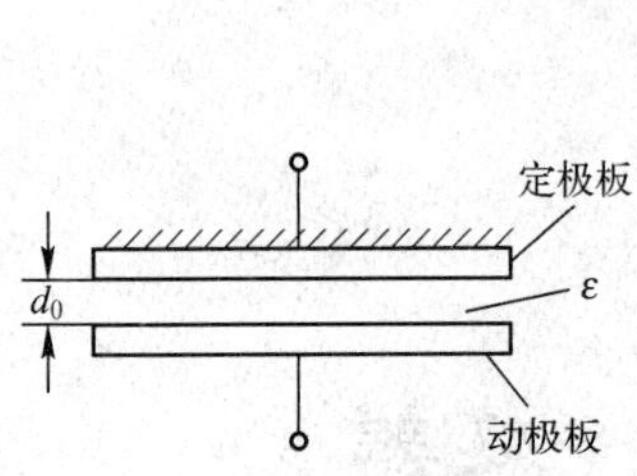

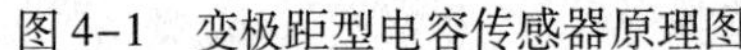

图 4-1　变极距型电容传感器原理图

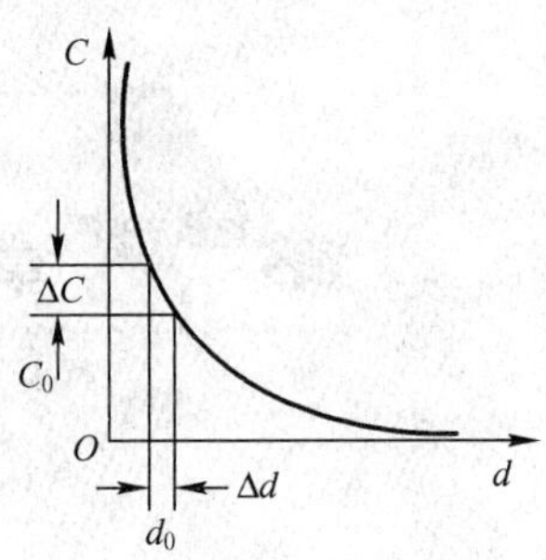

图 4-2　电容量与极板间距离的关系

在式（4-3）中，当 $\Delta d/d_0 \ll 1$ 时，$1-\frac{(\Delta d)^2}{d_0^2}\approx 1$，则式（4-3）可简化为

$$C=C_0+C_0\frac{\Delta d}{d_0} \tag{4-4}$$

此时 C_1 与 Δd 呈近似线性关系，所以变极距型电容式传感器只有在 $\Delta d/d_0$ 很小时，才有近似的线性输出。

另外，由式（4-4）可以看出，在 d_0 较小时，对于同样的 Δd 变化所引起的 ΔC 可以增大，从而使传感器灵敏度提高。但 d_0 过小容易引起电容器击穿或短路。为此，极板间可采用高介电常数的材料（云母、塑料膜等）作为介质。云母片的相对介电常数是空气的 7 倍，其击穿电压不小于 1000kV/mm，而空气的仅为 3kV/mm。因此，采用云母片，极板间起始距离可大大减小，同时传感器的输出特性的线性度得到改善。

一般变极板间距离电容式传感器的起始电容在 20～30pF 之间，极板间距离在 25～200μm 的范围内，最大位移应小于间距的 1/10，故在微位移测量中应用最广。

2. 变面积型电容式传感器

图 4-3 所示的是变面积型电容式传感器原理结构示意图。被测量通过动极板移动引起两极板有效覆盖面积 S 改变，从而改变电容量。当动极板相对于定极板沿长度 a 方向平移 Δx 时，可得

$$\Delta C=C-C_0=-\frac{\varepsilon_0\varepsilon_r b\Delta x}{d} \tag{4-5}$$

式中，$C_0=\varepsilon_0\varepsilon_r ba/d$ 为初始电容。电容相对变化量为

$$\frac{\Delta C}{C_0}=\frac{\Delta x}{a} \tag{4-6}$$

很明显，这种形式的传感器其电容量 C 与水平位移 Δx 呈线性关系，因而其量程不受线性范围的限制，适合于测量较大的直线位移和角位移。它的灵敏度为

$$s=\frac{\Delta C}{\Delta x}=\frac{\varepsilon_0\varepsilon_r b}{d} \tag{4-7}$$

图 4-4 所示的是电容式角位移传感器原理图。当动极板有一个角位移 θ 时，与定极板间的有效覆盖面积就会改变，从而改变了两个极板间的电容量。当 $\theta=0$ 时，则

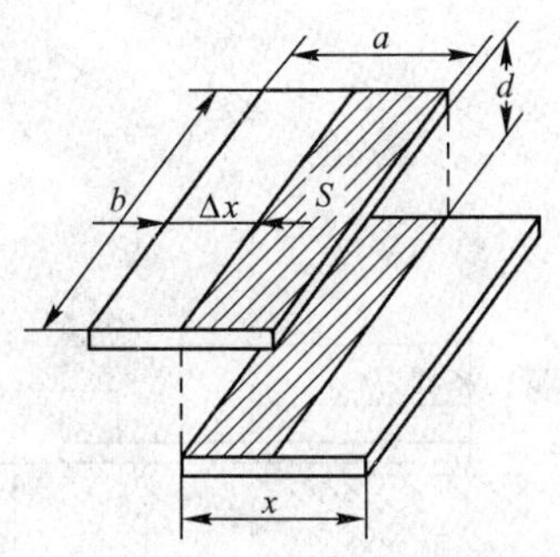

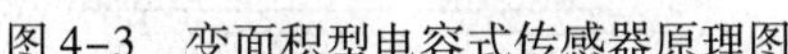

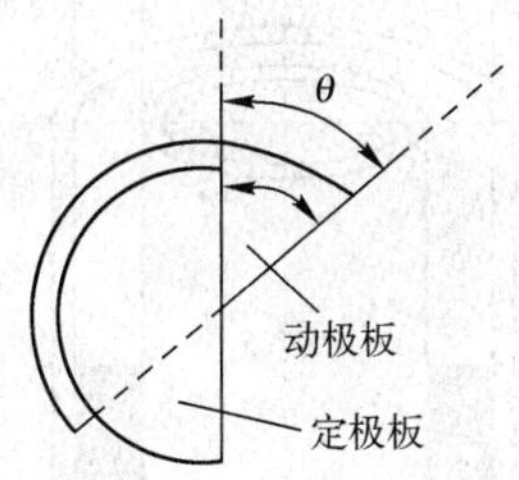

图 4–3　变面积型电容式传感器原理图　　　　图 4–4　电容式角位移传感器原理图

$$C_0=\frac{\varepsilon_0\varepsilon_r A_0}{d_0} \tag{4-8}$$

式中，ε_r为介质相对介电常数；d_0为两极板间距离；A_0为两极板间初始覆盖面积。

当 $\theta\neq 0$ 时，则

$$C=\frac{\varepsilon_0\varepsilon_r A_0\left(1-\frac{\theta}{\pi}\right)}{d_0}=C_0-C_0\frac{\theta}{\pi} \tag{4-9}$$

从式（4–9）可以看出，传感器的电容量 C 与角位移 θ 呈线性关系。

3. 变介质型电容式传感器

图 4–5 所示的是一种变极板间介质的电容式传感器用于测量液位高低的结构原理图。设被测介质的介电常数为 ε_1，液面高度为 h，变换器总高度为 H，内筒外径为 d，外筒内径为 D，则此时变换器电容值为

$$\begin{aligned}C&=\frac{2\pi\varepsilon_1 h}{\ln\frac{D}{d}}+\frac{2\pi\varepsilon(H-h)}{\ln\frac{D}{d}}=\frac{2\pi\varepsilon H}{\ln\frac{D}{d}}+\frac{2\pi h(\varepsilon_1-\varepsilon)}{\ln\frac{D}{d}}\\&=C_0+\frac{2\pi(\varepsilon_1-\varepsilon)\cdot h}{\ln\frac{D}{d}}\end{aligned} \tag{4-10}$$

式中，ε 为空气介电常数；C_0为由变换器的基本尺寸决定的初始电容值，即 $C_0=\frac{2\pi\varepsilon H}{\ln\frac{D}{d}}$。

由式（4–10）可见，此变换器的电容增量正比于被测液位高度 h。变介质型电容式传感器有较多的结构形式，可以用于测量纸张、绝缘薄膜等的厚度，也可用于测量粮食、纺织品、木材或煤等非导电固体介质的水分含量。图 4–6 所示的是一种常用的结构形式。图中两个平行电极固定不动，极距为 d_0，相对介电常数为 ε_{r2}的电介质以不同深度插入电容器中，从而改变两种介质的极板覆盖面积。传感器总电容量 C 为

$$C=C_1+C_2=\varepsilon_0 b_0\frac{\varepsilon_{r1}(L_0-L)+\varepsilon_{r2}L}{d_0} \tag{4-11}$$

式中，L_0，b_0为极板长度和宽度；L 为第 2 种介质进入极板间的长度。

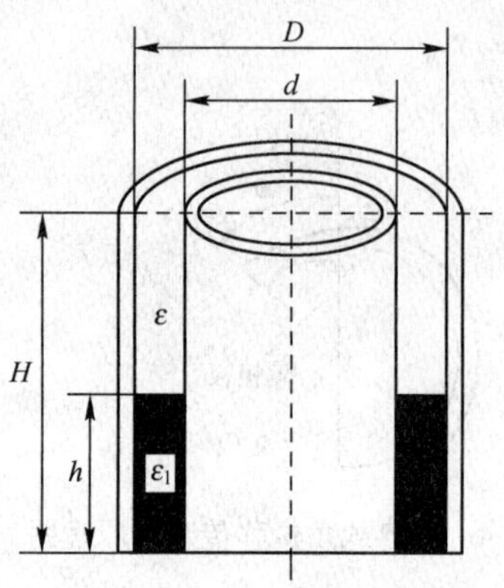

图4-5　电容式液位传感器结构原理图

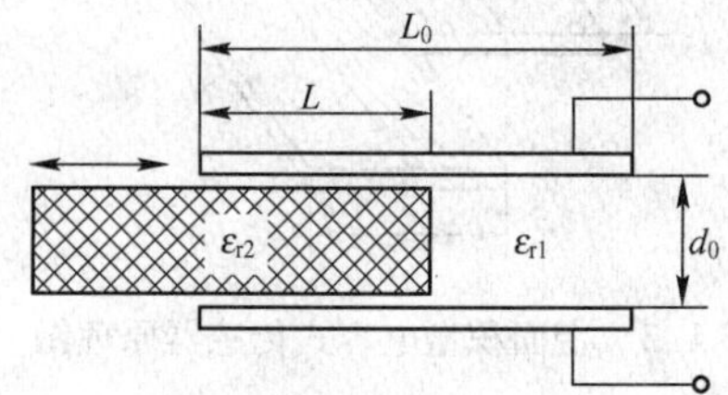

图4-6　变介质型电容式传感器

若电介质 $\varepsilon_{r1}=1$，当 $L=0$ 时，传感器初始电容 $C_0=\dfrac{\varepsilon_0\varepsilon_{r1}L_0b_0}{d_0}$。当介质 ε_{r2} 进入极间 L 后，引起电容的相对变化为

$$\frac{\Delta C}{C_0}=\frac{C-C_0}{C_0}=\frac{(\varepsilon_{r2}-1)L}{L_0} \tag{4-12}$$

可见，电容的变化与电介质 ε_{r2} 的移动量 L 呈线性关系。

4.2　电容式传感器的灵敏度及非线性

由以上分析可知，除变极距型电容式传感器外，其他几种形式的电容式传感器的输入量与输出电容量之间的关系均为线性的，故只讨论变极距型平板电容式传感器的灵敏度及非线性。

由式（4-4）可知，电容的相对变化量为

$$\frac{\Delta C}{C_0}=\frac{\Delta d}{d_0}\left[\frac{1}{1-\dfrac{\Delta d}{d_0}}\right] \tag{4-13}$$

当 $|\Delta d/d_0|\ll 1$ 时，则式（4-13）可按级数展开，故得

$$\frac{\Delta C}{C_0}\approx\frac{\Delta d}{d_0}\left[1+\left(\frac{\Delta d}{d_0}\right)+\left(\frac{\Delta d}{d_0}\right)^2+\left(\frac{\Delta d}{d_0}\right)^3+\cdots\right] \tag{4-14}$$

由式（4-14）可见，输出电容的相对变化量 $\Delta C/C$ 与输入位移 Δd 之间呈非线性关系。当 $\Delta d/d_0\ll 1$ 时，可略去高次项，得到近似的线性，即

$$\frac{\Delta C}{C_0}\approx\frac{\Delta d}{d_0} \tag{4-15}$$

电容式传感器的灵敏度为

$$K=\frac{\dfrac{\Delta C}{C_0}}{\Delta d}=\frac{1}{d_0} \tag{4-16}$$

它说明了单位输入位移所引起输出电容相对变化的大小与 d_0 呈反比关系。

如果考虑式（4-14）中的线性项与二次项，则

$$\frac{\Delta C}{C_0}=\frac{\Delta d}{d_0}\left(1+\frac{1+\Delta d}{d_0}\right) \tag{4-17}$$

由此可得出电容式传感器的相对非线性误差 δ 为

$$\delta=\frac{\left(\frac{\Delta d}{d}\right)^2}{\left|\frac{\Delta d}{d}\right|}\times 100\% = \left|\frac{\Delta d}{d_0}\right|\times 100\% \tag{4-18}$$

由式（4-16）与式（4-18）可以看出，要提高灵敏度，应减小起始间隙 d_0，但非线性误差却随着 d_0 的减小而增大。在实际应用中，为了提高灵敏度，减小非线性误差，大都采用差动式结构。图 4-7 所示的是变极距型差动平板电容式传感器结构示意图。

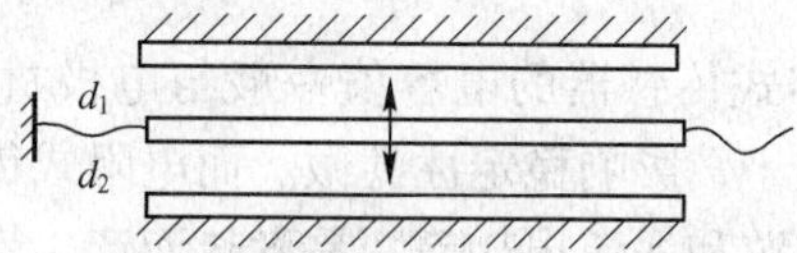

图 4-7　变极距型差动平板电容式传感器结构示意图

在差动式平板电容器中，当动极板位移 Δd 时，电容器 C_0 的间隙 d_1 变为 $d_0-\Delta d$，电容器 C_2 的间隙 d_2 变为 $d_0+\Delta d$，则

$$C_1=C_0\cdot\frac{1}{1-\frac{\Delta d}{d_0}} \tag{4-19}$$

$$C_2=C_0\cdot\frac{1}{1+\frac{\Delta d}{d_0}} \tag{4-20}$$

在 $\Delta d/d_0 \ll 1$ 时，则按级数展开，即

$$C_1=C_0\left[1+\frac{\Delta d}{d_0}+\left(\frac{\Delta d}{d_0}\right)^2+\left(\frac{\Delta d}{d_0}\right)^3+\cdots\right] \tag{4-21}$$

$$C_2=C_0\left[1-\frac{\Delta d}{d_0}+\left(\frac{\Delta d}{d_0}\right)^2-\left(\frac{\Delta d}{d_0}\right)^3+\cdots\right] \tag{4-22}$$

电容值总的变化量为

$$\Delta C=C_1-C_2=C_0\left[2\,\frac{\Delta d}{d_0}+2\left(\frac{\Delta d}{d_0}\right)^3+2\left(\frac{\Delta d}{d_0}\right)^5+\cdots\right] \tag{4-23}$$

电容值相对变化量为

$$\frac{\Delta C}{C_0}=2\,\frac{\Delta d}{d_0}\left[1+\left(\frac{\Delta d}{d_0}\right)^2+\left(\frac{\Delta d}{d_0}\right)^4+\cdots\right] \tag{4-24}$$

略去高次项，则

$$\frac{\Delta C}{C_0}\approx 2\,\frac{\Delta d}{d_0} \tag{4-25}$$

如果只考虑式（4-24）中的线性项和 3 次项，则电容式传感器的相对非线性误差 δ 近似为

$$\delta = \frac{2\left|\left(\frac{\Delta d}{d}\right)^3\right|}{\left|2\left(\frac{\Delta d}{d_0}\right)\right|} \times 100\% = \left(\frac{\Delta d}{d_0}\right)^2 \times 100\% \tag{4-26}$$

比较式（4-15）与式（4-25）、式（4-18）与式（4-26）可见，电容式传感器做成差动式之后，灵敏度提高一倍，而且非线性误差大大降低了。

4.3 电容式传感器的特点及应用中存在的问题

1. 电容式传感器的特点

1）优点

（1）温度稳定性好。电容式传感器的电容值一般与电极材料无关，有利于选择温度系数低的材料，又因本身发热极小，影响稳定性甚微。而电阻式传感器有电阻，供电后产生热量；电感式传感器有铜损、磁游和涡流损耗等，易发热而产生零漂。

（2）结构简单。电容式传感器结构简单，易于制造，易于保证较高的精度，可以做得非常小巧，以实现某些特殊的测量；能工作在高温、强辐射及强磁场等恶劣的环境中，可以承受很大的温度变化，承受高压力、高冲击、过载等；能测量超高温和低压差，也能对带磁工作进行测量。

（3）动态响应好。电容式传感器由于带电极板间的静电引力很小（约几个 10^{-5}N），需要的作用能量极小，又由于它的可动部分可以做得很小、很薄，即质量很轻，因此其固有频率很高，动态响应时间短，能在数兆赫兹的频率下工作，特别适用于动态测量。又由于其介质损耗小，可以用较高频率供电，因此系统工作频率高。它可用于测量高速变化的参数。

（4）可以实现非接触测量，具有平均效应。例如，非接触测量回转轴的振动或偏心率、小型滚珠轴承的径向间隙等。当采用非接触测量时，电容式传感器具有平均效应，可以减小工件表面粗糙度等对测量的影响。

电容式传感器除了上述的优点外，还因其带电极板间的静电引力很小，所需输入力和输入能量极小，因而可测极低的压力、力，以及很小的加速度、位移等，可以做得很灵敏，分辨力高，能敏感 0.01μm 甚至更小的位移；由于其空气等介质损耗小，采用差动结构并接成电桥式时产生的零点残余电压极小，因此允许电路进行高倍率放大，使仪器具有很高的灵敏度。

2）缺点

（1）输出阻抗高，负载能力差。电容式传感器的容量受其电极的几何尺寸等限制，一般只有几 pF 到几百 pF，使传感器的输出阻抗很高，尤其当采用音频范围内的交流电源时，输出阻抗高达 $10^6 \sim 10^8\,\Omega$。因此传感器的负载能力很差，易受外界干扰影响而产生不稳定现象，严重时甚至无法工作，必须采取屏蔽措施，从而给设计和使用带来极大的不便。容抗大，还要求传感器绝缘部分的电阻值极高（几十 MΩ 以上），否则绝缘部分将作为旁路电阻而影响仪器的性能（如灵敏度降低），为此还要特别注意周围的环境如湿度、清洁度等。若采用高频供电，可降低传感器输出阻抗，但高频放大、传输远比低频的复杂，且寄生电容影响大，不易保证工作十分稳定。

（2）寄生电容影响大。电容式传感器由于受结构与尺寸的限制，其初始电容量都很小

（几 pF 到几十 pF），而连接传感器和电子线路的引线电缆电容（1 ~ 2m 导线可达 800pF），电子线路的杂散电容，以及传感器内极板与其周围导体构成的“寄生电容”却较大，不仅降低了传感器的灵敏度，而且这些电容（如电缆电容）常常是随机变化的，将使仪器工作很不稳定，影响测量精度。因此对电缆的选择、安装、接法都有要求。

随着材料、工艺、电子技术，特别是集成技术的发展，使电容式传感器的优点得到发扬，而缺点不断地得到克服。电容式传感器正逐渐成为一种高灵敏度、高精度，在动态、低压及一些特殊测量方面大有发展前途的传感器。

2. 应用中存在的问题

1）电容式传感器的等效电路　在 4. 2 节中对各种电容式传感器的特性分析，都是在纯电容的条件下进行的。这在可忽略传感器附加损耗的一般情况下也是可行的。若考虑电容式传感器在高温、高湿及高频激励的条件下工作而不可忽视其附加损耗和电效应影响时，其等效电路如图 4-8 所示。图中 L 包括引线电缆电感和电容式传感器本身的电感；C_0为传感器本身的电容；C_p为引线电缆、所接测量电路及极板与外界所形成的总寄生电容，克服其影响，是提高电容传感器实用性能的关键之一；R_g为低频损耗并联电阻，它包含极板间漏电和介质损耗；R_s为高湿、高温、高频激励工作时的串联损耗电组，它包含导线、极板间和金属支座等损耗电阻。

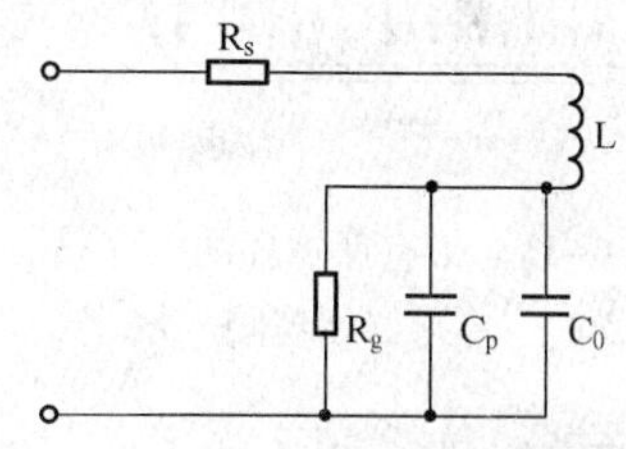

图 4-8　电容式传感器的等效电路

低频时，传感器电容的阻抗非常大，L 和 R_s的影响可忽略；等效电容 $C_e = C_0 + C_p$；等效电阻 $R_e \approx R_g$。低频等效电路如图 4-9 所示。

高频时，电容的阻抗变小，L 和 R_s的影响不可忽略，漏电的影响可忽略，其中 $C_e = C_0 + C_p$，而 $R_e \approx R_s$。根据图 4-10 所示的高频等效电路，由于电容式传感器电容量一般都很小，电源频率即使采用数兆赫，容抗仍很大，而 R_g和 R_s很小可以忽略，因此

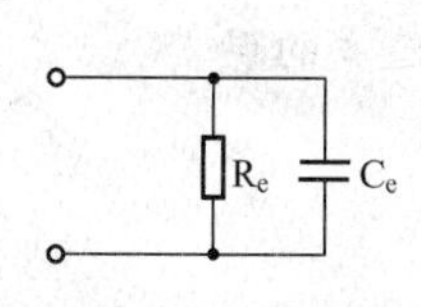

图 4-9　低频等效电路

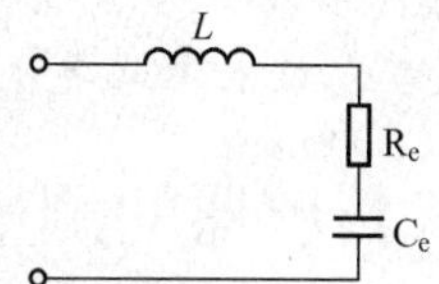

图 4-10　高频等效电路

$$C_e \approx \frac{C_0}{1 - \omega^2 LC_0} \tag{4-27}$$

此时电容传感器的等效灵敏度为

$$k_e = \frac{\Delta C_e}{\Delta d} = \frac{\Delta C_0/(1 - \omega^2 LC_0)^2}{\Delta d} = \frac{k_g}{(1 - \omega^2 LC_0)^2} \tag{4-28}$$

当电容式传感器的供电电源频率较高时，传感器的灵敏度由 k_g变为 k_e，k_e与传感器的固有电感（包括电缆电感）有关，且随 ω 变化而变化。在这种情况下，每当改变激励频率或更换传输电缆时，都必须对测量系统重新进行标定。

2）边缘效应　以上分析各种电容式传感器时还忽略了边缘效应的影响。实际上，当极

板厚度 h 与极距 d 之比相对较大时，边缘效应的影响就不能被忽略。这时，对极板半径为 r 的变极距型电容式传感器，其电容值应按式（4-29）计算：

$$C=\varepsilon_0\varepsilon_r\left\{\frac{\pi r^2}{d}+r\left[\ln\frac{16\pi r}{d}+1+f\left(\frac{h}{d}\right)\right]\right\} \tag{4-29}$$

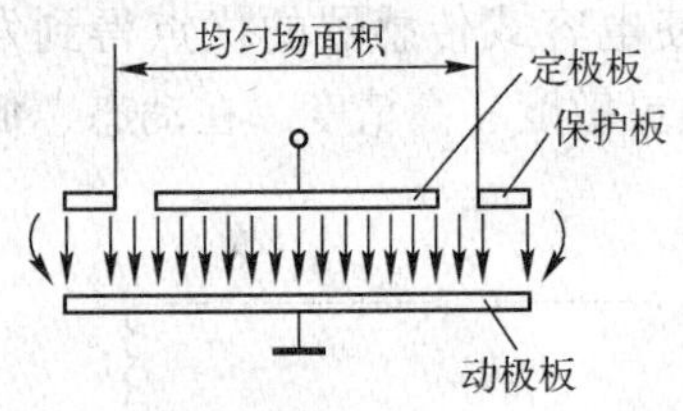

图4-11　带有保护环的电容式传感器原理图

边缘效应不仅使电容式传感器的灵敏度降低，而且产生非线性。为了消除边缘效应的影响，可以采用带有保护环的结构，如图4-11所示。保护环与定极板同心、电气上绝缘且间隙越小越好，同时始终保持等电位，以保证中间工作区得到均匀的场强分布，从而克服边缘效应的影响。为减小极板厚度，往往不用整块金属板做极板，而用石英或陶瓷等非金属材料，蒸涂一薄层金属作为极板。

3）**静电引力**　电容式传感器的两个极板间因存在静电场，因而有静电引力或力矩。静电引力的大小与极板间的工作电压、介电常数、极间距离有关。通常这种静电引力很小，但在采用推动力很小的弹性敏感元件情况下，必须考虑因静电引力造成的测量误差。

4）**温度影响**　环境温度的变化将改变电容式传感器的输出相对被测输入量的单值函数关系，从而引入温度干扰误差。这种影响主要有以下两个方面。

☺温度对结构尺寸的影响：电容式传感器由于极间隙很小而对结构尺寸的变化特别敏感。在传感器各零件材料线膨胀系数不匹配的情况下，温度变化将导致极间隙较大的相对变化，从而产生很大的温度误差。在设计电容式传感器时，适当选择材料及有关结构参数，可以满足温度误差补偿要求。

☺温度对介质的影响：温度对介电常数的影响随介质不同而异，空气及云母的介电常数温度系数近似为零；而某些液体介质，如硅油、蓖麻油、煤油等，其介电常数的温度系数较大。例如，煤油的介电常数的温度系数可达0.07%/℃；若环境温度变化±50℃，则将带来7%的温度误差，故采用此类介质时，必须注意温度变化造成的误差。

4.4　电容式传感器的测量电路

电容式传感器中电容值及其变化值都十分微小，这样微小的电容量还不能直接被目前的显示仪表所显示，也很难被记录仪接受，不便于传输。这就必须借助于测量电路检出这一微小电容增量，并将其转换成与其成单值函数关系的电压、电流或频率。电容转换电路有调频电路、运算放大器式测量电路、二极管双T型交流电桥、脉冲宽度调制电路等。

1. 调频测量电路

调频测量电路把电容式传感器作为振荡器谐振回路的一部分。当输入量导致电容量发生变化时，振荡器的振荡频率就发生变化。虽然可将频率作为测量系统的输出量，用以判断被测非电量的大小，但此时系统是非线性的，不易校正，因此加入鉴频器，用鉴频器调整的非线性特性去补偿其他部分的非线性，并将频率的变化转换为振幅的变化，经过放大就可以用仪器指示或记录仪记录下来。调频测量电路原理框图如图4-12所示，图中 C_x 为电容变换器。

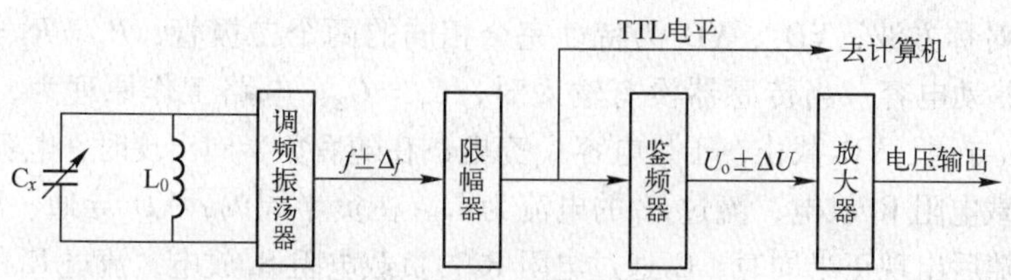

图 4-12　调频式测量电路原理框图

图 4-12 中，调频振荡器的振荡频率为

$$f=\frac{1}{2\pi\sqrt{L_0C}} \tag{4-30}$$

式中，L_0为振荡回路的电感；C 为振荡回路的总电容，$C=C_1+C_2+C_x$。其中，C_1为振荡回路固有电容；C_2为传感器引线分布电容；$C_x=C_0\pm\Delta C$ 为传感器的电容。

当被测信号为 0 时，$\Delta C=0$，则 $C=C_1+C_2+C_0$，所以振荡器有一个固有频率 f_0，即

$$f_0=\frac{1}{2\pi\sqrt{(C_1+C_2+C_0)L_0}} \tag{4-31}$$

当被测信号不为 0 时，$\Delta C\neq 0$，振荡器频率有相应变化，此时频率为

$$f=\frac{1}{2\pi\sqrt{(C_1+C_2+C_0\pm\Delta C)L_0}}=f_0\pm\Delta f \tag{4-32}$$

调频电容式传感器测量电路具有较高灵敏度，可以测至 0.01μm 级位移变化量。信号输出易于用数字仪器测量和与计算机通信，抗干扰能力强，可以发送、接收以实现遥测、遥控。

2. 运算放大器式测量电路

运算放大器的放大倍数 K 非常大，而且输入阻抗 Z_i 很高。运算放大器的这一特点可以使其作为电容式传感器的比较理想的测量电路。图 4-13 所示的是运算放大器式测量电路原理图。图中，C_x为电容式传感器，$\dot{U}_i$ 是交流电源电压，$\dot{U}_o$ 是输出信号电压，$\sum$ 是虚地点。由运算放大器工作原理可得

$$\dot{U}_o=-\frac{C}{C_x}\dot{U}_i \tag{4-33}$$

如果传感器是一个平板电容，则 $C_x=\varepsilon A/d$，代入式（4-33），有

$$\dot{U}_o=-\dot{U}_i\frac{C}{\varepsilon A}d \tag{4-34}$$

式中，负号表示输出电压 $\dot{U}_o$ 的相位与电源电压反相。式（4-34）说明运算放大器的输出电压与极板间距离 d 呈线性关系。运算放大器电路解决了单个变极板间距电容式传感器的非线性问题，但要求 Z_i 及放大倍数 K 足够大。为保证仪器精度，还要求电源电压 $\dot{U}_i$ 的幅值和固定电容 C 值稳定。

3. 二极管双 T 型交流电桥

二极管双 T 型交流电桥又称为二极管 T 型网络，如图 4-14 所示。e 是高频电源，它提

供幅值为U_i的对称方波，VD_1、VD_2为特性完全相同的两个二极管，$R_1 = R_2 = R$，C_1、C_2为传感器的两个差动电容。当传感器没有输入时，$C_1 = C_2$。电路工作原理为，当e为正半周时，二极管VD_1导通、VD_2截止，于是电容C_1充电；在随后负半周出现时，电容C_1上的电荷通过电阻R_1、负载电阻R_L放电，流过R_L的电流为I_1。在负半周内，VD_2导通、VD_1截止，则电容C_2充电；在随后出现正半周时，C_2通过电阻R_2、负载电阻R_L放电，流过R_L的电流为I_2。根据上面所给的条件，则电流$I_1 = I_2$，且方向相反，在一个周期内流过R_L的平均电流为零。

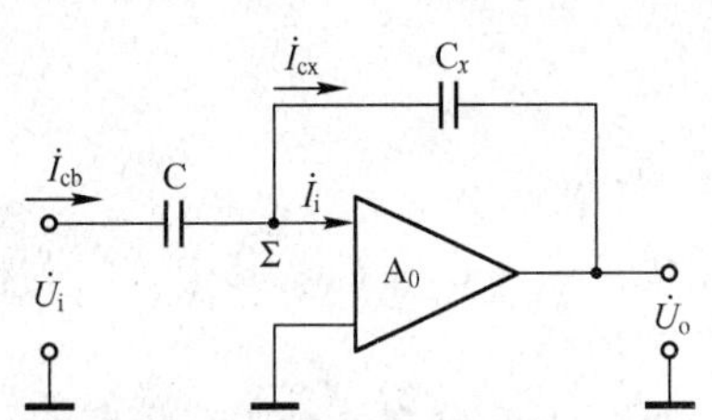

图4-13　运算放大器式测量电路原理图

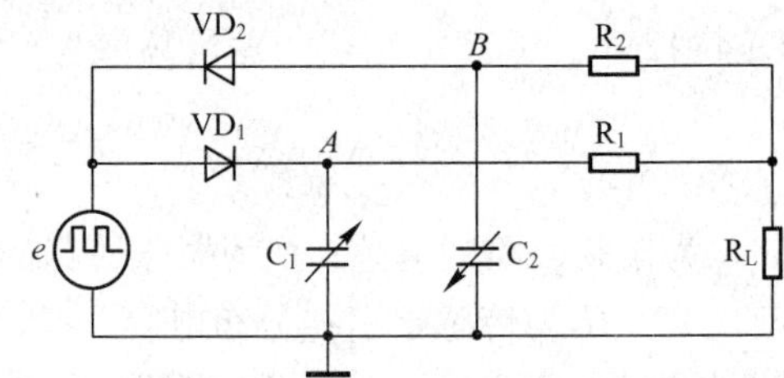

图4-14　二极管双T型交流电桥

若传感器输入不为0，则$C_1 \neq C_2$，那么$I_1 \neq I_2$，此时R_L上必定有信号输出，其输出在一个周期内的平均值为

$$U_o = I_L R_L = \frac{1}{T}\left\{\int_0^T [I_1(t) - I_2(t)]\,\mathrm{d}t\right\} \cdot R_L \approx \frac{R(R+2R_L)}{(R+R_L)^2} R_L U_i f(C_1 - C_2) \quad (4\text{-}35)$$

式中，f为电源频率。

当R_L已知时，式（4-35）中$\frac{R(R+2R_L)}{(R+R_L)^2}R_L = M$(常数)，则

$$U_o = U_i f M (C_1 - C_2) \quad (4\text{-}36)$$

从式（4-36）可知，输出电压U_o不仅与电源电压的幅值和频率有关，而且与T型网络中的电容C_1和C_2的差值有关。当电源电压确定后，输出电压U_o是电容C_1和C_2的函数。该电路输出电压较高，当电源频率为1.3MHz，电源电压$U_i = 46$V时，电容在$-7 \sim +7$pF之间变化，可以在1MΩ负载上得到$-5 \sim +5$V的直流输出电压。电路的灵敏度与电源幅值和频率有关，故输入电源要求稳定。当U_i幅值较高，使二极管VD_1、VD_2工作在线性区域时，测量的非线性误差很小。电路的输出阻抗与电容C_1、C_2无关，而仅与R_1、R_2及R_L有关，其值为1～100kΩ。输出信号的上升时间取决于负载电阻。对于1kΩ的负载电阻，上升时间约为20μs，故可用于测量高速的机械运动。

4. 脉冲宽度调制电路

图4-15所示为一种差动脉冲宽度调制电路。当接通电源后，若触发器Q端为高电平(U_1)，$\overline{Q}$端为低电平（0），则触发器通过R_1对C_1充电；当F点电位U_F升到与参考电压U_r相等时，比较器IC_1产生一个脉冲使触发器翻转，从而使Q端为低电平，$\overline{Q}$端为高电平(U_1)。此时，由电容C_1通过二极管VD_1迅速放电至零，而触发器由$\overline{Q}$端经R_2向C_2充电；当G点电位U_G与参考电压U_r相等时，比较器IC_2输出一个脉冲使触发器翻转，从而循环上述过程。

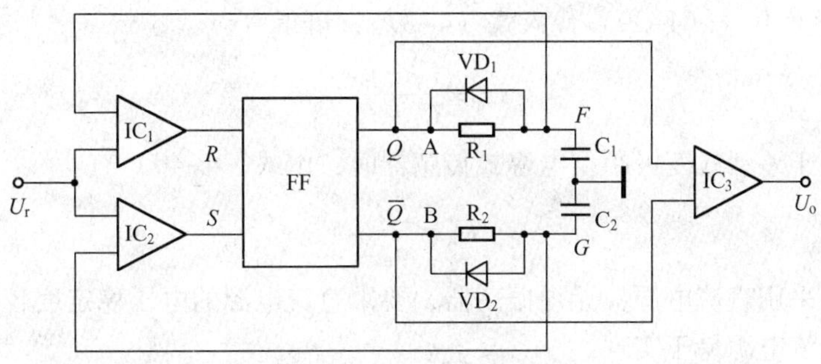

图 4-15　差动脉冲调宽电路

可以看出，电路充/放电的时间，即触发器输出方波脉冲的宽度受电容 C_1、C_2调制。当 $C_1=C_2$时，各点的电压波形如图 4-16（a）所示，Q 和$\overline{Q}$两端电平的脉冲宽度相等，两端间的平均电压为零。当 $C_1>C_2$时，各点的电压波形如图 4-16（b）所示，Q、$\overline{Q}$两端间的平均电压（经一个低通滤波器）为

$$U_o=\frac{T_1-T_2}{T_1+T_2}U_1 \tag{4-37}$$

式中，T_1和 T_2分别为 Q 端和$\overline{Q}$端输出方波脉冲的宽度，即 C_1和 C_2的充电时间。

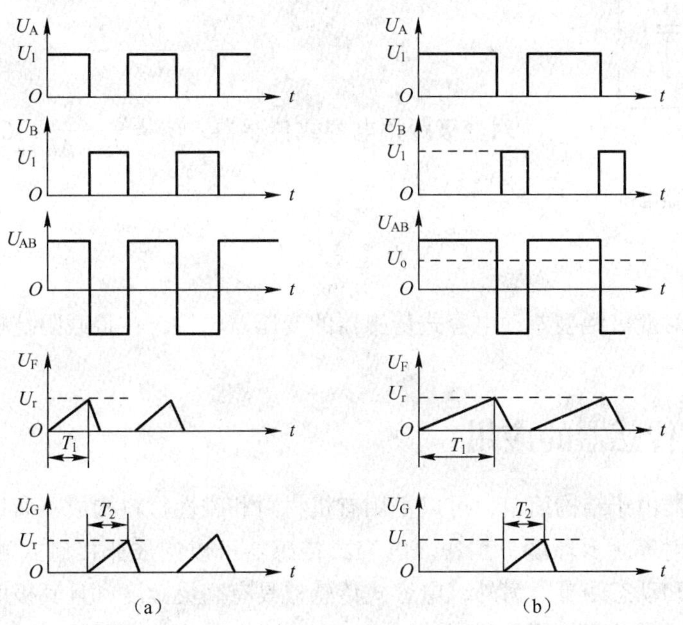

图 4-16　各点电压波形图

根据电路知识可求出

$$T_1=R_1C_1\ln\frac{U_1}{U_1-U_r} \tag{4-38}$$

$$T_2=R_2C_2\ln\frac{U_1}{U_1-U_r} \tag{4-39}$$

将式（4-38）和式（4-39）代入式（4-37），可得

$$U_o = \frac{C_1 - C_2}{C_1 + C_2} U_1 \tag{4-40}$$

当该电路用于差动式变极距型电容式传感器时，由式（4-40）有

$$U_o = \frac{\Delta d}{d_0} U_1 \tag{4-41}$$

这种电路只采用直流电源，无须振荡器，要求直流电源的电压稳定度较高，但比高稳定度的稳频稳幅交流电源易于实现。

用于差动式变面积型电容式传感器时，有

$$U_o = \frac{\Delta A}{A} U_1 \tag{4-42}$$

这种电路不需要载频和附加解调线路，无波形和相移失真；输出信号只需要通过低通滤波器引出；直流信号的极性取决于 C_1 和 C_2；对变极距和变面积的电容式传感器均可获得线性输出。这种脉宽调制线路也便于与传感器制作在一起，从而使传输误差和干扰大大减小。

5. 变压器电桥

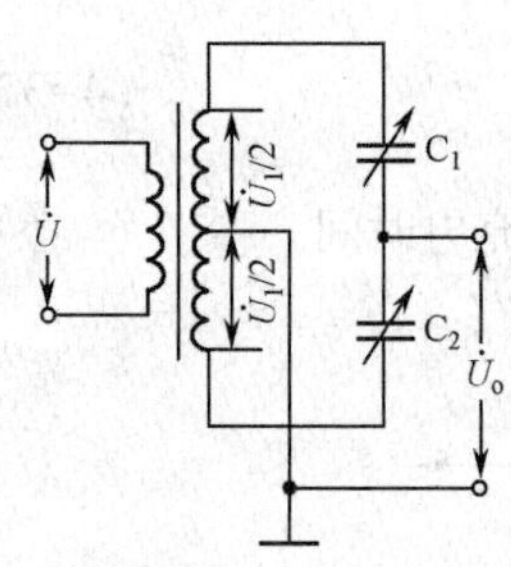

图4-17 变压器电桥

如图4-17所示，C_1、C_2 为传感器的两个差动电容。电桥的空载输出电压为

$$\dot{U}_o = \frac{C_1 - C_2}{C_1 + C_2} \cdot \frac{\dot{U}}{2} \tag{4-43}$$

对变极距型电容式传感器，$C_1 = \dfrac{\varepsilon_0 A}{d_0 - \Delta d}$，$C_2 = \dfrac{\varepsilon_0 A}{d_0 + \Delta d}$，代入式（4-43）得

$$\dot{U}_o = \frac{\Delta d}{d_0} \cdot \frac{\dot{U}}{2} \tag{4-44}$$

由此可见，对变极距型差动电容式传感器的变压器电桥，在负载阻抗极大时，其输出特性呈线性关系。

4.5 电容式传感器的应用

电容式传感器由于结构简单，可以不用有机材料和磁性材料构成，所以它可以在温度变化大、有各种辐射等恶劣环境下工作。电容式传感器可以制成非接触式测量器，响应时间短，适合于在线和动态测量。另外，电容式传感器具有高灵敏度，且其极间的相互吸引力十分微小，从而保证了较高的测量精度。因此，近年来电容式传感器被广泛地应用在厚度、位移、压力、密度、物位等物理量的测量中。下面简单介绍3种电容式传感器的应用。

1. 数字湿度计

湿度的检测广泛用于工业、农业、国防、科技、生活等各个领域。湿度的测量一般用湿敏元件。常用的湿敏元件有阻抗式湿敏元件和电容湿敏元件，前者的阻抗与湿度曲线呈现非线性；后者的电容与湿度曲线基本呈线性关系。下面介绍 MC－2 型电容湿敏元件的应用，

其基本原理是相对湿度的变化影响到聚合物的介电常数，从而改变了传感器的电容值。

传感器测量电路包括自激多谐振荡器、脉宽调制电路、f/U 转换器电路和 A/D 转换器，如图 4-18 所示。

自激多谐振荡器由 7555 时基电路组成，它的振荡频率为

$$f=\frac{1.443}{(R_1+2R_2)C_1}=54600\text{Hz}$$

自激多谐振荡器后的电路为由 ICM7555 组成的脉宽调制电路，实质上它是一个单稳态延时电路，输入脉冲由自激多谐振荡器提供，其调制电压 U_m 加在第 5 脚，输入脉冲的每次下降沿来临时，芯片被触发，芯片的第 3 脚将输出高电平，这个高电平的脉冲宽度随 U_m 的大小而变化，U_m 大，输出脉冲宽度大；反之，输出脉冲宽度变小。

输出脉冲的宽度 t_w 由下式表示：

$$t_w=R_3C\ln\frac{U_{CC}}{U_{CC}-U_m}$$

式中，$C=C_2//C_{mc}\approx C_{mc}(C_2\gg C_{mc})$。在本电路中，由于控制端 U_{CC}（第 5 脚）悬空，由内部电路知，$U_m=2/3U_{CC}$，故 $t_w=R_3C_{mc}\ln3\approx1.1R_3C_{mc}$，因此脉宽调制电路的输出脉冲宽度正比于电容湿敏元件的电容值，即脉冲宽度也正比于相对湿度。

将输出的脉冲宽度用 f/U 变换器变换成电压后，即可用简单的 RC 低通滤波器变成平滑的直流输出。两个时基芯片 ICM7555 的工作电源电压可低至约 3V，C_{mc} 的工作电压不能超过 1.0V。

这里的低压电源巧妙地取自 A/D 转换器 ICL7106 内部的稳压电源。ICL7106 电源端（第 1 脚）和公共端（第 32 脚）之间的电压约为 2.8V（各个 A/D 稍有差异），这个电压可作为 ICM7555 的电源电压，同时又能保证 C_{mc} 能安全工作。而 A/D 转换器 ICL7106 的基准电压也取自内部电压（2.8V）的分压值，应在 100mV 之内，这就省略了另外设置基准电压电路。

2. 差动式电容测厚传感器

图 4-19 所示为频率型差动式电容测厚传感器原理框图。

将被测电容 C_1、C_2 作为各变换振荡器的回路电容，振荡器的其他参数为固定值，等效电路如图 4-19（b）所示，图中 C_0 为耦合和寄生电容，振荡频率 f 为

$$f=\frac{1}{2\pi\sqrt{L(C_x+C_0)}} \tag{4-45}$$

$$C_x=\frac{\varepsilon_r A}{3.6\pi d_x} \tag{4-46}$$

式中，ε_r 为极板间介质的相对介电常数；A 为极板面积；d_x 为极板间距离；C_x 为待测电容器的电容量。

所以

$$d_{x1}=\frac{\dfrac{\varepsilon_r A}{3.6\pi}\cdot4\pi^2Lf_1^2}{1-4\pi^2LC_0f_1^2} \tag{4-47}$$

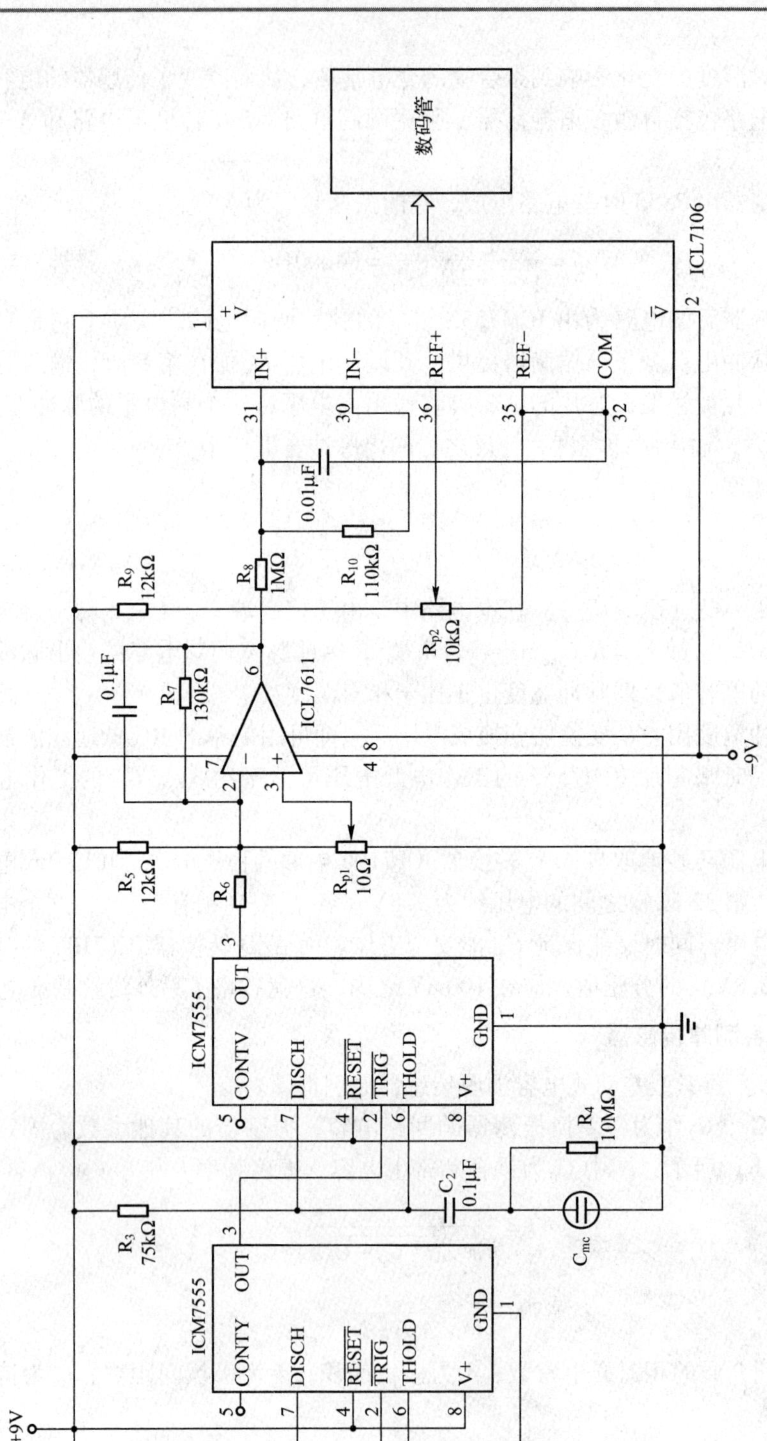

图4-18　数字湿度计电路

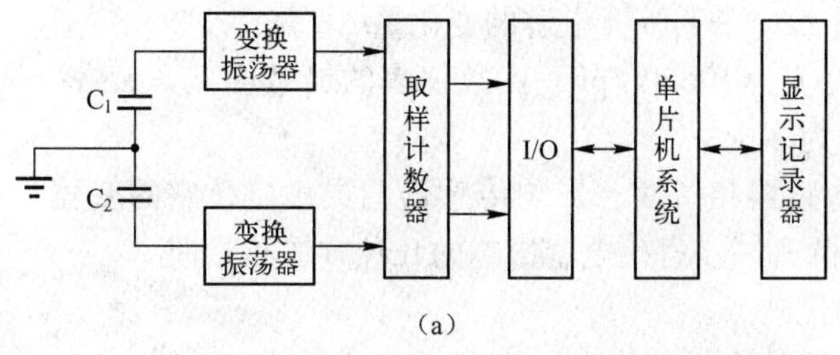

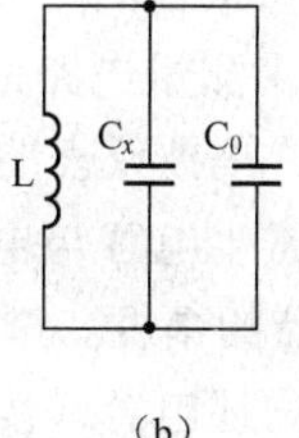

图 4-19　频率型差动式电容测厚传感器原理框图

$$d_{x2}=\frac{\dfrac{\varepsilon_r A}{3.6\pi}\cdot 4\pi^2 Lf_1^2}{1-4\pi^2 LC_0 f_1^2} \tag{4-48}$$

设两个传感器极板间距离固定为 d_0，若在同一时间分别测得上、下极板与金属板材上、下表面距离为 d_{x1}、d_{x2}，则被测金属板材厚度 $\delta=d_0-(d_{x1}+d_{x2})$。由此可见，振荡频率包含了电容传感器的间距 d_x 的信息。各频率值通过取样计数器获得数字量，然后由计算机进行处理，以消除非线性频率变换产生的误差，即可获得板材厚度。

3. 电容式料位传感器

图 4-20 所示为电容式料位传感器结构示意图。测定电极安装在罐的顶部，这样在罐壁和测定电极之间就形成了一个电容器。

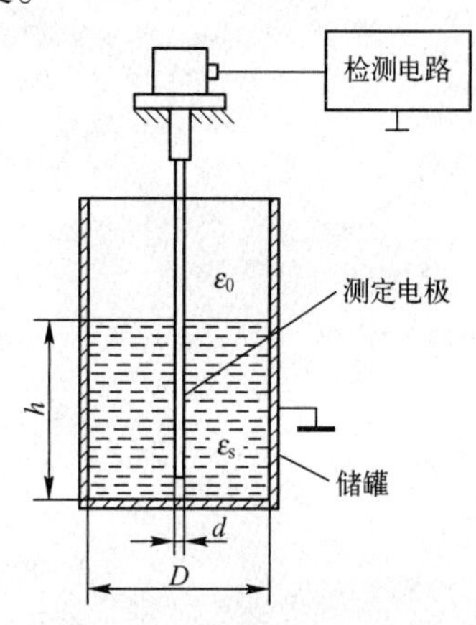

图 4-20　电容式料位传感器结构示意图

当罐内放入被测物料时，由于被测物料介电常数的影响，传感器的电容量将发生变化，电容量变化的大小与被测物料在罐内高度有关，且成比例变化。检测出这种电容量的变化就可测定物料在罐内的高度。

传感器的静电电容可由式（4-49）表示

$$C=\frac{k(\varepsilon_s-\varepsilon_0)h}{\ln\dfrac{D}{d}} \tag{4-49}$$

式中，k 为比例常数；ε_s 为被测物料的相对介电常数；ε_0 为空气的相对介电常数；D 为储罐的内径；d 为测定电极的直径；h 为被测物料的高度。

假定罐内没有物料时的传感器静电电容为 C_0，放入物料后传感器静电电容为 C_1，则两者电容差为

$$\Delta C=C_1-C_0 \tag{4-50}$$

由式（4-49）可见，两种介质常数差别越大，极径 D 与 d 相差越小，传感器灵敏度就越高。

习题

（1）某电容式传感器（平行极板电容器）的圆形极板半径 $r=4\text{mm}$，工作初始极板间距离 $\delta_0=0.3\text{mm}$，介质为空气。问：

① 如果极板间距离变化量 $\Delta\delta = \pm 1\mu m$，电容的变化量 ΔC 是多少？

② 如果测量电路的灵敏度 $k_1 = 100mV/pF$，读数仪表的灵敏度 $k_2 = 5$ 格/mV，在 $\Delta\delta = \pm 1\mu m$ 时，读数仪表的变化量为多少？

（2）寄生电容与电容式传感器相关联，影响传感器的灵敏度，它的变化为虚假信号，影响传感器的精度。试阐述消除和减小寄生电容影响的几种方法和原理。

（3）简述电容式传感器的优缺点。

（4）电容式传感器测量电路的作用是什么？

（5）图4-21所示为变极距型平板电容式传感器的一种测量电路，其中 C_x 为传感器电容，C 为固定电容，假设运放增益 $A = \infty$，输入阻抗 $Z = \infty$；试推导输出电压 U_0 与极板间距的关系，并分析其工作特点。

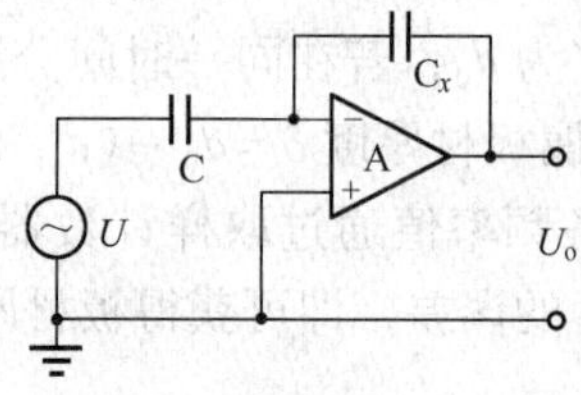

图4-21　习题（5）图

第5章 压电式传感器

压电式传感器的工作原理是基于某些介质材料的压电效应，是典型的有源传感器。当某些材料受力作用而变形时，其表面会有电荷产生，从而可以实现对非电量的测量。压电式传感器具有体积小、质量小、工作频带宽、灵敏度高、工作可靠、测量范围广等特点，因此在各种动态力、机械冲击与振动的测量，以及声学、医学、力学、宇航等方面都得到了非常广泛的应用。近年来，由于电子技术的飞跃发展，以及低噪声、小电容、高绝缘电阻电缆的出现，使压电式传感器使用更加方便，集成化、智能化的新型压电式传感器也正在被开发出来。

5.1　压电效应及压电材料

某些电介质，当沿着一定方向对其施力而使其变形时，其内部产生极化现象，同时在它的两个表面上就会产生符号相反的电荷；当外力去掉后，它又重新恢复到不带电状态，这种现象称为压电效应。当作用力方向改变时，电荷的极性也随之改变。有时人们把这种机械能转为电能的现象，称为“正压电效应”。相反，当在电介质极化方向施加电场，这些电介质也会产生变形，这种现象称为“逆压电效应”（电致伸缩效应）。具有压电效应的材料称为压电材料，压电材料能实现机—电能量的相互转换，如图5-1所示。

图5-1　压电效应可逆性

在自然界中，大多数晶体都具有压电效应，但十分微弱。随着对材料的深入研究，人们发现石英晶体、钛酸钡、锆钛酸铅等是性能优良的压电材料。

【压电材料的主要特性参数】

☺ 压电常数：是衡量材料压电效应强弱的参数，它直接关系到压电输出的灵敏度。

☺ 弹性常数：压电材料的弹性常数、刚度决定着压电器件的固有频率和动态特性。

☺ 介电常数：对于一定形状、尺寸的压电元件，其固有电容与介电常数有关；而固有电容又影响着压电式传感器的频率下限。

☺ 机械耦合系数：在压电效应中，其值等于转换输出能量（如电能）与输入的能量（如机械能）之比的平方根；它是衡量压电材料机电能量转换效率的一个重要参数。

☺ 电阻压电材料的绝缘电阻：将减少电荷泄漏，从而改善压电式传感器的低频特性。

☺ 居里点：压电材料开始丧失压电特性的温度。

压电材料可以分为两大类，即石英晶体和压电陶瓷。前者为晶体，后者为极化处理的多晶体。它们都具有较大的压电常数，机械性能良好（强度高，固有振荡频率稳定），时间稳定性好，温度稳定性好等特性，所以是较理想的压电材料。

1. 石英晶体

石英晶体的化学式为 SiO_2（二氧化硅），它是单晶体结构。它的转换效率和转换精度高，线性范围宽，重复性好，固有频率高，动态特性好，工作温度最高可达550℃（压电系数不随温度而改变），工作湿度最高可达100%，稳定性好。

图5-2（a）所示的是天然结构的石英晶体外形。它是一个正六面体。石英晶体各个方向的特性是不同的。其中纵向轴 z 称为光轴，经过六面体棱线并垂直于光轴的 x 轴称为电轴，与 x 和 z 轴同时垂直的 y 轴称为机械轴。通常把沿电轴 x 方向的力作用下产生电荷的压电效应称为"纵向压电效应"，而把沿机械轴 y 方向的作用下产生电荷的压电效应称为"横向压电效应"。而沿光轴 z 方向受力时不产生压电效应。

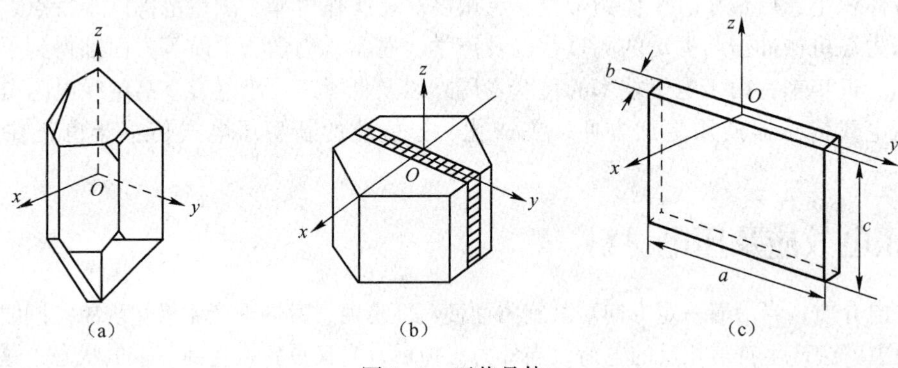

图5-2　石英晶体

若从晶体上沿 y 方向切下一块如图5-2（c）所示的晶片，当在电轴方向施加作用力 F_x 时，在与电轴 x 垂直的平面上将产生电荷 Q_x，其大小为

$$Q_x = d_{11} \cdot F_x \tag{5-1}$$

式中，d_{11} 为 x 方向受力的压电系数；F_x 为作用力。

若在同一切片上，沿机械轴 y 方向施加作用力 F_y，则仍在与 x 轴垂直的平面上产生电荷 Q_y，其大小为

$$Q_y = d_{12} \cdot F_y \tag{5-2}$$

式中，d_{12} 为 y 轴方向受力的压电系数，$d_{12} = -d_{11}$。

电荷 Q_x 和 Q_y 的符号由所受力的性质决定。

石英晶体的上述特性与其内部分子结构有关。图5-3所示的是一个单元组体中构成石英晶体的硅离子和氧离子，在垂直于 z 轴的 xy 平面上的投影，等效为一个正六边形排列。图中"+"号代表 Si^{4+}，"-"号代表 O^{2-}。

当石英晶体未受外力作用时，正、负离子正好分布在正六边形的顶角上，形成3个互成120°夹角的电偶极矩 $\boldsymbol{P}_1$、$\boldsymbol{P}_2$、$\boldsymbol{P}_3$。因为 $\boldsymbol{P} = q\boldsymbol{L}$，$q$ 为电荷量，$\boldsymbol{L}$ 为正、负电荷之间距离。此

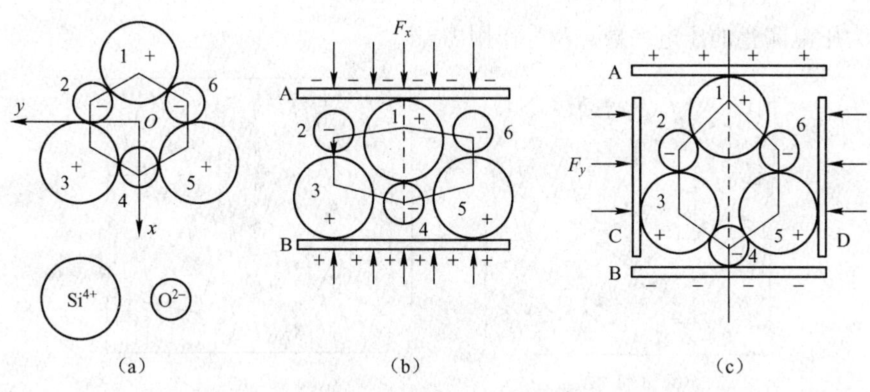

图 5-3　石英晶体压电模型

时正、负电荷重心重合，电偶极矩的矢量和等于零，即 $\boldsymbol{P}_1+\boldsymbol{P}_2+\boldsymbol{P}_3=0$，所以晶体表面不产生电荷，即呈中性。

当石英晶体受到沿 x 轴方向的压力作用时，晶体沿 x 轴方向将产生压缩变形，正、负离子的相对位置也随之变动。如图 5-3（b）所示，此时正、负电荷重心不再重合，电偶极矩在 x 方向上的分量由于 $\boldsymbol{P}_1$ 的减小和 $\boldsymbol{P}_2$、$\boldsymbol{P}_3$ 的增加而不等于零，即 $(\boldsymbol{P}_1+\boldsymbol{P}_2+\boldsymbol{P}_3)_x>0$。在 x 轴的正方向出现正电荷，电偶极矩在 y 方向上的分量仍为零，不出现电荷。

当晶体受到沿 y 轴方向的压力作用时，晶体的变形如图 5-3（c）所示，与图 5-3（b）情况相似，$\boldsymbol{P}_1$ 增大，而 $\boldsymbol{P}_2$、$\boldsymbol{P}_3$ 减小。在 x 轴上出现电荷，它的极性为 x 轴正向为负电荷。在 y 轴方向上不出现电荷。

如果沿 z 轴方向施加作用力，因为晶体在 x 方向和 y 方向所产生的形变完全相同，所以正、负电荷重心仍保持重合，电偶极矩矢量和等于零。这表明沿 z 轴方向施加作用力，晶体不会产生压电效应。

当作用力 F_x、F_y 的方向相反时，电荷的极性也随之改变。

2. 压电陶瓷

压电陶瓷是人工制造的多晶体压电材料。材料内部的晶粒有许多自发极化的电畴，它有一定的极化方向，从而存在电场。无外电场作用时，电畴在晶体中杂乱分布，它们的极化效应被相互抵消，压电陶瓷内极化强度为零，因此原始的压电陶瓷呈中性，不具有压电性质，如图 5-4（a）所示。

在陶瓷上施加外电场时，电畴的极化方向发生转动，趋向于按外电场方向排列，从而使材料得到极化。外电场越强，就有更多的电畴更完全地转向外电场方向。当外电场强度大到使材料的极化达到饱和的程度，即所有电畴极化方向都整齐地与外电场方向一致时，外电场去掉后，电畴的极化方向基本不变，即剩余极化强度很大，这时的材料才具有压电特性。

极化处理后陶瓷材料内部仍存在有很强的剩余极化，当陶瓷材料受到外力作用时，电畴的界限发生移动，电畴发生偏转，从而引起剩余极化强度的变化，因而在垂直于极化方向的平面上将出现极化电荷的变化。这种因受力而产生的由机械效应转变为电效应，将机械能转变为电能的现象，就是压电陶瓷的正压电效应。电荷量的大小与外力成正比关系，即

$$Q=d_{33}F \tag{5-3}$$

式中，d_{33}为压电陶瓷的压电系数；F为作用力。

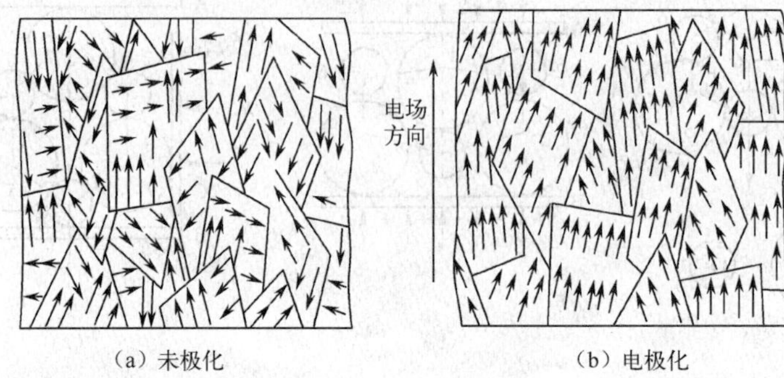

（a）未极化 （b）电极化

图5-4 压电陶瓷的极化

压电陶瓷的压电系数比石英晶体的大得多，所以采用压电陶瓷制作的压电式传感器的灵敏度较高。但极化处理后的压电陶瓷材料的剩余极化强度与特性和温度有关，它的参数也随时间变化，从而使其压电特性减弱。

最早使用的压电陶瓷材料是钛酸钡（$BaTiO_3$）。它是由碳酸钡和二氧化钛按一定比例混合后烧结而成的。它的压电系数约为石英晶体的50倍，但使用温度较低（最高只有70℃），温度稳定性和机械强度都不如石英晶体。

目前使用较多的压电陶瓷材料是锆钛酸铅（PZT系列），它是钛酸钡（$BaTiO_3$）和锆酸铅（$PbZrO_3$）组成的$Pb(ZrTi)O_3$，具有较高的压电系数和较高的工作温度。

铌镁酸铅是20世纪60年代发展起来的压电陶瓷，由铌镁酸铅($Pb(Mg \cdot Nb)O_3$)、锆酸铅（$PbZrO_3$）和钛酸铅（$PbTiO_3$）按不同比例配成的不同性能的压电陶瓷，具有极高的压电系数和较高的工作温度，而且能承受较高的压力。

表5-1列出了常用压电材料性能。

表5-1 常用压电材料性能

性能 \ 压电材料	石英晶体	钛酸钡	锆钛酸铅 PZT-4	锆钛酸铅 PZT-5	锆钛酸铅 PZT-8
压电系数（pC/N）	$d_{11}=2.31$ $d_{14}=0.73$	$d_{15}=260$ $d_{31}=-78$ $d_{33}=190$	$d_{15}\approx 410$ $d_{31}=-100$ $d_{33}=230$	$d_{15}=670$ $d_{31}=-185$ $d_{33}=600$	$d_{15}\approx 330$ $d_{31}=-90$ $d_{33}=200$
相对介电常数/ε_r	4.5	1200	1050	2100	1000
居里点温度/℃	573	115	310	260	300
密度（10^3kg/m^3）	2.65	5.5	7.45	7.5	7.45
弹性模量（10^3N/m^2）	80	110	83.3	117	123
机械品质因数	$10^5\sim10^6$		≥500	80	≥800
最大安全应力（10^5N/m^2）	95~100	81	76	76	83
体积电阻率（Ω·m）	$>10^{12}$	10^{10}（25℃）	$>10^{10}$	10^{11}（25℃）	
最高允许温度/℃	550	80	250	250	
最高允许湿度/%	100	100	100	100	

5.2　压电式传感器的等效电路

由压电元件的工作原理可知，压电式传感器可以看做一个电荷发生器。同时，它也是一个电容器，晶体上聚集等量的正、负电荷的两个表面相当于电容的两个极板，极板间物质等效于一种介质，则其电容量为

$$C_a = \frac{\varepsilon_r \varepsilon_0 A}{d} \tag{5-4}$$

式中，A 为压电片的面积；d 为压电片的厚度；ε_0 为空气介电常数（其值为 8.86×10^{-4}F/cm）；ε_r 为压电材料的相对介电常数。

因此，压电式传感器可以等效为一个与电容相串联的电压源。如图 5-5（a）所示，电容器上的电压 U_a、电荷量 Q 和电容量 C_a 三者关系为

$$U_a = \frac{Q}{C_a} \tag{5-5}$$

由图 5-5 可知，只有在外电路负载无穷大，且内部无漏电时，受力产生的电压 U 才能长期保持不变；如果负载不是无穷大，则电路要以时间常数 $R_L C_e$ 按指数规律放电。压电式传感器也可以等效为一个电荷源于电容相并联的电路，如图 5-5（b）所示。

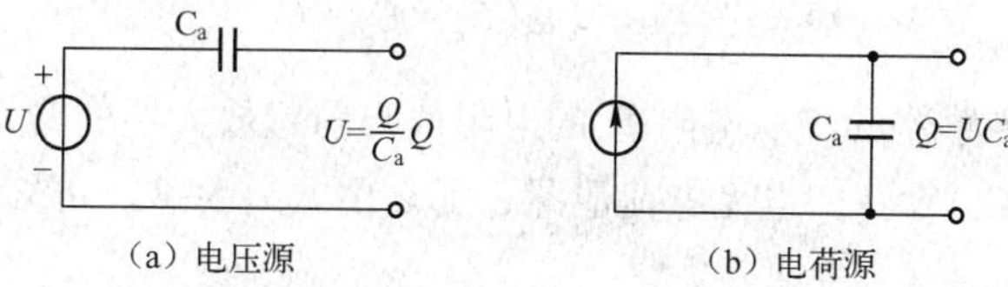

（a）电压源　　（b）电荷源

图 5-5　压电式传感器的等效电路

压电式传感器在实际使用时总要与测量仪器或测量电路相连接，因此还必须考虑连接电缆的等效电容 C_c，放大器的输入电阻 R_i，输入电容 C_i 及压电式传感器的泄漏电阻 R_a。压电式传感器在测量系统中的实际等效电路如图 5-6 所示。

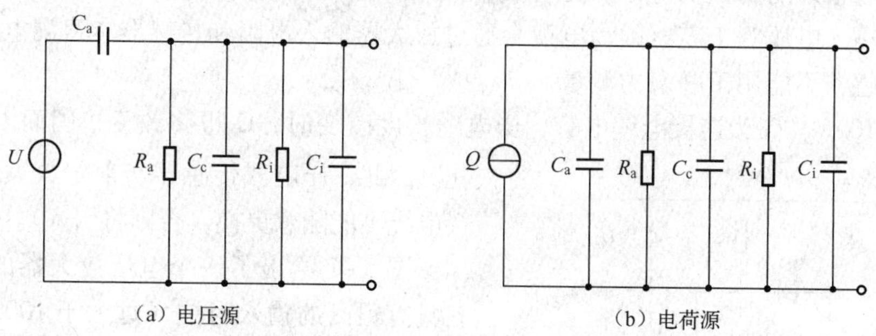

（a）电压源　　（b）电荷源

图 5-6　压电式传感器在测量系统中的实际等效电路

5.3　压电式传感器的测量电路

压电式传感器本身的内阻抗很高，而输出能量较小，为了保证压电式传感器的测量误差较小，它的测量电路通常需要接入一个高输入阻抗的前置放大器，其作用为：①把它的高输

出阻抗变换为低输出阻抗；②放大传感器输出的微弱信号。压电式传感器的输出可以是电压信号，也可以是电荷信号，因此前置放大器也有两种形式，即电压放大器和电荷放大器。

1. 电压放大器（阻抗变换器）

如图5-6（a）所示，设电阻 $R = R_aR_i/(R_a + R_i)$，电容 $C = C_c + C_i$，而压电式传感器的开路电压 $u = q/C_a$，若压电元件受正弦力 $f = F_m\sin\omega t$ 的作用，则其电压为

$$U = \frac{dF_m}{C_a} \cdot \sin\omega t = U_m\sin\omega t \tag{5-6}$$

式中，U_m为压电元件输出电压幅值 $U_m = dF_m/C_a$；d 为压电系数。

由此可得放大器输入端电压 U_i，其复数形式为

$$\dot{U}_i = df\frac{j\omega R}{1 + j\omega R(C_i + C_a + C_c)} \tag{5-7}$$

$\dot{U}_i$ 的幅值为 U_{im}，即

$$U_{im} = \frac{dF_m\omega R}{\sqrt{1 + \omega^2R^2(C_a + C_c + C_i)^2}} \tag{5-8}$$

输入电压和作用力之间的相位差为

$$\Phi = \frac{\pi}{2} - \text{tg}^{-1}[\omega(C_a + C_c + C_i)R] \tag{5-9}$$

在理想情况下，传感器的绝缘电阻 R_a的电阻值与前置放大器的输入电阻 R_i都为无限大，即$(\omega R)^2 \cdot (C_a + C_i + C_c)^2 \gg 1$，也无电荷泄漏，那么由式（5-8）可知，理想情况下输入电压幅值 U_{im}为

$$U_{im} = \frac{dF_m}{C_a + C_c + C_i} \tag{5-10}$$

式（5-10）表明前置放大器输入电压 U_{im}与频率无关。一般认为 $\omega/\omega_0 > 3$ 时，就可以认为 U_{im}与 ω 无关，ω_0表示测量电路时间常数之倒数，即 $\omega_0 = 1/[R(C_a + C_c + C_i)]$，这表明压电式传感器有很好的高频响应。但是，当作用于压电元件的力为静态力（$\omega = 0$）时，则前置放大器的输入电压等于零，因为电荷会通过放大器输入电阻和传感器本身漏电阻漏掉，所以压电式传感器不能用于静态力测量。

式（5-10）中 C_c为连接电缆电容，当电缆长度改变时，C_c也将改变，因而 U_{im}也随之变化。因此，压电式传感器与前置放大器之间的连接电缆不能随意更换，否则将引入测量误差。

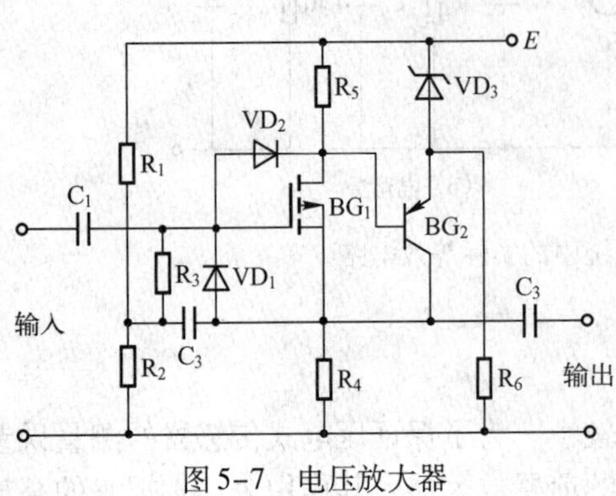

图5-7　电压放大器

图5-7给出了一个电压放大器的具体电路。它具有很高的输入阻抗（远大于1000MΩ）和很低的输出阻抗（小于100Ω），因此使用该阻抗变换器可将高阻抗的压电式传感器与一般放大器匹配。BG_1为MOS场效应晶体管，做阻抗变换，$R_3 \geqslant 100M\Omega$；BG_2对输入端形成负反馈，以进一步提高输入阻抗。R_4既是 BG_1的源极接地电阻，

也是 BG_2 的负载电阻，R_4 上的交变电压通过 C_2 反馈到 BG_1 的输入端，从而保证较高的交流输入阻抗。由 BG_1 构成的输入极，其输入阻抗为

$$R_i = R_3 + \frac{R_1 R_2}{R_1 + R_2} \tag{5-11}$$

引进 BG_2，构成第 2 级对第 1 级的负反馈后，其输入阻抗为

$$R_{if} = \frac{R_i}{1 - A_u} \tag{5-12}$$

式中，A_u 是 BG_1 源极输出器的电压增益，其值接近 1。因此 R_{if} 可以提高到数百到数千兆欧。由 BG_1 所构成的源极输出器，其输出阻抗为

$$R_0 = \frac{1}{g_m} // R_4 \tag{5-13}$$

式中，g_m 为场效应晶体管的跨导。

电压放大器的应用有一定的限制。压电式传感器在与电压放大器配合使用时，连接电缆不能太长。电缆长，电缆电容 C_c 就大，电缆电容增大必然使传感器的电压灵敏度降低。不过，由于固态电子器件和集成电路的迅速发展，微型电压放大电路可以和传感器做成一体，因此这个问题就可以得到克服，使它具有广泛的应用前景。

2. 电荷放大器

电荷放大器常作为压电式传感器的输入电路，由一个带反馈电容 C_f 的高增益运算放大器构成。电荷放大器等效电路如图 5-8 所示，图中 K 为运算放大器增益，－K 表示放大器的输入与输出反相。由于运算放大器输入阻抗极高，放大器输入端几乎没有分流，其输出电压 U_o 为

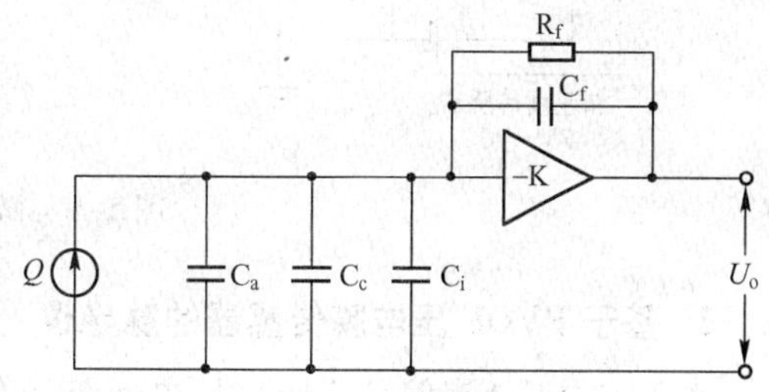

图 5-8　电荷放大器等效电路

$$U_o = -\frac{KQ}{C_a + C_c + C_i + (1 + K) C_f} \tag{5-14}$$

式中，U_o 为放大器输出电压。

通常 $A = 104 \sim 106$，因此若满足 $(1 + K) C_f \gg (C_a + C_c + C_i)$ 时，式（5-14）可表示为

$$U_o \approx -\frac{Q}{C_f} \tag{5-15}$$

由式（5-15）可见，电荷放大器的输出电压 U_o 与电缆电容 C_c 无关，且与 Q 成正比，这是电荷放大器的最大特点。但电荷放大器的价格比电压放大器高，电路较复杂，调整也较困难。

【注意】 在实际应用中，电压放大器和电荷放大器都应加过载放大保护电路，否则在传感器过载时，会产生过高的输出电压。

5.4　压电式传感器的应用

压电元件是一类典型的力敏感元件，可用于测量最终能转换成力的多种物理量。下面简单介绍两种典型应用。

1. 微振动检测仪

PV—96 压电加速度传感器可用于检测微振动，其电路原理图如图 5-9 所示。该电路由电荷放大器和电压调整放大器组成。第一级是电荷放大器，其低频响应由反馈电容 C_1 和反馈电阻 R_1 决定。低频截止频率为 0.053Hz。R_F 是过载保护电阻。第二级为输出调整放大器，调整电位器 W_1 可使其输出约为 50mV/gal（1gal = 1cm/s^2）。在低频检测时，频率越低，闪变效应的噪声越大，该电路的噪声电平主要由电荷放大器的噪声决定。为了降低噪声，最有效的方法是减小电荷放大器的反馈电容。但当时间常数一定时，由于 C_1 和 R_1 呈反比关系，考虑到稳定性，则反馈电容 C_1 的减小应适当。

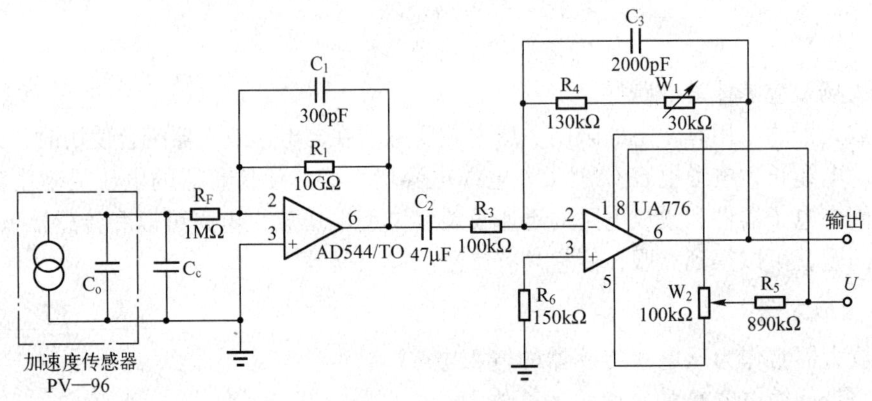

图 5-9　微振动检测电路

2. 基于 PVDF 压电膜传感器的脉像仪

由于 PDVF（聚偏氟乙烯）压电薄膜具有变力响应灵敏度高，柔韧易于制备，可紧贴皮肤等特点，因此可用人手指端大小的压电膜制成可感应人体脉搏压力波变化的脉搏传感器。脉像仪的硬件组成如图 5-10 所示。

图 5-10　脉像仪的硬件组成

因压电薄膜内阻很高，且脉搏信号微弱，设计其前置电荷放大器有两个作用，一是与换能器阻抗匹配，把高阻抗输入变为低阻抗输出；二是将微弱电荷转换成电压信号并放大。为提高测量的精度和灵敏度，前置放大电路采用线性修正的电荷放大电路，可获得较低的下限频率，消除电缆的分布电容对灵敏度的影响，使设计的传感器体积小型化。在一般的电荷放大器设计中，时间常数要求很大（一般在 10^5s 以上），在小型的 PVDF 脉搏传感器中，很难实现，因为反馈电容不能选得太小。在时间常数不足够大的情况下（小于 100s），电荷放大器的输出电压跟换能器受到的压力成非线性关系，因此需要对电荷放大器进行非线性修正。由于脉搏信号频率很低，是微弱信号，且干扰信号较多，滤波电路在设计中非常重要。运算

放大器应尽量选择低噪声、低温漂的器件。根据脉搏信号的特点，以及考虑高频噪声和温度效应噪声的影响，带通滤波器的通带频率宽度应选择在 0.5～100Hz 之间。

习题

（1）简述正、逆压电效应。

（2）压电材料的主要特性参数有哪些？

（3）简述电压放大器和电荷放大器的优、缺点。

（4）能否用压电式传感器测量静态压力？为什么？

（5）图 5-11 所示电荷放大器中 $C_a=100\text{pF}$，$R_a=\infty$，$R_f=\infty$，$R_i=\infty$，$C_f=10\text{pF}$。若考虑引线电容 C_c 影响，当 $A_0=10^4$ 时，要求输出信号衰减小于 1%，求使用 90pF/m 的电缆，其最大允许长度为多少？

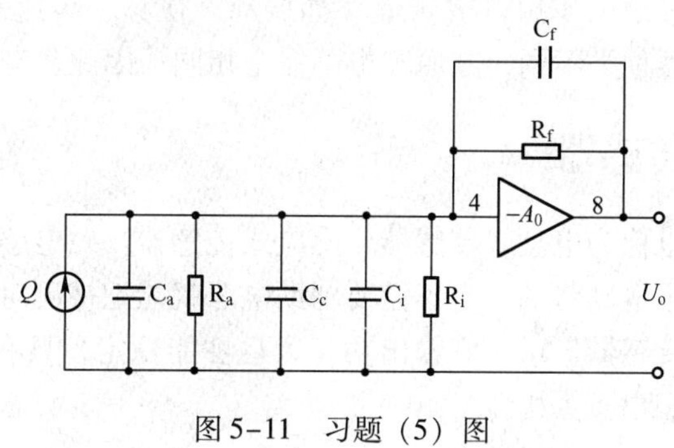

图 5-11　习题（5）图

第6章 磁敏式传感器

磁敏式传感器是通过磁电作用将被测量（如振动、位移、转速等）转换成电信号的一种传感器。磁敏式传感器种类不同，其原理也不完全相同，因此各有各的特点和应用范围。

6.1 磁电感应式传感器

磁电感应式传感器也称为电动式传感器或感应式传感器。磁电感应式传感器是利用导体和磁场发生相对运动产生电动势的，它不需要辅助电源就能把被测对象的机械量转换成易于测量的电信号，是有源传感器。由于它输出功率大且性能稳定，具有一定的工作带宽(10～1000Hz)，所以得到了普遍的应用。

1. 磁电感应式传感器工作原理

根据电磁感应定律，当 w 匝线圈在恒定磁场内运动时，设穿过线圈的磁通为 Φ，则线圈内的感应电势 E 与磁通变化率 $\mathrm{d}\Phi/\mathrm{d}t$ 有如下关系：

$$E = -w\frac{\mathrm{d}\Phi}{\mathrm{d}t} \tag{6-1}$$

根据这一原理，可以设计两种磁电传感器结构，即变磁通式和恒磁通式。

图6-1 所示的是变磁通式磁电传感器结构图。它用来测量旋转物体的角速度。图6-1（a）所示为开磁路变磁通式磁电传感器，即线圈、磁铁静止不动，测量齿轮安装在被测旋转体上，随之一起转动。每转动一个齿，齿的凹凸引起磁路磁阻变化一次，磁通也就变化一次，线圈中产生感应电势，其变化频率等于被测转速与测量齿轮齿数的乘积。这种传感器结构简单，但输出信号较小，且因高速轴上加装齿轮较危险而不宜测量高转速。

图6-1（b）所示为闭磁路变磁通式磁电传感器，它由装在转轴上的内齿轮和外齿轮、永磁铁和感应线圈等组成，内、外齿轮齿数相同。当转轴联接到被测转轴上时，外齿轮不动，内齿轮随被测转轴而转动，内、外齿轮的相对转动使气隙磁阻产生周期性变化，从而引起磁路中磁通的变化，使线圈内产生周期性变化的感应电势。显然，感应电势的频率与被测转速成正比。

图6-2 所示为恒磁通式磁电传感器结构图，它由永磁铁、线圈、弹簧和金属骨架（壳体）等组成。磁路系统产生恒定的直流磁场，磁路中的工作气隙固定不变，因而气隙中磁

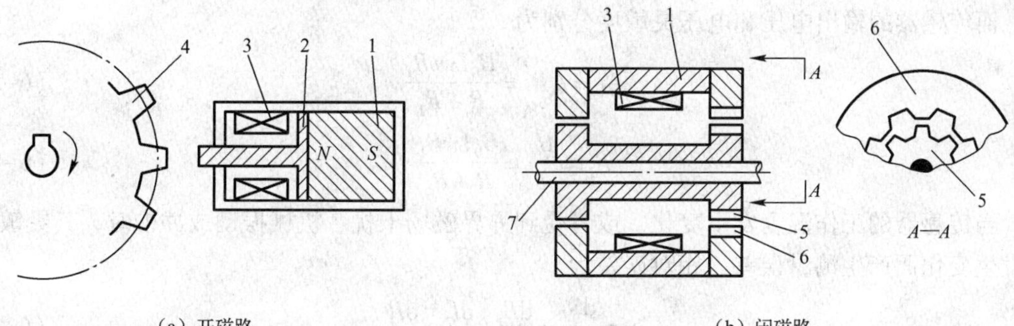

1—永磁铁；2—软磁铁；3—感应线圈；4—测量齿轮；5—内齿轮；6—外齿轮；7—转轴

图 6-1　变磁通式磁电传感器结构图

通也是恒定不变的。其运动部件可以是线圈（动圈式），也可以是磁铁（动铁式），动圈式（见图 6-2（a））和动铁式（见图 6-2（b））的工作原理是完全相同的。当壳体随被测振动体一起振动时，由于弹簧较软，运动部件质量相对较大。当振动频率足够高（远大于传感器固有频率）时，运动部件惯性很大，来不及随振动体一起振动，近乎静止不动，振动能量几乎全被弹簧吸收，永磁铁与线圈之间的相对运动速度接近于振动体振动速度，磁铁与线圈的相对运动切割磁力线，从而产生感应电势为

$$E = -wB_0Lv \tag{6-2}$$

式中，B_0为工作气隙磁感应强度；L 为每匝线圈平均长度；w 为线圈在工作气隙磁场中的匝数；v 为相对运动速度。

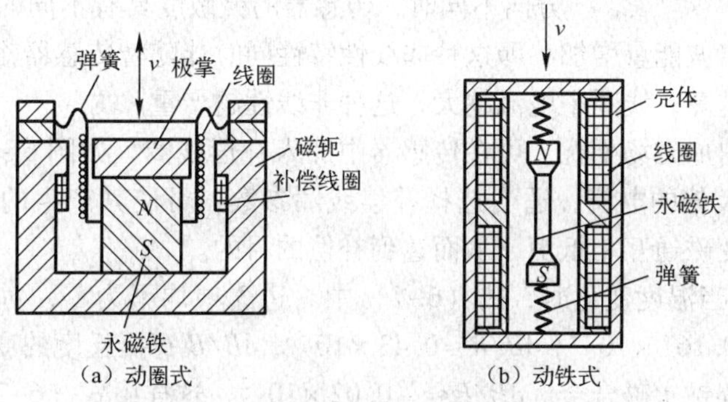

图 6-2　恒磁通式磁电传感器结构图

2. 磁电感应式传感器基本特性

当测量电路接入磁电传感器电路中时，磁电传感器的输出电流 I_o为

$$I_o = \frac{|E|}{R + R_f} = -\frac{B_0Lwv}{R + R_f} \tag{6-3}$$

式中，R_f为测量电路输入电阻；R 为线圈等效电阻。

传感器的电流灵敏度为

$$S_I = \frac{I_o}{v} = \frac{B_0Lw}{R + R_f} \tag{6-4}$$

而传感器的输出电压和电压灵敏度分别为

$$U_o = I_o R_f = \frac{B_0 L w v R_f}{R + R_f} \tag{6-5}$$

$$S_U = \frac{U_o}{v} = \frac{B_0 L w R_f}{R + R_f} \tag{6-6}$$

当传感器的工作温度发生变化，或者受到外界磁场干扰、机械振动或冲击时，其灵敏度将发生变化而产生测量误差。相对误差为

$$\gamma = \frac{\mathrm{d}S_I}{S_I} = \frac{\mathrm{d}B}{B} + \frac{\mathrm{d}L}{L} - \frac{\mathrm{d}R}{R} \tag{6-7}$$

磁电式传感器在使用时存在误差，主要为非线性误差和温度误差。

1）非线性误差 磁电式传感器产生非线性误差的主要原因是，当传感器线圈内有电流 I 流过时，将产生一定的交变磁通 Φ_I，此交变磁通叠加在永磁铁所产生的工作磁通上，使恒定的气隙磁通变化，如图6-3所示。当传感器线圈相对于永磁铁磁场的运动速度增大时，将产生较大的感生电势 E 和较大的电流 I，由此而产生的附加磁场方向与原工作磁场方向相反，减弱了工作磁场的作用，从而使得传感器的灵敏度随着被测速度的增大而降低。

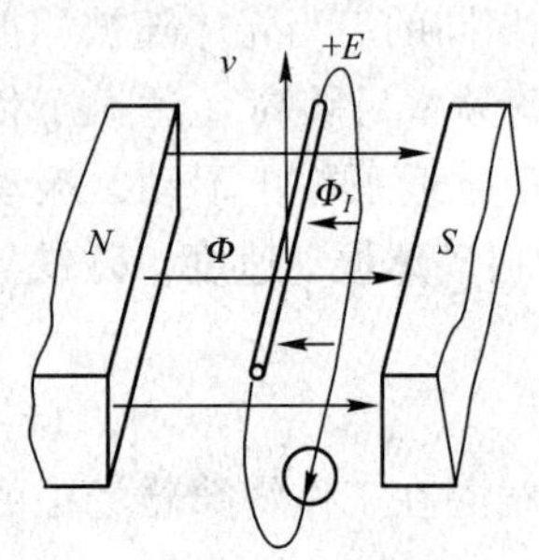

图6-3 传感器电流的磁场效应

当线圈的运动速度与图6-3所示方向相反时，感生电势 E、线圈中感应电流反向，产生的附加磁场方向与工作磁场同向，从而增大了传感器的灵敏度。其结果是线圈运动速度方向不同时，传感器的灵敏度具有不同的数值，使传感器输出基波能量降低，谐波能量增加，即这种非线性特性同时伴随着传感器输出的谐波失真。显然，传感器灵敏度越高，线圈中电流越大，这种非线性越严重。

为了补偿上述附加磁场干扰，可在传感器中加入补偿线圈，如图6-2（a）所示。补偿线圈通入经过放大 K 倍的电流，适当选择补偿线圈参数，可使其产生的交变磁通与传感线圈本身所产生的交变磁通互相抵消，从而达到补偿的目的。

2）温度误差 当温度变化时，式（6-7）中右边3项均不为零，对铜线而言，每摄氏度变化量为 $\mathrm{d}L/L \approx 0.167\times10^{-4}$，$\mathrm{d}R/R \approx 0.43\times10^{-2}$，$\mathrm{d}B/B$ 每摄氏度的变化量取决于永磁铁的磁性材料。对铝镍钴永磁合金，$\mathrm{d}B/B \approx -0.02\times10^{-2}$，这样由式（6-7）可得近似值

$$\gamma_t \approx (-4.5\%)/10℃ \tag{6-8}$$

这一数值是很可观的，所以需要进行温度补偿。补偿通常采用热磁分流器。热磁分流器由具有很大负温度系数的特殊磁性材料做成。它在正常工作温度下已将气隙磁通分路掉一小部分。当温度升高时，热磁分流器的磁导率显著下降，经它分流掉的磁通占总磁通的比例较正常工作温度下显著降低，从而保持气隙的工作磁通不随温度变化，维持传感器灵敏度为常数。

3. 磁电感应式传感器的测量电路

磁电式传感器直接输出感应电动势，且传感器通常具有较高的灵敏度，所以一般不需要高增益放大器。但磁电式传感器是速度传感器，若要获取被测位移或加速度信号，则需要配

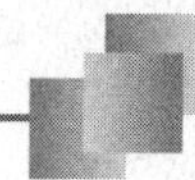

用积分或微分电路。在实际电路中，通常将微分或积分电路置于两级放大器的中间，以利于级间的阻抗匹配。图 6-4 所示为磁电感应式传感器测量电路方框图。

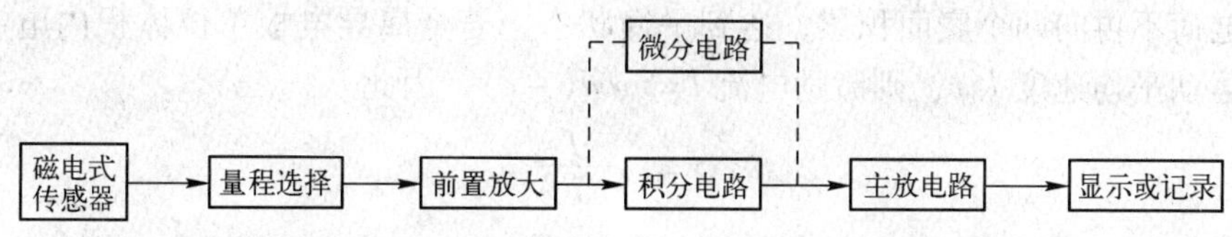

图 6-4　磁电感应式传感器测量电路方框图

6.2　霍尔传感器

霍尔传感器是利用载流半导体在磁场中的电磁效应（霍尔效应）而输出电动势的一种传感器。1879 年，美国物理学家霍尔首先在金属材料中发现了霍尔效应，但由于金属材料的霍尔效应太弱而没有得到应用。随着半导体技术的发展，出现了半导体材料制成的霍尔元件，由于其霍尔效应显著而得到应用和发展。霍尔传感器广泛用于电磁测量电流、磁场、压力、加速度和振动等方面。

1. 霍尔效应及霍尔元件

1）霍尔效应　置于磁场中的静止载流导体，当它的电流方向与磁场方向不一致时，载流导体上平行于电流和磁场方向上的两个面之间产生电动势，这种现象称为霍尔效应，该电势称为霍尔电势，半导体薄片称为霍尔元件。

如图 6-5 所示，在垂直于外磁场 B 的方向上放置一个导电板，导电板通以电流 I，方向如图 6-5 所示。导电板中的电流是金属中自由电子在电场作用下的定向运动。此时，每个电子受洛仑兹力 F_m 的作用，F_m 的大小为：

$$F_m = -evB \tag{6-9}$$

式中，e 为电子电荷；v 为电子运动平均速度；B 为磁场的磁感应强度。

F_m 的方向在图 6-5 中是向上的，此时电子除了沿电流反方向作定向运动外，还在 F_m 的作用下向上漂移，结果使金属导电板上底面积累电子，而下底面积累正电荷，从而形成了附加内电场 E_H，称为霍尔电场，该电场强度为

$$E_H = \frac{U_H}{b} \tag{6-10}$$

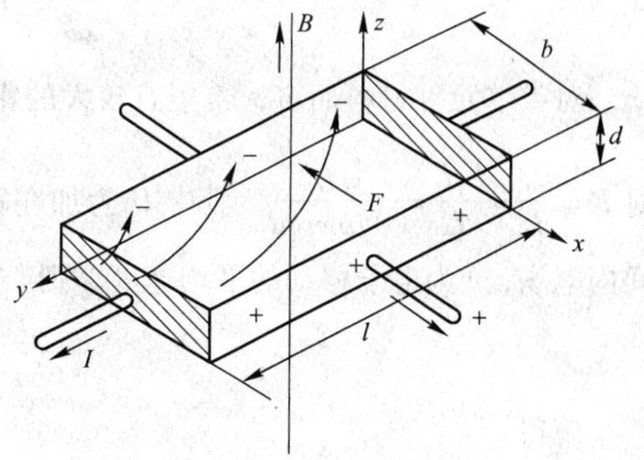

图 6-5　霍尔效应原理图

式中，U_H 为电位差。霍尔电场的出现，使定向运动的电子除了受洛仑兹力作用外，还受到霍尔电场的作用力 F_e，其大小为 $-eE_H$，此力阻止电荷继续积累。随着上、下底面积累电荷的增加，霍尔电场增加，电子受到的电场力也增加，当电子所受洛仑兹力与霍尔电场作用力大小相等、方向相反时，即

$$-eE_H = -evB \tag{6-11}$$

则

$$E_{\mathrm{H}}=vB \tag{6-12}$$

$$U_{\mathrm{H}}=bvB \tag{6-13}$$

此时电荷不再向两个底面积累，达到平衡状态。若金属导电板单位体积内电子数为 n，电子定向运动平均速度为 v，则激励电流 $I=nvbd(-e)$，因此

$$v=-\frac{I}{bdne} \tag{6-14}$$

将式（6-14）代入式（6-12）得

$$E_{\mathrm{H}}=-\frac{IB}{bdne} \tag{6-15}$$

将式（6-15）代入式（6-10）得

$$U_{\mathrm{H}}=-\frac{IB}{ned} \tag{6-16}$$

式中，令 $R_{\mathrm{H}}=-1/(ne)$，则

$$U_{\mathrm{H}}=R_{\mathrm{H}}\frac{IB}{d}=K_{\mathrm{H}}IB \tag{6-17}$$

式中，R_{H} 为霍尔常数，其大小取决于导体载流子密度；$K_{\mathrm{H}}=R_{\mathrm{H}}/d$，称为霍尔元件的灵敏度。由式（6-17）可见，霍尔电势正比于激励电流及磁感应强度，霍尔元件的灵敏度 K_{H} 与霍尔常数 R_{H}成正比，而与霍尔片厚度 d 成反比。为了提高灵敏度，霍尔元件常制成薄片形状。

上述推导是针对 N 型半导体，对于 P 型半导体，则

$$U_{\mathrm{H}}=\frac{IB}{ped}=R_{\mathrm{H}}\frac{IB}{d} \tag{6-18}$$

式中，

$$R_{\mathrm{H}}=\frac{1}{pe} \tag{6-19}$$

对霍尔元件材料而言，希望有较大的霍尔常数 R_{H}，霍尔元件激励极间电阻 $R=\frac{\rho L}{bd}$，同时 $R=\frac{U_I}{I}=\frac{E_IL}{I}=\frac{vL}{-\mu nevbd}$，其中 U_I为加在霍尔元件两端的激励电压，E_I为霍尔元件激励极间内电场，v 为电子移动的平均速度。则

$$\frac{\rho L}{bd}=\frac{L}{-\mu nebd} \tag{6-20}$$

解得

$$R_{\mathrm{H}}=\mu\rho \tag{6-21}$$

由式（6-21）可知，霍尔常数等于霍尔元件材料的电阻率与电子迁移率 μ 的乘积。若要霍尔效应强，即霍尔电势大，则 R_{H}值大，因此要求霍尔元件材料有较大的电阻率和载流子迁移率。此外，霍尔电势的大小还与霍尔元件的几何尺寸有关。一般要求霍尔元件灵敏度越大越好，而霍尔元件的灵敏度 K_{H}与 d 成反比，因此，霍尔元件的厚度越小，其灵敏度越高。当霍尔元件的宽度 b 增大或$\frac{L}{b}$减小时，载流子在偏转过程中的损失将加大，使 U_{H} 下

降。通常要对式（6-17）加以形状效应修正，即

$$U_H = K_H I B f\left(\frac{L}{b}\right) \tag{6-22}$$

式中，$f\left(\frac{L}{b}\right)$为形状效应系数，其修正值见表 6-1。

表 6-1　形状效应系数

L/b	0.5	1.0	1.5	2.0	2.5	3.0	4.0
$f\left(\frac{L}{b}\right)$	0.370	0.675	0.841	0.923	0.967	0.984	0.996

一般金属材料载流子迁移率很高，但电阻率很小；而绝缘材料电阻率极高，但载流子迁移率极低。故只有半导体材料适于制造霍尔元件。目前常用的霍尔元件材料有锗、硅、砷化铟、锑化铟等半导体材料。其中 N 型锗容易加工制造，且其霍尔系数、温度性能和线性度都较好。N 型硅的线性度最好，且其霍尔系数、温度性能同 N 型锗相近。锑化铟对温度最敏感，尤其在低温范围内温度系数大，但在室温时其霍尔系数较大。砷化铟的霍尔系数较小，温度系数也较小，输出特性线性度好。表 6-2 列出了常用国产霍尔元件的技术参数。

表 6-2　常用国产霍尔元件的技术参数

参数名称	符号	单位	HZ-1	HZ-2	HZ-3	HZ-4	HT-1	HT-2	HS-1
			材料（N 型）						
			Ge(111)	Ge(111)	Ge(111)	Ge(100)	InSb	InSb	InAs
电阻率	ρ	Ω·cm	0.8～1.2	0.8～1.2	0.8～1.2	0.4～0.5	0.003～0.01	0.003～0.01	0.01
几何尺寸	$l\times b\times d$	mm³	8×4×0.2	4×2×0.2	8×4×0.2	8×4×0.2	6×3×0.2	8×4×0.2	8×4×0.2
输入电阻	R_i	Ω	110±20%	110±20%	110±20%	45±20%	0.8±20%	0.8±20%	1.2±20%
输出电阻	R_o	Ω	100±20%	100±20%	100±20%	40±20%	0.5±20%	0.5±20%	1±20%
灵敏度	K_H	mV/(mA·T)	>12	>12	>12	>4	1.8±20%	0.8±20%	1±20%
不等位电阻	r_o	Ω	<0.07	<0.05	<0.07	<0.02	<0.005	<0.005	<0.003
寄生直流电压	U_o	μV	<150	<200	<150	<100			
额定控制电压	I_C	mA	20	15	25	50	250	300	200
霍尔电势温度系数	α	1/℃	0.04%	0.04%	0.04%	0.03%	-1.5%	-1.5%	
内阻温度系数	β	1/℃	0.5%	0.5%	0.5%	0.3%	-0.5%	-0.5%	
热阻	R_β	℃/mW	0.4	0.25	0.2	0.1			
工作温度	T	℃	-40～45	-40～45	-40～45	-40～75	0～40	0～40	-40～60

2）霍尔元件基本结构　霍尔元件的结构很简单，它由霍尔片、引线和壳体组成，如图 6-6（a）所示。霍尔片是一块矩形半导体单晶薄片，引出 4 个引线。1、1′两根引线加激励电压或电流，称为激励电极；2、2′引线为霍尔输出引线，称为霍尔电极。霍尔元件壳体由非导磁金属、陶瓷或环氧树脂封装而成。在电路中霍尔元件可用两种符号表示，如图 6-6（b）所示。

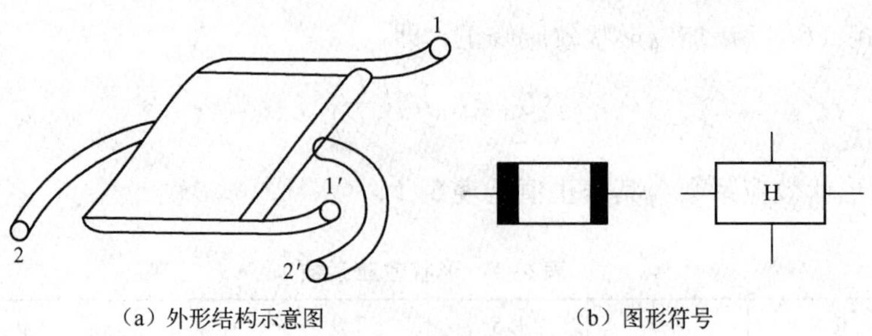

（a）外形结构示意图　（b）图形符号

图6-6　霍尔元件

3）霍尔元件基本特性

（1）额定激励电流和最大允许激励电流：当霍尔元件自身温升10℃时，所流过的激励电流称为额定激励电流。以元件允许最大温升为限制所对应的激励电流称为最大允许激励电流。因霍尔电势随激励电流增加而增加，所以，使用中希望选用尽可能大的激励电流，因而需要知道元件的最大允许激励电流。改善霍尔元件的散热条件，可以使激励电流增加。

（2）输入电阻和输出电阻：激励电极间的电阻值称为输入电阻。霍尔电极输出电势对外电路来说相当于一个电压源，其电源内阻即为输出电阻。以上电阻值是在磁感应强度为零且环境温度在20℃±5℃时确定的。

（3）不等位电势和不等位电阻：当霍尔元件的激励电流为I时，若元件所处位置磁感应强度为零，则它的霍尔电势应该为零，但实际不为零，这时测得的空载霍尔电势称为不等位电势。产生这一现象的原因有：

☺ 霍尔电极安装位置不对称或不在同一等电位面上。

☺ 半导体材料不均匀造成了电阻率不均匀或几何尺寸不均匀。

☺ 激励电极接触不良造成激励电流不均匀分布等（这主要是由工艺所决定）。

不等位电势也可用不等位电阻表示：

$$r_0 = \frac{U_0}{I_N} \tag{6-23}$$

式中，U_0为不等位电势；r_0为不等位电阻；I_N为激励电流。

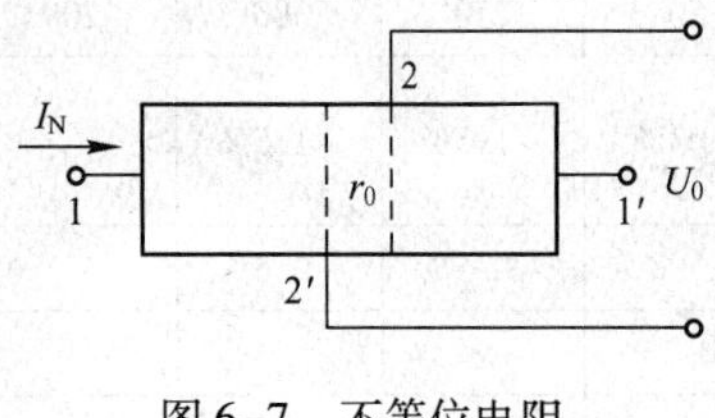

图6-7　不等位电阻

由式（6-23）可以看出，不等位电势就是激励电流流经不等位电阻r_0所产生的电压。不等位电阻如图6-7所示。

（4）寄生直流电势：当外加磁场为零且霍尔元件用交流激励时，霍尔电极输出除了交流不等位电势外，还有一直流电势，称为寄生直流电势。其产生的原因有：

☺ 激励电极与霍尔电极接触不良，形成非欧姆接触，造成整流效果。

☺ 两个霍尔电极大小不对称，则两个电极点的热容不同，散热状态不同，形成极向温差电势。寄生直流电势一般在1mV以下，它是影响霍尔元件温漂的原因之一。

（5）霍尔电势温度系数：在一定磁感应强度和激励电流下，温度每变化1℃时，霍尔电势变化的百分率称为霍尔电势温度系数。它同时也是霍尔系数的温度系数。

2. 霍尔传感器的基本电路

霍尔传感器的基本工作电路有恒电压工作模式和恒电流工作模式。这两种模式各有特点，应当根据使用场合进行选择。

1）简单的恒电压工作电路　恒电压工作电路如图 6-8 所示，这是一种非常简单的施加控制电流的方法。恒电压工作电路比较适合于精度要求不是很高的数字方面的应用，如录像机的电动机位置检测等。

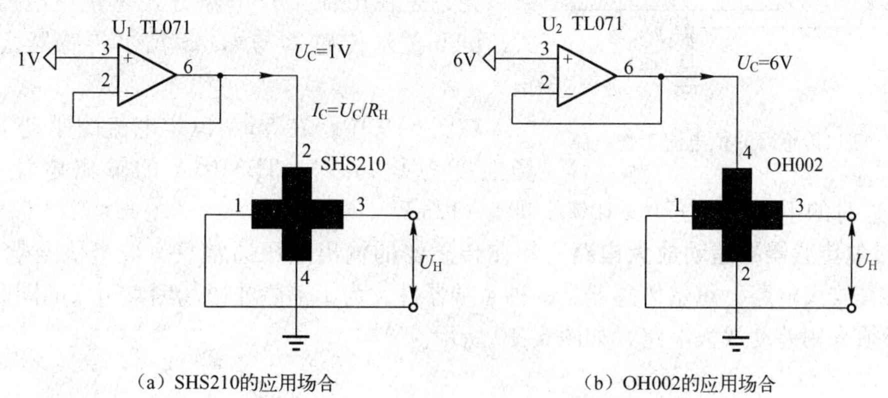

（a）SHS210的应用场合　（b）OH002的应用场合

图 6-8　霍尔传感器的恒电压工作模式

（1）恒电压工作时的输出电压：以图 6-8（a）中的电路计算霍尔传感器 SHS210 的输出电压。SHS210 在 1V 电压驱动下，测量 0.1T 的磁场时，会有 21～55mV 的输出电压。这时的最大不平衡电压为 ±7%，即 1.47～3.85mV。这种不平衡电压即使在无磁场时也会出现，而且保持原有的幅度，因此会给弱磁场的测量带来非常严重的问题。虽然通过不平衡调整可以将这种不平衡电压调整为 0，但是与放大器同样的道理，其漂移成分无法消除。

（2）输入电阻的影响：恒电压工作时性能变坏的主要原因是霍尔传感器输入电阻的温度系数及磁阻效应（在磁场作用下电阻值变大的现象）的影响。

输入电阻的温度系数，在 GaAs 霍尔传感器的情况下其最大值为 +0.3%/℃，而在 InSb 霍尔传感器的情况下其最大值为 -0.2%/℃。假设霍尔传感器的电阻值为 R_H，那么恒电压工作时的控制电流 $I_C = U_C/R_H$，可见当温度升高时，GaAs 霍尔传感器会因为其电阻值随温度的升高而增加（最大值为 +0.3%/℃），而使得控制电流减小。该控制电流减小的量是在恒电流工作的 -0.06%/℃ 的基础上，再叠加一个最大值 -0.3%/℃，因此温度特性相当恶劣。

然而在 InSb 霍尔传感器的情况下，恒电流工作时的最大温度系数为 -0.2%/℃，与电阻值温度系数引起的最大变化量 +0.2%/℃ 刚好抵消，因此总的温度系数反而变小。在恒电压工作的情况下，其输出特性的温度系数减小到了 -0.2%/℃。

2）恒电流工作电路　霍尔传感器的恒电流工作电路适于高精度测量，可以充分发挥霍尔传感器的性能。在恒电流工作时其输出特性不受输入电阻温度系数及磁阻效应的影响。当然，与恒电压工作电路相比，某些电路会变得复杂，不过这个问题不那么严重。霍尔传感器的恒电流工作电路如图 6-9 所示。

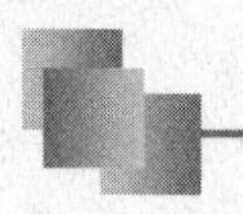

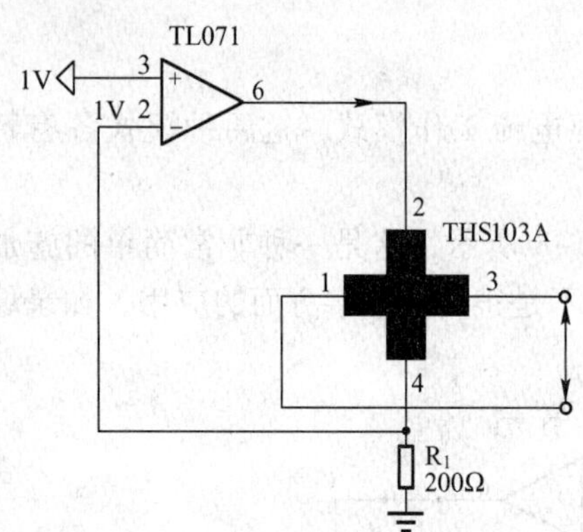

图6-9 霍尔传感器的恒电流工作电路

采用恒电流工作电路时，不平衡电压的稳定性与采用恒电压工作电路时相比会变差，这是恒电流工作电路的一个缺点。特别是在InSb霍尔传感器中，因为输入电阻的温度系数大，不平衡电压的影响也会显著增大。而在GaAs霍尔传感器的情况下，因其输入电阻的温度系数小，不平衡电压的稳定性不那么好，所以无论是恒电流工作电路方式还是恒电压工作方式，InSb霍尔传感器与GaAs霍尔传感器之间差别很大。

在图6-9中，在5mA恒定电流的驱动下，当磁场强度为0.1T时，THS103A的输出电流为50～120mA。这时的不平衡电压为±10%，即5～12mV。

3）霍尔传感器的差动放大电路 霍尔传感器的输出电压通常只有数毫伏至数百毫伏，因而需要有放大电路。霍尔传感器是一种4端器件，为了消除非磁场因素引入的同向电压的影响，必须采用差动放大电路，如图6-10所示。

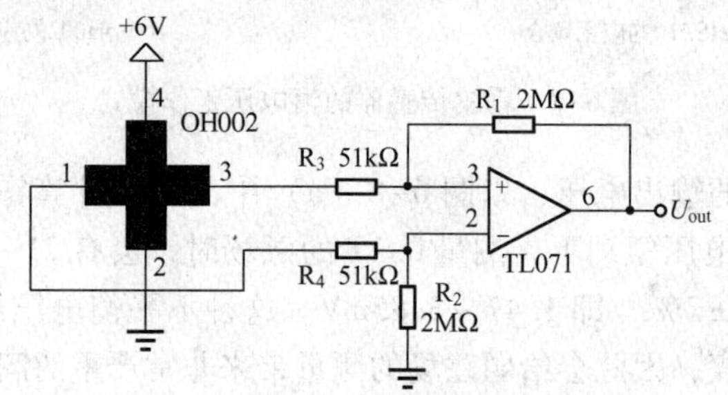

（a）由一个运算放大器构成的差动放大电路

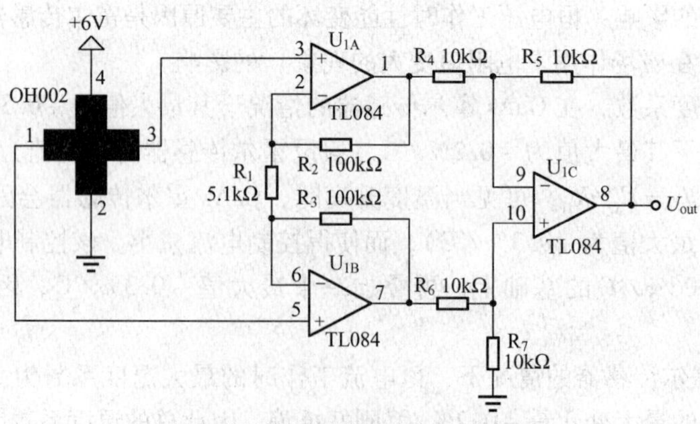

（b）由3个运算放大器构成的差动放大电路

图6-10 霍尔传感器的差动放大电路

图6-10（a）所示为由一个运算放大器构成的差动放大电路，其增益等于R_1/R_3（约为40倍）。图6-10（b）所示为由3个运算放大器构成的差动放大电路，其增益等于$1+2R_2/R_1$（约为40倍）。使用一个运算放大器进行差动放大时，如果不将放大器的输入电阻增加到大

于霍尔传感器电阻的程度，误差就会变大。而在用 3 个运算放大器进行差动放大时就不存在这方面的问题。

在图 6-10 所示的电路中，既可以使用霍尔传感器的交流电压输出，也可以使用它的直流输出，因而可以构成如图 6-11 所示的电路（电路中使用了隔直流电容器）。

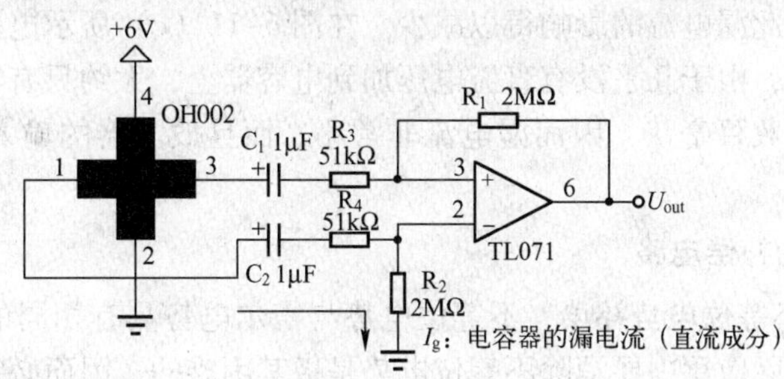

（a）电容器漏电流的影响

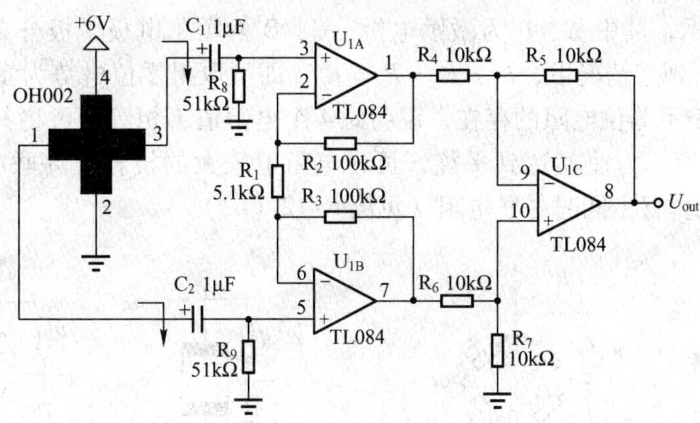

（b）用3个运算放大器进行差动放大（1）

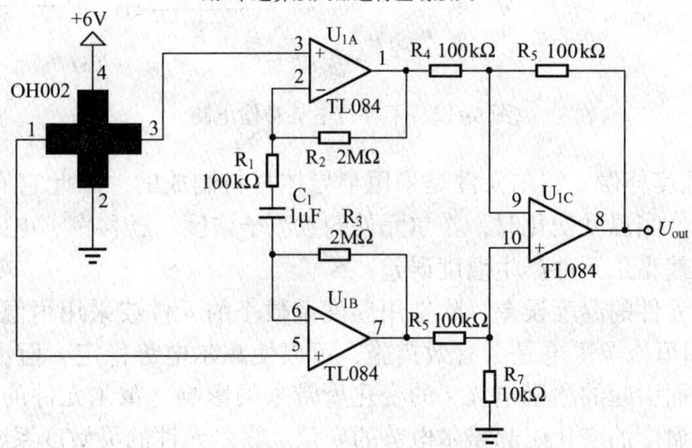

（c）用3个运算放大器进行差动放大（2）

图 6-11　霍尔传感器输出交流电压时的放大电路

在图 6-11（a）所示电路中用一个运算放大器进行差动放大，由于 R_2 的电阻值比较大，因此必须注意电容器漏电流的影响。电容器的漏电流 I_g 会在 R_2 上产生 $I_g \cdot R_2$ 的电压降，这

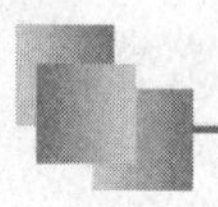

个电压降作为不平衡电压，将影响 U_{out} 的稳定性，为了降低这种影响，必须选用漏电流比较小的电容器。由于霍尔传感器工作电压的 50% 加在了 C_2 上，因此 C_2 上的漏电流相对来讲就比较大；而在 C_1 上就几乎没有电流流过。这种 C_2 和 C_1 上漏电流的差异，通过差分放大器就表现为不平衡电压。在图 6-11（b）所示电路中用 3 个运算放大器进行差动放大，C_2 和 C_1 上漏电流相同，因此漏电流的影响得以减少。在图 6-11（c）所示电路中同样用 3 个运算放大器进行差动放大，由于几乎没有直流电压加到电容器上，大约只有霍尔传感器输出电压的大小，即数毫伏至数百毫伏，因而漏电流非常小，而且放大器的输入电阻也变成了非常大的值。

3. 霍尔元件的补偿电路

1）霍尔元件不等位电势补偿　不等位电势与霍尔电势具有相同的数量级，有时甚至超过霍尔电势，而实际应用中要消除不等位电势是极其困难的，因而必须采用补偿的方法。由于不等位电势与不等位电阻是一致的，可以采用分析电阻的方法来找到不等位电势的补偿方法。如图 6-12 所示，其中 A、B 为激励电极，C、D 为霍尔电极，极分布电阻分别用 R_1、R_2、R_3 和 R_4 表示。理想情况下，$R_1=R_2=R_3=R_4$，即可取得零位电势为零（或零位电阻为零）。实际上，由于不等位电阻的存在，说明此 4 个电阻值不相等，可将其视为电桥的 4 个桥臂，则电桥不平衡。为使其达到平衡，可在电阻值较大的桥臂上并联电阻（见图 6-12（a）），或者在两个桥臂上同时并联电阻（见图 6-12（b））。

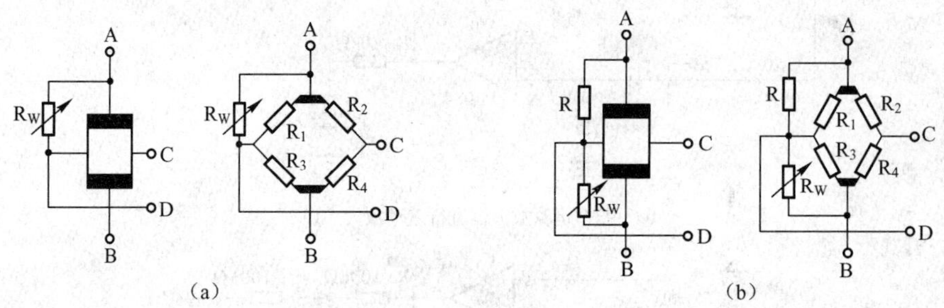

图 6-12　不等位电势补偿电路

2）霍尔元件温度补偿　霍尔元件是采用半导体材料制成的，因此它们的许多参数都具有较大的温度系数。当温度变化时，霍尔元件的载流子浓度、迁移率、电阻率及霍尔系数都将发生变化，从而使霍尔元件产生温度误差。

为了减小霍尔元件的温度误差，除选用温度系数小的元件或采用恒温措施外，由 $U_H=K_H IB$ 可看出，采用恒流源供电是个有效措施，可以使霍尔电势稳定，但也只能减小由于输入电阻随温度变化而引起的激励电流 I 的变化所带来的影响。霍尔元件的灵敏系数 K_H 也是温度的函数，它随温度的变化引起霍尔电势的变化。霍尔元件的灵敏度系数与温度的关系可写成

$$K_H=K_{H0}(1+\alpha\Delta T) \tag{6-24}$$

式中，K_{H0} 为温度 T_0 时的 K_H 值；$\Delta T=T-T_0$ 为温度变化量；α 为霍尔电势温度系数。

大多数霍尔元件的温度系数 α 是正值，它们的霍尔电势随温度升高而增加（$1+\alpha\Delta T$）倍。如果与此同时让激励电流 I 相应地减小，并能保持 $K_H I$ 不变，也就抵消了灵敏系数 K_H

增加的影响。图 6-13 所示的就是按此思路设计的一个不仅简单而且补偿效果又较好的补偿电路。电路中用一个分流电阻 R_p 与霍尔元件的激励电极相并联。当霍尔元件的输入电阻随温度升高而增加时，旁路分流电阻 R_p 自动地加强分流，减少了霍尔元件的激励电流 I，从而达到补偿的目的。

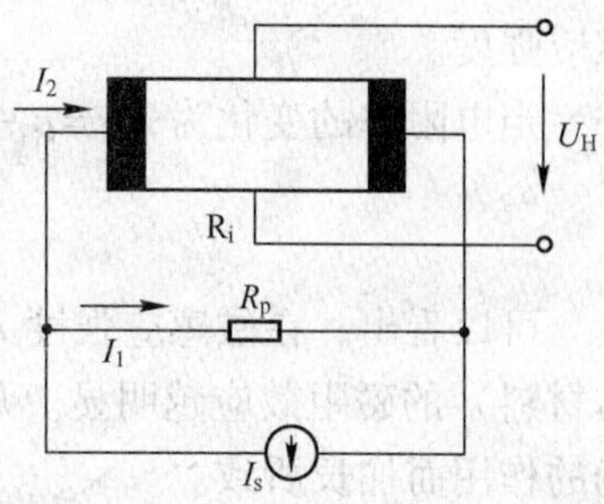

图 6-13　恒流源温度补偿电路

在图 6-13 所示的温度补偿电路中，设初始温度为 T_0，霍尔元件输入电阻为 R_{i0}，灵敏系数为 K_{H1}，分流电阻为 R_{p0}，根据分流概念得

$$I_{H0}=\frac{R_{p0}I}{R_{p0}+R_{i0}} \tag{6-25}$$

当温度升至 T 时，电路中各参数变为

$$R_i=R_{i0}(1+\delta\Delta T) \tag{6-26}$$

$$R_p=R_{p0}(1+\beta\Delta T) \tag{6-27}$$

式中，δ 为霍尔元件输入电阻温度系数；β 为分流电阻温度系数。则

$$I_H=\frac{R_pI}{R_p+R_i}=\frac{R_{p0}(1+\beta\Delta T)I}{R_{p0}(1+\beta\Delta T)+R_{i0}(1+\delta\Delta T)}$$

当温度升高ΔT 时，为使霍尔电势不变，补偿电路必须满足温升前、后的霍尔电势不变，即

$$U_{H0}=K_{H0}I_{H0}B=U_H=K_HI_HB \tag{6-28}$$

则

$$K_{H0}I_{H0}=K_HI_H \tag{6-29}$$

将式（6-20）、式（6-21）和式（6-25）代入式（6-29）中，经整理并略去 α、β、ΔT^2 高次项后，得

$$R_{p0}=\frac{\delta-\beta-\alpha}{\alpha}R_{i0} \tag{6-30}$$

当霍尔元件选定后，它的输入电阻 R_{i0} 和温度系数 δ 及霍尔电势温度系数 α 是确定值。由式（6-30）即可计算出分流电阻 R_{p0} 及所需的温度系数 β 值。为了满足 R_0 及 β 两个条件，分流电阻可取温度系数不同的两种电阻的串、并联组合，这样虽然麻烦，但效果很好。

6.3　磁敏电阻器

磁敏电阻器是基于磁阻效应的磁敏元件，它是磁阻位移传感器、无触点开关等的核心部件。

1. 磁阻效应

当一个载流导体置于磁场中时，其电阻值会随磁场变化而变化，这种现象被称为磁阻效应。当温度恒定时，在磁场内，磁阻和磁感应强度 B 的二次方成正比。如果器件只有在电子参与导电的简单情况下，理论推导出来的磁阻效应方程为

$$\rho=\rho_0(1+0.273\mu^2B^2)$$

式中，ρ 是磁感应强度为 B 时的电阻率；ρ_0 是零磁场下的电阻率；μ 是电子迁移率；B 是磁

感应强度。

当电阻率的变化为 $\Delta\rho=\rho-\rho_0$ 时，电阻率的相对变化为

$$\frac{\Delta\rho}{\rho_0}=0.273\mu^2B^2=K\mu^2B^2$$

可以看出，在磁感应强度 B 一定时，迁移率越高的材料（如 InSb、InAs、NiSb 等半导体材料）的磁阻效应越明显。从微观上讲，材料的电阻率增加是因为电流的流动路径因磁场的作用而加长所致。

2. 磁敏电阻的结构

磁阻效应除了与材料有关外，还与磁敏电阻的形状有关。考虑形状影响因素时，电阻率的相对变化为

$$\frac{\Delta\rho}{\rho_0}=k\ (\mu B)^2\left[l-f\left(\frac{l}{b}\right)\right]$$

式中，l、b 分别为电阻的长和宽；$f\left(\frac{l}{b}\right)$是形状效应系数。

图 6-14 所示的是 3 种不同形状的半导体内电流线的分布，第 1 行为不加磁场的情况，第 2 行为加磁场的情况。不加磁场时，电流密度与外加电场方向一致，即与样品边缘平行、与电极垂直。加磁场后，由于产生横向电场，使电流密度方向偏离合成电场而形成一个角度。可见，在磁场作用下，电流流过的路程 l 增长，使样品电阻 R 增大。然而，l 的增加与样品的形状有关，对于 $l>b$ 的长条形样品，l 增加不明显；但对于 $l<b$ 的扁条形样品，l 增加较明显，因而电阻增加较多；特别是圆盘形样品，从圆盘中心加以辐射形外电场时，几何磁阻效应特别明显，即在恒定磁感应强度下，磁敏电阻的长度与宽度的比越小，电阻率的相对变化越大。长方形磁阻器件只有在 $l<b$ 的条件下，才表现出较高的灵敏度。在实际制作磁阻器件时，需在 $l>b$ 的长方形磁阻材料上制作许多平行等间距的金属条（即短路栅格），以短路霍尔电势。科尔比诺圆盘形磁阻器件的中心和边缘各有一个电极，因为圆盘形的磁阻最大，故大多数的磁阻元件做成圆盘结构。

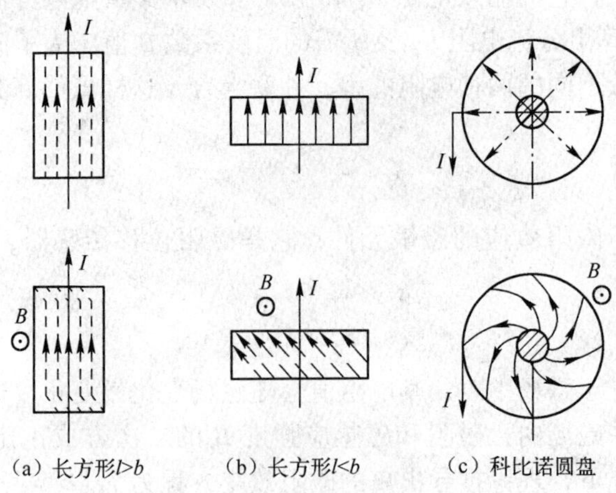

图 6-14　半导体内电流分布

3. 磁阻元件的主要特性

1）灵敏度特性　磁敏电阻的灵敏度一般是非线性的，且受温度的影响较大。磁阻元件的灵敏度特性用在一定磁场强度下的电阻变化率来表示，即磁场—电阻特性曲线的斜率。在运算时常用 R_B/R_0 求得，R_0 表示无磁场情况下磁阻元件的电阻值，R_B 为施加 0.3T 磁感应强度时磁阻元件的电阻值。在这种情况下，一般磁阻元件的灵敏度大于 2.7，如图 6-15 所示。由图 6-15（a）可知，磁阻元件的电阻值与磁场的极性无关，它只随磁场强度的变化而变化。由图 6-15（b）可知，在 0.2T 以下的弱磁场中，曲线呈现二次方特性，而超过 0.2T 后呈现线性变化。

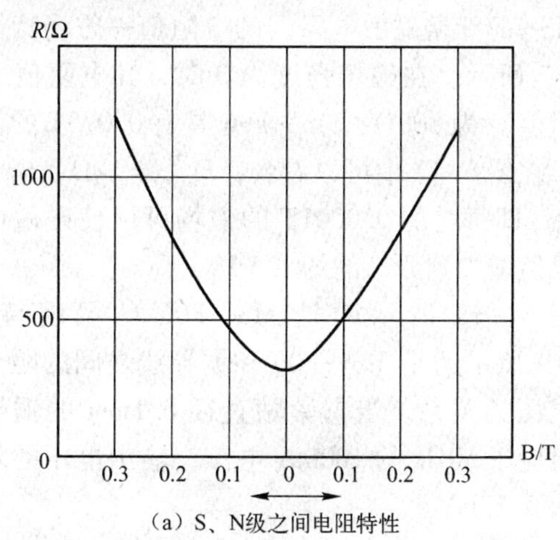

（a）S、N级之间电阻特性

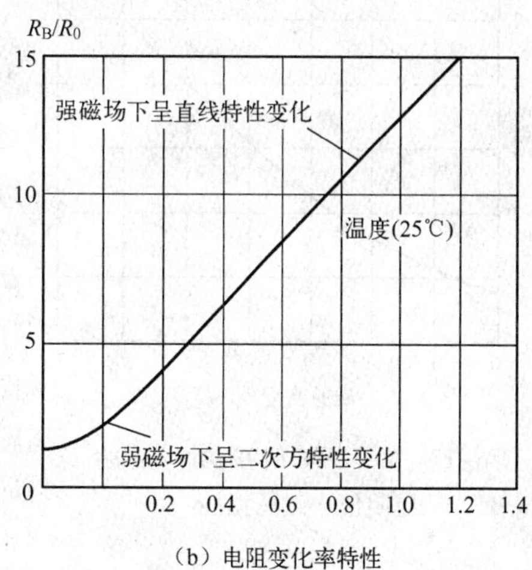

（b）电阻变化率特性

图 6-15　磁阻元件灵敏度特性

2）温度特性　图 6-16 所示的是一般半导体磁阻元件的温度特性曲线。由图可知，半导体磁阻元件的温度特性不好。磁阻元件的电阻值在不大的温度变化范围内减小得很快。因此在应用时，一般都要设计温度补偿电路。

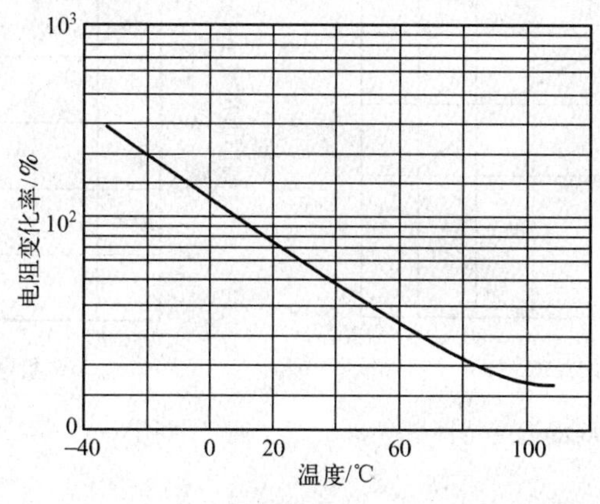

图 6-16　一般半导体磁阻元件的温度特性曲线

6.4 磁敏式传感器的应用

1. 非接触式交流电流检测器

该非接触式交流电流检测器使用的是 MS—F06 型磁敏电阻器，只要将 MS—F06 型半导体磁敏电阻器靠在电流线上就会得到输出电压。MS—F06 型磁敏电阻器在 35℃时的电阻值会减小到室温时的 1/2。因此，很少只使用一个磁敏电阻器，而是使用两个磁敏电阻器，以使其温度特性能够得到补偿。

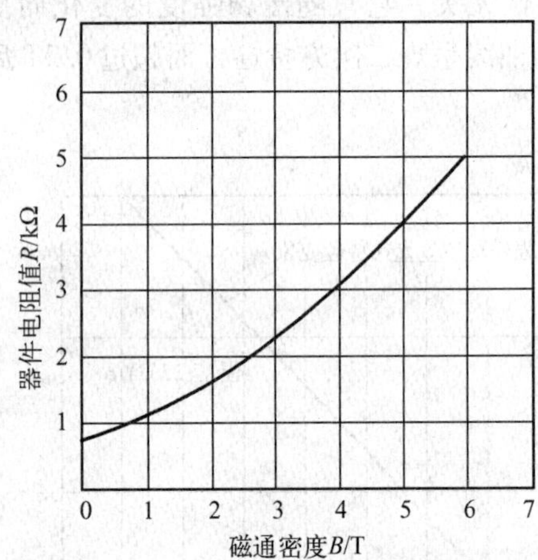

图 6-17　MS—F06 型磁敏电阻器的电阻值—磁场特性

MS—F06 型磁敏电阻器的电阻值—磁场特性如图 6-17 所示。在磁场强度为 0 时，其电阻值（初始电阻值）为 800Ω，MS—F06 具有 0.075T 的偏置磁场。在图 6-17 中可以看到，$R_{0.7G} = 1k\Omega$，$R_{1.7G} = 1.5k\Omega$，即每增加 0.0001T 的磁场可以使磁敏电阻的电阻值增加到原来的约 1.5 倍。

图 6-18 所示的是 MS—F06 的温度特性。图 6-19 所示的是 MS—F06 和铜导线之间的距离与输出电压的关系。当它紧贴直径 0.1mm 的铜导线时，对应于 50Hz 的 100mA 电流，输出电压的均方根值为 0.27mV。

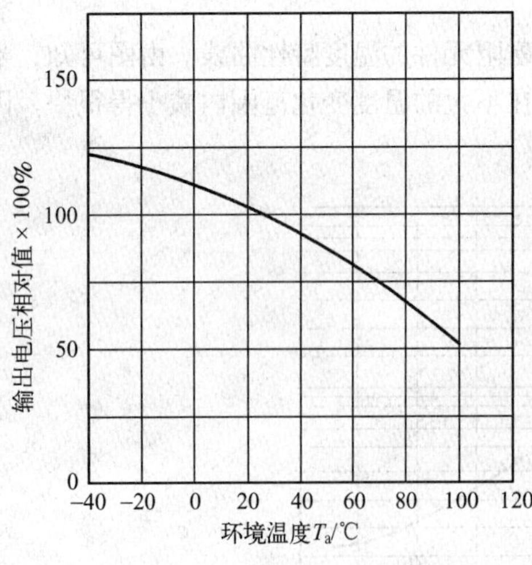

图 6-18　MS—F06 的温度特性

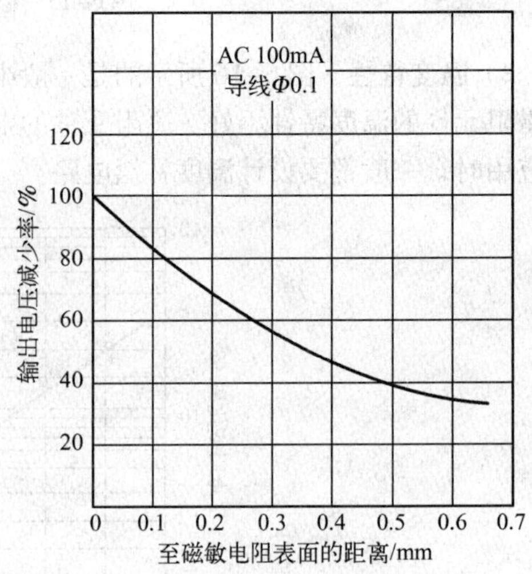

图 6-19　MS—F06 的间隔特性

图 6-20 所示的是利用 MS—F06 制作的非接触式电流检测器的电路图。20A 时磁敏电阻的输出电压 U_S 为

$$U_S = (0.27\text{mV}/0.1\text{A}) \times 20\text{A} = 54\text{mV}$$

由于是在电力线外测量，所以其输出值大约为上述理论值的 1/5，即 10mV。要想在图 6-20 所示电路中输出 2V 的电压，放大器 U_{2A} 的增益应当为 200。在电路设计中采取了 100 ~ 1000 倍的可调方式。

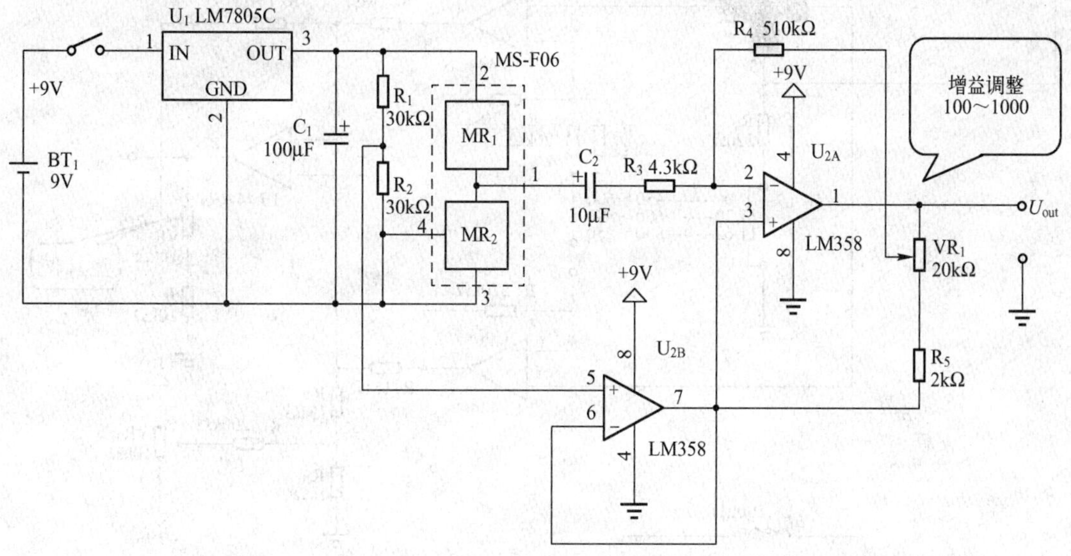

图 6-20　非接触式电流检测器

由于电力线的粗细与形状的不同，即使被测电流相同，该电路的输出电压也不相同，因此该装置只能作为电流检测器使用。但是，它毕竟可以粗略地检测电流的大小，而且便于携带，操作方便。

2. 基于霍尔传感器的通用型高斯计

在测量磁通密度的仪器中有一种被称为高斯计。如果对测量范围要求不过分苛刻，在 0.2T/2T 两个量程之间相互切换的特拉斯计较易制作，实际电路图如图 6-21 所示。传感器采用 THS103A 型 GaAs 霍尔传感器，并采用恒电流工作模式，满刻度的温度系数最大值可以控制在 -0.06%/℃，典型值可以控制在 -0.03%/℃ ~ -0.04%/℃。

TL499A 为可变输出系列的开关调节器，其输出为正 10V 电压，LCL7660 为 CMOS 电压转换器，其输出端输出 -9V 电压。

本电路采用差动放大器作为霍尔传感器的放大器。第一级放大器的增益为 $G=1+2R_2/R_1$。当 $R_1=60\text{k}\Omega$ 时，$G=10$；当 R_2 开路时，$G=1$。下一级放大器用 VR_1 进行调整，使得增益为 1 ~ 2 倍。

电位器 VR_2 用于不平衡电压的调整。为了能够具有尽可能好的零点稳定性，需要从约 10 个霍尔传感器中挑选一个不平衡电压最小的来使用。不平衡电压的大小应当在 2 ~ 3mV 以下。在不同量程间进行切换时，不平衡电压变化幅度比较大，因此每个不同量程都要分别设置专用的电位器，如图 6-22 所示。

为了确定放大器的增益，需要计算霍尔传感器的输出电压。THS103A 型霍尔传感器在 $I_C=5\text{mA}$，$B=0.1\text{T}$ 时，其输出电压 $U_H=80\text{mV}$；因此，在 $B=0.2\text{T}$ 时，$U_H=160\text{mV}$；而在

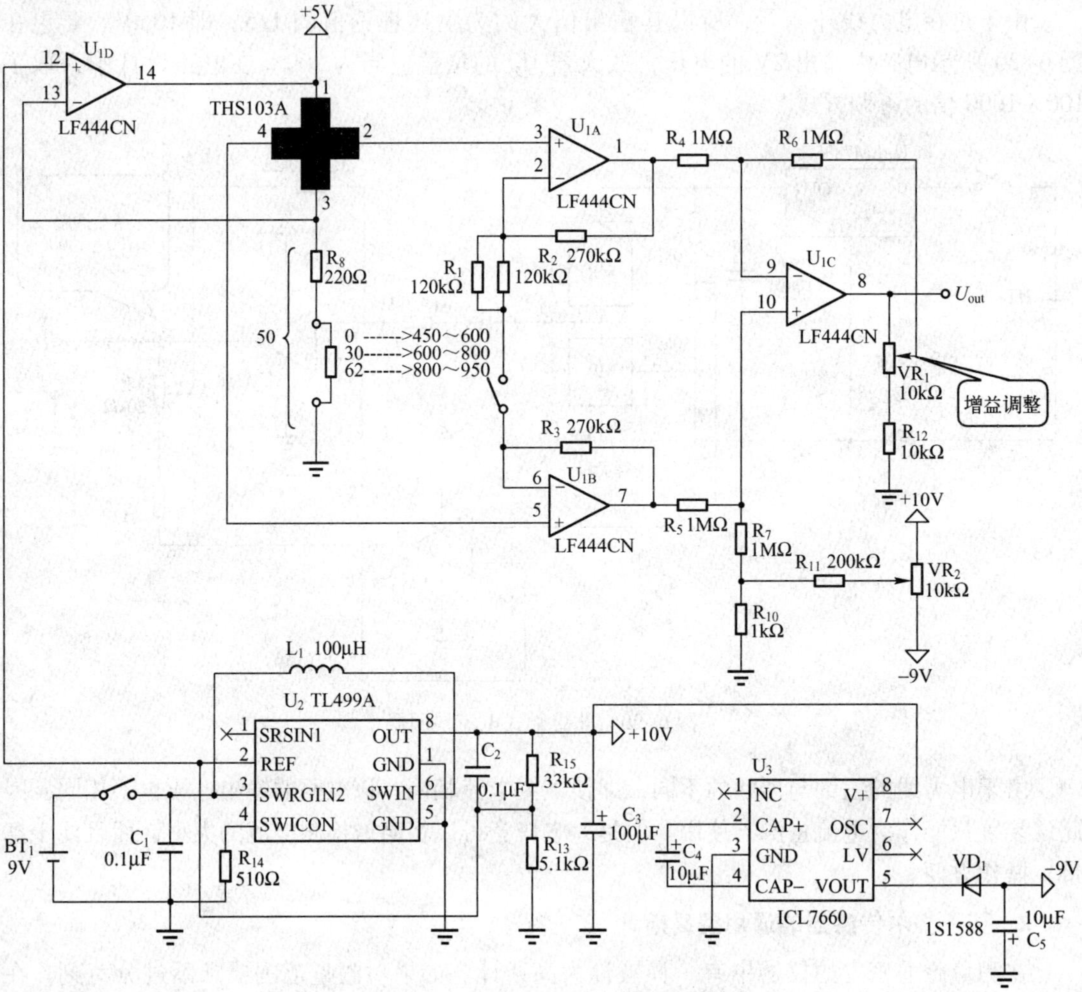

图 6-21　高斯计电路

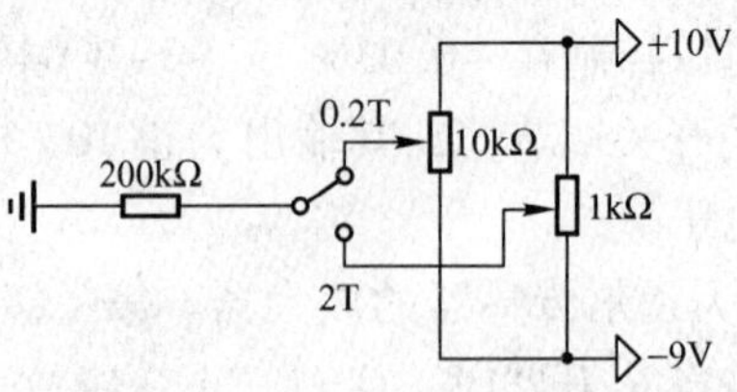

图 6-22　不平衡电压调整电路

$B=2\text{T}$ 时，$U_H=1.6\text{V}$。于是，可以计算出放大器的增益，在 $B=0.2\text{T}$ 时为 12.5，在 $B=2\text{T}$ 时为 1.25。

由于 U_H 在 50～120mV 的范围内存在着分散性，所以需要用增益调整电位 VR_1 进行增益调整，与此同时基准电压的分散性也得到了调整。

习题

（1）说明霍尔效应的原理。

（2）某霍尔元件 $l \times b \times d$ 为 1.0cm × 0.35cm × 0.1cm，沿 l 方向通以电流 $I = 1.0\text{mA}$，在垂直 $l - b$ 面方向加有均匀磁场 $B = 0.3\text{T}$，传感器的灵敏度系数为 22V/A · T，试求其输出霍尔电势及载流子浓度（$q = 1.602 \times 10^{-19}\text{C}$）。

（3）磁电式传感器与电感式传感器有何不同？

（4）霍尔元件在一定电流的控制下，其霍尔电势与哪些因素有关？

第7章 热电式传感器

热电式传感器是一种将温度变化转换为电量变化的装置。它利用传感元件的电磁参数随温度变化的特性来达到测量的目的。通常将被测温度的变化转换为敏感元件的电阻、磁导或电势等的变化，通过适当的测量电路，即可由电压、电流等电参数的变化来表达所测温度的变化。将温度变化转换为电势大小的热电式传感器称为热电偶，将温度变化转换为电阻值大小的热电式传感器称为热电阻。目前这两种热电式传感器在工业生产中均得到了广泛应用。

7.1 热电偶

热电偶是工程上应用最广泛的温度传感器。它构造简单，使用方便，具有较高的准确度、稳定性及复现性，温度测量范围宽，在温度测量中占有重要的地位。

1. 热电效应

两种不同的金属 A 和 B 构成如图 7-1 所示的闭合回路，如果对它们的两个接点中的一个进行加热，使其温度为 T，而另一点置于室温 T_0 中，则在回路中会产生热电势，用 $E_{AB}(T,T_0)$ 来表示，这一现象称为热电效应。通常把两种不同金属的这种组合称为热电偶，A、B 称为热电极，温度高的接点称为热端或工作端，而温度低的接点称为冷端或自由端。

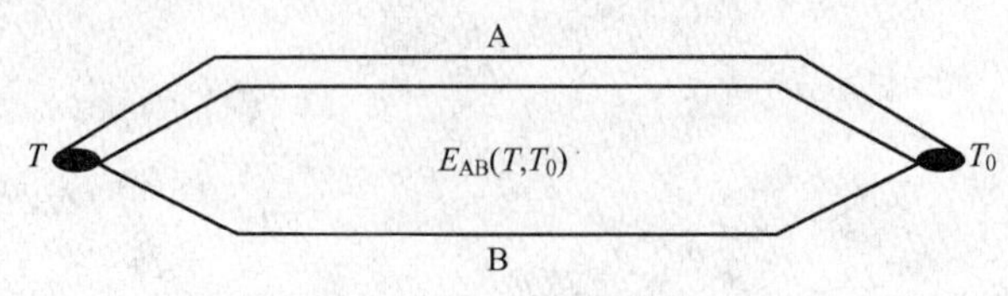

图 7-1 热电效应原理图

由理论分析知道，热电效应产生的热电势 $E_{AB}(T,T_0)$ 是由接触电势和温差电势两部分组成的。

1）接触电势 接触电势是由于两种不同导体的自由电子密度不同而在接触处形成的电动势。如图 7-2 所示，两种不同金属 A 和 B 接触时，在接触处便发生电子的扩散。若

金属 A 中的自由电子浓度大于金属 B 中的自由电子浓度，则在同一瞬间由金属 A 扩散到金属 B 中去的电子将比由金属 B 扩散到 A 中去的电子多，因而金属 A 因失去电子而带正电，金属 B 因得到电子而带负电。由于正、负电荷的存在，在接触处便产生电场。该电场将阻碍扩散作用的进一步发生，同时引起反方向的电子转移。扩散和反扩散形成矛盾运动。上述过程的发展，直到扩散作用和阻碍其扩散的作用的效果相同时，也即由金属 A 扩散到金属 B 的自由电子与金属 B 扩散到金属 A 的自由电子（形成漂移电流）相等时，该过程便处于动态平衡状态。在这种动态平衡状态下，A 和 B 两种金属之间便产生一定的接触电势，该接触电势的数值取决于两种不同导体的性质和接触点的温度。两种金属接点处的接触电势 $e_{AB}(T)$ 可表示为

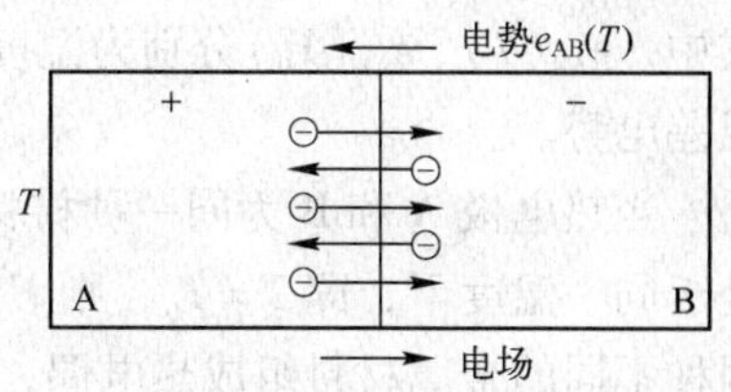

图 7-2　接触电动势

$$e_{AB}(T)=\frac{kT}{e}\ln\frac{N_A}{N_B} \tag{7-1}$$

式中，k 为玻耳兹曼常数（$k=1.38\times10^{-23}$ J/K）；T 为接触面的绝对温度；e 为单位电荷量（$e=1.6\times10^{-19}$ C）；N_A 为金属电极 A 的自由电子密度；N_B 为金属电极 B 的自由电子密度。

2）温差电势　温差电势（又称汤姆逊电势）是同一导体的两端因其温度不同而产生的一种热电势。同一导体的两端温度不同时，高温端的电子能量要比低温端的电子能量大，因而从高温端跑到低温端的电子数比从低温端跑到高温端的要多，结果高温端因失去电子而带正电，低温端因获得多余的电子而带负电，因此，在导体两端便形成温差电势，其大小由下式给出：

$$e_A(T,T_0)=\int_{T_0}^{T}\delta \mathrm{d}T \tag{7-2}$$

式中，δ 为汤姆逊系数，它表示温度为 1℃ 时所产生的电动势值，它与材料的性质有关。

综上所述，在由两种不同金属组成的闭合回路中，当两端点的温度不同时，回路中产生的热电势等于上述电位差的代数和，如图 7-3 所示。

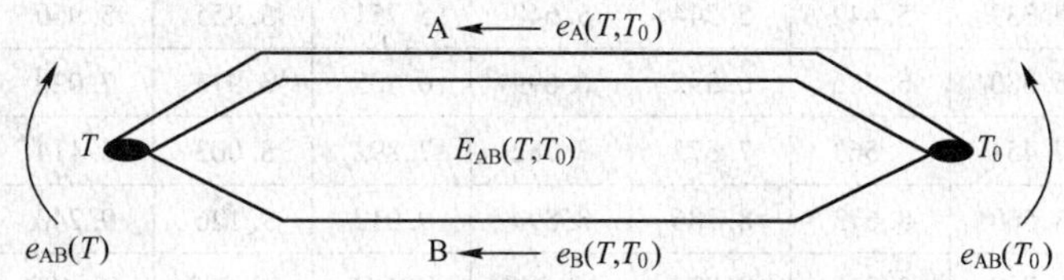

图 7-3　热电偶回路的总热电势

$$\begin{aligned}E_{AB}(T,T_0)&=e_{AB}(T)-e_A(T,T_0)-e_{AB}(T_0)+e_B(T,T_0)\\&=[e_{AB}(T)-e_{AB}(T_0)]-[e_A(T,T_0)-e_B(T,T_0)]\\&=\frac{k}{e}(T-T_0)\ln\frac{N_A}{N_B}-\int_{T_0}^{T}(\delta_A-\delta_B)\mathrm{d}t\end{aligned} \tag{7-3}$$

式中，$e_{AB}(T)$、$e_{AB}(T_0)$分别为温度T和T_0下的接触电势；$e_A(T,T_0)$、$e_B(T,T_0)$为A和B的温差电势。

当热电极A和B为同一种材料时，$N_A=N_B$，$\delta_A=\delta_B$，则$E_{AB}(T,T_0)=0$。若热电偶两端处于同一温度下，即$T=T_0$，则$E_{AB}(T,T_0)=0$。所以热电势存在必须具备两个条件：一是两种不同的金属材料组成热电偶；二是它的两端存在温差。

在总热电势中，温差电势比接触电势小很多，可忽略不计，热电偶的热电势可表示为

$$E_{AB}(T,T_0)=e_{AB}(T)-e_{AB}(T_0)=\frac{k}{e}(T-T_0)\ln\frac{N_A}{N_B} \tag{7-4}$$

对于已选定的热电偶，当参考端温度T_0恒定时，$e_{AB}(T_0)=c$为常数，则总的热电动势就只与温度T成单值函数关系，即

$$E_{AB}(T,T_0)=e_{AB}(T)-c=f(T) \tag{7-5}$$

因此就可以用测量到的热电势$E_{AB}(T,T_0)$来得到对应的温度值T。热电偶热电势的大小只与导体A和B的材料及冷、热端的温度有关，与导体的粗细、长短及两导体接触面积无关。

实际应用中，热电势与温度之间的关系是通过热电偶分度表来确定的。分度表是在参考端温度为0℃时，通过实验建立起来的热电势与工作端温度之间的数值对应关系，表7-1至表7-4是4种常见热电偶的分度表。

表7-1　S型（铂铑$_{10}$－铂）热电偶分度表

测量端温度/℃	0	10	20	30	40	50	60	70	80	90
	热电动势/mV									
0	0.000	0.055	0.113	0.173	0.235	0.299	0.365	0.432	0.502	0.573
100	0.645	0.719	0.795	0.872	0.950	1.029	1.109	1.190	1.273	1.356
200	1.440	1.525	1.611	1.698	1.785	1.873	1.962	2.051	2.141	2.232
300	2.232	2.414	2.506	2.599	2.692	2.786	2.880	2.974	3.069	3.164
400	3.260	3.356	3.452	3.549	3.645	3.743	3.840	3.938	4.036	4.135
500	4.234	4.333	4.432	4.532	4.632	4.732	4.832	4.933	5.034	5.136
600	5.237	5.339	5.442	5.544	5.648	5.751	5.855	5.960	6.064	6.169
700	6.274	6.380	6.486	6.592	6.699	6.805	6.913	7.020	7.128	7.236
800	7.345	7.454	7.563	7.672	7.782	7.892	8.003	8.114	8.225	8.336
900	8.448	8.560	8.673	8.786	8.899	9.012	9.126	9.240	9.355	9.470
1000	9.585	9.700	9.816	9.932	10.048	10.165	10.282	10.400	10.517	10.635
1100	10.754	10.872	10.991	11.110	11.229	11.348	11.467	11.587	11.707	11.827
1200	11.947	12.067	12.188	12.308	12.429	12.550	12.671	12.792	12.913	13.034
1300	13.155	13.276	13.397	13.519	13.640	13.761	13.883	14.004	14.125	14.247
1400	14.368	14.489	14.610	14.731	14.852	14.973	15.094	15.215	15.336	15.456
1500	15.576	15.697	15.817	15.937	16.057	16.176	16.296	16.415	16.534	16.653
1600	16.771	16.890	17.008	17.125	17.245	17.360	17.477	17.594	17.711	17.826

表7-2　B型（铂铑$_{30}$－铂铑$_{6}$）热电偶分度表

测量端温度/℃	0	10	20	30	40	50	60	70	80	90
	热电动势/mV									
0	-0.000	-0.002	-0.003	-0.002	0.000	0.002	0.006	0.011	0.017	0.025
100	0.033	0.043	0.053	0.065	0.078	0.092	0.107	0.123	0.140	0.159
200	0.178	0.199	0.220	0.243	0.266	0.291	0.317	0.344	0.372	0.401
300	0.431	0.462	0.494	0.527	0.561	0.596	0.632	0.669	0.707	0.746
400	0.786	0.827	0.870	0.913	0.957	1.002	1.048	1.095	1.143	1.192
500	1.241	1.292	1.344	1.397	1.450	1.505	1.560	1.617	1.674	1.732
600	1.791	1.851	1.912	1.974	2.036	2.100	2.164	2.230	2.296	2.363
700	2.430	2.499	2.569	2.639	2.710	2.782	2.855	2.928	3.003	3.078
800	3.154	3.231	3.308	3.387	3.466	3.546	3.626	3.708	3.790	3.873
900	3.957	4.041	4.126	4.212	4.298	4.368	4.474	4.562	4.652	4.742
1000	4.833	4.924	5.016	5.109	5.202	5.297	5.391	5.487	5.583	5.680
1100	5.777	5.875	5.973	6.073	6.172	6.273	6.374	6.475	6.577	6.680
1200	6.783	6.887	6.991	7.096	7.202	7.308	7.414	7.521	7.628	7.736
1300	7.845	7.953	8.063	8.172	8.283	8.393	8.504	8.616	8.727	8.839
1400	8.952	9.065	9.178	9.291	9.405	9.519	9.634	9.748	9.863	9.979
1500	10.094	10.210	10.325	10.441	10.558	10.674	10.790	10.907	11.024	11.141
1600	11.257	11.374	11.491	11.608	11.725	11.842	11.959	12.076	12.193	12.310
1700	12.426	12.543	12.659	12.776	12.892	13.008	13.124	13.239	13.354	13.470
1800	13.585									

表7-3　K型（镍铬—镍硅）热电偶分度表

测量端温度/℃	0	10	20	30	40	50	60	70	80	90
	热电动势/mV									
-0	-0.000	-0.392	-0.777	-1.156	-1.527	-1.889	-2.243	-2.586	-2.920	-3.242
+0	0.000	0.397	0.798	1.203	1.611	2.022	2.436	2.850	3.266	3.681
100	4.095	4.508	4.919	5.327	5.733	6.137	6.539	6.939	7.338	7.373
200	8.137	8.537	8.938	9.341	9.745	10.151	10.560	10.969	11.381	11.793
300	12.207	12.623	13.039	13.456	13.874	14.292	14.712	15.132	15.552	15.974
400	16.395	16.818	17.241	17.664	18.088	18.513	18.938	19.363	19.788	20.214
500	20.640	21.066	21.493	21.919	22.346	22.772	23.198	23.624	24.050	24.476
600	24.902	25.327	25.751	26.176	26.599	27.022	27.445	27.867	28.288	28.709
700	29.128	29.547	29.965	30.383	30.799	31.214	31.629	32.042	32.455	32.866
800	33.277	33.686	34.095	34.502	34.909	35.314	35.718	36.121	36.524	36.925
900	37.325	37.724	38.122	38.519	38.915	39.310	39.703	40.096	40.488	40.897
1000	41.269	41.657	42.045	42.432	42.817	43.202	43.585	43.968	44.349	44.729
1100	45.108	45.486	45.863	46.238	46.612	46.985	47.365	47.726	48.095	48.462
1200	48.828	49.192	49.555	49.916	50.276	50.633	50.990	51.344	51.697	52.049
1300	52.398									

表7-4　E型（镍铬—铜镍）热电偶分度表

测量端温度/℃	0	10	20	30	40	50	60	70	80	90
	热电动势/mV									
-0	-0.000	-0.581	-10151	-1.709	-20254	-2.787	-3.306	-3.811	-4.301	-4.777
+0	0.000	0.591	1.192	1.801	2.419	3.047	3.683	4.329	4.983	5.646
100	6.319	6.996	7.633	8.377	9.078	9.787	10.501	11.222	11.949	12.681
200	13.419	14.161	14.909	15.661	16.417	17.178	17.942	18.710	19.481	20.256
300	21.033	21.814	22.597	23.383	24.171	24.961	25.754	26.549	27.345	28.143
400	28.943	29.744	30.546	31.350	32.155	32.960	33.767	34.574	35.382	36.190
500	36.999	37.808	38.617	39.426	40.236	41.045	41.853	42.662	43.470	44.278
600	45.085	45.891	46.697	47.502	48.306	49.109	49.911	50.713	51.513	52.312
700	53.110	53.907	54.703	55.498	56.291	57.083	57.873	58.663	59.451	60.273
800	61.022									

2. 热电偶基本定律

用热电偶测温，还要掌握热电偶基本定律。下面引述3个常用的热电偶定律。

1）中间导体定律　利用热电偶进行测温，必须在回路中引入连接导线和仪表，接入导线和仪表后会不会影响回路中的热电势呢？中间导体定律说明，在热电偶测温回路内，接入第3种导体，只要其两端温度相同，则对回路的总热电势没有影响。

接入第3种导体回路如图7-4所示。由于温差电势可忽略不计，则回路中的总热电势等于各接点的接触电势之和，即

$$E_{ABC}(T,T_0)=e_{AB}(T)+e_{BC}(T_0)+e_{CA}(T_0) \tag{7-6}$$

当$T=T_0$时，有

$$e_{BC}(T_0)+e_{CA}(T_0)=-e_{AB}(T_0) \tag{7-7}$$

将式（7-7）代入式（7-6），得

$$E_{ABC}(T,T_0)=e_{AB}(T)-e_{AB}(T_0)=E_{AB}(T,T_0) \tag{7-8}$$

同理，加入第4种、第5种导体后，只要加入的导体两端温度相等，同样不会影响回路中的总热电势。但是，如果接入第3种材料的两端温度不相等，热电偶回路的总热电势将会发生变化，其变化大小取决于材料的性质和接点的温度。因此，接入的第3种材料不宜采用与热电极的热电性质相差很远的材料；否则，一旦温度发生变化，热电偶的电势将会发生很大变化，从而影响测量精度。

2）参考电极定律　如图7-5所示，当接点温度为T、T_0时，用导体A、B组成的热电偶的热电动势等于AC热电偶和CB热电偶的热电动势的代数和，即

$$E_{AB}(T,T_0)=E_{AC}(T,T_0)+E_{CB}(T,T_0) \tag{7-9}$$

参考电极的实用价值在于，它可大大简化热电偶的选配工作。实际测温中，只要获得有关热电极与参考电极配对时的热电势值，那么任何两种热电极配对时的热电势均可按公式计算出来，而无须再逐个去测定。用做参考电极（标准电极）的材料，目前主要为纯铂丝，因为铂的熔点高，易提纯，并且在高温与常温时的物理、化学性能都比较稳定。

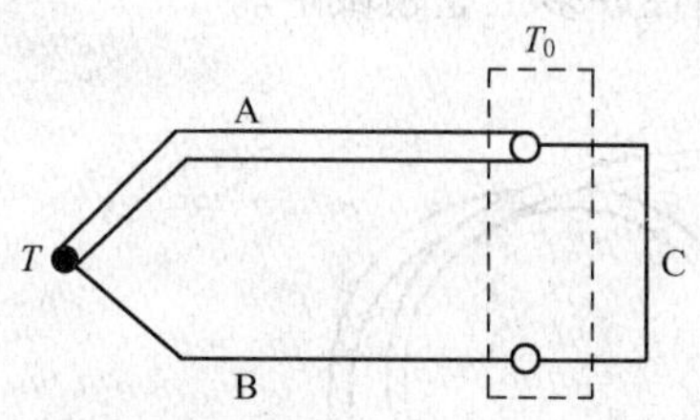

图 7-4　热电偶中加入第 3 种材料

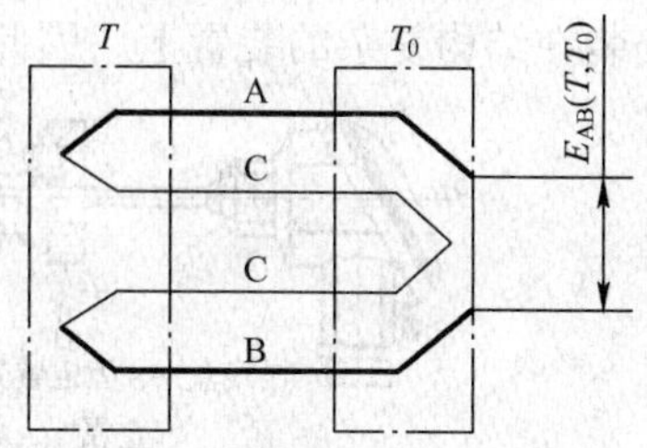

图 7-5　参考电极定律原理图

3）中间温度定律　在热电偶回路中，两接点温度为 T、T_0时的热电势，等于该热电偶在接点 T、T_a和 T_a、T_0时的热电势之和，如图 7-6 所示。

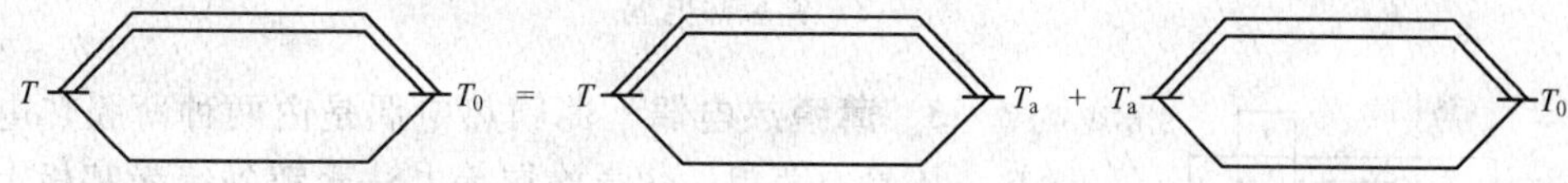

图 7-6　中间温度定律示意图

由图 7-6 可得

$$E_{AB}(T,T_0)=E_{AB}(T,T_a)+E_{AB}(T_a+T_0) \tag{7-10}$$

根据这一定律，只要给出冷端（自由端）0℃时的热电势和温度关系，就可求出冷端为任意温度 T_0时的热电偶电动势。它是制定热电偶分度表的理论基础。在实际热电偶测温回路中，利用热电偶这一性质，可对参考端温度不为 0℃的热电势进行修正。

3. 热电偶的结构形式

为了适应不同生产对象的测温要求和条件，热电偶的结构形式分为普通型热电偶、铠装热电偶和薄膜热电偶等。

1）普通型热电偶　普通型结构热电偶在工业上使用最多，它一般由热电极、绝缘管、保护管和接线盒组成，其结构如图 7-7 所示。普通型热电偶按其安装时的连接形式可分为固定螺纹连接、固定法兰连接、活动法兰连接和无固定装置等多种形式。

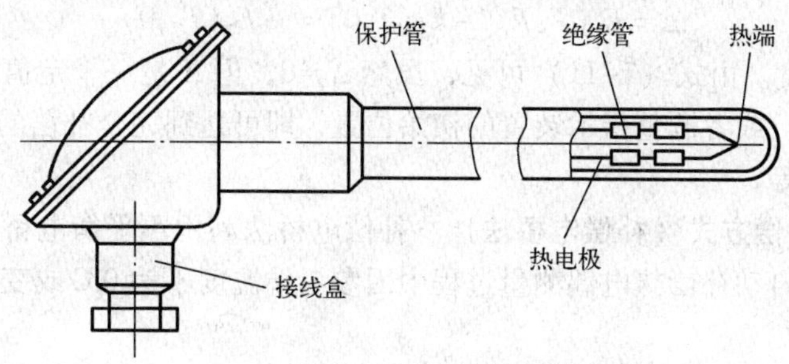

图 7-7　普通型热电偶结构

2）铠装热电偶　铠装热电偶又称为套管热电偶。它是由热电偶丝、绝缘装置和金属套管三者经拉伸加工而成的坚实组合体，如图 7-8 所示。它可以做得很细、很长，使用中随需要能任意弯曲。铠装热电偶的主要优点是测温端热容量小，动态响应快，机械强度高，挠

性好，可安装在结构复杂的装置上，因此被广泛用在许多工业领域中。

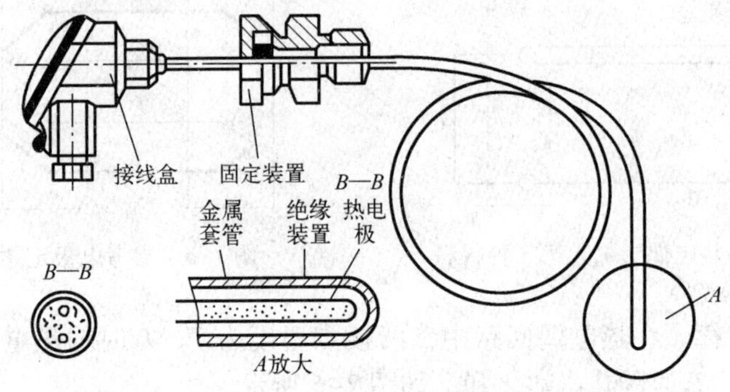

图7-8　铠装热电偶

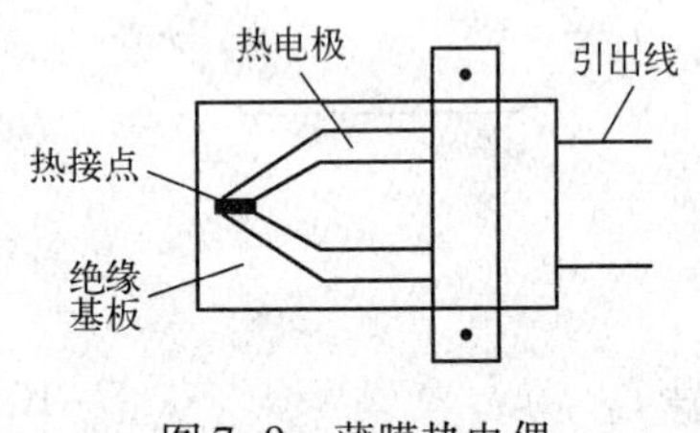

图7-9　薄膜热电偶

3）薄膜热电偶　薄膜热电偶是由两种薄膜热电极材料，用真空蒸镀、化学涂层等办法蒸镀到绝缘基板上而制成的一种特殊热电偶，如图7-9所示。薄膜热电偶的热接点可以做得很小（可薄到0.01～0.1μm）。这种热电偶具有热容量小、反应速度快等特点，其热响应时间达到微秒级，适用于微小面积上的表面温度及快速变化的动态温度测量。

4. 热电偶温度补偿方法

热电偶的热电势的大小不仅与热端温度有关，也与冷端温度有关。只有当冷端温度恒定时，才可通过测量热电势的大小得到热端温度。热电偶电路中最大的问题是冷端的问题，即如何选择测温的参考点。经常采用的冷端方式有如下3种。

1）冰水保温瓶方式（冰点器方式）　将热电偶的冷端置于冰水保温瓶中，获得热电偶冷端的参考温度。

2）恒温槽方式　即将冷端置于恒温槽中，如恒定温度为T_0，则冷端的误差Δ为

$$\Delta = E_1(T,T_0) - E_1(T,0) = -E_1(T_0,0) \tag{7-11}$$

式中，T为被测温度。由式（7-11）可见，虽然$\Delta \neq 0$，但Δ是一个定值。只要在回路中加入相应的修正电压，或者调整指示装置的初始位置，即可达到完全补偿的目的。常用的恒温温度有50℃和0℃等。

3）冷端自动补偿方式（补偿电桥法）　补偿电桥法利用不平衡电桥产生的不平衡电压作为补偿信号，来自动补偿热电偶测量过程中因参考端温度不为0℃或变化而引起热电势的变化值。

如图7-10所示，不平衡电桥是由3个电阻温度系数较小的锰铜丝绕制的电阻R_1、R_2、R_3，电阻温度系数较大的铜丝绕制的电阻R_{Cu}和稳压电源组成的。补偿电桥与热电偶参考端处在同一环境温度，但由于R_{Cu}的电阻值随环境温度变化而变化，如果适当选择桥臂电阻和桥路电流，就可以使电桥产生的不平衡电压U_{ab}补偿由于参考端温度变化引起的热电势$E_{AB}(T, T_0)$的变化量，从而达到自动补偿的目的。

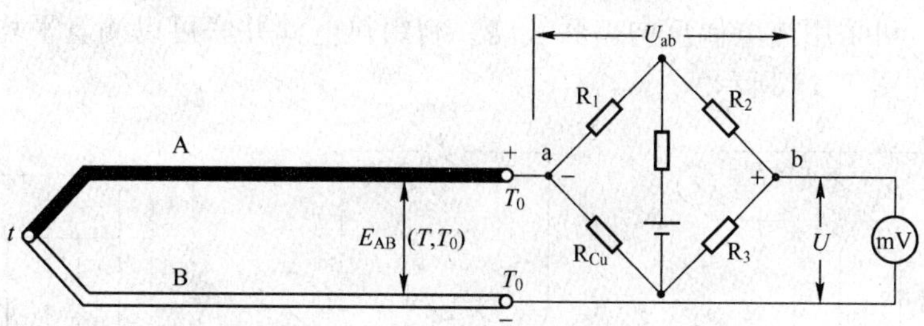

图 7-10　冷端补偿器原理图

5. 热电偶测温电路

热电偶测温时，它可以直接与显示仪表（如电子电位差计、数字表等）配套使用，也可与温度变送器配套，转换成标准电流信号。图 7-11 所示为典型的热电偶测温电路。若用一台显示仪表显示多点温度时，可按图 7-12 所示进行连接，这样可节约显示仪表和补偿导线。

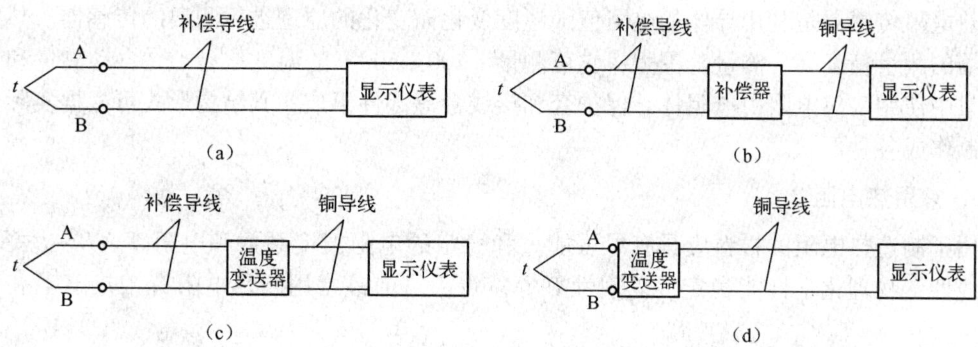

图 7-11　典型的热电偶测温电路

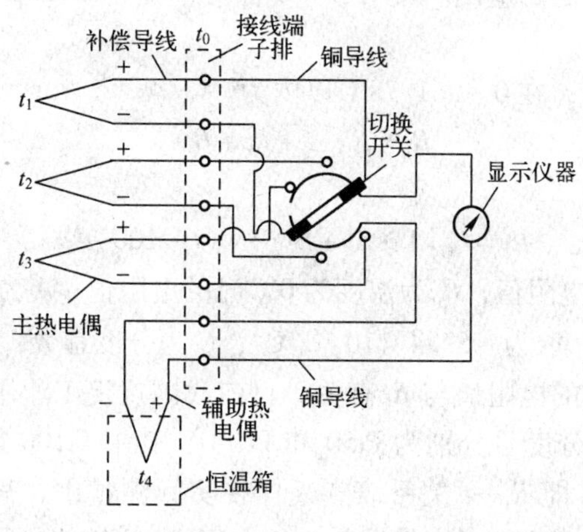

图 7-12　多点测温电路

特殊情况下，热电偶可以串联或并联使用，但只能是同一分度号的热电偶，并且参考端应在同一温度下。如果热电偶正向串联，则可获得较大的热电势输出和较高的灵敏度。在测

量两点温差时，可采用热电偶反向串联线路。利用热电偶并联可以测量平均温度。热电偶串、并联线路如图 7-13 所示。

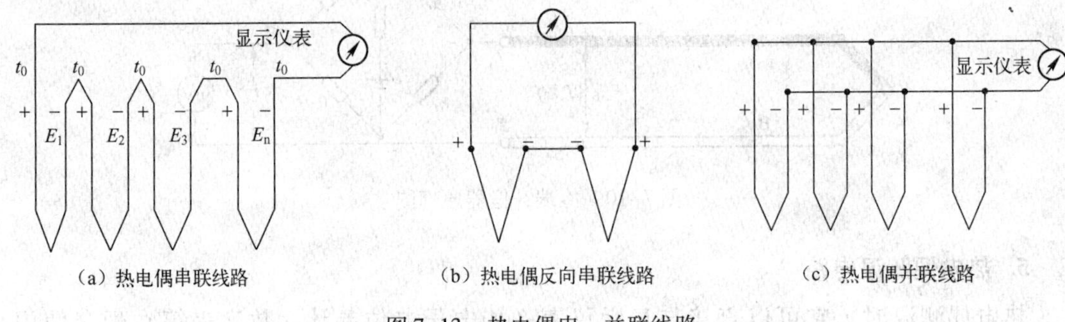

图 7-13　热电偶串、并联线路

7.2　热电阻传感器

热电阻传感器是利用导体的电阻值随温度变化而变化的原理进行测温的传感器。热电阻传感器的测量精度高；测量范围大，它可测量 -200 ~ 500℃的温度；易于在自动测量和远距离测量中使用。热电阻由电阻体、保护套和接线盒等部件组成，其结构形式可根据实际使用情况制作成各种形状。

1. 常用热电阻

用于制造热电阻的材料应具有尽可能大和稳定的电阻温度系数和电阻率，$R-t$ 关系最好呈线性，物理化学性能稳定，复现性好等特点。目前最常用的热电阻有铂热电阻和铜热电阻。

1）铂热电阻　铂热电阻（简称铂电阻）的特点是精度高、稳定性好、性能可靠，所以在温度传感器中得到了广泛的应用。按 ITS-90 标准，在 -259.34 ~ +961.78℃温域内，铂热电阻温度计是基准器。

铂热电阻的温度特性，在 0 ~ 961.78℃以内为

$$R_t = R_0[1 + At + Bt^2] \tag{7-12}$$

在 -190 ~ 0℃以内为

$$R_t = R_0[1 + At + Bt^2 + C(t-100)t^3] \tag{7-13}$$

式中，R_t为温度为 t 时的电阻值；R_0为温度为 0℃时的电阻值；A 为分度系数，取为 3.940×10^{-3}/℃；B 为分度系数，取为 -5.84×10^{-7}/℃^{2}；C 为分度系数，取为 -4.22×10^{-12}/℃^{4}。

铂热电阻在温度 t 时的电阻值与 R_0 有关。目前我国规定工业用铂热电阻有 $R_0 = 50\Omega$ 和 $R_0 = 100\Omega$ 两种，它们的分度号分别为 Pt50 和 Pt100，其中 Pt100 最为常用。铂热电阻不同分度号也有相应分度表，即 R_t—t 关系表。这样在实际测量中，只要测得热电阻的电阻值 R_t，便可从分度表上查出对应的温度值。表 7-5 是 WZB 型铂热电阻的分度特性表。

铂热电阻中的铂丝纯度用电阻比 W_{100} 表示，它是铂热电阻在 100℃时电阻值 R_{100} 与 0℃时电阻值 R_0之比。按 IEC 标准，工业上使用的铂热电阻的 $W_{100} > 1.3850$。

Pt100 具有正温度系数，通常用白金线绕制完成后，放入保护管中，保护管可由玻璃、

不锈钢等材料制成。为了配合不同的测试环境，可使用不同的长度与外径，保护管内空隙以氧化物陶瓷及黏合剂填充。图 7-14 所示为 Pt100 的 3 种常见的包装形式。

表 7-5　WZB 型铂热电阻的分度特性表

$R_0 = 100\Omega$　规定分度号 BA-2

分度系数 $A = 3.96847 \times 10^{-2}/℃$，$B = -5.847 \times 10^{-7}/℃^2$，$C = -4.22 \times 10^{-12}/℃^4$

温度/℃	0	10	20	30	40	50	60	70	80	90
	电阻值/Ω									
-200	17.28									
-100	59.65	55.52	51.38	47.21	43.02	38.80	34.56	30.29	25.98	21.65
-0	100.00	96.03	92.04	88.04	84.03	80.10	75.96	71.91	67.84	63.75
0	100.00	103.96	107.91	110.85	115.78	119.70	123.49	127.49	131.37	135.24
100	139.10	142.95	146.78	150.60	154.41	158.21	162.00	165.78	169.54	173.29
200	177.03	180.75	186.48	188.10	191.88	195.56	159.23	202.89	206.53	210.07
300	213.79	217.40	221.00	224.59	228.17	231.76	235.29	238.83	242.36	245.88
400	249.38	252.88	256.36	259.83	263.29	266.78	270.18	272.60	277.01	280.41
500	283.86	287.18	290.55	293.91	297.25	300.58	303.90	307.21	310.50	313.79
600	317.06	320.22	323.57	326.80	330.80	333.25				

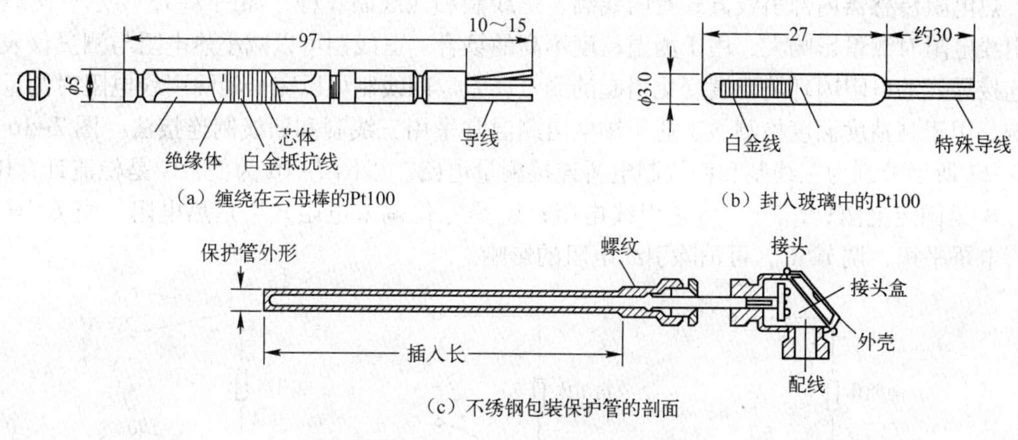

（a）缠绕在云母棒的Pt100　（b）封入玻璃中的Pt100

（c）不锈钢包装保护管的剖面

图 7-14　Pt100 的 3 种常见的包装形式

保护管的主要目的是使传感器能适用于各种恶劣的测试环境，如强酸、强碱、高温或低温。但保护管本身有热阻存在，测试温度必须经过一段时间才能传到 Pt100，所以测试时必须注意这种现象。

2）铜热电阻　由于铂是贵重金属材料，因此在一些测量精度要求不高且温度较低的场合，可采用铜热电阻进行测温，它的测量范围为 -50 ~ 150℃。铜热电阻在测量范围内其电阻值与温度的关系几乎是线性的，可近似地表示为

$$R_t = R_0(1 + \alpha t) \tag{7-14}$$

式中，R_t为温度为 t 时的电阻值；R_0为温度为 0℃时的电阻值；α 为铜热电阻温度系数，$\alpha = 4.25 \times 10^{-3} \sim 4.28 \times 10^{-3}/℃$。

铜热电阻线性好，价格便宜，但电阻率较低，且在 100℃以下易氧化，不适宜在腐蚀性介质或高温下工作。铜热电阻的两种分度号为 Cu50（$R_0=50\Omega$）和 Cu100（$R_{100}=100\Omega$）。WZB 型 Cu50 分度表见表 7-6。

表 7-6　WZB 型 Cu50 分度表

$R_0=53\Omega$　规定分度号 G

分度系数 $\alpha=4.25\times10^{-3}/℃$

温度/℃	0	10	20	30	40	50	60	70	80	90
	电阻值/Ω									
-50	41.74									
-0	53.00	50.75	48.50	46.24	43.99					
0	53.00	55.25	57.50	59.75	62.01	64.26	66.52	68.77	71.02	73.27
100	75.52	77.78	80.03	82.28	84.54	86.79				

2. 热电阻传感器的引线方式

热电阻测温精度高，适于测低温。传感器的测量电路经常使用电桥，其中精度较高的是自动电桥。由于热电阻的电阻值很小，所以导线电阻值不可忽略。

热电阻传感器内部引线方式有两线制、三线制和四线制 3 种，如图 7-15 所示。两线制中引线电阻对测量影响大，用于测温精度不高的场合。三线制可以减小热电阻与测量仪表之间连接导线的电阻因环境温度变化引起的测量误差。四线制可以完全消除引线电阻对测量的影响，用于高精度温度检测。工业用铂电阻测温常采用三线制和四线制连接法。图 7-16 和图 7-17 所示分别为三线制和四线制电桥连接测量电路。以图 7-16 为例，G 是检流计；R_1、R_2、R_3是固定电阻；r_1、r_2、r_3是引线电阻；R_a是零位调节电阻；R_t是热电阻。当 $U_A=U_B$ 时，电桥平衡，调节 R_a，可消除引线电阻的影响。

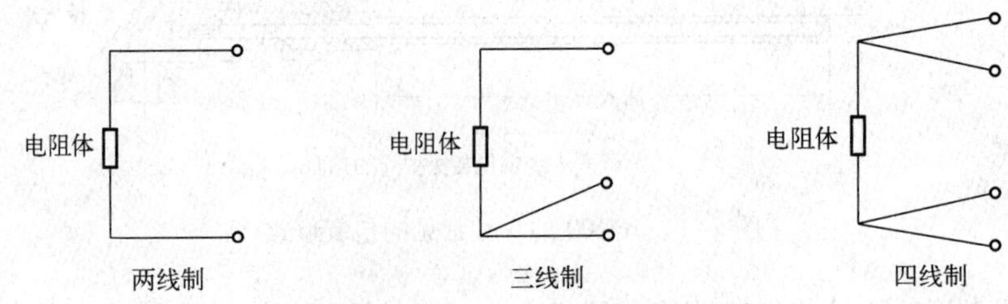

图 7-15　内部引线方式

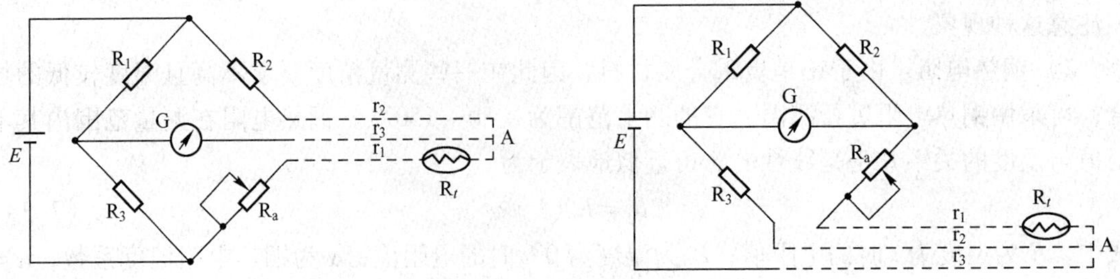

图 7-16　热电阻测温电桥的三线制法

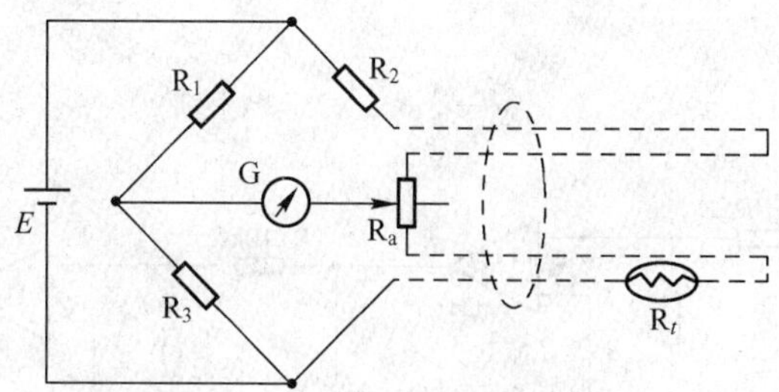

图 7-17　热电阻测温电桥的四线制法

3. 常用的热电阻传感器测量电路

1）Pt100 的测量电路　由 Pt100 的特性得知，其电阻值 $R_T = R_0(1+\alpha T) = 100(1+0.00392T)\Omega$，当 2.55mA 的电流流经 Pt100 时，则其两端的电压降为

$$U_A = I \times R_T = 2.55\text{mA} \times 100(1+0.00392T) = (255+T)\text{mV}$$

而 Pt100 两端的电压所代表的意义与温度成正比，即 U_A 的数值相当于温度 T 的数值 × 1mV 再加上 255mV 的抵补电压。

图 7-18 所示为 Pt100 的转换电路，其输出转换率为 100mV/℃。图中的 VD_1、VD_2、R_1、R_2、R_3 和 VT_1 组成 2.55mA 的恒流源电路。流经 Pt100 的电流

$$I_c \approx \frac{U_{CR1} + U_{CR2} - U_{BE}}{R_2 + R_3}$$

当 $U_{CR1} = U_{BE}$ 时，

$$I_c \approx \frac{U_{CR2}}{R_2 + R_3}$$

所以调整 R_2 可改变恒流源电流的大小。

U_1 是一个电压增益为 $10[A_v = (1+R_7/R_6)(R_5/(R_4+R_5))]$ 的非反相放大器，所以 U_1 的输出电压为 $U_b = 10U_a = (2550+10T)\text{mV}$。而 U_2 为一个差动放大器，调整 R_{14} 可使得 U_3 的输出电压 $U_{f1} = 2.55\text{V} = 2550\text{mV}$，使得转换电路的输出（$U_{o27}$）电压为

$$U_{o27} = 10(U_B - U_{f1}) = 10(2550+10T-2550)\text{mV} = 100T\text{mV}$$

因此，其转换率为 100mV/°C。

为了消除 2.55mA 的电流，图 7-18 所示电路中流经 Pt100 所产生的抵补电压不从 U_1 流过，而从 U_2 流过，这是为了减少误差，使得电源电压漂移影响减至最低程度。

U_{VD3} 所产生的齐纳电压，经 R_{13}、R_{14} 和 R_{15} 分压，再经 U_3 的电压随耦器缓冲，可使得 U_{f1} 消除，电压非常稳定。

2）恒电流工作方式下 TRRA102B 铂热电阻的基本测量电路

（1）基本电路：选用标称阻值为 1kΩ 的 TRRA102B 铂热电阻，以 1mA 的恒定电流流经铂电阻。图 7-19 所示为铂电阻恒电流工作电路。

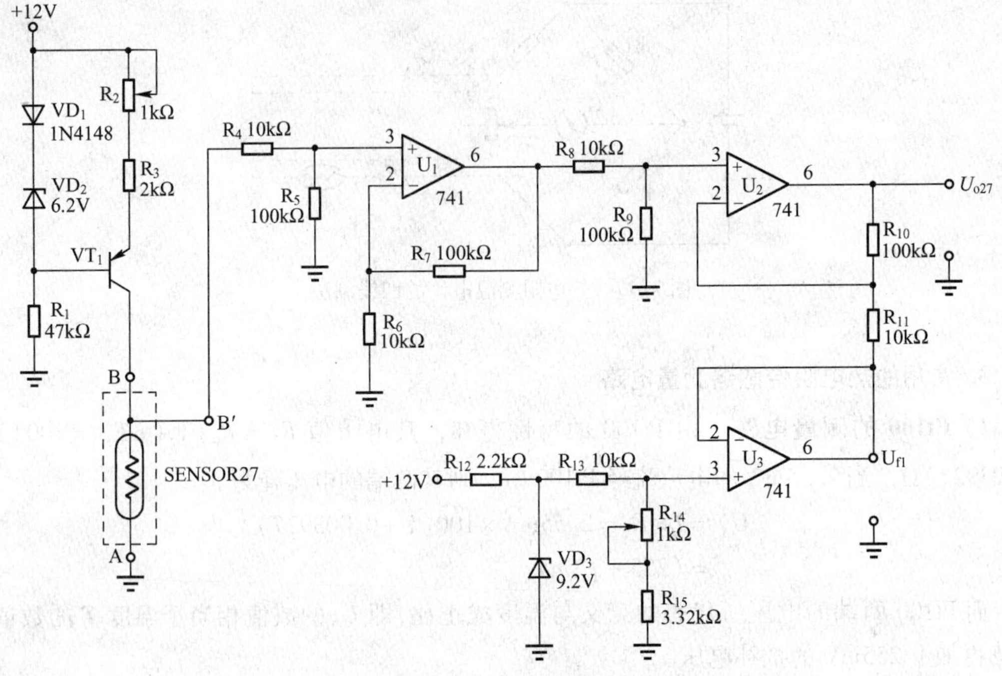

图 7-18　Pt100 转换电路

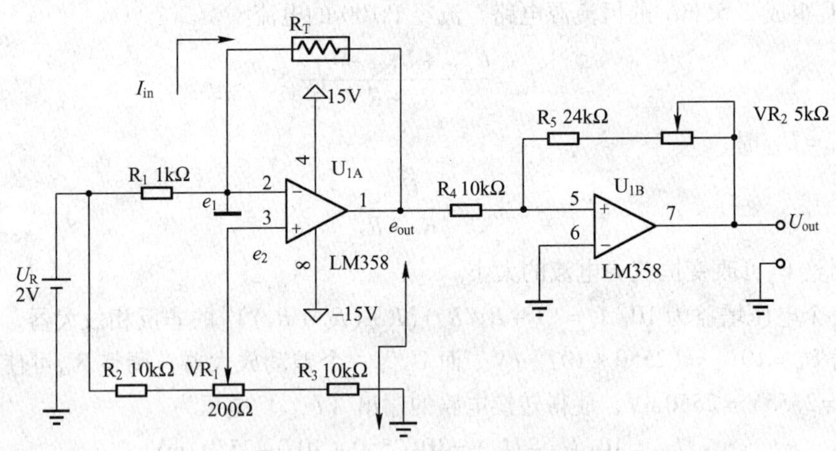

图 7-19　铂电阻恒电流工作电路

假设基准电压 $U_R=2V$，运算放大器 U_{1A} 的反相输入端电压为 e_1，那么流经传感器的电流 $I_{in}=(U_R-e_1)/R_1$，$e_{out}=e_2-(U_R-e_1)\times R_T/R_1$。

要使运算放大器能够正常工作，反相输入电压 e_1 必须与非反相输入电压 e_2 相等。而电压 e_2 是由基准电压 U_R 经过 R_2、VR_1 和 R_3 的分压得到的。假设 $e_2=1V$，则 $I_{in}=(2V-1V)/1k\Omega=1mA$。传感器中可以流过 1mA 的电流。而这个 1mA 电流在 0℃ 的传感器上的电压降为 $1k\Omega\times1mA=1V$，e_{out} 就被这个电压所偏置，这是非常不合适的。倘若传感器的电阻在 0℃ 时电阻值为 0Ω，那就不存在任何问题了，然而这种现象至少现在是无法做到的。

从上面的分析可以看出，只要将偏置电压减小 1V，就可以使传感器在 0℃ 时的输出电

压变为0V。此时的输出电压 $e_{out}=e_2-(U_R-e_1)\times R_T/R_1=1V-(2V-1V)R_T/1k\Omega$。$R_T$的展开式为 $R_T=1000(1+3.90802\times10^{-3}\times T-5.80195\times10^{-6}\times T^2)\Omega$。

由于e_2的加入使得即使在温度升高时，输出电压也会减小，因此在下一级极性反转的运算放大器 U_{1B} 中还应当将输出电压放大到应有的大小。

e_{out}在测温范围为0～100℃时，具有3.850mV/℃的温度灵敏度；而在测温范围为0～500℃时，具有3.618mV/℃的温度灵敏度。这个数值为热电偶的50倍以上，因此它所使用的运算放大器只需要选用通用型的就足够了。这里选用LM358。为了使运算放大器 U_{1B} 的输出电压 U_{out} 能够达到10mV/℃的输出灵敏度，该运算放大器 U_{1B} 在0～100℃的测温范围内必须具有10/3.85=2.597倍的增益，而在0～500℃的测温范围内，则应当具有10/3.618=2.764倍的增益。在图7-19中，就是靠24kΩ的电阻 R_5 和电位器 VR_2 保障在0～500℃的温度范围内具有所必须的2.764倍增益。

(2) 非线性误差与线性化电路：铂热电阻在测温范围为0～100℃时，非线性误差为0.4%（0.4℃）；在测温范围为0～200℃时，非线性误差为0.7%（1.4℃）；而在测温范围为0～500℃时，非线性误差为2%（10℃）。由于在测温范围为0～500℃时，非线性误差高达10℃，所以在使用铂热电阻进行高精度的温度测量时，需要对非线性误差进行补偿。

为了消除非线性误差，需要采用线性化电路。在线性化过程中，由于只使用到二次项为止，因此远没有热电偶那么麻烦。一般情况下，使用的都是如图7-20所示的正反馈型线性化电路。在该正反馈型线性化电路中，将传感器的输出电压 e_{out} 再反馈到输入端。而且，由于经过运算放大器 U_{2A} 后极性再次发生反转，因而成为正反馈，这就使500℃附近的输出达到饱和状态。又因为是正反馈，所以在满刻度附近放大倍数增加得更多一些，而在0℃附近放大倍数几乎不增加，由此实现了比较好的线性化。线性化后的输出电压 $e_{out}=-1mA\times R_T+K\times R_T\times e_{out}$，即 $e_{out}=-1mA\times R_T(1-K\times e_{out})$。在使用铂热电阻TRRA102B的情况下，假设 $K=0.041/k\Omega$，那么就可以将原来的2%的非线性误差改善到0.1%的程度，见表7-7。

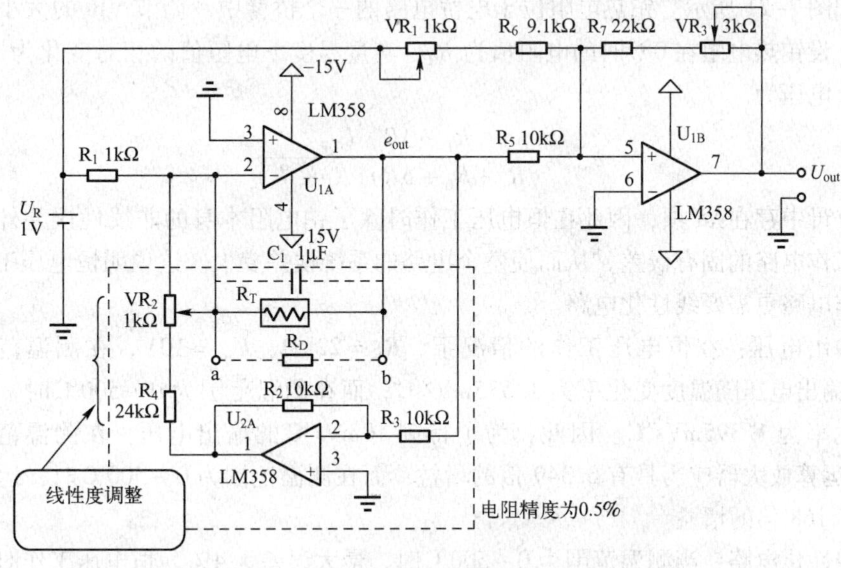

图7-20　正反馈型线性化电路

该电路的调整方法如下所述。

① 用相当于0℃时电阻值为1kΩ的电阻取代图中的铂热电阻，用电位器VR_1进行电路零点调整。

② 用相当于100℃时电阻值为1.385kΩ的电阻取代图中的铂热电阻，用电位器VR_3进行增益调整。

③ 用相当于500℃时电阻值为2.809kΩ的电阻取代图中的铂热电阻，用电位器VR_2进行线性度调整。

④ 每进行一次上述的各种调整后，其他值也会受到影响，因此需要多次反复调整，直到在0~500℃的范围内全部准确为止。

调整中使用的假负载的电阻值见表7-8。由于电阻值大多都不属于序列值，因此需要用多个电阻器进行串、并联，并用数字万用表进行测量验证。也可使用带有刻度盘的多圈旋转型分压器。

表7-7　$K=0.041$时的输出电压（计算值）

温度/℃	e_{out}/V	$-(e_{out}+1.043)$/V	非线性/%
0	-1.043	0	0
100	-1.468	0.425	-0.07
200	-1.895	0.852	-0.04
250	-2.108	1.065	-0.05
500	-3.175	2.132	0

表7-8　假负载电阻值

温度/℃	电阻值/Ω
0	1000
50	1194
100	1385
200	1758.4
250	1940.7
500	2809

3）恒电压工作方式下TRRA102B铂热电阻的基本测量电路

（1）基本电路：恒电压工作电路是铂热电阻实用电路中除恒电流工作电路外的又一种常用电路，如图7-21所示。铂热电阻位于电桥电路的一个桥臂中，调节VR_1的大小可对电桥进行调零。设铂热电阻在0℃时的电阻值为R_0，测量温度下电阻值的相对变化为ΔR，则该电路的输出电压为

$$e_{out}=\frac{R_1\cdot\Delta R\cdot U_{in}}{(R_1+R_0+\Delta R)(R_1+R_0)}$$

由于分母中存在ΔR项，因此在恒电压工作时除了铂电阻本身的非线性误差外，还会产生恒电压工作电路的固有误差，从而使整个电路的系统误差变大。这说明恒电压工作电路比恒电流工作电路更需要线性化电路。

（2）输出电压：在恒电压工作的情况下，$R_1=22\text{k}\Omega$，$U_{in}=10\text{V}$，在测温范围为0~100℃时，输出电压随温度变化率为1.575mV/℃；而在测温范围为0~500℃时，输出电压随温度变化率为1.395mV/℃。因此，为了得到10mV/℃的输出电压，在测温范围为0~100℃时，运算放大器应当具有6.349倍的增益；而在测温范围为0~500℃时，运算放大器应当具有7.168倍的增益。

（3）线性化电路：当测温范围为0~500℃时，最大误差为4%。恒电压工作时的非线性误差要比恒电流工作时的非线性误差大很多。它是在传感器本身非线性误差的基础上又增加

了恒电压工作的非线性误差。如果不采取某种措施进行补偿，将无法进行高精度的测量。

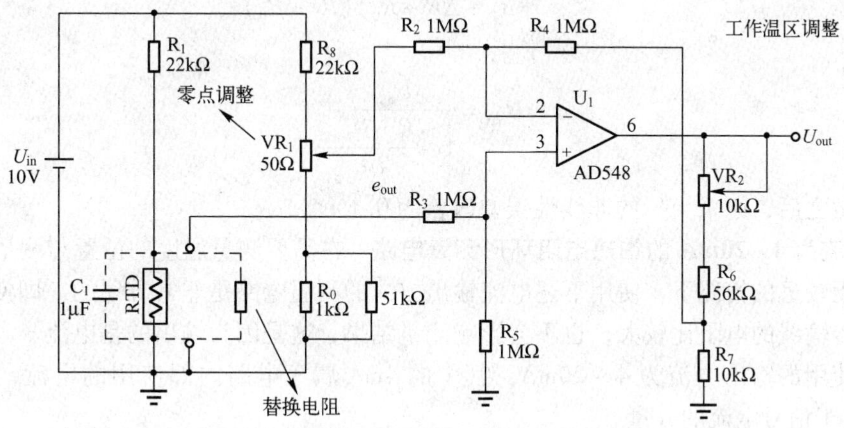

图 7–21　基本恒电压工作电路

图 7–22 所示为采用正反馈电路进行线性化的恒电压工作电路。在该电路中，运算放大器 U_{1B} 的输出电压 U_{out} 部分地反馈到输入电压 U_{in}。其反馈量取决于 R_3、VR_3 和 R_4，而且因为是与输入电压 U_{in} 相串联的，所以属于正反馈。也就是说，如果 U_{out} 变大，加在铂热电阻上的电压 U_B 就跟着变大，从而使 U_{out} 变得更大。其变化的大小为

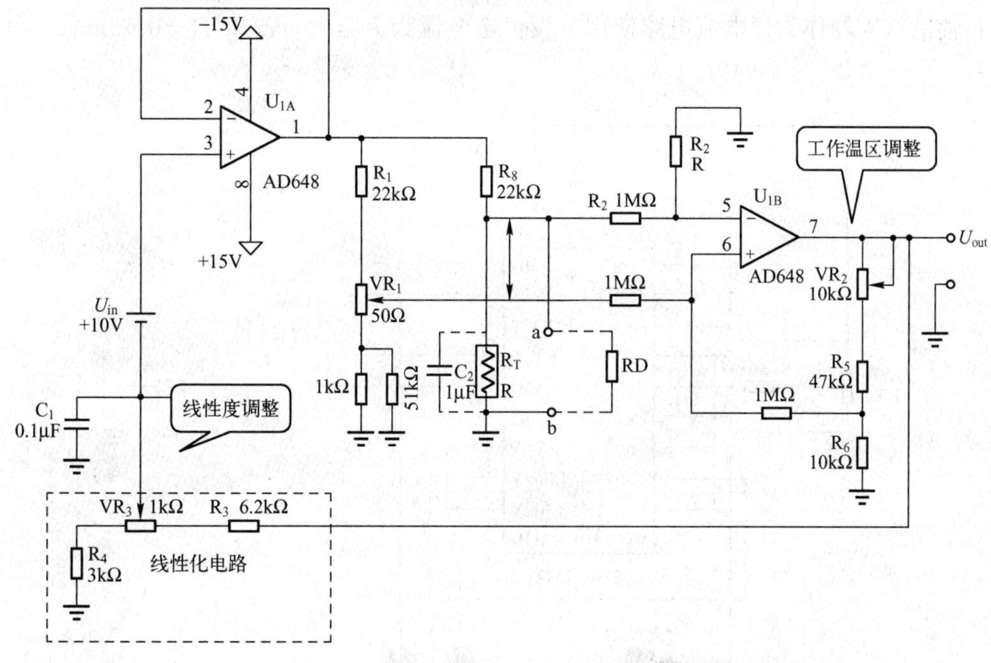

图 7–22　采用正反馈电路进行线性化的恒电压工作电路

$$U_{out} = \frac{A \cdot R_1 \cdot \Delta R(U_{in} + R \cdot U_{out})}{(R_1 + \Delta R + R_0)(R_1 + R_0)}$$

如果令

$$U_{out'} = \frac{A \cdot R_1 \cdot \Delta R \cdot U_{in}}{(R_1 + \Delta R + R_0)(R_1 + R_0)}$$

则

$$U_{out} = \frac{U_{out'}}{1 - \frac{R \cdot U_{out'}}{U_{in}}}$$

这样做之后，原来 4% 的非线性误差改善为 0.1%。

4）电流为 4～20mA 的铂热电阻环形测量电路 在需要测量温度的位置与测量仪器放置的位置相距较远的情况下，使用下述电流输出方式的测温电路是非常方便的。即使传输导线比较长，传输线的电阻比较大，也不会影响测量结果，这是因为输出的是电流。

通常使用的输出电流为 4～20mA，其中的 4mA 属于电路内部使用的电流，而剩余的 16mA 则属于信号电流的分量。

（1）运算放大器采用 AD693AD：AD693AD 的内部有放大器、基准电压源、$U-I$ 转换器，所以用一个集成电路就可以构成 4～20mA 的电流输出电路。

该放大器的典型不平衡电压为 40μV，最大不平衡电压为 200μV；温度漂移的典型值为 1μV/℃，最大值为 2.5μV/℃，性能相当好。

（2）AD693AD 的基本电路与性能：图 7-23 所示的是 AD693AD 与铂热电阻组成的基本环形测量电路。由于在 AD693AD 的内部有 100Ω 的基准电阻，因此在图 7-23 所示的结构中可以将辅助放大器作为恒电流电路使用。设恒定电流为 $I_{in} = 75mV/100\Omega = 0.75mA$，所以铂

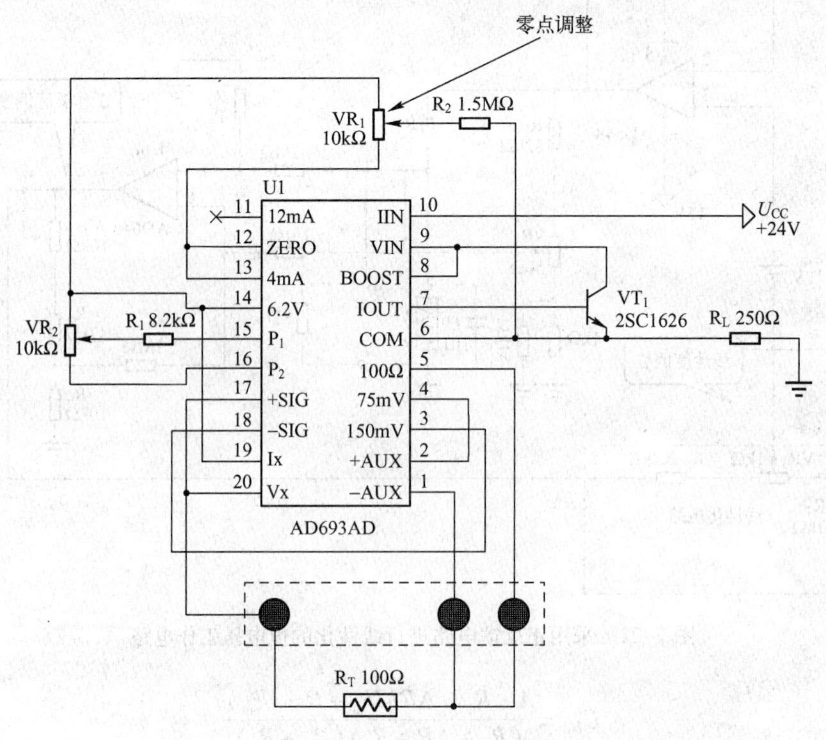

图 7-23　AD693AD 与铂电阻组成的基本环形测量电路

热电阻输出电压的表达式 $U_s = I_{in} \cdot R_T = 0.75\text{mA} \times R_T$。

铂热电阻在 0℃时的电阻值为 100Ω，此时的电压降为 150mV，因此需要向放大用的运算放大器的 – SIG 端输入 150mV 的电压。放大用的运算放大器的输入电压极限为 30mV 时，温度极限则为 104℃。如果将运算放大器的 P_1 端与 P_2 端连接起来，输入电压的极限就会变为 60mV，温度的测量范围也将会扩大。

在对 AD693AD 进行零点调整和测温范围调整时，再接上 VR_1、VR_2、R_1 和 R_2。零点调整使用电位器 VR_1，测温范围调整使用电位器 VR_2。通过这种调整，零点误差和测温范围误差都可以变为 0。但是，铂热电阻本身的非线性误差却被保留了下来，这种非线性误差约为 0.4℃。当铂热电阻采用三线制连接使用时，连接线的布线电阻就不易对测温结果产生不利的影响。

5）测温范围为 0～600℃的带有线性化电路的环形电流电路　在上一个电路中，由于没有线性化电路而使得铂热电阻的非线性误差被保留下来，所以要增加线性化电路。

（1）铂热电阻在恒电压工作电路中的应用：由于 AD693AD 的输入极限为 30mV（当将 P_1、P_2间短路时为 60mV），为了能够使它与各种测温范围相对应，使用恒电压工作电路是非常方便的。图 7-24 所示的是恒电压工作电路，以 AD693AD 内部的 6.2V 的基准电源作为铂热电阻的驱动电源。该电路的输出电压 U_s为

$$U_s = \frac{R_1 \cdot \Delta R \cdot U_R}{(R_1 + R_0 + \Delta R)(R_1 + R_0)}$$

其中，$R_1 = 27\text{k}\Omega$，$U_R = 6.2\text{V}$。

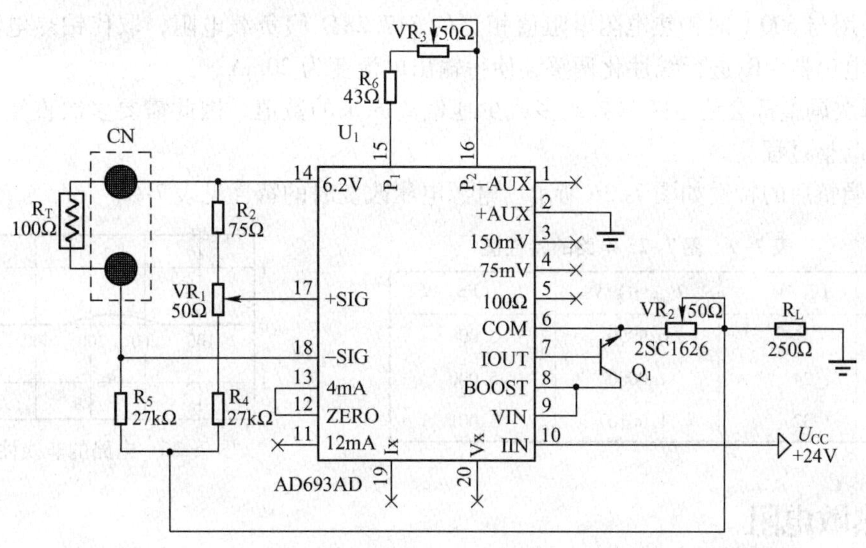

图 7-24　用铂热电阻制式的测温范围为 0～600℃的恒电压工作电路

0℃时的铂热电阻阻值为 100Ω，600℃时的铂热电阻电阻值的变化为 $\Delta R = (317.28 - 100)\Omega = 217.28\Omega$，所以 600℃时的输出电压约为 50mV。因此，即使在线性化电路中采用正反馈电路，在 AD693AD 的 60mV 输入极限内也不会产生任何问题。

（2）用输出电流进行线性化：在 AD693AD 的 COM 端，只要增加一个线性化电路就可以

轻而易举地实现线性化，其原理也极其简单。输出电流在这个用于线性化的电阻上产生电压降，该电压降与铂热电阻的6.2V驱动电压相串联，在0℃时使得铂热电阻的实际驱动电压变为6.2V+(VR_2×4mA)，而在600℃时的实际驱动电压变为6.2V+(VR_2×20mA)。也就是说，随着温度的升高，铂热电阻的驱动电压越来越大，从而对铂热电阻的非线性实现补偿。在0～600℃的测温范围内，VR_2约为43Ω。

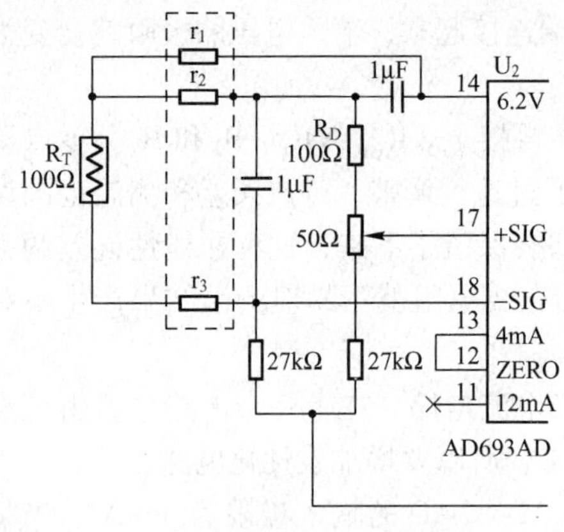

图7-25　铂热电阻的三线制连接法

将图7-21与图7-24相比较，可以发现铂热电阻的位置与基准电阻R_1的位置是颠倒的。这是因为如果按图7-21那样配置铂热电阻，线性化电压的成分就会偏置到AD693AD的负端，使得AD693AD的输入电压变为负值，从而超出输入放大器输入电压的范围。如果按图7-25那样连线，就可以作为三线制铂热电阻使用。当连线的布线电阻构成复杂时，采用这种方式是非常方便的。

(3) 调整方法：

① 利用与0℃时的铂热电阻电阻值相当的100Ω假负载电阻，取代铂热电阻接入电阻，通过电位器VR_1进行零点调整，使得输出电流成为4mA；

② 利用与100℃时铂热电阻电阻值相当的139.16Ω电阻器，取代铂热电阻接入电路，通过电位器VR_3进行增益调整，使得输出电流成为$(4+16\times(1/6))$mA=6.667mA；

③ 利用与600℃时铂热电阻电阻值相当的317.28Ω假负载电阻，取代铂热电阻接入电路，通过电位器VR_2进行线性化调整，使得输出电流变为20mA；

④ 每次调整都会使电路参数或多或少地偏离原来的数值，因此需要多次重复步骤①至步骤③的调整过程。

经过调整后的特性如图7-26所示。电源电压改变时的特性见表7-9。

表7-9　图7-25电路的特性值

U_{CC}/V	$U_{out}(0)$/V	$U_{out}(FS)$/V
16	0.9990	5.000
24	1.0000	5.000
32	1.0010	5.001

图7-26　电路的非线性误差

7.3　热敏电阻

7.1节和7.2节介绍的热电偶和热电阻分别是利用金属导体的热电效应和热阻效应制成的两种热电式传感器。本节介绍半导体的电阻值随温度变化的一种热敏元件（热敏电阻）。

热敏电阻是由一些金属氧化物，如钴、锰、镍等的氧化物，采用不同比例的配方，经高温烧结而成，然后采用不同的封装形式制成珠状、片状、杆状、垫圈状等各种形状。热敏电阻具有以下优点：①电阻温度系数大，灵敏度高；②结构简单；③电阻率高，热惯性小。但

它的电阻值与温度变化呈非线性，并且稳定性和互换性较差。

1. 热敏电阻的温度特性

按半导体电阻随温度变化的典型特性分为 3 种类型，即负电阻温度系数热敏电阻（NTC）、正电阻温度系数热敏电阻（PTC）和在某一特定温度下电阻值会发生突变的临界温度电阻器（CTR）。它们的特性曲线如图 7-27 所示。

由图 7-27 可见，使用 CTR 型热敏电阻组成控制开关是十分理想的。在温度测量中，则主要采用 NTC 或 PTC 型热敏电阻，但使用最多的是 NTC 型热敏电阻。负温度系数的热敏电阻的电阻值与温度的关系可表示为

$$R_T = R_0 e^{B\left(\frac{1}{T} - \frac{1}{T_0}\right)} \tag{7-15}$$

式中，R_T、R_0分别为温度 T、T_0时的电阻值；T 为热力学温度；B 为热敏电阻材料常数，一般取 2000～6000K。

若定义$\frac{1}{R_T} \cdot \frac{dR_T}{dT}$为热敏电阻的温度系数 α，则由式（7-15）得

$$\alpha = \frac{1}{R_T} \cdot \frac{dR_T}{dT} = -\frac{B}{T^2} \tag{7-16}$$

B 和 α 是表征热敏电阻材料性能的两个重要参数，热敏电阻的电阻温度系数比金属丝的高很多，所以它的灵敏度很高。但热敏电阻非线性严重，所以实际使用时要对其进行线性化处理。

2. 热敏电阻输出特性的线性化处理

由式（7-15）可知，热敏电阻值随温度变化呈指数规律，其非线性非常严重。线性变换常用的方法有以下两种。

1）线性化网络　对热敏电阻进行线性化处理的最简单方法是用温度系数很小的精密电阻与热敏电阻串联或并联构成电阻网络代替单个热敏电阻，其等效电阻与温度呈一定的线性关系。图 7-28 所示的是两种最简单的热敏电阻线性化方法。

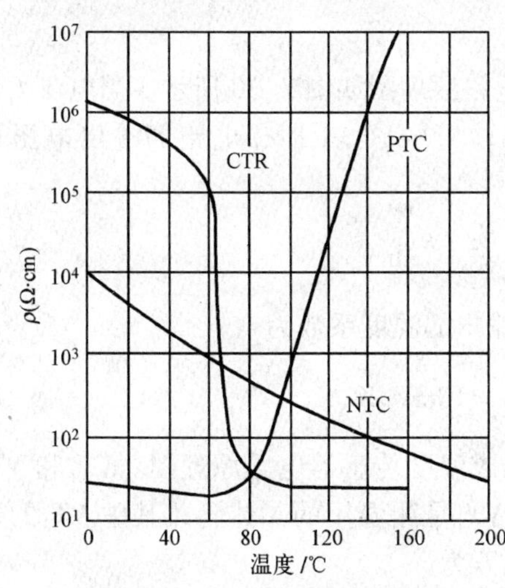

图 7-27　热敏电阻的特性曲线

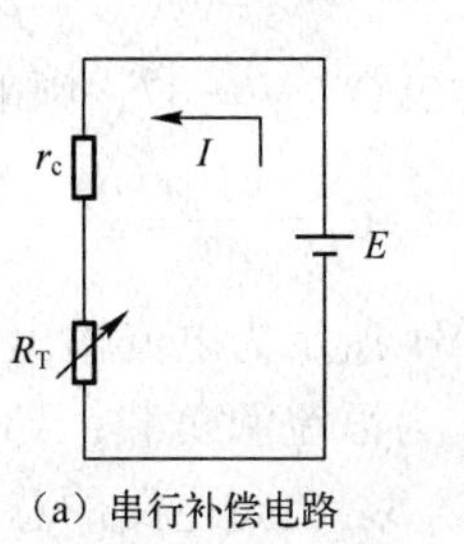

（a）串行补偿电路

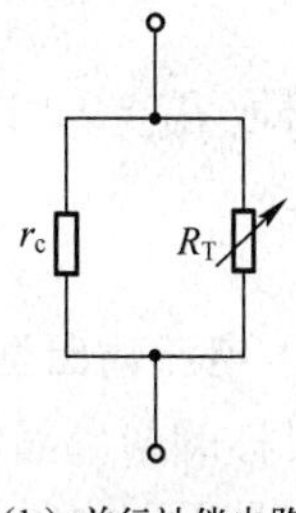

（b）并行补偿电路

图 7-28　两种最简单的热敏电阻线性化方法

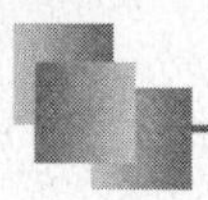

2）计算修正法　大部分传感器的输出特性都存在非线性，因此实际使用时都必须对其进行线性化处理，其方法有硬件（电子线路）法和软件（程序）法两种。在带有微处理器的测量系统中，可以用软件对传感器进行处理。当已知热敏电阻的实际特性和要求的理想特性时，可以用线性插值等方法将特性分段并把分段点的值存放在计算机的内存中，计算机将根据热敏电阻的实际输出值进行校正计算，给出要求的输出值。

7.4　集成温度传感器

集成温度传感器是利用晶体管 PN 结的电流/电压特性与温度的关系，把感温 PN 结及有关电子线路集成在一个小硅片上，构成一个小型化、一体化的专用集成电路片。集成温度传感器具有体积小、反应快、线性好、价格低等优点，由于 PN 结受耐热性能和特性范围的限制，它只能用来测 150℃以下的温度。

1. 基本工作原理

目前在集成温度传感器中，都采用一对非常匹配的差分对管作为温度敏感元件。图 7-29 所示的是集成温度传感器基本原理图。其中 VT_1 和 VT_2 是互相匹配的晶体管，I_1 和 I_2 分别是 VT_1 和 VT_2 的集电极电流，由恒流源提供。VT_1 和 VT_2 的两个发射极和基极电压之差 ΔU_{be} 可用下式表示，即

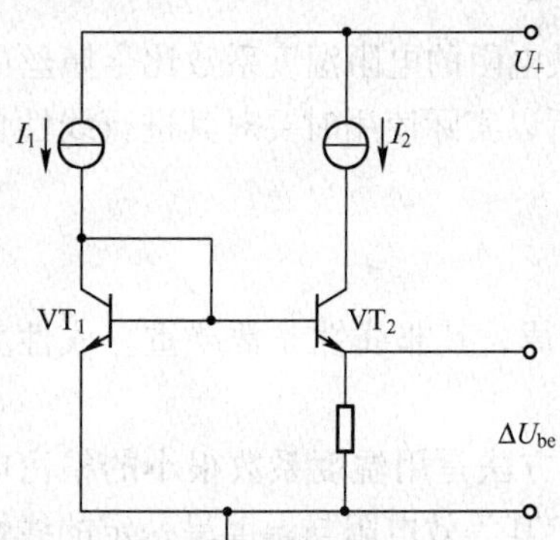

图 7-29　集成温度传感器基本原理

$$\Delta U_{be}=\frac{kT}{q}\ln\left(\frac{I_1}{I_2}\cdot\frac{AE_2}{AE_1}\right)=\frac{kT}{q}\ln\left(\frac{I_1}{I_2}\cdot\gamma\right) \quad (7\text{-}17)$$

式中，k 为玻耳兹曼常数；q 为电子电荷量；γ 为 VT_1 和 VT_2 发射结的面积之比。

从式（7-17）中看出，如果保证 I_1/I_2 恒定，则 ΔU_{be} 就与温度 T 成单值线性函数关系。这就是集成温度传感器的基本工作原理。在此基础上可设计出各种不同电路，以及不同输出类型的集成温度传感器。

2. 集成温度传感器的信号输出方式

1）电压输出型　电压输出型集成温度传感器电路原理图如图 7-30 所示。当电流 I_1 恒定时，通过改变 R_1 的电阻值，可实现 $I_1=I_2$，当晶体管的 $\beta\geqslant1$ 时，电路的输出电压可由式（7-18）确定，即

$$U_o=I_2\cdot R_2=\frac{\Delta U_{be}}{R_1}=\frac{R_2}{R_1}\cdot\frac{kT}{q}\ln\gamma \quad (7\text{-}18)$$

若取 $R_1=940\Omega$，$R_2=30\text{k}\Omega$，$\gamma=37$，则电路输出的温度系数为

$$C_T=\frac{\mathrm{d}U_o}{\mathrm{d}T}=\frac{R_2}{R_1}\cdot\frac{k}{q}\ln\gamma=10\text{mV/K}$$

2）电流输出型　图 7-31 所示为电流输出型集成温度传感器电路原理图。VT_1 和 VT_2 是结构对称的两个晶体管，作为恒流源负载；VT_3 和 VT_4 是测温用的晶体管，其中 VT_3 的发射结面积是 VT_4 的 8 倍，即 $\gamma=8$。流过电路的总电流 I_T 为

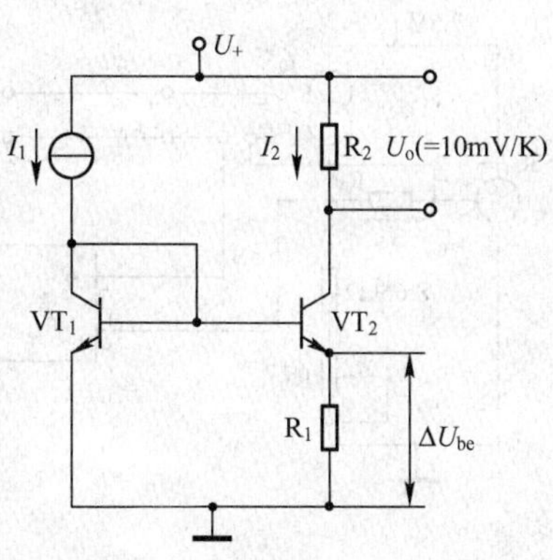

图 7-30　电压输出型集成温度传感器电路原理图

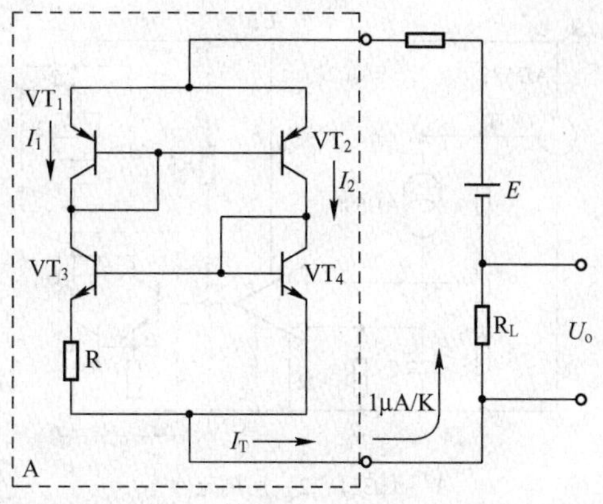

图 7-31　电流输出型集成温度传感器电路原理图

$$I_T = 2I_1 = \frac{2\Delta U_{be}}{R} = \frac{2kT}{qR} \cdot \ln\gamma \tag{7-19}$$

式中，当 R 和 γ 一定时，电路的输出电流与温度有良好的线性关系。

若取 R 为 358Ω，则电路输出的温度系数为

$$C_T = \frac{dI_T}{dT} = \frac{2k}{qR} \times \ln\gamma = 1\mu A/K$$

典型的电流输出型集成温度传感器有美国 AD 公司生产的 AD590，国产的 SG590 也属于同类型产品。其基本电路与图 7-31 一样，只是增加了一些启动电路，防止电源反接，以及使左、右两支路对称的附加电路，以进一步地提高性能。AD590 的电源电压为 4 ~ 30V，可测温度范围为 -50 ~ +150℃。

3. AD590 集成温度传感器应用实例

AD590 是应用广泛的一种集成温度传感器。由于它内部有放大电路，再配上相应的外电路，可方便地构成各种应用电路。下面介绍 3 种简单的 AD590 应用电路。

1）**温度测量电路**　图 7-32 所示的是一个简单的测温电路。AD590 在 25℃（298.2K）时，理想输出电流为 298.2μA，但实际上存在一定误差，可以在外电路中进行修正。将 AD590 串联一个可调电阻，在已知温度下调整电阻值，使输出电压 U_T 满足 1mV/K 的关系（如 25℃时，U_T 应为 298.2mV）。调整好后，固定可调电阻，即可由输出电压 U_T 读出 AD590 所处的热力学温度。

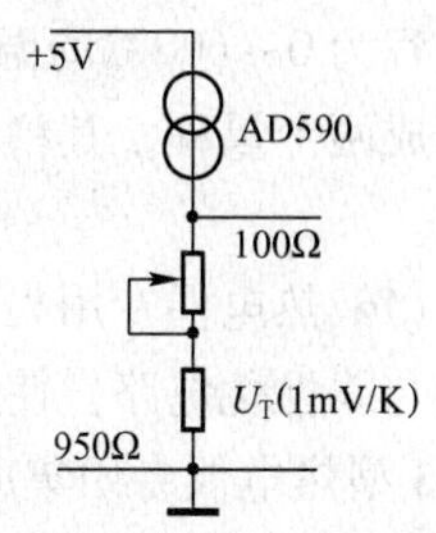

图 7-32　简单的测量电路

2）**温控电路**　简单的温控电路如图 7-33 所示。AD311 为比较器，它的输出控制加热器电流，调节 R_1 可改变比较电压，从而改变了控制温度。AD581 是稳压器，为 AD590 提供一个合理的稳定电压。

3）**热电偶参考端补偿电路**　该补偿电路如图 7-34 所示。AD590 应与热电偶参考端处于同一温度下。AD580 是一个三端稳压器，其输出电压 U_{out} = 2.5V。电路工作时，调整电阻 R_2 使得：

$$I_1 = t_0 \times 10^{-3} \text{mA}$$

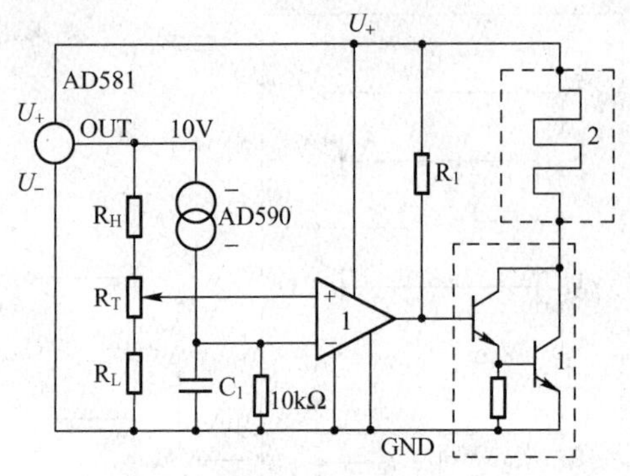

1—AD311；2—加热元件

图 7-33　简单的温控电路

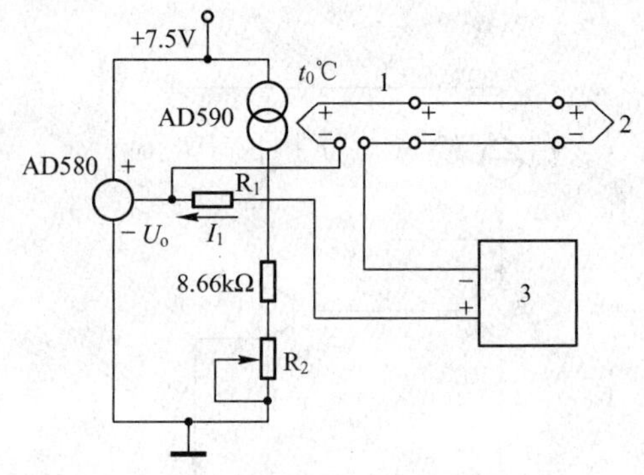

图 7-34　热电偶参考端补偿电路

这样，在电阻 R_1 上产生一个随参考端温度 t_0 变化的补偿电压 $U_1 = I_1 R_1$。

当热电偶参考端温度为 t_0 时，其热电势 $E_{AB}(t_0, 0) \approx S \cdot t_0$，$S$ 为塞贝克系数（μv/℃）。补偿时应使 U_1 与 $E_{AB}(t_0, 0)$ 近似相等，即 R_1 与塞贝克系数相等。不同分度号的热电偶，R_1 的电阻值也不同。

这种补偿电路灵敏、准确、可靠、调整方便，温度变化在 15 ~ 35℃范围内时，可获得 ±5℃的补偿精度。

7.5　热电式传感器的应用

1. 基于热电偶的温度计

1）用 J 型热电偶制作温度计　用 J 型热电偶制作温度计，使其具有两个量程，分别为 0 ~ 300℃和 300 ~ 600℃。之所以这样选择，是因为在这种结构中线性化电路会遇到新问题：对于 J 型热电偶来说，其三次项的系数非常大，仅依靠近似到二次项的线性化电路制作的一个量程为 0 ~ 600℃的温度计在精度上得不到满足。但是，如果将 0 ~ 600℃的整个测温范围分解成两个量程，其精度就可以得到保证，在 0 ~ 600℃的范围内可以将误差控制在 1 ~ 20℃以内。

(1) 热电偶专用集成电路：在用于热电偶的放大器中，无论如何都必须有基准接点补偿电路与线性化电路。使用热电偶专用集成电路，将会使电路大为简化。

J 型热电偶专用集成电路 AD594 只能与 J 型热电偶相连接。该集成电路可以进行热电动势的放大与基准接点的温度补偿，而且还内置有断线检测电路。但是，其内部不含有线性化电路。也就是说，使用这种集成电路的同时还必须另外增加线性化电路。AD594 的输出电压为：U_{out} =（J 型热电偶的热电动势 + 16μV）× 193.4。这样做的目的是为了将 AD594 在 +25℃ 时的误差设定为最小值。

(2) 线性化电路与断线检测电路：AD594 不包含线性化电路，因此热电偶的非线性会造成较大的非线性误差。使用 J 型热电偶时的 0 ~ 300℃测温电路需要包括线性化电路，如图 7-35 所示。

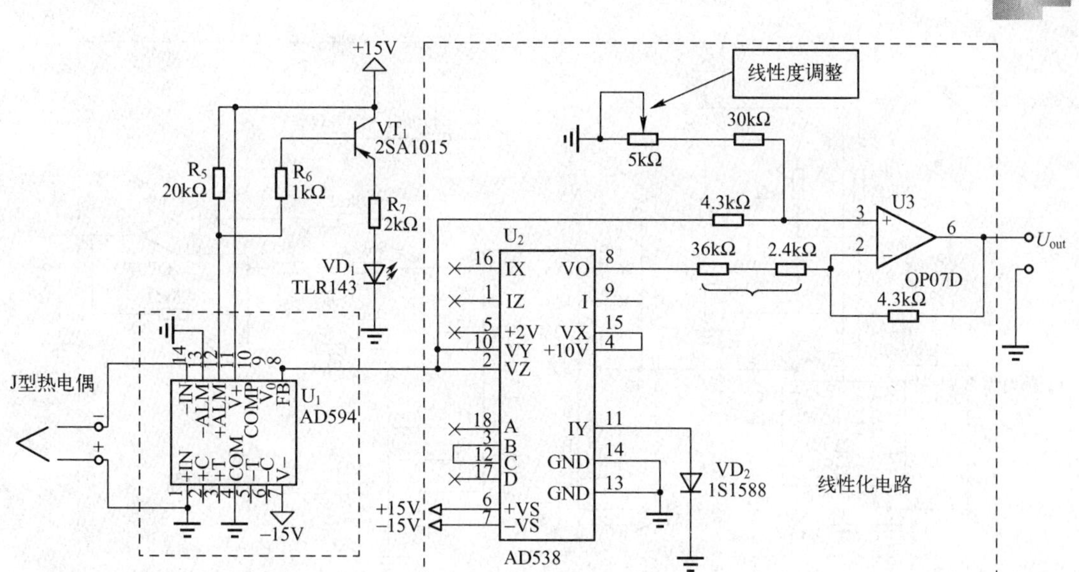

图 7-35　J 型热电偶 0～300℃测温电路

线性化调整电路由乘法器和放大电路实现，其近似表达式为 $U_{out}=3.724+0.981958\times U_a-11.203725\times10^{-6}\times U_a^2$。该线性化电路在 0～300℃的范围内可以将 15℃的误差改善为 1℃。在 0～300℃的范围外无法线性化为最佳值，因此会有较大的误差。特别是在 0℃以下时，因为乘法器 AD538 不会输出负电压，所以 AD594 的特性会原封不动地表现出来。

AD594 内部设有用于断线检测的断线报警电路。其中，如果其第 12 脚直接与发光二极管（LED）相连接，就会因为 LED 的电流而造成集成电路发热，从而产生温度误差。所以要利用晶体管 VT_1 作为缓冲器。这样，当热电偶断线时，LED 就会发光报警。

（3）300～600℃范围内的线性化：在 300～600℃范围内的线性化也可以采用图 7-35 所示的方法，电路图如图 7-36 所示，其近似表达式为 $U_{out}=-76.36+0.995\times U_a-7.12\times10^{-6}\times U_a^2$。

在 300～600℃的范围内，线性化前有 40℃的误差，而经过图 7-36 所示的电路线性化后，温度误差改善到了仅有约 1℃。

图 7-37 所示的是采用量程切换时的场合。利用开关，可以在两个量程之间相互切换。

（4）注意事项：通常都是将热电偶连接到输入用的接线柱上。AD594 应当尽可能配置在靠近这种接线柱的地方。其原因是，这种接线柱本身就是基准接点。而在 AD594 附近不应当设置发热器件。如果 AD594 附近有热源，就会由于热源产生的热量而造成基准接点的温度变化。

2）用 K 型热电偶制作温度计　K 型热电偶专用集成电路 AD595 和 AD594 一样，只要将它连接到热电偶上就可以进行基准接点的温度补偿和热电动势的放大。在这个系列中，最大标定误差仅有 1℃的高精度专用集成电路为 AD595C。AD595 的输出电压 U_{out} =（K 型热电偶的热电动势 +11μV）×247.3。

AD595 和 AD594 一样，其内部也不含线性化电路。在线性化的过程中也需要使用 AD538。

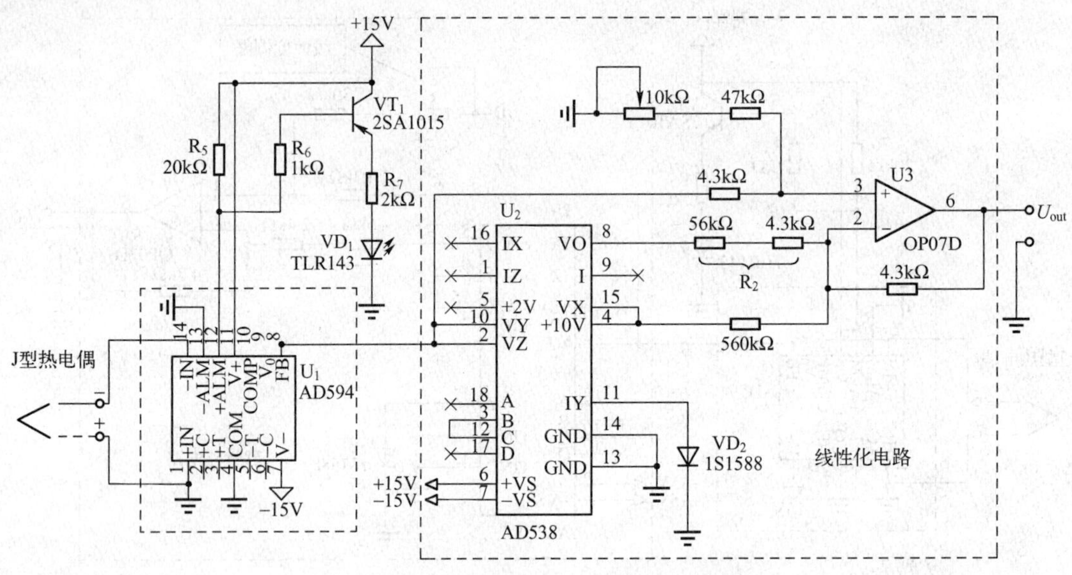

图7-36　J型热电偶300～600℃的测量电路

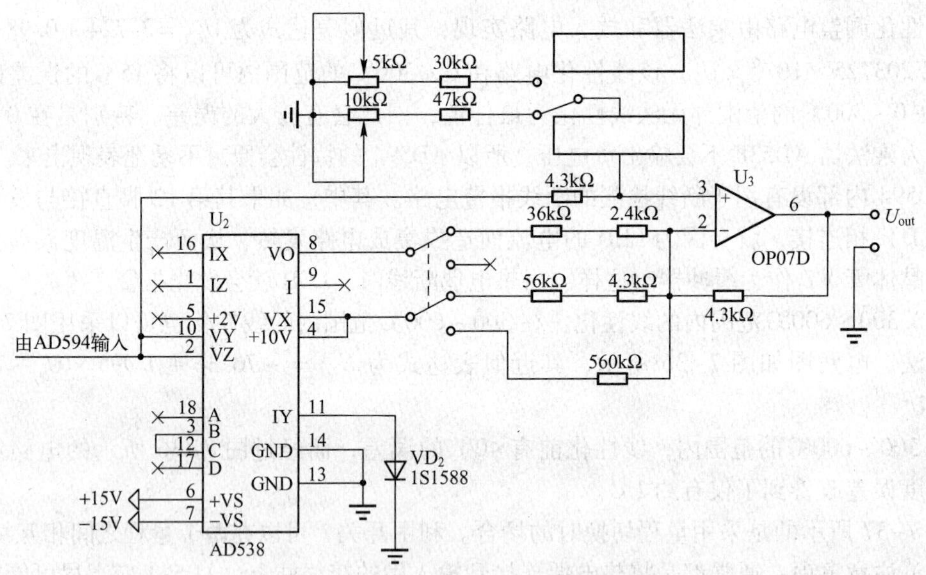

图7-37　带有量程切换的热电偶测温电路

用K型热电偶制作的温度计电路如图7-38所示，测量范围为0～1000℃，可进行两个量程切换。

在0～1000℃的温度范围内，通过线性化可以将误差减小到1～2℃，这个数值仅相当于满刻度的0.1%～0.2%。线性化集成电路AD538在负载为2kΩ时的最大输出可以达到11V，在图7-38中设定了最大输出为10V。10V的电压相当于1000℃的温度。实际上，该电路可以测量到12V，即1200℃。

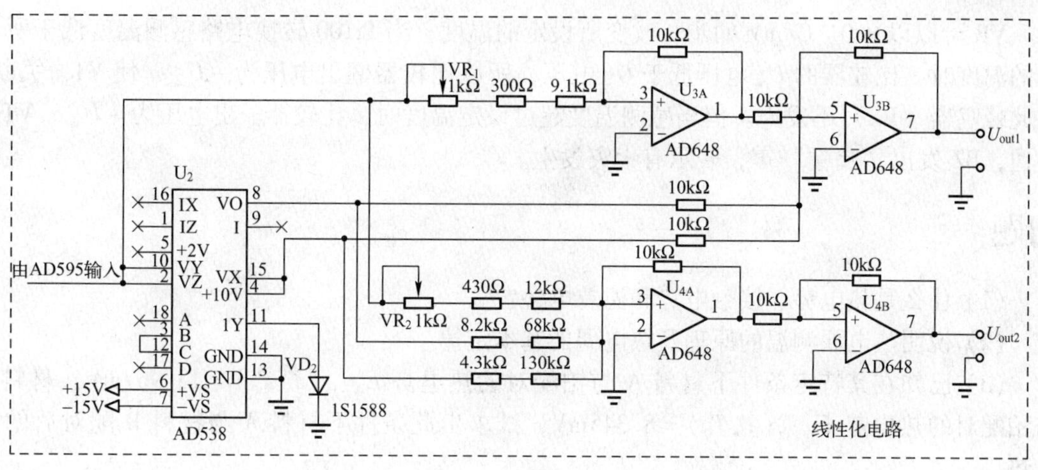

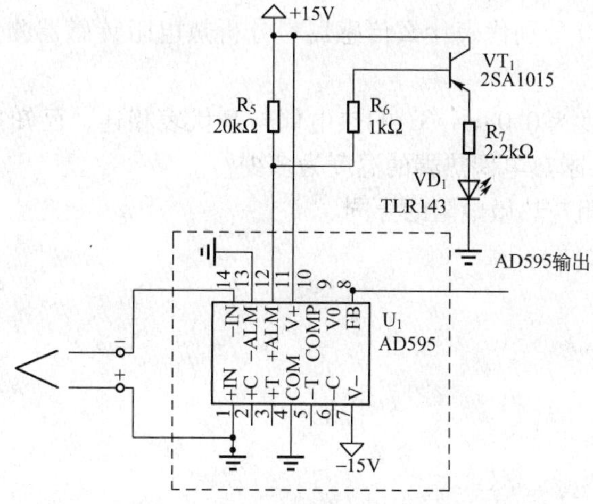

图 7-38　K 型热电偶制作的温度计电路

2. 基于铂热电阻的火灾报警器

这是铂热电阻的一个简单应用，如果将 Pt100 的转换电路改装成如图 7-39 所示的电路，则可组成火灾警报器，其转换电路也可自己设计。

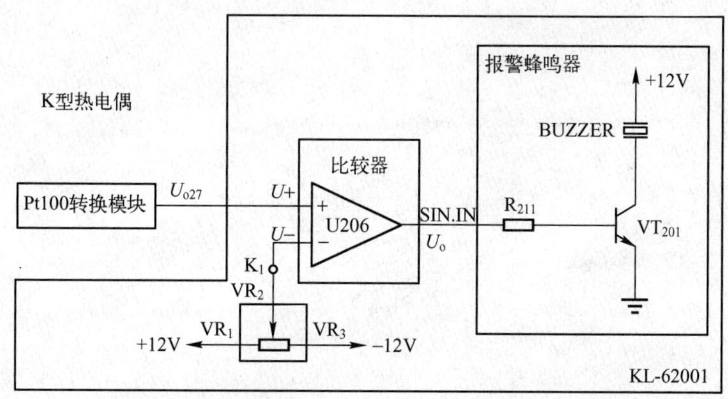

图 7-39　火灾警报器电路

VR 可以以 0.01°C/mV 的步长改变所设定的温度，当 Pt100 转换电路感测温度低于所设定的温度时，比较器的 U_+ 电压低于 U_- 电压，所以比较器输出电压为 $-U_{sat}$，使 VT_{201} 关断，因此蜂鸣器（BZ）不发声。但当感测温度超过设定温度时，比较器输出电压为 $+U_{sat}$，VT_{201} 导通，BZ 发出“嗡嗡”声，表示有火灾发生。

习题

（1）什么是热电势、接触电势和温差电势？

（2）说明热电偶测温的原理及热电偶的基本定律。

（3）已知在其特定条件下材料 A 与铂配对的热电势 $E_{A-Pt}(T,T_0)=13.967\text{mV}$，材料 B 与铂配对的热电势 $E_{B-Pt}(T,T_0)=8.345\text{mV}$，试求出此条件下材料 A 与材料 B 配对后的热电势。

（4）Pt100 和 Cu50 分别代表什么传感器？分析热电阻传感器测量电桥之三线、四线连接法的主要作用。

（5）将一只灵敏度为 0.08mv/℃ 的热电偶与毫伏表相连，已知接线端温度为 50℃，毫伏表的输出为 60mV，求热电偶热端的温度为多少？

（6）试比较热电阻与热敏电阻的异同。

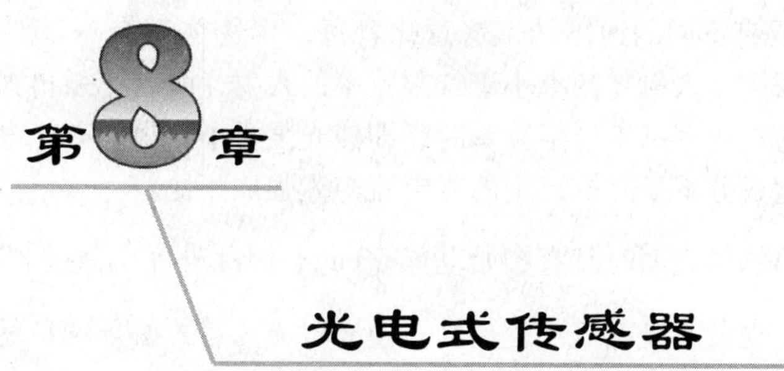

第8章 光电式传感器

光电式传感器是将光通量转换为电量的一种传感器，光电式传感器的基础是光电转换元件的光电效应。由于光电测量方法灵活多样，可测参数众多，具有非接触、高精度、高可靠性和响应快等特点，使得光电式传感器在检测和控制领域获得了广泛的应用。

8.1 光电器件

光电器件是构成光电式传感器最主要的部件。光电式传感器的工作原理如图 8-1 所示。被测量的变化被转换成光信号的变化，然后通过光电转换元件变换成电信号。图中，x_1表示被测量能直接引起光量变化的检测方式；x_2表示被测量在光传播过程中调制光量的检测方式。

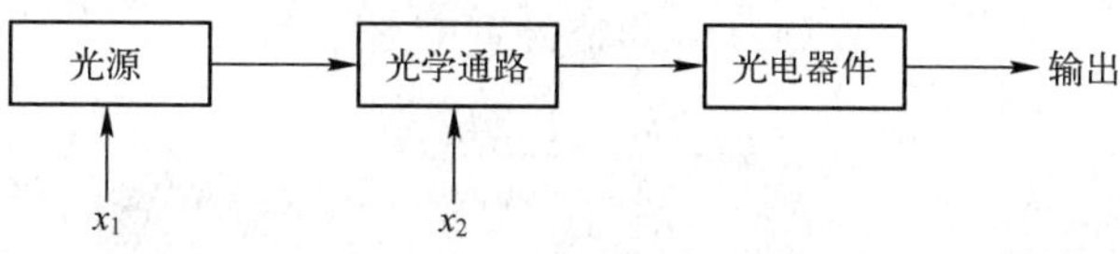

图 8-1 光电式传感器的工作原理

1. 光电效应

光电器件工作的物理基础是光电效应。光电效应分为外光电效应和内光电效应两大类。

1）外光电效应 在光线作用下，电子逸出物体表面的现象称为外光电效应。光电管、光电倍增管就属于基于这种效应工作的光电器件。

众所周知，光子是具有能量的粒子，每个光子具有的能量由式（8-1）确定

$$E = h\nu \tag{8-1}$$

式中，h 为普朗克常数（$6.626 \times 10^{-34}\text{J} \cdot \text{s}$）；$\nu$ 为光的频率（s^{-1}）。

若物体中电子吸收的入射光的能量足以克服逸出功 A_0时，电子就逸出物体表面，产生电子发射。因此，要使一个电子逸出，则光子能量 $h\nu$ 必须超出逸出功 A_0，超过部分的能量表现为逸出电子的动能，即

$$h\nu = \frac{1}{2}mv_0^2 + A_0 \tag{8-2}$$

式中，m 为电子质量；v_0为电子逸出速度。该方程称为爱因斯坦光电效应方程。

由式（8-2）可知，光电子能否产生，取决于光子的能量是否大于该物体的表面电子逸出功 A_0。不同物体具有不同的逸出功，这意味着每一个物体都有一个对应的光频阈值，称为红限频率或波长限。当入射光频率小于红限频率的入射光时，光强再大也不会产生光电子发射；反之，当入射光频率高于红限频率时，即使光强再小，也会有光电子射出。

当入射光的频谱成分不变时，产生的光电流与光强成正比。

由于光电子逸出物体表面时具有初始动能$\frac{1}{2}mv_0^2$，因此外光电效应器件（如光电管）即使没有加阳极电压，也会有光电流产生。为了使光电流为零，必须加负的截止电压，而且截止电压与入射光的频率成正比。

2）内光电效应　受光照的物体的电导率$\frac{1}{R}$发生变化，或者产生光生电动势的效应称为内光电效应。内光电效应又可分为以下两大类。

（1）光电导效应：在光线作用下，电子吸收光子能量，从键合状态过渡到自由状态，从而引起材料电阻率的变化，这种效应称为光电导效应。基于这种效应工作的器件有光敏电阻等。

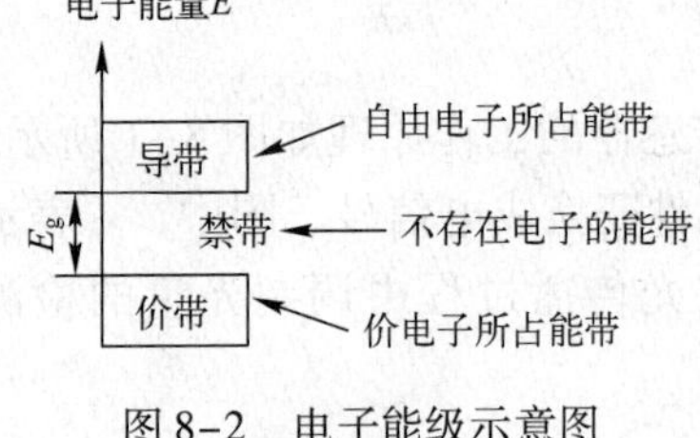

图 8-2　电子能级示意图

当光照射到光电导体上时，若这个光电导体由本征半导体材料构成，而且光辐射能量又足够强，光电导材料价带上的电子将被激发到导带上去，如图 8-2 所示，从而使导带的电子和价带的空穴增加，致使光导体的电导率变大。为了实现能级的跃迁，入射光的能量必须不小于光电导材料的禁带宽度 E_g，即

$$hv=\frac{hc}{\lambda}=\frac{1.24}{\lambda}\geqslant E_g \tag{8-3}$$

式中，ν、λ 分别为入射光的频率和波长。

也就是说，对于一种光电导材料，总存在一个照射光波长限 λ_c。只有波长小于 λ_c的光照射在光电导体上，才能产生电子能级间的跃迁，从而使光电导体的电导率增加。

（2）光生伏特效应：在光线作用下能够使物体产生一定方向电动势的现象称为光生伏特效应。基于该效应工作的器件有光电池和光敏晶体管等。

- ☺ 势垒效应（结光电效应）：接触的半导体和 PN 结中，当光线照射其接触区域时，便引起光电动势，这就是结光电效应。以 PN 结为例，当光线照射 PN 结时，设光子能量大于禁带宽度 E_g，使价带中的电子跃迁到导带，从而产生电子－空穴对，在阻挡层内电场的作用下，被光激发的电子移向 N 区外侧，被光激发的空穴移向 P 区外侧，从而使 P 区带正电，N 区带负电，形成光电动势。
- ☺ 侧向光电效应：当半导体光电器件受光照不均匀时，由于载流子浓度存在梯度，将会产生侧向光电效应。当光照部分吸收入射光子的能量产生电子－空穴对时，光照部分载流子浓度比未受光照部分的载流子浓度大，出现载流子浓度梯度，因而载流子要扩散。如果电子的迁移率比空穴的大，那么空穴的扩散不明显，则电子向未被

光照部分扩散，就造成光照射的部分带正电，未被光照射的部分带负电，光照部分与未被光照部分产生光电势。

2. 光电管

1）结构与工作原理　光电管是外光电效应器件，存在真空光电管和充气光电管两类，二者结构相似，如图 8-3 所示。在一个真空泡内装有两个电极，即光电阴极和光电阳极。光电阴极通常是用逸出功小的光敏材料涂敷在玻璃泡内壁上构成的，其感光面对准光的照射孔。当光照射到光敏材料上时，便有电子逸出，这些电子被具有正电位的阳极所吸引，在光电管内形成空间电子流，在外电路就产生电流。

图 8-3　光电管的结构

2）主要性能

（1）伏安特性：在一定的光照射下，光电器件的阴极所加电压与阳极所产生的电流之间的关系称为光电管的伏安特性。真空光电管和充气光电管的伏安特性如图 8-4所示。它们是使用光电式传感器的主要依据。

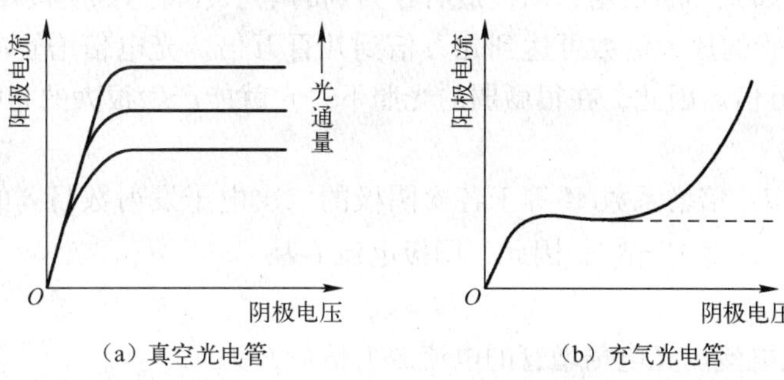

（a）真空光电管　（b）充气光电管

图 8-4　光电管的伏安特性

（2）光照特性：通常指当光电管的阳极和阴极之间所加的电压一定时，光通量和光电流之间的关系。光电管阴极材料不同，其光照特性也不同。光照特性曲线的斜率（光电流与光通量之比）称为光电管的灵敏度。

（3）光谱特性：一般对于不同光电阴极材料的光电管，它们有不同的红限频率 v_0，因此它们可用于不同的光谱范围。除此之外，即使照射在阴极上的光的频率高于红限频率 v_0，并且强度相同，随着入射光频率的不同，阴极发射的光电子的数量也会不同，即同一光电管对于不同频率的光的灵敏度不同，这就是光电管的光谱特性。所以，对各种不同波长区域的光，应选用不同材料的光电阴极。

3. 光电倍增管

1）结构与原理　光电倍增管也是基于外光电效应工作的器件。由于真空光电管的灵敏度较低，因此人们便研制了光电倍增管，其工作原理如图 8-5 所示。光电倍增管由阴极、次阴极（倍增电极）及阳极 3 部分组成，次阴极多的可达 30 级，通常为 12 ~ 14 级。阳极是最后用来收集电子的，它输出的是电压脉冲。

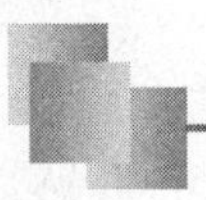

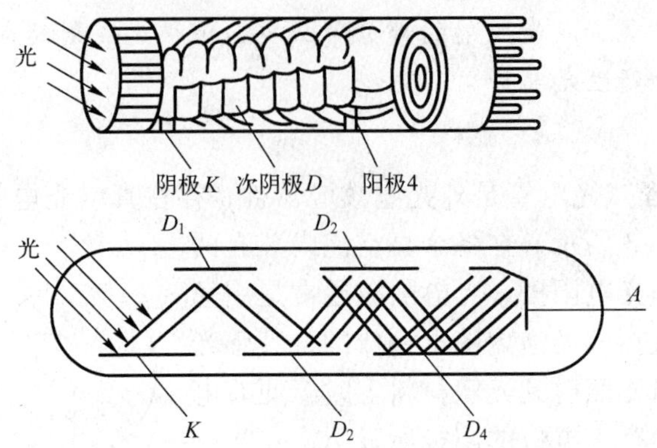

图 8-5　光电倍增管的外形和工作原理

光电倍增管在使用时，各个次阴极上均加上电压。阴极电位最低，从阴极开始，各个次阴极的电位依次升高，阳极电位最高。同时，这些次阴极用次级发射材料制成，这种材料在具有一定能量的电子轰击下，能够产生更多的“次级电子”。由于相邻两个次阴极之间有电位差，因此存在加速电场，对电子进行加速。每次电子发射打到下一级次阴极上后，电子数都能增加 3～6 倍，如此不断倍增，阳极最后收集到的电子数将达到阴极发射电子数的 10^5～10^6倍，即光电倍增管的放大倍数可达到几万倍到几百万倍。光电倍增管的灵敏度比普通光电管高几万到几百万倍。因此，在很微弱的光照下，它就能产生很大的光电流。

2）主要参数

（1）倍增系数 M：倍增系数 M 等于各次阴极的二次电子发射数目 δ_i的乘积。如果 n 个倍增电极的 δ_i都一样，则 $M=\delta_i^{\ n}$，因此，阳极电流 I 为

$$I=i\delta_i^n \tag{8-4}$$

式中，i 为阴极的光电流。光电倍增管的电流放大倍数 β 为

$$\beta=\frac{I}{i}=\delta_i^n$$

M 与所加电压有关，一般在 10^5～10^8之间。如果电压有波动，倍增系数也要波动，因此 M 具有一定的统计涨落。一般阳极和阴极之间的电压为 1000～2500V，两个相邻的倍增电极的电压差为 50～100V。

（2）阴极灵敏度和总灵敏度：一个光子在阴极上能够打出的平均电子数称为阴极的灵敏度。而一个光子在阳极上产生的平均电子数称为光电倍增管的总灵敏度（光电倍增管的放大倍数）。

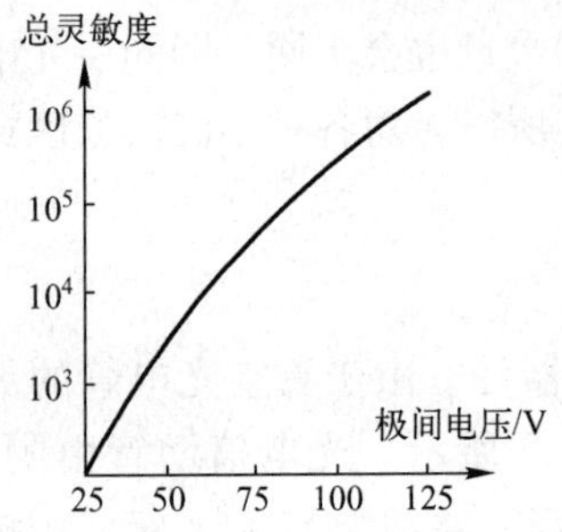

图 8-6　光电倍增管的特性曲线

光电倍增管的总灵敏度或放大倍数如图 8-6 所示。极间电压越高，总灵敏度越高；但极间电压也不能太高，太高反而会使阳极电流不稳。另外，由于光电倍增管的灵敏度很高，所以其不能受强光照射，否则将会被损坏。

（3）光谱特性：光电倍增管的光谱特性与相同材料的光电管的光谱特性相似。

（4）暗电流及本底电流：当光电倍增管不受光照，但

极间加入电压时，在阳极上也会收集到电子，这时的电流称为暗电流，这是热发射或场致发射造成的。如果光电倍增管与闪烁体放在一起，在完全避光情况下，出现的电流称为本底电流，其值大于暗电流。增加的部分是宇宙射线对闪烁体的照射而使其被激发，被激发的闪烁体照射在光电倍增管上而造成的。本底电流具有脉冲形式，因此也称为本底脉冲。

4. 光敏电阻

1）结构与原理　光敏电阻又称为光导管，是内光电效应器件，它几乎都是用半导体材料制成的。其中由硫化隔制成的光敏电阻器，简称为 CDS。光敏电阻没有极性，纯粹是一个电阻元件，使用时既可加直流电压，也可以加交流电压。无光照时，光敏电阻值（暗电阻）很大，电路中电流（暗电流）很小。

当光敏电阻受到一定波长范围的光照时，它的电阻值（亮电阻）急剧减少，电路中电流迅速增大。一般希望暗电阻越大越好，亮电阻越小越好，此时光敏电阻的灵敏度高。实际光敏电阻的暗电阻值一般在兆欧级，亮电阻在几千欧以下。图 8-7 所示为光敏电阻的原理结构图。它是涂于玻璃底板上的一薄层半导体物质，半导体的两端装有金属电极，金属电极与引出线端相连接，光敏电阻就通过引出线端接入电路。为了防止周围介质的影响，在半导体光敏层上覆盖了一层漆膜，漆膜的成分应使它在光敏电阻最敏感的波长范围内透射率最大。

2）主要参数

（1）暗电阻：光敏电阻在不受光照射时的电阻值称为暗电阻，此时流过的电流称为暗电流。

（2）亮电阻：光敏电阻在受光照射时的电阻值称为亮电阻，此时流过的电流称为亮电流。

（3）光电流：亮电流与暗电流之差称为光电流。

3）基本特性

（1）伏安特性：在一定照度下，流过光敏电阻的电流与光敏电阻两端的电压的关系称为光敏电阻的伏安特性。图 8-8 所示为硫化镉光敏电阻的伏安特性曲线。由图可见，光敏电阻在一定的电压范围内，其 $U-I$ 曲线为直线，说明其电阻值与入射光量有关，而与电压、电流无关。

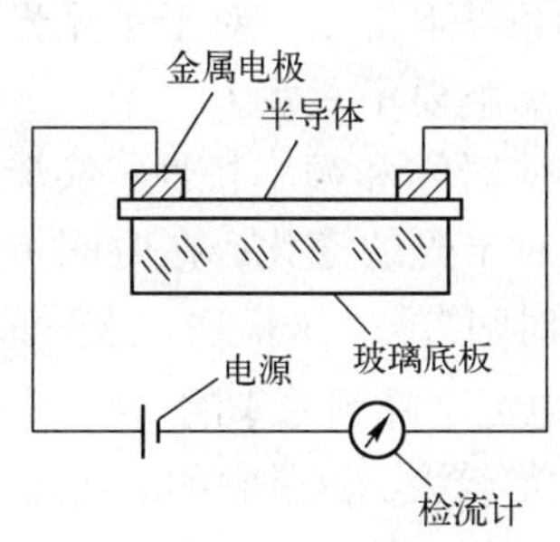

图 8-7　光敏电阻的原理结构图

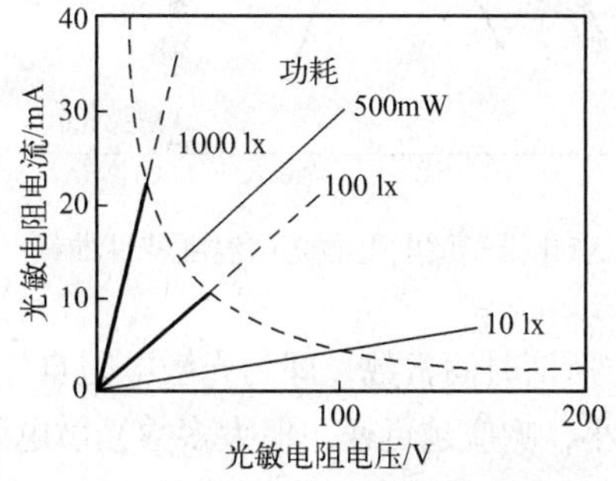

图 8-8　硫化镉光敏电阻的伏安特性曲线

在给定偏压的情况下，光照度越大，光电流也就越大；在一定光照度的情况下，加的电压越大，光电流就越大，没有饱和现象。光敏电阻的最高工作电压是由耗散功率决定的，耗

散功率又和面积及散热条件等因素有关。

（2）光谱特性：光敏电阻的相对光敏灵敏度与入射波长的关系称为光谱特性，也称为光谱响应。图8-9所示为3种不同材料光敏电阻的光谱特性。对应于不同波长，光敏电阻的灵敏度是不同的。从图中可见，硫化镉光敏电阻的光谱响应的峰值在可见光区域，常被用做光度量测量（照度计）的探头。而硫化铅光敏电阻响应于近红外和中红外区，常用做火焰探测器的探头。

（3）光照特性：光敏电阻的光照特性是光敏电阻的光电流与光通量之间的关系，如图8-10所示。

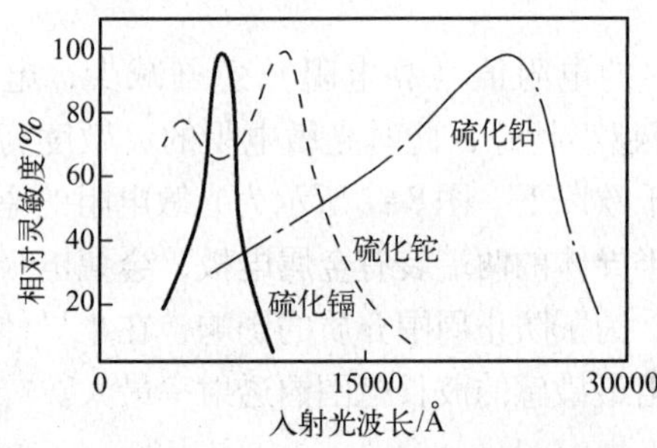

图8-9　3种不同材料光敏电阻的光谱特性

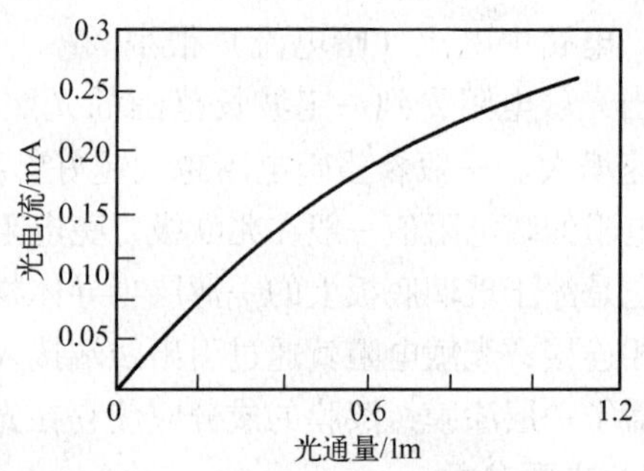

图8-10　光敏电阻的光照特性

由于光敏电阻的光照特性呈非线性，因此不宜作为测量元件，一般在自动控制系统中常用做开关式光电信号传感元件。

（4）温度特性：光敏电阻受温度的影响较大。当温度升高时，它的暗电阻和灵敏度均下降。

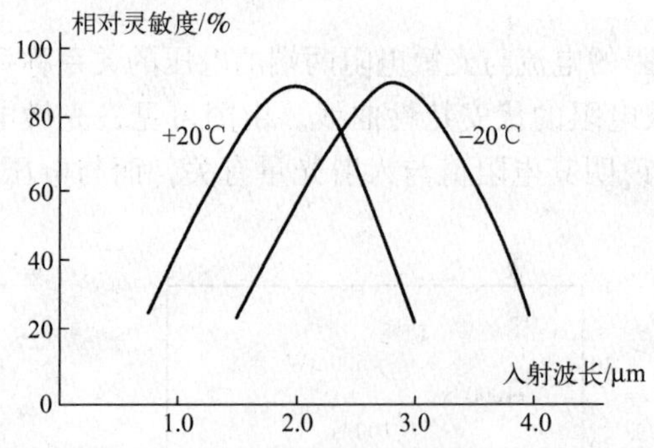

图8-11　硫化铅光敏电阻的光谱温度特性曲线

温度变化影响光敏电阻的光谱响应，尤其是响应于红外区的硫化铅光敏电阻受温度影响更大。图8-11所示为硫化铅光敏电阻的光谱温度特性曲线，它的峰值随着温度上升向波长短的方向移动。因此，硫化铅光敏电阻要在低温、恒温的条件下使用。对于可见光的光敏电阻，其温度影响要小一些。

（5）响应时间和频率特性：实验证明，光电流的变化对于光的变化，在时间上有一个滞后，通常用时间常数 t 来描述，这叫做光电导的弛豫现象。所谓时间常数，即为光敏电阻自停止光照起到电流下降到原来的63%所需的时间。因此，t 越小，响应越迅速，但大多数光敏电阻的时间常数都较大，这是它的缺点之一。

不同材料的光敏电阻具有不同的响应时间，所以它们的频率特性也就不尽相同。图8-12所示为硫化镉和硫化铅的光敏电阻的频率特性，硫化铅的使用频率范围大，其他都较差。

4）基本应用电路　在图8-13所示的电路中，利用光敏电阻将光线的变化变为电阻值的变化，以达到光控制电路的目的。此时CDS是在正常的光线照射下工作的，调整 R_1 使 LED_1

刚好由暗转亮，因为 CDS 的电阻值不大，所以电源电压经过 CDS、R_1 及 R_2 的分压结果，使 U_{b1} 点有一个电位存在，此 U_{b1} 电压足以使 VT_1 导通，故 U_{b2} 点的电位必然下降。又由于 VT_2 为 PNP 晶体管，所以一旦其基极电压（U_b）下降至低于射极电压（U_{CC}）一个 U_{BE} 偏压时，VT_2 便导通，所以 LED_1 点亮。

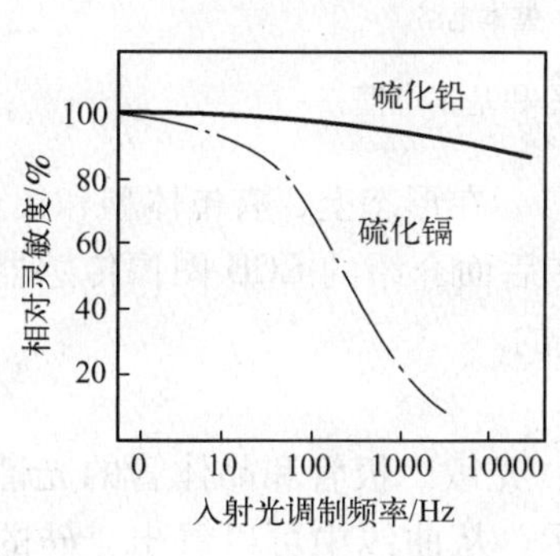

图 8-12　光敏电阻的频率特性

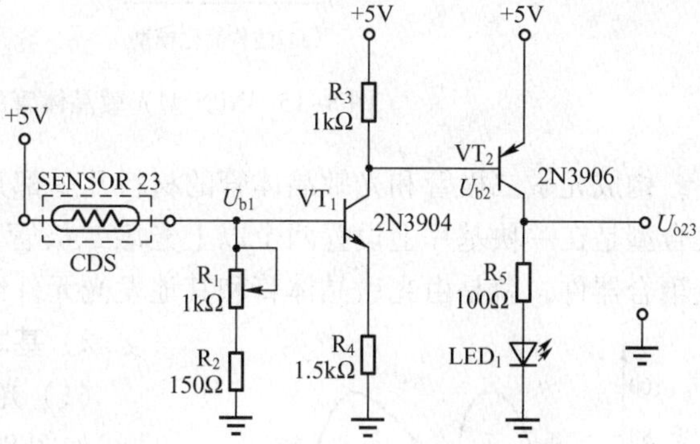

图 8-13　CDS 实验电路

反之，用手遮住 CDS 所受的光时，CDS 的电阻值增加，促使 U_{b1} 点的电位下降，当 $U_{b1}<0.7V$ 时，VT_1 截止，U_{b2} 点的电位上升。VT_2 的基极电压增加，使 VT_2 也随之截止，所以 LED_1 熄灭。因此当 CDS 受光照射时，LED_1 发光；若 CDS 没有受光照射，则 LED_1 熄灭。

5. 光敏二极管和光敏晶体管

1）结构原理　光敏二极管的结构与一般二极管相似。它装在透明玻璃外壳中，其 PN 结装在管的顶部，可以直接受到光照射，如图 8-14（a）所示。光敏二极管在电路中一般处于反向工作状态，如图 8-14（b）所示。在没有光照射时，反向电阻很大，反向电流很小，该反向电流称为暗电流。当光照射在 PN 结上时，光子打在 PN 结附近，使 PN 结附近产生光生电子和光生空穴对。它们在 PN 结处的内电场作用下作定向运动，形成光电流。光的照度越大，光电流就越大。因此，光敏二极管在不受光照射时，处于截止状态；受光照射时，处于导通状态。

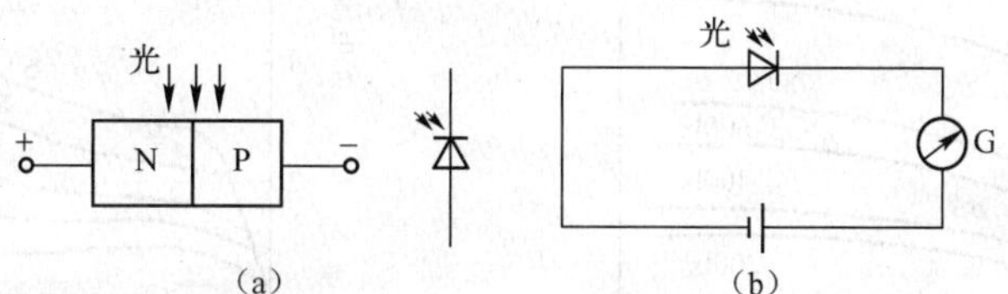

图 8-14　光敏二极管的结构原理

光敏晶体管与一般晶体管很相似，有 PNP 型和 NPN 型两种，具有两个 PN 结，只是它的发射极一边做得很大，以扩大光的照射面积。图 8-15 所示为 NPN 型光敏晶体管的结构简图和基本电路。大多数光敏晶体管的基极无引出线，当集电极加上相对于发射极为正的电压而不接基极时，集电结就是反向偏压；当光照射在集电结上时，就会在结附近产生电子－空穴对，从而形成光电流，相当于晶体管的基极电流。由于基极电流增加，而且集电极电流是光生电流的 β 倍，所以光敏晶体管就有了放大作用。

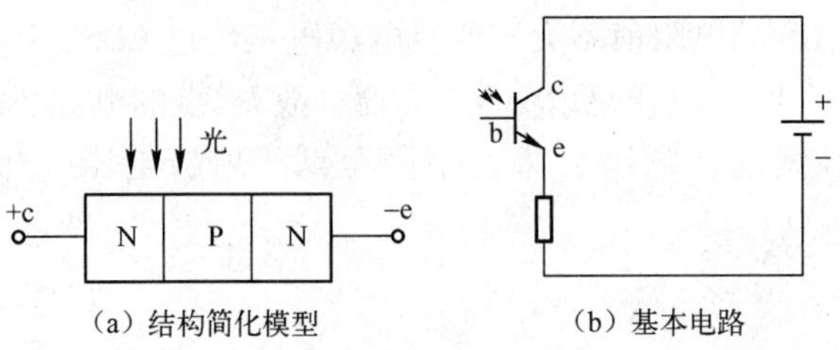

（a）结构简化模型　　（b）基本电路

图 8-15　NPN 型光敏晶体管的结构简图和基本电路

构成光敏二极管和光敏晶体管的材料几乎都是硅（Si）。在形态上，有单体型和集合型，集合型是在一块基片上设置两个以上光敏二极管，例如在后面介绍的 CCD 图像传感器中的光耦合器件，就是由光敏晶体管和其他发光元件组合而成的。

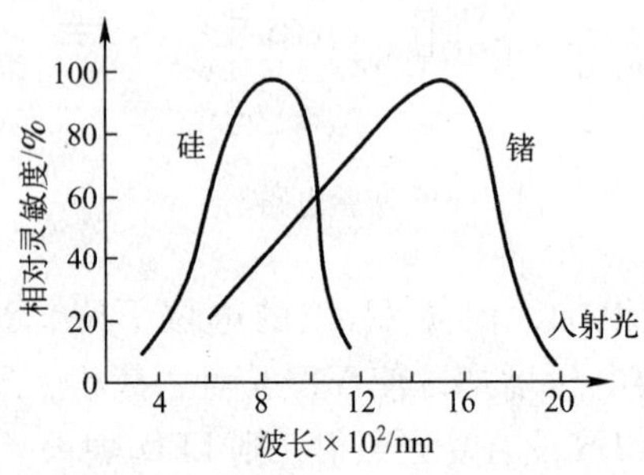

图 8-16　光敏二极管和晶体管的光谱特性曲线

2）基本特性

（1）光谱特性：光敏二极管和晶体管的光谱特性曲线如图 8-16 所示。从曲线中可以看出，硅的峰值波长约为 0.9μm，锗的峰值波长约为 1.5μm，而当入射光的波长增加或缩短时，相对灵敏度就会下降。一般来讲，锗管的暗电流较大，因此性能较差，故在探测可见光或炽热状态物体时，一般都用硅管。但对红外光进行探测时，用锗管较为适宜。

（2）伏安特性：图 8-17 所示为硅光敏管在不同照度下的伏安特性曲线。从图中可见，光敏晶体管的光电流比相同管型的光敏二极管大上百倍。

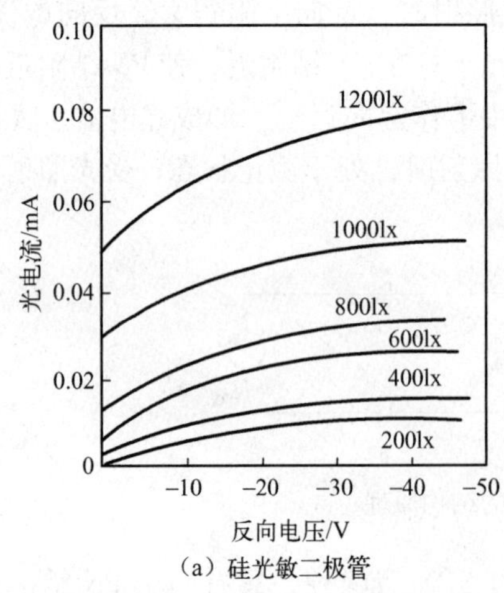

（a）硅光敏二极管

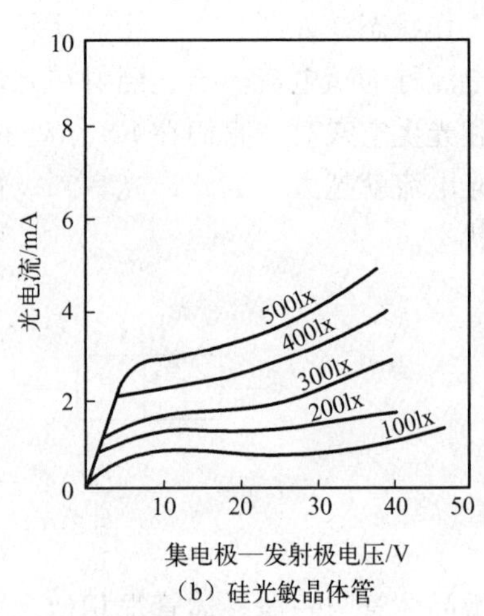

（b）硅光敏晶体管

图 8-17　硅光敏管在不同照度下的伏安特性曲线

（3）温度特性：光敏晶体管的温度特性是指其暗电流及光电流与温度的关系。光敏晶体管的温度特性曲线如图 8-18 所示。从特性曲线可以看出，温度变化对光电流影响很小，而对暗电流影响很大，所以在电子线路中应该对暗电流进行温度补偿，否则将会导致输出误差。

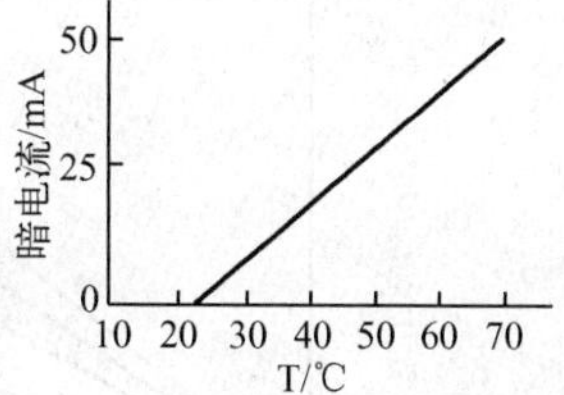

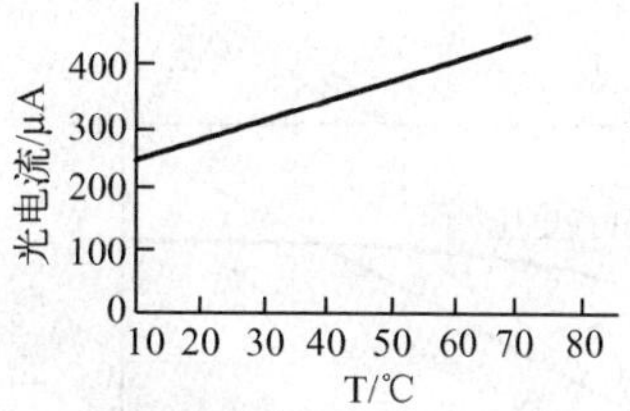

图 8-18　光敏晶体管的温度特性曲线

6. 光电池

光电池是在光照射下直接将光能转换为电能的光电器件。光电池在光的作用下实际上就是电源，电路中有了这种器件就不需要外加电源。

光电池的工作原理是基于“光生伏特效应”的。它实质上是一个大面积的 PN 结，当光照射到 PN 结的一个面上（如 P 型面）时，若光子能量大于半导体材料的禁带宽度，那么 P 型区每吸收一个光子就产生一对自由电子和空穴，电子－空穴对从表面向内迅速扩散，在结电场的作用下，最后建立一个与光照强度有关的电动势。图 8-19 所示为光电池的工作原理。

1）基本特性

（1）光谱特性：光电池对不同波长的光的灵敏度是不同的。图 8-20 所示为硅光电池和硒光电池的光谱特性曲线。从图中可知，不同材料的光电池，光谱响应峰值所对应的入射光波长是不同的，硅光电池在 0.8μm 附近，硒光电池在 0.5μm 附近。硅光电池的光谱响应波长范围为 0.4～1.2μm，而硒光电池的范围为 0.38～0.75μm。可见硅光电池可以在很宽的波长范围内得到应用。

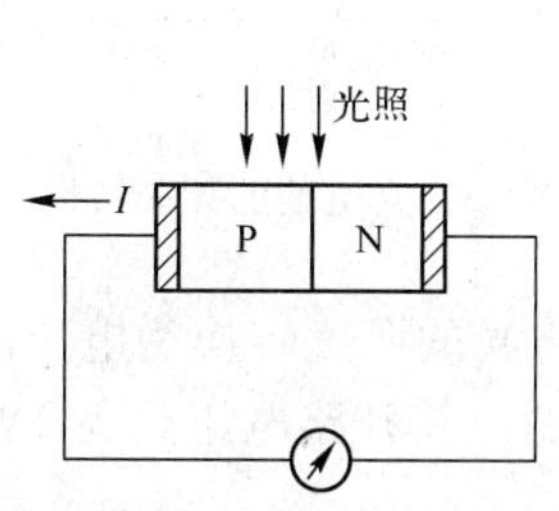

图 8-19　光电池的工作原理

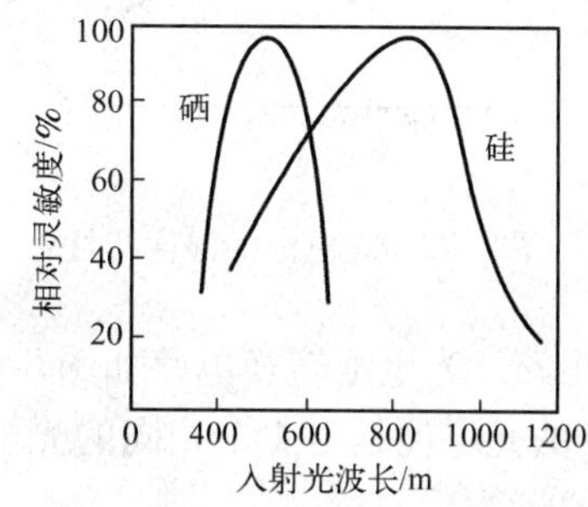

图 8-20　硅光电池和硒光电池的光谱特性曲线

（2）光照特性：光电池在不同光照度下，光电流和光生电动势是不同的，它们之间的关系就是光照特性。图 8-21 所示为硅光电池的开路电压和短路电流与光照度的关系曲线。从图中可以看出，短路电流在很大范围内与光照强度呈线性关系，开路电压（负载电阻 R_L 无限大时）与光照度的关系是非线性的，并且当照度在 200lx 时就趋于饱和了。因此把光电池作为测量元件时，应把它当做电流源来使用，而不能用做电压源。

（3）温度特性：光电池的温度特性描述的是光电池的开路电压和短路电流随温度变化的情况。由于它关系到应用光电池的仪器或设备的温度漂移，影响到测量精度或控制精度等重要指标，因此温度特性是光电池的重要特性之一。光电池的温度特性如图 8-22 所示。从图中可以看出，开路电压随温度升高而下降的速度较快，短路电流随温度升高而缓慢增加。由

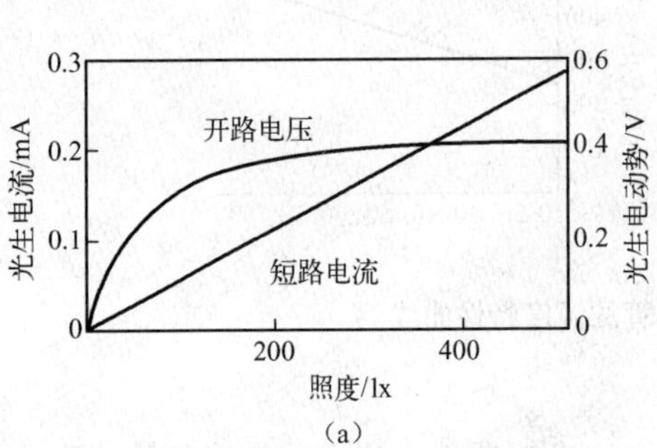

（a）

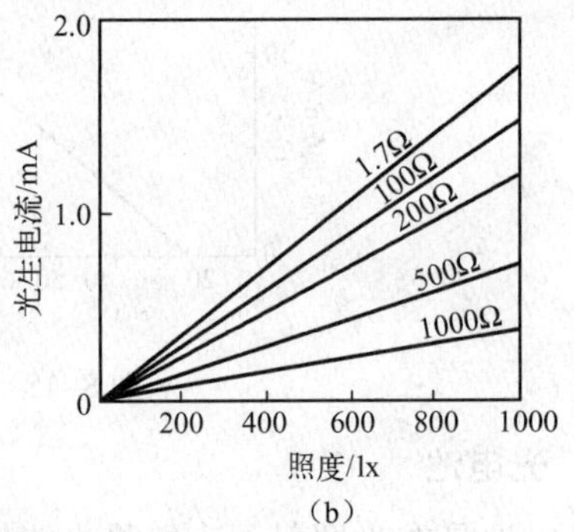

（b）

图8-21 硅光电池的开路电压和短路电流与光照度的关系曲线

于温度对光电池的工作有很大影响，因此把它作为测量器件应用时，最好能保证温度恒定或采取温度补偿措施。

（4）频率特性：光电池的频率特性就是反映光的交变频率和光电池输出电流的关系，如图8-23所示。从图中可以看出，硅光电池有很高的频率响应，可用于高速计数、有声电影等方面。这就是硅光电池在所有光电元件中最为突出的优点。

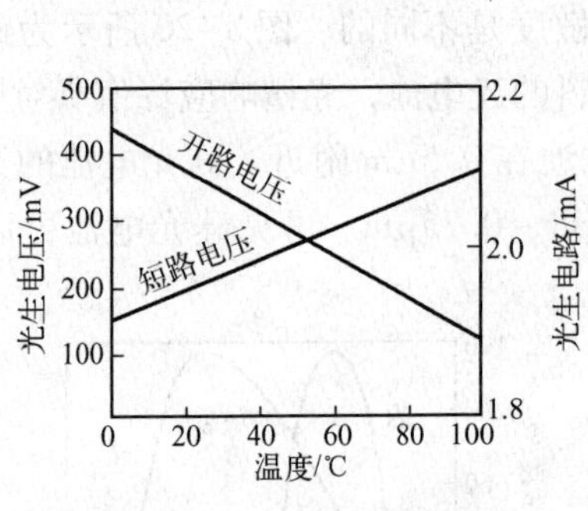

图8-22 光电池的温度特性

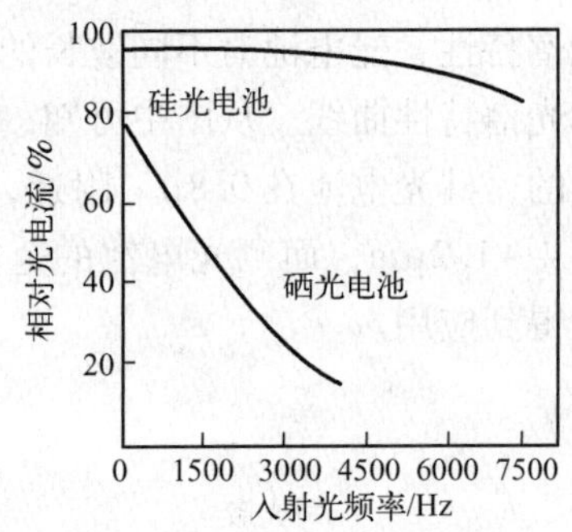

图8-23 光电池的频率特性

2）应用电路 光电池转换电路如图8-24所示，能将光的照度转换为电压的形式输出，本电路所使用的光电池是由4个相同的光电池串联而成的，其开路电压约为2V，短路电流约为0.08μA/lx。

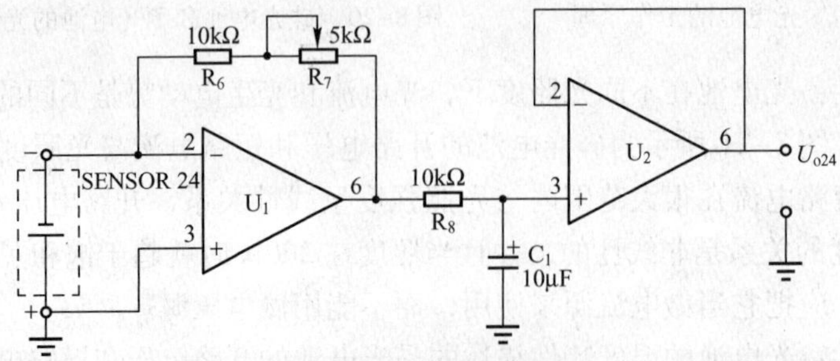

图8-24 光电池转换电路

由光电池特性得知，光电池的开路电压 U_{op} 与入射光强度的对数成正比，而短路电流 I_{sh} 则与照度成正比，所以一般转换电路大都采用短路电流做转换，而不采用开路电压。

图 8-24 中的 U_1 为一个电流—电压转换电路，可将光电池的短路电流转换成电压。因运算放大器有虚接地的特性，并且光电池接在运算放大器的正负两端相当于光电池短路。又因运算放大器的输入电流几乎为零，所以全部的 I_{sh} 流到 R_6 与 R_7，使 U_1 的输出电压 $U_1 = I_{sh}(R_6 + R_7)$。所以可调整 R_7 的大小，使得输出电压与光照的比率为 1mV/lx，这种调整方式，称为扩展率调整（Span Adjust）。

若现场含有 110V AC/60Hz 的交流成分，由 R_8（10kΩ）、C_1（10μF）所组成的低通滤波器，可将 120Hz 的交流成分滤除，使得转换电路的输出电压为平均照度的电压信号。而 U_2 是一个电压跟随器（$A_V \approx 1$），作为缓冲器使用。

7. 光耦合器件

光耦合器件是由发光元件和光电接收元件合并使用，以光作为媒介传递信号的光电器件。光耦合器中的发光元件通常是半导体发光二极管，光电接收元件有光敏电阻、光敏二极管、光敏晶体管或光晶闸硅等。根据其结构和用途不同，又可分为用于实现电隔离的光耦合器和用于检测有无物体的光电开关。

1）光耦合器　光耦合器的发光元件和接收元件都封装在一个外壳内，一般有金属封装和塑料封装两种。光耦合器常见的组合形式如图 8-25 所示。

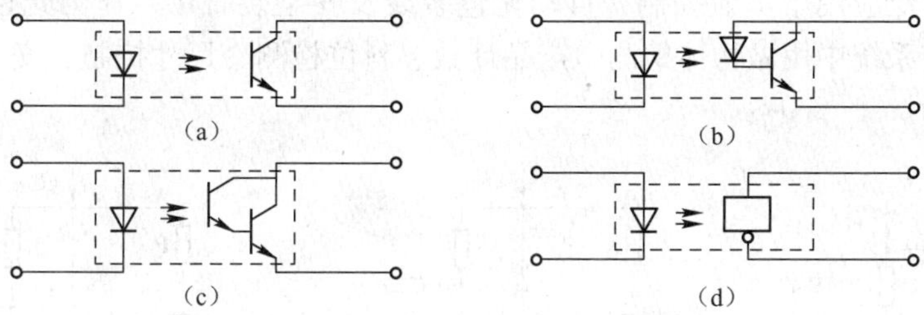

图 8-25　光耦合器常见的组合形式

图 8-25（a）所示的组合形式结构简单、成本较低，且输出电流较大，可达 100mA，响应时间为 3～4μs。图 8-25（b）所示的组合形式结构简单，成本较低，响应时间快，约为 1μs，但输出电流小，在 50～300μA 之间。图 8-25（c）所示的组合形式传输效率高，但只适用于较低频率的装置中。图 8-25（d）所示的组合形式是一种高速、高传输效率的新颖器件。对图中所示的所有形式，为保证其有较佳的灵敏度，都需要考虑发光与接收波长的匹配。

光耦合器实际上是一个电量隔离转换器，它具有抗干扰的性能和单向信号传输的功能，被广泛应用在电路隔离、电平转换、噪声抑制、无触点开关及固态继电器等场合。

2）光电开关　光电开关是一种利用感光元件对变化的入射光加以接收，并进行光电转换，同时加以某种形式的放大和控制，从而获得最终的控制输出“开”、“关”信号的器件。

图 8-26 所示为典型的光电开关的结构。图 8-26（a）所示的是一种透射式的光电开关，它的发光元件和接收元件的光轴是重合的，当不透明的物体位于或经过它们之间时，会阻断光路，使接收元件接收不到来自发光元件的光，这样就起到了检测作用；图 8-26（b）所示的是一种反射式的光电开关，它的发光元件和接收元件的光轴在同一平面且以某一角度相交，交点一般即为待测物所在处。当有物体经过时，接收元件将接收到从物体表面反射的光，没有物体时则接收不到。光电开关的特点是小型、高速、非接触，而且与 TTL、MOS

等电路容易结合。

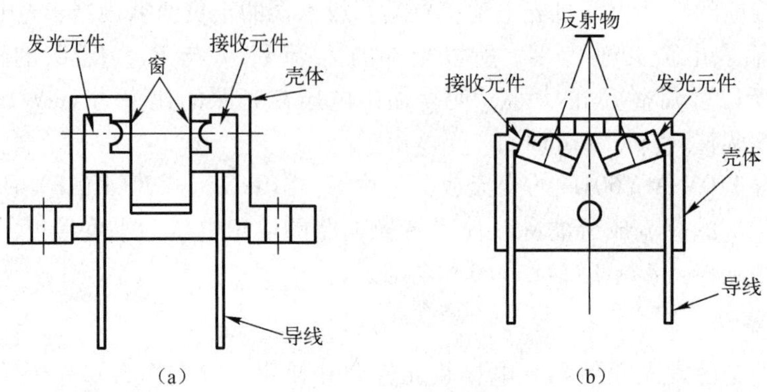

图8-26　光电开关的结构

用光电开关检测物体时，大部分只要求其输出信号有“高”或“低”（“1”或“0”）之分即可。图8-27所示是光电开关的基本电路。图8-27（a）、（b）表示负载为CMOS比较器等高输入阻抗电路时的情况，图8-27（c）表示用晶体管放大光电流的情况。

光电开关广泛应用于工业控制、自动化包装线及安全装置中，作为光控制和光探测装置。也可在自控系统中用做物体检测、产品计数、料位检测、尺寸控制、安全报警及计算机输入接口等用途。

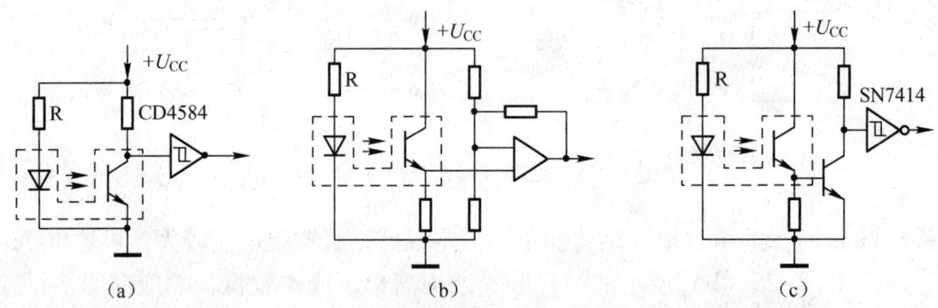

图8-27　光电开关的基本电路

8. 电荷耦合器件

电荷耦合器件（Charge Couple Device，CCD）是一种金属氧化物半导体（MOS）集成电路器件。它以电荷作为信号，基本功能是进行电荷的存储和电荷的转移。自1970年CCD问世以来，由于其噪声低等特点而发展迅速，并广泛应用于微光电视摄像、信息存储和信息处理等方面。

1）CCD原理　构成CCD的基本单元是MOS电容器，如8-28所示。与其他电容器一样，MOS电容器能够存储电荷。如果MOS电容器中的半导体是P型硅，当在金属电极上施加一个正电压时，在其电极下形成耗尽层，由于电子在那里势能较低，形成了电子的势阱，成为蓄积电荷的场所，如图8-29所示。CCD的最基本结构是一系列彼此靠得非常近的MOS电容器，这些电容器用同一半导体衬底制成，衬底上面覆盖一层氧化层，并在其上制作许多金属电极，各电极按三相（也有二相和四相）配线方式连接。

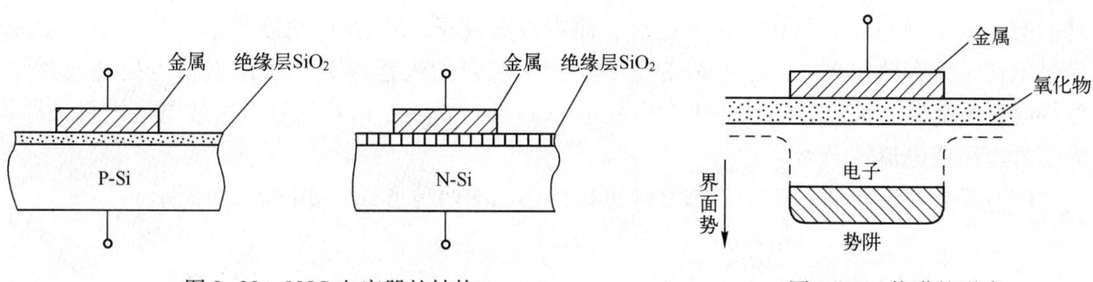

图 8-28　MOS 电容器的结构　　　　图 8-29　势阱的形成

CCD 的基本功能是存储与转移信号电荷，为了实现信号电荷的转换，必须使 MOS 电容阵列的排列足够紧密，以致相邻 MOS 电容的势阱相互沟通，即相互耦合；控制相邻 MOS 电容栅极电压高低来调节势阱深浅，使信号电荷由势阱浅的地方流向势阱深的地方；在 CCD 中电荷的转移必须按照确定的方向进行。

在 CCD 的 MOS 阵列上划分出以几个相邻 MOS 电容为一单元的无限循环结构。每一单元称为一位，将每一位中对应位置上的电容栅极分别连接到各自共同电极上，此共同电极称为相线。

一位 CCD 中含的电容个数即为 CCD 的相数。每相电极连接的电容个数一般来说即为 CCD 的位数。通常 CCD 有二相、三相、四相等几种结构，它们所施加的时钟脉冲也分别为二相、三相、四相。当这种时序脉冲加到 CCD 的无限循环结构上时，将实现信号电荷的定向转移。

图 8-30 所示为三相 CCD 时钟电压与电荷转移的关系。当电压从 ϕ_1 相移到 ϕ_2 相时，ϕ_1 相电极下势阱消失，ϕ_2 相电极下形成势阱。这样存储于 ϕ_1 相电极下势阱中的电荷移到邻近的 ϕ_2 相电极下势阱中，实现电荷的耦合与转移。

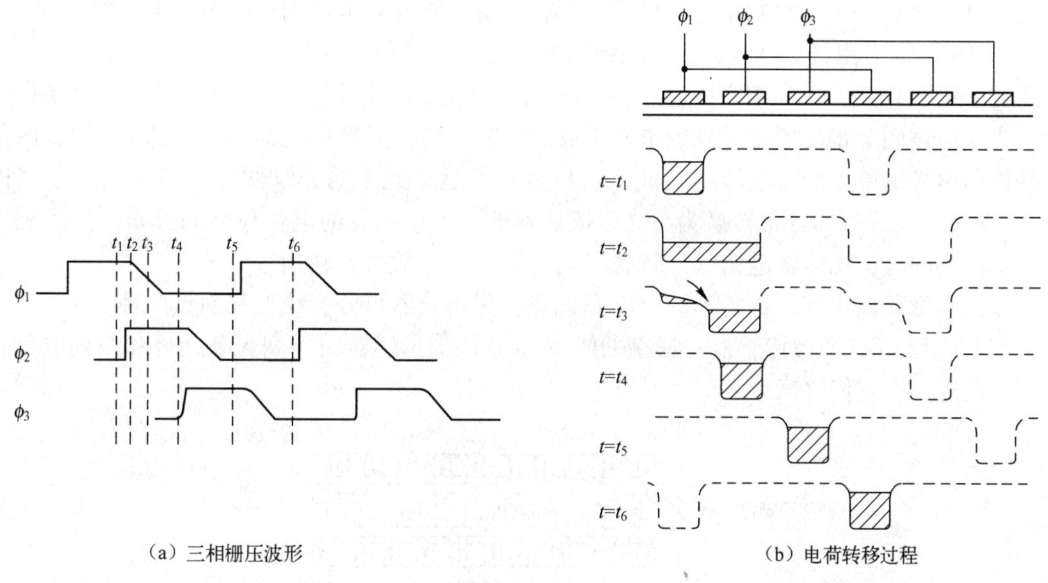

（a）三相栅压波形　　　　（b）电荷转移过程

图 8-30　三相 CCD 时钟电压与电荷转移的关系

CCD 的信号是电荷，那么信号电荷是怎样产生的呢？CCD 的信号电荷的产生有两种方式，即光信号注入和电信号注入。CCD 用做固态图像传感器时，接收的是光信号，即光信号注入法。当光信号照射到 CCD 硅片表面时，在栅极附近的半导体内产生电子－空穴对，

其多数载流子（空穴）被排斥进入衬底，而少数载流子（电子）则被收集在势阱中，形成信号电荷，并存储起来。存储电荷的多少正比于照射的光强。CCD 在用做信号处理或存储器件时，电荷输入采用电信号注入，也就是 CCD 通过输入结构对信号电压或电流进行采样，将信号电压或电流转换为信号电荷。

CCD 输出端有浮置扩散输出端和浮置栅极输出端两种形式，如图 8-31 所示。

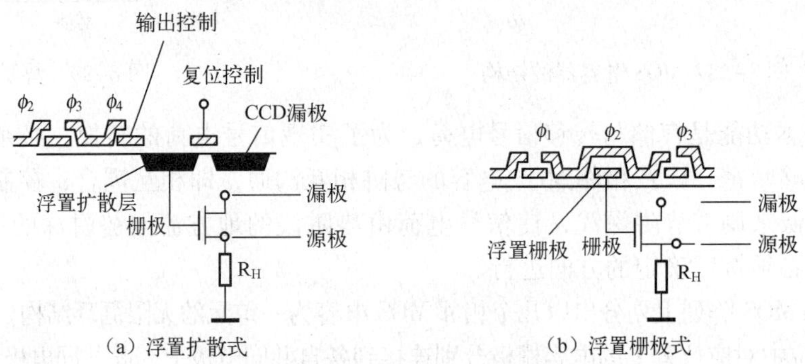

图 8-31　CCD 的输出端形式

浮置扩散输出端是信号电荷注入末级浮置扩散的 PN 结后，所引起的电位改变作用于 MOSFET 的栅极。这一作用结果必然调制其源 - 漏极间电流，这个被调制的电流即可作为输出信号。当信号电荷在浮置栅极下方通过时，浮置栅极输出端电位必然改变，检测出此改变值即为输出信号。

由 CCD 工作原理可以看出，CCD 器件具有存储、转移电荷和逐一读出信号电荷的功能。因此，CCD 器件是固体自扫描半导体摄像器件，可以被有效地应用于图像传感器中。

2）CCD 的应用（CCD 固态图像传感器）　电荷耦合器件用于固态图像传感器中，作为摄像或像敏的器件。CCD 固态图像传感器由感光部分和移位寄存器组成。感光部分是指在同一半导体衬底上布设的若干光敏单元组成的阵列元件，光敏单元简称“像素”。固态图像传感器利用光敏单元的光电转换功能，将投射到光敏单元上的光学图像转换成电信号“图像”，即将光强的空间分布转换为与光强成比例的、大小不等的电荷包空间分布，然后利用移位寄存器的移位功能将电信号“图像”转送，经输出放大器输出。

根据光敏元件排列形式的不同，CCD 固态图像传感器可分为线型和面型两种。

(1) 线型 CCD 图像传感器：典型的线型 CCD 图像传感器由一列光敏元件和两列电荷转移部件组成，在它们之间设置一个转移控制栅，如图 8-32 所示。

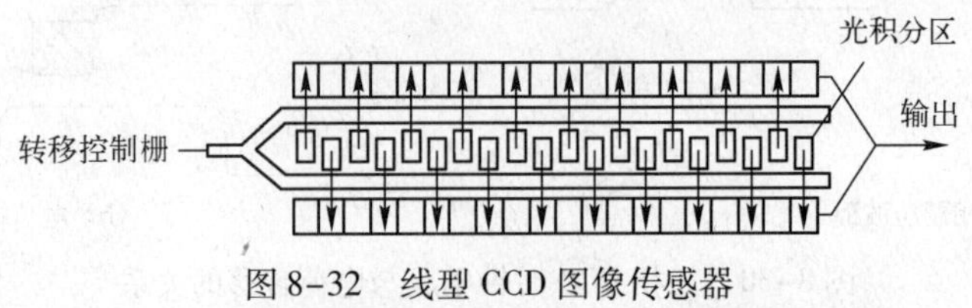

图 8-32　线型 CCD 图像传感器

光敏元件在光照情况下产生电荷包，因此，此区域称为光积分区，用来感应输入光的强度。其区域均匀布置了多个光敏元件，光敏元件的数量就是传感器能够达到的灵敏度，一般称为像素数。

转移控制栅将控制脉冲分配到光敏元件和电荷转移部件，控制电荷包转移到输出寄存器。如果光敏元件按从左到右的顺序编号，奇数号元件的电荷转移到上面一列电荷转移部件，偶数号元件的电荷则转移到下面一列电荷转移部件。对传递到电荷转移部件中的电荷进行放大和量化处理后，通过寄存器可以输出代表各像素光照强度的数字信号。

在 CCD 移位寄存器上加上时钟脉冲，将信号电荷从 CCD 中转移，由输出端逐行地输出。线型 CCD 图像传感器可以直接接收一维光信息，不能直接将二维图像转变为视频信号输出，为了得到整个二维图像的视频信号，就必须用扫描的方法来实现。

线型 CCD 图像传感器只能用于一维检测系统，主要用于测试、传真和光学文字识别技术等方面。为了能传送平面图像信息，必须增加自动扫描机构，或者直接使用面型 CCD 图像传感器。

（2）面型 CCD 图像传感器：按一定的方式将一维线型光敏单元及移位寄存器排列成二维阵列，即可构成面型 CCD 图像传感器。面型 CCD 图像传感器有 3 种基本类型，即线转移、帧转移和隔离转移，如图 8-33 所示。

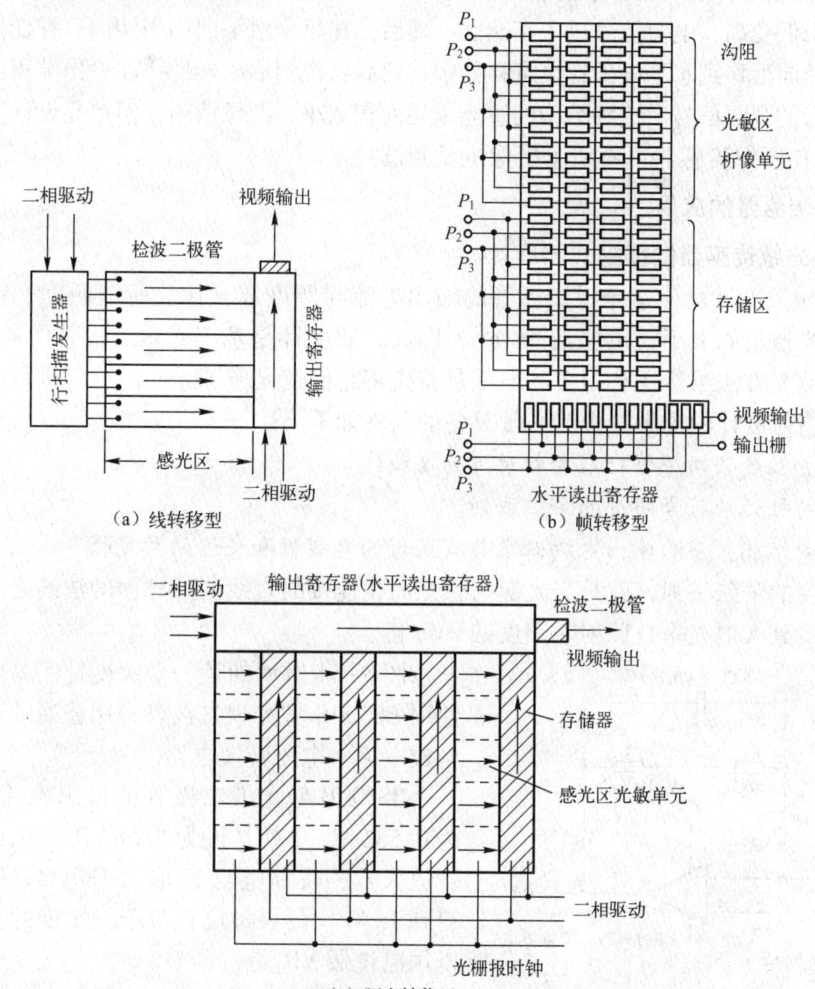

图 8-33　面型 CCD 图像传感器基本类型

图 8-33（a）所示为线转移面型 CCD 图像传感器的结构图。它由行扫描发生器、感光区和输出寄存器组成。行扫描发生器将光敏元件内的信息转移到水平（行）方向上，驱动脉冲将信号电荷逐位地按箭头方向转移，并移入输出寄存器，输出寄存器也在驱动脉冲的作用下使信号电荷经输出端输出。这种转移方式具有有效光敏面积大、转移速度快、转移效率高等特点，但电路比较复杂，易引起图像模糊。

图 8-33（b）所示为帧转移面型 CCD 图像传感器的结构图。它由光敏区（感光区）、存储区和水平读出寄存器 3 部分构成。图像成像到光敏区，当光敏区的某一相电极（如 P）加有适当的偏压时，光生电荷将被收集到这些光敏单元的势阱里，光学图像变成电荷包图像。当光积分周期结束时，信号电荷迅速转移到存储区中，经输出端输出一帧信息。当整帧视频信号自存储区移出后，就开始下一帧信号的形成。这种面型 CCD 图像传感器的特点是结构简单，光敏单元密度高，但增加了存储区。

图 8-33（c）所示的结构是用得最多的一种结构形式。它将一列光敏单元与一列存储单元交替排列。在光积分期间，光生电荷存储在感光区光敏单元的势阱里；当光积分时间结束，转移栅的电位由低变高，电荷信号进入存储区。随后，在每个水平回扫周期内，存储区中整个电荷图像逐行地向上移到水平读出移位寄存器中，然后移位到输出器件，在输出端得到与光学图像对应的逐行的视频信号。这种结构的感光单元面积减小，图像清晰，但单元设计复杂。

面型 CCD 图像传感器主要用于摄像机及测试技术。

9. 光电传感器的应用

1）基于光敏传感器的便携式照度计

（1）简单照度计设计：光敏二极管的输出电流与照度成正比。所谓照度，就是单位感光面积上的光通量的大小，单位是 lm/m^2。因此，照度计是基于光敏二极管的最基本电路。除此之外的测光方法虽然还有很多，但都是首先将它们变换成感光面的照度进行测量的。

用于构造照度计的光敏二极管必须具备的条件如下所述。

☺ 分光灵敏度必须符合标准的相对可见度曲线。

☺ 角度特性必须符合照度的余弦法则。

☺ 与入射光相对应的输出电流必须具有良好的直线性和良好的稳定性。

所谓照度的余弦法则，就是当光源与感光面相连接的直线同感光面的法线之间构成 θ 角时，照度减少到入射光垂直照射时照度的 $\cos\theta$ 倍。

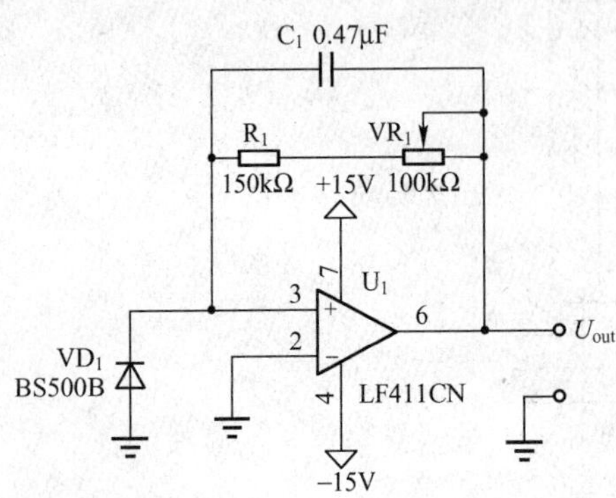

图 8-34　照度计实验电路

图 8-34 所示的是一个照度计实验电路，电路使用 BS500B 型光敏二极管，用普通的运算放大器构成电流－电压转换电路。

BS500B 型光敏二极管的输出电流是每 100lx 为 0.55μA，也就是说为 5.5nA/lx。因此，如果运算放大器的反馈电阻 R_F 取为 180kΩ，那么就可以得到 1mV/lx 的灵敏度，对于灵敏度的分散性，可以用电位器 VR_1 进行调整。

BS500B 型光敏二极管的低照度特性由暗电流决定，其暗电流的最大值为 10pA，这个数值会给

其低照度的测量带来麻烦。因此，BS500B 型光敏二极管的低照度测量只能从 0.0025lx 开始，不过其动态范围可高达 112dB 以上。为了实现如此宽范围的测量，通常可以使用对数放大器。这种使用对数放大器的电路如图 8-35 所示。

图 8-35 中的对数放大器使用的是 ICL8048，就对数放大器而言，电流输入型电路与电压输入型电路相比，具有不容易受到动态电流影响的优良特性。因此使用的是光敏二极管的短路电流。不过，ICL8048 的输入电流为 1nA ~ 1mA。如果直接将光电流与之相连接，光电流有点过小了，性能不太好。ICL8048 的输入电流 I_{in} 可以表示为 $I_{in}=(R_1/R_2)I_{SC}=100I_{SC}$。

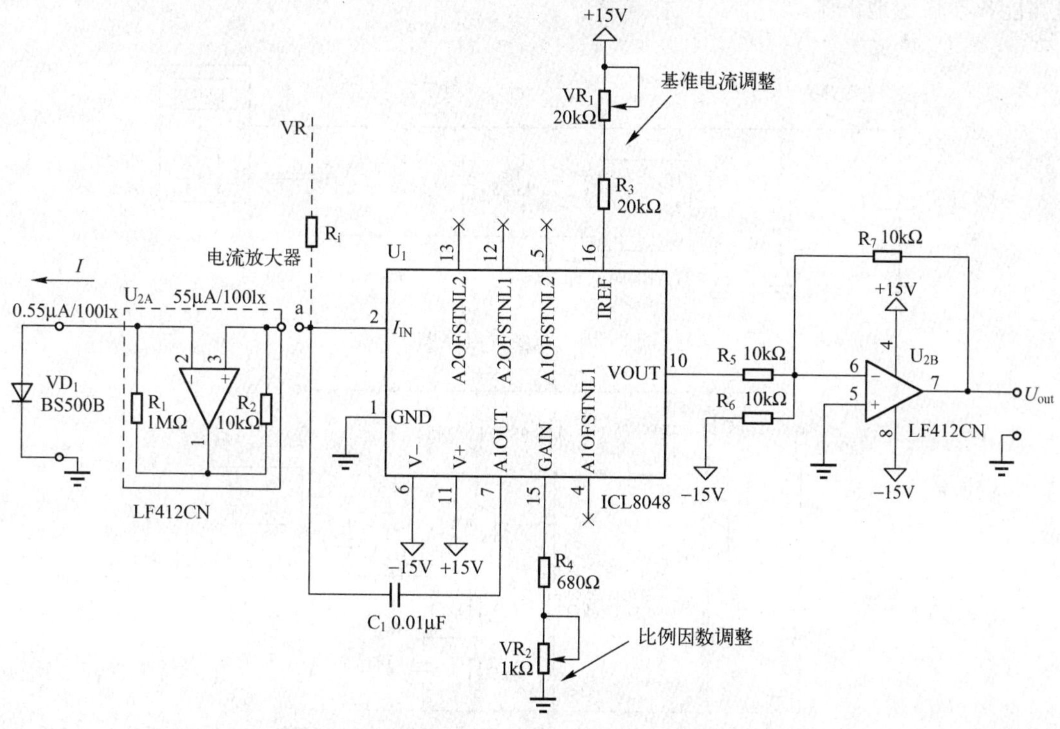

图 8-35　使用对数放大器扩大动态范围的实验电路

图 8-35 所示电路的调整方法如下所述。

① 断开 a 处连接，输入 $I_{in}=550\mu A$。用电位器 VR_1 调整使输出电压 $U_{out}=5V$（在没有电流源的情况下，可以将电阻连接到 a 处，使之接到电压源上）。

② 输入电流 $I_{in}=55nA$，用电位器 VR_2 调整，使输出电压 $U_{out}=0V$。

③ 接上 a 处。有时会因为 BS500B 型光敏二极管灵敏度的分散性影响测量精度。在需要高精度测量时，必须用照度计进行校正。

（2）基于集成传感器的便携式照度计：TFA1001W（西门子公司生产）是内含光敏二极管与放大器的集成传感器。由于具有 5μA/lx 的灵敏度，因此通过连接 200Ω 负载电阻的方法，可以得到 $5\mu A/lx\times200\Omega=1mV/lx$ 的输出电压。于是，在 5000 lx 时可以得到 500mV 的输出电压。

图 8-36 所示的是照度计电路图，TFA1001W 的驱动电压为 2.5 ~ 15V，可以用干电池作为工作电源。

2）火焰探测报警器 图 8-37 所示的是采用硫化铅光敏电阻作为探测元件的火焰探测报警器电路图。硫化铅光敏电阻的暗电阻为 1MΩ，亮电阻为 0.2MΩ（光照度 0.01W/m^{2}下测试的），峰值响应波长为 2.2μm。硫化铅光敏电阻处于 VT_1组成的恒压偏置电路中，其偏置电压约为6V，电流约为6μA。VT_1 的集电极电阻两端并联 68μF 的电容，可以抑制 100Hz 以上的高频，使其成为只有几十 Hz 的窄带放大器。VT_2、VT_3构成二级负反馈互补放大器，火焰的闪动信号经二级放大后送给中心控制站进行报警处理。采用恒压偏置电路是为了在更换光敏电阻或长时间使用后，器件电阻值的变化不至于影响输出信号的幅度，从而保证火焰报警器能长期稳定地工作。

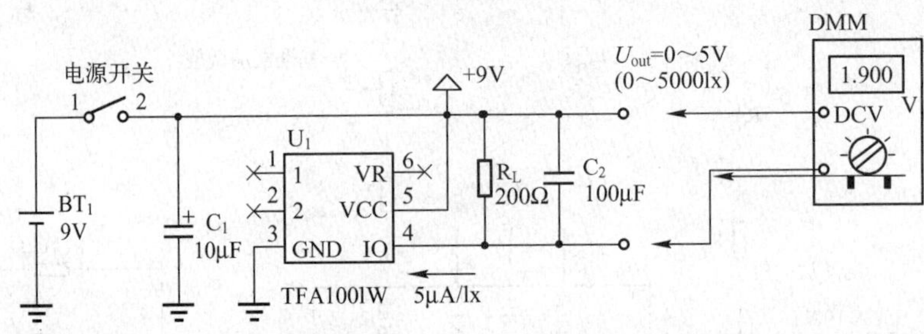

图 8-36 照度计电路图

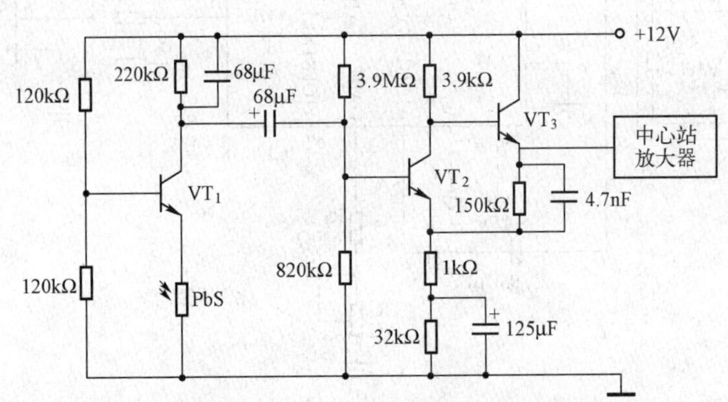

图 8-37 火焰探测报警器电路图

3）路灯自动点灭器 图 8-38 所示为由光电池转换电路组合而成的路灯自动点灭器。灯泡代表一个路灯，当感测的亮度太暗，路灯必须亮起；当亮度超过设定值时，路灯必须熄灭，停止照明。

当光电池感测的照度低于 VR_2所设定的照度（lx/mV）时，U_3的 U_+电压低于 U_-电压，使 U_3的输出电压为 $-U_{SAT}$，使 VT_1导通，灯泡点亮，表示路灯正在照明中，直至感测的照度高于设定照度，U_3的输出电压由 $-U_{SAT}$转为 $+U_{SAT}$，VT_1变为关断，灯泡熄灭。

4）CCD 图像传感器应用 CCD 图像传感器在许多领域内获得了广泛的应用。前面介绍的电荷耦合器件（CCD）具有将光信号转换为电荷分布，以及电荷的存储和转移等功能，所以它是构成 CCD 固态图像传感器的主要光敏器件，进而取代了摄像装置中的光学扫描系统或电子束扫描系统。

CCD 图像传感器具有高分辨力和高灵敏度，以及较宽的动态范围，这些特点决定了它

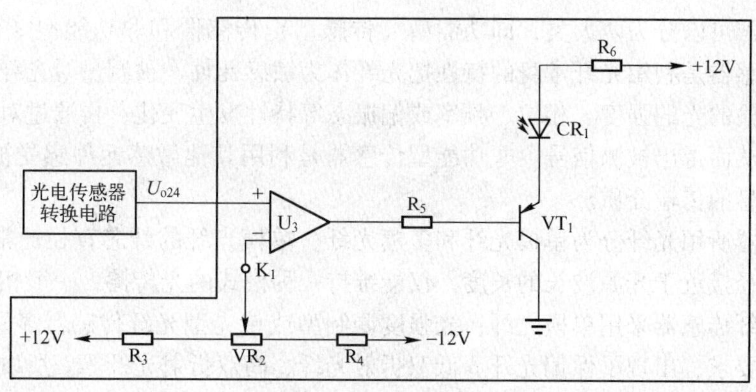

图 8-38　路灯自动点灭器

可以广泛用于自动控制和自动测量等场合，尤其适用于图像识别技术。CCD 图像传感器在物体位置的检测、工件尺寸的精确测量及工件缺陷的检测方面有独到之处。

图 8-39 所示为应用线型 CCD 图像传感器测量物体尺寸系统。物体成像聚焦在图像传感器的光敏面上，视频处理器对输出的视频信号进行存储和数据处理，整个过程由计算机控制完成。根据几何光学原理，可以推导被测物体尺寸的计算公式，即

$$D = \frac{np}{M}$$

式中，n 为覆盖的光敏像素数；p 为像素间距；M 为倍率。

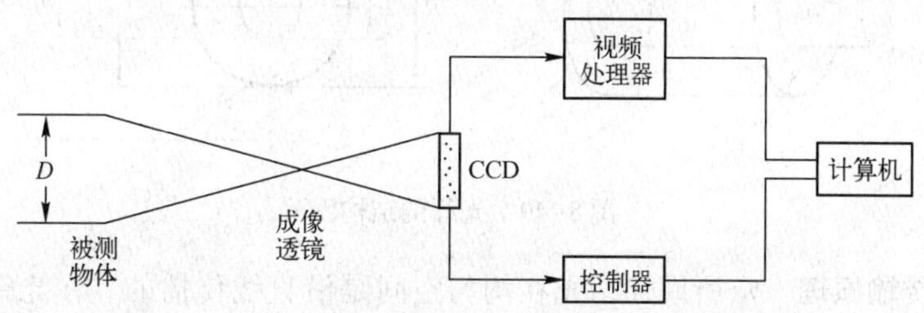

图 8-39　应用线型 CCD 图像传感器测量物体尺寸系统

计算机可对多次测量求平均值，进而精确得到被测物体的尺寸。任何能够用光学成像的零件都可以用这种方法，实现不接触的在线自动检测的目的。

8.2　光纤传感器

1. 概述

光纤传感器是 20 世纪 70 年代中期发展起来的一种新型传感器，现在它的发展已经日趋成熟，不仅在通信方面，而且在其他方面（如军事、航天航空技术）中也起着十分重要的作用。光纤传感器与传统的各类传感器相比有一系列优点，如抗电磁干扰能力强，体积小，质量小，可挠曲，灵敏度高，耐腐蚀，电绝缘性和防爆性好，易与计算机连接，便于遥测等。它能用于温度、压力、应变、位移、速度、加速度、磁、电、声和 pH 值等各种物理量的测量，具有极为广泛的应用前景。

光纤传感器可以分为两大类，即功能型（传感型）传感器和非功能型（传光型）传感器。功能型传感器是利用光纤本身的特性把光纤作为敏感元件，被测量对光纤内传输的光进行调制，使传输的光的强度、相位、频率或偏振态等特性发生变化，再通过对被调制过的信号进行解调，从而得出被测信号。非功能型传感器是利用其他敏感元件感受被测量的变化，光纤仅作为信息的传输介质。

光纤传感器所用光纤分为单模光纤和多模光纤。单模光纤的纤芯直径通常为 2～12μm，很细的纤芯直径接近于光源波长的长度，仅能维持一种模式的光传播，一般相位调制型和偏振调制型的光纤传感器采用单模光纤；光强度调制型或传光型光纤传感器多采用多模光纤。为了满足特殊要求，出现了保偏光纤、低双折射光纤、高双折射光纤等。所以采用新材料研制特殊结构的专用光纤是光纤传感技术发展的方向。

2. 光纤的结构和传输原理

1）光纤的结构　光导纤维简称为光纤，目前基本上都采用比头发丝还细的石英玻璃丝制成，其结构图如图 8-40 所示。中心的圆柱体称为纤芯，围绕着纤芯的圆形外层称为包层。纤芯和包层主要由不同掺杂的石英玻璃制成。纤芯的折射率 n_1 略大于包层的折射率 n_2，在包层外面还常有一层保护套，多为尼龙材料。光纤的导光能力取决于纤芯和包层的性质，而光纤的机械强度由保护套维持。

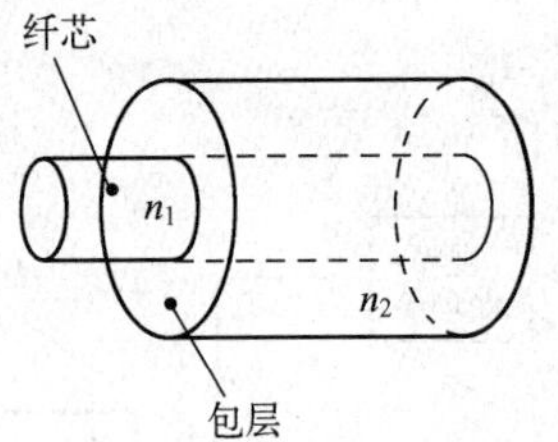

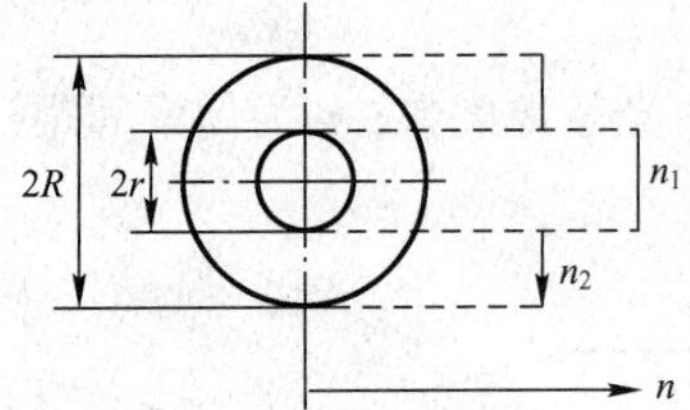

图 8-40　光纤的结构图

2）光纤的传输原理　众所周知，光在均匀空间是沿直线传播的。在光纤中，光的传输被限制在光纤中，并能随光纤传送到很远的距离，光纤内光的传输是基于光的全内反射原理实现的。

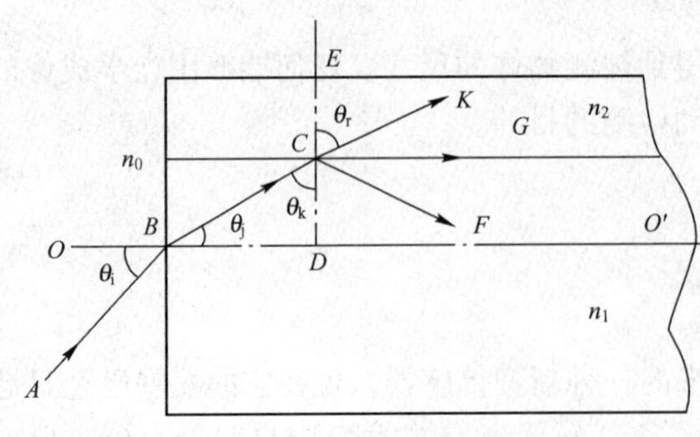

图 8-41　光纤的传光原理

当光纤的直径比光的波长大很多时，可以用几何光学的方法来说明光在光纤内的传播。设有一段圆柱形光纤，如图 8-41 所示，它的两个端面均为光滑的平面。当光线射入一个端面并与圆柱的轴线成 θ_i 角时，根据斯涅耳（Snell）光的折射定律，在光纤内折射成 θ_j，然后以 θ_k 角入射至纤芯与包层的界面。若要在界面上发生全反射，则纤芯与界面的光线入射角 θ_k 应大于临界角 ϕ_c（处于临界状态时，$\theta_r = 90°$），即

$$\theta_k \geqslant \phi_c = \arcsin \frac{n_2}{n_1} \tag{8-5}$$

并且在光纤内部以同样的角度逐次反射，直至传播到另一端面。

为满足光在光纤内的全内反射条件，光入射到光纤端面的临界入射角 θ_c 应满足下式：

$$n_1\sin\theta_j = n_1\sin\left(\frac{\pi}{2}-\phi_c\right) = n_1\cos\phi_c$$

$$= n_1\sqrt{1-\sin^2\phi_c} = \sqrt{n_1^2-n_2^2}$$

所以

$$n_0\sin\theta_c = \sqrt{n_1^2-n_2^2} \tag{8-6}$$

实际工作时需要光纤弯曲，但只要满足全反射条件，光线仍继续前进。可见这里的光线“转弯”实际上是由光的全反射所形成的。

一般光纤所处环境为空气，则 $n_0=1$。这样在界面上产生全反射，在光纤端面上的光线入射角为

$$\theta_i \leqslant \theta_c = \arcsin\sqrt{n_1^2-n_2^2} \tag{8-7}$$

说明光纤集光本领的术语称为数值孔径 NA，即

$$NA = \sin\theta_c = \sqrt{n_1^2-n_2^2} \tag{8-8}$$

数值孔径反映纤芯接收光量的多少，其意义是，无论光源发射功率有多大，只有入射光处于 $2\theta_c$ 的光锥内，光纤才能导光。若入射角过大，经折射后不能满足式（8-5）的要求，光线便从包层逸出而产生漏光。所以 NA 是光纤的一个重要参数。一般希望有大的数值孔径，这有利于耦合效率的提高，但数值孔径过大，会造成光信号畸变，所以要适当选择数值孔径的数值。

3）光纤发射器　光纤发射器包括缓冲器、驱动器和光源，本例用振荡器产生光源信号，如图 8-42 所示。发射光源是接近红外线的 LED，其波长约为 820nm。此光源人类眼睛能看到。

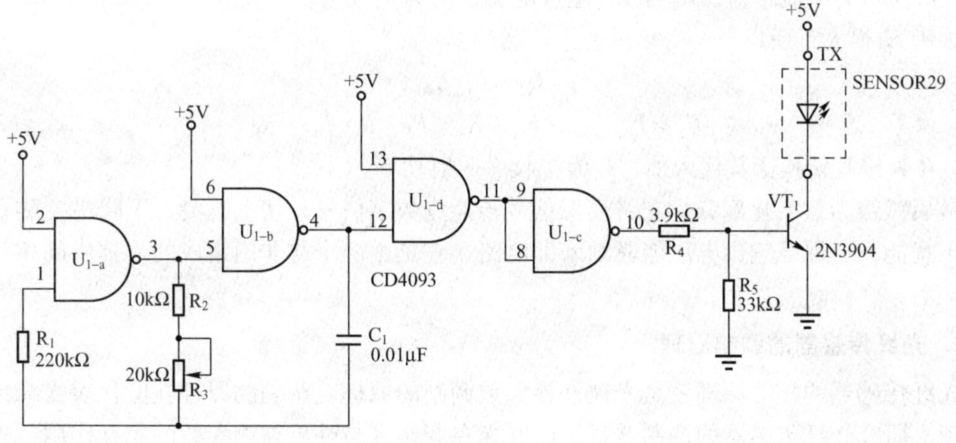

图 8-42　光纤发射电路

LED 驱动电路由 U_{1-c}、U_{1-d} 及晶体管 VT_1 组成。VT_1 用做开关，当 U_{1-c} 输出高电平时，VT_1 饱和导通，因此流经 LED 的电流为

$$I = \frac{U_{cc}-U_{ce}-U_{LED}}{R_{x1}} = \frac{5-0.2-1.5}{100}\times 1000 = 33(\text{mA})$$

当 U_{1-c}输出低电平时，VT_1截止，因此流经 LED 的电流约为零。R_4限制流入 VT_1基极的电流和从 U_{1-c}流入的最大电流，即

$$I_{bmax}=\frac{U_{cc}-U_{ce}}{R_4}$$

$$U_{be}=0.7V$$

U_{1-c}、U_{1-d}是输入缓冲器和晶体管驱动级；U_{1-a}、U_{1-b}组成一个弛缓振荡器，当第 2 脚和第 6 脚接低电位时，U_{1-a}、U_{1-b}变成高电位，振荡被禁止。

4）光纤接收器 光纤接收器包括 3 个单元，即检测器/预放大器、放大器及数字化部分。图 8-43 所示为光纤接收电路。

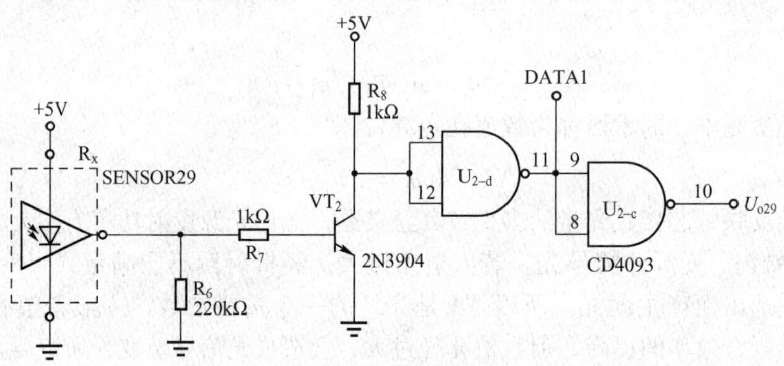

图 8-43 光纤接收电路

光敏二极管 R_x为光纤检测器，将光能转变成电能。VT_2是信号还原级，其输出电压为

$$U_o=I_{b2}\cdot h_{fe}\cdot R_8 \tag{8-9}$$

式中，h_{fe}为 VT_2电流增益；I_{b2}为 VT_2基极电流；R_8为负载电阻。

因为 R_6很大，所以

$$I_{b2}=I_{photodiode} \tag{8-10}$$

$$U_o=I_{photodiode}\cdot h_{fe}\cdot R_8=P_i\cdot R\cdot h_{fe}\cdot R_8 \tag{8-11}$$

式中，R 为接收转换函数代入值；P_i为接收面照射功率。

最后一级为数字化部分，它将模拟信号转换成数字信号，使上升沿、下降沿变陡，以增强抗干扰能力，保证输出电压能驱动外部电路。它是由两个与非门组成的，提供同相和反相输出。

3. 光纤传感器的调制原理

光纤传感器的核心原理就是光被外界参数调制的原理，调制的原理就能代表光纤传感器的机理。研究光纤传感器的调制器就是研究光在调制区与外界被测参数的相互作用，外界信号可能引起光的特性（强度、波长、频率、相位、偏振态等）变化，从而构成强度、波长、频率、相位、偏振态调制原理。

1）强度调制 光源发射的光经入射光纤传输到调制器（由可动反射器等组成），经反射器把光反射到出射光纤，通过出射光纤传输到光纤接收器。而可动反射器的动作受到被测信号的控制，因此反射器射出的光强是随被测量变化而变化的。光纤接收器接收到光强变化

的信号，经解调得到被测物理量的变化。当然还可采用可动透射调制器或内调制型——微弯调制等。图 8-44 所示为 3 种强度调制原理示意图。可动反射调制器中出射光强的大小由入射光纤射出的光斑在反射屏上形成的基圆大小决定，而基圆半径由反射面到入射光纤的距离决定，它又受待测物理量（如微位移、热膨胀等）控制，因此出射光纤收到的光强调制信号代表了待测量的变化。

2）相位调制原理　光纤相位调制是光纤比较容易实现的调制形式，所有能够影响光纤长度、折射率和内部应力的被测量都会引起相位变化，如压力、应变、温度和磁场等。相位调制型光纤传感器比强度调制型复杂一些，一般采用干涉仪检测相位的变化，因此这类传感器灵敏度非常高。常用的干涉仪有 4 种，即迈克尔逊（Mich1son）干涉仪、马赫·琴特（Mach－Zehnder）干涉仪、萨古纳克（Sagnac）干涉仪、法布里·珀罗（Fabry－perot）干涉仪。它们的共同点是，光源发出的光都要分成两束或更多束的光，沿不同的路径传播后，分离的光束又组合在一起，产生干涉现象。图 8-45 所示的是马赫·琴特干涉仪原理图。

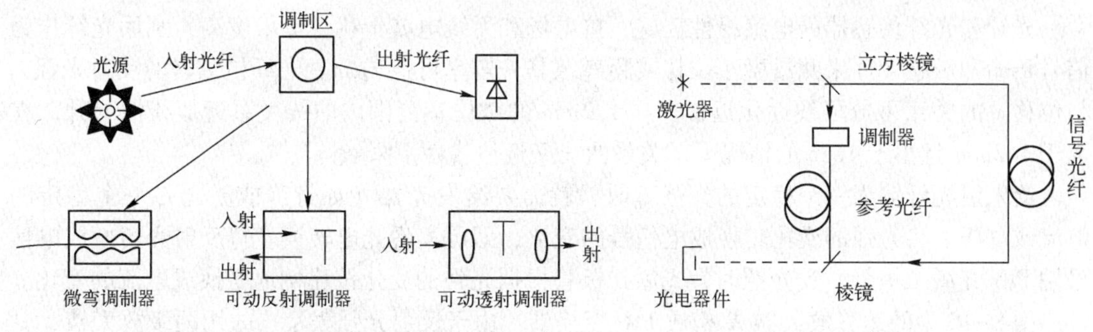

图 8-44　3 种强度调制原理示意图　　图 8-45　马赫·琴特干涉仪原理图

立方棱镜把激光束一分为二，一束经参考臂用布拉格调制器产生频移，或者用光纤延伸器和集成光学相移器来调制相位，另一束用暴露于被测场中的信号光纤（传感光纤）来传输，两束光在棱镜处重新汇合，为光电器件接收。

当信号光纤周围的温度发生变化时，信号光纤会产生一定量的相移 $\Delta\phi$，相移 $\Delta\phi$ 的大小与信号光纤的长度 L、折射率 n 和横截面的变化有关，由于光纤直径受温度变化影响很小，可忽略，所以相移可以表示为

$$\Delta\phi/\phi = \Delta L/L + \Delta n/n \tag{8-12}$$

式中，$\Delta L = (\partial L/\partial T)\Delta T$；$\Delta n = (\partial n/\partial T)/\Delta T$。对于玻璃光纤，$(1/L)\ \partial L/\partial T = 5\times10^{-7}/℃$，$1/n(\partial n/\partial T) = 10^{-5}/℃$，可见在此 Δn 起主要作用；在测量其他参数时，可能 ΔL 较大，为了提高灵敏度，可增加信号光纤的长度。

3）频率调制原理　单色光照射到运动物体上后，反射回来时，由于多普勒效应，其频率移动后的频率为

$$f_{移后} = \frac{f_0}{1 - v/c} \approx f_0(1 + v/c) \tag{8-13}$$

式中，f_0 为单色光频率；c 为光速；v 为运动物体的速度。

将此频率的光与参考光共同作用于光探测器上，并产生差拍，经频谱分析器处理求出频率变化，即可推知速度。

4）偏振调制 在外界因素作用下，使光的某一方向振动比其他方向占优势，这种调制方式称为偏振调制。根据电磁场理论，光波是一种横波；光振动的电场矢量 $\boldsymbol{E}$ 和磁场矢量 $\boldsymbol{H}$ 始终与传播方向垂直。当光波的电场矢量 $\boldsymbol{E}$ 和磁场矢量 $\boldsymbol{H}$ 的振动方向在传播过程中保持不变时，只是它的大小随相位改变，这种光称为线偏振光；在光的传播过程中，如果 $\boldsymbol{E}$ 和 $\boldsymbol{H}$ 的大小不变，而振动方向绕传播轴均匀地转动，矢量端点轨迹为一个圆，这种光称为圆偏振光；如果矢量轨迹为一个椭圆，这种光称为椭圆偏振光；如果自然光在传播过程中，受到外界的作用而造成各个振动方向上强度不等，使某一个方向上的振动比其他方向占优势，所造成的这种光称为部分偏振光；如果外界作用使自然光的振动方向只有一个，造成的光称为完全偏振光。偏振调制正是利用了光波的这些偏振性质。光纤传感器中的偏振调制器常用电光、磁光、光弹等物理效应进行调制。

4. 光纤传感器的应用

光纤微位移测量仪是光纤传感器的一个应用。

光纤和光纤传感器的电绝缘性极好，抗电场和无线电波干扰，灵敏度高，利用光纤作为信号传输和敏感元件来测量微小位移或距离，其分辨率可达 1μm。光纤传感器的反射光强 I_0 与位移 x 的关系可分段线性化近似，在 1.2mm 的微位移范围内曲线关系近似线性上升，在大于 1.2mm 且小于 4mm 的情况下，关系曲线又近似线性下降。

给入射光纤输入一个稳定的光强 I_0 时，就需要给发光器（如灯泡或激光）一个稳定的电流或电压。将光强的变化转换成电信号的变化，即可实现光电转换。将反射光转换成电信号用 PIN 光敏二极管。受光照时，光敏二极管根据光强的变化按比例地变换成电流的变化。

图 8-46 中的运算放大器 A_1 构成 I/U 变换器，由于反射光强太小，故用两级放大器，其中 A_2 为电压放大器。A_1 的输出电流在 1μA 之内，故应选择输入阻抗高的运算放大器。A_2 之后接一个低通 RC 滤波器，然后将输出送入 A/D 转换器，可以显示出被测位移或距离的数值。

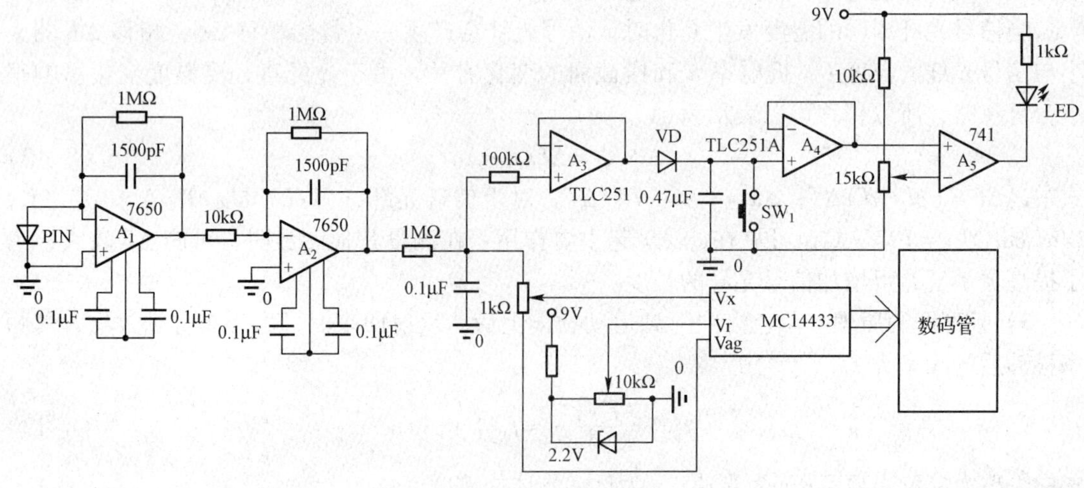

图 8-46 光纤微位移测量电路

现在的问题是，I_0在位移 x 的范围内不是单值函数。因此，当 I_0达到最大值时，应予以告示，故用由 A_3、A_4组成的峰值保持电路和电压比较器 A_5来报警，当反射光强 I_0达到最大值时予以报警。当 A_2输出达到最大值 U_m时，由 A_3所构成的电压跟随器后的电容充电到 U_m，A_4 的输出也为 U_m，它保持这个峰值，按键 SW_1是放电用的。IC_5为一个电压比较器，当输出电压小于最大值 U_m时，LED 亮，测试处于近程；当输出电压小于 U_m时，LED 不亮，测试处于远程。

8.3　红外传感器

红外技术是在最近几十年中发展起来的一门新兴技术。它已在科技、国防、工农业生产和医学等领域获得了广泛的应用。红外传感器按其应用领域可分为以下几方面：①红外辐射计，用于辐射和光谱辐射测量；②搜索和跟踪系统，用于搜索和跟踪红外目标，确定其空间位置，并对它的运动进行跟踪；③热成像系统，可产生整个目标红外辐射的分布图像，如红外图像仪、多光谱扫描仪等；④红外测距和通信系统；⑤混合系统，是指以上各类系统中的两个或多个的组合。

1. 红外辐射

红外辐射俗称红外线，它是一种不可见光，由于它是位于可见光中红色光以外的光线，故称红外线。它的波长范围大致在 0.76 ~ 1000μm，红外线在电磁波谱中的位置如图 8-47 所示。工程上又把红外线所占据的波段分为 4 部分，即近红外、中红外、远红外和极远红外。

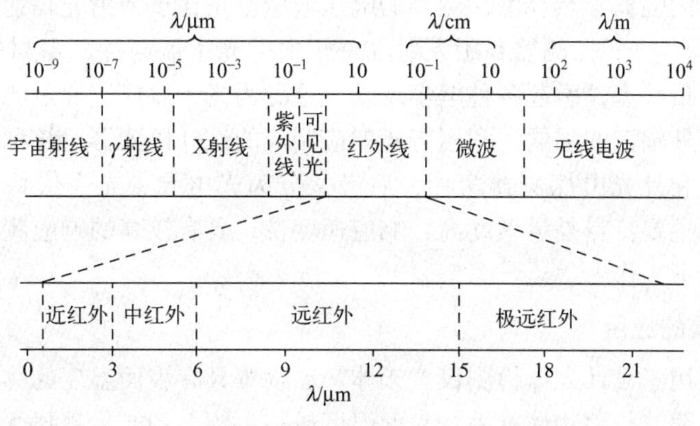

图 8-47　电磁波谱图

红外线的最大特点是具有光热效应，可以辐射热量，它所对应的光谱是光谱中的最大光热效应区。一个炽热物体向外辐射的能量大部分是通过红外线辐射出来的。物体的温度越高，辐射出来的红外线越多，辐射的能量就越强。而且，红外线被物体吸收时，可以显著地转变为热能。

红外辐射和所有电磁波一样，是以波的形式在空间直线传播的。它在大气中传播时，大气层对不同波长的红外线存在不同的吸收带，红外线气体分析器就是利用该特性工作的，空气中对称的双原子气体，如 N_2、O_2、H_2等不吸收红外线。而红外线在通过大气层时，有 3

个波段透过率高，分别是 2 ~ 2.6μm、3 ~ 5μm 和 8 ~ 14μm，统称为“大气窗口”。这 3 个波段对红外探测技术特别重要，因为红外探测器一般都工作在这 3 个波段（大气窗口）之内。

2. 红外探测器（传感器）

能将红外辐射量的变化转换为电量变化的装置称为红外探测器或红外传感器。红外探测器一般由光学系统、探测器、信号调理电路及显示系统等组成。红外探测器种类很多，常见的有两大类，即热探测器和光子探测器。

1）热探测器 热探测器对入射的各种波长的辐射能量全波吸收，它是一种对红外光波无选择的红外传感器。探测器的敏感元件吸收辐射能后引起其温度升高，进而使有关物理参数发生相应变化，通过测量物理参数的变化，便可确定探测器所吸收的红外辐射量。与光子探测器相比，热探测器的探测率比光子探测器的峰值探测率低，响应时间长。但热探测器主要优点是响应波段宽，响应范围可扩展到整个红外区域，可以在室温下工作，使用方便，应用仍相当广泛。

热探测器的主要类型有热释电型、热敏电阻型、热电偶型和气体型探测器。而热释电探测器在热探测器中探测率最高，频率响应最宽，所以这种探测器备受重视，发展很快。这里主要介绍热释电探测器。热释电探测器是由具有极化现象的热晶体或被称为“铁电体”的材料制作的。“铁电体”的极化强度（单位面积上的电荷）与温度有关。当红外辐射照射到已经极化的铁电体薄片表面上时，引起薄片温度升高，使其极化强度降低，表面电荷减少，这相当于释放一部分电荷，所以叫做热释电探测器。如果将负载电阻与铁电体薄片相连，则负载电阻上便产生一个电信号输出。输出信号的强弱取决于薄片温度变化的快慢，从而反映出入射的红外辐射的强弱，热释电探测器的电压响应率正比于入射光辐射率变化的速率。

2）光子探测器 光子探测器利用入射红外辐射的光子流与探测器材料中电子的相互作用，改变电子的能量状态，引起各种电学现象，这称为光子效应。通过测量材料电子性质的变化，可以知道红外辐射的强弱。利用光子效应制成的红外探测器，统称光子探测器。光子探测器分为内光电和外光电探测器两种，后者又分为光电导、光生伏特和光磁电探测器 3 种。光子探测器的主要特点是灵敏度高，响应速度快，具有较高的响应频率，但探测波段较窄，一般需在低温下工作。

3. 红外传感器的应用

红外传感器可用于设计人体检测仪。人体、动物等具有表面温度的物体都能辐射出远红外波。辐射的红外线波长跟物体有关，表面温度越高，辐射的能量越强。红外线的中心波长约为 10μm。采用中心波长的双元件，如热释电探测器，可检测人体发射的红外线，并且与穿着的衣服多少无关。采用双元件的传感器可以消除环境温度变化引起的误动作。为了提高检测距离，采用焦距为 15 ~ 20mm 的聚光光学系统，这样可使检测距离达到 10 ~ 12m，视角约为 70°。

人体检测电路包括传感器、放大滤波电路、比较器和驱动电路 4 个部分，其主体电路如图 8-48（a）所示。R_1、C_1 为去耦电路，R_2 为传感器的负载电阻。传感器信号由运算放大器 A_1 放大 27 倍；运算放大器 A_1 的“+”端用分压器设置偏压为电源电压的 1/2。A_2 为第二级放大器，放大倍数为 150 倍，因此两级总放大倍数为 4050 倍。当 A_2 无输入信号时，其输

出约为 4.5V DC。A_3为电压比较器，在无信号输入时，调节电位器 R_W，使比较器同相端电压在 2.5～4V 范围内，因此当比较器负端电压高于正端电压时，比较器输出零电平，LED 熄灭。当有人或物体通过或接近传感器时，比较器处于相反状态，LED 灯亮。当人在探测区域，但未通过时，则该电路输出一串脉冲。当 A_3输入一个脉冲信号时，图 8-48（b）中的电容 C_{12}充电，若再没有脉冲输入，则 C_{12}将通过 R_{17}放电。若有人在探测区移动，则会产生一串脉冲，使 C_{12}不断充电，当达到某一电压时，使 VT_1导通，输出一个低电平，该电平触发单稳态电路（第一个 555 的第 2 脚），输出高电平，使 VT_2导通，则继电器 J 吸合，指示有人在探测区域。单稳态的动作时间由 R_{19}及 C_{13}决定，调节 R_{19}可改变指示时间。第二个 555 电路是延时器，用于避免电源刚接通时不稳定状态的影响。根据图 8-48 的连接可知，刚接通电源时，第二个 555 的第 3 脚输出为低电位，则第一个 555 的第 4 脚也为低电位，那么，第一个单稳态 555 不能被触发，在延时时间（$C_{14}R_{21}$）后，人进入探测区，该电路又能正常工作。

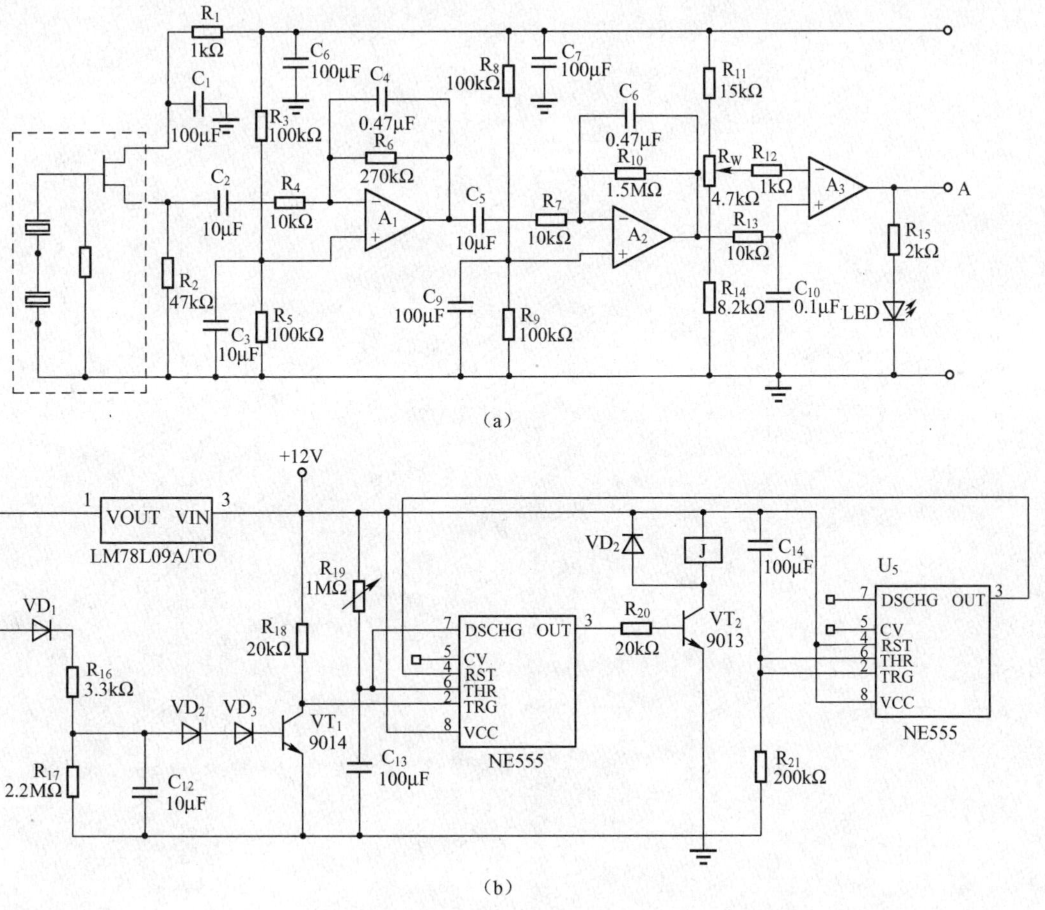

（a）

（b）

图 8-48　红外人体检测电路

习题

（1）什么是光电效应？依其表现形式如何分类？并予以解释。

（2）分别列举属于内光电效应和外光电效应的光电器件。

（3）简述 CCD 的工作原理。

（4）说明光纤传输的原理。

（5）光纤传感器常用的调制原理有哪些？

（6）红外线的最大特点是什么？什么是红外传感器？

（7）光敏电阻、光电池、光敏二极管和光敏晶体管在性能上有什么差异？它们分别在什么情况下选用最合适？

第9章 超声波传感器

超声波技术是一门以物理、电子、机械及材料学为基础的、被各行各业广泛使用的通用技术之一。我国对超声波技术及其传感器的研究十分活跃，目前超声波技术已被广泛应用于冶金、船舶、机械、医疗等各个工业部门的超声波清洗、超声波焊接、超声波加工、超声波检测和超声波医疗等方面，具有良好的社会效益和经济效益。

9.1 超声波及其性质

1. 超声波的频率范围

超声波是振动频率在人耳感音频率范围以外的振动。打击乐器、弹奏钢琴时人可以听到响声，这是由于乐器的振动，经过周围的空气传送到人耳，振动耳膜，使听觉神经感受到响声。而音的高低取决于振动频率的大小，音的强弱取决于振幅的大小。一般人耳可听见的频率范围为16Hz～20kHz，但此频率范围的界限与音的强度或个人听觉有关系，所以一般人耳的感音频率范围大致可绘成如图9-1所示的关系图。因此，超声波的频率下限当然也不易确定，通常将20kHz以上的声波称为超声波（Ultrasonic Wave）。但是，是否听到只是人耳的感觉问题，有时为了配合使用，也将频率降至10kHz，但有时也可能将频率升到1000MHz。

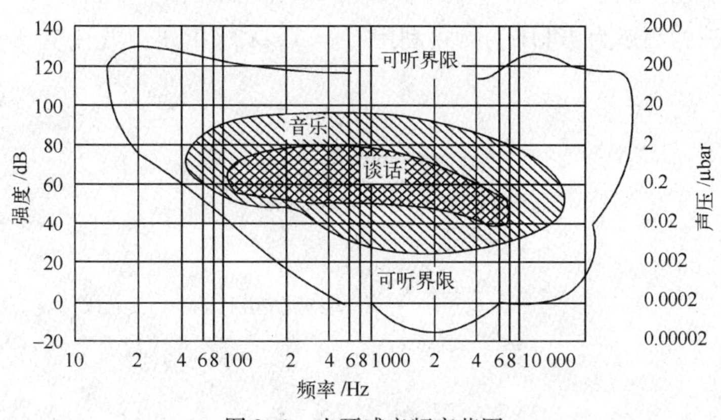

图9-1　人耳感音频率范围

2. 超声波的种类

根据超声波的发射方式的不同，超声波的种类大致上可分为5类，如图9-2所示。图9-2（a）中所示的纵波（Longitudinal Wave）又称为压缩波（Compression Wave），介质粒子的振动与波的行进方向一致，专供强力超声波的运用。图9-2（b）所示为纵波，比起图9-2（a）中的纵波，波速慢了许多，主要是因为此类纵波是在直径较小的棒中传输的。图9-2（c）所示为横波（Transverse Wave），它又被称为剪断波（Shear Wave，S波），介质粒子的振动与波的行进方向垂直，常用于超声波探勘计等的计测。图9-2（d）所示为表面波（Surface Wave），它又称为Rayleigh波。图9-2（e）所示为弯曲波（Flexural Wave，Bending Wave），它是在棒或板的绕曲振动时出现的，在沿波行进方向的中心线上介质粒子进行横振动，接近介质表面的粒子行进压缩、伸张运动。

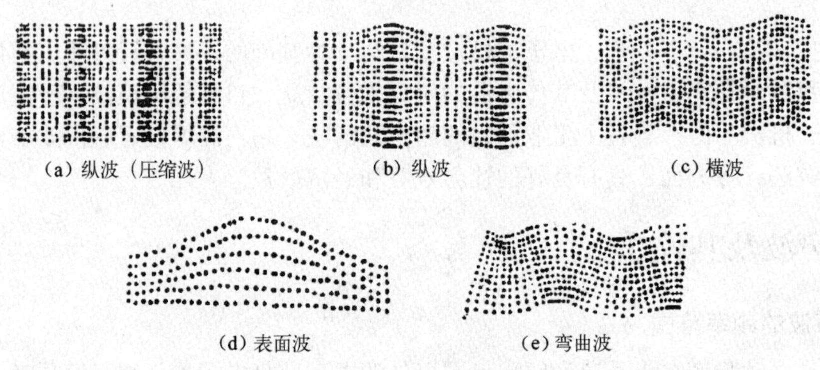

图9-2　超声波的种类

3. 超声波的波速与波长

超声波的波速C、波长λ、频率f之间的关系为

$$C=f\times\lambda$$

表9-1列出了超声波在各种介质中的波速。图9-3所示为超声波在空气、水、金属中的波长与频率的关系，图中以实线和虚线区分超声波的使用范围。由上述可知，纵波的波速在常温空气中约为3.4×10^4cm/s，在水中约为1.4×10^5cm/s，铝中约为6.22×10^5cm/s。如果发射一个超声波的频率为40kHz，则可利用$C=f\times\lambda$求出超声波在空气中，水中及铝中的波长λ分别为

空气中：

$$\lambda=\frac{3.4\times10^4}{4\times10^4}=0.85(\text{cm})$$

水中：

$$\lambda=\frac{1.4\times10^5}{4\times10^4}=3.5(\text{cm})$$

铝中：

$$\lambda=\frac{6.22\times10^5}{4\times10^4}=15.55(\text{cm})$$

表 9-1　超声波在各种介质中的波速

介　质	纵波速度/(×10^5cm/s)	密度 ρ/(g/cm^3)	声阻抗 ρC/(×10^5)
铝	6.22	2.65	1.70
钢	5.81	7.8	4.76
镍	5.6	8.9	4.98
镁	4.33	1.74	0.926
铜	4.62	8.93	4.11
黄铜	4.43	8.5	3.61
铅	2.13	11.4	2.73
水银	1.46	13.6	1.93
玻璃	4.9~5.9	2.5~5.9	1.81
聚乙烯	2.67	1.1	0.924
电木	2.59	1.4	0.363
水	1.43	1.00	0.143
变压器油	1.39	0.92	0.128
空气	0.331	0.0012	0.000042

4. 超声波的损失

在理想情况下，超声波发射出去后，会一边扩大，一边直线前进，只要介质没有吸收超声波的特性，超声波不论传到任何地方其强度都不会减弱。但实际上超声波的强度会随着传播距离的增加而逐渐减弱，其原因有二：一是随着传播距离的增加，波面会扩大，从而造成扩散损失；二是超声波会被传播介质吸收及散射，从而造成波动能量的损失（一般称为吸收损失，也称为衰减）。图 9-4 所示为超声波在各类介质中的衰减情形，可以发现频率越低的超声波衰减越小。

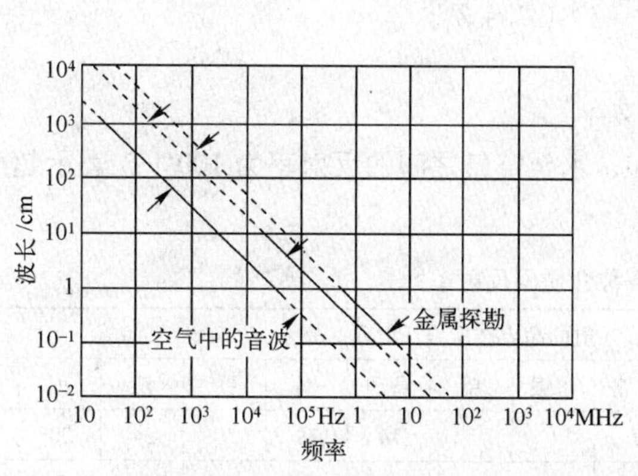

图 9-3　超声波在空气、水、金属中的波长与频率的关系

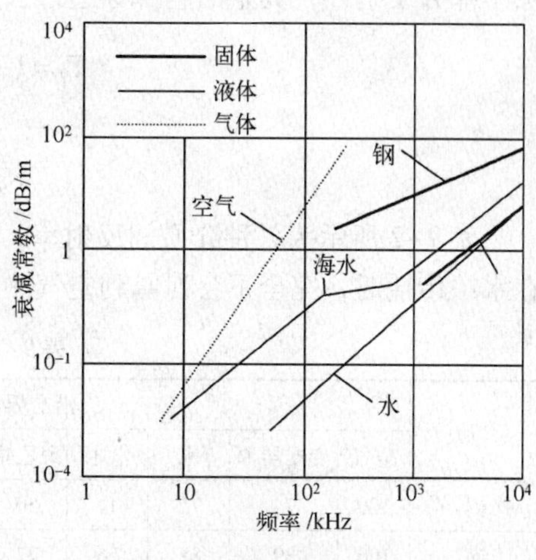

图 9-4　超声波的衰减

5. 超声波的指向性

如图 9-5 所示，使一个半径为 R 的圆板波源呈活塞状振动，发射出具有 λ 波长的超声波，则其指向角 θ 可以表示为 $\sin\theta=\lambda/R$。例如，从直径 30mm 的振动因子对油中发射出 1MHz 的超声波，使得 $\lambda/R=10$，于是其指向角 $\theta=4°$。可见，欲使超声波角度集中，可减小 λ 或增大 R，但一般以减小 λ 居多。

6. 超声波的反射、透射与折射

当超声波由一种介质以某一角度进入另一种性质不同的介质时，一部分会反射，其余的部分会穿透过去。这种反射或穿透的强度由这两个交界介质的特性阻抗 Z 决定。所谓特性阻抗即为介质的密度（ρ）与波速（C）的乘积。假设现在将超声波垂直地射入固有特性阻抗不同的交界面时，如图 9-6 所示，则声波的反射率 γ 可用下式表示：

$$\gamma=\frac{(Z_2-Z_1)}{(Z_2+Z_1)} \tag{9-1}$$

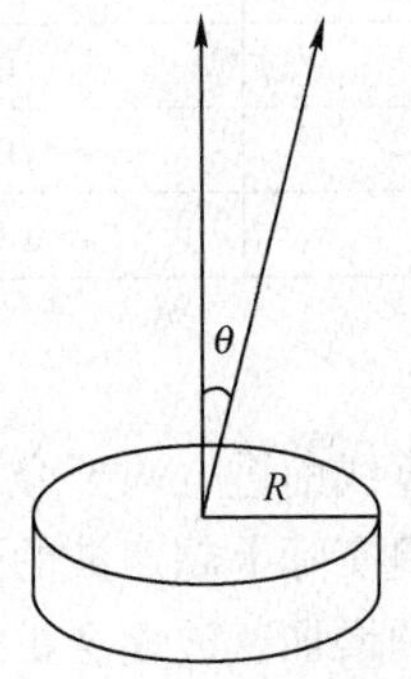

图 9-5　超声波的指向性

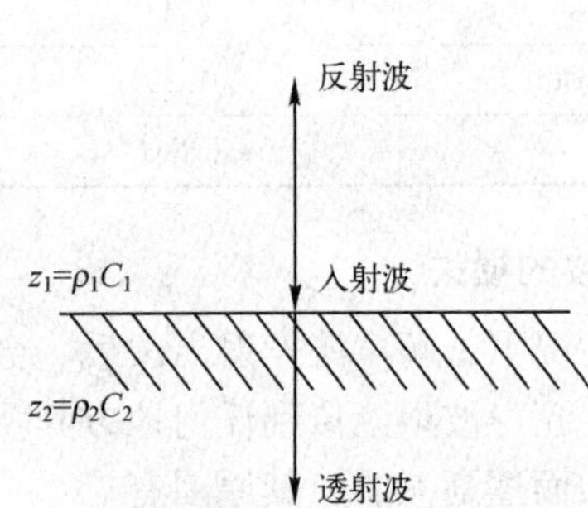

图 9-6　超声波的反射与透射

由式（9-1）可知，两种介质的特性阻抗差越大，反射率也就越大。超声波射入交界面除了部分反射外，其余的全部穿透过去，而超声波的穿透率 T 可以用下式表示：

$$T=1-\gamma^2=1-\left(\frac{Z_2-Z_1}{Z_2+Z_1}\right)^2$$

$$=\frac{4Z_1Z_2}{(Z_2+Z_1)^2}$$

表 9-2 所示为各种介质间反射率。例如，水至空气之间的反射率为 100%，表示超声波在水中传播时，完全不会泄露到空气中。

表 9-2　各种介质间反射率

介质	沿交界面法线入射的超声波能量反射率（%）													
	空气	变压器油	水	电木	聚乙烯	玻璃	水银	铅	黄铜	铜	镁	镍	钢	铝
铝	100	74	72	42	50	2	1	3	14	18	9	24	20	0
钢	100	89	88	76	77	31	16	9	1	0.3	4.3	0.2	0	
镍	100	90	89	75	79	34	19	12	2	0.8	47	0		
镁	100	58	54	19	27	2	12	20	36	40	0			

续表

介质	沿交界面法线入射的超声波能量反射率（%）													
	空气	变压器油	水	电木	聚乙烯	玻璃	水银	铅	黄铜	铜	镁	镍	钢	铝
铜	100	88	87	71	75	19	13	7	0.2	0				
黄铜	100	87	86	68	73	23	10	5	0					
铅	100	80	79	55	62	9	1	0						
水银	100	76	75	6	8	4	0							
玻璃	100	67	65	32	40	0								
聚乙烯	100	17	12	1	0									
电木	100	23	18	0										
水	100	0	0											
变压器油	100	0												
空气	0													

如图 9-7 所示，在不同介质间设置厚度为 L 的其他介质，传播超声波时，若遮断超声波，此时的透射率 T_1 为

$$T_1 = \frac{4Z_1Z_3}{(Z_1+Z_3)^2 \cdot \cos^2 KL + \left(Z_2 + \frac{Z_1Z_3}{Z_2}\right)^2 \cdot \sin^2 KL}$$

式中，$K=2\pi f/C_2$，$Z_1=\rho_1 C_1$，$Z_2=\rho_2 C_2$，$Z_3=\rho_3 C_3$，f 为超声波的频率。

若邻接中间介质的左、右介质相同，即 $Z_1=Z_3$ 时，则 T_1 可简化为

$$T_1 = \frac{4}{4 \cdot \cos^2 KL + \left(\frac{Z_2}{Z_1} + \frac{Z_1}{Z_2}\right)^2 \cdot \sin^2 KL} \tag{9-2}$$

由式（9-2）可知，为增大穿透率 T_1，可以使中间层 Z_2 尽量接近 Z_1，而且用薄板（使 L 越小越好）或厚度为超声波半波长的整数倍的板。若按此要领设计，则穿透率 T_1 变成

$$T_1 = \frac{4}{\left(\frac{Z_2}{Z_1} + \frac{Z_1}{Z_2}\right)^2} \cong 1$$

如图 9-8 所示，如果超声波斜着射入固有特性阻抗不同的交界面时，超声波会发生折射，令入射角为 θ_i，折射角为 θ_t，C_1 为入射前的波速，C_2 为折射后的波速，其关系可以用下式表示

$$\frac{\sin\theta_i}{\sin\theta_t} = \frac{C_2}{C_1}$$

7. 超声波的空洞现象

在液体中发射强力超声波时，若发射的超声波为纵波，在液体中又发生负压过大现象时，负压会将液体拉裂，发生空孔，此即空洞现象。图 9-9 所示为空洞的发生示意图。此类现象具有氧化、搅拌和破坏等各种作用，所以有时超声波也常用于氧化/还原反应及洗净等工作。

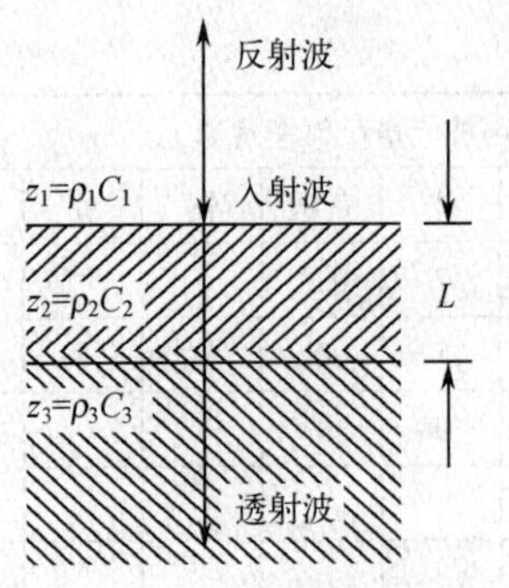

图 9–7　不同媒质间的反射与透射

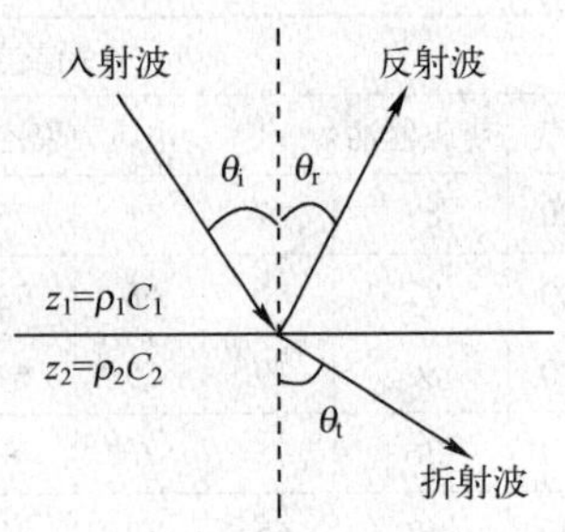

图 9–8　超声波的折射

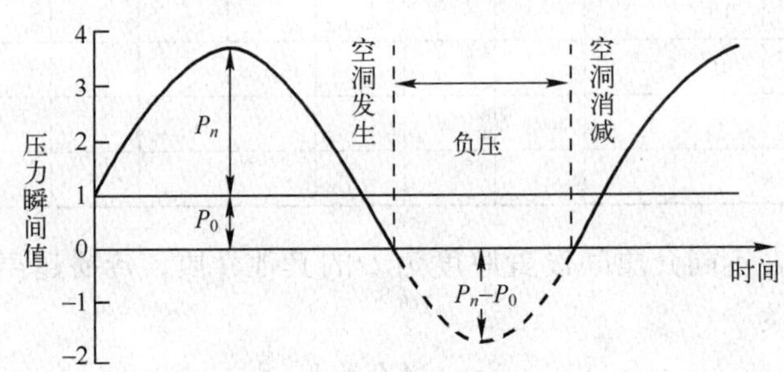

图 9–9　空洞的发生示意图

8. 超声波的衰减

声波在介质中传播时，随着传播距离的增加，能量逐渐衰减。其声压和声强的衰减规律为

$$P_x = P_0 e^{-\alpha x} \qquad I_x = I_0 e^{-2\alpha x}$$

式中，P_x 和 I_x 分别为距声源 x 处的声压和声强；x 为声波与声源间的距离；α 为衰减系数，单位为 Np/m（奈培/米）。

声波在介质中传播时，能量的衰减取决于声波的扩散、散射和吸收。在理想介质中，声波的衰减仅来自于声波的扩散，即随声波传播距离增加而引起的声能的减弱。散射衰减是固体介质中的颗粒界面或流体介质中的悬浮粒子使声波的散射。吸收衰减是由介质的导热性、黏滞性及弹性滞后造成的，介质吸收声能并将其转换为热能。

9. 超声波的干涉

如果在一种介质中传播多个声波，会产生波的干涉现象。由不同波源发出的频率相同、振动方向相同、相位相同或相位差恒定的两个波在空间相遇时，某些点振动始终加强，某些点振动始终减弱或消失的现象称为干涉现象。

两个振幅相同的相干波在同一直线上彼此相向传播时叠加而成的波称为驻波。在每相距 $\lambda/2$ 的这些点上，介质保持静止状态，这些点称为节点，节点之间对应介质位移最大的点称为波腹。由于存在超声波的干涉，在辐射器的周围将形成一个包括最大振幅和最小振幅的超声场。

9.2　超声波发生法与振动因子的设计

目前较常用的超声波发生法见表 9-3。表中分机械式驱动与电气式驱动两种，在本节中将对电气驱动式超声波做详细介绍。电气驱动式超声波依驱动原理可分为压电式、电伸缩式和磁伸缩式 3 种。

表 9-3　超声波发生法

驱动方法	驱动原理	振动子	发生周期数/kHz	介质
电气式	压电式	水晶 Rochelle 盐 ADP	20～30000 0.2～1000 0.2～1000	气体、液体、固体 液体、固体 液体、固体
	电伸缩式	钛酸钡 锆酸钛酸铅	10～10000	液体、固体
	磁伸缩式	镍 AF 合金 Ferrite	10～100	气体、液体、固体
机械式	Pohlman 笛		5～50	液体
	Galton 笛		2～100	气体、液体
	Siren		0.2～250	气体、液体

1. 压电式振动因子

压电式超声波是利用压电晶体加入电压后，产生自由振荡信号。所使用的振动因子材料有 3 种，即水晶、Rochelle 盐及 ADP（Ammonium Dihydrogen Phosphate），图 9-10 所示为这 3 种材料的结晶形态。表 9-4 为各结晶体的切削角度及其电气特性。

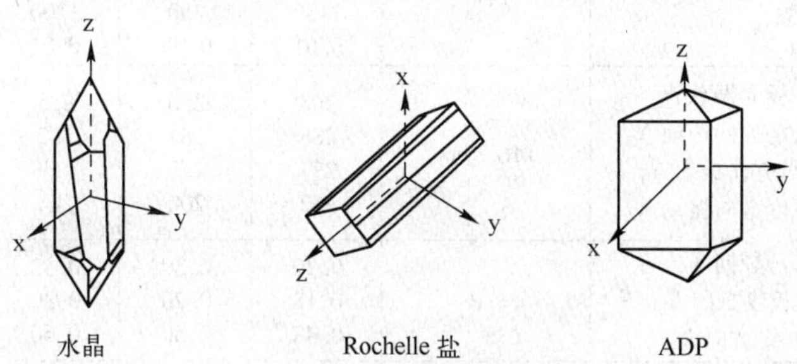

图 9-10　3 种压电材料的结晶形态

表 9-4　各结晶体的切削角度及其电气特性

材料	CUT	振动样式	电介质常数 ε (e·s·u)	密度 ρ (g/cm^3)	周波长常数 N (kHz·cm)	压电伸缩常数 (mks)	电气机械结合系数 (%)
水晶	×	厚度	2.5	2.65	285	0.05	9.5
Rochelle 盐	45° ×	纵	300	1.77	160	0.09	65
ADP	45° ×	纵	15.5	1.80	160	0.177	28

2. 电伸缩式振动因子

电伸缩材料不同于水晶类压电材料，它可烧结成任意形状、尺寸的振动因子，图 9-11 所示为 6 种电伸缩材料常见的烧结形状。在电伸缩材料的两个电极间加入直流高电压并使其正负变化，此时材料尺寸会有伸缩现象，因此会压缩空气，形成振荡，传送出振动信号。电伸缩式超声波信号送出的形式和材料的形状有关，如图9-11所示，其形状不同，所产生的信号振动方式也不同。经常使用的电伸缩材料有钛酸钡及锆酸钛酸铅两种。表9-5为电伸缩材料的特性。

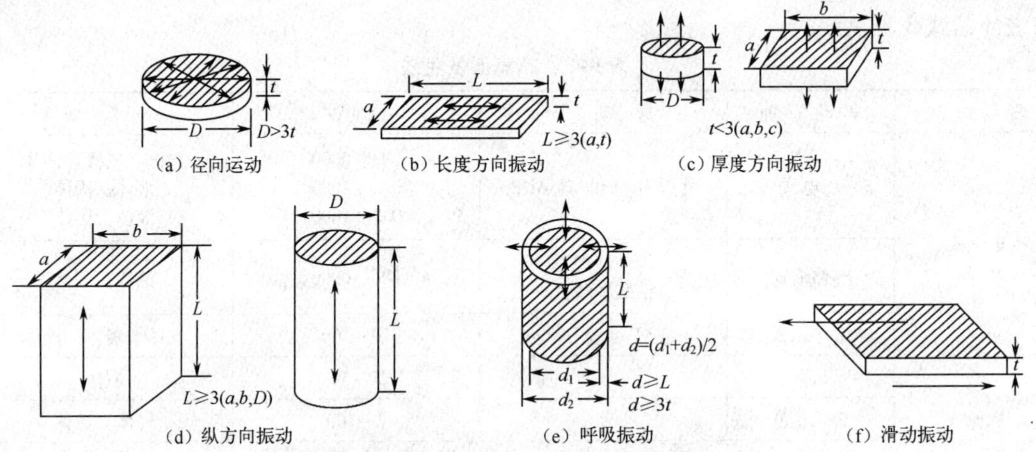

（a）径向运动　（b）长度方向振动　（c）厚度方向振动

（d）纵方向振动　（e）呼吸振动　（f）滑动振动

图9-11　6种电伸缩材料常见的烧结形状

表9-5　电伸缩材料的特性

常数		单位	钛酸钡	锆酸钛酸铅			
			C	3D	7	7A	8
密度		g/cm³	5.4	7.6	7.6	7.6	7.8
Poisson 比			0.28	1.32	0.32	0.32	0.32
电介质常数			1150	450	1200	600	1500
损失系数			0.01	0.03	0.01	0.01	0.02
周波长系数	径向振动 N_1	kHz · cm	308	250	225	235	220
	长度方向振动 N_2		288	184	162	175	164
	纵方向振动 N_3		277	175	159	160	150
	厚度方向振动 N_4		252	200	206	220	200
电气机械结合系数	径向 K_p	cm²	0.30	0.30	0.52	0.53	0.55
	长度方向 K_{31}		0.18	0.20	0.30	0.30	0.33
	纵方向 K_{33}		0.48	0.50	0.60	0.62	0.68
弹性模量	K_{31}	$\times 10^{12}$ dyne	1.13	1.03	0.80	0.93	0.86
	K_{33}		1.12	0.93	0.77	0.77	0.70
电压率	d_{31}	$\times 10^{-12}$ m/V	60	39	109	69	132
	d_{33}		140	0.3	223	163	296
电压输出系数	g_{31}	$\times 10^{-5}$ V · m/N	8	10	10	12	11
	g_{33}		14	26	22	25	27
机械性：Q			400	200	800	800	500
居里温度		℃	120	290	330	320	260
温度系数	周波温度系数	$\times 10^{-5}$/℃	55	20	20	25	25
	容量温度系数	$\times 10^{-3}$/℃	2.0	5.0	2.5	3.0	2.8

注：钛酸钡的周波温度系数是在0～60℃时测定的，容量温度系数是在20～60℃时测定的。锆酸钛酸铅的相关系数是分别在20～60℃和-20～60℃时测定的。

3. 磁伸缩式振动因子

将镍等强磁性体做成棒状，置于磁场中磁化，其长度会沿磁化方向发生变化，此即磁伸缩现象。较常用的材质有镍、Alufer 合金（AF 合金、AL12%、Fe88%）和 Ferrite 烧结金属，依金属材质的不同，其磁伸缩率也各不相同。图 9-12 所示为各种形状的磁伸缩式振动因子，表 9-6 为其材料特性。

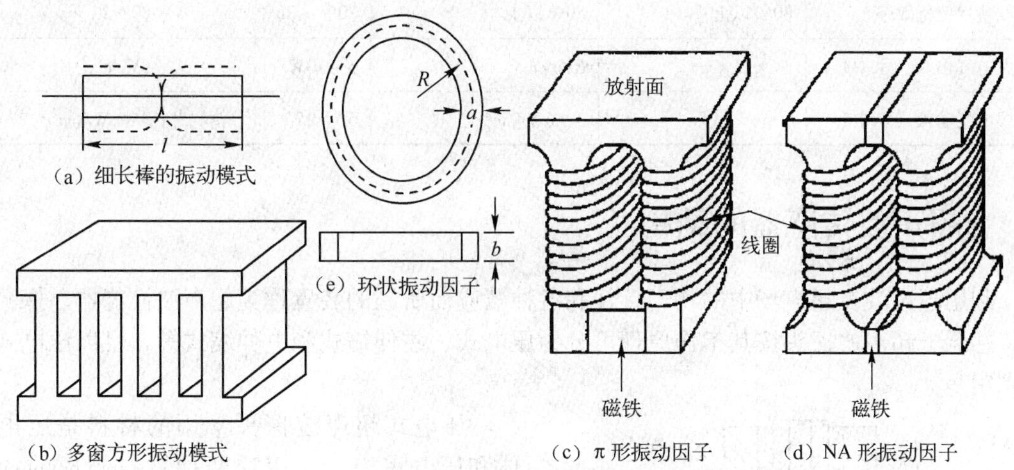

图 9-12　各种形状的磁伸缩式振动因子

表 9-6　磁伸缩材料的特性

名称	纯镍	Alufer	Ferrite
成分	Ni 98% 以上	Fe 87%，Al 13% 合金	Ni—Cu 系 Ferrite
磁导系数	40	190	20
固有电阻（Ω · cm）	7×10^{-6}	91×10^{-6}	4×10^{2} 以上
电气机械结合系数（%）	20 ~ 30	20	22
密度（g/cm^3）	8.9	6.7	5.0
波速（m/s）	4800	4700	5700
静磁伸缩饱和应变	-40×10^{-6}	35×10^{-6}	-30×10^{-6}
最适偏移磁场（Oer）	10 ~ 15	6 ~ 10	10 ~ 15
耐蚀性（海水中）	良	稍好	极佳
机械强度（kg/cm^3）	* 2×10^{-6}	* 1.4×10^{-6}	① 8.4×10^{-3} ② 4×10^{-2} ③ 9.8×10^{-2}

注：* 弹性模量，① 压缩强度，② 抗拉强度，③ 抗折强度。

综上所述，可将压电式、电伸缩式和磁伸缩式振动因子的特性做比较，见表 9-7。

表 9-7　压电式、电伸缩式和磁伸缩式振动因子的特性比较

振动原理	压　电	电伸缩	磁伸缩	
振动子材质	水晶	钛酸钡 锆酸钛酸铅	Ni and Alufer	Ferrite
最适使用周波数	1MHz 以上	200kHz ~ 2MHz	50kHz 以下	100kHz 以下
电气特性变化效率	80% 以上	80% 以上	20% ~25%	80% 以下
最大电气输入（水中）	—	6W/cm²	6 ~ 10W/cm²	6W/cm²
连续电气输入（水中）	—	3 ~ 6W/cm²	6 ~ 10W/cm²	3 ~ 6W/cm²

9.3　超声波传感器的结构

利用超声波在超声场中的物理特性和各种效应而研制的装置称为超声波换能器、探测器或传感器。超声波探头按其工作原理可分为压电式、磁伸缩式和电伸缩式等，且以压电式最为常用。

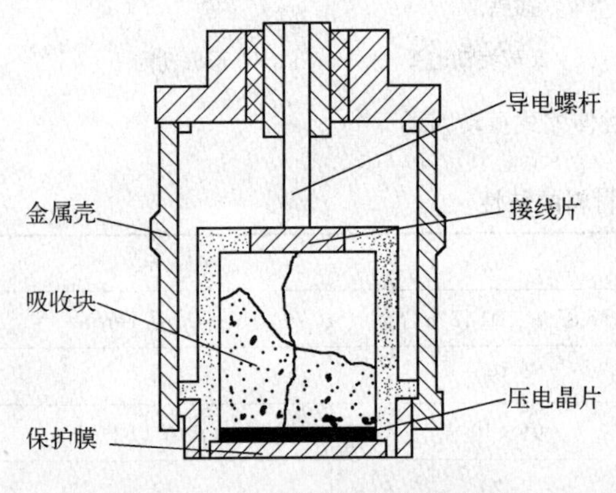

图 9-13　压电式超声波探头结构

压电式超声波探头常用的材料是压电晶体和压电陶瓷，采用这两种材料制成的探头统称为压电式超声波探头。它们均是利用压电材料的压电效应来工作的。压电效应分为逆压电效应和正压电效应，其中，利用逆压电效应制成的探头可以将高频电振动转换成高频机械振动，从而产生超声波，可作为发射探头；而利用正压电效应制成的探头可以将超声振动波转换成电信号，可用做接收探头。

压电式超声波探头结构如图 9-13 所示，主要由压电晶片、吸收块（阻尼块）和保护膜组成。压电晶片多为圆板形，厚度为 δ。超声波频率 f 与其厚度 δ 成反比。压电晶片的两面镀有银层，作为导电的极板。阻尼块的作用是降低晶片的机械品质，吸收声能量。如果没有阻尼块，当激励的电脉冲信号停止时，晶片将会继续振荡，加长超声波的脉冲宽度，使分辨率变差。

9.4　超声波传感器的基本电路

1. 超声波传感器的驱动电路

发射用的超声波传感器的驱动方式有自激型与他激型之分。

1）自激型驱动电路　自激型驱动电路就像石英振子那样，利用超声波传感器自身的谐振特性使其在谐振频率附近产生振荡。

图 9-14 所示的是自激型晶体管振荡电路，其中 MA40A3S 是振荡频率为 40kHz 的超声波传感器。图 9-14（a）所示的是科耳皮兹振荡电路。超声波传感器在电感性的频率下产生振荡。该振荡频率与串联谐振频率不一致，造成这种现象的原因是由于反谐振频率对它的影响，具体地讲就是 C_1、C_2的调整会影响 f_r。图 9-14（b）所示的是一个具有振荡控制端的自激型晶体管振荡电路。由于它将图 9-14（a）中的地接到了晶体管 VT_2的发射极上，因此当 VT_2截止时振荡就会停止。

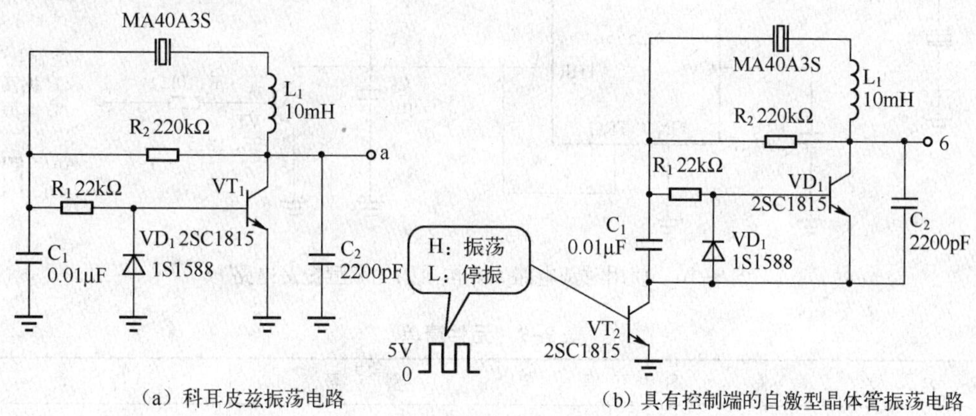

（a）科耳皮兹振荡电路　　（b）具有控制端的自激型晶体管振荡电路

图 9-14　自激型晶体管振荡电路

图 9-15 所示的是自激型运算放大器振荡放大电路，其元件清单见表 9-8。该电路的振荡频率接近串联谐振频率，因此效率会比自激型晶体管振荡电路高出许多。该电路中使用的运算放大器是 MC34082 型集成电路。事实上，只要转换速度在 10μV/μs 以上的运算放大器都可以使用。

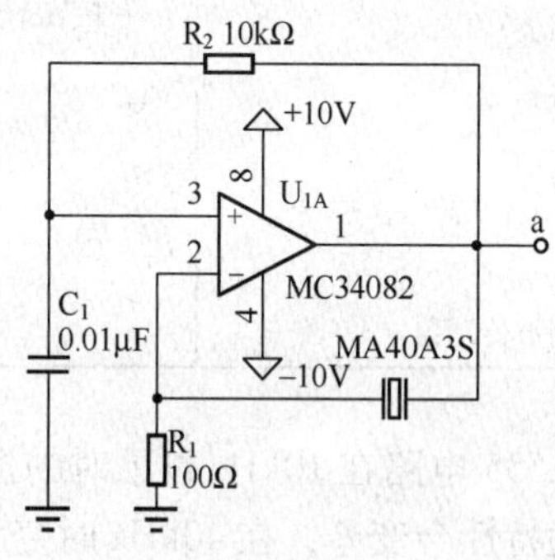

图 9-15　自激型运算放大器振荡放大电路

2）他激型驱动电路　图 9-16 所示为使用时基电路 555 构成的他激型振荡电路，其元件清单见表 9-9。他激型驱动电路具有可以自由选择振荡频率的优点，当然这也带来了频率不够稳定的缺点。

表 9-8　元件清单

名　称	图中代号	型　号	备　注
运算放大器	U_{1A}	MC34082	FET 输入
电阻器	R_1、R_2	5%，1/4W	碳膜电阻器
电容	C_1	5%，50V	聚酯薄膜电容
超声波传感器		MA40A3S	谐振频率 40kHz

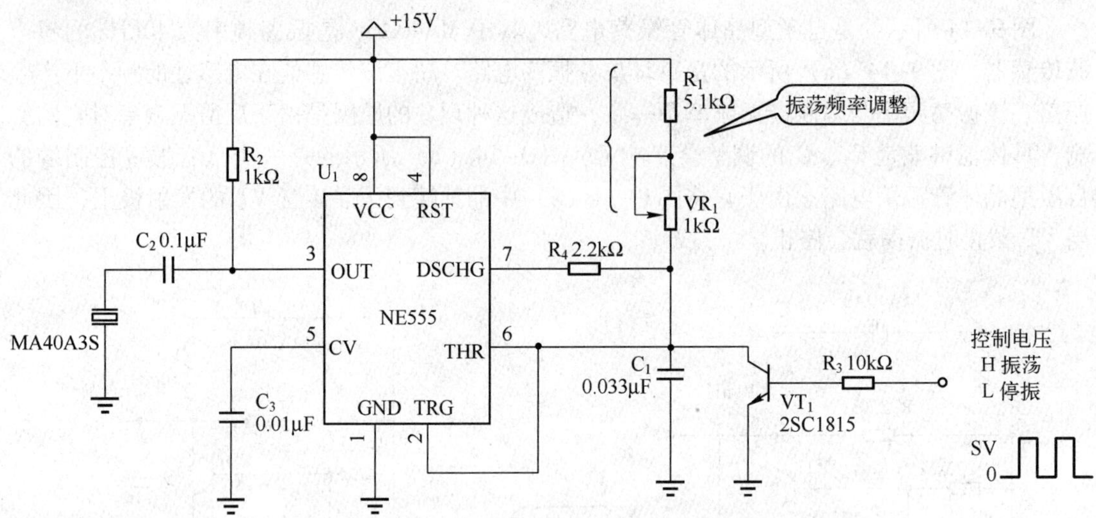

图 9-16　使用时基电路 555 构成的他激型振荡电路

表 9-9　元件清单

名　称	图中代号	型　号	备　注
定时器集成电路	U_1	NE555	
电阻	R_3、R_4	5%，1/4W	碳膜电阻
电阻	R_1、R_2	2%，1/4W	金属膜电阻
晶体管	VT_1	2SC1815	50V、0.1A 以上
电位器	VR_1	单圈旋转型	碳膜电位器
电容	C_1 ~ C_3	5%，50V	聚酯薄膜电容
超声波传感器		MA40A3S	谐振频率 40kHz

555 电路在 10kHz 以下时的振荡频率温度系数为 50ppm/℃，当频率进一步提高时频率温度特性会变差，在 40kHz 时变为 100 ~ 200ppm/℃。由此推算，当温度变化 10℃时频率的变化量约为 100Hz，这么大的变化量还不足以影响超声波传感器的正常工作。这里讲的温度系数只是其自身的温度系数，不包括元器件温度系数的影响。不过，只要 R_1、R_2选用温度系数小的金属膜电阻器，C_1选用温度系数小的聚丙烯薄膜电容器或聚苯乙烯薄膜电容器即可。在宽带域超声波传感器的情况下，因为其通频带较宽，所以也可以使用聚酯薄膜电容器。

图 9-17 所示为门电路驱动的电路。图 9-17（a）所示的是振荡电路。4049B 内共有 6 个非门电路，其中的两个电路用于构成振荡电路，另外的 4 个用于驱动超声波传感器。图 9-17（b）所示为振荡可控型电路。4011B 构成振荡电路，用与非门电路实现振荡控制。控制电压为 H（高电平）时产生振荡，控制电压为 L（低电平）时停止振荡。超声波传感器的驱动是由 4049B 来完成的。

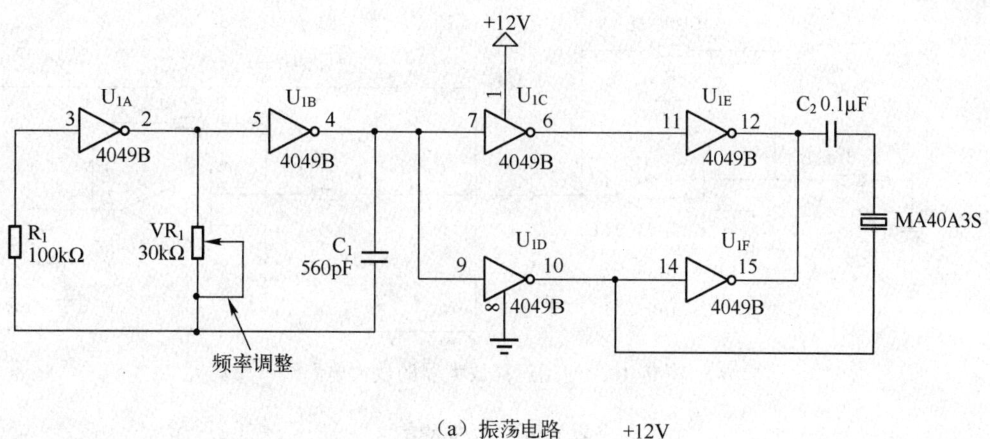

（a）振荡电路

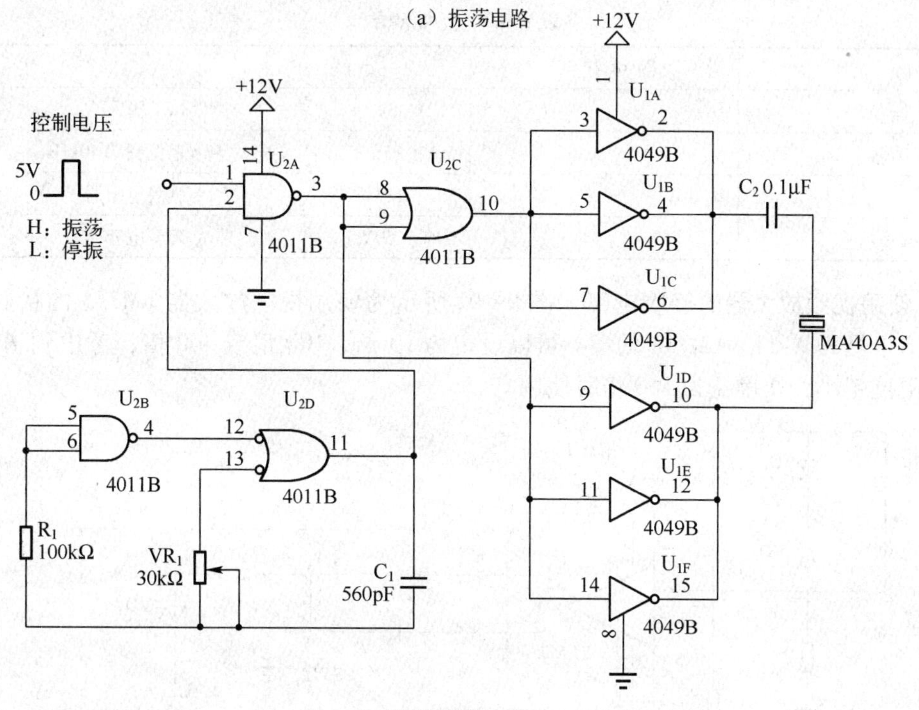

（b）振荡可控型电路

图 9-17　由门电路构成的振荡电路

2. 超声波传感器的接收电路

1）使用运算放大器的接收电路　超声波传感器接收的信号最大约为 1V，最小约为 1mV。为了将该电压放大到后续电路易于处理的电压，增益至少也应当达到 100 倍以上。

图 9-18 所示为使用运算放大器的放大电路，其元件清单见表 9-10。由于超声波传感器谐振频率高达 40kHz，因此运算放大器必须是高速型的。而系统对于精度和失真度的要求却比较宽容，所以只需要通用型的 TL080 系列和 LF356、LF357、MC34080 系列即可。如果增益不足，可以不由 U_{1A} 直接输出，而是再增加一级放大器，而且这时每一级放大器的增益也可以降低到 100 以下。

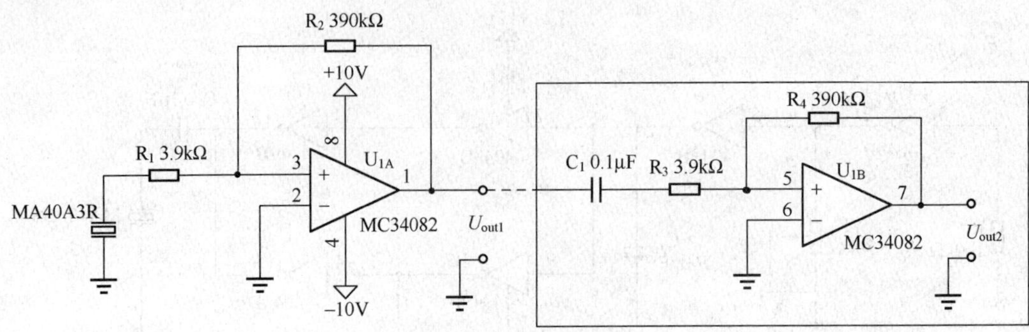

图 9-18　使用运算放大器的放大电路

表 9-10　元件清单

名　　称	图 中 代 号	型　　号	备　　注
运算放大器	U_{1A}	MC34082	FET 输入
超声波传感器		MA40A3R	谐振频率 40kHz
电阻	R_1、R_2	5%，1/4W	碳膜电阻器
电容	C_1	10%，50V	陶瓷电容器

2）使用视频放大器的接收电路　图 9-19 所示为使用视频放大器 LM733 的接收电路，其元件清单见表 9-11。LM733 的增益可以设定为 10 倍、100 倍或 400 倍；考虑到增益越大其输入阻抗越小，在增益为 100 倍时使用它。

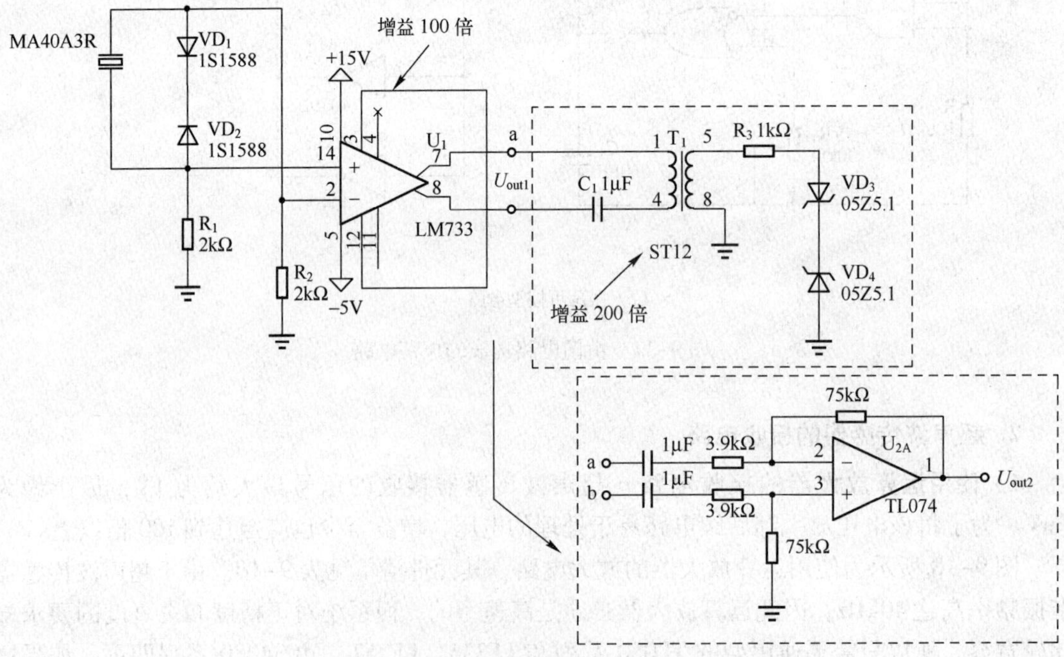

图 9-19　使用视频放大器 LM733 的接收电路

表 9-11　元件清单

名　　称	图中代号	型　　号	备　　注
视频放大器	U_1	LM733	
超声波传感器		MA40A3R	谐振频率 40kHz
二极管	VD_1、VD_2	1S1588	
	VD_3、VD_4	05Z5. 1	5. 1V 的雪崩二极管
输出变压器	T_1	ST12	
电阻	R_1 ~ R_3	5%，1/4W	碳膜电阻器
电容	C_1	10%，50V	独石电容器

因为其输入和输出都采用差动放大方式，所以有必要将差动电压输出转换成单端输出，这样就需要图 9-19 中那样使用输出变压器。这里也可以使用 ST12 进行电压放大。

输入端的二极管和输出端的雪崩二极管都是起保护作用的。图中还给出了在不使用变压器（可以使用运算放大器替代变压器）的方法。

3）使用比较器的接收电路　图 9-20 所示为使用比较器集成电路 LM393 的接收电路，其元件清单见表 9-12。比较器和运算放大器一样不进行相位补偿，因此也可以像运算放大器那样高速运行。

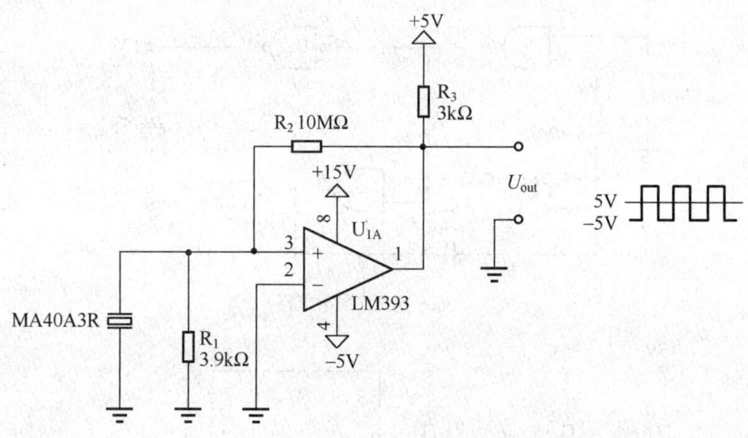

图 9-20　使用比较器集成电路 LM393 的接收电路

表 9-12　元件清单

名　　称	图中代号	型　　号	备　　注
比较器	U_1	LM393	
超声波传感器		MA40A3R	谐振频率 40kHz
电阻	R_1 ~ R_3	5%，1/4W	碳膜电阻器

但是，如果将它作为放大器使用，就容易产生自激振荡，因此这里仅把它作为比较器使用。为此，其输出就只取 +5V 或 -5V 两个值。由于其本身属于数字输出，因此使用起来反倒很容易。另外，为了避免噪声，可以通过正反馈的方式给它一个很小的（约 ±1mV）滞后电压。

9.5 超声波传感器的应用

1. 空间扰动侦测器

图 9-21 所示为利用超声波原理制成的空间扰动侦测器。图 9-21（a）所示的是超声波发射电路，该电路利用 4 个与非门组成一个 40kHz 的振荡器，电路中所使用的发射器是对 40kHz 谐振的超声波发射器，当电路中 S_1断开时，第 1 脚为低电位使 U_{5-a}输出为 1，于是充电电流流经 R_{19}，R_{18}向 C_6充电，经过一段充电时间，使得第 2 脚为高电位，由于第 1 脚保持在低电位，所以 U_{5-a}输出仍保持高电位，电路不振荡。当 S_1闭合时，第 1 脚为高电位，又因第 2 脚也为高电位，致使 U_{5-a}输出低电位，于是 C_6开始放电，经过一段放电时间后，第 2 脚电位降为低电位，U_{5-a}输出恢复高电位，C_6又重新充电，这个振荡电路的输出端有两个端子，这两个输出端子的输出信号互为反相，可以增加超声波的输出振幅。图 9-21（b）所示为超声波接收及报警电路，图中 VT_2及 VT_3组成串级放大电路，负责将 40kHz 接收器所接收到的 40kHz 信号放大，放大后的 40kHz 信号，经过 U_6组成的缓冲器，送至 R_{25}、C_8整流、滤波而取出一个直

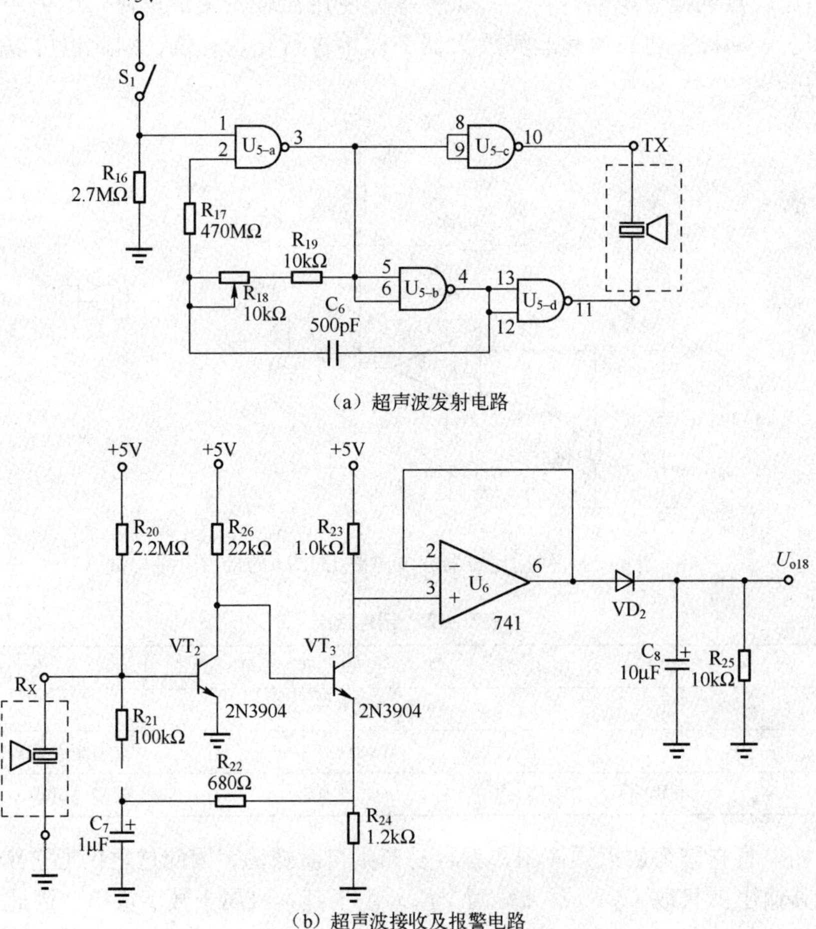

图 9-21　空间扰动侦测器

流电压。此电路在使用时可以分别将发射器及接收器安装在欲侦测空间对角，且使接收器能够收到发射器所发射出来的超声波信号，此时，若空间中没有异物侵入，则接收器能持续收到超声波信号。因此经放大，整流出来的电压准位为高电位，致使比较器的输出为低电位，警报器不响。当空间中有异物侵入时，将使接收器所接收到的超声波信号减弱或中断，此时，经放大、整流出来的电压准位将下降或变为低电位，致使比较器的输出为高电位。

2. 物体检测计

使用光学传感器检测物体时，无法检测到透明的物体；若用红外传感器检测物体，被测对象必须是和环境温度不同的物体。然而使用超声波传感器，对被测对象没有上述的要求限制。使用超声波传感器时有如下两种检测方式。

☺ 直接检测方式：直接检测方式是将发射器与接收器相配置，当能够直接接收到对面发射来的超声波时，或者说接收器有信号电压输出时，就表示没有物体阻挡超声波的传输；当没有信号电压输出时，就表示有物体阻挡住了超声波的传输。

☺ 反射检测方式：反射检测方式是将发射器与接收器配置在比较接近的地方，当能够接收到反射回来的超声波时，或者说接收器有信号电压输出时，就表示有物体在反射超声波。反射检测方式又分为发射器与接收器是由两个独立的超声波传感器来完成的分体式，或者一个超声波传感器兼作发射器与接收器的一体式两种形式。一体式具有只使用一个超声波传感器即可的优点，但是它也有需要发射/接收切换电路，存在过于靠近的距离成为无法检测的盲区的缺点。

1）直接检测式物体检测电路

（1）用他激型振荡电路驱动超声波传感器：图 9-22 所示为使用直接检测方式的物体检测电路，其元件清单见表9-13。其中的发射用超声波传感器的驱动电路是使用时基电路555构成的他激型振荡驱动电路。可以将频率预设成40kHz，然后再用频率调整电位器 VR_1将接收用超声波传感器的输出电压调整到最大。

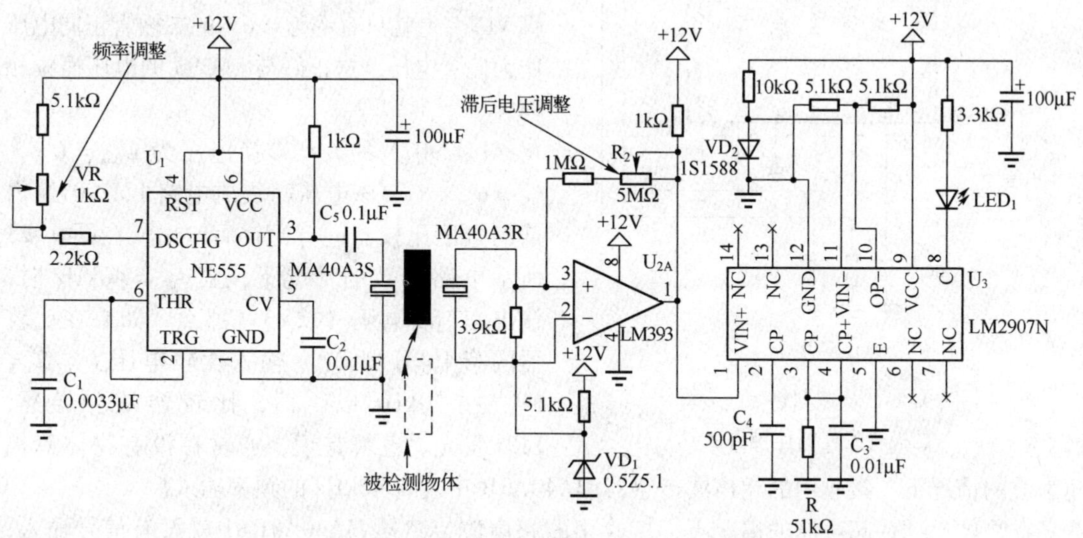

图 9-22　使用直接检测方式的物体检测电路

表 9-13　元件清单

名　　称	图中代号	型　　号	备　　注
比较器	U_{2A}	LM393	
超声波传感器		MA40A3S/R	MA40A3S 发射，MA40A3R 接收
时基电路	U_1	NE555	
专用集成电路	U_3	LM2907N	专用集成电路
二极管	VD_1	05Z5. 1	
	VD_2	1S1588	
发光二极管	LED_1	TLR143	红色
电容	$C_1 \sim C_5$	10%，50V	聚酯薄膜电容
		20%，50V	电解电容
电阻		5%，1/4W	碳膜电阻
电位器	VR_1、VR_2	单圈旋转型	碳膜电位器

（2）用 LM393 制作接收电路：对于接收用的超声波传感器 MA40A3R 的输出电压，使用 LM393 进行放大。LM393 的输出为矩形波。

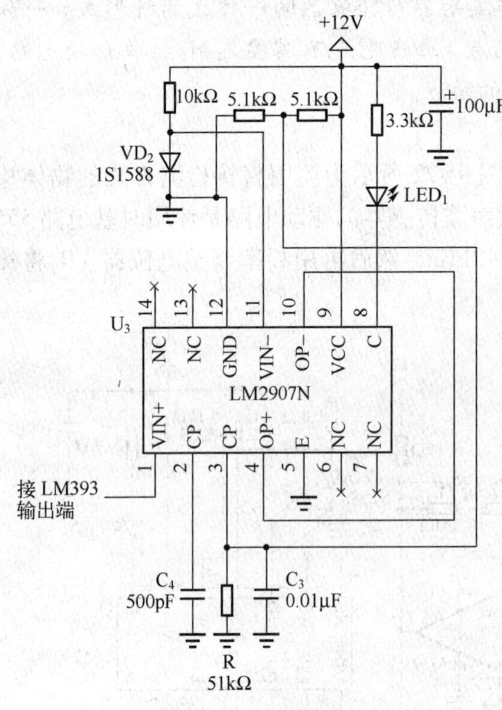

图 9-23　检测到物体时发光二极管发光的连接方法

（3）用 LM2907N 进行信号处理：LM393 的输出端连接在了转速计用的集成电路 LM2907N 上。由于在 LM2907N 的内部有 f/U（频率/电压）转换电路和比较器电路，所以就变成了频率输入。这样，LM393 的矩形波输出就变得非常方便。

在 LM393 输出电压为低电平时，LM2907N 的输入就不足。这时，在 LM2907N 的第 11 号脚 VIN－上就只有约为 0. 6V 的二极管正向电压作为偏置电压，这正好与 LM393 的电压振幅相吻合。

LM2907N 的 f/U 转换电压为 $U_{out} = U_{cc} \times f_{IN} \times C_4 \times R_1$。该电压与集成电路 LM2907N 内部的电压比较器进行比较后输出。在图 9-23 所示电路参数的情况下，当 $f_{IN} = 40\text{kHz}$ 时，输出满刻度电压（12V）。那么，如果在比较器的第 10 号脚 OP－输入比较电压 $U_{CC}/2 = 6\text{V}$，在 20kHz 以上时，比较器就会导通，LED 发光。也就是说，通常在没有物体遮挡超声波的情况下，接收用的超声波传感器 MA40A3R 中会有 40kHz 的频率输入。

在物体遮挡住超声波的情况下，接收用的超声波传感器 MA40A3R 中就没有信号输入，LM2907N 内部的电压比较器电路就会切断，LED 也就不会发光。

如果希望 LED 的指示颠倒过来，也就是希望检测到物体时发光；而在正常状态下，即没有检测到东西时，LED 不发光，就可以如图 9-23 所示那样，将比较器输入端的正负调换。

2）反射检测式物体检测电路　图 9-24 所示为反射检测式物体检测电路。它与直接检测式物体检测电路不同的是，在反射式的情况下，MA40A3R 中通常是没有信号的。只有当超声波被物体反射时 MA40A3R 才会产生信号。因此，LM2907N 内部的电压比较器电路的连接与图 9-23 所示的刚好相反。在图 9-24 中，没有物体的正常情况下 LED 发光，而在有物体时，LED 就不会发光。

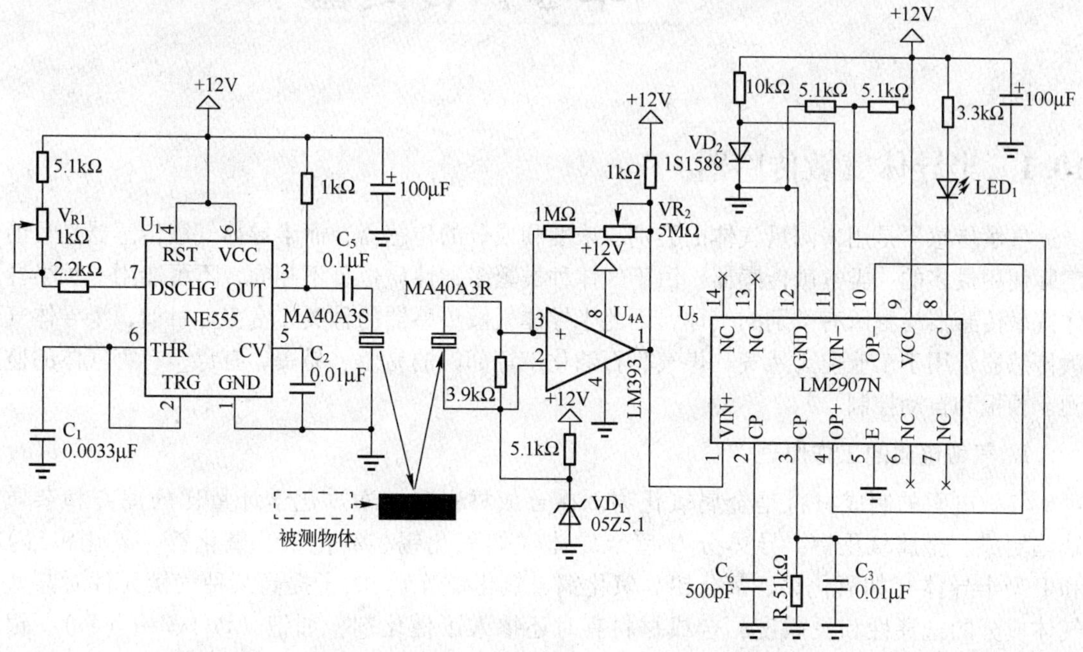

图 9-24　反射检测式物体检测电路

习题

（1）超声波在介质中有哪些传播特性？

（2）什么是超声波的干涉现象？

第10章 半导体传感器

10.1 半导体气敏传感器

气敏传感器是用来测量气体的类别、浓度和成分的传感器，而半导体气敏传感器是目前实际使用最多的一类气敏传感器。由于气体种类繁多，性质也各不相同，不可能用一种半导体气敏传感器检测所有类别的气体，因此半导体气敏传感器的种类非常多。目前，半导体气敏传感器常用于工业上天然气、煤气、石油化工等部门的易燃、易爆、有毒、有害气体的监测、预报和自动控制。

1. 气敏电阻的工作原理

气敏电阻的制成材料是金属氧化物。在合成材料时，通过化学计量比的偏离和杂质缺陷制成。金属氧化物半导体分 N 型半导体（如氧化锡、氧化铁、氧化锌、氧化钨等）和 P 型半导体（如氧化钴、氧化铅、氧化铜、氧化镍等）。为了提高某种气敏元件对某些气体成分的选择性和灵敏度，合成材料有时还掺入了催化剂，如钯（Pd）、铂（Pt）、银（Ag）等。

金属氧化物在常温下是绝缘的，制成半导体后却显示气敏特性。通常气敏传感器工作在空气中，空气中的 O_2 和 NO_2 等电子兼容性大的气体，接受来自半导体材料的电子而吸附负电荷，使 N 型半导体材料的表面空间电荷层区域的传导电子减少，使表面电导减小，从而使气敏传感器处于高阻状态。一旦气敏传感器与被测还原性气体接触，还原性气体就会与吸附的 O_2 起反应，将被 O_2 束缚的电子释放出来，敏感膜表面电导增加，使元件电阻减小。此类气敏电阻通常工作在高温状态（200～450℃），目的是为了加速上述的氧化还原反应。例如，用氧化锡制成的气敏元件，在常温下吸附某种气体后，其电导率变化不大，若保持这种气体浓度不变，该电阻的电导率随传感器本身温度的升高而增加，尤其在 100～300℃ 范围内电导率变化很大。显然，半导体电导率的增加是由于多数载流子浓度增加的结果。气敏电阻的基本测量电路如图 10-1（a）所示，图中 E_H 为加热电源，E_c 为测量电源，气敏电阻值的变化将引起电路中电流的变化，输出电压（信号电压）由电阻 R_o 上取出。氧化锡、氧化锌材料气敏元件输出电压与温度的关系如图 10-1（b）所示。

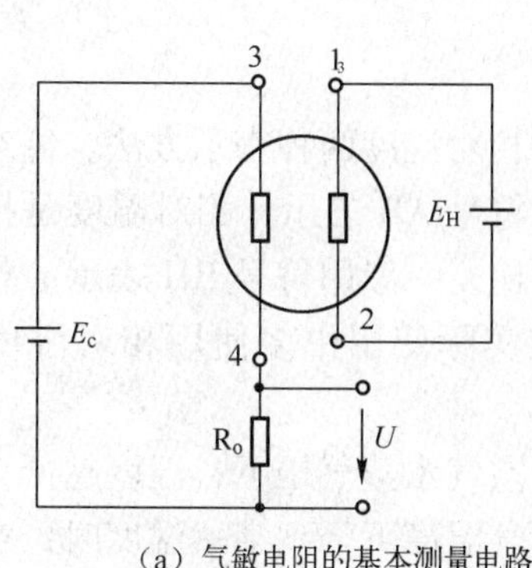

（a）气敏电阻的基本测量电路

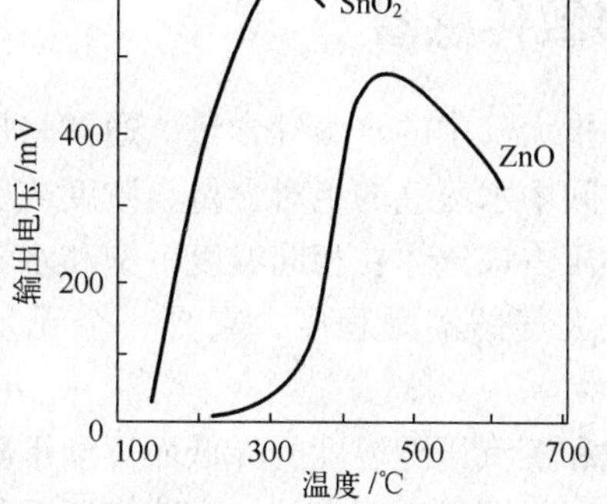

（b）氧化锡、氧化锌材料气敏元件输出电压与温度的关系

图 10-1　气敏电阻的工作原理

由上述分析可以看出，气敏传感器工作时需要本身的温度比环境温度高很多。因此，气敏传感器结构上，有电阻丝加热，结构如图 10-2 所示，图中 1 和 2 是加热电极，3 和 4 是气敏电阻的一对电极。

气敏传感器在低浓度下灵敏度高，而高浓度下灵敏度趋于稳定值，因此它常用于检查可燃性气体泄漏等。

2. 气敏电阻的种类

气敏电阻种类很多，按制造工艺分为烧结型、薄膜型和厚膜型等。

1）烧结型气敏元件　将元件的电极和加热器均埋在金属氧化物气敏材料中，经加热成型后低温烧结而成。目前最常用的是氧化锡（SnO_2）烧结型气敏元件，它的加热温度较低，一般为 200～300℃，SnO_2气敏元件对许多可燃性气体（如氢、一氧化碳、甲烷、丙烷、乙醇等）都有较高的灵敏度。

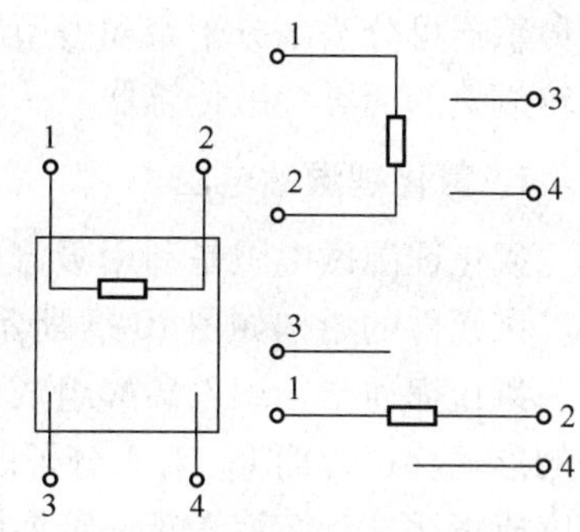

图 10-2　气敏传感器结构

2）薄膜型气敏元件　采用真空镀膜或溅射方法，在石英或陶瓷基片上制成金属氧化物薄膜（厚度为 0.1μm 以下），构成薄膜型气敏元件。

氧化锌（ZnO）薄膜型气敏元件以石英玻璃或陶瓷作为绝缘基片，通过真空镀膜在基片上蒸镀金属锌，用铂或钯膜作引出电极，最后将基片上的锌氧化。ZnO 敏感材料是 N 型半导体，当添加铂作催化剂时，对丁烷、丙烷、乙烷等烷烃气体有较高的灵敏度，而对 H_2、CO_2等气体灵敏度很低。若用钯作为催化剂时，对 H_2、CO 有较高的灵敏度，而对烷烃类气体灵敏度低。因此，这种元件有良好的选择性，工作温度为 400～500℃。

3）厚膜型气敏元件　将气敏材料（如 SnO_2、ZnO）与一定比例的硅凝胶混制成能印刷的厚膜胶。把厚膜胶用丝网印刷到事先安装有铂电极的氧化铝（Al_2O_3）基片上，在 400～800℃的温度下烧结 1～2h 便制成厚膜型气敏元件。用厚膜工艺制成的元件一致性较好，机械强度高，适于批量生产。

以上 3 种气敏电阻都附有加热器，在实际应用时，加热器能将附着在测控部分上的油雾、尘埃等烧掉，同时加速气体氧化还原反应，从而提高元件的灵敏度和响应速度。

10.2 湿敏传感器

湿度是指大气中的水蒸气含量，通常采用绝对湿度和相对湿度两种表示方法。绝对湿度是指单位空间中水蒸气的绝对含量、浓度或密度，一般用符号 AH 表示。相对湿度是指被测气体中蒸汽压占该气体在相同温度下饱和水蒸气压的百分比，一般用符号 RH 表示。相对湿度给出的是大气的潮湿程度，它是一个无量纲的量，在实际使用中多使用相对湿度这一概念。

水的饱和蒸汽压随温度的降低而逐渐下降。在同样的空气水蒸气压下，温度越低，则空气的水蒸气压与同温度下水的饱和蒸汽压差值越小。当空气温度下降到某一温度时，空气中的水蒸气压与同温度下水的饱和水蒸气压相等。此时，空气中的水蒸气将向液相转化而凝结成露珠，相对湿度为 100% RH。该温度称为空气的露点温度，简称露点。如果这一温度低于0℃，水蒸气将结霜，这一温度又称为霜点温度。二者统称为露点。空气中水蒸气压越小，露点越低，因而可用露点表示空气中的湿度。

根据水分子易于吸附在固体表面并渗透到固体内部的这种特性（即水分子亲和力），湿敏传感器可分为水分子亲和力型湿敏传感器和非水分子亲和力型湿敏传感器。下面介绍发展比较成熟的两类湿敏传感器。

1. 氯化锂湿敏电阻

氯化锂湿敏电阻是利用吸湿性盐类潮解，离子导电率发生变化的原理而制成的测湿元件。该元件的结构如图 10-3 所示，它由引线、基片、感湿层与金属电极组成。

氯化锂通常与聚乙烯醇组成混合体，在氯化锂（LiCl）溶液中，Li 和 Cl 均以正、负离子的形式存在，而 Li^+ 对水分子的吸引力强，离子水合程度高，其溶液中的离子导电能力与浓度成正比。当溶液置于一定温湿场中时，若环境相对湿度高，溶液将吸收水分，使浓度降低，因此其溶液电阻率增高；反之，环境相对湿度变低时，则溶液浓度升高，其电阻率下降，从而实现对湿度的测量。

氯化锂湿敏元件的优点是滞后小，不受测试环境风速影响，检测精度高达 ±5%，但其耐热性差，不能用于露点以下测量，器件性能的重复性不理想，使用寿命短。

2. 半导体陶瓷湿敏电阻

半导体陶瓷湿敏电阻通常是用两种以上的金属氧化物半导体材料混合烧结而成的多孔陶瓷。这些材料有 $ZnO-LiO-V_2O_5$ 系、$Si-Na_2O-V_2O_5$ 系、$TiO_2-MgO-Cr_2O_3$ 系和 Fe_3O_4 等，前三种材料的电阻率随湿度增加而下降，故称为负特性湿敏半导体陶瓷，最后一种的电阻率随湿度增大而增大，故称为正特性湿敏半导体陶瓷。为叙述方便，有时将半导体陶瓷简称为半导瓷。

1）负特性湿敏半导瓷的导电机理 由于水分子中的氢原子具有很强的正电场，当水在半导瓷表面吸附时，就有可能从半导瓷表面俘获电子，使半导瓷表面带负电。如果该半导瓷是 P 型半导体，则由于水分子吸附使表面电势下降，将吸引更多的空穴到达其表面，于是，其表面层的电阻下降。若该半导瓷为 N 型，则由于水分子的附着使表面电势下降，如果表面电势下降较多，不仅使表面层的电子耗尽，同时吸引更多的空穴达到表面层，有可能使到

达表面层的空穴浓度大于电子浓度，出现所谓表面反型层，这些空穴称为反型载流子。它们同样可以在表面迁移而对电导做出贡献，由此可见，不论是 N 型还是 P 型半导瓷，其电阻率都随湿度的增加而下降。图 10-4 所示的是 3 种负特性半导瓷电阻值与相对湿度之关系。

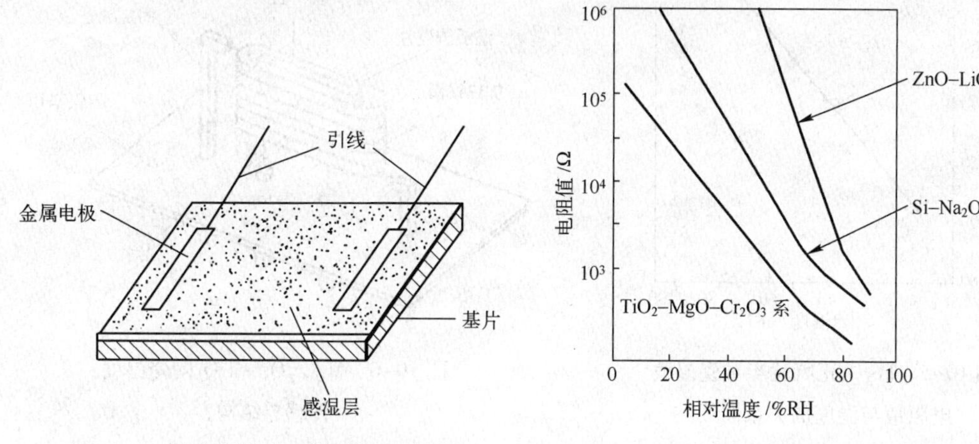

图 10-3　氯化锂湿敏电阻结构示意图　　图 10-4　3 种半导瓷湿敏负特性

2）正特性湿敏半导瓷的导电机理　正特性湿敏半导瓷的结构、电子能量状态与负特性材料有所不同。当水分子附着半导瓷的表面使电势变负时，导致其表面层电子浓度下降，但还不足以使表面层的空穴浓度增加到出现反型程度时，此时仍以电子导电为主。于是，表面电阻将由于电子浓度下降而加大，这类半导瓷材料的表面电阻将随湿度的增加而加大。如果对某一种半导瓷，它的晶粒间的电阻并不比晶粒内电阻大很多，那么表面层电阻的加大对总电阻并不起多大作用。

不过，通常湿敏半导瓷材料都是多孔的，表面电导占的比例很大，故表面层电阻的升高，必将引起总电阻值的明显升高；但是，由于晶体内部低阻支路仍然存在，正特性半导瓷的总电阻值的升高没有负特性材料的电阻值下降得那么明显。图 10-5 所示的是 Fe_3O_4正特性半导瓷湿敏电阻值与湿度的关系曲线。

3）典型半导瓷湿敏元件

（1）$MgCr_2O_4-TiO_2$湿敏元件：氧化镁复合氧化物—二氧化钛湿敏材料通常用于制成多孔陶瓷型“湿—电”转换器件，它是负特性半导瓷，$MgCr_2O_4$为 P 型半导体，它的电阻率低，电阻值温度特性好，其结构如图 10-6 所示。在 $MgCr_2O_4-TiO_2$陶瓷片的两面涂敷有多孔金电极，金电极与引出线烧结在一起，为了减少测量误差，在陶瓷片外设置由镍铬丝制成的加热线圈，以便对器件加热清洗，排除恶劣气氛对器件的污染。整个器件安装在陶瓷基片上，电极引线一般采用铂—铱合金。

$MgCr_2O_4-TiO_2$陶瓷湿度传感器的相对湿度与电阻值的关系如图 10-7 所示。传感器的电阻值既随所处环境的相对湿度的增加而减少，又随周围环境温度的变化而有所变化。

（2）$ZnO-Cr_2O_3$陶瓷湿敏元件：$ZnO-Cr_2O_3$湿敏元件的结构是将多孔材料的电极烧结在多孔陶瓷圆片的两个表面上，并焊上铂引线，然后将敏感元件装入有网眼过滤的方形塑料盒中用树脂固定而做成的，其结构如图 10-8 所示。

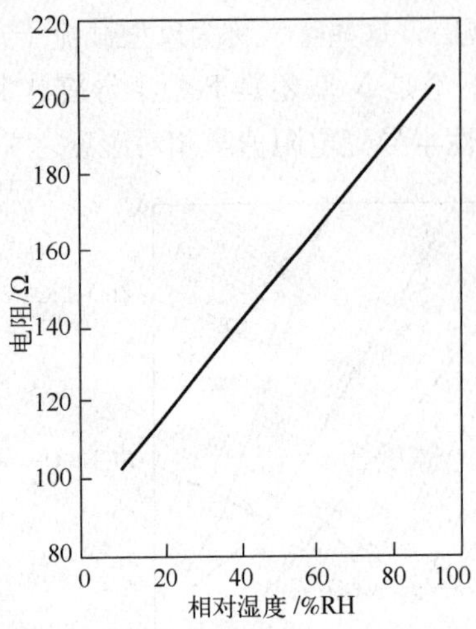

图 10-5　Fe_3O_4正特性半导瓷湿敏电阻值与温度的关系曲线

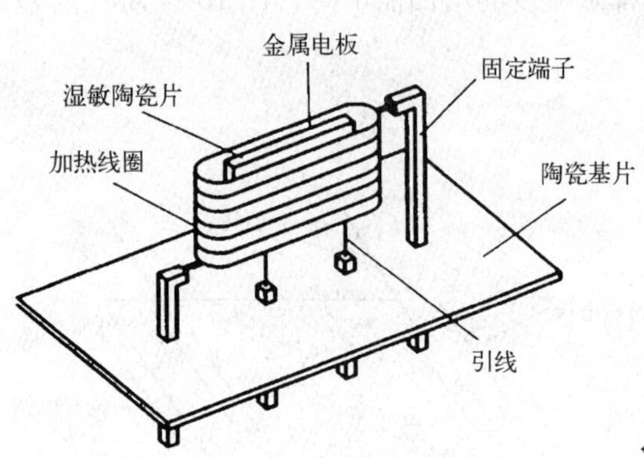

图 10-6　$MgCr_2O_4-TiO_2$陶瓷湿度传感器结构

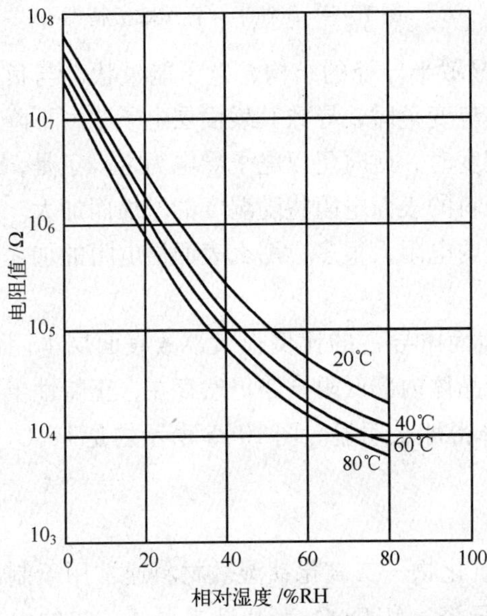

图 10-7　$MgCr_2O_4-TiO_2$陶瓷湿度传感器的相对湿度与电阻值的关系

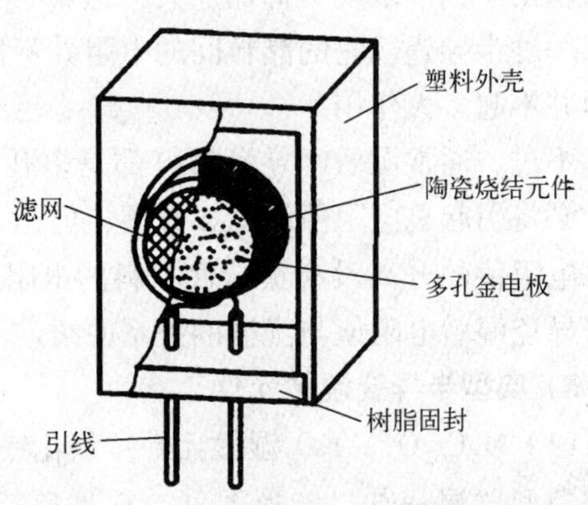

图 10-8　$ZnO-Cr_2O_3$陶瓷湿敏传感器结构

$ZnO-Cr_2O_3$传感器能连续稳定地测量湿度，而无须加热除污装置，因此功耗低于0.5W，体积小，成本低，是一种常用的测湿传感器。

10.3　色敏传感器

半导体色敏传感器是半导体光敏感器件中的一种。它是基于内光电效应将光信号转换为电信号的光辐射探测器件。但不管是光电导器件还是光生伏特效应器件，它们检测的都是在一定波长范围内的光的强度，或者说光子的数目。而半导体色敏传感器则可用来直接测量从

可见光到近红外波段内单色辐射的波长。这是近年来出现的一种新型光敏器件。

1. 半导体色敏传感器的基本原理

半导体色敏传感器相当于两个结深不同的光敏二极管的组合，故又称为光敏双结二极管。其结构原理及等效电路如图10-9所示。为了说明色敏传感器的工作原理，有必要了解光敏二极管的工作机理。

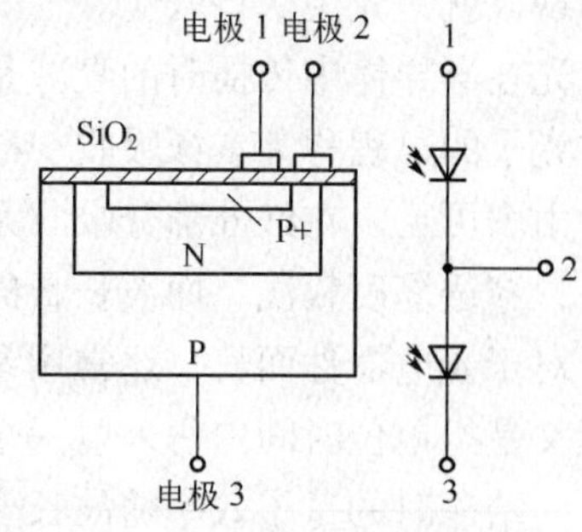

图10-9　半导体色敏传感器结构及等效电路图

1）光敏二极管的工作原理　对于用半导体硅制造的光敏二极管，在受光照射时，若入射光子的能量 $h\nu$ 大于硅的禁带宽度 E_g，则光子就激发价带中的电子跃迁到导带而产生一对电子—空穴。

这些由光子激发而产生的电子—空穴统称为光生载流子。光敏二极管的基本部分是一个P－N结，产生的光生载流子只要能扩散到势垒区的边界，其中少数载流子（专指P区中的电子和N区中的空穴）就受势垒区强电场的吸引而被拉向对面区域，这部分少数载流子对电流做出贡献。多数载流子（P区中的空穴或N区中的电子）则受势垒区电场的排斥而留在势垒区的边缘。

在势垒区内产生的光生电子和光生空穴，则分别被电场扫向N区和P区，它们对电流也有贡献。用能带图来表示上述过程如图10-10（a）所示。图中 E_c 表示导带底能量；E_v 表示价带顶能量。“◦”表示带正电荷的空穴；“·”表示电子。I_L 表示光电流，它由势垒区两边能运动到势垒边缘的少数载流子和势垒区中产生的电子—空穴对构成，其方向是由N区流向P区，即与无光照射P－N结的反向饱和电流方向相同。

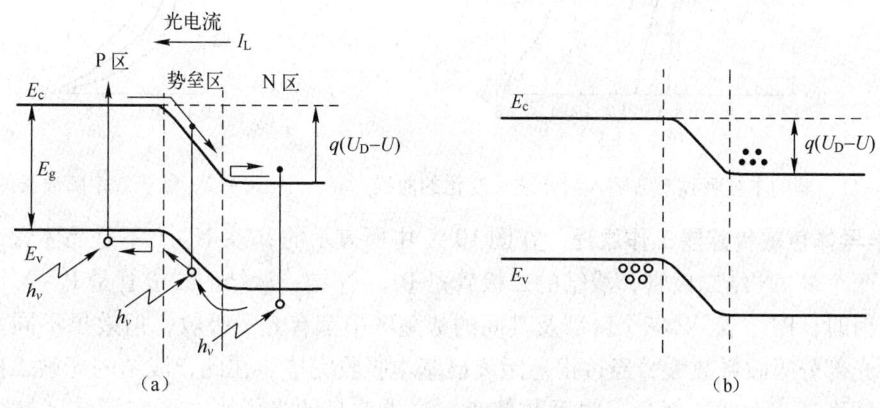

图10-10　光照下的P－N结

当P－N结外电路短路时，这个光电流将全部流过短接回路，即从P区和势垒区流入N区的光生电子将通过外短接回路全部流到P区电极处，与P区流出的光生空穴复合。因此，短接时外回路中的电流是 I_L，方向由P端经外接回路流向N端。

这时，P－N结中的载流子浓度保持平衡值，势垒高度（图10-10（a）中的 $q(U_D-U)$）也无变化。

当 P－N 结开路或接有负载时，势垒区电场收集的光生载流子便要在势垒区两边积累，从而使 P 区电位升高，N 区电位降低，造成一个光生电动势，如图 10–10（b）所示。该电动势使原 P－N 结的势垒高度下降为 $q(U_D-U)$。其中，U 即光生电动势，它相当于在 P－N结上加了正向偏压。只不过这是光照形成的，而不是电源馈送的，这称为光生电压，这种现象就是光生伏特效应。

光在半导体中传播时的衰减是由于价带电子吸收光子而从价带跃迁到导带的结果，这种吸收光子的过程称为本征吸收。硅的本征吸收系数随入射光波长变化的曲线如图 10–11 所示。由图可见，在红外部分吸收系数小，紫外部分吸收系数大。这就表明，波长短的光子衰减快，穿透深度较浅，而波长长的光子则能进入硅的较深区域。

对于光电器件而言，还常用量子效率来表征光生电子流与入射光子流的比值大小。其物理意义是指单位时间内每入射一个光子所引起的流动电子数。根据理论计算可以得到，P 区在不同结深时的量子效率随波长变化的曲线如图 10–12 所示。图中 x_j 表示结深。浅的 P－N 结有较好的蓝紫光灵敏度，深的 P－N 结则有利于红外灵敏度的提高，半导体色敏器件正是利用了这一特性。

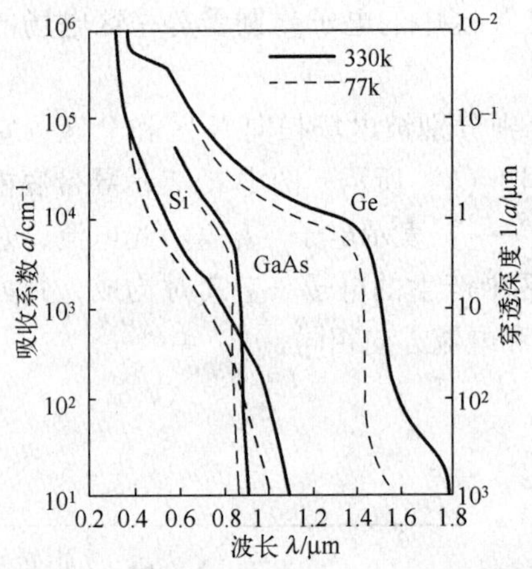

图 10–11　硅的本征吸收系数随入射光波长变化的曲线

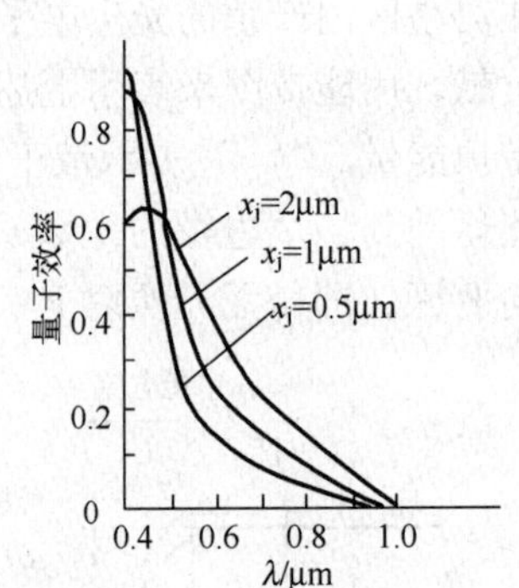

图 10–12　量子效率随波长的变化

2）半导体色敏传感器工作原理　在图 10–9 中所表示的 P^+－N－P 不是晶体管，而是结深不同的两个 P－N 结二极管，浅结的二极管是 P^+－N 结；深结的二极管是 P－N 结。当有入射光照射时，P^+、N、P 三个区域及其间的势垒区中都有光子吸收，但效果不同。如上所述，紫外光部分吸收系数大，经过很短距离已基本吸收完毕。在此，浅结的光敏二极管对紫外光的灵敏度高，而红外部分吸收系数较小，这类波长的光子则主要在深结区被吸收。因此，深结的那个光敏二极管对红外光的灵敏度较高。

这就是说，在半导体中不同的区域对不同的波长分别具有不同的灵敏度。这一特性给我们提供了将这种器件用于颜色识别的可能性，也就是可以用来测量入射光的波长。将两个结深不同的光敏二极管组合，图 10–13 所示的硅色敏管中 VD_1 和 VD_2 的光谱响应曲线就构成了可以测定波长的半导体色敏传感器。在具体应用时，应先对该色敏器件进行标定。也就是说，测定不同波长的光照射下该器件中两个光敏二极管短路电流的比值 I_{SD2}/I_{SD1}。I_{SD1} 是浅结

二极管的短路电流，它在短波区较大；I_{SD2}是深结二极管的短路电流，它在长波区较大，因而二者的比值与入射单色光波长的关系就可以确定。根据标定的曲线，实测出某一单色光时的短路电流比值，即可确定该单色光的波长。

图 10-13 表示了不同结深二极管的光谱响应曲线。图中 VD_1代表浅结二极管，VD_2代表深结二极管。

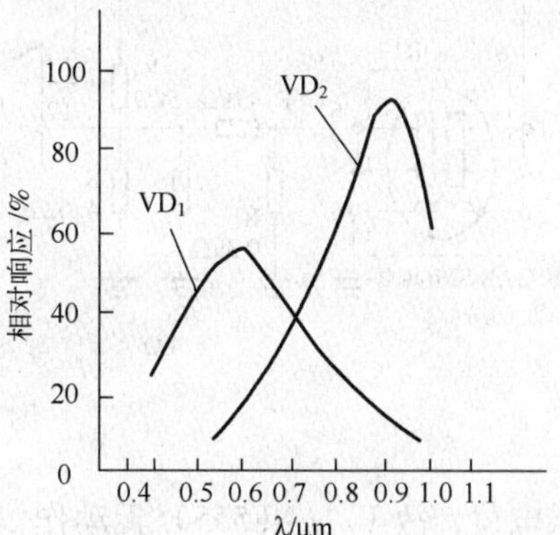

图 10-13　不同结深二极管的光谱响应曲线

2. 半导体色敏传感器的基本特征

1）光谱特性　半导体色敏传感器的光谱特性是表示它所能检测的波长范围的，不同型号的传感器之间略有差别。图 10-14（a）给出了国产 CS—1 型半导体色敏传感器的光谱特性，其波长范围是 400～1000nm。

2）短路电流比—波长特性　短路电流比—波长特性是表征半导体色敏传感器对波长的识别能力，是赖以确定被测波长的基本特性。图 10-14（b）表示上述 CS—1 型半导体色敏传感器的短路电流比—波长特性曲线。

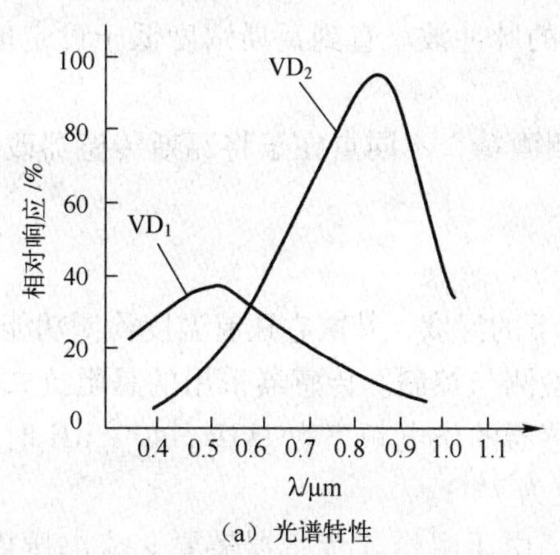

（a）光谱特性

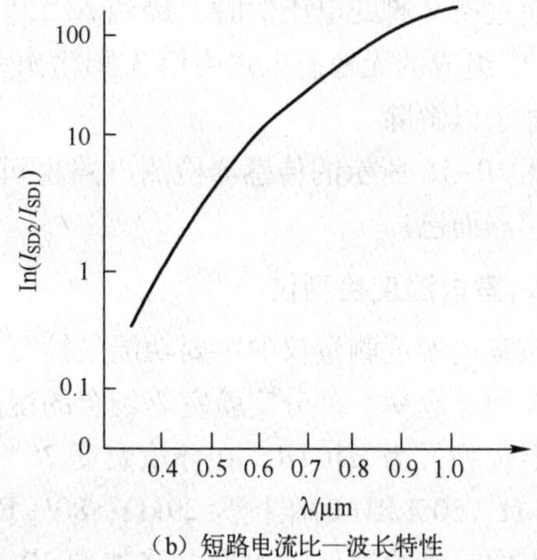

（b）短路电流比—波长特性

图 10-14　半导体色敏传感器特性

3）温度特性　由于半导体色敏传感器测定的是两个光敏二极管短路电流之比，而这两个光敏二极管是做在同一块材料上的，具有相同的温度系数，这种内部补偿作用使半导体色敏传感器的短路电流比对温度的变化不敏感，所以通常可不考虑温度的影响。

10.4　半导体传感器的应用

1. 瓦斯烟雾检测仪

图 10-15 所示为瓦斯烟雾传感器电路，它可侦测厨房瓦斯泄漏、浴室一氧化碳毒气和屋内香烟废气。

U_{1-d}组成一个临界准位电路，当第 13 脚的电压比第 12 脚的电压高时（即瓦斯浓度比预定值低），U_{1-d}的输出为低电位，对由 R_8、C_1组成的积分电路没有作用，因此 U_{1-c}的输出为

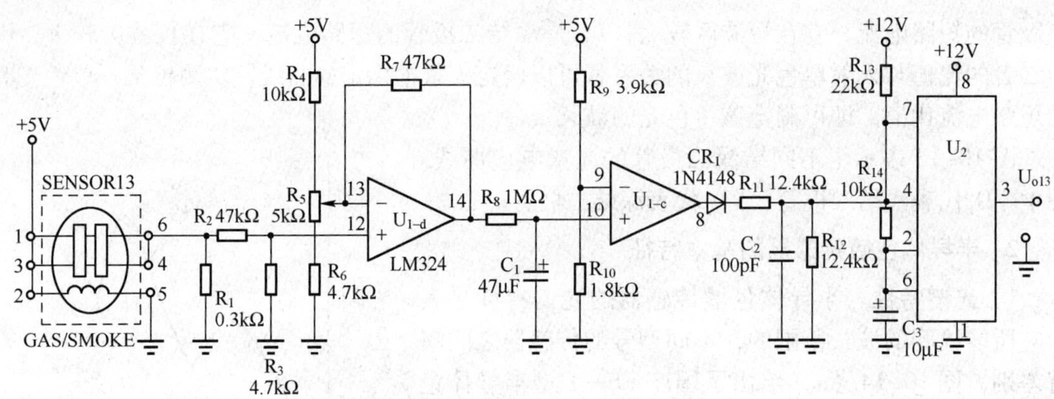

图10-15　瓦斯烟雾传感器电路

低电位，故 U_2（NE555）无动作，输出为零。

当瓦斯、烟雾或一氧化碳的浓度被传感器感知时，LM324 第12脚的正电位逐渐增加，以至于超过第13脚的设定值，故 U_{1-d}的输出为正电位电压，此电压对 R_8、C_1充电，当充电电压超过第9脚的电压值时，接到 NE555 的控制电压为高电位，因此振荡器动作。由 R_{13}、R_{14}及 C_3组成的无稳态电路由第3脚输出一个连续的脉冲波。直到瓦斯浓度低于设定值时，警报才予以解除。

图10-15 所示的传感器检测电路也可用于检测酒精，不同点在于将瓦斯传感器改成酒精传感器而已。

2. 室内湿度检测仪

该室内湿度测量仪的主要功能是检测室内环境下的湿度，其次它还有温度检测功能，可用于车间、仓库、部分实验室等场合的湿度/温度检测与控制。传感器采用的是阻抗式湿度传感器，型号为 H104R。在环境温度25℃，该传感器的供电频率为1kHz，40% RH 时阻抗为68kΩ；60% RH 时阻抗为29kΩ；80% RH 时阻抗为7kΩ。

室内湿度检测仪的测量电路如图10-16 所示。由于阻抗式传感器需要交流电压供电，一般都需要有振荡器。本电路由文氏振荡器 A_1、电压跟随器 A_2、温度补偿器 A_5、加法器 A_3和电压放大器 A_4等组成。

文氏振荡器的振荡频率

$$f=\frac{1}{2\pi\times16\times10^{3}\times0.01\times10^{-6}}\approx1000\text{Hz}$$

其振荡幅度由反馈量确定，调节电位器 R_{P1}，使输出电压为4.5V。文氏振荡器的输出电压作为阻抗式湿度传感器的工作电压。

电压跟随器主要起阻抗变换作用，其电路的输入阻抗很高，以减弱对传感器信号的影响。电压跟随器输出的是交流信号，而这里的检测信号需要直流，因此在跟随器后加了二极管 VD_3整流及10μF 的电容滤波，再加到加法器 A_3。

传感器有约0.7% RH/℃的温度系数，如果不采取温度补偿措施，随着温度的变化，检测将失去意义。为此采用了 A_5组成的热敏电阻温度补偿电路，该电路以相对湿度60% RH

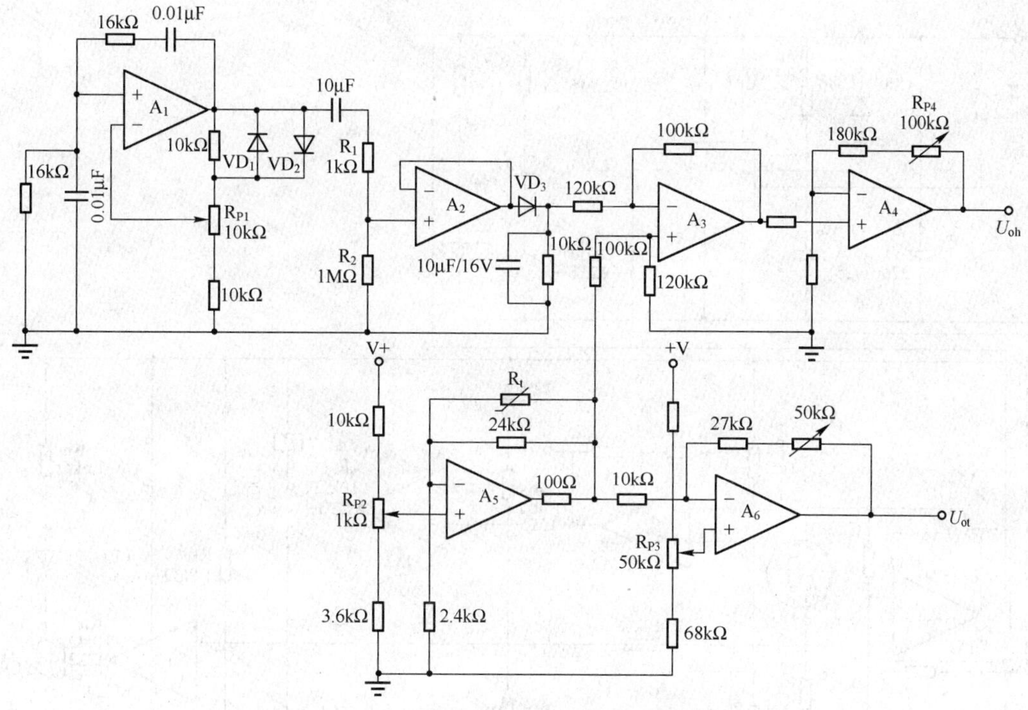

图 10-16　室内湿度检测仪的测量电路

为中心值，在 35% ~85% RH 的范围内，检测精度可达 ±4% RH，但要达到这样的精度还与传感器性能有关。热敏电阻 R_t与 24kΩ 电阻并联作为反馈电阻，当温度变化时输出与温度成比例的信号。A_5的输出信号，一路送到加法器进行温度补偿，另一路输入到 A_6经放大后输出温度检测信号。

A_3输出的经温度补偿的湿度电压信号，再经电压放大器 A_4放大，最后输出与湿度成比例的放大后的电压信号。

3. 一氧化碳探测报警器

冬季用煤炭取暖时，若燃烧不充分，室内会存在大量一氧化碳，以至于引起煤气中毒。本一氧化碳探测报警器可用于对室内一氧化碳含量进行检测、报警。本探测器可使用专用一氧化碳传感器 UL281 或 MQ - Y1 型半导体气敏传感器。

探测报警电路由加热电路、电压输出电路、报警电路、气敏元件损坏指示电路和电源指示电路组成，如图 10-17 所示。UL281 工作时，需对其加热丝进行加热，其加热电源要求稳定，故采用稳压电路对其供电。稳压电路由 IC_1、VT_1和 R_1 ~ R_4组成。IC_1正输入端上的电压为 $U_+ = 12\times 15/(47+15)\approx 2.9$（V），$IC_1$为同相放大器，输出电压约为 6V，因此晶体管 VT_1导通，加在传感器加热丝与地之间的电压约为 11V。如果空气是清新的，通过气敏元件的电流仍很小（其电阻很大）。

IC_5是 555 时基集成电路，由它组成单稳延时电路，接通电源后，经过约 165s，IC_5 的输出端第 3 脚输出高电平，使 VT_2、VT_5导通。VT_2组成初始热清洗电路，VT_2导通后，将 R_6和 R_7短路，流经传感器加热丝的电流增大，对其吸附表面进行加热清洗，VT_5组成初始清洗指

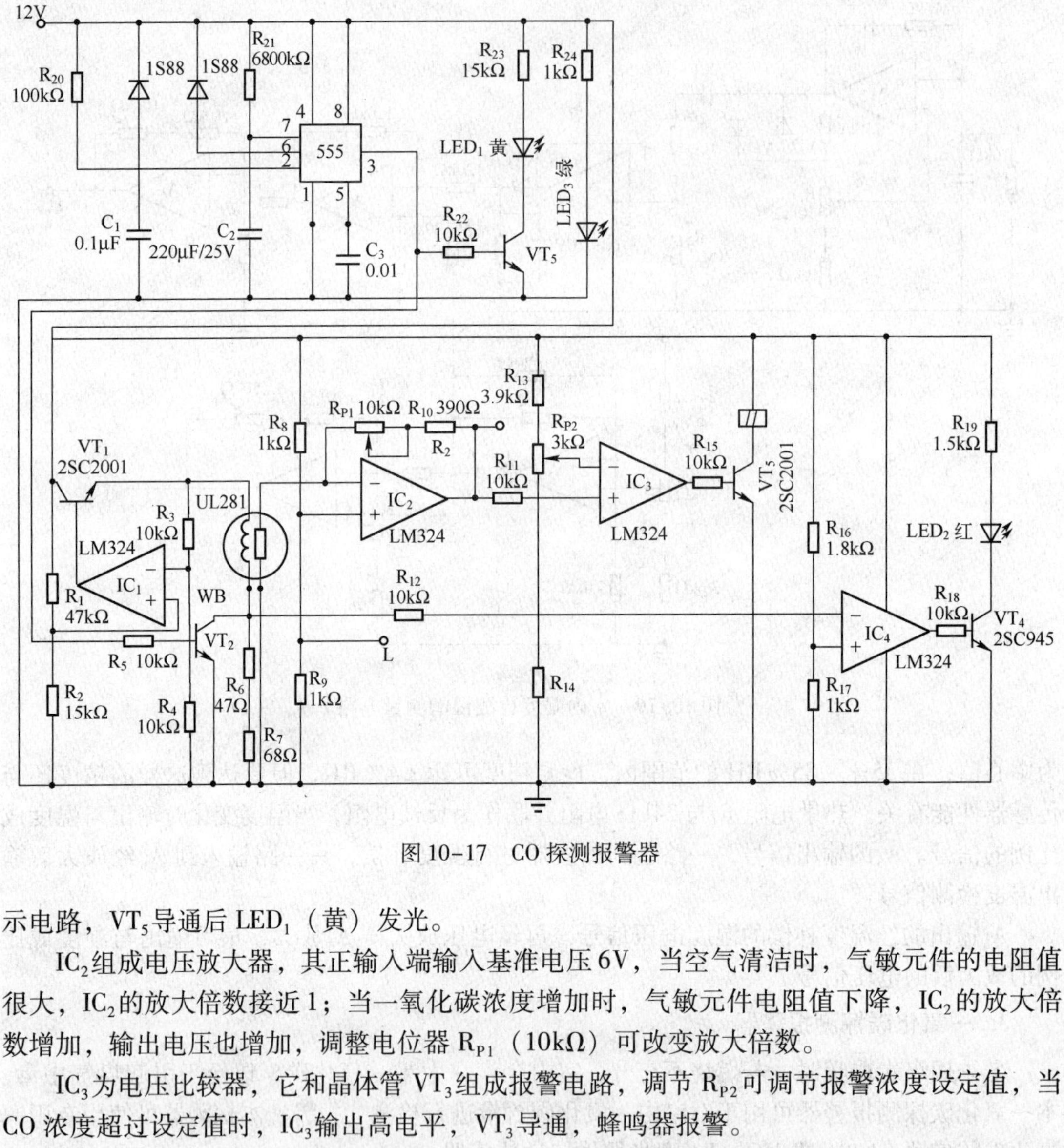

图 10-17　CO 探测报警器

示电路，VT_5导通后 LED_1（黄）发光。

IC_2组成电压放大器，其正输入端输入基准电压 6V，当空气清洁时，气敏元件的电阻值很大，IC_2的放大倍数接近 1；当一氧化碳浓度增加时，气敏元件电阻值下降，IC_2的放大倍数增加，输出电压也增加，调整电位器 R_{P1}（10kΩ）可改变放大倍数。

IC_3为电压比较器，它和晶体管 VT_3组成报警电路，调节 R_{P2}可调节报警浓度设定值，当 CO 浓度超过设定值时，IC_3输出高电平，VT_3导通，蜂鸣器报警。

IC_4、VT_4组成气敏元件损坏指示电路，IC_4接成比较器，其输入端的电位约为 4. 3V。气体元件正常工作时，R_6、R_7上的电压降大于 4. 3V，IC_4输出为负，VT_4截止，LED_2（红）不亮；当传感器加热丝被烧断时，R_6、R_7悬空，其电压降为 0，IC_4输出高电平，VT_4导通，LED_2（红）亮，红灯显示元件已损坏。此外，LED_3（绿）和 R_{24}组成电源显示电路。

习题

（1）什么是绝对湿度？什么是相对湿度？

（2）说明半导体色敏传感器的基本原理。

（3）什么是水分子亲和力型湿敏传感器？

第11章 检测技术基础

在科学技术高度发达的现代社会中，人类已进入了瞬息万变的信息时代。人们在从事工业生产和科学实验等活动时，主要依靠对信息资源的开发、获取、传输和处理。传感器处于研究对象与测控系统的接口位置，是感知、获取与检测信息的窗口。一切科学实验和生产过程，特别是自动检测和自动控制系统要获取的信息，都要通过传感器将其转换为容易传输与处理的电信号。

在工程实践和科学实验中提出的检测任务是正确、及时地掌握各种信息，大多数情况下是要获取被测对象信息的大小，即被测量的大小。这样，信息采集的主要含义就是测量，取得测量数据。

11.1 测量技术

1. 测量的定义

由于测量是以确定量值为目的的一系列操作，所以测量也就是将被测量与同种性质的标准量进行比较，以确定被测量对标准量的倍数。它可由式（11-1）表示

$$x = nu \tag{11-1}$$

或

$$n = \frac{x}{u} \tag{11-2}$$

式中，x 为被测量值；u 为标准量，即测量单位；n 为比值（纯数），含有测量误差。

由测量所获得的被测的量值叫做测量结果。测量结果可用一定的数值表示，也可以用一条曲线或某种图形表示。无论其表现形式如何，测量结果应包括两部分，即比值和测量单位。确切地讲，测量结果还应包括误差部分。

被测量值和比值等都是测量过程的信息，这些信息依托于物质才能在空间和时间上进行传递。参数承载了信息而成为信号。选择其中适当的参数作为测量信号，如热电偶温度传感器的工作参数是热电偶的电势，差压流量传感器中的孔板工作参数是差压 ΔP。测量过程就是传感器从被测对象获取被测量的信息，建立起测量信号，经过变换、传输、处理，从而获得被测量的量值。在工程上，所要测量的参数大多数为非电量，这促使人们用电测的方法来

研究非电量，即研究用电测的方法测量非电量的仪器仪表，研究如何能正确和快速地测得非电量的技术。

2. 测量方法

实现被测量与标准量比较得出比值的方法，称为测量方法。针对不同测量任务进行具体分析以找出切实可行的测量方法，对测量工作是十分重要的。

对于测量方法，从不同角度出发，有不同的分类方法。根据获得测量值的方法可分为直接测量法、间接测量法和组合测量法；根据测量的准确度因素情况可分为等准确度测量法与非等准确度测量法；根据测量方式可分为偏差测量法、零位测量法与微差测量法；根据被测量变化快慢可分为静态测量与动态测量；根据测量敏感元件是否与被测介质接触可分为接触测量与非接触测量；根据测量系统是否向被测对象施加能量可分为主动式测量与被动式测量等。下面对主要3种分类方法进行介绍。

1）直接测量法、间接测量法与组合测量法　在使用仪表或传感器进行测量时，对仪表读数不需要经过任何运算就能直接表示测量所需要的结果的测量方法称为直接测量法。例如，用磁电系电流表测量电路的某一支路电流，用弹簧管压力表测量压力等，都属于直接测量法。直接测量法的优点是测量过程简单而又迅速，但是测量精度不够高。

在使用仪表或传感器进行测量时，首先对与测量有确定函数关系的几个量进行测量，将被测量代入函数关系式，经过计算得到所需要的结果，这种测量方法称为间接测量法。间接测量法环节较多，花费时间较长，一般用在直接测量不方便或缺乏直接测量手段的场合。若被测量必须经过求解联立方程组才能得到最后结果，则称为组合测量法。组合测量法是一种特殊的精密测量方法，操作复杂，花费时间长，多用于科学实验或特殊场合。

2）等准确度测量法与不等准确度测量法　用相同仪表与测量方法对同一被测量进行多次重复测量，称为等准确度测量法。而用不同准确度的仪表或不同的测量方法，或者在环境条件相差很大时对同一被测量进行多次重复测量，称为非等准确度测量法。

3）偏差测量法、零位测量法与微差测量法　用仪表指针的位移（即偏差）决定被测量的量值，这种测量方法称为偏差测量法。应用这种方法测量时，仪表刻度事先用标准器具标定。在测量时，输入被测量，按照仪表指针在标尺上的示值，决定被测量的数值。这种方法测量过程比较简单、迅速，但测量结果准确度较低。

用指零仪表的零位指示检测测量系统的平衡状态，在测量系统平衡时，用已知的标准量决定被测量的量值，这种测量方法称为零位测量法。在测量时，已知标准量直接与被测量相比较，已知量应连续可调，指零仪表指零时，被测量与已知标准量相等，如天平、电位差计等。零位测量法的优点是可以获得比较高的测量准确度，但测量过程比较复杂，费时较长，不适用于测量迅速变化的信号。

微差测量法是综合了偏差测量法与零位测量法的优点而提出的一种测量方法。它将被测量与已知的标准量相比较，取得差值后，再用偏差测量法测得此差值。应用这种方法测量时，不需要调整标准量，而只需测量二者的差值。设N为标准量，x为被测量，Δ为二者之差，则$x=N+\Delta$。由于N是标准量，其误差很小，因此可选用高灵敏度的偏差式仪表测量Δ。微差测量法的优点是反应快，而且测量准确度高，特别适用于在线控制参数的测量。

3. 测量误差

测量的目的是希望通过测量获取被测量的真实值。但由于种种与检测系统的组成和各组成环节相关的原因，如传感器本身性能不十分优良，测量方法不十分完善，以及外界干扰的影响等，都会造成被测参数的测量值与真实值不一致，两者不一致程度用测量误差来表示。测量误差就是测量值与真实值之间的差值，它反映了测量质量的好坏。

测量的可靠性至关重要，不同场合对测量结果可靠性的要求也不同。例如，在量值传递、经济核算、产品检验等场合，应保证测量结果有足够的准确度。当测量值用做控制信号时，则要注意测量的稳定性和可靠性。因此，测量结果的准确程度应与测量的目的和要求相联系、相适应，那种不惜工本、不顾场合，一味追求越准越好的做法是不可取的，要有技术与经济兼顾的意识。

1）测量误差的表示方法　测量误差的表示方法有多种，含义各异。下面介绍 5 种常用的表示方法。

【绝对误差】 绝对误差可用下式定义

$$\Delta = X - L \tag{11-3}$$

式中，Δ 为绝对误差；X 为测量值；L 为真实值。

对测量值进行修正时，要用到绝对误差。修正值是与绝对误差大小相等、符号相反的值，实际值等于测量值加上修正值。采用绝对误差表示测量误差，不能很好说明测量质量的好坏。例如，在温度测量时，绝对误差 $\Delta = 1$℃，对体温测量来说是不允许的，而对测量钢水温度来说却是一个极好的测量结果。

【相对误差】 相对误差的定义由下式给出

$$\delta = \frac{\Delta}{L} \times 100\% \tag{11-4}$$

式中，δ 为相对误差，一般用百分数给出；Δ 为绝对误差；L 为真实值。

由于被测量的真实值 L 无法知道，实际测量时用测量值 x 代替真实值 L 进行计算，这个相对误差称为标称相对误差，即

$$\xi = \frac{\Delta}{x} \times 100\% \tag{11-5}$$

【引用误差】 引用误差是仪表中通用的一种误差表示方法。它是相对仪表满量程的一种误差，一般也用百分数表示，即

$$\gamma = \frac{\Delta}{\text{测量范围上限} - \text{测量范围下限}} \times 100\% \tag{11-6}$$

式中，γ 为引用误差；Δ 为绝对误差。

仪表准确度等级是根据引用误差来确定的。例如，0.5 级仪表的引用误差的最大值不超过 ±0.5%，1.0 级仪表的引用误差的最大值不超过 ±1%。

在使用仪表和传感器时，经常也会遇到基本误差和附加误差两个概念。

【基本误差】 基本误差是指仪表在规定的标准条件下所具有的误差。例如，仪表是在电源电压（220 ±5）V、电网频率（50 ±2）Hz、环境温度（20 ±5）℃、湿度（65% ±5%）RH 的条件下标定的。如果这台仪表在这个条件下工作，则仪表所具有的误差为基本误差。

测量仪表的准确度等级就是由基本误差决定的。

【附加误差】 附加误差是指当仪表的使用条件偏离额定条件时出现的误差。例如，温度附加误差、频率附加误差、电源电压波动附加误差等。

2）误差的分类 根据测量数据中的误差所呈现的规律，将误差分为3种，即系统误差、随机误差和粗大误差。这种分类方法便于测量数据的处理。

【系统误差】 对同一被测量进行多次重复测量时，如果误差按照一定的规律出现，则把这种误差称为系统误差。例如，标准量值的不准确及仪表刻度的不准确而引起的误差。对于系统误差应通过理论分析和实验验证找到误差产生的原因和规律，以减少和消除误差。

【随机误差】 对同一被测量进行多次重复测量时，绝对值和符号不可预知地随机变化，但就误差的总体而言，具有一定的统计规律性，这种误差称为随机误差。引起随机误差的原因是很多难以掌握或暂时未能掌握的微小因素，一般无法控制。对于随机误差不能用简单的修正值来修正，只能用概率和数理统计的方法去计算它出现的可能性的大小。

【粗大误差】 明显偏离测量结果的误差称为粗大误差，又称为疏忽误差。这类误差是由于测量者疏忽大意或环境条件的突然变化而引起的。对于粗大误差，首先应设法判断是否存在，然后将其剔除。

3）确定测量误差的方法 以上分析了测量所产生的几种误差，那么如何确定所产生的误差属于哪个分类呢？这就要用到与被测对象相关的专业知识，如物理过程和数学手段等。

【逐项分析法】 对测量中可能产生的误差进行分析，逐项计算出其值，并对其中主要项目按照误差性质的不同，用不同的方法综合成总的测量误差极限。这种方法反映出了各种误差成分在总误差中所占的比重，从中可以得知产生误差的主要原因，进而分析减小误差应主要采取的措施。

逐项分析法适用于拟定测量方案，研究新的测量方法，设计新的测量装置和系统。

【实验统计法】 应用数理统计的方法，对在实际条件下所获得的测量数据进行分析、处理，确定其最可靠的测量结果和估算其测量误差的极限。这种方法利用实际测量数据对测量误差进行估计，反映出各种因素的实际综合作用。

实验统计法适用于一般测量和对测量方法与测量仪器的实际精度进行估算和校验。

综合使用以上两种方法，可以互相补充、相互验证。关于测量数据的估计与处理，下面将进行详细的介绍。

11.2 测量数据的估计和处理

从工程测量实践可知，测量数据中含有系统误差和随机误差，有时还会含有粗大误差。它们的性质不同，对测量结果的影响及处理方法也不同。在测量中，对测量数据进行处理时，首先应判断测量数据中是否含有粗大误差，若有，则必须将其剔除。再看数据中是否存在系统误差，对系统误差可设法消除或加以修正。对排除了系统误差和粗大误差的测量数据，则利用随机误差性质进行处理。总之，对于不同情况的测量数据，首先要加以分析研究，判断情况，分别处理，再经综合整理，以得出合乎科学性的结果。

1. 随机误差的统计处理

在测量中，当系统误差已设法消除或减小到可以忽略的程度时，如果测量数据仍有不稳

定的现象，说明存在随机误差。在等准确度测量情况下，得 n 个测量值 x_1，x_2，…，x_n，设只含有随机误差 δ_1，δ_2，…，δ_n。这组测量值或随机误差都是随机事件，可以用概率数理统计的方法来研究。随机误差的处理任务是从随机数据中求出最接近真值的值（或称为真值的最佳估计值），对数据精密度的高低（或称为可信赖的程度）进行评定并给出测量结果。

1）随机误差的正态分布曲线　测量实践表明，多数测量的随机误差具有以下特征。

① 绝对值小的随机误差出现的概率大于绝对值大的随机误差出现的概率。

② 随机误差的绝对值不会超出一定界限。

③ 测量次数 n 很大时，绝对值相等，符号相反的随机误差出现的概率相等。

由特征③不难推出，当 $n\to\infty$ 时，随机误差的代数和趋近于零。

随机误差的上述 3 个特征，说明其分布实际上是单一峰值的和有界限的，且当测量次数无穷增加时，这类误差还具有对称性（即抵偿性）。

在大多数情况下，当测量次数足够多时，测量过程中产生的误差服从正态分布规律。其分布密度函数为

$$y=f(x)=\frac{1}{\sigma\sqrt{2\pi}}\mathrm{e}^{-\frac{(x-L)^2}{2\sigma^2}} \tag{11-7}$$

由随机误差定义 $\delta=x-L$ 得，

$$y=f(\delta)=\frac{1}{\sigma\sqrt{2\pi}}\mathrm{e}^{-\frac{\delta^2}{2\sigma^2}} \tag{11-8}$$

式中，y 为概率密度；x 为测量值（随机变量）；σ 为方均根偏差（标准误差）；L 为真值（随机变量 x 的数学期望）；δ 为随机误差（随机变量），$\delta=x-L$。

正态分布方程式的关系曲线为一条钟形的曲线（见图 11-1），说明随机变量在 $x=L$ 或 $\delta=0$ 处的附近区域内具有最大概率。

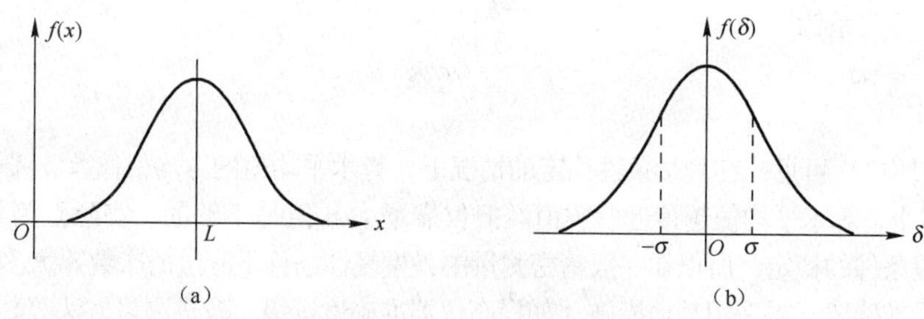

图 11-1　正态分布方程式的关系曲线

2）正态分布随机误差的数字特征

（1）算术平均值 $\bar{x}$：在实际测量时，真值 L 不可能得到。但如果随机误差服从正态分布，则算术平均值处随机误差的概率密度最大。对被测量进行等准确度的 n 次测量，得 n 个测量值 x_1，x_2，…，x_n，它们的算术平均值为

$$\bar{x}=\frac{1}{n}(x_1+x_2+\cdots+x_n)=\frac{1}{n}\sum_{i=1}^{n}x_i \tag{11-9}$$

算术平均值是诸测量值中最可信赖的，它可以作为等准确度多次测量的结果。

（2）方均根偏差：算术平均值是反映随机误差的分布中心，而方均根偏差则反映随机误

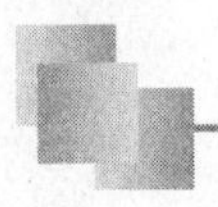

差的分布范围，它又称为标准偏差或标准差。方均根偏差越大，测量数据的分散范围也越大，所以方均根偏差 σ 可以描述测量数据和测量结果的准确度。图 11-2 所示为不同 σ 下正态分布曲线。由图可见，σ 越小，分布曲线越陡峭，说明随机变量的分散性小，测量准确高；反之，σ 越大，分布曲线越平坦，随机变量的分散性也大，则准确度也低。

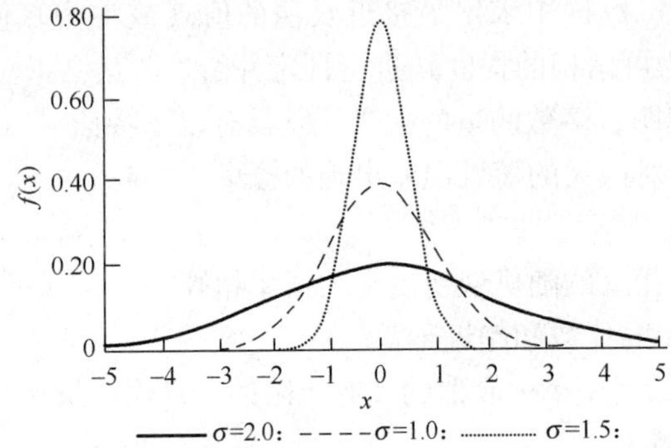

图 11-2　不同 σ 下正态分布曲线

方均根偏差 σ 可由下式求取

$$\sigma=\sqrt{\frac{\sum_{i=1}^{n}(x_i-L)^2}{n}}=\sqrt{\frac{\sum_{i=1}^{n}\delta_i^2}{n}} \tag{11-10}$$

式中，x_i 为第 i 次测量值。

在实际测量时，由于真值 L 是无法确切知道的，用测量值的算术平均值可代替它，各测量值与算术平均值之差值称为残余误差，即

$$v_i=x_i-\overline{x} \tag{11-11}$$

用残余误差计算的方均根偏差称为方均根偏差的估计值 σ_s，即

$$\sigma_s=\sqrt{\frac{\sum_{i=1}^{n}(x_i-\overline{x})^2}{n-1}}=\sqrt{\frac{\sum_{i=1}^{n}v_i^2}{n-1}} \tag{11-12}$$

通常在有限次测量时，算术平均值不可能等于被测量的真值 L，它也是随机变动的。设对被测量进行 m 组的“多次测量”，各组所得的算术平均值 $\overline{x_1}$，$\overline{x_2}$，…，$\overline{x_m}$，围绕真值 L 有一定的分散性，也是随机变量。算术平均值 $\overline{x}$ 的准确度可由算术平均值的方均根偏差 $\sigma_{\overline{x}}$ 来评定。它与 σ_s 的关系为

$$\sigma_{\overline{x}}=\frac{\sigma_s}{\sqrt{n}} \tag{11-13}$$

由式（11-13）可见，在测量条件一定的情况下，算术平均值的方均根偏差 $\sigma_{\overline{x}}$ 随着测量次数 n 的增加而减小，算术平均值越接近期望值。但仅靠增大 n 值是不够的，实际上测量次数越多，越难保证测量条件的稳定，所以在一般精密测量中，重复性条件下测量的次数 n 大多少于 10，此时要提高测量准确度，需采用其他措施（如提高仪器准确度等级、改进测量方法等）。

3）正态分布随机误差的概率计算　因随机变量符合正态分布，它出现的概率就是正态分布曲线下所包围的面积。因为全部随机变量出现的总的概率是 1，所以曲线所包围的面积应等于 1，即

$$\int_{-\infty}^{+\infty}f(x)\mathrm{d}v=\frac{1}{\sigma\sqrt{2\pi}}\int_{-\infty}^{+\infty}\mathrm{e}^{-\frac{x2}{2\sigma^2}}\mathrm{d}x=1 \tag{11-14}$$

随机变量在任意误差区间［a，b）出现的概率为

$$P_a=P(a\leqslant v<b)=\frac{1}{\sigma\sqrt{2\pi}}\int_{a}^{b}\mathrm{e}^{-\frac{x2}{2\sigma^2}}\mathrm{d}x \tag{11-15}$$

式中，P_a 为置信概率。

σ 是正态分布的特征参数，误差区间通常表示成 σ 的倍数，如 $t\sigma$。由于随机误差分布对称性的特点，常取对称的区间，即

$$P_a = P(-t\sigma \leqslant v \leqslant +t\sigma) = \frac{1}{\sigma\sqrt{2\pi}}\int_{-t\sigma}^{+t\sigma} e^{-\frac{v^2}{2\sigma^2}} dv \tag{11-16}$$

式中，t 为置信系数；$\pm t\sigma$ 为置信区间（误差限）。

表 11-1 给出 7 个典型的 t 值及其相应的概率。

表 11-1　t 值及其相应的概率

t	0.6745	1	1.96	2	2.58	3	4
P_a	0.5	0.6827	0.95	0.9545	0.99	0.9973	0.99994

随机变量在 $\pm t\sigma$ 范围内出现的概率为 P_a，则超出的概率称为置信度（也称为显著性水平），用 α 表示，即

$$\alpha = 1 - P_a$$

P_a与 α 关系如图 11-3 所示。

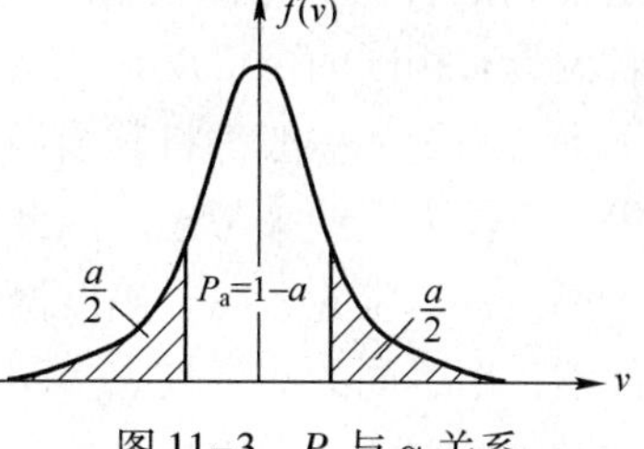

图 11-3　P_a与 α 关系

从表 11-1 可知，当 $t=1$ 时，$P_a=0.6827$，即测量结果中随机误差出现在 $-\sigma\sim+\sigma$ 范围内的概率为 68.27%，而 $|v|>\sigma$的概率为 31.73%。出现在 $-3\sigma\sim+3\sigma$ 范围内的概率是 99.73%，因此可以认为绝对值大于 3σ 的误差是不可能出现的，通常把这个误差称为极限误差 $\delta_{\lim}$。按照上面分析，测量结果可表示为

$$x = \bar{x} \pm \sigma_{\bar{x}} (p_a = 0.6827) \tag{11-17}$$

或

$$x = \bar{x} \pm 3\sigma_{\bar{x}} (p_a = 0.9973)$$

【例 11-1】 有一组测量值为 237.4、237.2、237.9、237.1、238.1、237.5、237.4、237.6、237.6、237.4，求测量结果。

解：将测量值列于表 11-2。

表 11-2　测量值列表

序　号	测量值 x_i	残余误差 v_i	v_i^2
1	237.4	−0.12	0.014
2	237.2	−0.32	0.10
3	237.9	0.38	0.14
4	237.1	−0.42	0.18
5	238.1	0.58	0.34
6	237.5	−0.02	0.00
7	237.4	−0.12	0.014
8	237.6	0.08	0.0064
9	237.6	0.08	0.0064
10	237.4	−0.12	0.014
	$\bar{x}=237.52$	$\sum v_i=0$	$\sum v_i^2=0.816$

$$\sigma_s = \sqrt{\frac{\sum v_i^2}{n-1}} = \sqrt{\frac{0.816}{10-1}} \approx 0.30$$

$$\sigma_{\bar{x}} = \frac{\sigma_s}{\sqrt{n}} = \frac{0.30}{\sqrt{10}} \approx 0.09$$

测量结果为

$$x = 237.52 \pm 0.09 \quad (P_a = 0.6827)$$

或

$$x = 237.52 \pm 3 \times 0.09 = 237.52 \pm 0.27 \quad (P_a = 0.9973)$$

4）不等准确度测量的权与误差　前面讲述的内容是等准确度测量的问题，即多次重复测量得到的各测量值具有相同的准确度，这些测量值可用同一个方均根偏差 σ 值来表征，或者说具有相同的可信度。严格地来说，绝对的等准确度测量是很难保证的，但对于条件差别不大的测量，一般都将其当做等准确度测量来对待。某些条件的变化，如测量时温度的波动等，只作为误差来考虑。因此，在一般测量实践中，基本上都属于等准确度测量。

但在科学实验或高准确度测量中，为了提高测量的可靠性和准确度，往往在不同的测量条件下，用不同的测量仪表，不同的测量方法，不同的测量次数，以及不同的测量者进行测量与对比，则认为它们是不等准确度的测量。对于不等准确度的测量，测量数据的处理不能套用前面等准确度测量数据处理的计算公式，需要推导出新的计算公式。下面先引入一些基本概念。

（1）“权”的概念：在不等准确度测量时，对同一被测量进行 m 组独立的无系统误差及粗大误差的测量，得到 m 组测量列（进行多次测量的一组数据称为一组测量列）的测量结果及其误差。由于各组测量条件不同，这些测量界结果不能同等看待。准确度高的测量列具有较高的可靠性，将这种可靠性的大小称为“权”。

“权”可理解为各组测量结果相对的可信赖程度。测量次数多，测量方法完善，测量仪表准确度等级高，测量的环境条件好，测量人员的水平高，则测量结果可靠，其权也大。权是相比较而存在的。权用符号 p 表示，它有两种计算方法。

① 用各组测量列的测量次数 n 的比值表示

$$p_1 : p_2 : \cdots : p_m = n_1 : n_2 : \cdots n_m \tag{11-18}$$

② 用各组测量列的误差的二次方的倒数的比值表示

$$p_1 : p_2 : \cdots : p_m = \left(\frac{1}{\sigma_1}\right)^2 : \left(\frac{1}{\sigma_2}\right)^2 : \cdots : \left(\frac{1}{\sigma_m}\right)^2 \tag{11-19}$$

测量结果权的数值仅表示各组间的相对可靠程度，它是一个无量纲的数，通常在计算各组权时，令最小的权值为“1”，以便用简单的数值来表示各组的权。

（2）加权算术平均值 $\bar{x}_p$：在不等准确度测量时，测量结果的最佳估计值用加权算术平均值表示。加权算术平均值不同于一般的算术平均值，应考虑各组测量列的权的情况。若对同一被测量进行 m 组不等准确度测量，得到 m 个测量列的算术平均值 $\bar{x}_1$，$\bar{x}_2$，…，$\bar{x}_m$，相应各组的权分别为 p_1，p_2，…，p_m，则加权算术平均值可用下式表示

$$\bar{x}_p = \frac{\bar{x}_1 p_1 + \bar{x}_2 p_2 + \cdots + \bar{x}_m p_m}{p_1 + p_2 + \cdots + p_m} = \frac{\sum_{i=1}^{m} \bar{x}_i p_i}{\sum_{i=1}^{m} p_i} \tag{11-20}$$

（3）加权算术平均值 $\bar{x}_p$ 的标准偏差 $\sigma_{\bar{x}_p}$：加权算术平均值的标准误差反映了加权算术平均值的估计准确度。计算加权算术平均值 $\bar{x}_p$ 的标准偏差时，也要考虑各测量列的权的情况，标准偏差 $\sigma_{\bar{x}_p}$ 可由下式计算

$$\sigma_{\bar{x}_p} = \sqrt{\frac{\sum_{i=1}^{m} p_i v_i^2}{(m-1)\sum_{i=1}^{m} p_i}} \tag{11-21}$$

式中，v_i 为各测量列的算术平均值 $\bar{x}_i$ 与加权算术平均值 $\bar{x}_p$ 的差值。

2. 系统误差的通用处理方法

1）从误差根源上消除系统误差　系统误差是在一定的测量条件下，测量值中含有固定不变或按一定规律变化的误差。系统误差不具有抵偿性，重复测量也难以发现，在工程测量中应特别注意该项误差。

由于系统误差的特殊性，在处理方法上与随机误差完全不同。有效地找出系统误差的根源并减小或消除它的关键是如何查找误差根源，这就需要对测量设备、测量对象和测量系统作全面分析，明确其中有无产生明显系统误差的因素，并采取相应措施予以修正或消除。由于具体条件不同，在分析查找误差根源时并无一成不变的方法，这与测量者的经验、水平及测量技术的发展密切相关，但可以从以下 5 个方面进行分析考虑。

☺ 所用传感器、测量仪表或组成元件是否准确可靠。例如，传感器或仪表灵敏度不足，仪表刻度不准确，变换器、放大器等性能不太优良，由这些引起的误差是常见的误差。

☺ 测量方法是否完善。例如，用电压表测量电压，电压表的内阻对测量结果有影响。

☺ 传感器或仪表安装、调整或放置是否正确合理。例如，没有调好仪表水平位置，安装时仪表指针偏心等都会引起误差。

☺ 传感器或仪表工作场所的环境条件是否符合规定条件。例如，环境、温度、湿度、气压等的变化也会引起误差。

☺ 测量者的操作是否正确。例如，读数时的视差、视力疲劳等都会引起系统误差。

2）系统误差的发现与判别　发现系统误差一般比较困难，下面介绍 3 种发现系统误差的一般方法。

【实验对比法】 这种方法是通过改变产生系统误差的条件，从而进行不同条件的测量，以发现系统误差。这种方法适用于发现固定的系统误差。例如，一台测量仪表本身存在固定的系统误差，即使进行多次测量也不能被发现，只有用准确度更高一级的测量仪表测量，才能发现这台测量仪表的系统误差。

【残余误差观察法】 这种方法是根据测量值的残余误差的大小和符号的变化规律，直接由误差数据或误差曲线图形判断有无变化的系统误差。图 11-4 中把残余误差按测量值先后

顺序排列，图11-4（a）的残余误差排列后有递减的变值系统误差；图11-4（b）则可能有周期性系统误差。

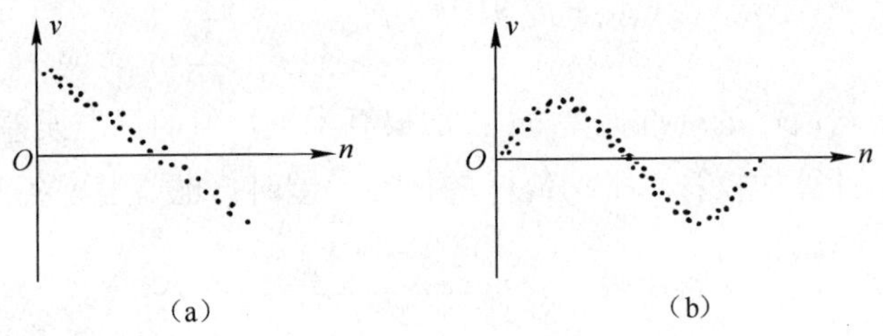

图11-4　残余误差变化规律

【准则检查法】 目前已有多种准则供人们检验测量数据中是否含有系统误差，不过这些准则都有一定的适用范围。如马利科夫判据是将残余误差前后各半分两组，若“Σv_i前”与“Σv_i后”之差明显不为零，则可能含有线性系统误差。

又如，阿贝检验法则检查残余误差是否偏离正态分布，若偏离，则可能存在变化的系统误差。将测量值的残余误差按测量顺序排列，且设

$$A = v_1^2 + v_2^2 + \cdots + v_n^2$$

$$B = (v_1 - v_2)^2 + (v_2 - v_3)^2 + \cdots + (v_{n-1} - v_n)^2 + (v_n - v_1)^2$$

若$\left|\frac{B}{2A} - 1\right| > \frac{1}{\sqrt{n}}$，则可能含有变化的系统误差。

3）系统误差的消除

(1) 在测量结果中进行修正：对于已知的系统误差，可以用修正值对测量结果进行修正；对于变值系统误差，应设法找出误差的变化规律，用修正公式或修正曲线对测量结果进行修正；对未知系统误差，则按随机误差进行处理。

(2) 消除系统误差的根源：在测量前，仔细检查仪表，正确调整和安装，使用前一定要调零；防止外界干扰影响；选好观测位置，消除视差；选择环境条件比较稳定时进行读数等。

(3) 检测方法上消除或减小系统误差：在实际测量中，采用有效的测量方法对于消除系统误差也是非常重要的。在现有仪器设备的前提下，改进测量方法可提高测量的准确度。常用的可消除系统误差的测量方法有替换法、对照法等。

替换法是用可调的标准器具代替被测量接入检测系统，然后调整标准器具，使检测系统的指示与被测量接入时相同，则此时标准器具的数值等于被测量值。替换法在两次测量过程中，测量电路及指示器的工作状态均保持不变，因此检测系统的准确度对测量结果基本上没有影响，从而消除了测量结果中的系统误差；测量的准确度主要取决于标准已知量，对指示器只要求有足够高的灵敏度即可。替换法不仅适用于精密测量，也常用于一般的技术测量。

对照法也称交换法，是在一个测量系统中改变一下测量安排，测出两个结果，将这两个测量结果相互对照，并通过适当的数据处理，可对测量结果进行修正。

【例 11-2】在一个等臂天平称重实验中，天平左、右两臂的长度存在微小差别，如何测量能保证足够高的准确度？

解：分析此称重实验，由于两臂长度微小差值的存在，使测量存在恒值系统误差。可采用对照法改进测量。设被测物为 X、砝码为 P，改变砝码重量直到两臂平衡，记录测量值 p_1；将 X 与 P 左右交换，改变砝码质量值，使天平再次平衡，记录测量值 p_2，取两次测量的平均值，即得到精确测量值，消除了系统误差。

还可采用替换法，天平左侧是被测物 X，置一平衡物 T 于天平另一端，调节 T 使天平平衡。用砝码代替被测物 X，T 仍然置于另一侧，使天平再次平衡，则砝码的值就是被测物的质量。

（4）在测量系统中采用补偿措施：找出系统误差的规律，在测量过程中自动消除系统误差。例如，用热电偶测量温度时，热电偶参考端温度变化会引起系统误差，消除此误差的办法之一是在热电偶回路中加一个冷端补偿器，从而实现自动补偿。

（5）实时反馈修正：由于自动化测量技术及计算机的应用，可用实时反馈修正的办法来消除复杂的变化系统误差。当查明某种误差因素的变化对测量结果有明显的复杂影响时，应尽可能找出其影响测量结果的函数关系或近似的函数关系。在测量过程中，用传感器将这些误差因素的变化转换成某种物理量形式（一般为电量），及时按照其函数关系，通过计算机算出影响测量结果的误差值，对测量结果作实时的自动修正。

3. 粗大误差

如前所述，在对重复测量所得一组测量值进行数据处理前，首先应将具有粗大误差的可疑数据找出来加以剔除。人们绝对不能凭主观意愿对数据任意进行取舍，而是要有一定的根据。原则就是要看这个可疑值的误差是否仍处于随机误差的范围内，是则留，不是则弃。因此要对测量数据进行必要的检验。下面就常用的 3 种准则介绍如下。

1）3σ 准则（拉依达准则）　前面已讲到，通常把等 3σ 的误差称为极限误差。3σ 准则就是如果一组测量数据中某个测量值的残余误差的绝对值 $|v_i|>3\sigma$ 时，则该测量值为可疑值（坏值），应剔除。

2）肖维勒准则　肖维勒准则以正态分布为前提，假设 n 次重复测量所得 n 个测量值中，某个测量值的残余误差 $|v_i|>Z_c\sigma$，则剔除此数据。实用中 $Z_c<3$，所以在一定程度上弥补了 3σ 准则的不足。肖维勒准则中的 Z_c 值见表 11-3。

表 11-3　肖维勒准则中的 Z_c 值

n	3	4	5	6	7	8	9	10	11	12
Z_c	1.38	1.54	1.65	1.73	1.80	1.86	1.92	1.96	2.00	2.03
n	13	14	15	16	18	20	25	30	40	50
Z_c	2.07	2.10	2.13	2.15	2.20	2.24	2.33	2.39	2.49	2.58

3）格拉布斯准则　某个测量值的残余误差的绝对值 $|v_i|>G\sigma$，则判断此值中含有粗大误差，应予剔除，此即格拉布斯准则，它被认为是比较好的准则。G 值与重复测量次数 n 和置信概率 P_a 有关，见表 11-4。

表11-4　格拉布斯准则中的G值

测量次数n	置信概率P_a		测量次数n	置信概率P_a	
	0.99	0.95		0.99	0.95
3	1.16	1.15	11	2.48	2.23
4	1.49	1.46	12	2.55	2.28
5	1.75	1.67	13	2.61	2.33
6	1.94	1.82	14	2.66	2.37
7	2.10	1.94	15	2.70	2.41
8	2.22	2.03	16	2.74	2.44
9	2.32	2.11	18	2.82	2.50
10	2.41	2.18	20	2.88	2.56

以上准则是以数据按正态分布为前提的，当偏离正态分布，特别是测量次数很少时，则判断的可靠性就差。因此，对粗大误差除用剔除准则外，更重要的是要提高工作人员的技术水平和工作责任心。另外，要保证测量条件稳定，防止因环境条件剧烈变化而产生的突变影响。

4. 测量数据处理中的3个问题

1）测量误差的合成　一个测量系统或一个传感器都是由若干部分组成。设各环节为x_1，x_2，…，x_n，系统总的输入/输出关系为$y=f(x_1,x_2,\cdots,x_n)$，而各部分又都存在测量误差。各局部误差对整个测量系统或传感器测量误差的影响就是误差的合成问题。若已知各环节的误差而求总的误差，称为误差的合成；反之，总的误差确定后，要确定各环节具有多大误差才能保证总的误差值不超过规定值，这一过程称为误差的分配。

由于随机误差和系统误差的规律和特点不同，误差的合成与分配的处理方法也不同，下面分别介绍。

（1）系统误差的合成：由前述可知，系统总输出与各环节之间的函数关系为

$$y=f(x_1,x_2,\cdots,x_n)$$

各部分定值系统误差分别为Δx_1，Δx_2，…，Δx_n，因为系统误差一般均很小，其误差可用微分来表示，故其合成表达式为

$$\mathrm{d}y=\frac{\partial f}{\partial x_1}\mathrm{d}x_1+\frac{\partial f}{\partial x_2}\mathrm{d}x_2+\cdots+\frac{\partial f}{\partial x_n}\mathrm{d}x_n \tag{11-22}$$

实际计算误差时，是以各环节的定值系统误差Δx_1，Δx_2，…，Δx_n代替式（11-22）中的$\mathrm{d}x_1$，$\mathrm{d}x_2$，…，$\mathrm{d}x_n$，即

$$\Delta y=\frac{\partial f}{\partial x_1}\Delta x_1+\frac{\partial f}{\partial x_2}\Delta x_2+\cdots+\frac{\partial f}{\partial x_n}\Delta x_n \tag{11-23}$$

式中，Δy即合成后的总的定值系统误差。

（2）随机误差的合成：设测量系统或传感器有n个环节组成，各部分的方均根偏差为σ_{x_1}，σ_{x_2}，…，σ_{x_n}，则随机误差的合成表达式为

$$\sigma_y=\sqrt{\left(\frac{\partial f}{\partial x_1}\right)^2\sigma_{x_1}^2+\left(\frac{\partial f}{\partial x_2}\right)^2\sigma_{x_2}^2+\cdots+\left(\frac{\partial f}{\partial x_n}\right)^2\sigma_{x_n}^2} \tag{11-24}$$

若 $y=f(x_1,x_2,\cdots,x_n)$ 为线性函数，即

$$y=a_1x_1+a_2x_2+\cdots+a_nx_n$$

则

$$\sigma_y=\sqrt{a_1^2\sigma_{x_1}^2+a_2^2\sigma_{x_2}^2+\cdots+a_n^2\sigma_{x_n}^2}$$

如果 $a_1=a_2=\cdots=a_n=1$，则

$$\sigma_y=\sqrt{\sigma_{x_1}^2+\sigma_{x_2}^2+\cdots+\sigma_{x_n}^2}$$

（3）总合成误差：设测量系统和传感器的系统误差和随机误差均为相互独立的，则总的合成误差 ε 表示为

$$\varepsilon=\Delta y\pm\sigma_y \tag{11-25}$$

2）最小二乘法的应用　最小二乘法原理是误差的数据处理中的一种数据处理手段。最小二乘法原理就是要获得最可信赖的测量结果，使各测量值的残余误差二次方和为最小。最小二乘法在组合测量的数据处理、实验曲线的拟合及其他多种学科等方面，均获得了广泛的应用。在等准确度测量和不等准确度测量中，用算术平均值或加权算术平均值作为多次测量的结果，因为它们符合最小二乘法原理。下面举一个组合测量的例子。

铂热电阻的电阻值 R_b 与温度 t 之间函数关系式为

$$R_t=R_0(1+\sigma t+\beta t^2)$$

式中，R_0，R_t为分别为铂热电阻在温度 0℃和 t℃时的电阻值；α，β 为电阻温度系数。

若在不同温度 t 条件下测得一系列电阻值 R_t，求电阻温度系数 α 和 β。由于在测量中不可避免地引入误差，如何求得一组最佳的或最恰当的解，使 $R_t=R_0(1+\alpha t+\beta t^2)$ 具有最小的误差呢？

通常的做法是使测量次数 n 大于所求未知量个数 $m(n>m)$，然后采用最小二乘法原理进行计算。

为了讨论方便起见，用线性函数通式表示。设 X_1，X_2，…，X_m为待求量，Y_1，Y_2，…，Y_m为直接测量值，它们相应的函数关系为

$$\begin{cases}Y_1=a_{11}X_1+a_{12}X_2+\cdots+a_{1m}X_m\\Y_2=a_{21}X_1+a_{22}X_2+\cdots+a_{2m}X_m\\\cdots\\Y_n=a_{n1}X_1+a_{n2}X_2+\cdots+a_{nm}X_m\end{cases} \tag{11-26}$$

若 x_1，x_2，…，x_m是待求量 X_1，X_2，…，X_m最可信赖的值，又称为最佳估计值，则相应的估计值也有下列函数关系

$$\begin{cases}y_1=a_{11}x_1+a_{12}x_2+\cdots+a_{1m}x_m\\y_2=a_{21}x_1+a_{22}x_2+\cdots+a_{2m}x_m\\\cdots\\y_n=a_{n1}x_1+a_{n2}x_2+\cdots+a_{nm}x_m\end{cases}$$

相应的误差方程为

$$\begin{cases} v_1 = l_1 - y_1 = l_1 - (a_{11}x_1 + a_{12}x_2 + \cdots + a_{1m}x_m) \\ v_2 = l_2 - y_2 = l_2 - (a_{21}x_1 + a_{22}x_2 + \cdots + a_{2m}x_m) \\ \cdots \\ v_n = l_n - y_n = l_n - (a_{n1}x_1 + a_{n2}x_2 + \cdots + a_{nm}x_m) \end{cases} \tag{11-27}$$

式中，l_1，l_2，…，l_n为带有误差的实际直接测量值。

按最小二乘法原理，要获取最可信赖的结果 x_1，x_2，…，x_m，应按上述方程组的残余误差二次方和为最小，即

$$v_1^2 + v_2^2 + \cdots + v_n^2 = \sum_{i=1}^{n} v_i^2 = [v^2] = 最小$$

根据求极值条件，应使

$$\begin{cases} \dfrac{\partial [v^2]}{\partial x_1} = 0 \\ \dfrac{\partial [v^2]}{\partial x_2} = 0 \\ \cdots \\ \dfrac{\partial [v^2]}{\partial x_m} = 0 \end{cases}$$

将上述偏微分方程式整理，最后可写成

$$\begin{cases} [a_1a_1]x_1 + [a_1a_2]x_2 + \cdots + [a_1a_m]x_m = [a_{11}] \\ [a_2a_1]x_1 + [a_2a_2]x_2 + \cdots + [a_2a_m]x_m = [a_{21}] \\ \cdots \\ [a_ma_1]x_1 + [a_ma_2]x_2 + \cdots + [a_ma_m]x_m = [a_{m1}] \end{cases} \tag{11-28}$$

式（11-28）即为等准确度测量的线性函数最小二乘估计的正规方程，式中，

$$[a_1a_1] = a_{11}a_{11} + a_{21}a_{21} + \cdots + a_{n1}a_{n1}$$
$$[a_1a_2] = a_{11}a_{12} + a_{21}a_{22} + \cdots + a_{n1}a_{n2}$$
$$[a_1a_m] = a_{11}a_{1m} + a_{21}a_{2m} + \cdots + a_{n1}a_{nm}$$
$$[a_{11}] = a_{11}l_1 + a_{21}l_2 + \cdots + a_{n1}l_n$$

以后项依次类推。

正规方程是一个 m 元线性方程组，当其系数行列式不为零时，有唯一确定的解，由此可解得欲求的估计值 x_1，x_2，…，x_m即为符合最小二乘原理的最佳解。

线性函数的最小二乘法处理应用矩阵这一工具进行讨论有许多便利之处。将误差方程式（11-27)用矩阵表示为

$$V = L - AX \tag{11-29}$$

式中，系数矩阵

$$A = \begin{pmatrix} a_{11} & a_{12} & \cdots & a_{1m} \\ a_{21} & a_{22} & \cdots & a_{2m} \\ \cdots & \cdots & \cdots & \cdots \\ a_{n1} & a_{n2} & \cdots & a_{nm} \end{pmatrix}$$

估计值矩阵

$$X=\begin{pmatrix}X_1\\X_2\\\cdots\\X_n\end{pmatrix}$$

实际测量值矩阵

$$L=\begin{pmatrix}L_1\\L_2\\\cdots\\L_n\end{pmatrix}$$

残余误差矩阵

$$V=\begin{pmatrix}V_1\\V_2\\\cdots\\V_n\end{pmatrix}$$

残余误差二次方和最小这一条件的矩阵形式为

$$V'V=\text{最小}$$

即

$$(L-AX)'(L-AX)=\text{最小}$$

将上述线性函数的正规方程式（11–28）用残余误差表示，可改写成

$$\begin{cases}a_{11}v_1+a_{21}v_2+\cdots+a_{n1}v_n=0\\a_{12}v_1+a_{22}v_2+\cdots+a_{n2}v_n=0\\\cdots\\a_{1m}v_1+a_{2m}v_2+\cdots+a_{nm}v_n=0\end{cases}\tag{11-30}$$

写成矩阵形式为

$$\begin{pmatrix}a_{11}&a_{21}&\cdots&a_{n1}\\a_{12}&a_{22}&\cdots&a_{n2}\\\cdots&\cdots&\cdots&\cdots\\a_{1m}&a_{2m}&\cdots&a_{nm}\end{pmatrix}V=0$$

即

$$A'V=0$$

由式（11–29）有

$$A'(L-AX)=0$$

$$(A'A)X=A'L$$

所以

$$X=(A'A)^{-1}A'L\tag{11-31}$$

式（11–31）即为最小二乘估计的矩阵解。

【例 11-3】 铜热电阻的电阻值 R_t 与温度 t 之间关系为 $R_t = R_0(1+\alpha t)$，在不同温度下，测定铜热电阻的电阻值见表 11-5。试估计 0℃时的铜热电阻电阻值 R_0 和铜热电阻的电阻温度系数 α。

表 11-5　不同温度下测定铜热电阻的电阻值

t_i(℃)	19.1	25.0	30.1	36.0	40.0	45.1	50.0
R_{t_i}(Ω)	76.3	77.8	79.75	80.80	82.35	83.9	85.10

解：列出误差方程：

$$R_{t_i} - R_0(1+\alpha t) = V_i, i = 1,2,3,\cdots,7$$

式中，R_{t_i} 是在温度 t_i 下测得的铜热电阻的电阻值。

令 $x = R_0$，$y = aR_0$，则误差方程可写为

$$76.3 - (x + 19.1y) = V_1$$
$$77.8 - (x + 25.0y) = V_2$$
$$79.75 - (x + 30.1y) = V_3$$
$$80.80 - (x + 36.0y) = V_4$$
$$82.35 - (x + 40.0y) = V_5$$
$$83.9 - (x + 45.1y) = V_6$$
$$85.10 - (x + 50.0y) = V_7$$

其正规方程按式（11-28）为

$$[a_1a_1]x_1 + [a_1a_2]y = [a_{11}]$$
$$[a_2a_1]x_1 + [a_2a_2]y = [a_{21}]$$

于是有

$$\begin{cases} \sum_{i=1}^{7} 1^2 x + \sum_{i=1}^{7} t_i y = \sum_{i=1}^{7} R_{t_i} \\ \sum_{i=1}^{7} t_i x + \sum_{i=1}^{7} t_i^2 y = \sum_{i=1}^{7} R_{t_i} t_i \end{cases}$$

将各值代入上式，得到

$$7x + 245.3y = 566$$
$$245.3x + 9325.38y = 20044.5$$

解得 $x = 70.8$，$y = 0.288$，即

$$R_0 = 70.8\Omega$$

$$\alpha = \frac{y}{R_0} = \frac{0.288}{70.8} \approx 4.07 \times 10^{-3}/℃$$

用矩阵求解，则有

$$A'A=\begin{pmatrix}1 & 1 & 1 & 1 & 1 & 1 & 1\\19.1 & 25.0 & 30.1 & 36.0 & 40.0 & 45.1 & 50.0\end{pmatrix}\begin{pmatrix}1 & 19.1\\1 & 25.0\\1 & 30.1\\1 & 36.0\\1 & 40.0\\1 & 45.1\\1 & 50.0\end{pmatrix}$$

$$=\begin{pmatrix}7 & 245.3\\245.3 & 9325.38\end{pmatrix}$$

$$|A'A|=\begin{vmatrix}7 & 245.3\\245.3 & 9325.38\end{vmatrix}=5108.7\neq 0(\text{有解})$$

$$(A'A)^{-1}=\frac{1}{|A'A|}\cdot\begin{vmatrix}A_{11} & A_{12}\\A_{21} & A_{22}\end{vmatrix}=\frac{1}{5108.7}\begin{vmatrix}9325.85 & -245.3\\-245.3 & 7\end{vmatrix}$$

$$A'L=\begin{pmatrix}1 & 1 & 1 & 1 & 1 & 1 & 1\\19.1 & 25.0 & 30.1 & 36.0 & 40.0 & 45.1 & 50.0\end{pmatrix}\begin{pmatrix}76.3\\77.8\\79.75\\80.80\\82.35\\83.9\\85.10\end{pmatrix}$$

$$=\begin{pmatrix}566\\20044.5\end{pmatrix}$$

$$X=\begin{pmatrix}x\\y\end{pmatrix}=(A'A)^{-1}A'L=\frac{1}{5108.7}\begin{pmatrix}9325.83 & -245.3\\-245.3 & 7\end{pmatrix}\begin{pmatrix}566\\20044.5\end{pmatrix}=\begin{pmatrix}70.8\\0.288\end{pmatrix}$$

所以

$$R_0=x=70.8\Omega$$

$$\alpha=\frac{y}{R_0}=\frac{0.288}{70.8}\approx 4.07\times 10^{-3}/℃$$

3）用经验公式拟合实验数据——回归分析　在工程实践和科学实验中，经常遇到对于一批实验数据，需要把它们进一步整理成曲线图或经验公式。用经验公式拟合实验数据，工程上把这种方法称为回归分析。回归分析就是应用数理统计的方法，对实验数据进行分析和处理，从而得出反映变量间相互关系的经验公式（也称为回归方程）。当经验公式为线性函数时，如

$$y=b_0+b_1x_1+b_2x_2+\cdots+b_nx_n \tag{11-32}$$

称这种回归分析为线性回归分析，它在工程中的应用价值较高。在线性回归分析中，当独立变量只有一个时，即函数关系为

$$y=b_0+bx \tag{11-33}$$

这种回归分析称为一元线性回归分析，这就是工程上和科研中常遇到的直线拟合问题。

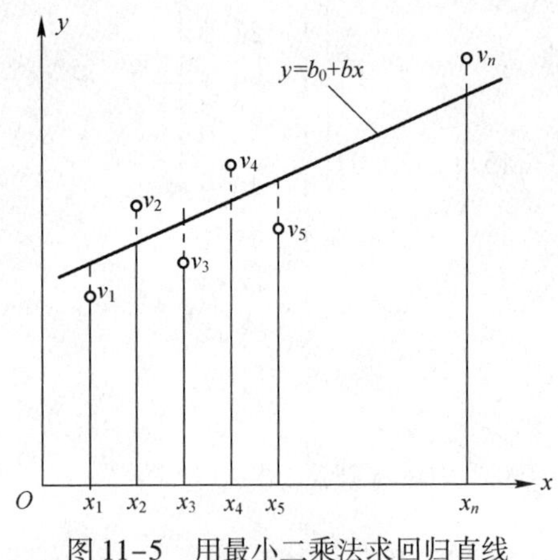

图 11-5　用最小二乘法求回归直线

设有 n 对测量数据（x_i，y_i），用一元线性回归方程式（11-33）拟合，根据测量数据值，求方程中系数 b_0、b 的最佳估计值。可应用最小二乘法原理，使各测量数据点与回归直线的偏差二次方和为最小，如图 11-5 所示。

$$\left.\begin{aligned} y_1-\hat{y}_1&=y_1-(b_0+bx_1)=v_1\\ y_2-\hat{y}_2&=y_2-(b_0+bx_2)=v_2\\ &\vdots\\ y_n-\hat{y}_n&=y_n-(b_0+bx_n)=v_n \end{aligned}\right\}$$

式中，$\hat{y}_1$，$\hat{y}_2$，…，$\hat{y}_n$ 为在 x_1，x_2，…，x_n 点上 y 的估计值。

可用最小二乘法求出系数 b_0，b。

在求经验公式时，有时用图解法分析显得更方便、直观，即将测量数据值(x_i,y_i)绘制在坐标纸上，把这些测量点直接连接起来，根据曲线（包括直线）的形状、特征及变化趋势，可以设法给出它们的数学模型（即经验公式）。这不仅可把一条形象化的曲线与各种分析方法联系起来，而且还在相当程度上扩展了原有曲线的应用范围。

11.3　测量系统

1. 测量系统构成

测量系统是传感器与测量仪表、变换装置等的有机组合。它是传感技术发展到一定阶段的产物，随着计算机技术及信息处理技术的发展，测量系统所涉及的内容也不断得以充实。图 11-6 所示的是测量系统原理结构框图。

图 11-6　测量系统原理结构框图

测量系统中的传感器是感受被测量的大小并输出相对应的可用输出信号的器件或装置。数据传输环节用来传输数据。当测量系统的几个功能环节独立地分隔开时，则必须由一个地方向另一个地方传输数据，数据传输环节就是完成这种传输功能。数据处理环节是将传感器输出信号进行处理和变换，如对信号进行放大、运算、线性化、D/A 或 A/D 转换，变成另一种参数的信号或变成某种标准化的统一信号等，使其输出信号便于显示、记录，既可用于自动控制系统，也可与计算机系统连接，以便对测量信号进行信息处理。数据显示环节将被测量信息变成人感官能接受的形式，以完成监视、控制或分析的目的。测量结果可以采用模拟显示，也可采用数字显示或虚拟仪器显示，也可以由记录装置进行自动记录或由打印机将数据打印出来。

2. 开环测量系统与闭环测量系统

测量数据时，测量系统有以下两种结构。

1）开环测量系统　开环测量系统的全部信息变换只沿着一个方向进行，如图 11-7 所示。

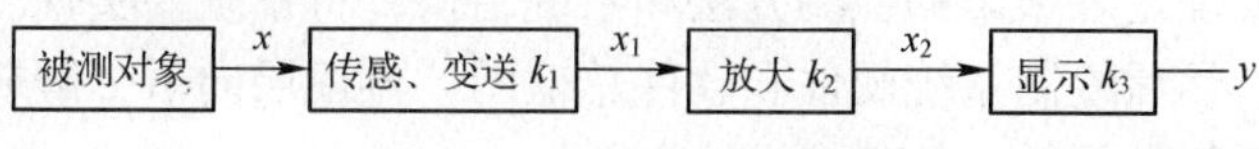

图 11-7　开环测量系统框图

其中 x 为输入量，y 为输出量，k_1、k_2、k_3为各个环节的传递系数。输入-输出关系为

$$y = k_1 \cdot k_2 \cdot k_3 \cdot x \tag{11-34}$$

采用开环方式构成的测量系统，结构较简单，但各环节特性的变化都会造成测量误差。

2）闭环测量系统　闭环测量系统有两个通道，即正向通道和反馈通道，其结构如图 11-8 所示。

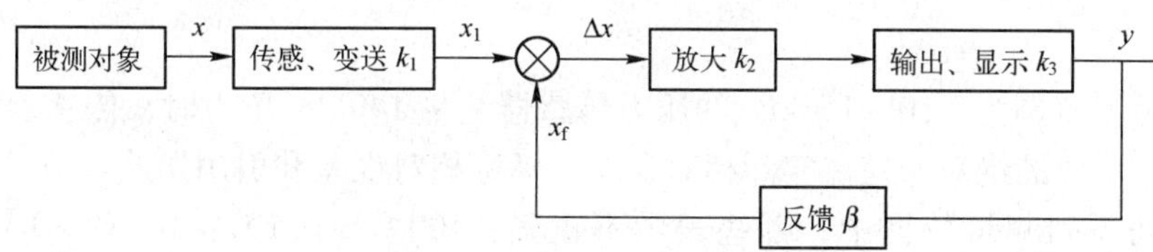

图 11-8　闭环测量系统框图

其中，Δx 为正向通道的输入量，β 为反馈环节的传递系数，正向通道的总传递系数 $k = k_2k_3$。由图 11-8 可知

$$\Delta x = x_1 - x_f$$

$$x_f = \beta y$$

$$y = k\Delta x = k(x_1 - x_f) = kx_1 - k\beta y$$

所以

$$y = \frac{k}{1 + k\beta}x_1 = \frac{1}{\frac{1}{k} + \beta}x_1 \tag{11-35}$$

当 $k \gg 1$ 时，则

$$y = \frac{1}{\beta}x_1 \tag{11-36}$$

显然，这时整个系统的输入-输出关系由反馈环节的特性决定，放大器等环节特性的变化不会造成测量误差，或者说造成的误差很小。

根据以上分析可知，在构成测量系统时，应将开环系统与闭环系统巧妙地组合在一起加以应用，这样才能达到所期望的目的。

3. 测量系统组建原则

检测系统的结构和规模随对象的特性、被测参数的数量、准确度要求的高低而不同，组建系统时应遵循如下原则。

1）开放式系统和规范化设计　尽可能选用符合国家标准的传感器；尽可能采用符合国际工业标准的总线结构和通信协议，并选用符合这些总线标准的功能模板组成开放式、可扩展的系统。

2）先总体后局部　根据系统的性能指标与功能要求，经过比较综合，然后制定出总体方案。总体方案中要确定各参量的检测方法和系统结构，将系统要实现的任务和功能合理地分配给硬件和软件，然后绘制系统硬件和软件总框图，再逐层向下分解成若干个相对独立的模块，并定义各模块间的硬件和软件接口。

3）指标分解留有裕量　将系统的主要指标，如准确度、能耗、可靠性等合理地分配给各个模块。考虑到系统集成后各模块的相互影响及现场运行环境，总体指标的分解要留有充分的裕量，以利系统日后的扩展。

4）性价比高　一般都希望系统性能好、成本低。要根据设计要求及成本综合考虑来设计系统。

习题

（1）用测量范围为 -50～150kPa 的压力传感器测量 140kPa 压力时，传感器测得示值为 142kPa，求该示值的绝对误差、实际相对误差、标称相对误差和引用误差。

（2）试问下列测量数据中，哪些表示不正确：100℃ ±0.1℃，100℃ ±1℃，100℃ ±1%，100℃ ±0.1%？

（3）压力传感器测量砝码数据见表 11-6，试解释这是一种什么误差？产生这种误差的原因是什么？

表 11-6　压力传感器测量砝码数据

M/g	0	1	2	3	4	5
正向测量值/mV	0	1.5	2	2.5	3	3.5
反向测量值/mV	0	0.5	1	2	2.5	3.5

（4）什么是粗大误差？如何判断测量系统中含有粗大误差？

（5）在对量程为 10MPa 的压力传感器进行标定时，传感器输出电压值与压力值之间的关系见表 11-7 所示，简述最小二乘法准则的几何意义，并讨论下列电压 - 压力直线中哪一条最符合最小二乘法准则。

表 11-7　压力传感器输出电压值与压力值之间的关系

测量次数 i	1	2	3	4	5
压力 x_i/MPa	2	4	5	8	10
电压 y_i/V	10.043	20.093	30.153	40.128	50.072

① $y=5.00x-1.05$

② $y=7.00x+0.09$

③ $y=50.00x-10.50$

④ $y=-5.00x-1.05$

⑤ $y=5.00x+0.07$

（6）测得某检测装置的一组输入/输出数据见表 11-8，试用最小二乘法拟合直线，求其线性度和灵敏度。

表 11-8　输入/输出数据

x	0.9	2.5	3.3	4.5	5.7	6.7
y	1.1	1.6	2.6	3.2	4.0	5.0

（7）设 5 次测量某物体的长度，其测量的结果分别为 9.8cm，10.0cm，10.1cm，9.9cm，10.2cm，若忽略粗大误差和系统误差，试求在 99.73% 的置信概率下，对被测物体的最小估计区间。

第12章

虚拟仪器技术

虚拟仪器是20世纪后期随计算机硬件和软件技术的迅速进步而出现并发展起来的有别于传统仪器的新概念。虚拟仪器技术突破了传统电子仪器以硬件为主体的模式，具有用简单硬件将被测量采集到上位机，然后通过软件设计方便、灵活地完成对被测量的分析、判断、显示及数据存储等功能的特点。软件设计的灵活易变、成本低等特点使虚拟仪器在测试测量技术中越来越发挥出其优势。

目前，虚拟仪器的开发工具有LabVIEW、LabWINDOWS、VB等，下面主要介绍用NI公司的LabVIEW软件开发虚拟仪器的方法。本书第13章到17章的综合实例是在计算机上对整个测量系统的联合软件仿真设计，因此在本章后面将介绍用LabVIEW同NI公司的另一款电路仿真软件Multisim进行联合仿真的方法。

12.1 LabVIEW软件的特点

LabVIEW（Laboratory Virtual Instrument Engineer Workbench，实验室虚拟仪器工作平台）是美国NI公司推出的一种基于G语言（Graphics Language，图形化编程语言）的具有革命性的图形化虚拟仪器开发环境，是业界领先的测试、测量和控制系统的开发工具。

虚拟仪器的概念是用户在通用计算机平台上，在必要的数据采集硬件的支持下，根据测试任务的需要，通过软件设计来实现和扩展传统仪器的功能。传统台式仪器是由厂家设计并定义好功能的一个封闭结构，有固定的I/O接口和仪器操作面板，每种仪器只能实现一类特定的测量功能，并以确定的方式提供给用户。虚拟仪器的出现，打破了传统仪器由厂家定义，用户无法改变的模式，使得用户可以根据自己的需求，设计自己的仪器系统，并可通过修改软件来改变或增减仪器的功能，真正体现了“软件就是仪器”这一新概念。

作为虚拟仪器的开发软件，LabVIEW的特点如下所述。

☺ 具有图形化的编程方式，设计者无须编写任何文本格式的代码，是真正的工程师语言。

☺ 提供丰富的数据采集、分析及存储的库函数。

☺ 提供传统的数据调试手段，如设置断点、单步运行，同时提供独具特色的执行工具，使程序动画式进行，利于设计者观察到程序运行的细节，使程序的调试和开发更为

便捷。

☺ 囊括了PCI、GPIB、PXI、VXI、RS-232/485、USB等各种仪器通信总线标准的所有功能函数，使得不懂得总线标准的开发者也能驱动不同总线标准接口设备与仪器。

☺ 提供大量与外部代码或软件进行链接的机制，如DLL（动态链接库）、DDE（共享库）、Activex等。

☺ 具有强大的Internet功能，支持常用的网络协议，方便网络/远程测控仪器开发。

在测试和测量方面，LabVIEW已经变成了一种工业的标准开发工具；在过程控制和工厂自动化应用方面，LabVIEW软件非常适用于过程监测和控制；而在研究和分析方面，LabVIEW软件有力的软件分析库提供了几乎所有经典的信号处理函数和大量现代的高级信号的分析。它具有信号采集、测量分析与数据显示功能，集开发、调试、运行于一体，而且LabVIEW虚拟仪器程序（Virtual Instrument，VI）可以非常容易地与各种数据采集硬件、以太网系统无缝集成，与各种主流的现场总线通信，以及与大多数通用数据库链接。"软件就是仪器"反映了其虚拟仪器技术的本质特征。用LabVIEW设计的虚拟仪器可脱离LabVIEW开发环境，用户最终看见的是和实际硬件仪器相似的操作界面。如今，虚拟仪器已是现代检测系统中非常重要的一部分。

12.2 LabVIEW虚拟仪器的创建方法

LabVIEW与虚拟仪器有着紧密联系，在LabVIEW中开发的程序都被称为VI（虚拟仪器），其扩展名默认为vi。所有的VI都包括前面板（Front Panel）、框图（Block Diagram），以及图标和连接器窗格（Icon and Connector pane）三部分。

LabVIEW程序设计在前面板开发窗口和流程图编辑窗口中完成。虚拟仪器的交互式用户接口被称为前面板，因为它模仿了实际仪器的面板。前面板包含旋钮、按钮、图形和其他的控制与显示对象。通过鼠标和键盘输入数据、控制按钮，可在计算机屏幕上观看结果。前面板主要完成显示和控制功能。流程图编辑窗口主要完成图形化编程（用G语言创建），即选用工具模板中相应的工具去选用功能模板上的有关图标来设计制作虚拟仪器流程图（流程图是图形化的源代码），以完成虚拟仪器的设计工作。

一个虚拟仪器的图标和连接就像一个图形（表示某一虚拟仪器）的参数列表。这样，其他的虚拟仪器才能将数据传输给子仪器。图标和连接允许将此仪器作为最高级的程序，也可以作为其他程序或子程序中的子程序（子仪器）。

LabVIEW提供了3个模板来编辑虚拟仪器，即工具模板（Tools Palettes）、控制模板（Controls Palettes）和功能模板（Functions Palettes）。工具模板提供用于图形操作的各种工具，如移动、选取、设置卷标和断点、文字输入等。控制模板则提供所有用于前面板编辑的控制和显示对象的图标，以及一些特殊的图形。功能模板包含一些基本的功能函数，也包含一些已做好的子仪器。这些子仪器能实现一些基本的信号处理功能，具有普遍性。其中控制、功能模板都有预留端，用户可将自己制作的子仪器图标放入其中，便于日后调用。

具体创建一个VI的步骤如下所述。

（1）从开始菜单中运行已安装的"National Instruments LabVIEW 8.2"，在计算机屏幕上将出现如图12-1所示的"Getting Started"窗口。

（2）在“Getting Started”窗口左边的“Files”控件里，树形控件用于选择新建文档类型。“Blank VI”用于建立一个新程序；“VI from Template…”按类型列出 LabVIEW 系统提供的程序模板，用户可以以这些模板为基础，建立自己的程序。当选中一个模板 VI 时，“Front panel preview”和“Block diagram preview”子窗口给出其前面板和框图预览。建立一个新的 LabVIEW 程序，框图面板和前面板如图 12-2 所示。

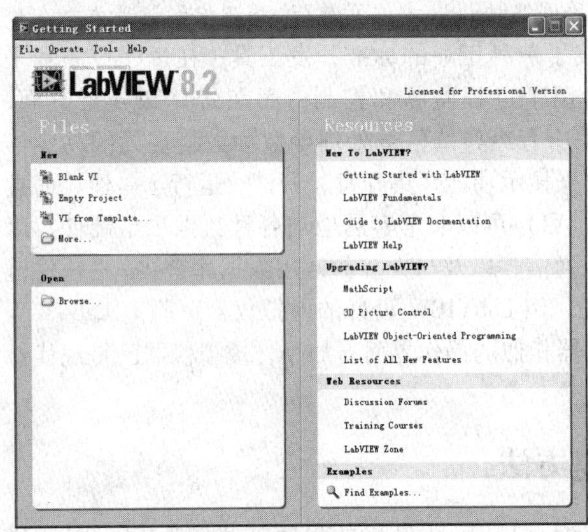

图 12-1 “Getting Started”窗口

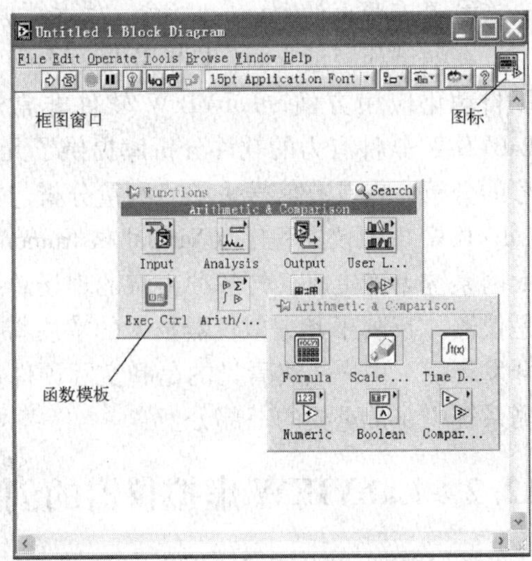

图 12-2 框图面板和前面板

（3）在前面板上放置设计要求的仪器图形。前面板上有交互式的输入和输出两类图形，分别称为控制器（Control）和指示器（Indicator）。控制器包括开关、旋钮、按钮和其他各种输入设备；指示器包括图形（Graph 和 Chart）、LED 和其他显示输出对象。

（4）在框图窗口中放置编程需要的功能函数模块，并根据编程要求连接前面板控件、指示器在框图窗口中的相应图标和功能函数模块图标。在框图中对 VI 编程的主要工作就是从前面板上的输入控件获得用户输入信息，然后进行计算和处理，最后在输出控件中把处理结果反馈给用户。框图上的编程元素除了包括前面板上的控制器和指示器对应的连线端子（Terminal）外，还有函数、子 VI、常量、结构和连线等。

（5）当框图程序编译通过后，在前面板调节各控件与指示器位置，并使界面美化。图 12-3所示为控制模板下“Modern \ Decorations”子模板。该模板提供制作美观界面的装饰元素。同时可单击鼠标右键打开前面板各模块的属性，修改颜色及其他设置。

（6）定义图标与连接器。完成子程序流程框图的编程后，需要定义连接器，以便在子 VI 调用时方便连接端口。图标和连接器指定了数据流入/流出 VI 的路径。VI 是分层次和模块化的，可将其作为顶层程序，也可将其作为其他程序的子程序。图标是子 VI 在程序图上的图形化表示，而连接器定义了子 VI 和主调程序之间的参数形式和接口。

VI 图标的修改可通过双击图标，在弹出的图 12-4 所示的编辑窗口中进行自定义。

定义连接器是用鼠标右键单击前面板窗口中的图标窗格，在图 12-5 所示的快捷菜单中选择“Show Connector”，连接器窗格会取代前面板窗口右上角的图标，如图 12-6 所示。

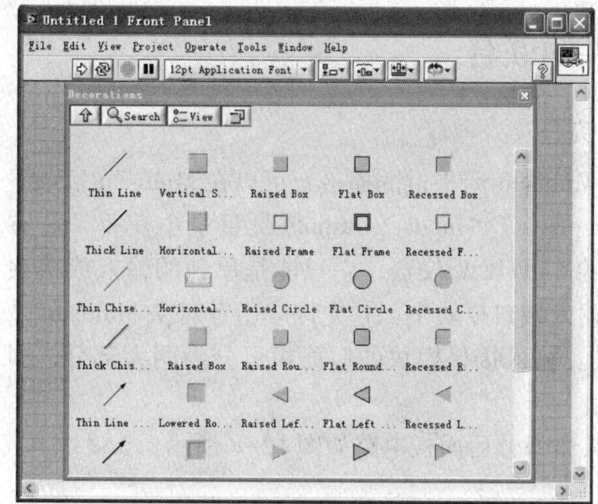

图 12-3　装饰子模块

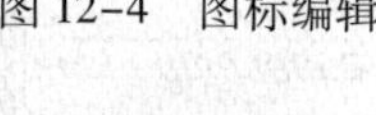

图 12-4　图标编辑

图 12-5　定义连接器时弹出的菜单图

图 12-6　连接器窗格图

在第一次打开一个 VI 连接器窗格时，LabVIEW 将自动根据当前前面板上控制器和指示器的个数，选择一个合适的连接器模式，自动选择的连接器模式中表示连接端子的格子数目数不小于控制器和指示器的总数目。当然，也可以根据 LabVIEW 自带的一些模型（Patterns）手动增加连接的端子，在连接器右上角用单击鼠标右键，在弹出的窗口中即可选择模型。

接下来是建立前面板上的控件和连接器窗口的端子关联。若把光标放在连接器的某个未连接的端子（白色）上，则光标自动变换为连接工具样式。单击选中端子，端子变为黑色。然后单击前面板的控件，控件周围出现的虚线框表示控件处于选中状态，同时连接器端子变为选中数据类型对应的颜色，表示关联过程完成，如图 12-7 所示。如果白色连接器的端子没有变为所关联控件数据类型对应的颜色，则表明关联失败，可重复以上过程，直至关联成功。如果关联了错误的控件，可以在连接器端子上单击鼠标右键，从弹出的菜单中选择断开连接，然后重新指定。一般习惯把控制器连接到连接器窗口左边的端子上，把指示器连接到连接器窗口右边的端子上。

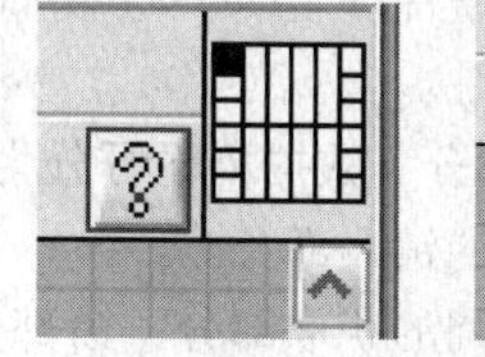

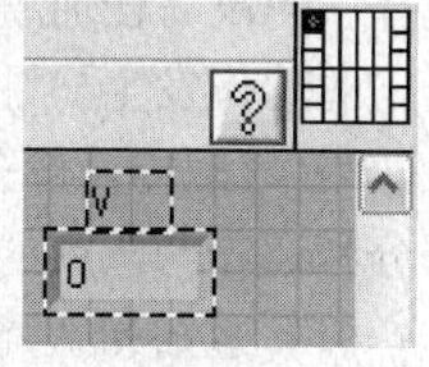

图 12-7　连接器和显示器件关联

完成上述工作后，将设计好的 VI 保存。

12.3 LabVIEW 和 Multisim 软件的联合

1. Multisim 和 LabVIEW 的输入接口研究

Multisim 和 LabVIEW 的接口电路来源于 Multisim 所提供的模板，可以在 Multisim 目录下的“Sampling”/“LabVIEW Instruments”/“Templates”/“Input（Output）”目录中获得。它有输入、输出两个接口模块。导入 Multisim 中的 LabVIEW 仪器，它只能是单独的输入或单独的输出形式，而不能既有输入又有输出。在输入接口模块中，它允许应用者对从 Multisim 采样数据到 LabVIEW 中的采样率进行按需设置。输入接口模块的后面板可分为两大部分，即窗口操作部分和数据传送部分。

1）窗口操作部分 在 LabVIEW 中窗口操作部分后面板电路如图 12-8 所示。

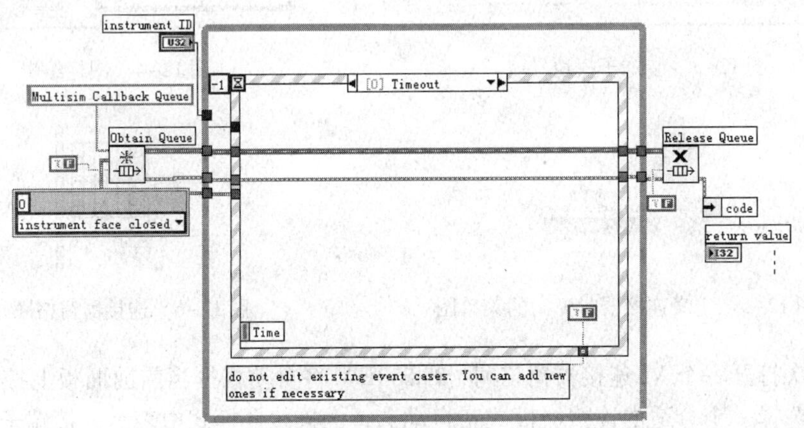

图 12-8 窗口操作

从图中可以知道，窗口操作部分是利用 Obtain Queue 这个节点来获取 Multisim Callback Queue 中关于 Multisim 对 LabVIEW 的操作信息（包含关掉界面、停止运行、启动运行、暂停等）和设备在 Multisim 中的 ID 号的，并且将所获得的数据送入 While 循环中进行处理。在 While 循环中有一个 Event Structure 结构，这个结构就好像是具有“Wait On Occurrence”（等待事件发生）能力的选择结构（Case Structure），但是这个选择结构能够同时响应多个选择。当没有任何事件发生时，Event Structure 就会处于睡眠状态，直到有一个或多个预先设定的动作发生。

2）数据传输部分 数据传输可分为 3 个部分，即通知和队列的获取部分、数据的处理部分和通知和队列的销毁部分。

（1）通知和队列的获取部分：该部分的电路图如图 12-9 所示。由图可知，当 LabVIEW 被 Multisim 调用时，Call Chain 会获取 Multisim 调用 LabVIEW 的路径，经过 Index Array 对数组进行索引后，把信号送到 Open VI Reference 中。Open VI Reference 节点的功能是打开并返回一个运行在指定 VI 应用程序的 Reference，所以前面这一系列的工作的主要目的是把 Multisim 调用 LabVIEW 的路径的 Reference 找到，为的是在后面正确地把 Multisim 中的数据传输给 LabVIEW。Instrument Occurrence 是一个产生通告的节点，当 LabVIEW 被调用时它就产生一个通告，后面的等待通告的节点接到通告后就开始工作。此后利用 Obtain Queue 和 Obtain

Notifier 这两个节点获取指定的队列和通告后，把相应的数据送入数据处理部分。这时在 Multisim Command Element 节点中获得的信息包括控制 LabVIEW 运行的控制代码和 Multisim 中的电路运行时的产生数据也将被送进数据处理部分。

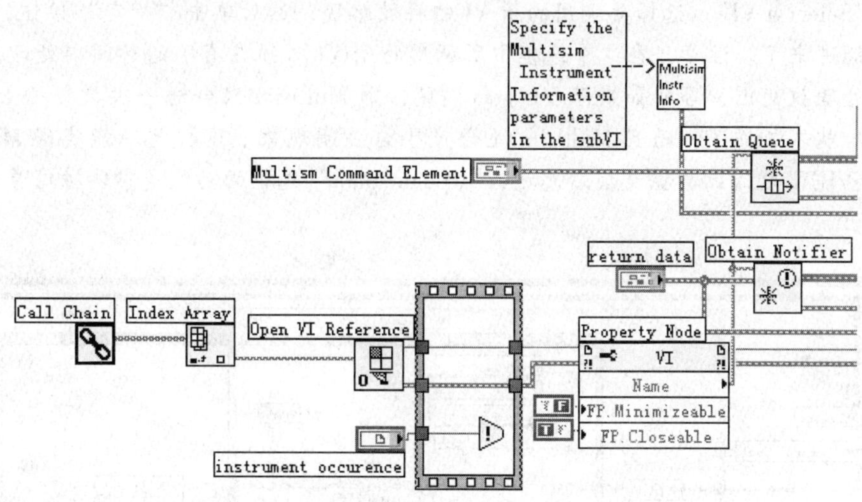

图 12-9　获取通知和队列电路图

（2）数据的处理部分：该部分的电路图如图 12-10 所示。该部分是在一个 While 循环中完成其全部的数据处理功能的。在 While 循环中嵌套着一个“Case Structure” 选框。这个选框中的子选框有“Default”、“Update Data Begin”、“Update Data”、“Destroy Instance”、“Serialize Data”、“Deserialize Data”。这个选框中所拥有的所有功能的执行及其执行顺序都是由 Control Code 节点来控制的。当 Control Code 选中了哪个情况的子选框后，才执行哪个子选框中相应的内容。子选框执行的先后顺序也由该控制节点发出控制信号的先后来决定的。如果需要对数据进行平滑化，可在“Serialize Data” 选项框中进行设计；要加入处理信号的子 VI，可在“Update Data” 中进行。

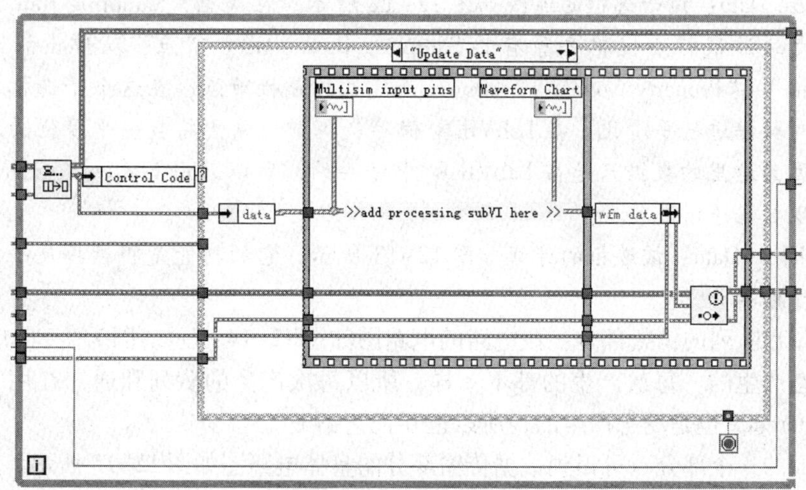

图 12-10　数据处理电路图

这里只介绍在 Case Structure 中的 3 个常用的选框中进行设计的方法。

☺ Update Data：该选框如图 12-11 所示，它要完成的主要工作是调用已经设计好的子 VI，调用的方式是在后面板空白处单击鼠标右键，从弹出的菜单中选择 “Functions” →“Select a VI”，选择要调用的子 VI 的存放路径，然后单击 “确定” 按钮，子 VI 就被调进来了。注意，在这个选框中所调用的子 VI 必须在有限的时间内处理完数据并把处理权交出，否则如果子 VI 不断循环，则 Multisim 只会送一次数据给 LabVIEW，之后就不工作了，而且 Multisim 还会产生自关闭现象。这样就不能实现 Multisim 和 LabVIEW 之间的数据交换。总之，“Update Data” 选框的功能是实现对信号的处理与输出。

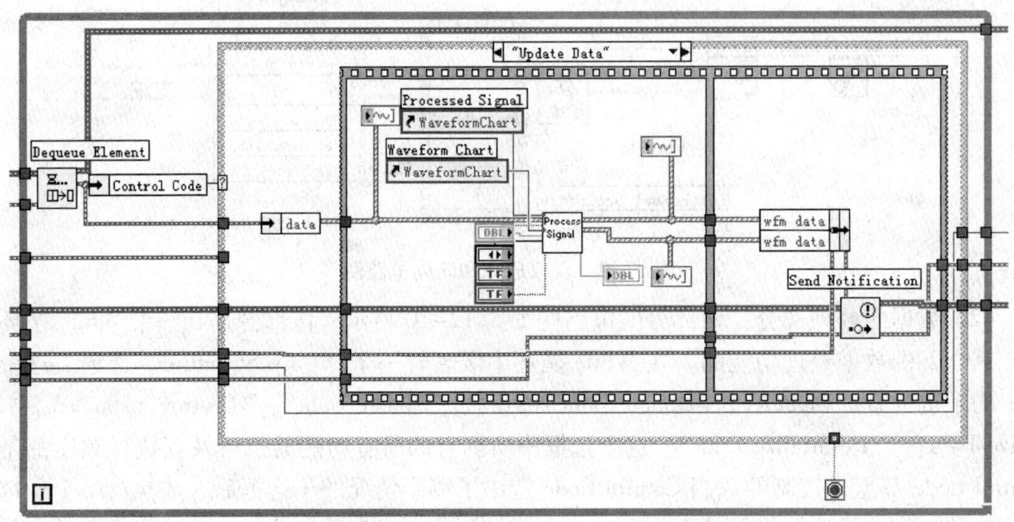

图 12-11 “Update Data” 子选框

☺ Serialize Data：该子选框的连线如图 12-12 所示。在这里，Sampling Rate [Hz] 这个节点是通过鼠标右键单击原有的 Sampling Rate [HZ] 节点，从弹出的菜单中选择 “Create”→“Property Node”→“Value” 而建立的属性节点。在这个子选框中的主要工作是对数据进行平滑化。在 LabVIEW 保存数据前，需要将数据平滑化为单个的字符串。因为这里的数据只是在 LabVIEW 中保存的，所以只用 Flatten to String 节点就可以实现数据平滑。

☺ Deserialize Data：该选框的连线如图 12-13 所示。它的功能是将数据反平滑化，使数据便于读取。

（3）通知和队列的销毁部分：该电路的电路图如图 12-14 所示。因为队列和通知是在每次调用时动态产生的，每次产生的都不一样，所以每次产生的队列和通知在用完后必须销毁。因为 Reference 也是动态产生的，所以也要把它销毁。

综合上面的 3 个部分，可得到数据传输部分的整体电路图如图 12-15 所示。这部分的整体电路协调起来一起完成 Multisim 和 LabVIEW 之间的数据交换与处理。

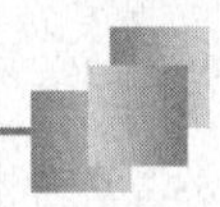

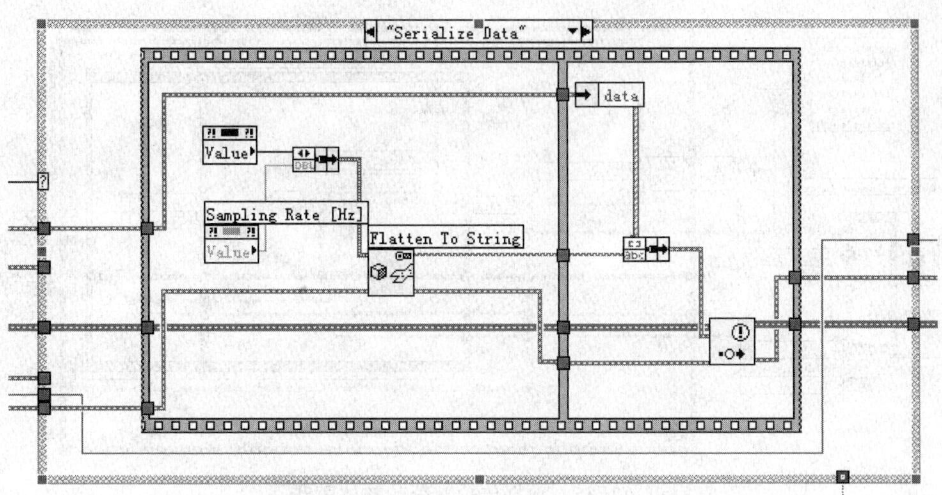

图 12-12　"Serialize Data" 子选框

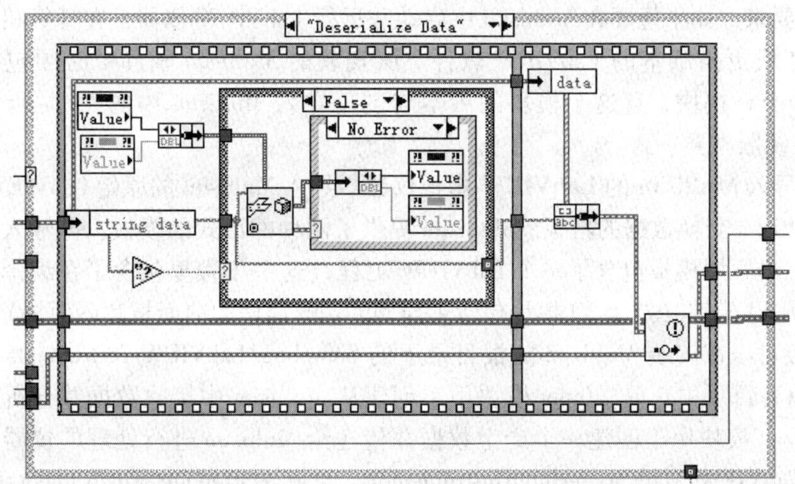

图 12-13　"Deserialize Data" 子选框

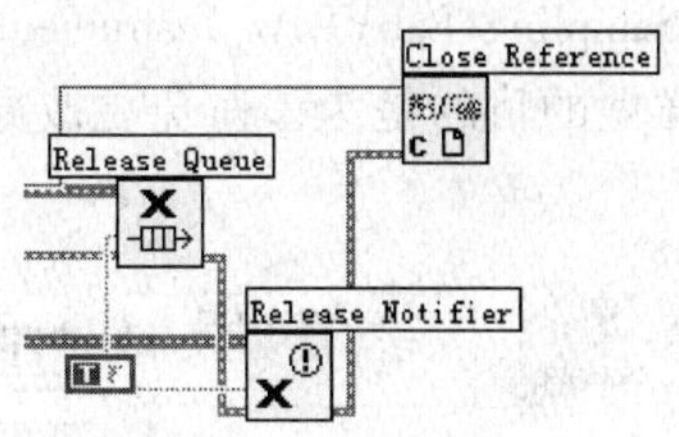

图 12-14　通知和队列的销毁

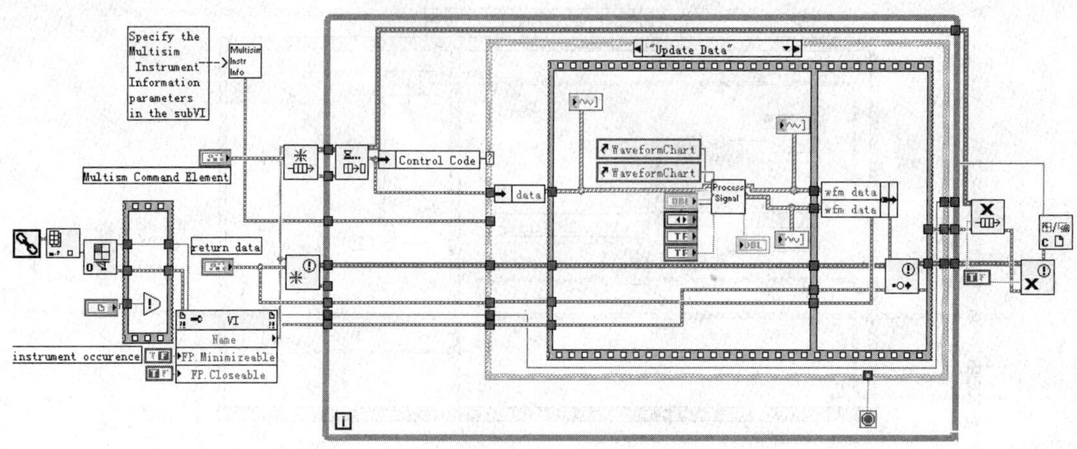

图 12-15　数据传输部分的整体电路

2. 向 Multisim 设计中导入 LabVIEW 虚拟仪器的方法

1）系统要求　如果想要在 Multisim 中启动和运行 LabVIEW 仪器，在计算机中必须装有 LabVIEW 8.0 或更高版本的 LabVIEW 软件。所安装的 Multisim 软件中必须包括 LabVIEW Run - Time Engine 模块，且这个模块的版本与创建导入 Multisim 中的 VI 时所使用的 LabVIEW 开发系统版本要一致。

2）创建导入 Multisim 的 LabVIEW 虚拟仪器　导入 Multisim 的原始 LabVIEW VI 是一种标准的与 Multisim 交换数据的模板。Multisim 提供了两种的形式的模板，即输入模板和输出模板。这些标准原始模板包含了一个 LabVIEW 工程（这个工程里包含了在编译时的必须的设置）和一个 VI 模块（这个 VI 模块包含了与 Multisim 通信的前面板和后面板）。

原始模板可以在安装 Multisim 的根目录下的 Sampling/LabVIEW Instruments/ Templates/ Input（Output）目录中获得。Input 模块用于创建从 Multisim 中接收数据并分析这些数据的 VI 仪器。Output 模块用于创建一个产生数据并传送给 Multisim 进行处理的仪器。在原始模板中的原始 LabVIEW 工程 StarterInputInstrument. lvproj 和 StarterOutputInstrument. lvproj，它们都包含两个文件 Source Distribution 和 Build Specifications。下面将以输入（Input）仪器为例，详细地介绍创建导入 Multisim 的 LabVIEW 虚拟仪器的方法。

（1）把 Multisim 安装目录下 Sampling/LabVIEW Instruments/Templates/Input 目录中的内容复制到一个空的文件夹下。这样做的目的是为了避免更改原始模板。Input 文件夹中的内容如图 12-16 所示。

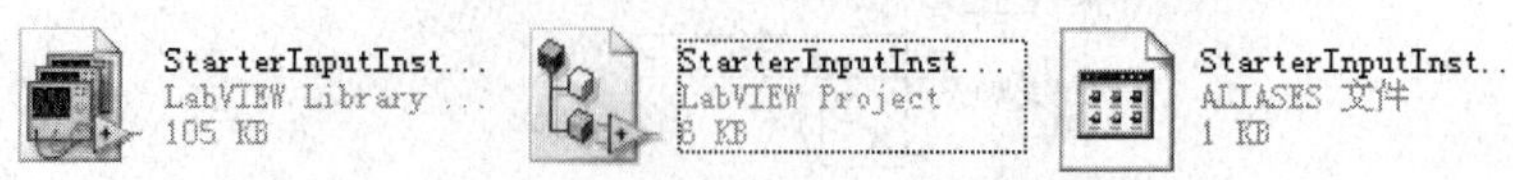

图 12-16　Input 文件夹中的内容

（2）在 LabVIEW 中打开图 12-17 中的 StarterInputInstrument . lvproj 工程，打开后的窗口如图 12-17 所示。

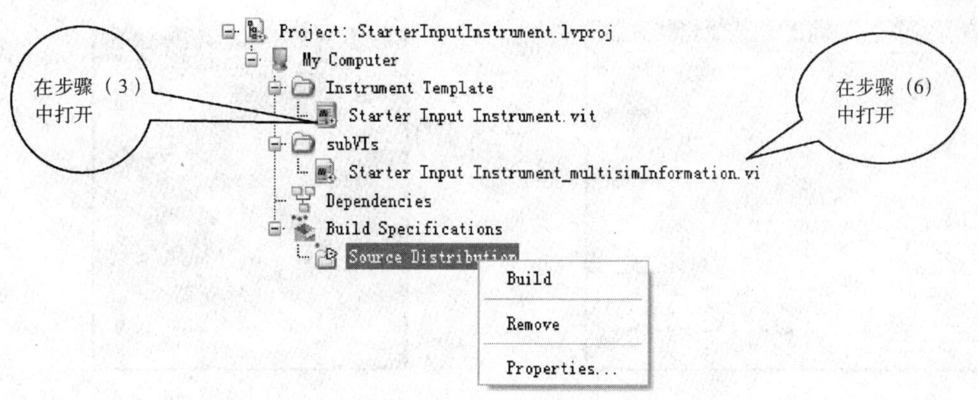

图 12-17　StarterInputInstrument . lvproj 工程

（3）在工程树中 My Computer/Instrument Template/Starter Input Instrument. vit 目录下用鼠标右键单击并选择“Open”，其打开后的窗口如图 12-18 所示。进行前面板及框图面板的编程设计，建立 Multisim 与 LabVIEW 的接口。

（4）接口程序设计好后，执行菜单命令“File”→“Save As”，弹出另存为对话框，选择“Rename”选项，然后单击“Continue”按钮，如图 12-19 所示。在下一个对话框中为 VI 模板重新命名或选择一个新的存放路径，然后单击“OK”按钮，如图 12-20 所示。

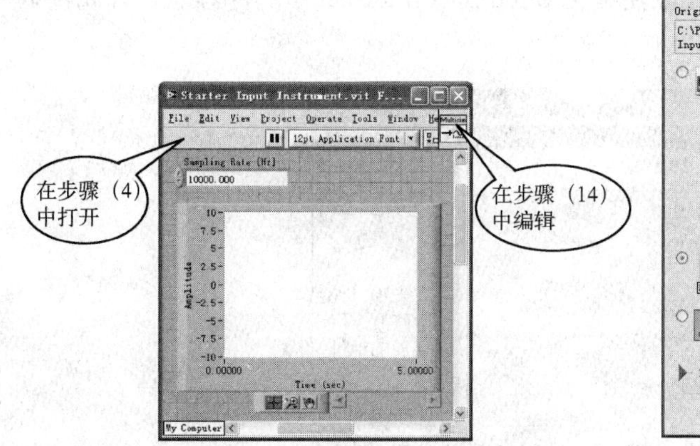

图 12-18　Starter Input Instrument. vit 前面板

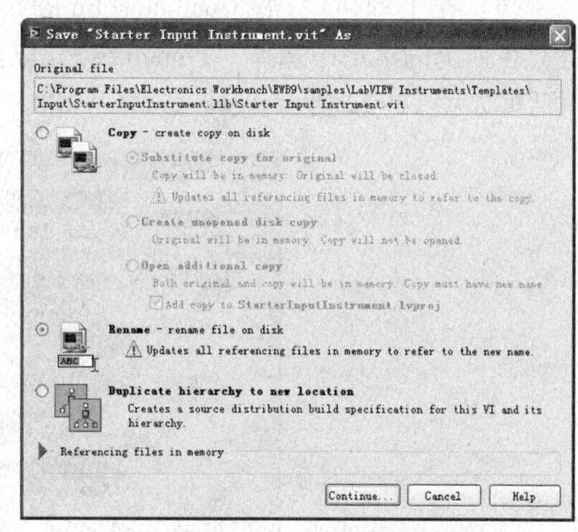

图 12-19　另存为对话框

（5）关闭步骤（4）中打开的新命名的 VI 模板。

（6）在打开的原始工程树中，在图 12-17 的目录 My Computer/SubVIs/Starter Input Instrumentmultisim_Information. vi 下用鼠标右键打开它，如图 12-21 所示。在这个窗口中可对新建仪器命名，设置 ID 号，定义仪器 I/O 端口数，以及仪器的版本（用于多次改进仪器）。这里仪器 ID 可根据自己习惯而建立，但要保证 ID 的不重复性。

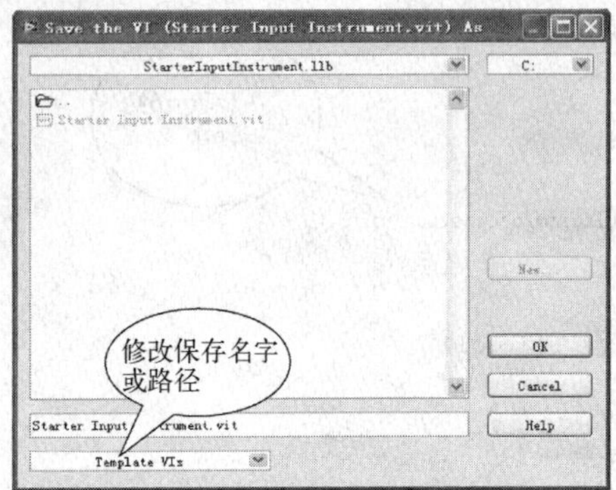

图12-20　重命名窗口

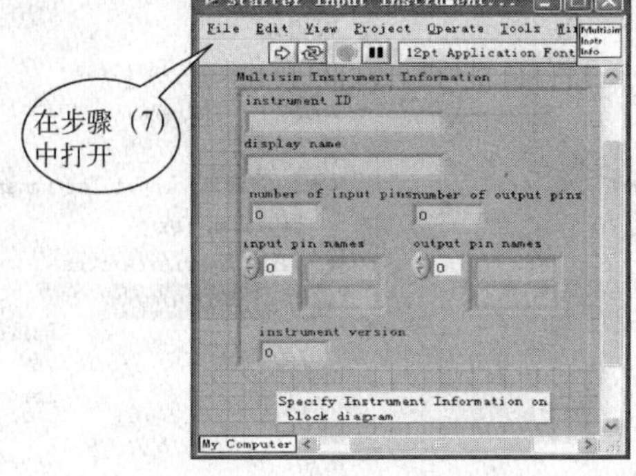

图12-21　Starter Input Instrument_multisimInformation. vi 前面板

（7）在步骤（6）打开的VI中执行菜单命令“File”→“Save As”，弹出保存对话框，选择“Rename”选项，然后选择单击“Continue”按钮（其打开的窗口与图12-20相同），在下一个对话框中为这个VI重新命名或选择一个新的存放路径，然后单击“OK”按钮（其打开的窗口与图12-21相同）。这里需要注意的是，它的名字应该与步骤（4）中的名字一样，只是把步骤（4）中的扩展名. vit改为_multisimInformation. vi。例如，如果在步骤（4）中命名为My Instrument. vit，则在这里的VI的名字应该为My Instrument_multisimInformation. vi。

（8）关闭步骤（7）打开的新命名的VI。

（9）在工程树中My Computer/Build Specification/Source Distribution目录下单击鼠标右键，在弹出的菜单中选择“Properties”，以便编辑Build Speccification中的内容。打开属性的对话框如图12-22所示。

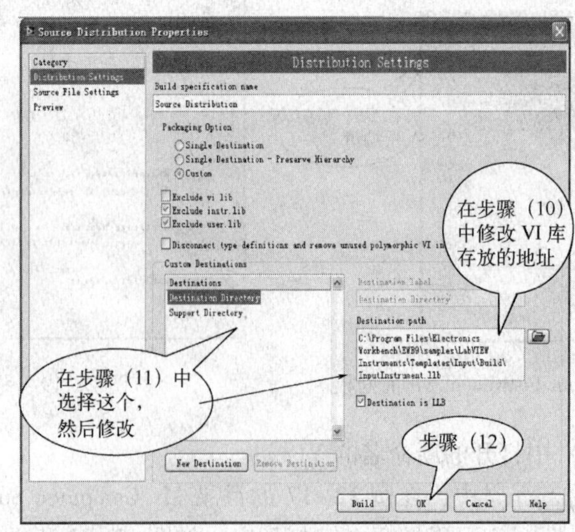

图12-22　属性对话框

（10）在“Category”区域中选择“Distination Settings”选项，在出现的页面中选择“Custom Distinations”区域中的“Distination Directory”选项，修改“Distination Path”栏中

的内容。它是编译完后的 VI 库所存放的路径，且是唯一的路径（如修改为“My Custom Instrument. llb”）。

(11) 在与步骤 (10) 中相同的位置，修改在“Support Directory”页面的“Distination Path”中的内容，使它是独一无二的（如修改为“My Custom Instrument”）。

(12) 单击“OK”按钮，完成对 Build Specification 属性的修改，之后保存打开的工程。

(13) 重新打开步骤 (3) 中打开的 VI 模板。

(14) 编辑步骤 (4) 中打开的 VI 模板前面板中右上角的图标（见图 12-18）。在 Multisim 中将用这个图标作为该 VI 的符号标志。

(15) 根据下面所给的创建指导方针及步骤 (13) 中打开的 VI 模板的前、后面板中的提示信息，对这个 VI 模板的前面板和后面板按需进行创建。这一步的创建用来完成所需要的功能。这一步骤工作的参考实例可以在安装 Multisim 的根目录下的 Sampling/LabVIEW Instruments/Microphone and Speaker（Signal Analyzer 和 Signal Generator）目录中获得（参照 12. 2 节进行创建）。

(16) 在完成步骤 (15) 的工作后，保存这个 VI 模板。

3) 编译 LabVIEW 虚拟仪器　在创建 LabVIEW 虚拟仪器的工作已经完成的情况下，接下来的工作是编译 LabVIEW 虚拟仪器。为了防止编译后仪器的 ID 号、名称与以前编译过的重复，在编译前应该做两项工作：①打开 Starter Input Instrument_ multisimInformation. vi（在工程树中的 SubVIs 中，见图 12-15），并且打开它的后面板，在“display name”栏和“instrument ID”栏中修改显示的名称及 ID 号，这样就能避免与以前的名称、ID 号重复；②用鼠标右键单击工程树中的 Sub VI，在弹出的菜单中选择“Add File”，选择所调用的子 VI 的路径。在完成以上的两步后就可以编译了。在 My Computer/Build Specification/source Distribution 目录下用鼠标右键单击，在弹出的菜单中选择“Build”，即可编译 LabVIEW 虚拟仪器。在编译后的工程中将产生的两个文件，即 VI 库文件（. llb）和与之同名的没有扩展名的目录文件夹。这个 VI 库文件包含主 VI 模板、用在主 VI 模板中不同层次中的子 VI 和所有在主 VI 中不同层次所涉及的所有器件库中的成员 VI（不管它们是否在实际工作中起到作用）；而那个目录文件夹包含主 VI 中不同层次的所有非 VI 的部分和所引用的工程，如 VI 的动态链接库、LabVIEW 的菜单文件等。

4) 导入 LabVIEW 虚拟仪器　把编译 LabVIEW 虚拟仪器完成时产生的两个文件（有唯一名字的 VI 器件库和与之同名的没有扩展名的目录文件夹）复制到安装 Multisim 目录下的 Lvinstrument 的目录下，这就完成了导入工作。当再次打开 Multisim 时，会在 LabVIEW 虚拟仪器菜单下找到所导入的 LabVIEW 虚拟仪器。

5) 正确创建 LabVIEW 仪器指导方针　当想为 Multisim 创建一个 LabVIEW 虚拟仪器时，必须遵守下面的指导方针。

(1) 不管所创建的新 VI 的模板来自原始模板文件还是来自范例中的模板文件，这个模板文件必须包含前面板、后面板和使仪器正常工作的一些必要设置。

(2) 不要删除或修改原始模板中的所有器件。可以增加新的控制、显示和额外的处理事件，但是不要删除或修改原有的东西。

(3) 可以在原始模块的后面板中规定的有注释的位置增加需要的处理功能模块，如在

“Update data”选项中调用测量频率的子 VI，在“Serialize data”选项中对数据进行平滑化等。

（4）所有导入 Multisim 中的 LabVIEW 仪器都必须有唯一的名称。特别是包含主 VI 模板的 VI 库、主 VI 和支持程序正确运行的目录文件等，必须都有自己唯一的名称。

（5）所有用在 LabVIEW 仪器中的子 VI 只能有唯一的名称，除非想在多个不同的仪器中使用同一个子 VI。

（6）所有用在 LabVIEW 仪器中的器件库只能有唯一的名称，除非想在多个不同的仪器中使用同一个仪器库。

（7）LabVIEW 仪器中的作为器件库一部分的 VI 版本，必须与计算机中器件库是同一个版本的。如果版本不一致，必须对它们进行重新设置，使它与计算机中所安装的版本相一致。

（8）在 LabVIEW 工程中的 Build Specification 子目录 Source Distribution 必须设置成永远包含所有项目的形式。要实现这个步骤，单击鼠标右键，打开“Source Distribution”对话框中的“Source File Settings”页面，在其出现的目录中选择 Properties/Source File Settings/Dependencies/Always include，即可把 Source Distribution 设置成永远包含所有项目的形式。这一项工作在每个原始 VI 模板中都已经设置，如图 12-23 所示。

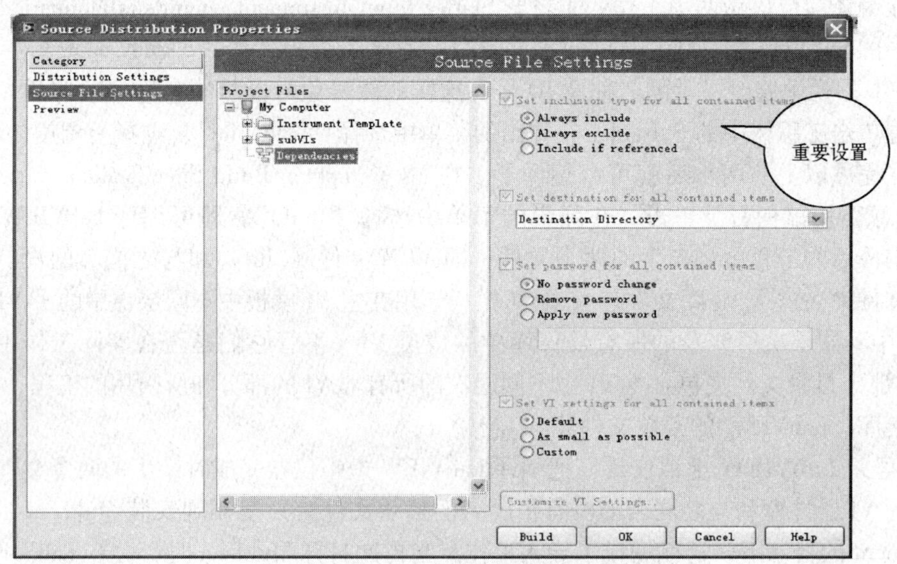

图 12-23　Always include 设置

最后要考虑的一个问题是，所设计的子 VI 是否设置为可重入执行形式。若子 VI 中用到了特殊的执行结构，如移位寄存器、首次调用模块、特殊功能模块等，就必须把子 VI 设置成可重入执行形式。在子 VI 中执行菜单命令“File”→“VI Properties”→“Execution”，可以把子 VI 设置为可重入执行形式。这个设置对于仪器的正常工作起到了非常重要的作用。

习题

（1）虚拟仪器的特点是什么？

（2）LabVIEW 可支持哪些仪器通信总线标准？

（3）什么是数据采样原理？

（4）模拟输入信号源包括哪几种？它们有什么区别？

（5）假设采样频率 f_s 是 150Hz，信号中含有 50Hz、70Hz、160Hz、和 510Hz 的成分，将产生畸变的频率成分是哪些？新产生的畸变频率为多少？

第13章 小型称重系统的设计

13.1 设计任务

本例是利用金属箔式应变片设计一个小型称重系统。硬件部分包括应变片模型和测量电路（均在 Multisim 中仿真设计），软件显示与分析部分由 LabVIEW 虚拟仪器完成。整个测量系统的仿真全部在软件环境中完成，最终测量系统可直接显示称重值。Multisim 软件的详细用法请参见相关书籍。本设计完成过程中需要掌握以下 5 点。

☺ 金属箔式应变片的应变效应，惠斯顿电桥、全桥电桥工作原理和性能。

☺ 利用应变片原理建立仿真模型。

☺ 比较惠斯顿电桥与全桥电桥的不同性能，了解各组的特点。

☺ 使用全桥电路。

☺ 使用 G 语言编程实现虚拟仪器的功能。

13.2 测量电路原理与设计

1. 传感器模型的建立

电阻应变片的工作原理是基于电阻应变效应的，即在导体产生机械变形时，它的电阻值相应发生变化。应变片是由金属导体或半导体制成的电阻体，其电阻值将随着压力所产生的变化而变化。对于金属导体，电阻变化率$\frac{\Delta R}{R}$的表达式为

$$\frac{\Delta R}{R} \approx (1+2\mu)\varepsilon \tag{13-1}$$

式中，μ 为材料的泊松系数；ε 为应变量。

通常把单位应变所引起的电阻值变化率称作电阻丝的灵敏系数，对于金属导体，其表达式为

$$k_0 = \frac{\Delta R/R}{\varepsilon} = (1+2\mu) \tag{13-2}$$

所以

$$\frac{\Delta R}{R}=k_0\varepsilon \tag{13-3}$$

在外力作用下，应变片产生变形，同时应变片电阻值也发生相应变化。当测得电阻值变化为ΔR 时，可得到应变量 ε，再根据应力与应变关系，得到相应的应力值为

$$\sigma=E\varepsilon \tag{13-4}$$

式中，σ 为应力；ε 为应变量（为轴向应变）；E 为材料的弹性模量（kg/mm^2）。

又重力 G 与应力 σ 的关系为

$$G=mg=\sigma S \tag{13-5}$$

式中，G 为重力；S 为应变片截面积。

根据以上各式可得到

$$\frac{\Delta R}{R}=\frac{k_0}{ES}mg \tag{13-6}$$

由此便得出了应变片电阻变化与重物质量的关系，即

$$\Delta R=\frac{k_0}{ES}gRm \tag{13-7}$$

根据应变片常用的材料（如康铜），取

$$k_0=2;E=16300\text{kg/mm}^2;S=1\text{cm}^2=100\text{mm}^2;R=348\Omega;g=9.8\text{m/s}^2$$

$$\Delta R=[(2\times9.8\times348)/(16300\times100)]m=0.004185m$$

所以在 Multisim 中可以建立以下模型来代替应变片进行仿真，如图 13-1 所示。

在图 13-1 中，R_1模拟的是不受压力时的电阻值 R_0，压控电阻用于模拟电阻值的变化ΔR，V 可理解为重物的质量 m（kg）。当 V 反接时，表示受力相反。

2. 桥路部分电路原理

电阻应变片把机械应变转换成$\Delta R/R$ 后，应变电阻变化一般都很微小，这样小的电阻变化既难以直接精确测量，又不便直接处理。因此，必须采用转换电路，把应变片的$\Delta R/R$ 变化转换成电压或电流的变化。通常采用惠斯顿电桥电路实现这种转换。

图 13-2 所示为直流电桥。对于惠斯顿电桥，当电桥平衡时，相对的两臂电阻值乘积相等，即

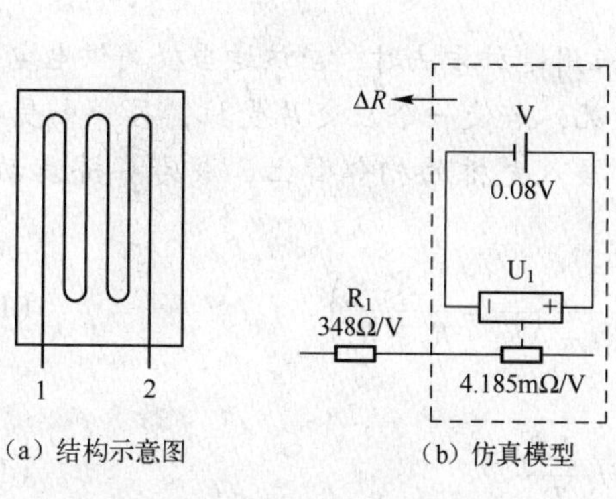

（a）结构示意图　（b）仿真模型

图 13-1　金属丝式应变片模型

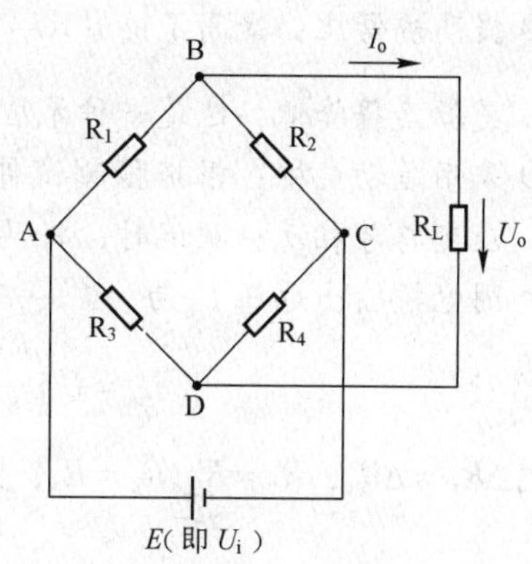

图 13-2　直流电桥

$$R_1 \cdot R_4 = R_2 \cdot R_3 \tag{13-8}$$

$$U_o = \frac{(R_4/R_3)(\Delta R_1/R_1)}{(1+\Delta R_1/R_1+R_2/R_1)(1+R_4/R_3)}U_i \tag{13-9}$$

设桥臂比 $n=R_2/R_1=R_4/R_3$，由于 $\Delta R_1 \ll R_1$，分母中 $\Delta R_1/R_1$可忽略，于是

$$U_o \approx U_i \frac{n}{(1+n)^2}\frac{\Delta R_1}{R_1} \tag{13-10}$$

电桥电压灵敏度定义为

$$S_v = \frac{U_o}{\Delta R_1/R_1} = U_i \frac{n}{(1+n)^2} \tag{13-11}$$

从式（13-11）可以发现：

☺ 电桥电压灵敏度正比于电桥供电电压，供电电压越高，电桥电压灵敏度越高。但是，供电电压的提高受到应变片的允许功耗的限制，所以一般供电电压应适当选择。

☺ 电桥电压灵敏度是桥臂电阻比值 n 的函数，因此必须恰当地选择桥臂比 n 的值，保证电桥具有较高的电压灵敏度。

由$\frac{\partial S_v}{\partial n}=0$求 S_v的最大值，由此得

$$\frac{\partial S_v}{\partial n} = \frac{1-n^2}{(1+n)^4}U_i = 0 \tag{13-12}$$

求得 $n=1$ 时，S_v最大。也就是供电电压确定后，当 $R_1=R_2, R_3=R_4$时，电桥的电压灵敏度最高，此时可得到：

$$U_o \approx \frac{1}{4}U_i \frac{\Delta R}{R} \tag{13-13}$$

$$S_v = \frac{1}{4}U_i \tag{13-14}$$

由式（13-14）可知，当电源电压 U_i和电阻值相对变化率$\Delta R/R$一定时，电桥的输出电压及其灵敏度也是定值，且与各桥臂电阻值大小无关。

由于在上面的分析中忽略了$\Delta R/R$，所以存在非线性误差，解决的办法有如下两种。

☺ 提高桥臂比：提高了桥臂比，非线性误差可以减小，但从电压灵敏度 $S_v \approx \frac{1}{n}U_i$ 考虑，灵敏度将降低，这是一种矛盾。因此，采用这种方法时，应该适当提高供电电压 U_i。

☺ 采用差动电桥：根据被测试件的受力情况，若使一个应变片受拉，另一个受压，则应变符号相反；测试时，将两个应变片接入电桥的相邻臂上，成为半桥差动电路，则电桥输出电压 U_o为

$$U_o = U_i\left(\frac{R_1+\Delta R_1}{R_1+\Delta R_1+R_2-\Delta R_2} - \frac{R_3}{R_3+R_4}\right) \tag{13-15}$$

若$\Delta R_1=\Delta R_2$，$R_1=R_2, R_3=R_4$，则有

$$U_o = \frac{1}{2}U_i \frac{\Delta R_1}{R_1} \tag{13-16}$$

由此可知，U_o和$\Delta R_1/R_1$呈线性关系，差动电桥无非线性误差，而且电压灵敏度为 $S_v=$

$\frac{1}{2}U_i$，比使用一个应变片的方法提高了一倍，同时可以起到温度补偿的作用。

若将电桥四臂接入 4 个应变片，即两个受拉，两个受压，将两个应变符号相同的接入相对臂上，则构成全桥差动电路，若满足$\Delta R_1 = \Delta R_2 = \Delta R_3 = \Delta R_4$，则输出电压为

$$U_o = U_i \frac{\Delta R}{R} \tag{13-17}$$

$$S_v = U_i \tag{13-18}$$

由此可知，差动桥路的输出电压 U_o和电压灵敏度是用单个应变片时的 4 倍，是半桥差动电路的 2 倍。

因为采用的是金属应变片测量，所以本设计采用全桥电路，这样可以有比较好的灵敏度，并且不存在非线性误差。

3. 放大电路原理

主要放大电路采用如图 13-3 所示的仪用放大电路。

该放大电路具有很强的共模抑制比。它由两级放大器组成，第一级由集成运算放大器 A_1、A_2组成，由于采用同一型号的运算放大器，所以可进一步降低漂移。电阻 R_1、R_2和 R_3组成同相输入式并联差分放大器，具有非常高的输入阻抗。第二级是由 A_3和 4 个电阻 R_4、R_5、R_6和 R_7组成的反相比例放大器，它将双端输入变成单端输出。电路中，$R_1 = R_3, R_4 = R_5, R_6 = R_7$。

根据运算放大电路基本分析方法，可得到输出电压

$$U_o = -\frac{R_6}{R_4}\left(1 + 2\frac{R_1}{R_2}\right)(U_{I1} - U_{I2}) \tag{13-19}$$

为了方便调节，再加一级比例放大器，同时将仪用放大电路输出的信号反相，如图 13-4所示，其中 R_W为调零电位器。

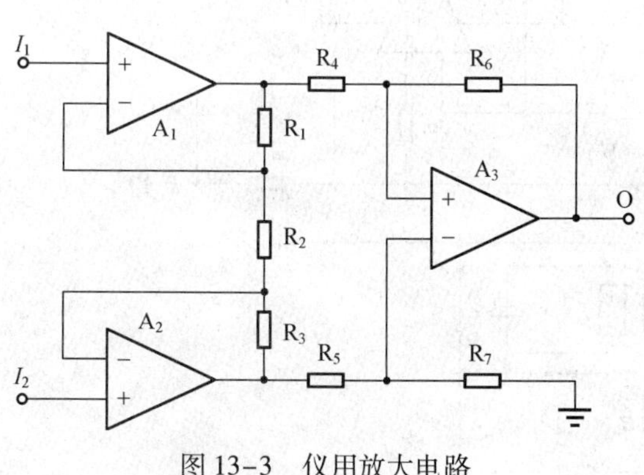

图 13-3　仪用放大电路

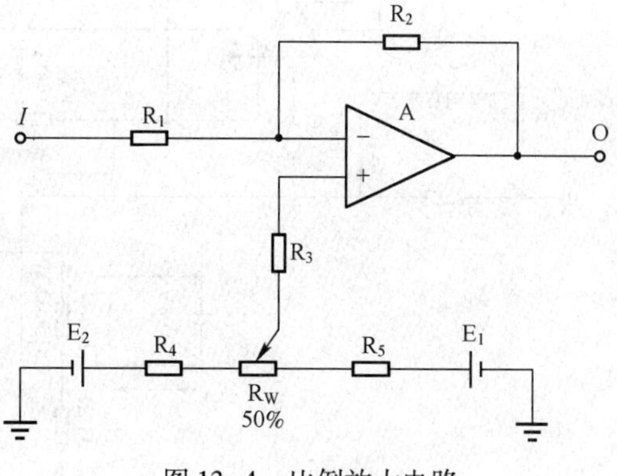

图 13-4　比例放大电路

4. 综合电路设计

至此，基于金属电阻应变片的压力测量电路设计完成，如图 13-5 所示。图中 U_1、U_2、U_3、U_4指的是同一电压 U（因考虑电路绘制的方便及电路元件的符号不能重复，所以分开标号），它用来模拟物体质量 m。由以上分析可知，采用全桥电路能够有比较好的灵敏度，并且不存在非线性误差，所以由于 4 个应变片中 2 个受拉，2 个受压，可组成全桥电路，应变片的受拉、受压情况如图中标注。

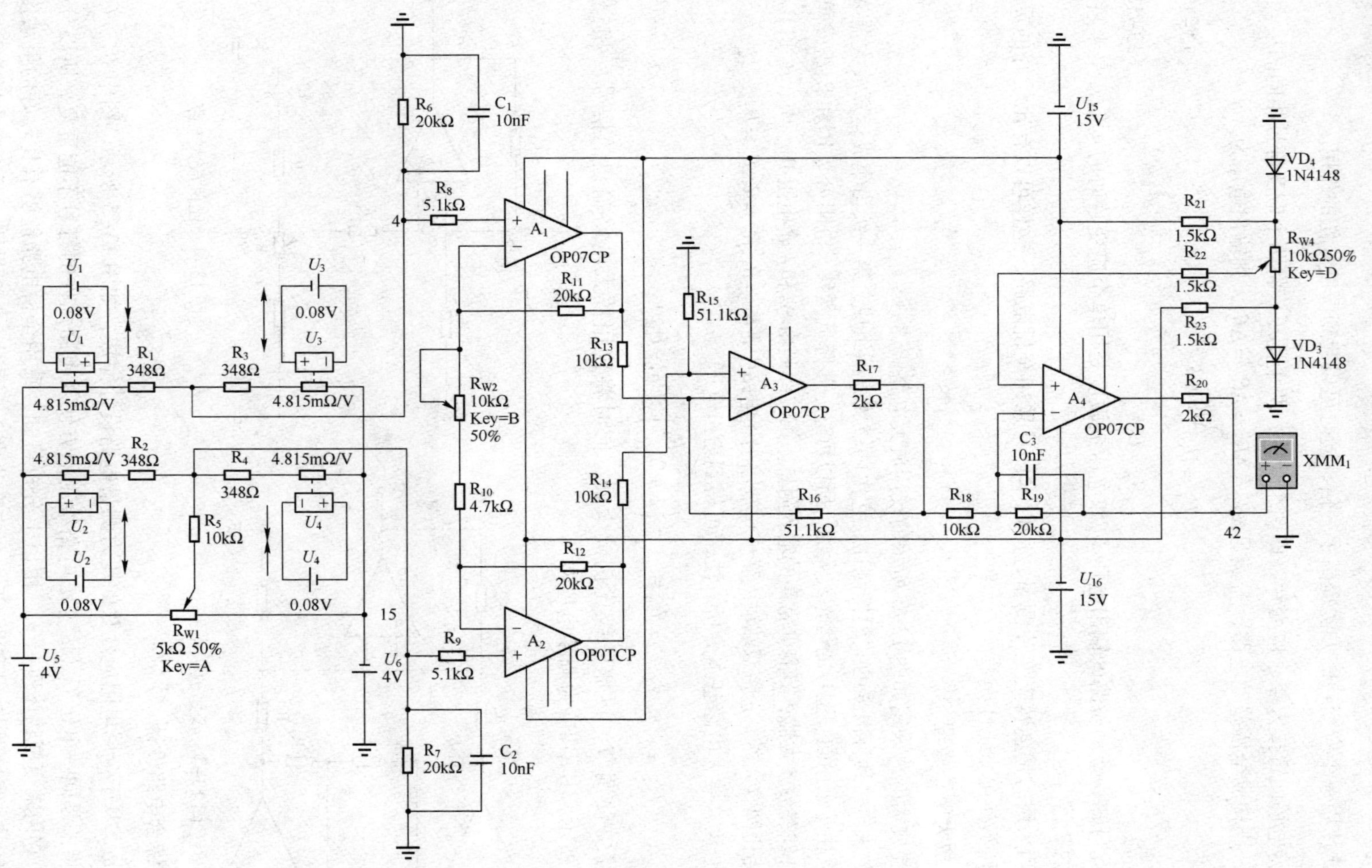

图 13-5　基于金属电阻应变片的压力测量电路

在图 13-5 中，R_{W1}为调零电位器，用来调节电桥平衡。由于被测应变片的性能差异及引线的分布电容的容抗等原因，会影响电桥的初始平衡条件和输出特性，因此必须对电桥预调平衡，图中用了电阻并联法进行电桥调零。电阻 R_5决定可调的范围，R_5越小，可调的范围越大，但测量误差也越大。R_5可按下式确定：

$$R_5=\left[\frac{R_2}{\left|\frac{\Delta r_1}{R_2}\right|+\left|\frac{\Delta r_2}{R_3}\right|}\right]_{\max} \tag{13-20}$$

式中，Δr_1为 R_2与 R_4的偏差；Δr_2为 R_1与 R_3的偏差；此处的电阻值是指应变片的初始电阻值。

此外，当采用交流电供电时，由于导线间存在分布电容，这相当于在应变片上并联了一个电容，为消除分布电容对输出的影响，可采用阻容调零。图 13-6 所示为采用阻容调零法的电桥电路，该电桥接入了“T”形 RC 阻容电路，可调节电位器使电桥达到平衡状态。

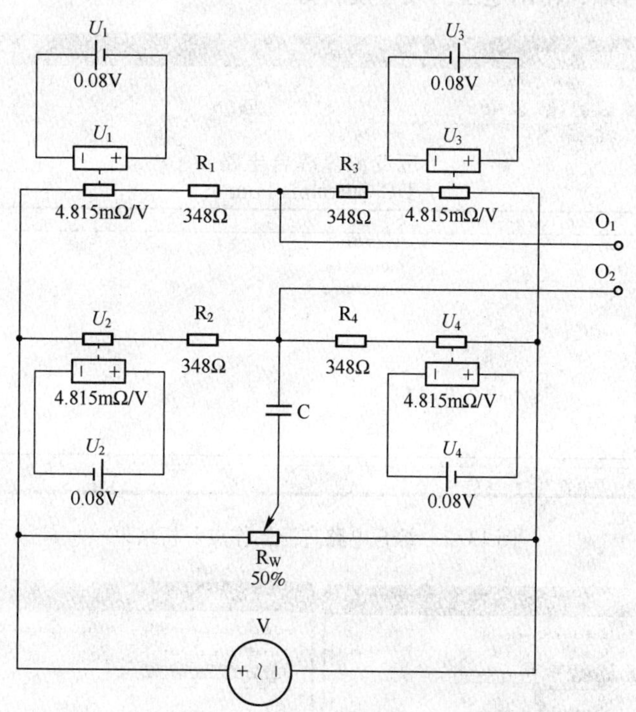

图 13-6　采用阻容调零法的电桥电路

图 13-5 中，R_{W2}为增益调节电位器；R_{W4}是放大电路调零电位器。电路中所选用的放大器是 OP07CP，它是一种低噪声、低偏置电压的运算放大器。此外，二极管 VD_3、VD_4可对电路起到保护作用。

5. 综合电路仿真

将仪用放大电路的两个输入端接地，滑动变阻器 R_{W2}调到最小值，即使放大电路的放大倍数调到最大，然后调节 R_{W4}，使电路的输出近似为零。放大电路部分调零完成后，再和电桥电路相连，将模拟物体质量的电压源的电压值设为零，调节 R_{W1}，使电路的输出为零，从而完成电桥调零。电路参数调好后，即可对电路进行仿真。

1）直流工作点分析 当将电路中模拟物体质量的电压源的电压值设为零时，执行菜单命令“Simulate”→“Analyses”下的直流工作点分析，观察此时综合电路中输出端 42 和仪用放大电路两输入端 4 和 15 的直流电压值，如图 13–7 所示。电路调零后，当重物的质量为 0 时，电路的输出节点 42 处的电压近似为零。

2）直流扫描分析 再来分析当质量逐渐增加时，输出电压与质量的关系。对于本设计，也就是当模拟质量 m 的电压源的电压值 U 变化时，观察电路输出电压的变化情况。执行菜单命令“Simulate”→“Analyses”下的直流扫描分析，弹出扫描设置对话框，如图 13–8所示。在图 13–8（a）中选择要扫描的直流源。在电路中把 $U_1 \sim U_4$用一个直流源 U 代替，所以直流源就选“vv”。在图 13–8（b）中选择观察输出点，输出节点应选节点 42。参数设置好后，单击仿真按钮，可得图 13–9 所示的直流传输特性，即质量变化时输出电压的变化曲线。由图可知，输出电压的线性度较好。

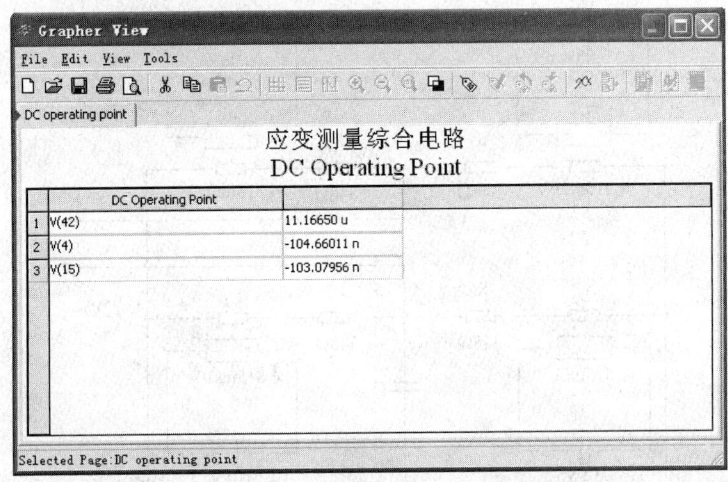

图 13–7　综合电路直流工作点分析结果

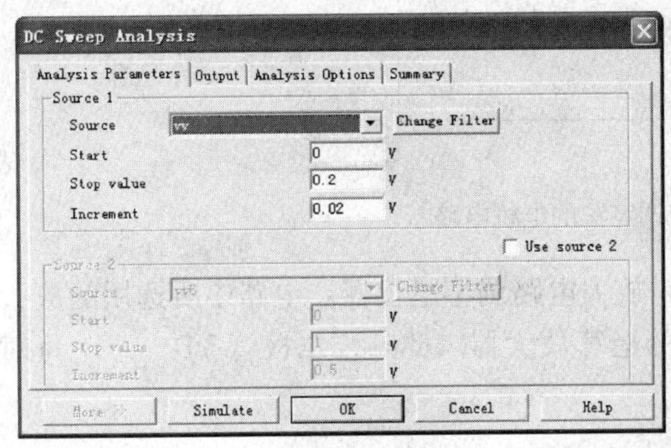

（a）扫描源选择

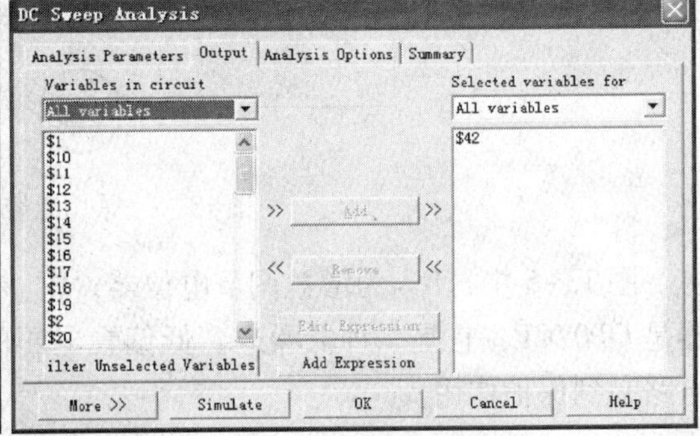

（b）输出节点选择

图 13–8　扫描设置对话框

3）交流分析 将仪用放大电路的输入端改接交流源，电路的输出节点仍然选择节点 42，观察电路的交流特性，如图 13–10 所示，可以看到放大电路的通带放大倍数约为 100

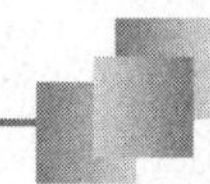

倍。当输入信号的频率大于约 1kHz 时，放大电路的放大倍数有所下降。

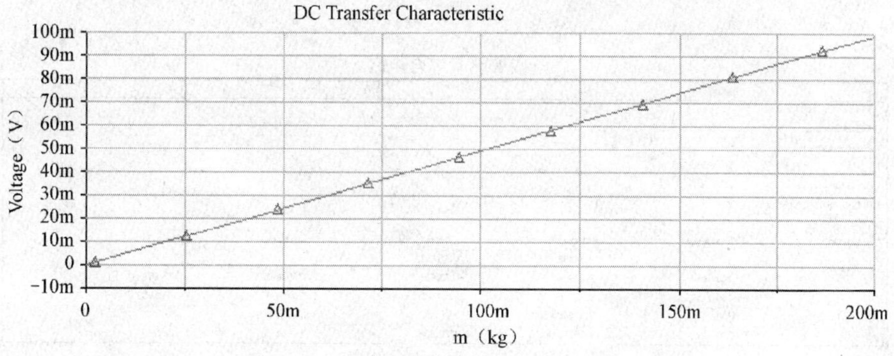

图 13-9　质量变化时输出电压的变化曲线

4）傅里叶分析　设放大电路的输入端接的信号源为 50Hz，100mV 的交流源。对放大电路进行傅里叶分析，傅里叶分析的设置如图 13-11 所示，输出节点仍然选择节点 42，仿真结果如图 13-12 所示，电路的总谐波失真 THD 很小，各次谐波的幅值都很小。

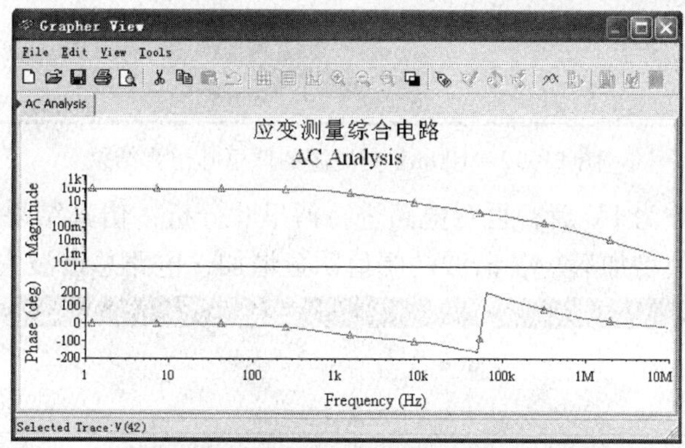

图 13-10　放大电路交流特性

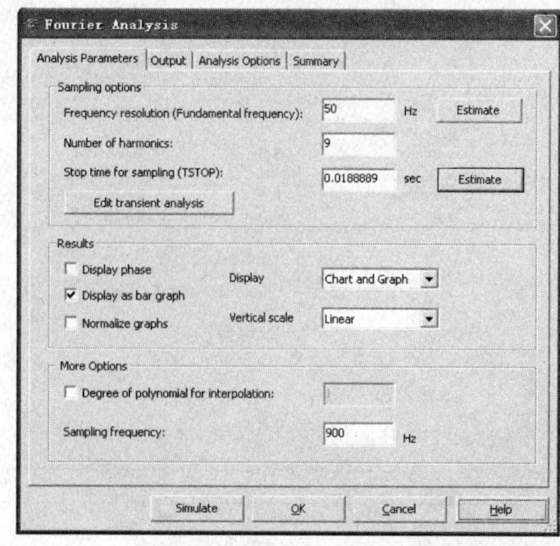

图 13-11　傅里叶分析的设置

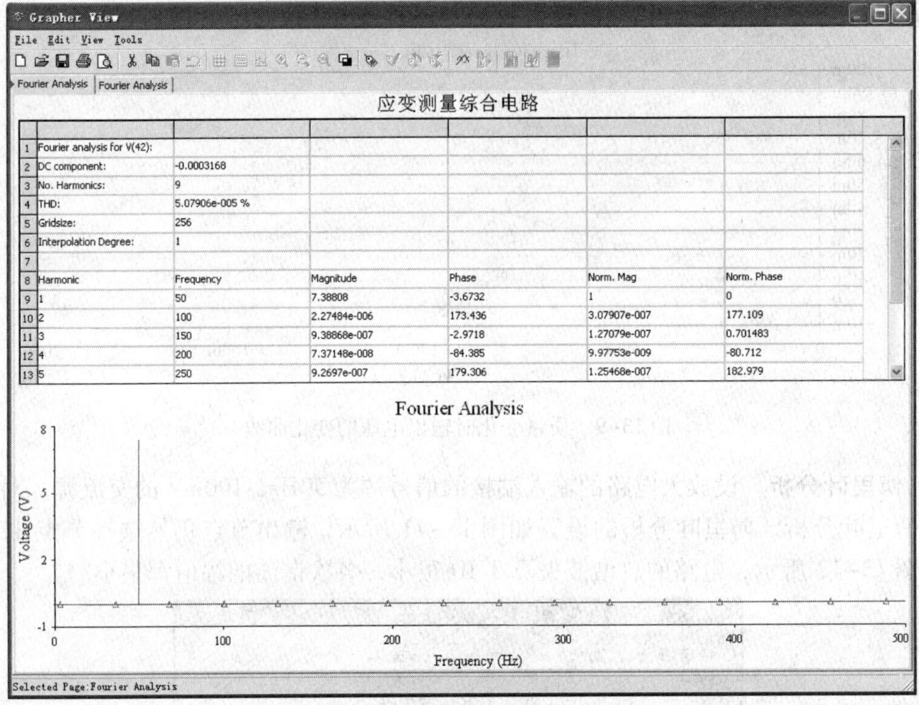

1	Fourier analysis for V(42):					
2	DC component:	-0.0003168				
3	No. Harmonics:	9				
4	THD:	5.07906e-005 %				
5	Gridsize:	256				
6	Interpolation Degree:	1				
7						
8	Harmonic	Frequency	Magnitude	Phase	Norm. Mag	Norm. Phase
9	1	50	7.38808	-3.6732	1	0
10	2	100	2.27484e-006	173.436	3.07907e-007	177.109
11	3	150	9.38868e-007	-2.9718	1.27079e-007	0.701483
12	4	200	7.37148e-008	-84.385	9.97753e-009	-80.712
13	5	250	9.2697e-007	179.306	1.25468e-007	182.979

图 13-12　100mV 交流源的傅里叶仿真结果

当交流源的幅值改为 1V 后，再对电路进行傅里叶分析，仿真结果如图 13-13 所示。由图可见，当交流源幅值增加后，各谐波的幅值明显增加，电路总谐波失真也明显增加。

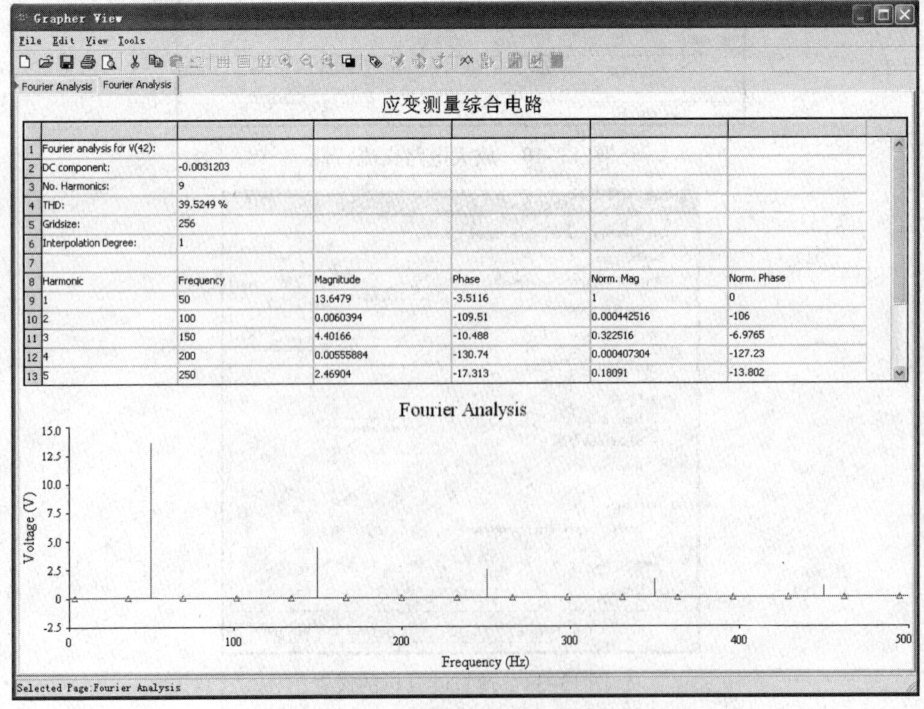

1	Fourier analysis for V(42):					
2	DC component:	-0.0031203				
3	No. Harmonics:	9				
4	THD:	39.5249 %				
5	Gridsize:	256				
6	Interpolation Degree:	1				
7						
8	Harmonic	Frequency	Magnitude	Phase	Norm. Mag	Norm. Phase
9	1	50	13.6479	-3.5116	1	0
10	2	100	0.0060394	-109.51	0.000442516	-106
11	3	150	4.40166	-10.488	0.322516	-6.9765
12	4	200	0.00555884	-130.74	0.000407304	-127.23
13	5	250	2.46904	-17.313	0.18091	-13.802

图 13-13　1V 交流源的傅里叶分析结果

5）噪声分析　设放大电路的输入端接 100mV、50Hz 的交流源，对电路进行噪声分析，其设置如图 13-14 所示。输入噪声参考源为接入的交流源，参考节点为接地端，观察输入和输出的噪声谱密度曲线，如图 13-15 所示。

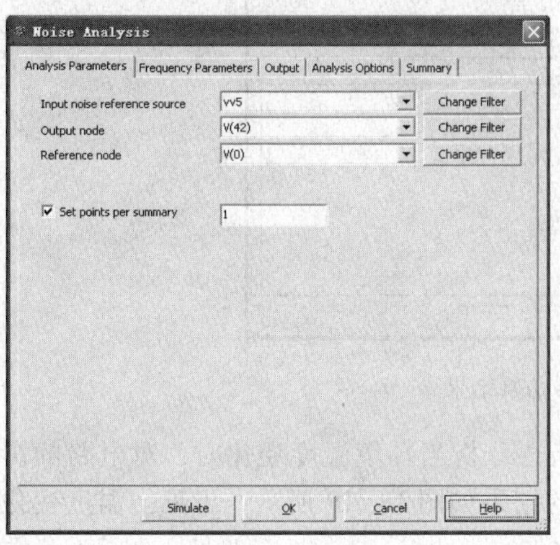

图 13-14　噪声分析设置

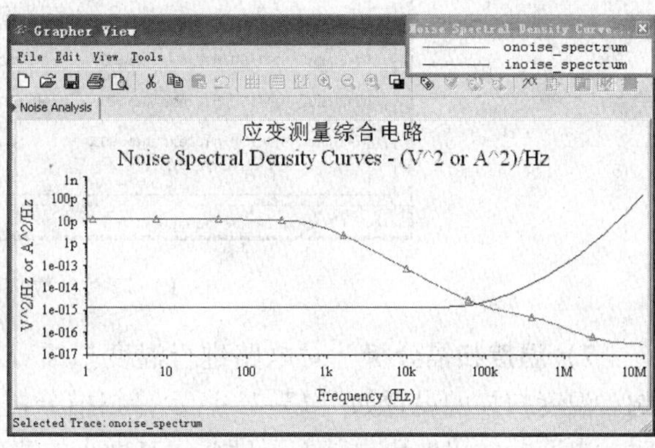

图 13-15　输入和输出的噪声谱密度曲线

6）参数扫描分析　对电路进行参数扫描，分析当电阻值 R_{10} 变化时，对放大电路放大倍数的影响。参数扫描的设置如图 13-16 所示。输出变量选择输出节点电压与放大电路两个输出节点电压之差的比值，即为该放大电路的放大倍数，仿真结果如图 13-17 所示，可见差分运算放大器中间电阻的电阻值越大，放大倍数越小。

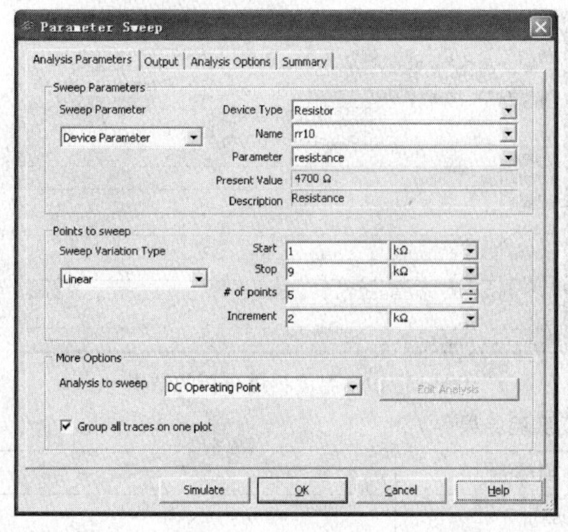

（a）分析参数设置

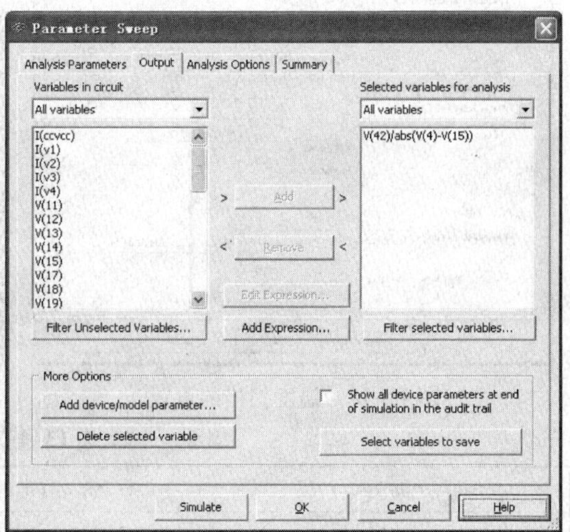

（b）输出变量设置

图 13-16　参数扫描的设置

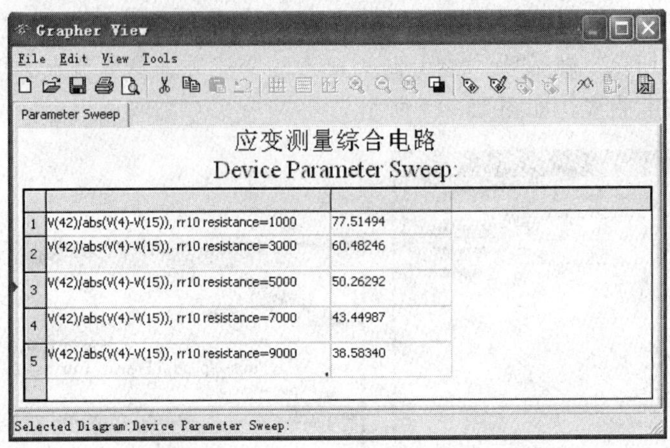

图 13-17　参数扫描仿真结果

7）**温度扫描分析**　对电路进行温度扫描分析，分析当环境温度变化时，对电路的影响。温度扫描的设置如图 13-18 所示，扫描分析的结果如图 13-19 所示，可见当温度变化时，电路的输出电压也随着温度变化有微小的变化。

6. 实验数据处理

表 13-1 为由仿真实验而得的数据，包括电阻变化量和输出电压值。

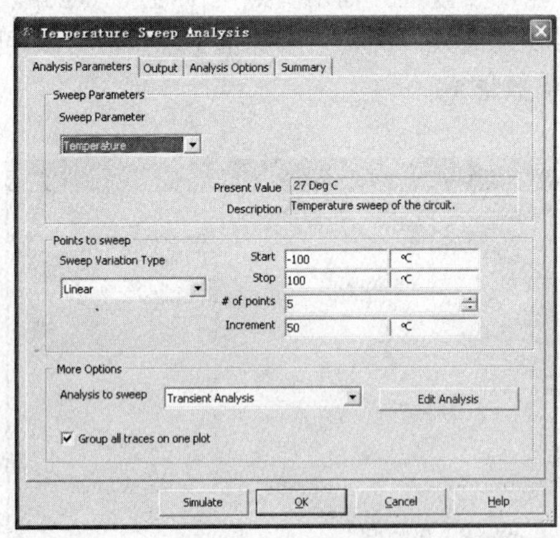

图 13-18　温度扫描的设置

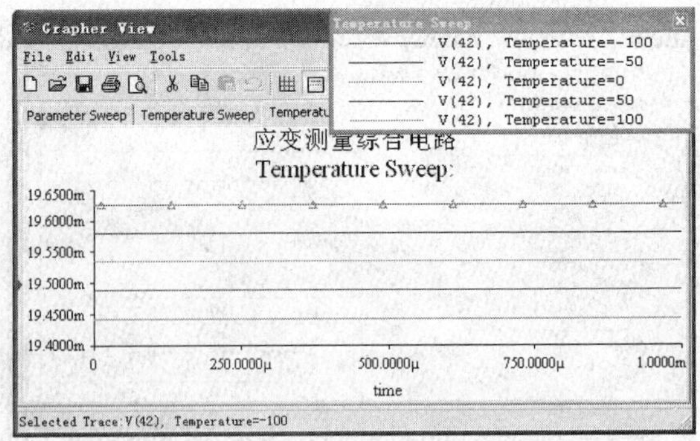

图 13-19　温度扫描分析的结果

表 13-1　实验结果

m/kg	ΔR = （0.004185m）	U_o/V
0.02	0.0000837	9.913×10^{-3}
0.04	0.0001674	19.825×10^{-3}
0.06	0.0002511	29.738×10^{-3}
0.08	0.0003348	39.651×10^{-3}
0.10	0.0004185	49.564×10^{-3}

续表

m/kg	$\Delta R=$（0.004185m）	U_o/V
0.12	0.0005022	59.477×10^{-3}
0.14	0.0005859	69.39×10^{-3}
0.16	0.0006696	79.303×10^{-3}
0.18	0.0007533	89.216×10^{-3}
0.20	0.000837	99.129×10^{-3}

使用最小二乘法对以上数据进行拟合，设拟合直线方程式为

$$y=Kx+b \tag{13-21}$$

式中，y 表示输出电压 U_o，x 表示电阻变化ΔR。

实际校准测试点有 11 个，第 i 个校准数据 y_i 与拟合直线上相应值之间的残差为

$$\Delta i=y_i-(Kx_i+b) \tag{13-22}$$

最小二乘法拟合直线原理是使 $\sum_{i=1}^{n}\Delta i^2$ 为最小值，也就是使 $\sum_{i=1}^{n}\Delta i^2$ 对 K 和 b 的一阶偏导数等于零，即

$$\frac{\partial}{\partial K}\sum\Delta i^2=2\sum(y_i-Kx_i-b)(-x_i)=0 \tag{13-23}$$

$$\frac{\partial}{\partial b}\sum\Delta i^2=2\sum(y_i-Kx_i-b)(-1)=0 \tag{13-24}$$

从而得到

$$K=\frac{n\sum x_iy_i-\sum x_iy_i}{n\sum x_i^{\ 2}-(\sum x_i)^2} \tag{13-25}$$

$$b=\frac{\sum x_i^{\ 2}\sum y_i-\sum x_i\sum x_iy_i}{n\sum x_i^{\ 2}-(\sum x_i)^2} \tag{13-26}$$

代入数据，近似求得

$$K=118.4,\quad b=0$$

即 $y=118.4x$。换为电压 U_o和电阻值变化ΔR 的关系即为

$$U_o=118.4\times\Delta R \tag{13-27}$$

再根据电阻变化与压力的关系

$$\frac{\Delta R}{R}=\frac{k_0}{ES}mg \tag{13-28}$$

即

$$\Delta R=\frac{k_0R}{ES}mg \tag{13-29}$$

把式（13-29）代入式（13-27）中，可得输出电压变化与压力之间的关系为

$$U_o=\frac{k_0RK}{ES}mg \tag{13-30}$$

将 $E=16300\text{kg/mm}^2$，$S=100\text{mm}^2$，$R=348\Omega$，$k_0=2$，$K=118.4$ 和 $g=9.8\text{m/s}^2$ 分别代入式（13-29）和式（13-30），得到

$$\Delta R=\frac{68208}{163000}m \tag{13-31}$$

$$U_o=\frac{118.4\times68208}{163000}m=\frac{8075827.2}{163000}m \tag{13-32}$$

13.3 LabVIEW 虚拟仪器设计

1. 数据显示子程序设计

根据设计的要求，在显示模块中需要显示输出电压 U_o，应变片受压后电阻的变化的绝对值ΔR（受拉为 $+\Delta R$，受压为$-\Delta R$）和最终度量的量——重物的质量 m。此外，在显示模块中要加入一些参数的显示，如灵敏系数 k_0、弹性模量 E、应变片截面积 S 和电阻值 R_0。

由上面的分析可知

$$\Delta R=\frac{U_o}{118.4} \tag{13-33}$$

$$m=\frac{ES}{R_0k_0g}\Delta R \tag{13-34}$$

根据式（13-33）、式（13-34）和第12章中对 LabVIEW 的基本介绍，可建立一个子VI，具体步骤如下所述。

（1）从开始菜单中运行“National Instruments LabVIEW 8.2”，在“Getting Started”窗口左边的 Files 控件中选择 Blank VI，建立一个新程序。

（2）框图程序的绘制。如图13-20所示，U_o是 Multisim 中所设计的电路图的输出电压。添加方法为，在前面板中单击鼠标右键，打开控制模板 Numeric 子模板，如图13-21所示。选择数型结构下的数字控制元件，修改名称为“U_o”，它在框图面板下以图标形式显示。从节省空间的考虑，在图标上单击鼠标右键，取消选择“View As Icon”，则显示形式如图13-20所示，以下框图都采用非图标显示形式。

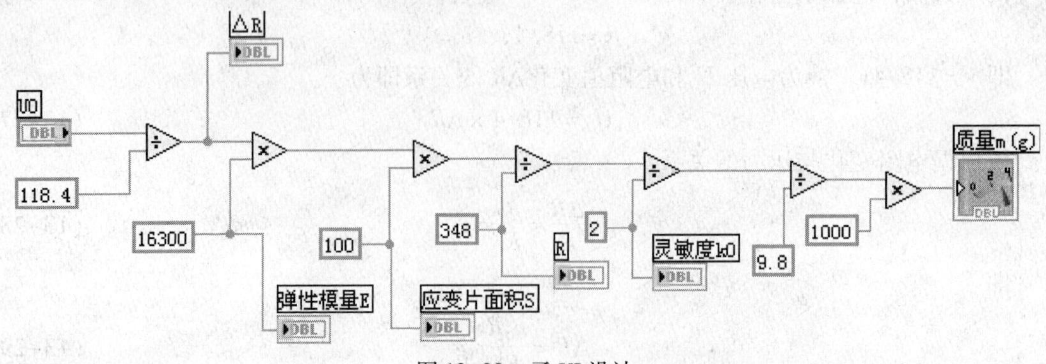

图13-20　子VI设计

常量9.8是重力加速度 g（单位是 m/s^2），程序中除以9.8后输出为质量，单位是kg，再乘以1000后，单位变为g。

其他各常量如图 13-20 所示，在各常量上单击鼠标右键，选择创建指示器，并相应改变名称，如弹性模量 E、应变片面积 S 等。运算函数可在功能面板中选择，如乘除运算等，如图 13-22 所示。放置好元件后，根据功能完成连线，最后输出端接图 13-21 中所示的 meter 指示器，作为质量的显示仪表。以上各模块均为橘黄色，表示数据类型为双精度类型。

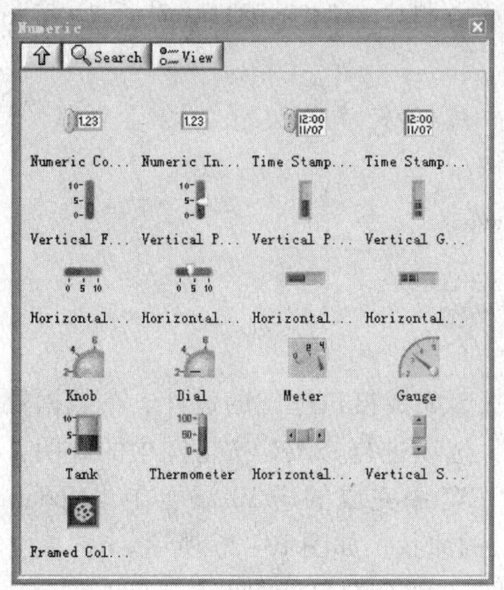

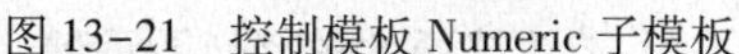

图 13-21　控制模板 Numeric 子模板

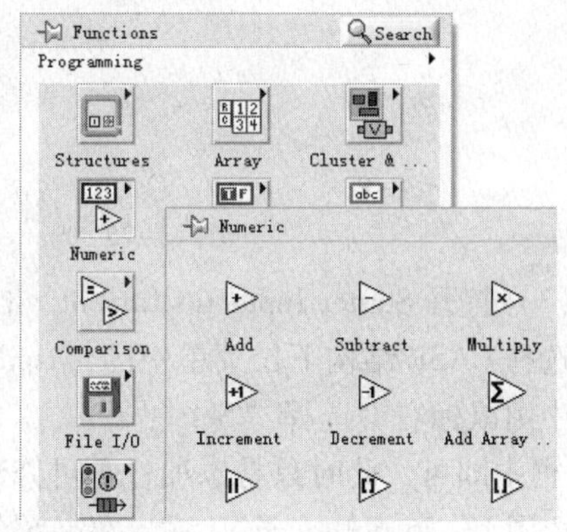

图 13-22　运算函数

（3）定义图标与连接器。双击右上角图标进行编辑后，用鼠标右键单击前面板窗口中的图标窗格，在快捷菜单中单击“Show Connector”，然后图标变为图 13-23 所示的形式。

接下来是建立前面板上的控件和连接器窗口的端子关联。输入与 U_o 关联，输出的 6 个端子分别与输出质量显示、灵敏度 k_0、弹性模量 E、R、ΔR、应变片面积 S 相关联，完成上述工作后，将设计好的 VI 保存。下次调用该 VI 时，图标与端口如图 13-24 所示。

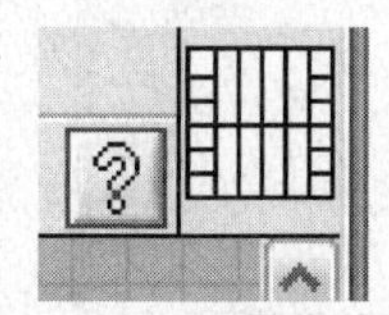

图 13-23　连接器窗格图

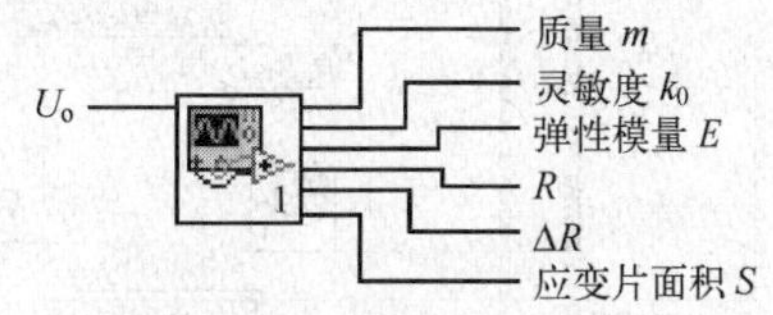

图 13-24　子 VI 图标与端口

2. 接口电路的设计与编译

关于接口的研究及 LabVIEW 仪器向 Multisim 的导入的原理请参照第 12 章的内容。本设计中接口电路的设计与编译分以下 6 个步骤。

（1）把 Multisim 安装目录下“Sampling”/“LabVIEW Instruments”/“Templates”/“Input”文件夹复制到另外一个地方。

（2）在 LabVIEW 中打开步骤（1）中所复制的 StarterInputInstrument .lvproj 工程，如图 13-25所示。接口电路的设计是在 Starter Input Instrument. vit 中进行的。

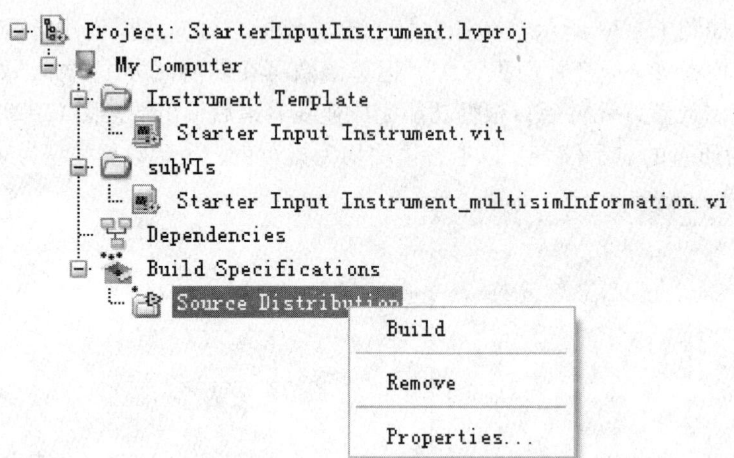

图 13-25　StarterInputInstrument . lvproj 工程图

（3）打开 Starter Input Instrument. vit 的框图面板，完成接口框图的设计。在数据处理部分，选择 CASE 结构下拉菜单中的“Update DATA”选项进行修改。按框图中的说明，在结构框中用鼠标右键选择“Select a VI”，把在 LabVIEW 中完成的子 VI 添加在“Update DATA”框中即可。此时只是添加，不可修改框图面板的原状，如图 13-26 所示。

由图 13-26 可知，子 VI 输出端有 6 个输出端口，在每个端口处用单击鼠标右键，选择创建指示器。在输入端口，需要解决数据类型的匹配问题。由于系统原始的接口的设置，从 Multisim 10 向 LabVIEW 中虚拟仪器输入的是一个多维数组（它的数据类型是不能改变的），为了和设计的子模块输入数据的类型相匹配，需要添加一些数据转换器，把两个数据端口正确地连接起来，如图 13-26 所示，“data”后的第一个程序模块是波形建立模块，接着的是提取 Y 值模块。实现数据类型的匹配还有另外两种方法，这将在后续章节的设计实例中介绍。

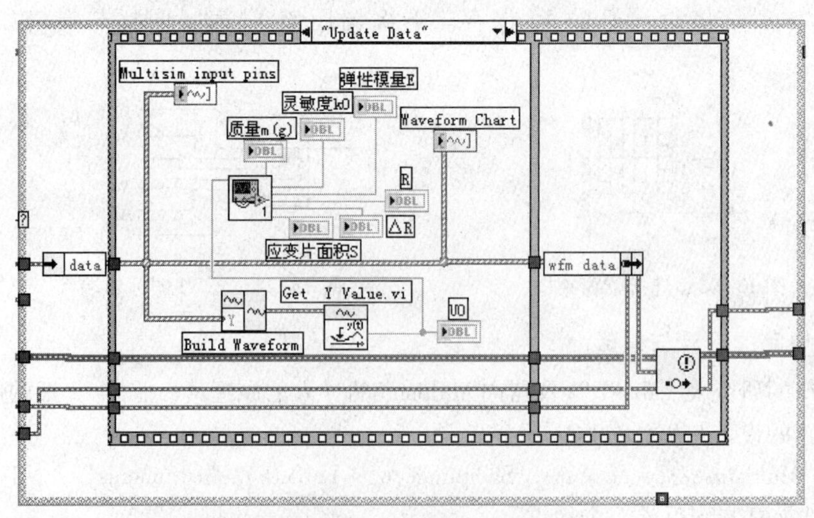

图 13-26　接口框图的设计

程序框图设计好后，要进行前面板的设计，除了要完成功能外，还要兼顾美观。设计好的前面板如图 13-27 所示。完成后选择重命名，保存为 proj1. vit。

（4）编译前，要对虚拟仪器进行基本信息设置。打开 subVIs 下的 Starter Input Instrument _multisimInformation. vi 的后面板，如图 13-28 所示，在仪器 ID 中和显示名称中输入唯一的标志，如一起设为“Plotterhxx11”。同时把输入端口数设为“1”，因为只有一个电压输入；把输出端口设为“0”，此模块不需要向 Multisim 输出信号。设置完后另存为 proj1_multisim-Information. vi，注意前半部分的名称和接口程序部分的命名必须一致。

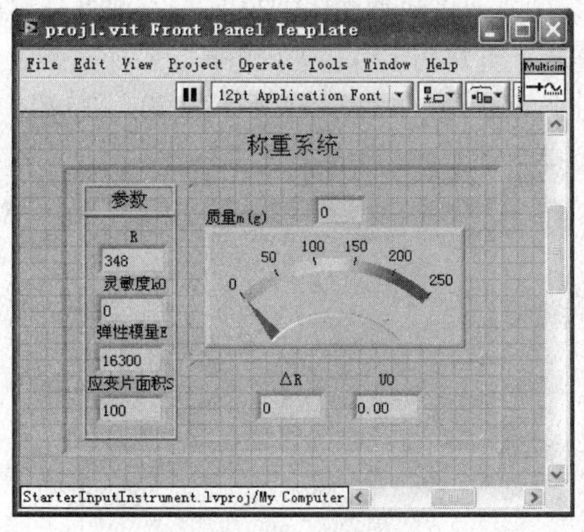

图 13-27　前面板

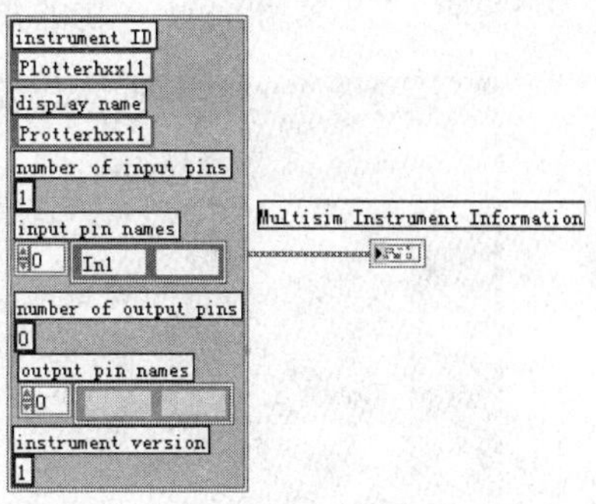

图 13-28　虚拟仪器的设置的后面板

（5）打开 Build Specifications，用鼠标右键单击“Source Distribution”，选择属性设置，在保存目录和支持目录中，都将编译完成后要生成的库文件重命名，如 proj1（. lib）。同时在原文件设置中选择总是包括所有包含的条目，如图 13-29 所示。属性设置完成并对工程进行保存后，再在 Source Distribution 上单击鼠标右键，在弹出的菜单中选择“Build”即可。

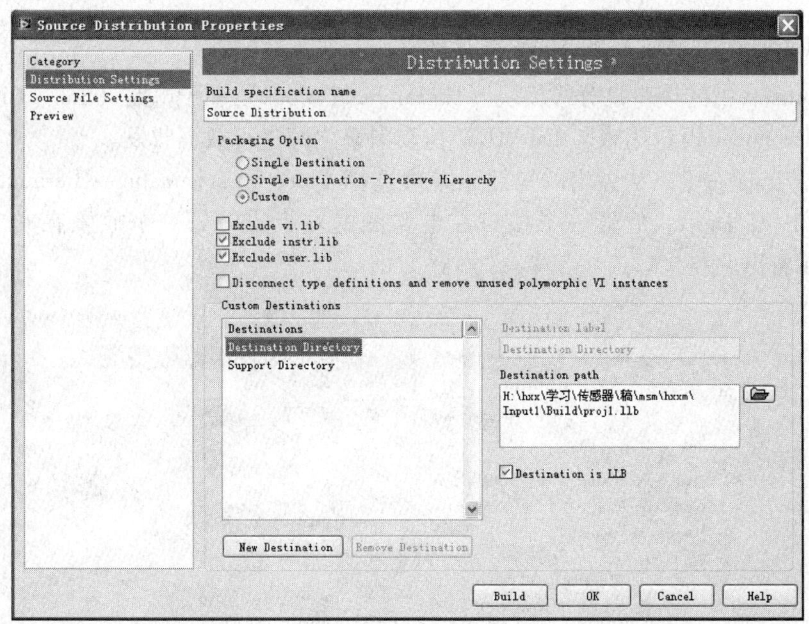

图 13-29　属性设置

（6）编译完成后，在“Input”文件夹下生成一个“Build”文件夹，打开后把里面的文件复制到“Electronics Workbench \ EWB9”下的“lvinstruments”文件夹中，这样就完成了虚拟仪器的导入，当再打开 Multisim 时，在 LabVIEW 仪器下拉菜单中就会显示设计的模块（plotterhxx11）。

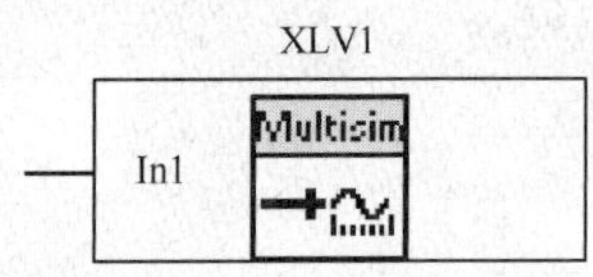

图 13-30 显示模块图标

至此，所有关于此称重系统的设计均已完成。打开 Multisim10，导入后的显示模块如图 13-30 所示。把设计好的电路和显示模块连接，电路调零后，进行仿真，验证电路设计及显示模块的设计是否合理。图 13-31 所示为 20g 和 120g 重物的仿真，由此图可以看出，设计基本符合要求。

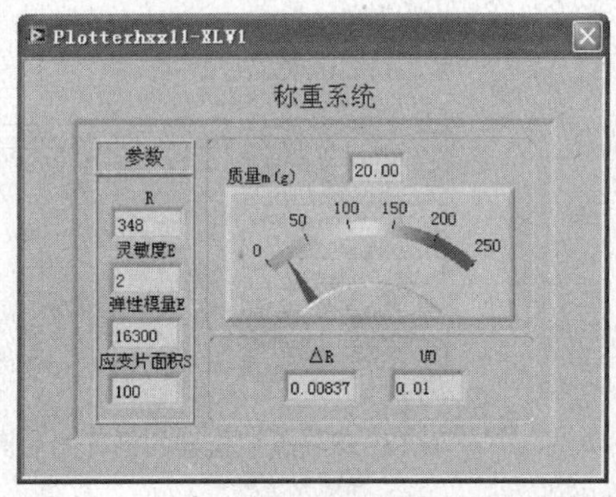

（a）20g 重物的仿真 （b）120g 重物的仿真

图 13-31 重物的仿真

13.4 将 Multisim 导入 LabVIEW

1. 在 Multisim 中添加 LabVIEW 交互接口

这些 Multisim 中的接口是分级模块（Hierarchical Block）和子电路（Sub - Circuit）接口（Hierarchical connector），用来与 LabVIEW 仿真引擎之间进行数据收发。

（1）单击鼠标右键，从弹出的快捷菜单中选择 Place on schematic→Hierarchical connector”，如图 13-32 所示。放置一个接口在电路图的左上方，另一个放置在右上方。按照图 13-33所示将电路与接口连接起来。

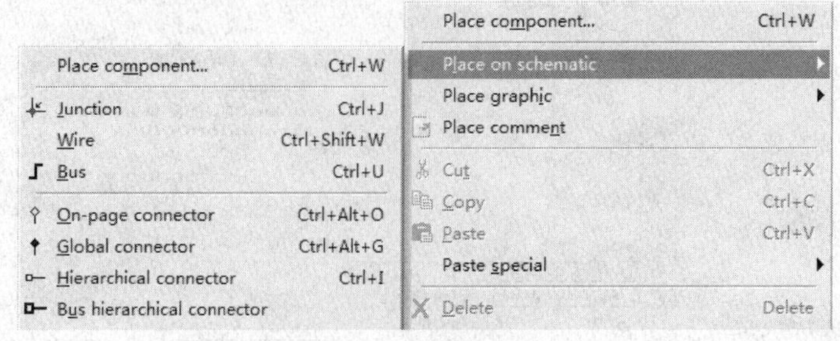

图 13-32 选择交互接口

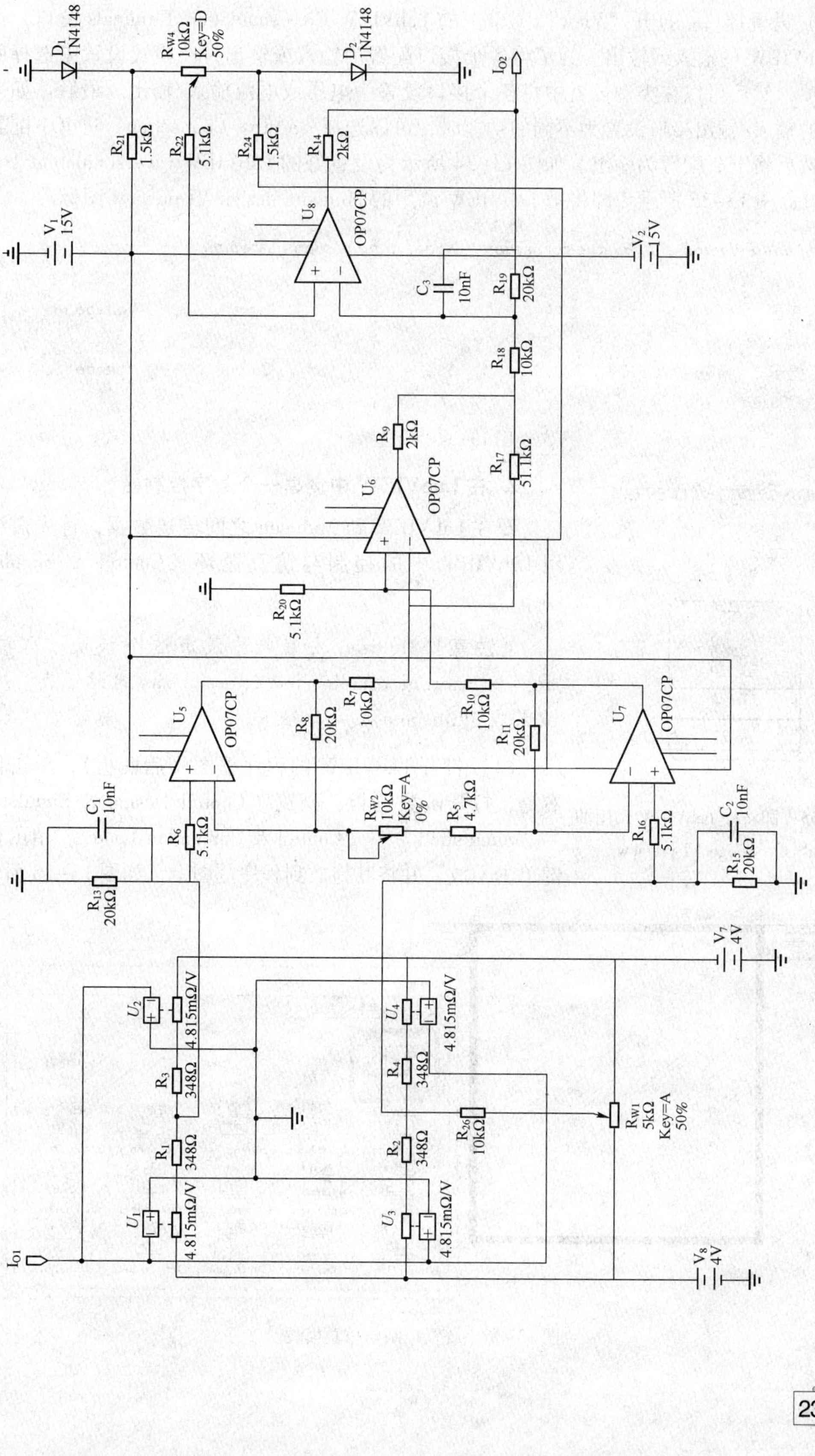
D1 1N4148
RW4 10kΩ Key=D 50%
D2 1N4148
IO2
R21 1.5kΩ
R22 5.1kΩ
R24 1.5kΩ
R14 2kΩ
V1 15V
U8
OP07CP
V2 15V
C3 10nF
R19 20kΩ
R18 10kΩ
R9 2kΩ
R17 51.1kΩ
U6
OP07CP
R20 5.1kΩ
U5
OP07CP
R8 20kΩ
R7 10kΩ
R10 10kΩ
R11 20kΩ
U7
OP07CP
C1 10nF
R6 5.1kΩ
RW2 10kΩ Key=A 0%
R5 4.7kΩ
R16 5.1kΩ
C2 10nF
R15 20kΩ
R13 20kΩ
V7 4V
U2
4.815mΩ/V
U4
4.815mΩ/V
R3 348Ω
R4 348Ω
R26 10kΩ
RW1 5kΩ Key=A 50%
R1 348Ω
R2 348Ω
U1
4.815mΩ/V
U3
4.815mΩ/V
IO1
V8 4V

图 13-33　接口电路

（2）设置接口：打开“View”菜单下的 LabVIEW Co－simulation Terminals 窗口，设置针对 LabVIEW 的输入或输出。为了将各个接口配置为输入或输出，在模式设置中选择所需要的选项，然后可以在类型设置中将各个接口设置为电压或电流输入/输出。最后，如果想将放置的输入/输出接口设置为不同的功能时，可以选择 Negative Connection。将 IO1 配置为输入，然后将 IO2 配置为输出。如图 13-34 所示为设置好的 LabVIEW Co－simulation Terminals 窗口，图 13-35 所示为即将被 LabVIEW 调用的 Multisim design VI preview 图标。

LabVIEW terminal	Positive connection	Negative connection	Direction	Type
Input				
质量	IO1	0	Input	Voltage
Output				
显示	IO2	0	Output	Voltage
Unused				

图 13-34　设置接口

图 13-35　即将被 LabVIEW 调用的 Multisim design VI preview

2. 在 LabVIEW 中创建一个数字控制器

要在 LabVIEW 和 Multisim 之间传送数据，首先需要使用 LabVIEW 中的控制与仿真循环（Control & Simulation Loop）。

【注意】Multisim 安装包中没有这个模块，需要从 http：//www. ni. com/labview/cd－sim/zhs/网站下载，然后安装在 Multisim 的安装路径下。

（1）打开 LabVIEW 的程序框图（后面板），单击鼠标右键，打开函数选板，浏览“Control Design & Simulation”→“Simulation”→“Control & Simulation Loop”。用鼠标左键单击不放，并将其拖放到程序框图上，如图 13-36 所示。

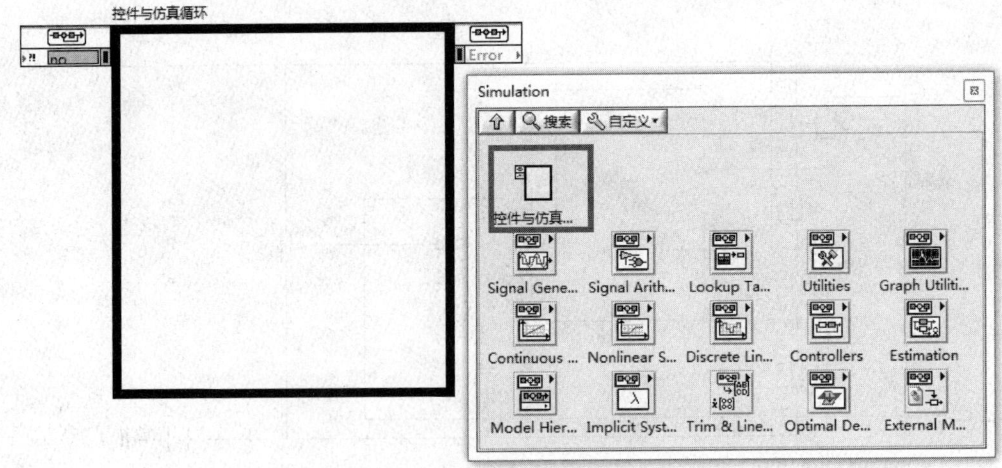

图 13-36　放置控制与仿真模块

（2）修改控制仿真循环的求解算法和时间设置：双击输入节点，打开“Configure Simulation Parameters”窗口。按图 13-37 所示输入参数。

（3）在 VI 中添加仿真挂起（Halt Simulation）函数来停止控制仿真循环：单击鼠标右键，打开函数选板，浏览到“Control Design & Simulation”→“Simulation”→“Utilities”→“Halt Simulation”。用鼠标左键单击不放，并将其拖放到程序框图上，然后在布尔输入端上单击鼠标右键，选择“Create”→“Control”。这样就可以在 VI 的前面板上创建一个布尔控件来控制程序的挂起，从而停止仿真 VI 的运行，如图 13-38 所示。

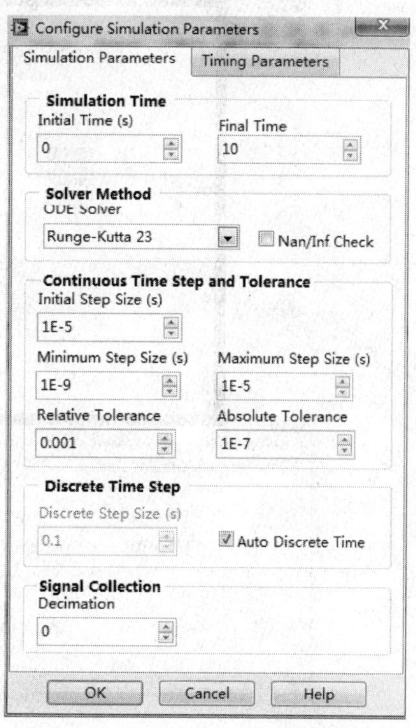

图 13-37　节点参数设置

3. 放置 Multisim Design VI

Multisim Design VI 是用于管理 LabVIEW 和 Multisim 仿真引擎之间通信的。

（1）单击鼠标右键，打开函数选板，执行“Control Design & Simulation”→“Simulation”→“External Models”→“Multisim”→“Multisim Design”，用鼠标左键单击不放，并将其拖放到控制与仿真循环中。

【注意】这个 VI 必须放置到控制仿真循环中。

将 Multisim Design VI 放置到程序框图上后，会弹出选择一个 Multisim 设计（Select a Multisim Design）对话框。在对话框中可以直接输出文件的路径，或者浏览到文件所在的位置来进行指定，如图 13-39 所示。

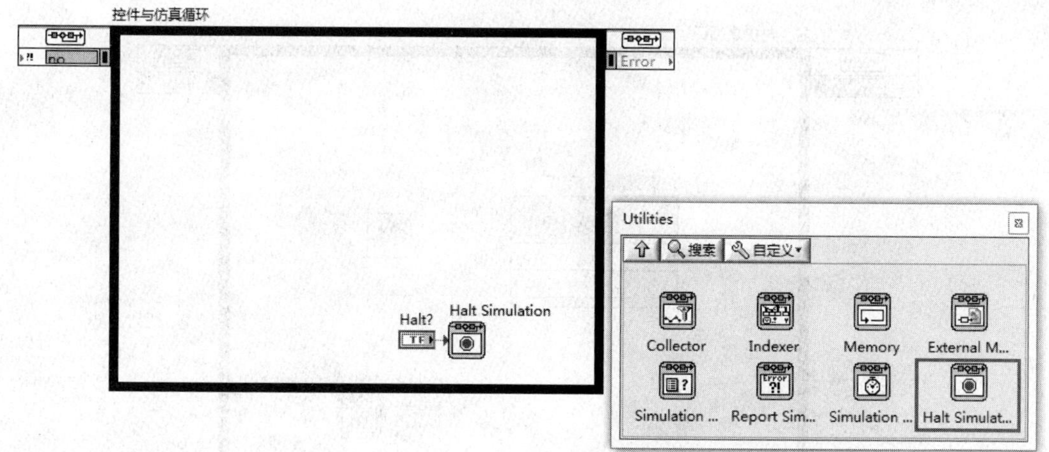

图 13-38　添加 Halt Simulation 函数

Multisim Design VI 会生成接线端，接线端的形式与 Multisim 环境中的 Multisim Design VI 预览一致，具有相对应的输入端与输出端。如果接线端没有显示出来，用鼠标左键单击双箭头，展开接线端。

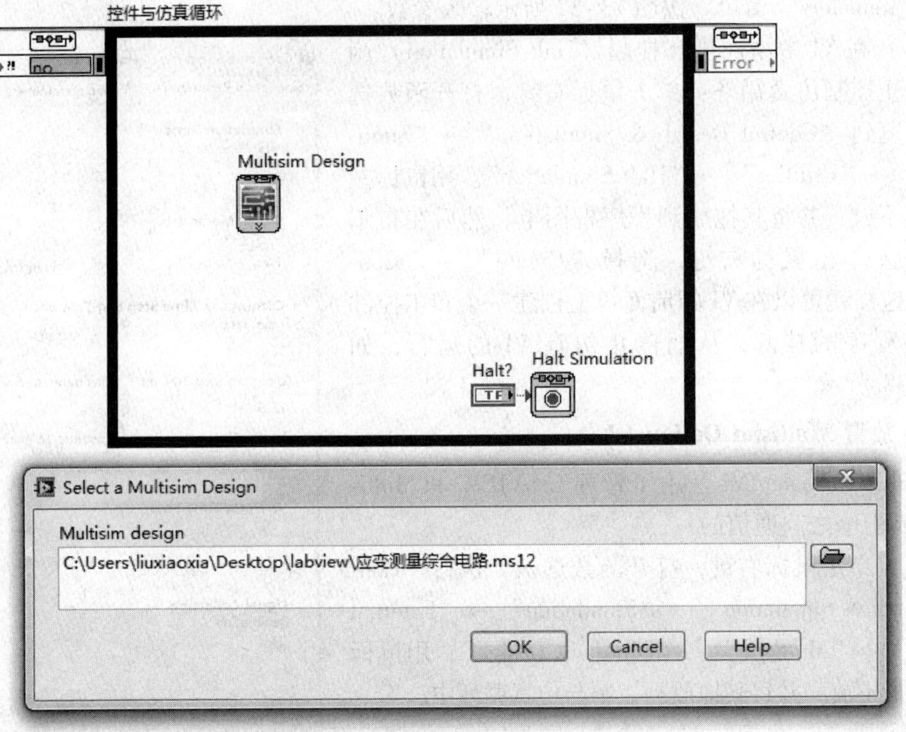

图 13-39　放置 Multisim design VI preview

（2）调用 Labview 子 VI：在 LabVIEW 的程序框图中，打开函数选板，选择前面设计好的子 VI，将其放在控件与仿真循环中，如图 13-40 所示。

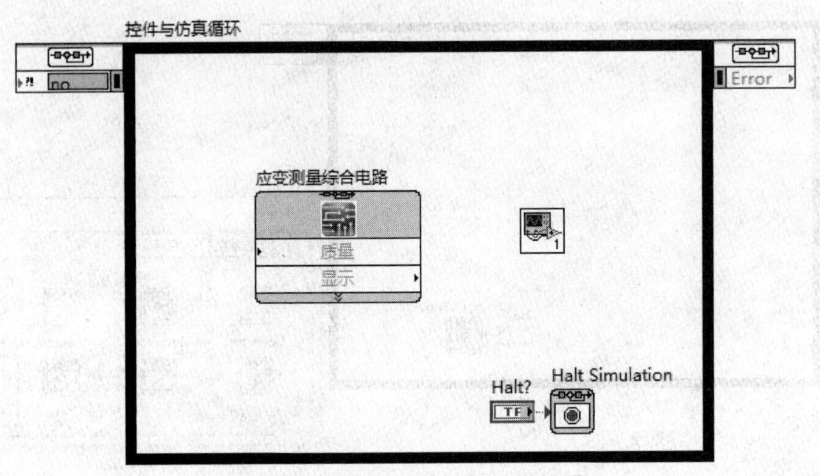

图 13-40　调用子 VI

（3）分别为 Multisim Design VI 和 Labview 子 VI 创建输入和显示控件。用鼠标右键单击输入接线端，然后执行菜单命令“Create”→“Control”来完成创建，如图 13-41 所示。

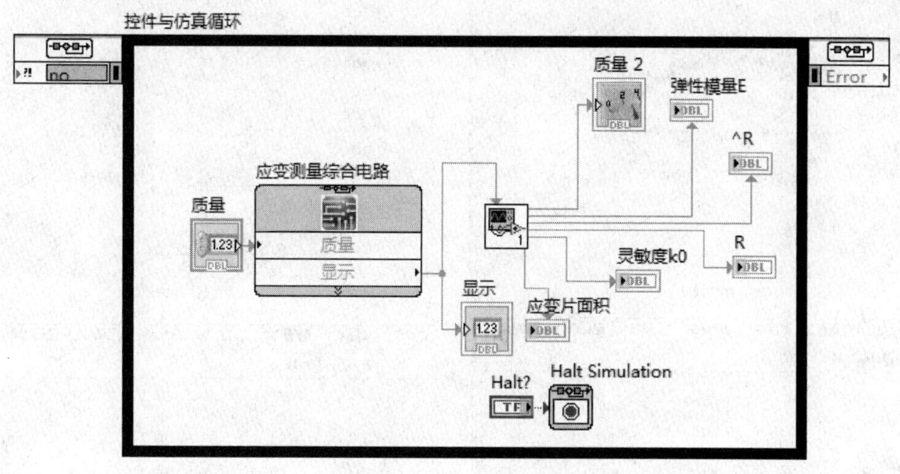

图 13-41　创建输入及显示控件

（4）整理前面板：打开前面板窗口，前面板的控件如图 13-42 所示。

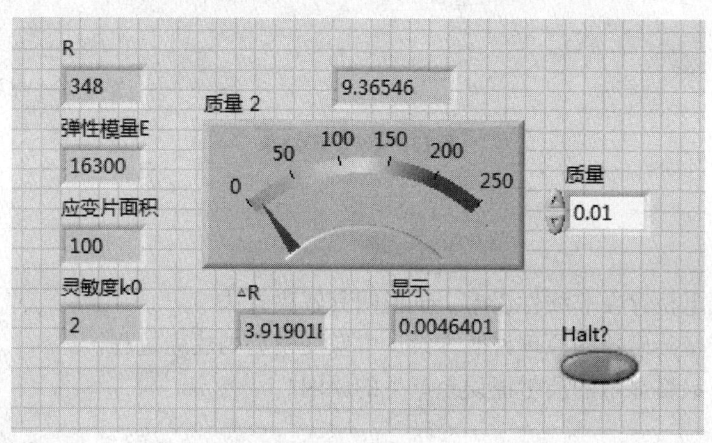

图 13-42　前面板的控件

（5）开始仿真：单击仿真开始按钮开始仿真，如图 13-43 所示。

图 13-43　仿真控制按钮

图 13-44 所示的是实验结果。由仿真结果可知，设计基本符合要求。

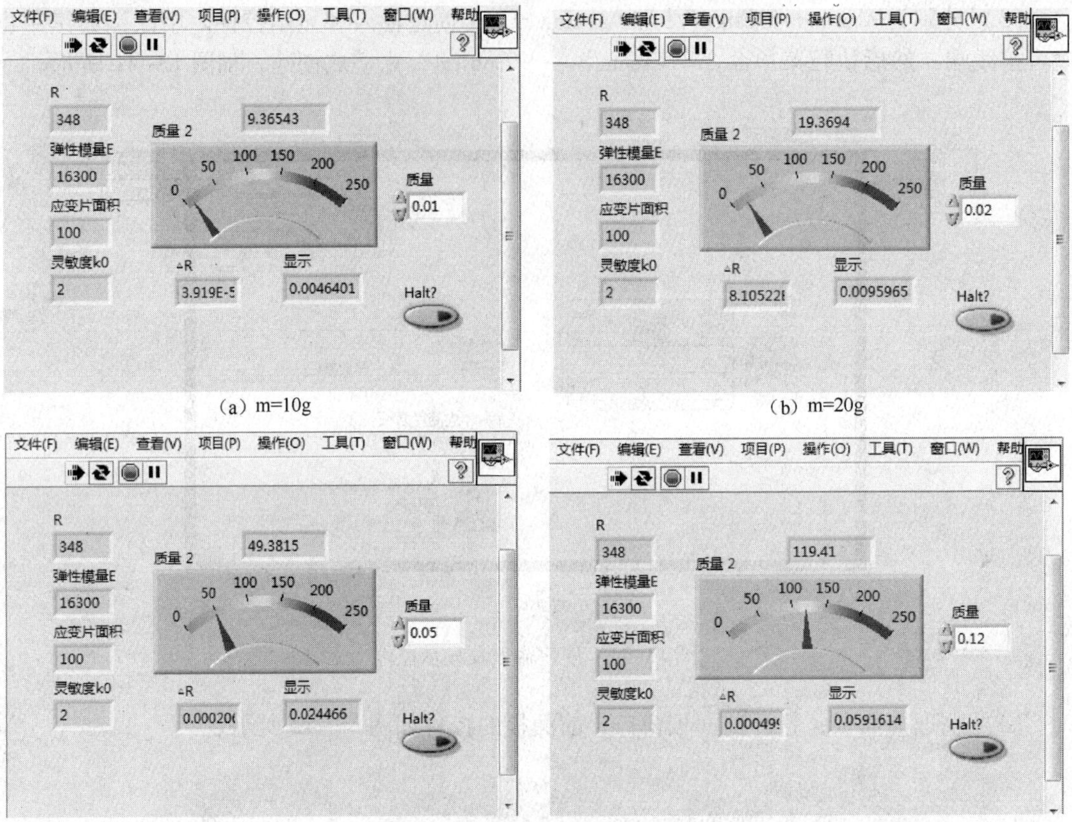

（a）m=10g

（b）m=20g

（c）m=50g

（d）m=120g

图 13-44　实验结果

习题

（1）惠斯顿电桥存在非线性误差，试说明其解决方法。

（2）根据应变传感器的原理说明本设计中应变模型的建立过程。

（3）试分析最终显示的质量值误差产生的原因。

铂热电阻温度测量系统的设计

14.1 设计任务

本例设计的是一个测温范围为0～100℃的测温仪。读者应能够根据铂热电阻的特性建立传感器的模型，并设计相应的测量电路。最后在虚拟仪器中完成物理量的分析。通过本设计，应掌握以下内容：

☺ 了解铂热电阻测温的原理，会根据铂热电阻的电阻值与温度的关系建立仿真模型。

☺ 掌握铂热电阻的测温电路。

☺ 会用 LabVIEW 设计温度显示模板，把电路输出电压值转换成温度及参数的显示。

14.2 电路设计

1. 传感器模型的建立

金属铂热电阻性能十分稳定，在 −260～+630℃之间，铂热电阻可用做标准温度计；在0～+630℃之间，铂热电阻与温度的关系为

$$R_t = R_0(1 + A \times T + B \times T^2) \qquad (14\text{-}1)$$

其中，(0℃时电阻) $R_0 = 100\Omega$，$A = 3.9684 \times 10^{-3}/℃$，$B = -5.847 \times 10^{-7}/℃$。

把参数代入式（14-1），得

$$R_t = -5.847 \times 10^{-5} T^2 + 0.39684T + 100(\Omega) \qquad (14\text{-}2)$$

有了温度与铂热电阻的关系式，就可以建立以下的模型，如图14-1所示。以 V_1 代表温度 T，压控多项式函数模块用来实现上述函数，其输出为电压值，由铂热电阻的原理可知，模型模拟的应是电阻值，所以再加一个比例系数为1的压控电阻，因此输出电阻值按算式随温度值的变化而变化。

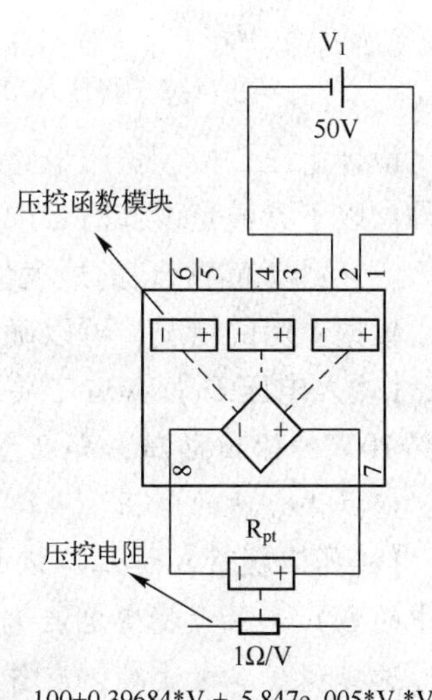

图14-1 铂热电阻模型

2. 测量电路组成与原理

当温度变化时，热电阻的电阻值随温度的变化而变化。对温度的测量转化为对电阻值的测量，可将电阻值的变化转化为电压或电流的变化输入测量仪表，通过测量电路的转换，即可得被测温度。测温电路由以下 4 部分组成。

1）稳压环节　稳压环节用于为后面的电路提供基准电压，如图 14-2 所示。稳压二极管稳压电路的输出端接电压跟随器来稳定输出电压。电压跟随器具有高输入阻抗、低输出阻抗的优点。

稳压二极管稳压电路是最简单的一种稳压电路，它由一个稳压二极管和一个限流电阻组成。从图 14-3 所示的稳压二极管稳压特性曲线可以看到，只要稳压二极管的电流 $I_Z \leqslant I_{Dz} \leqslant I_{ZM}$，则稳压二极管就使输出稳定在 U_Z 附近，其中 U_Z 是在规定的稳压二极管反向工作电流下所对应的反向工作电压。限流电阻的作用一是起限流作用，以保护稳压二极管；另外一个作用就是，当输入电压或负载电流变化时，通过该电阻上电压降的变化，取出误差信号以调节稳压二极管的工作电流，从而起到稳压作用。

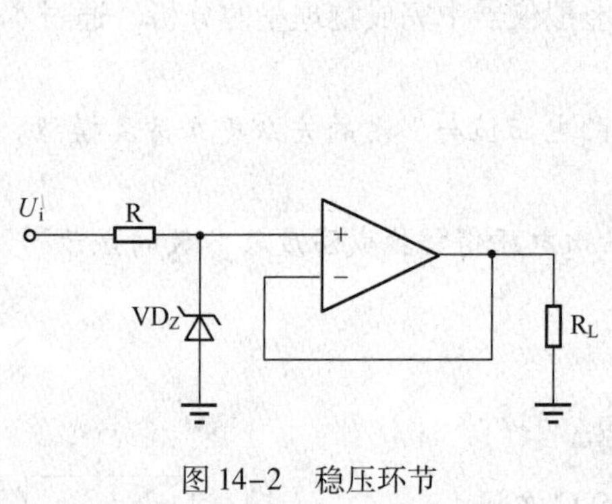

图 14-2　稳压环节

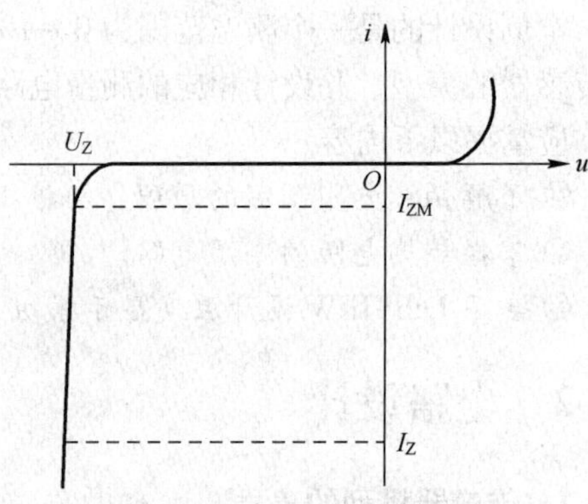

图 14-3　稳压二极管稳压特性曲线

设计稳压二极管稳压电路，首先需要根据设计要求和实际电路的情况来合适地选取电路元件。以下参数是设计前必须知道的：要求的输出电压 U_o、负载电流的最小值 I_{Lmin} 和最大值 I_{Lmax}（或者负载 R_L 的最大值 R_{Lmax} 和最小值 R_{Lmin}）、输入电压 U_i 的波动范围。

根据上面的情况，可以确定以下元件和参数的选取。

【输入电压 U_i】 知道了要求的稳压输出 U_o，一般选 U_i 为 U_o 的 2～3 倍。例如，如果要获得 10V 的输出电压，那么整流滤波电路的输入电压应在 20～30V，然后选取合适的变压器，以提供合适的电压。

【稳压二极管】 稳压二极管的主要参数有 3 个，即稳压值 U_Z、最小稳定电流 I_{Zmin}（即手册中的 I_Z）和最大稳定电流 I_{Zmax}（即手册中的 I_{ZM}）。

选择稳压二极管时，应首先根据要求的输出电压来选择稳压值 U_Z，使 $U_o = U_Z$。确定了稳压值后，可根据负载的变化范围来确定稳定电流的最小值 I_Z 和最大值 I_{ZM}。一般要求额定稳定电流的变化范围大于实际负载电流的变化范围，即 $I_{ZM} - I_Z > I_{Lmax} - I_{Lmin}$。同时，最大稳定电流的选择应留有一定的裕量，以避免稳压二极管被击穿。综上所述，选择稳压二极管应满足。

$$\begin{cases} U_Z = U_o \\ I_{ZM} - I_Z > I_{Lmax} - I_{Lmin} \\ I_{ZM} \geqslant I_{Lmax} + I_Z \end{cases} \tag{14-3}$$

【限流电阻 R】 限流电阻的选取应使稳压二极管中的电流在额定的稳定电流范围内，即 $I_Z \leqslant I_{Dz} \leqslant I_{ZM}$。由图 14-2 可知

$$\begin{cases} I_R = \dfrac{U_i - U_Z}{R} \\ I_Z = I_R - I_L \end{cases} \tag{14-4}$$

当电网电压最低且负载电流最大时，稳压二极管中流过的电流最小，应保证此时的最小电流大于稳定电流的最小值 I_Z，即

$$\frac{U_{imin} - U_Z}{R} - I_{Lmax} \geqslant I_Z$$

可得，限流电阻的上限值为

$$R_{max} = \frac{U_{imin} - U_Z}{I_Z + I_{Lmax}} \tag{14-5}$$

与之相反，当电网电压最高且负载电流最小时，稳压二极管中流过的电流最大，此时应使此最大电流不超过稳定电流的最大值，即

$$\frac{U_{imax} - U_Z}{R} - I_{Lmin} \leqslant I_{ZM}$$

根据上式可得，限流电阻的下限值为

$$R_{min} = \frac{U_{imax} - U_Z}{I_{ZM} + I_{Lmin}} \tag{14-6}$$

2）基本放大电路　本设计没有采用电桥法测量铂热电阻，这是因为铂热电阻测温采用的是惠斯顿电桥，而惠斯顿电桥本身存在一定的非线性，为了避免电桥引入非线性，所以采用放大电路测温。

基本放大电路的设计如图 14-4 所示，它可以分解为图 14-5 所示的两个简单的放大电路。

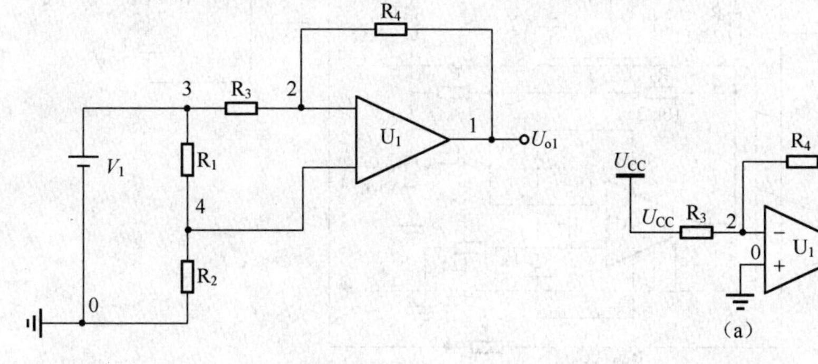

图 14-4　基本放大电路　　　　图 14-5　两个简单的放大电路

图 14-5（a）所示的电路满足下面的关系：

$$U_1 = -\frac{R_4}{R_3} U_{CC} \tag{14-7}$$

$$U_{CC}=\frac{R_1}{R_1+R_2}V_1 \tag{14-8}$$

所以
$$U_1=-\frac{R_4}{R_3}\cdot\frac{R_1}{R_1+R_2}V_1 \tag{14-9}$$

图 14-5（b）所示为一个电压跟随器，所以

$$U_1=U_{DD}=\frac{R_2}{R_1+R_2}V_1 \tag{14-10}$$

所以，图 14-4 所示的基本放大电路的输出电压为上述两个电路输出电压的叠加，即

$$U_{o1}=-\frac{R_4}{R_3}\cdot\frac{R_1}{R_1+R_2}V_1+\frac{R_2}{R_1+R_2}V_1 \tag{14-11}$$

由式 14-11 知，当 V_1、R_1、R_2、R_3的值确定后，U_{o1}的值与 R_4的值成比例。但图 14-5（b）所示电路产生的输出电压项是不希望有的，要在以后的矫正电路中加以消除。

3）矫正环节 虽然在图 14-1 的模型中温度的二次项系数很小，但仍存在一定程度的非线性。图 14-6 所示为铂热电阻测温的总体电路，其中由运算放大器 U_3和电阻 R_8、R_9、R_{15}组成的反相比例放大器为电路引入负反馈，可使电路输出的线性度变好。图中还由电阻 R_{W1}引入了电流并联负反馈。

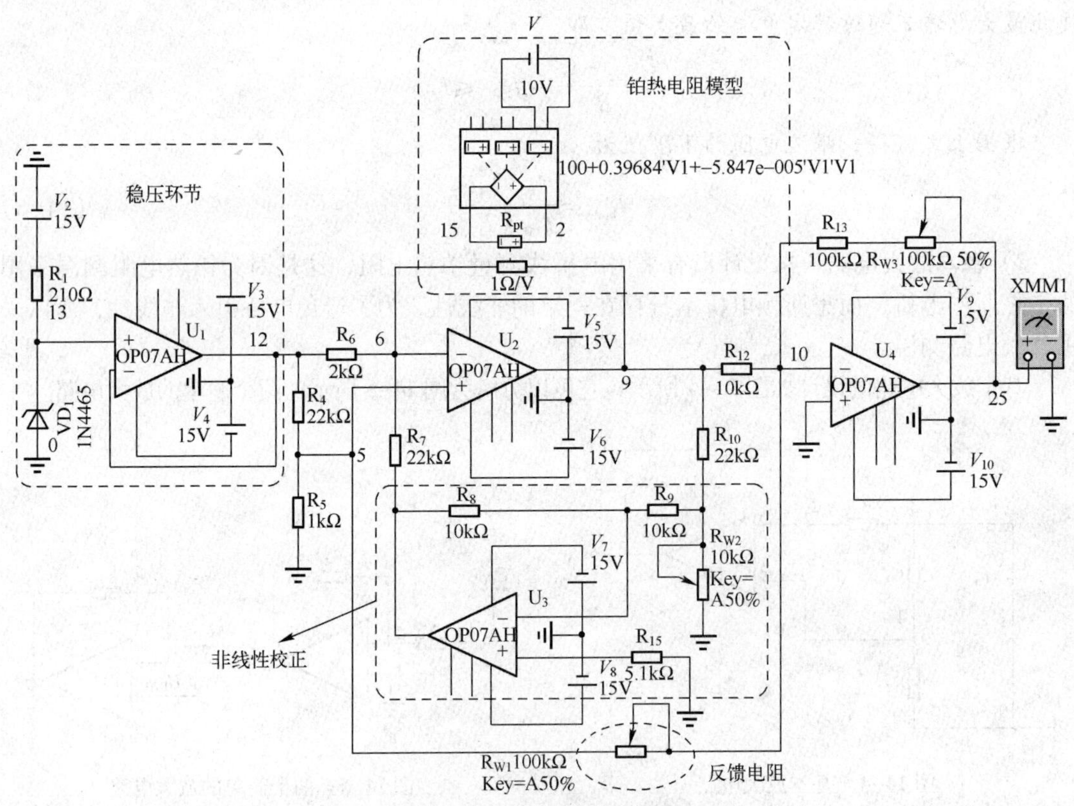

图 14-6 铂热电阻测温的总体电路

4）电路输出范围的调节 铂热电阻的电阻值小且变化范围小，为了使输出变化明显，总体电路中又加上了反相比例放大电路，调节 R_{W3}的电阻值可以调节输出电压的范围。

3. 整体电路分析与设计

在铂热电阻测温的整体测量电路中，R_{W1}用于基本放大电路调零，R_{W2}用于调线性，R_{W3}用于调节电压放大倍数。VD_1为稳压值为 10V 的稳压二极管，其最大直流电流为 143mA。下面对电路进行分析，并确定电路的参数。

1）稳压环节分析　将图 14-6 所示的稳压环节的输出端接一个负载电阻，如图 14-7 所示。为了确定这个负载电阻电阻值的大致范围，将与稳压环节相连的放大电路的输入端改接一个 10V 的直流源，然后对电路进行传递函数分析，其设置如图 14-8 所示。将新加入的直流源作为输入源（图中的 vv11)，电路的总输出端作为输出节点，接地端作为参考节点。传递函数分析的结果如图 14-9 所示，输入阻抗约为 1. 8kΩ。

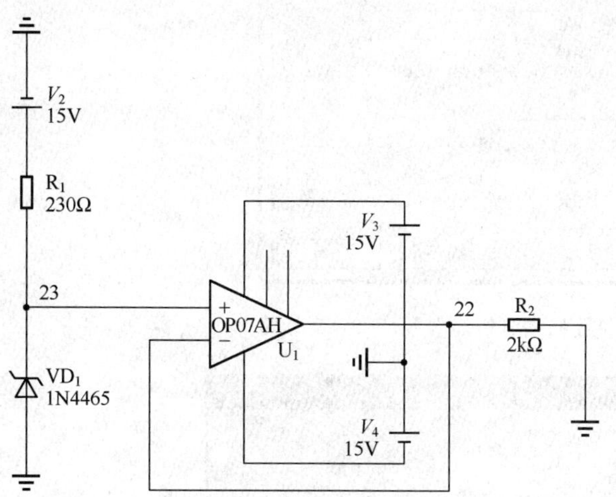

V2
15V
R1
230Ω
V3
15V
23
+
OP07AH
−
U1
22
R2
2kΩ
VD1
1N4465
V4
15V

图 14-7　稳压环节

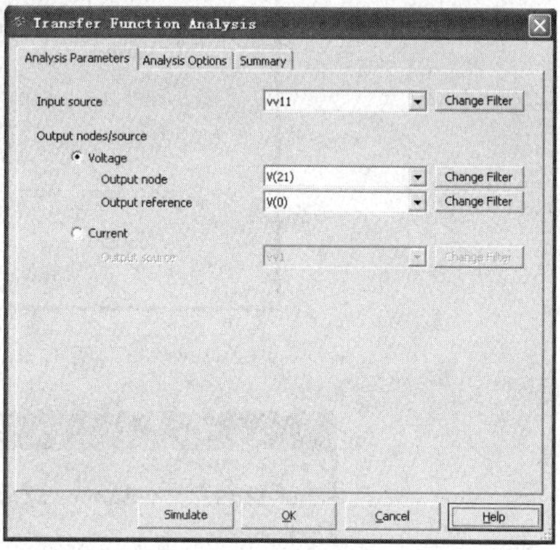

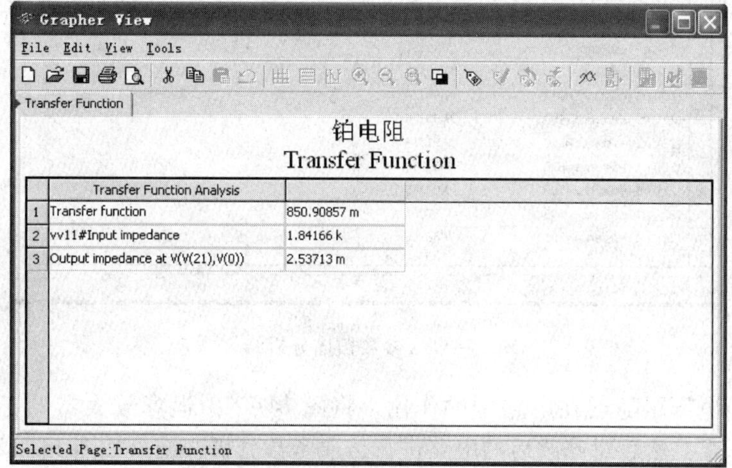

Transfer Function Analysis
Analysis Parameters
Analysis Options
Summary
Input source
vv11
Change Filter
Output nodes/source
Voltage
Output node
V(21)
Change Filter
Output reference
V(0)
Change Filter
Current
Output source
Simulate
OK
Cancel
Help

图 14-8　传递函数分析设置

Grapher View
File Edit View Tools
Transfer Function
铂电阻
Transfer Function
Transfer Function Analysis
1 Transfer function 850.90857 m
2 vv11#Input impedance 1.84166 k
3 Output impedance at V(V(21),V(0)) 2.53713 m
Selected Page:Transfer Function

图 14-9　传递函数分析结果

将图 14-7 中的R_2设为 1. 82Ω，然后对R_1进行参数扫描，确定其取值。参数扫描的设置如图 14-10 所示，将R_1从 10Ω ~ 1kΩ 之间取 10 个扫描点，然后选择扫描直流工作点，输出

节点为 22 点，扫描结果如图 14-11 所示。由图可知，R_1应在 120～230Ω 之间取值时，这样才能保证稳压二极管工作在稳压状态，最后取 R_1为 200Ω。

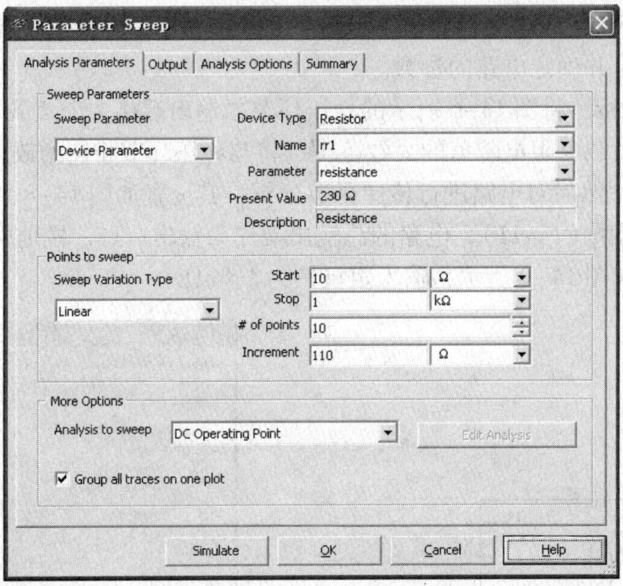

图 14-10　参数扫描分析设置

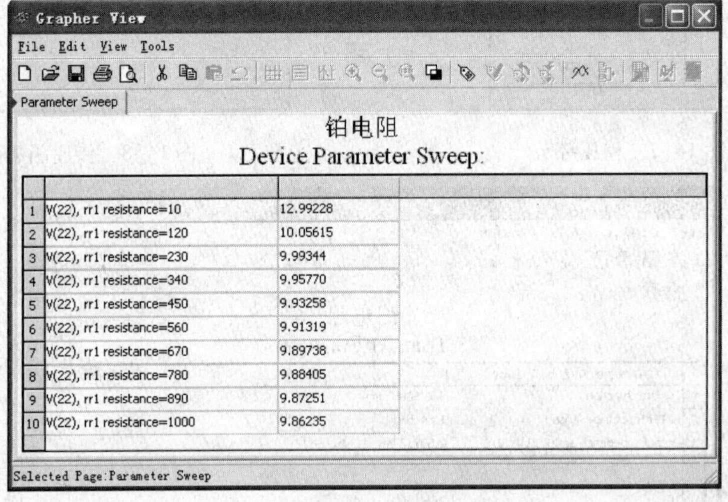

铂电阻

Device Parameter Sweep:

1	V(22), rr1 resistance=10	12.99228
2	V(22), rr1 resistance=120	10.05615
3	V(22), rr1 resistance=230	9.99344
4	V(22), rr1 resistance=340	9.95770
5	V(22), rr1 resistance=450	9.93258
6	V(22), rr1 resistance=560	9.91319
7	V(22), rr1 resistance=670	9.89738
8	V(22), rr1 resistance=780	9.88405
9	V(22), rr1 resistance=890	9.87251
10	V(22), rr1 resistance=1000	9.86235

图 14-11　参数扫描分析结果

下面来分析电压跟随器在电路中的作用。将图 14-7 中运算放大器的正输入端接一个 10V 的直流电压源，然后对修改后的电路进行传递函数分析，结果如图 14-12 所示，可见电压跟随器具有很高的输入阻抗和很低的输出阻抗。

对图 14-7 所示的电路进行参数扫描分析，观察负载电阻 R_2的变化对输出电压的影响。使 R_2在 1Ω～10kΩ 之间均匀地取 10 个值，然后对输出节点 22 进行直流工作点扫描，结果如图 14-13 所示。将图 14-7 中的电压跟随器去掉，将负载电阻 R_2直接与稳压二极管稳压电

路的输出端相连，然后仍按上面的设置对 R_2进行参数扫描分析，分析结果如图 14-14 所示。比较图 14-13 和图 14-14 可知，由于电压跟随器的输入电阻较大，流过 R_1的电流基本全部流向稳压二极管，且电压跟随器隔离了负载电阻变化对稳压二极管稳压电路的影响，所以加电压跟随器的稳压电路，在稳压范围内输出电压较稳定，且约等于 10V。

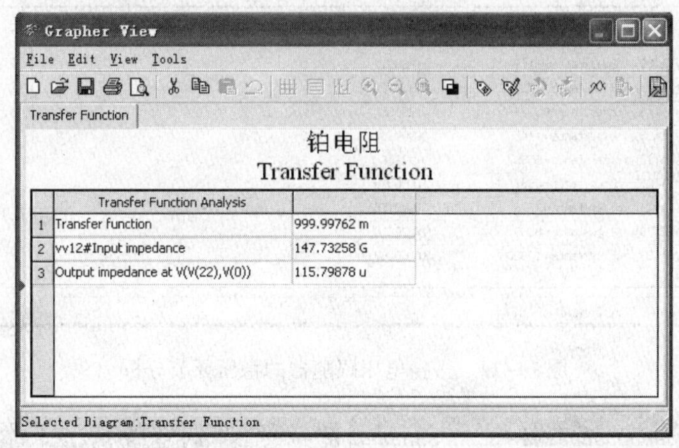

	Transfer Function Analysis	
1	Transfer function	999.99762 m
2	vv12#Input impedance	147.73258 G
3	Output impedance at V(V(22),V(0))	115.79878 u

图 14-12　传递函数分析结果

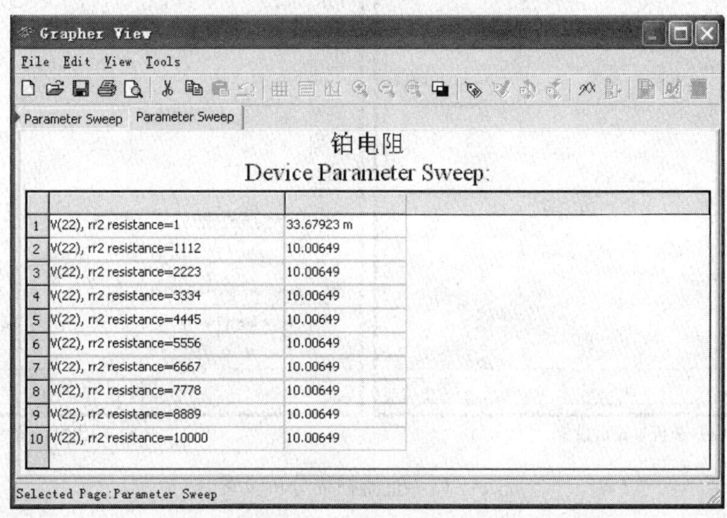

1	V(22), rr2 resistance=1	33.67923 m
2	V(22), rr2 resistance=1112	10.00649
3	V(22), rr2 resistance=2223	10.00649
4	V(22), rr2 resistance=3334	10.00649
5	V(22), rr2 resistance=4445	10.00649
6	V(22), rr2 resistance=5556	10.00649
7	V(22), rr2 resistance=6667	10.00649
8	V(22), rr2 resistance=7778	10.00649
9	V(22), rr2 resistance=8889	10.00649
10	V(22), rr2 resistance=10000	10.00649

图 14-13　参数扫描分析结果

2）**铂热电阻温度特性分析**　在图 14-6 的总测量电路中，对铂热电阻模块进行直流扫描分析，观察测量温度与铂热电阻电阻值的关系。直流扫描分析的设置如图 14-15 所示，扫描电源为模拟测量温度数值的电压源 V_1，扫描范围为 0 ~ 500V（即模拟 0 ~ 500℃的变化），观察节点 2 和节点 15 间的电压差的变化（模拟铂热电阻电阻值的变化）。直流扫描分析的结果如图 14-16 所示，其中实线为分析所得的数据，虚线为连接实线两端点所得的直线，可见铂热电阻的电阻值与温度的关系存在非线性。因此需要调节 R_{W2}来调节负反馈的程度，从而矫正输出电压与温度的非线性关系。

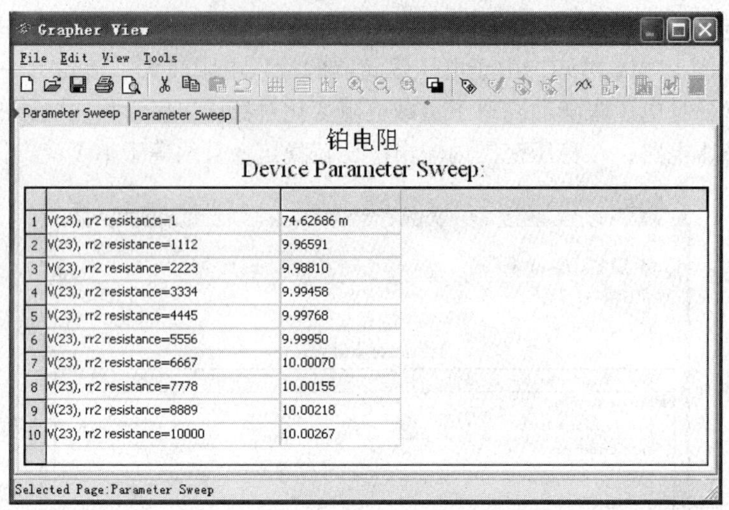

1	V(23), rr2 resistance=1	74.62686 m
2	V(23), rr2 resistance=1112	9.96591
3	V(23), rr2 resistance=2223	9.98810
4	V(23), rr2 resistance=3334	9.99458
5	V(23), rr2 resistance=4445	9.99768
6	V(23), rr2 resistance=5556	9.99950
7	V(23), rr2 resistance=6667	10.00070
8	V(23), rr2 resistance=7778	10.00155
9	V(23), rr2 resistance=8889	10.00218
10	V(23), rr2 resistance=10000	10.00267

图14-14　去掉电压跟随器的稳压环节分析

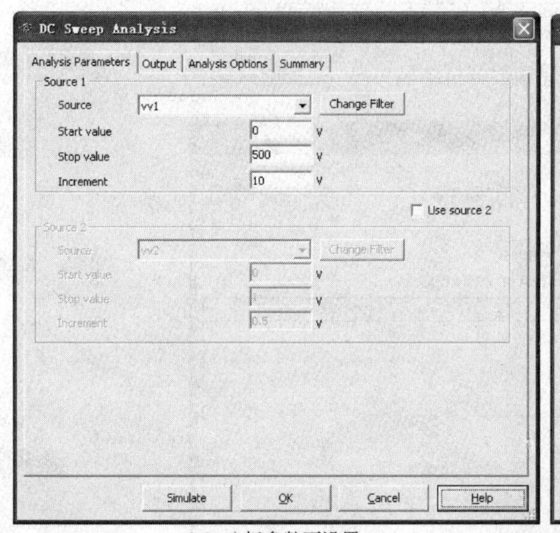

（a）分析参数页设置

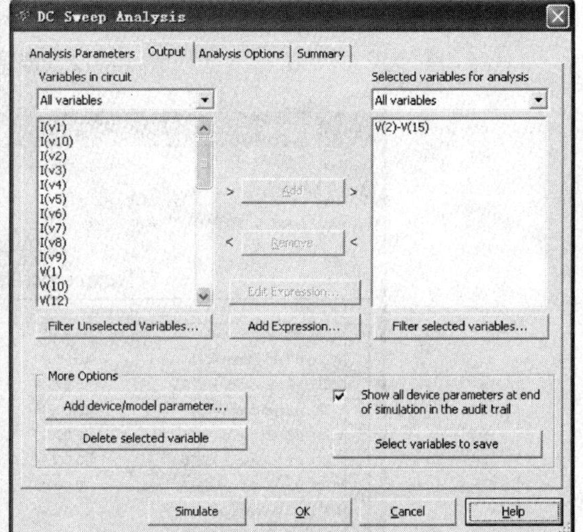

（b）输出页设置

图14-15　直流扫描分析设置

3）R_{W1}作用分析　将滑动变阻器R_{W1}用一个任意大小的电阻代替，然后对该电阻进行参数扫描分析，观察R_{W1}变化时，输出电压在什么时候接近于零。R_{W1}的电阻值的扫描范围为1～100kΩ，从图14-17的分析结果可知，R_{W1}的电阻值取约90kΩ时，输出端电压才接近于零，所以滑动变阻器的最大电阻值应取100kΩ。最后调节滑动变阻器R_{W1}使其两端电阻值约为93.1kΩ。

在去掉R_{W1}的情况下，对电路进行直流扫描分析，观察V_1在0～100V扫描后输出电压的变化，结果如图14-18所示。加入滑动变阻器，并调整好滑动变阻器的大小后，再进行参数扫描分析，结果如图14-19所示。比较图14-18和图14-19可知，两条曲线基本平行，滑动变阻器调节后，当温度为0℃时输出电压为0，即R_{W1}的作用为为测量电路调零。

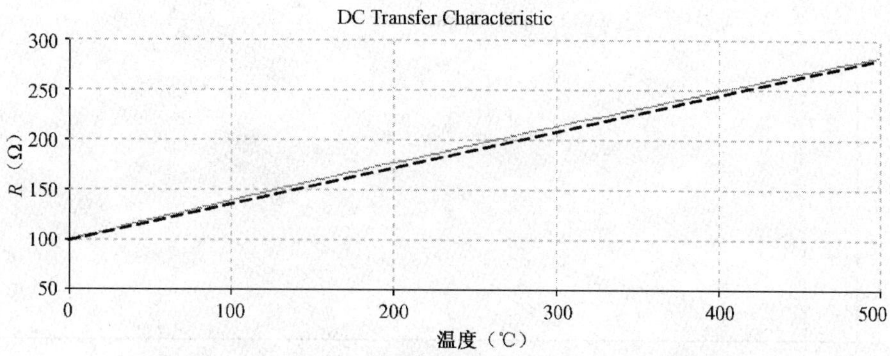

图 14-16　铂热电阻电阻值与温度的直流扫描分析的结果

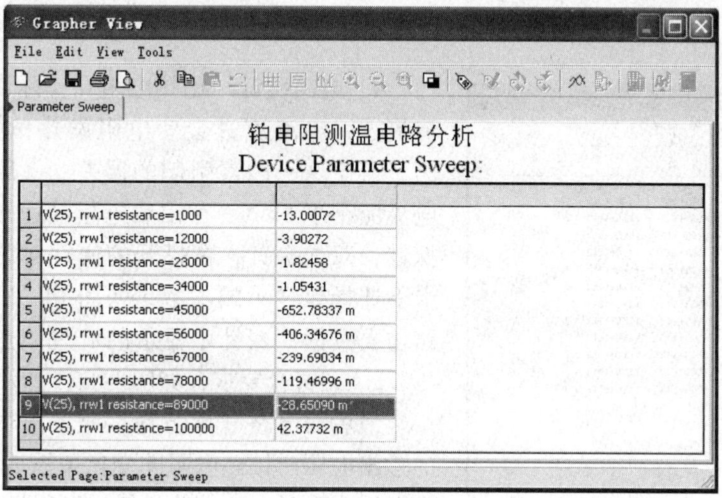

Grapher View

File　Edit　View　Tools

Parameter Sweep

铂电阻测温电路分析

Device Parameter Sweep:

1	V(25), rrw1 resistance=1000	-13.00072
2	V(25), rrw1 resistance=12000	-3.90272
3	V(25), rrw1 resistance=23000	-1.82458
4	V(25), rrw1 resistance=34000	-1.05431
5	V(25), rrw1 resistance=45000	-652.78337 m
6	V(25), rrw1 resistance=56000	-406.34676 m
7	V(25), rrw1 resistance=67000	-239.69034 m
8	V(25), rrw1 resistance=78000	-119.46996 m
9	V(25), rrw1 resistance=89000	-28.65090 m
10	V(25), rrw1 resistance=100000	42.37732 m

Selected Page: Parameter Sweep

图 14-17　R_{W1}大小的确定

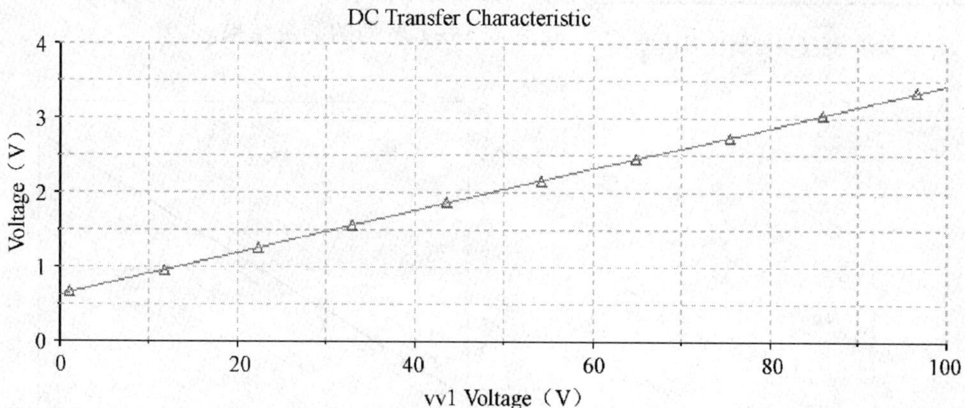

图 14-18　无 R_{W1} 情况下直流扫描分析的结果

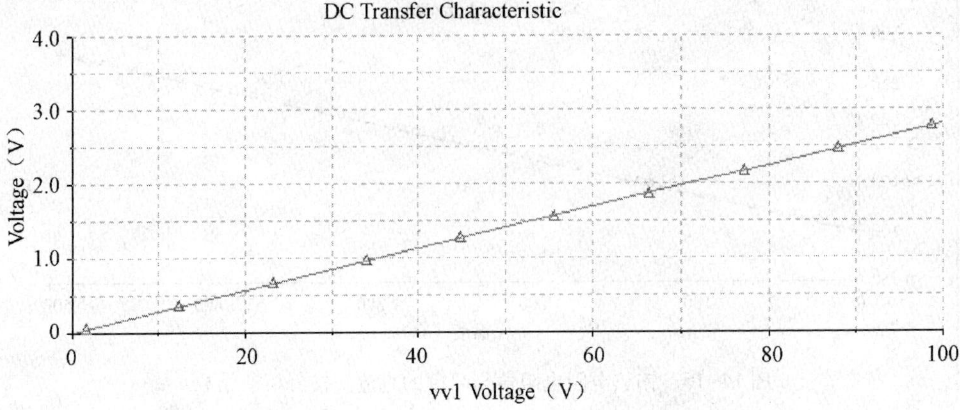

图 14-19　R_{W1} 调零后直流扫描分析的结果

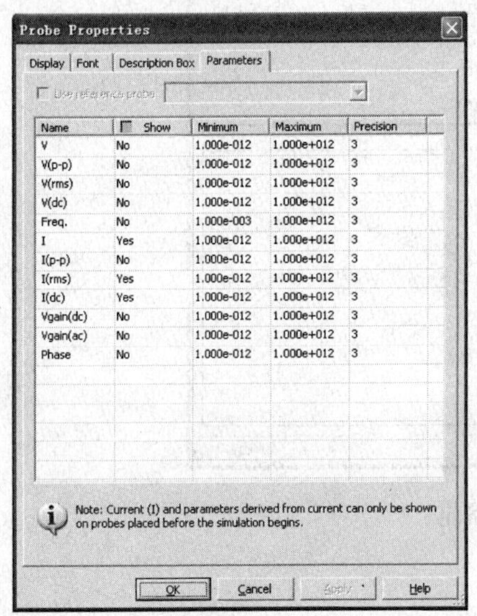

图 14-20　测量探针属性对话框

4）电路验证　铂热电阻在实际使用时都会有电流流过，电流流过会使电阻发热，使电阻值增大，为了避免这一因素引起的误差，一般流过热电阻的电流应小于 6mA。在铂热电阻的连接回路添加测量探针，双击探针，在打开的属性对话框的参数选项卡下选择要显示的参数，如图 14-20 所示。打开电路仿真按钮，探针中显示的流过铂热电阻的电流为 4. 77mA，符合要求，如图 14-21 所示。

最后对电路进行仿真，记录仿真数据可得电路的输出电压与铂热电阻的变化关系如图 14-22 所示，可以看出测量电路的输出线性度很好。

4. 实验数据处理

从 0℃开始到 100℃，电路每变化 5℃读一次数，得到表 14-1 所列的测量结果。

I: 4.77 mA
I(rms): 0 A
I(dc): 4.77 mA

图 14-21　探针显示结果

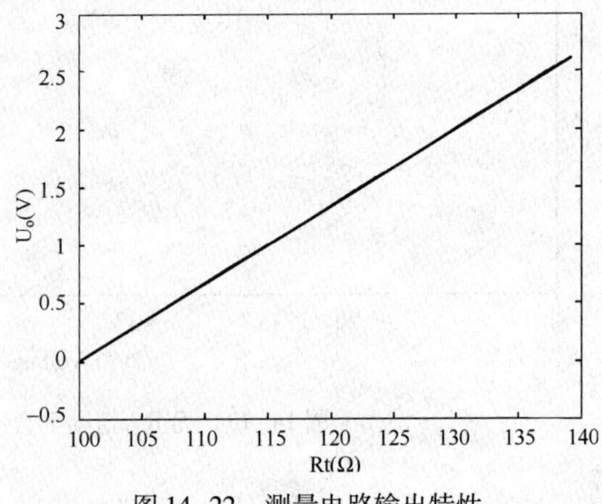

图 14-22　测量电路输出特性

表 14-1　实验测量结果

T/℃	0	5	10	15	20	25	30
R_t/Ω	100	101.9827	103.9626	105.9394	107.9134	109.8845	111.8526
U/V	-179.36 μ	132.558m	256.104m	397.459m	529.621m	661.592m	793.371m
T/℃	35	40	45	50	55	60	65
R_t/Ω	113.8178	115.7800	117.7394	119.6958	121.6493	123.5999	125.5476
U/V	924.959m	1.056	1.188	1.319	1.449	1.58	1.71
T/℃	70	75	80	85	90	95	100
R_t/Ω	127.4923	129.4341	131.3730	133.3090	135.2420	137.1721	139.0993
U/V	1.841	1.971	2.101	2.23	2.36	2.489	2.618

把 U 和 R_t 的值在 MATLAB 中用最小二乘法进行多项式拟合，得

$$U = 0.067R_t - 6.7031(\text{V}) \tag{14-12}$$

所以

$$R_t = \frac{6.7031 + U}{0.067}(\Omega) \tag{14-13}$$

14.3　LabVIEW 虚拟仪器设计

1. 数据显示子程序设计

根据铂热电阻随温度变化时，电压和温度的关系可设计数据显示子 VI。由式（14-2）可知：

$$T = \frac{-0.39684 \pm \sqrt{0.39684^2 + 4 \times 5.847 \times 10^{-5}(100 - R_t)}}{2 \times (-5.847 \times 10^{-5})}$$

$$= \frac{3.9684 \mp \sqrt{18.08699856 - 0.023388R_t}}{1.1694 \times 10^{-3}}(℃) \tag{14-14}$$

由铂热电阻的测温范围可知

$$T = \frac{3.9684 - \sqrt{18.08699856 - 0.023388R_t}}{1.1694 \times 10^{-3}}(℃) \tag{14-15}$$

由式（14-13）和式（14-15）可建立一个子 VI，具体步骤如下所述。

（1）从开始菜单中运行“National Instruments LabVIEW 8.2”，在“Getting Started”窗口左边的 Files 控件中，选择 Blank VI 建立一个新程序。

（2）框图程序的绘制：图 14-23 所示为本设计子程序的程序框图。本设计关于数据的转换采用第二种方法设计程序框图，用这种方法设计的子程序在接口电路设计时，不必再考虑数据转换。考虑到数据输入（data）是关于时间和电压的 2 维数组，设计一个时域信号采集器，它由控制模板 I/O 模块里的波形函数经矩阵化而成，如图 14-24 所示。利用 For Loop 的自动索引功能，完成数组的转换。这里 For Loop 的自动索引是指使循环框外面的数组成员逐个依次进入循环框内，或者使循环框内的数据累加成一个数组输出到循环框外面的功能。这样数据类型的转换就可以直接在 VI 程序中完成，而不用从接口进行。

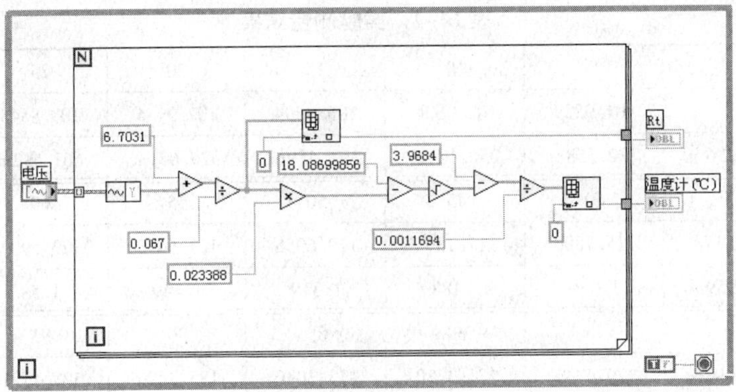

图 14-23　子程序框图

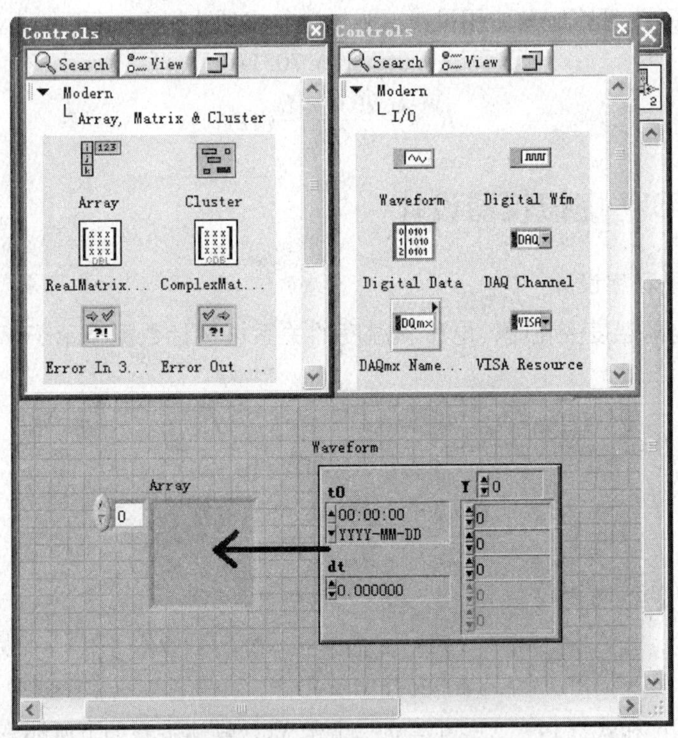

图 14-24　设计的时域信号采集器

通过时域信号采集器，将电压的波形提取出来，再将连续电压值作为 VI 输入。循环时会将数据逐个地输出，所以很重要的一点是循环结束时不能使用自动索引，否则输出的将是一维数组而不是单个数值。程序中用到了矩阵的索引，以得到单个显示值。在 While 循环的条件端口选择“Stop if Ture”，连接的常数设为“T”。

（3）定义图标与连接器：双击编辑好的图标后，用鼠标右键单击前面板窗口中的图标窗格，在快捷菜单中选择显示连接器，并根据 I/O 端口数来选择连接器的模型。接下来是建立前面板上的控件和连接器窗口的端子关联。把输入端口与时域信号采集器“电压”显示模块相关联；两个输出端口分别与“R_t”和“温度计”显示模块相关联。完成上述工作后，

将设计好的 VI 保存。下次调用该 VI 时，图标与端口如图 14-25 所示。

2. 接口电路的设计与编译

关于接口的研究及 LabVIEW 仪器向 Multisim 的导入的原理请参照第 12 章的内容。接口部分的设计是为了把以上设计的子程序嵌入到 Multisim 中进行温度及其他参数的显示。本设计中接口电路的设计与编译可分为以下 6 个步骤。

（1）把 Multisim 安装目录下 Sampling/LabVIEW Instruments/Templates/Input 文件夹复制到另外一个地方。

（2）在 LabVIEW 中打开步骤（1）中所复制的 StarterInputInstrument. lvproj 工程，如图 14-26所示。接口电路的设计是在 Starter Input Instrument. vit 中进行的。

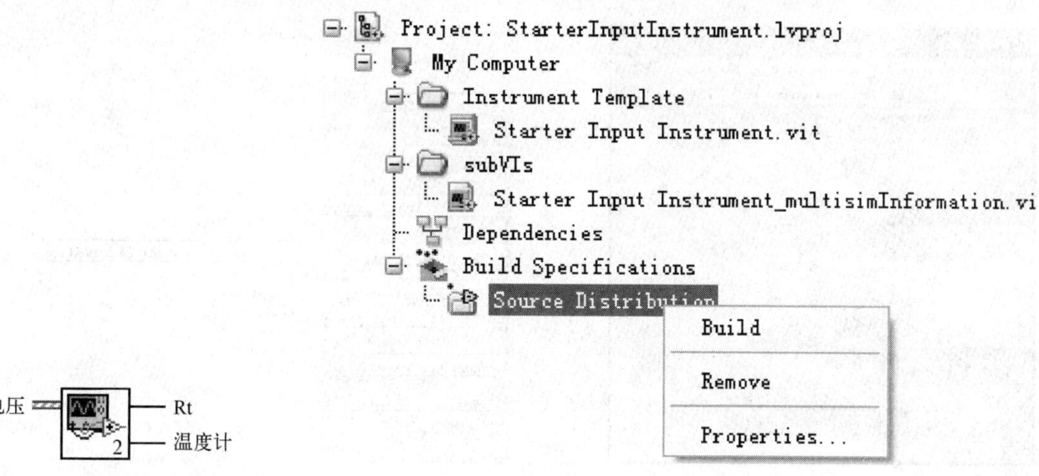

图 14-25　子 VI 图标与端口

图 14-26　StarterInputInstrument. lvproj 工程图

（3）打开 Starter Input Instrument. vit 的框图面板，完成接口框图的设计。在数据处理部分，选择 CASE 结构的下拉菜单中的“Update DATA”选项进行修改。按框图中的说明，在结构框中单击鼠标右键，从弹出的菜单中选择“Select a VI”，把在 LabVIEW 完成的子 VI 添加到“Update DATA”选项中，子程序的接口连接 Multisim 的输出数据接口，在子程序的输出端创建指示器，如图 14-27 所示。此时只能在已有框图的基础上增加新的内容，而不能删除原有模块。

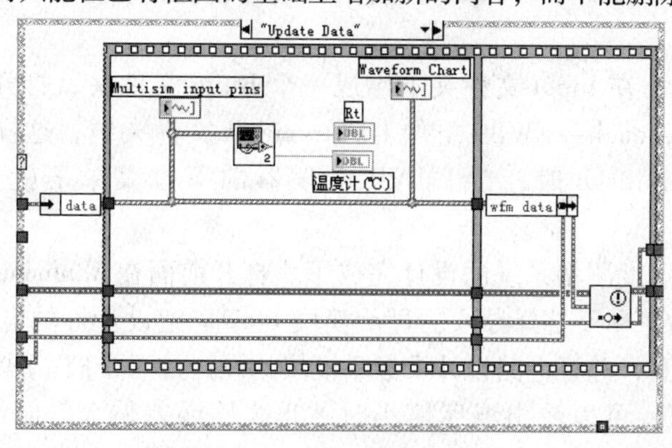

图 14-27　接口框图的设计

程序框图设计好后，要进行前面板的设计，除了要完成功能外，还要兼顾美观。设计好的前面板如图 14-28 所示。信号采集部分位于左下框内，t0 是采集起始时间，dt 是时间间隔，Y 是采样值。

完成后选择重命名，保存为 Proj2. vit。

（4）编译前，要对虚拟仪器进行基本信息设置。打开 subVIs 下的 Starter Input Instrument_multisimInformation. vi 的后面板，如图 14-29 所示。在仪器 ID 中和显示名称中输入唯一的标志，如一起设为“Proj2”。同时把输入端口数设为“1”，因为只有一个电压输入；把输出端口设为“0”，此模块不需要输出。设置完后，另存为 Proj2_multisimInformation. vi（注意前半部分的名称和接口程序部分的名称必须一致）。

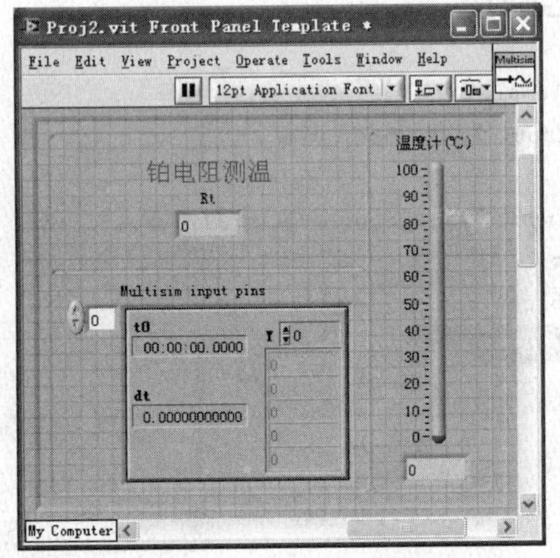

图 14-28　设计好的前面板

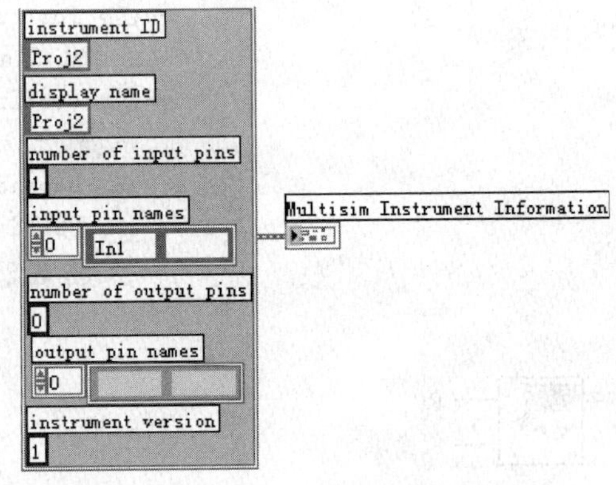

图 14-29　Starter Input Instrument_multisimInformation. vi 的后面板

（5）打开 Build Specifications，用鼠标右键单击“Source Distribution”，选择属性设置。在保存目录和支持目录中，都将编译完成后要生成的库文件重命名，如 Proj2（. lib）。同时在源文件设置中选择总是包括所有包含的条目，如图 14-30 所示。属性设置完成并对工程进行保存后，再在“Source Distribution”上单击鼠标右键，在弹出的菜单中选择“Build”即可。

（6）编译完成后，在 Input 文件夹下生成一个 Build 文件夹，打开后把里面的文件复制到 Electronics Workbench→EWB9 下的 lvinstruments 文件夹中，这样就完成了虚拟仪器的导入，当再打开 Multisim 时，在 LabVIEW 仪器的下拉菜单下就会显示设计的模块（Proj2）。

到此所有关于此温度测量系统的设计完成了。打开前面在 Multisim10 中设计的电路图，在 LabVIEW 仪器下拉菜单下选择导入的显示模块 Proj2。把设计好的电路和显示模块连接，电路调整后，进行仿真，验证电路设计及显示模块的设计是否合理。图 14-31 所示为取的 4 个不同温度时的仿真，可以看出温度值小时，非线性误差偏大，但约为 2%，符合设计要求。

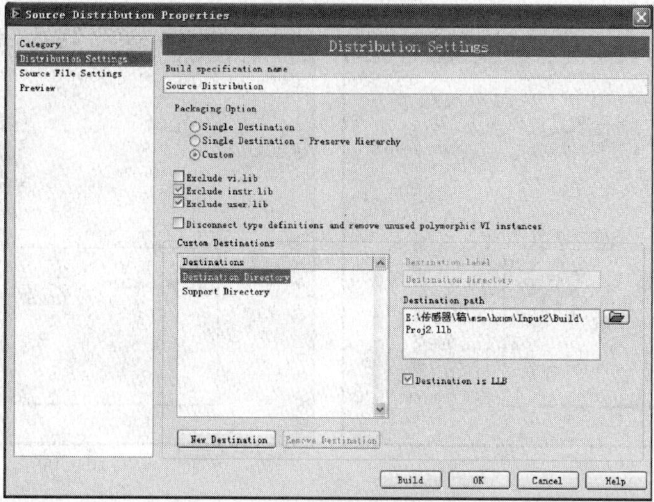

（a）文件分布设置

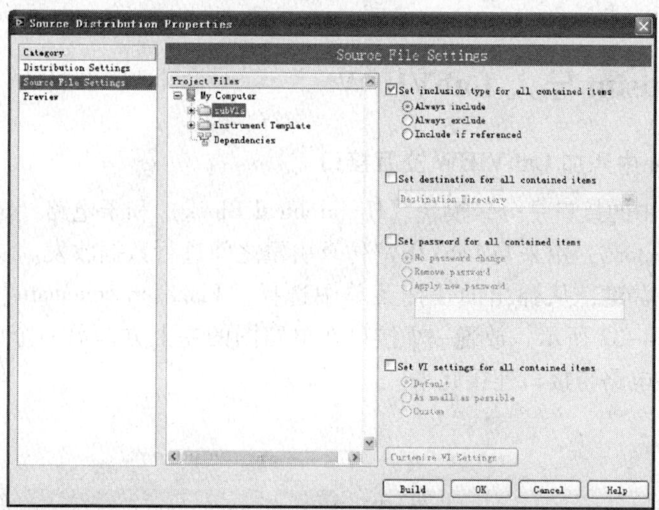

（b）源文件设置

图 14-30　编译属性设置

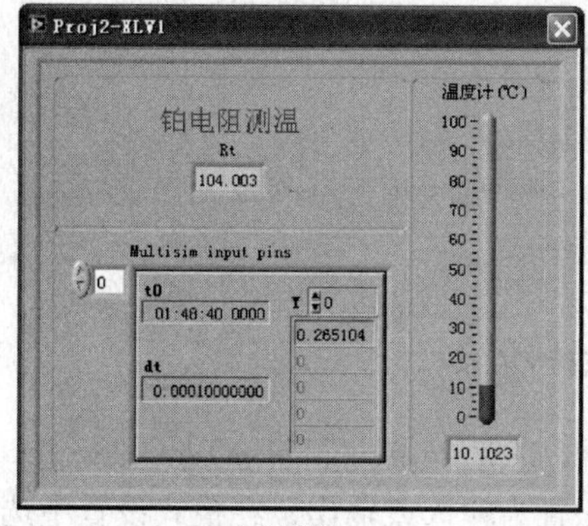

（a）10℃

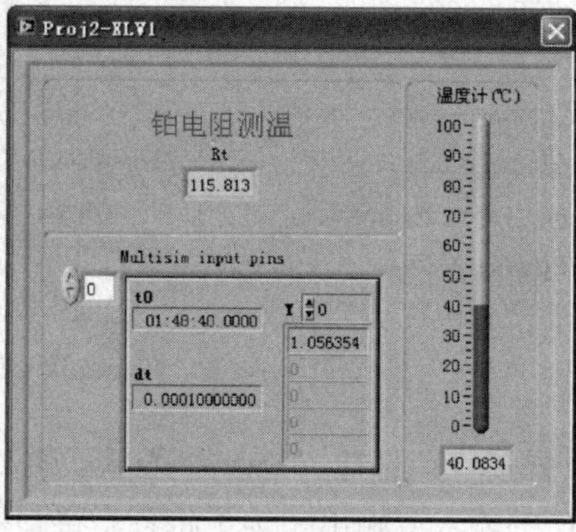

（b）40℃

图 14-31　不同温度时的仿真结果

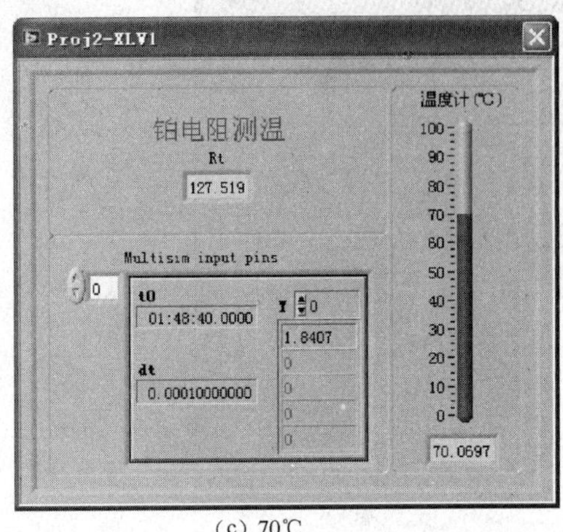

(c) 70℃

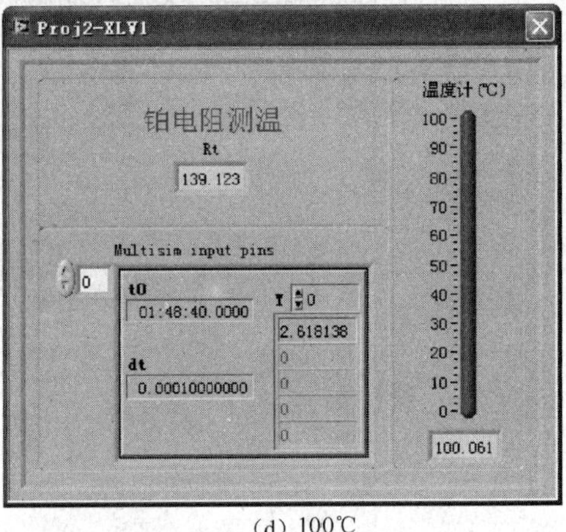

(d) 100℃

图 14-31　不同温度时的仿真结果（续）

14.4　将 Multisim 导入 LabVIEW

1. 在 Multisim 中添加 LabVIEW 交互接口

这些 Multisim 中的接口是分级模块（Hierarchical Block）和子电路（Sub - Circuit）接口（Hierarchical connector），用来与 LabVIEW 仿真引擎之间进行数据收发。

（1）单击鼠标右键，从弹出的快捷菜单中选择“Place on schematic”→“Hierarchical connector”，如图 14-32 所示。放置一个接口在电路图的左上方，另一个放置在右上方。按照图 14-33 所示将电路与接口连接起来。

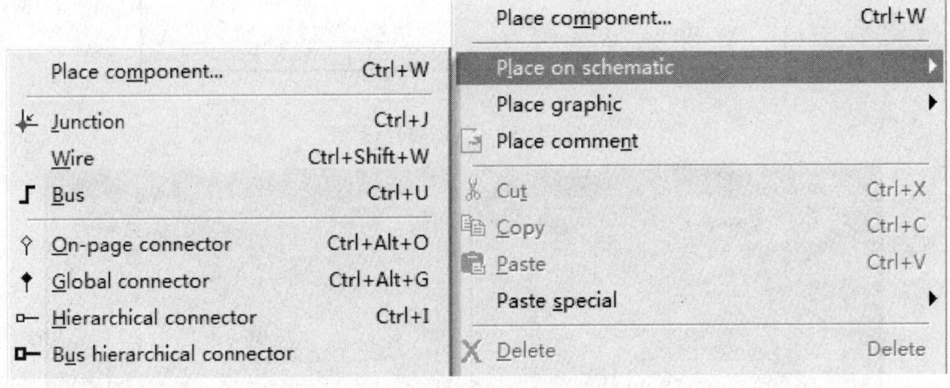

图 14-32　选择交互接口

（2）设置接口：打开“View”菜单下的 LabVIEW Co - simulation Terminals 窗口，设置针对 LabVIEW 的输入或输出。为了将各个接口配置为输入或输出，在模式设置中选择所需要的选项，然后可以在类型设置中将各个接口设置为电压或电流输入/输出。最后，如果想将

放置的 I/O 接口设置为不同的功能时，可以选择“Negative Connection”。将 IO1 配置为输入，然后将 IO2 配置为输出。图 14-34 所示为设置好的 LabVIEW Co - simulation Terminals 窗口，图 14-35 所示为即将被 LabVIEW 调用的 Multisim design VI preview 图标。

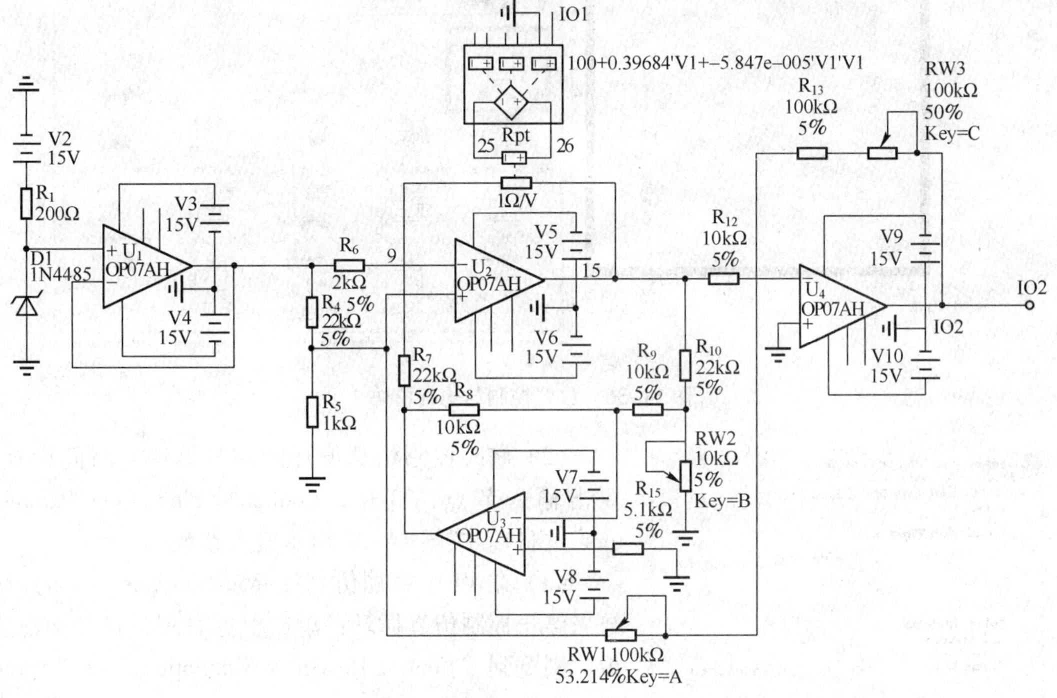

图 14-33　接口电路

LabVIEW terminal	Positive connection	Negative connection	Direction	Type
Input				
测量温度	IO1	0	Input	Voltage
Output				
输出电压	IO2	0	Output	Voltage
Unused				

图 14-34　设置接口

图 14-35　即将被 LabVIEW 调用的 Multisim design VI preview 图标

2. 在 LabVIEW 中创建一个数字控制器

要在 LabVIEW 和 Multisim 之间传送数据，首先需要使用 LabVIEW 中的控制与仿真循环（Control & Simulation Loop）。

【注意】 Multisim 安装包中没有这个模块，需要从 http://www. ni. com/labview/cd - sim/zhs/ 网站下载，然后安装在 Multisim 的安装路径下。

（1）打开 LabVIEW 的程序框图（后面板），单击鼠标右键，打开函数选板，浏览到“Control Design & Simulation” → “Simulation” → “Control & Simulation Loop”。用鼠标左键单击不放，并将其拖放到程序框图上，如图 14-36 所示。

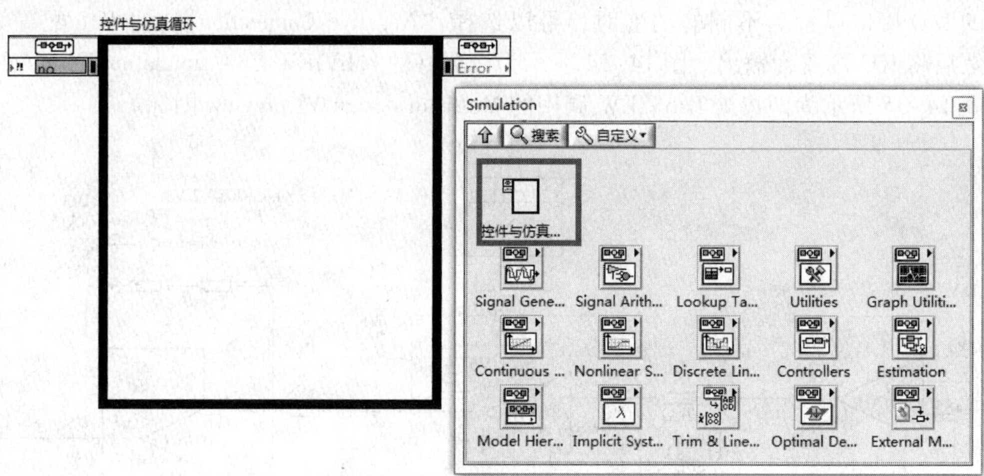

图 14-36　放置控制与仿真模块

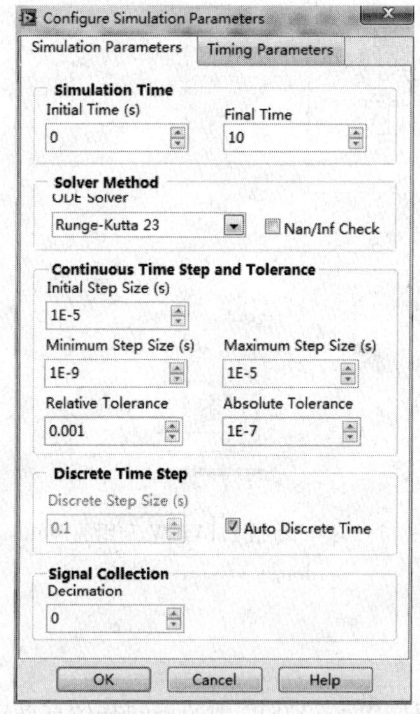

图 14-37　节点参数设置

（2）修改控制仿真循环的求解算法和时间设置：双击输入节点，打开 “Configure Simulation Parameters” 窗口。按图 14-37 所示输入参数。

（3）在 VI 中添加仿真挂起（Halt Simulation）函数来停止控制仿真循环：单击鼠标右键，打开函数选板，浏览到 “Control Design & Simulation” → “Simulation” → “Utilities” → “Halt Simulation”。用鼠标左键单击不放，并将其拖放到程序框图上，然后在布尔输入端上单击鼠标右键，选择 “Create” → “Control”。这样就可以在 VI 的前面板上创建一个布尔控件来控制程序的挂起，从而停止仿真 VI 的运行，如图 14-38所示。

3. 放置 Multisim Design VI

Multisim Design VI 是用于管理 LabVIEW 和 Multisim 仿真引擎之间通信的。

（1）单击鼠标右键，打开函数选板，浏览到 “Control Design & Simulation” → “Simulation” → “External Models” → “Multisim” → “Multisim Design”，用鼠标左键单击不放，并将其拖放到控制与仿真循环中。

【注意】 这个 VI 必须放置到控制仿真循环中。

将 Multisim Design VI 放置到程序框图上后，会弹出选择一个 Multisim 设计（Select a Multisim Design）对话框。在对话框中可以直接输出文件的路径，或者浏览到文件所在的位置来进行指定，如图 14-39 所示。

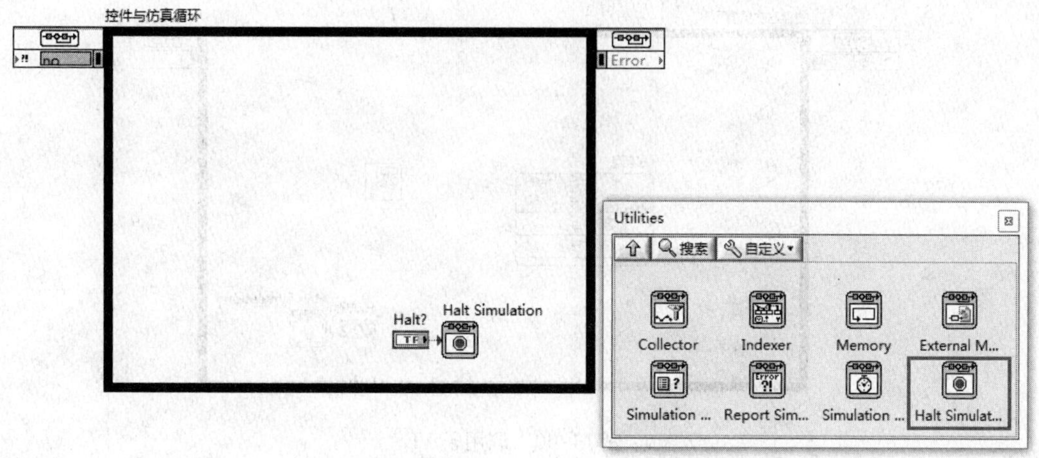

图 14-38　添加仿真挂起函数

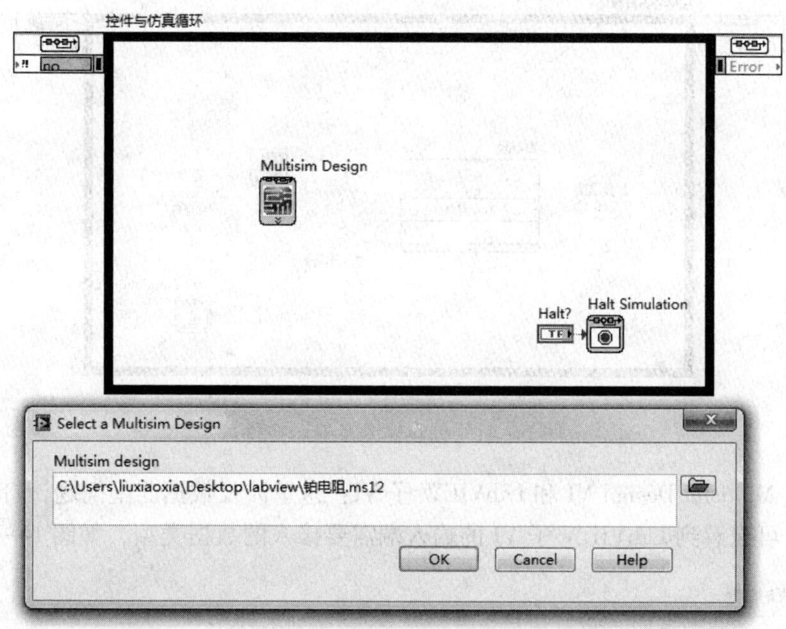

图 14-39　放置 Multisim design VI preview

Multisim Design VI 会生成接线端，接线端的形式与 Multisim 环境中的 Multisim Design VI 预览一致，具有相对应的输入端与输出端。如果接线端没有显示出来用鼠标左键单击双箭头，展开接线端。

（2）调用 LabVIEW 子 VI：在 LabVIEW 的程序框图中，打开函数选板，选择前面设计好的子 VI，将其放在控件与仿真循环中，如图 14-40 所示。

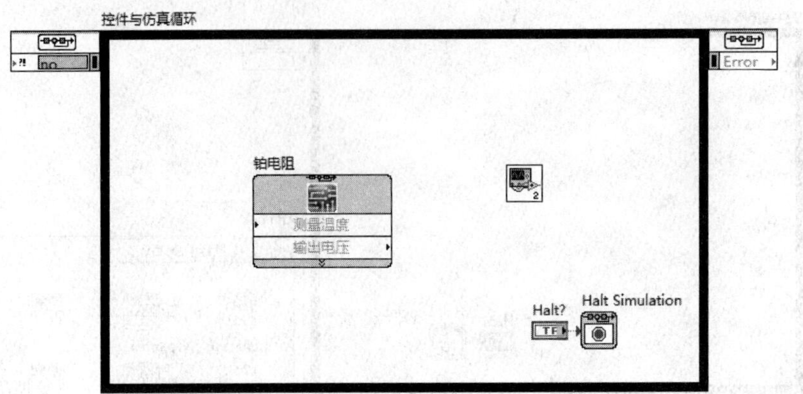

图 14-40　调用子 VI

（3）分别为 Multisim Design VI 和 Labview 子 VI 创建输入和显示控件。用鼠标右键单击输入接线端，然后执行菜单命令“Create”→“Control”来完成创建，如图 14-41 所示。

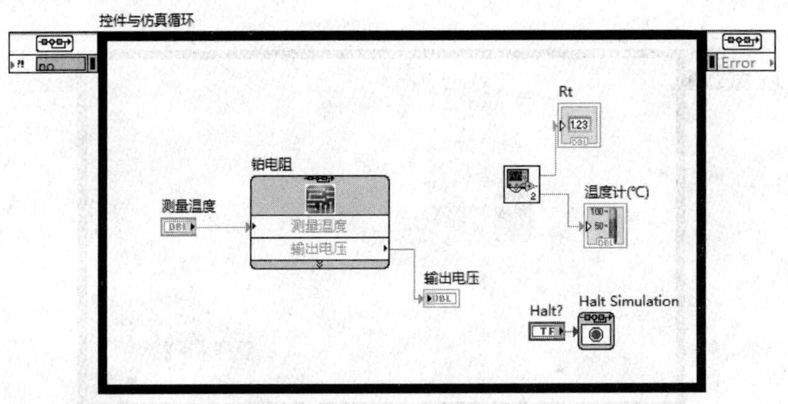

图 14-41　创建输入及显示控件

（4）连接 Multisim Design VI 和 LabVIEW 子 VI：这里涉及数据匹配问题，打开 LabVIEW 的即时帮助，可以看到 LabVIEW 子 VI 的输入端需要接入的数据类型，如图 14-42 所示。

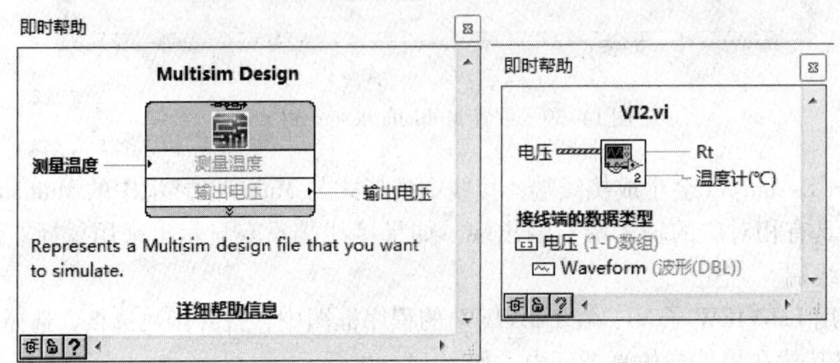

图 14-42　即时帮助

由即时帮助可以知道，LabVIEW 子 VI 需要接入的数据类型是数组和波形的叠加，但是 Multisim Design VI 的输出是一个双精度的实数，所以这里需要创建一个一维数组和波形。

用鼠标右键单击程序框图，打开函数选板，选择“Programming”→“Array”→“Build Array”（编程→数组→创建数组），如图 14-43 所示。然后单击鼠标左键不放并将其拖放到程序框图中，将光标放到 Build Array 函数下面中间位置，就会变成大小调整指针，然后单击鼠标左键，拖动函数，将 Build Array 函数调整到两个输入端口。将 Multisim Design VI 的位移（输入端）连接到数组上面的输入端口，电压（输出端）连接到数组下面的端口。这样就可以创建一个两个元素的一维数组，如图 14-44 所示。

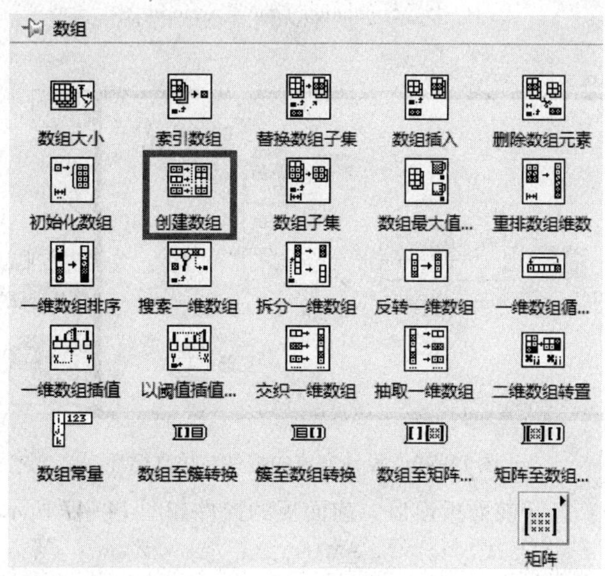

图 14-43　创建数组

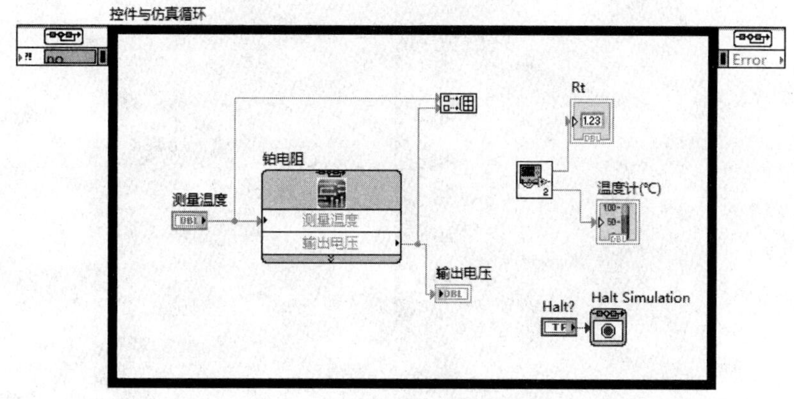

图 14-44　连接接口组成一维数组

现在需要创建一个仿真时间波形来达到数据类型的匹配。打开程序框图，单击鼠标右键，选择“Control Design & Simulation”→“Simulation”→“Graph Utilities”→“Simulation

Time Waveform"，VI 会自动地放置一个波形图表（Waveform）。但这里不需要这个图表（Waveform），所以要将它删除。然后将 Simulation Time Waveform 的输出端与子 LabVIEW 的 VI 连接，如图 14-45 所示。设计完成的控件与仿真循环如图 14-46 所示。

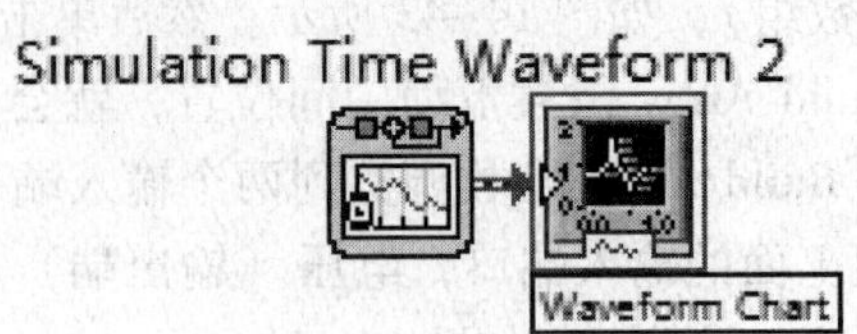

图 14-45　Simulation Time Waveform 图标

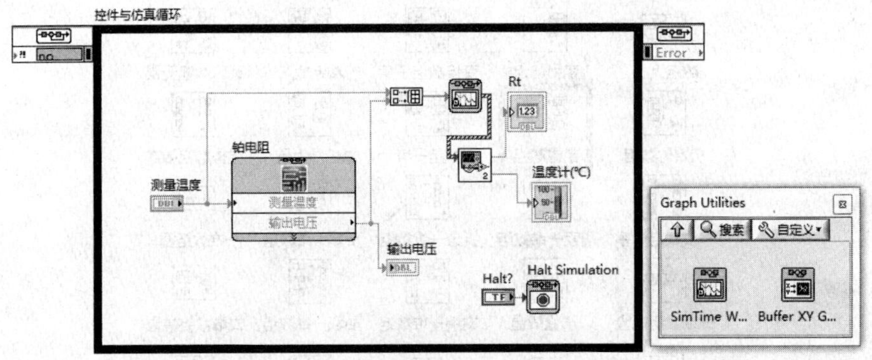

图 14-46　设计完成的控件与仿真循环

（5）整理前面板：打开前面板窗口，前面板的控件如图 14-47 所示。

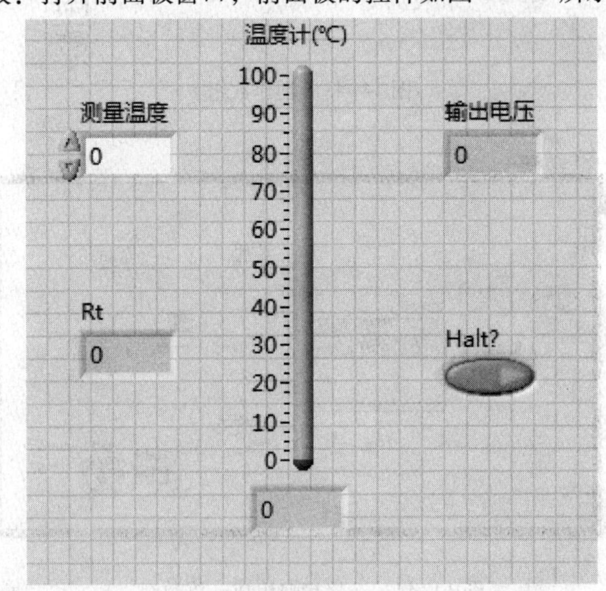

图 14-47　前面板的控件

（6）开始仿真：如图 14-48 所示，单击仿真开始按钮开始仿真，仿真结果如图 14-49 所示。

图 14-48　仿真控制按钮

由结果可知，设计基本符合要求。

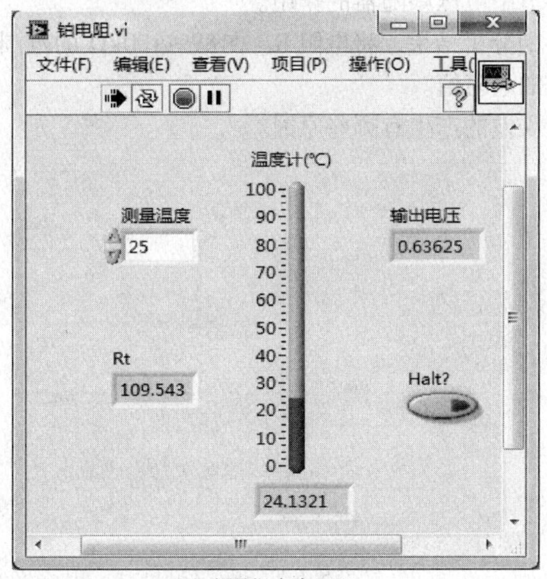

（a）测量温度为 25℃

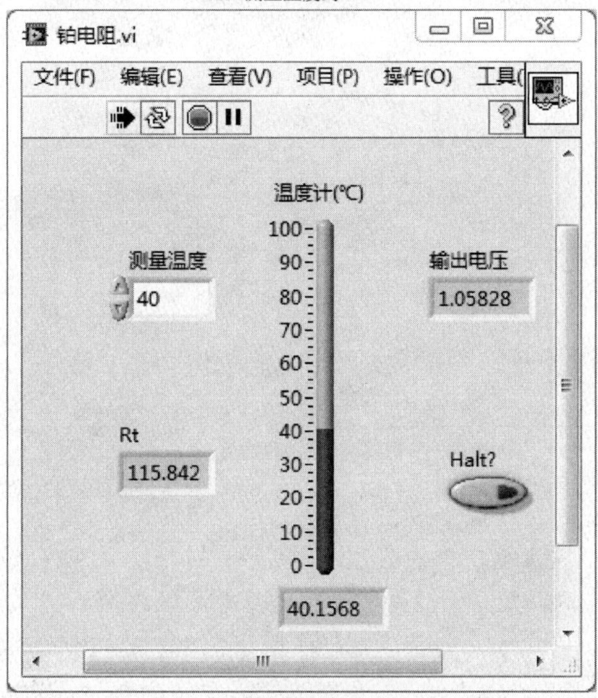

（b）测量温度为 40℃

图 14-49　实验结果

习题

（1）在-260～0℃的范围内，铂热电阻与温度的关系不再服从式（14-1），查阅相关资料，在 Multisim 中完成该温度范围内铂热电阻模型的建立。

（2）试说明稳压环节中电压跟随器的作用。

（3）根据图 14-17 的分析结果，将电阻 R_{W1} 在 89～100kΩ 的范围内再进行参数扫描，确定使输出电压近似为 0 的电阻值。

（4）分析最终测量误差的产生有哪些原因。

第15章

热电偶温度测量系统的设计

15.1 设计任务

本设计用 K 型热电偶设计量程范围为 0～100℃的温度显示器，并在电路设计中加入冷端补偿器对冷端温度进行补偿，最后利用 LabVIEW 设计虚拟仪器显示测量温度值。通过本设计必须掌握以下 3 点。

☺ 了解利用 K 型热电偶测量温度的方法和电桥补偿法。

☺ 掌握利用热电偶的原理建立仿真模型的方法。

☺ 会使用 LabVIEW 进行编程。

15.2 电路原理与设计

1. 传感器模型的建立

热电偶是把温度转化为电势大小的热电式传感器。表 15-1 为 K 型热电偶的分度表，这是在冷端温度为 0℃时测定的数值。对大量数据进行分析，可得热电偶的数学模型为

$$V_{out} = (41\mu V/℃) \times (t_R - t_{AMR}) \tag{15-1}$$

式中，t_R表示测量温度；t_{AMR}表示测温参考点的温度。

表 15-1　K 型热电偶的分度表（参考端温度为 0℃）

温度/℃	热电动势/mV									
	0	10	20	30	40	50	60	70	80	90
0	0	0.397	0.798	1.203	1.611	2.022	2.436	2.850	3.266	3.681
100	4.095	4.508	4.919	5.327	5.733	6.137	6.539	6.939	7.338	7.737
200	8.137	8.537	8.938	9.341	9.745	10.151	10.560	10.969	11.381	11.793
300	12.207	12.623	13.039	13.456	13.874	14.292	14.712	15.132	15.552	15.974
400	16.395	16.818	17.241	17.664	18.088	18.513	18.938	19.363	19.788	20.214
500	20.640	21.066	21.493	21.919	22.346	22.772	23.198	23.624	24.050	24.476
600	24.902	25.327	25.751	26.176	26.599	27.022	27.445	27.867	28.288	28.709

根据式（15-1），在 Multisim 中建立热电偶的仿真模型，如图 15-1 所示。图 15-1（a）所示为热电偶示意图；图 15-1（b）所示为测温参考点即冷端温度为 0℃ 时的模型；图 15-1（c）所示为冷端温度为室温（25℃）时的模型。压控电压源模拟了式（15-1）中的系数。

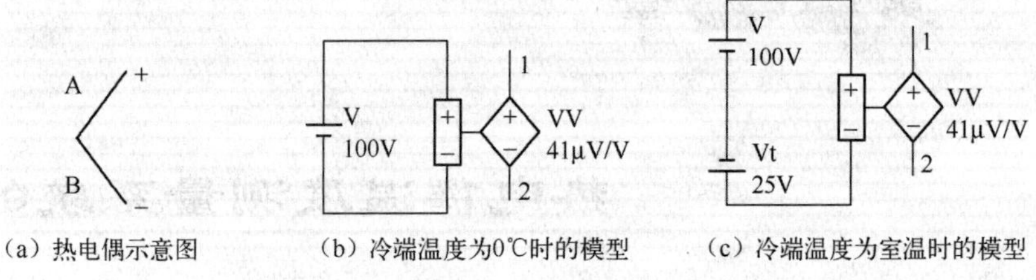

图 15-1　热电偶的仿真模型

以上模型只是对热电偶性能的一个近似表达，是线性的，而实际热电偶的特性表明它具有一定的非线性。

2. 温度补偿电路的设计

用热电偶测量温度时，热电偶的工作端（热端）被放置在待测温场中，而自由端（冷端）通常被放在 0℃ 的环境中。若冷端温度不是 0℃，则会产生测量误差，此时要进行冷端补偿。

本设计的冷端补偿采用电桥补偿，如图 15-2 所示。当热电偶自由端的温度升高，导致输出总电势降低时，补偿器感受到自由端的变化，产生一个电位差，其值正好等于热电偶降低的电势，二者互相抵消以达到自动补偿的目的。晶体管基极与集电极相连，相当于一个负温度系数的 PN 结。选用 9013 型晶体管，但由于 Multisim 器件库中没有，所以选用 2N2222 型晶体管代替。

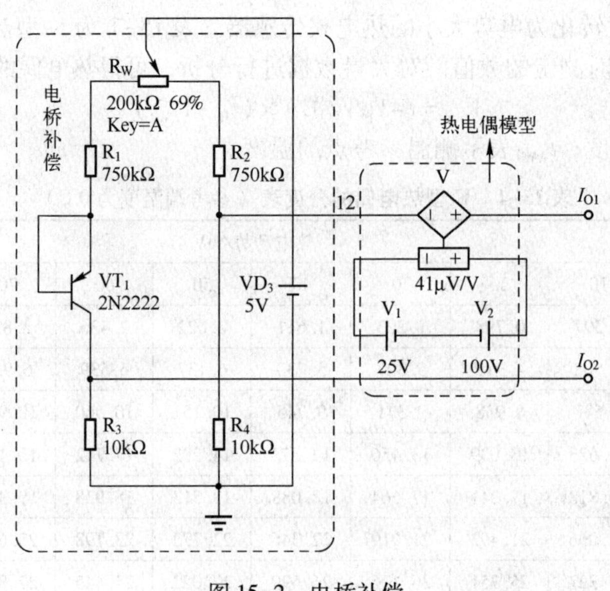

图 15-2　电桥补偿

电桥中 R_3 的电阻值应和 R_4 的电阻值相等，调节滑动变阻器使上面的左、右两桥臂的总电阻值也相等，才能使电桥平衡。调整电桥上、下两臂的电阻值的比值，可调节输出电压的大小，即补偿电压的大小，合理选择这个比值，可使补偿电路的电压值正好等于由于热电偶自由端温度上升而降低的电压值，从而起到电压补偿的作用。

【注意】 电桥调零时，应使 2N2222 型晶体管的参数测量温度为 0℃，即此时自由端温度为 0℃，不用进行温度补偿。

补偿电路的输出端接 HB/SC 连接器，将该电路全部选中后，用鼠标右键单击该电路，然后选择用子电路替换，将该子电路的名称设为“K”，子电路模块的两个输出端分别为补偿电路的正、负输出端。

3. 放大电路设计

放大电路部分与 13.2 节的金属应变片放大电路相似，由仪用放大器和比例放大环节组成，如图 15-3 所示。其中，R_{W1} 可调节仪用放大器的放大倍数，R_{W2} 用于电路调零。电路设计好后，要进行电桥、比例放大的调零和增益的调整。

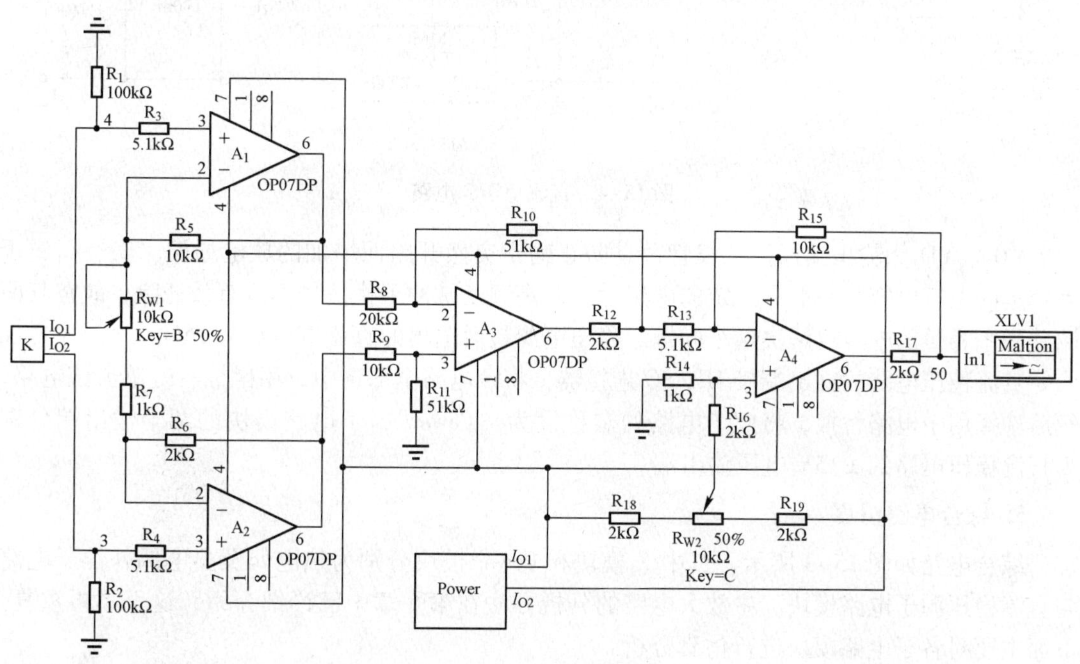

图 15-3　放大电路部分

4. 直流稳压源设计

电路中的供电电源都采用 15V 直流电源直接供电。实际应用中，如果希望能通过市电来对电路进行供电，就需要设计直流稳压电路来实现 AC/DC 的转换，以及稳定供电电压。直流稳压电源电路如图 15-4 所示。220V 市电经变压器变压后输出 24V AC（由于所需直流电压与电网电压的有效值相差较大，因而需要通过电源变压器降压后，再对交流电压进行处理）。变压器输出端接桥式整流器，将正弦波电压转换成单一方向的脉动电压，但它含有较

大的交流分量，会影响负载电路的正常工作，如交流分量会混入输入信号被放大电路放大，甚至在放大电路的输出端所混入的电源交流分量大于有用信号，因而不宜直接作为电子电路的供电电源。解决的办法是将整流桥输出接入电容，构成低通滤波器，使输出电压平滑。由于滤波电容容量较大，因此一般均采用电解电容。此时，虽然输出的支流电压中交流分量较小，但当电网电压波动或负载变化时，其平均值也将随之变化。稳压电路的功能是使输出直流电压基本不受电网电压波动和负载电阻变化的影响，从而获得足够高的稳定性。

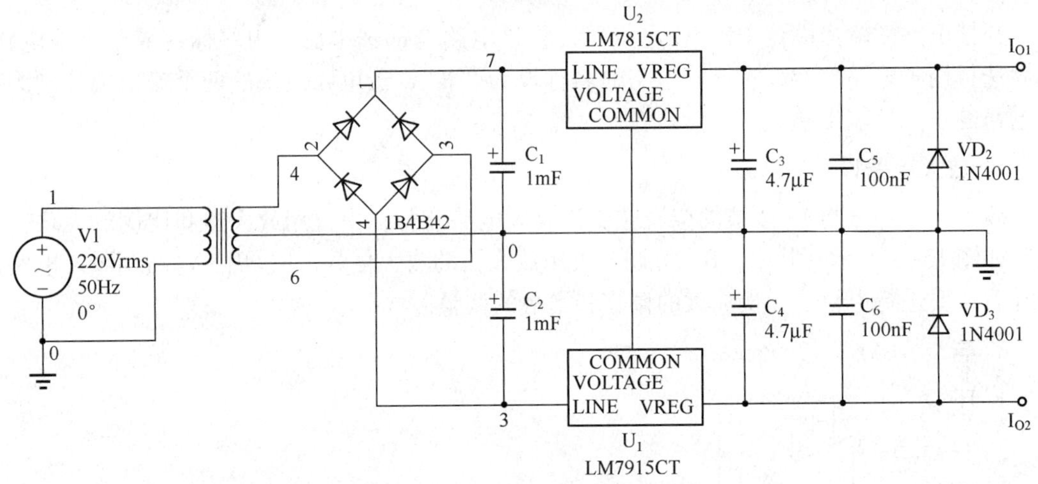

图 15-4　直流稳压源电路

VD_2、VD_3为输出端保护二极管，是防止输出突然开路而增加的放电通路。C_3、C_4属于大容量的电解电容，一般有一定的电感性，对高频及脉冲干扰信号不能有效滤除，故在其两端并联小容量的电容以解决这个问题。稳压电源最后输出的直流电压约为 15V。

直流稳压电路的输出端接 HB/SC 连接器，将该电路全部选中，用鼠标右键单击该电路，然后选择用子电路替换，将此子电路的名称设为“Power”，子电路模块的两个输出端分别为直流稳压电路的 ±15V 电压输出端。

5. 综合电路仿真

综合电路如图 15-3 所示，其中 K 模块和 Power 模块分别为热电偶及热电偶补偿子电路与直流稳压源子电路模块。主放大电路的分析方法在第 6 章中已详细介绍，这里不再重复。下面主要对各子电路模块进行仿真分析。

1）热电偶及热电偶补偿子电路分析　在图 15-2 所示的电桥补偿电路中，对 2N2222 型晶体管进行温度参数扫描分析，扫描参数设为 temp（温度），从 0～3℃每隔 1℃扫描一个值。输出电压值为晶体管的集电极与发射极电压之差，扫描的分析是瞬态分析。分析的结果如图 15-5 所示。由图可见，温度每增加 1℃，晶体管两端电压下降约 2mV。

补偿电桥电路应预先调零，调零的方法是首先双击晶体管，打开如图 15-6 所示的属性设置对话框，单击“Edit Model”按钮，打开元件模型编辑窗口，如图 15-7 所示，将参数测量温度设为 0℃，然后调节滑动变阻器 R_W，使电桥的两个输出端 1、2 与 I_{O2}之间的电压近似为 0。当自由端温度（即环境温度）为 25℃时，将模拟环境温度的 V_1的值设为 25V，将

晶体管的参数测量温度设为 25℃，然后对电路进行参数扫描分析，其设置如图 15-8（a）所示，选择模拟温度变化的电压源作为扫描对象，在 0～100V 的范围内，每隔 10V 扫描一次，设置扫描直流工作点，输出变量选择子电路的两个输出端之差，如图 15-8（b）所示。扫描结果如图 15-9 所示，将该仿真数据与表 15-1 所示的 K 型热电偶分度表进行比较可知，经补偿后，表 15-1 中所列的各温度下子电路总的输出电压和分度表中的值基本相符。

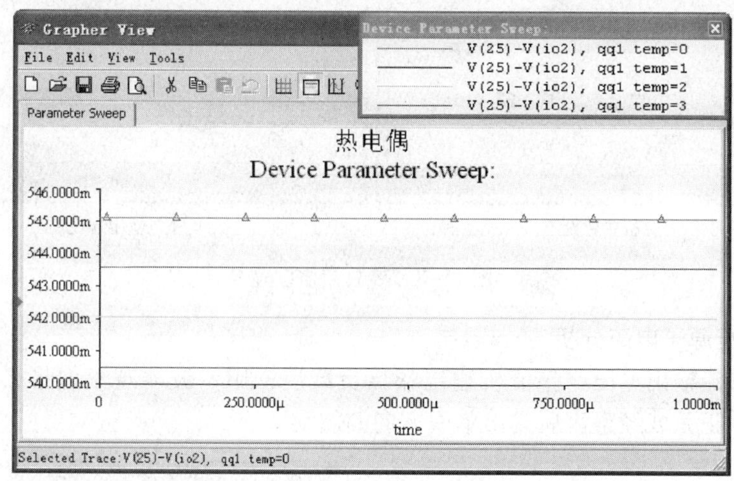

图 15-5　PN 结温度特性分析结果

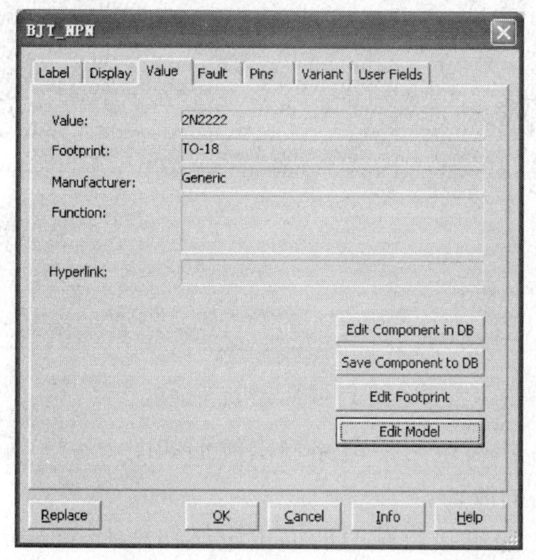

图 15-6　2N2222 型晶体管属性设置对话框

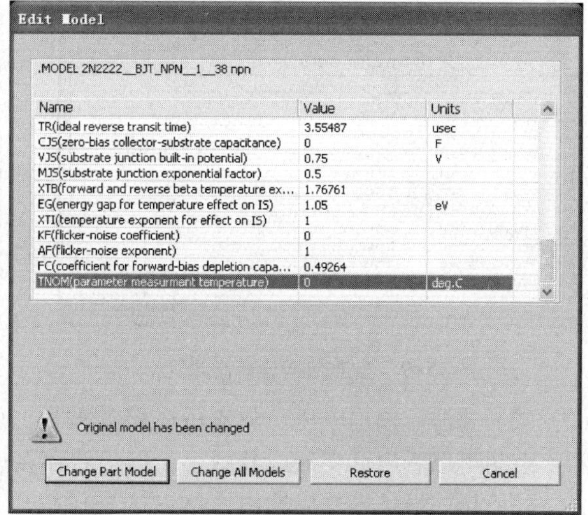

图 15-7　元件模型编辑窗口

【注意】因仿真中所用的仿真模型只是对热电偶的近似，所以在自由端温度为 0℃ 的情况下，热电偶模型的输出电压值就有误差，而补偿电桥的设计只是保证 0℃ 时仿真电桥电路的输出为 0，所以仿真子电路输出的电压值和 K 型热电偶分度表中的相应值会有一定偏差。

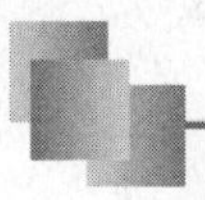

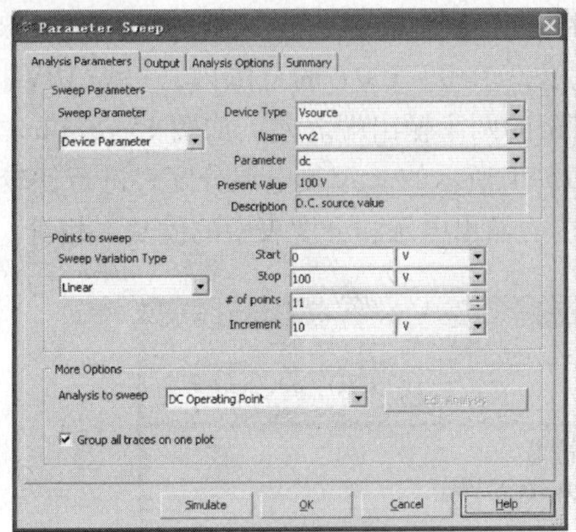

（a）分析参数设置

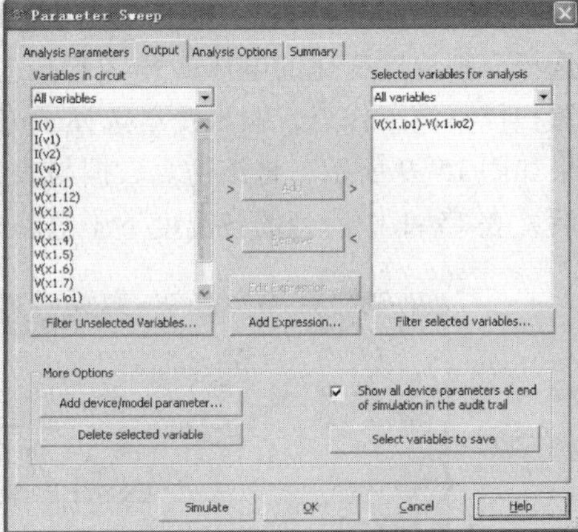

（b）输出端设置

图 15-8　参数扫描设置

2）直流稳压源子电路分析

（1）桥式整流输出电压：整流桥输出端接负载后，用示波器观察波形，如图 15-10 所示。由图可见，正弦波经整流后输出单一方向的波动。

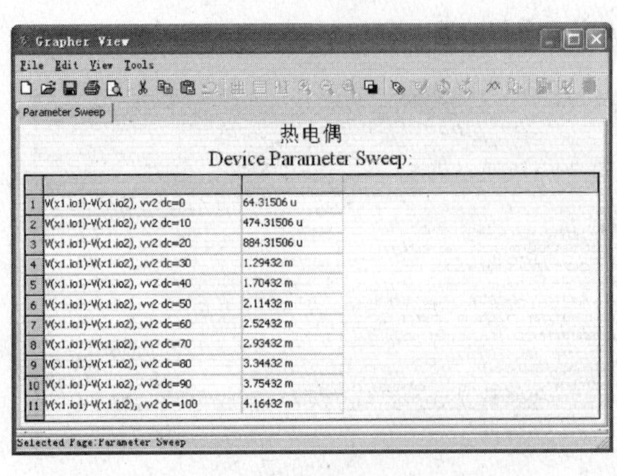

Grapher View

热电偶

Device Parameter Sweep:

1	V(x1.io1)-V(x1.io2), vv2 dc=0	64.31506 u
2	V(x1.io1)-V(x1.io2), vv2 dc=10	474.31506 u
3	V(x1.io1)-V(x1.io2), vv2 dc=20	884.31506 u
4	V(x1.io1)-V(x1.io2), vv2 dc=30	1.29432 m
5	V(x1.io1)-V(x1.io2), vv2 dc=40	1.70432 m
6	V(x1.io1)-V(x1.io2), vv2 dc=50	2.11432 m
7	V(x1.io1)-V(x1.io2), vv2 dc=60	2.52432 m
8	V(x1.io1)-V(x1.io2), vv2 dc=70	2.93432 m
9	V(x1.io1)-V(x1.io2), vv2 dc=80	3.34432 m
10	V(x1.io1)-V(x1.io2), vv2 dc=90	3.75432 m
11	V(x1.io1)-V(x1.io2), vv2 dc=100	4.16432 m

Selected Page:Parameter Sweep

图 15-9　参数扫描分析结果

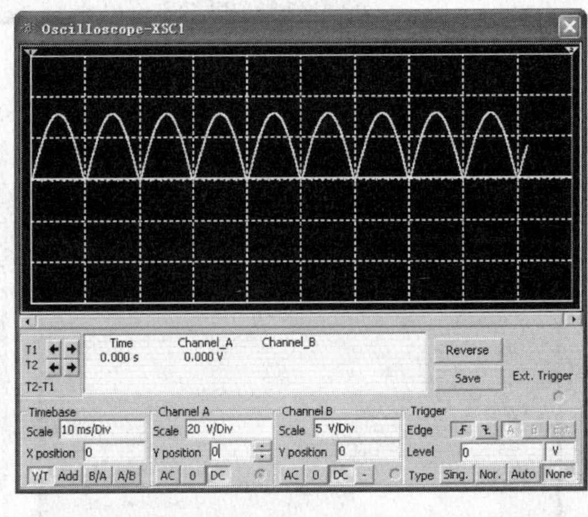

图 15-10　整流桥输出

（2）滤波后输出电压：整流桥后接滤波器，输出接电阻后电路输出波形如图 15-11 所示。由图可以看出，交流成分减小，但仍然存在小的波动。

（3）接三端稳压管后输出：接三端稳压管后，正端接负载时的输出电压如图 15-12 所示。由图可见，输出电压基本稳定。

（4）电压调整率：输入 220V AC，变化范围为 -20% ~ +15%，所以电压波动范围为 176 ~253V AC。在额定输入电压下，当输出满载时，调整输出电阻，使输出电流约为最大输出电流，即 0.1A 时，得满载时电阻为 138Ω。当输入电压为 176V、负载为 138Ω 时，输出电压 U_1 为 14.832V；当输入电压为 220V、负载为 138Ω 时，输出电压 U_o 为 14.839V；当输入电压为 253V，负载为 138Ω 时，输出电压 U_2 为 14.842V。

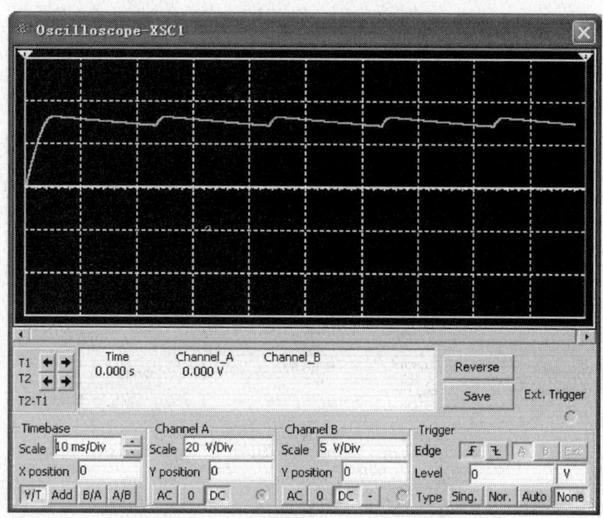

图 15-11　接输出电阻后电路输出波形

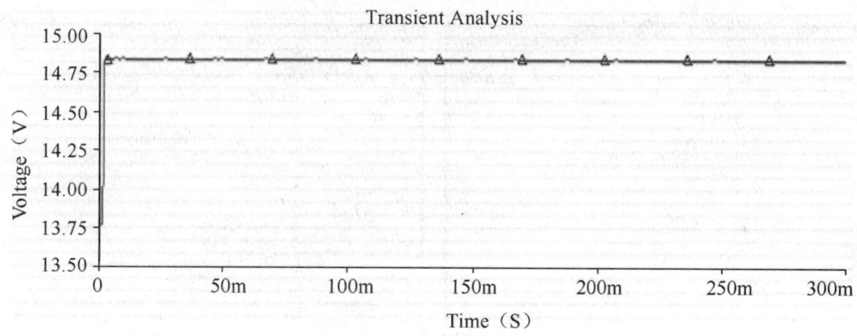

图 15-12　正端接负载后的输出电压

取 U 为 U_1 和 U_2 中相对 U_o 变化较大的值，即 $U=14.832\text{V}$ 时，电压调整率为

$$S_V=\frac{|U-U_o|}{U_o}\times 100\% =\frac{|14.832-14.839|}{14.839}\times 100\% =\frac{0.007}{14.839}\times 100\% \approx 0.05\%$$

（5）电流调整率：设输入信号为额定 220V AC，当输出满载（138Ω）时，输出电压 U_o 为 14.839V；当输出空载时，输出电压 U_o 为 15.26V；当输出为 50% 满载时，输出电压 U_o 为 14.98V，所以电流调整率为

$$S_I=\frac{|U-U_o|}{U_o}\times 100\% =\frac{|15.26-14.98|}{14.98}\times 100\% =\frac{0.28}{14.98}\times 100\% \approx 1.9\%$$

（6）纹波电压：在额定 220V AC 下，输出满载，即负载电阻为 138Ω 时，在示波器中观察输出波形，如图 15-13 所示。因只选择了观察交流成分，所以所观察到的信号即纹波电压信号，其峰 - 峰值为 2.143nV。

（7）输出抗干扰电路分析：图 15-14（a）所示为未加抗干扰电路时系统的幅频响应图，可以看到交流成分的幅值很小。当输出加了抗干扰电路后，输出的幅频响应如图 15-14（b）所示，可以看到高频噪声得到一定程度的抑制。

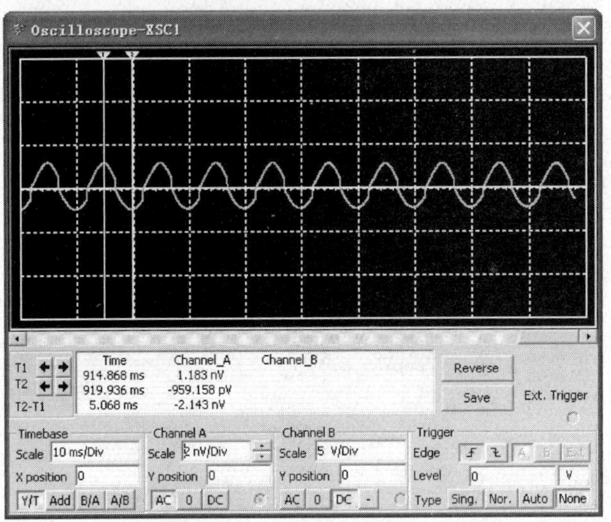

图 15-13　输出满载时的输出波形

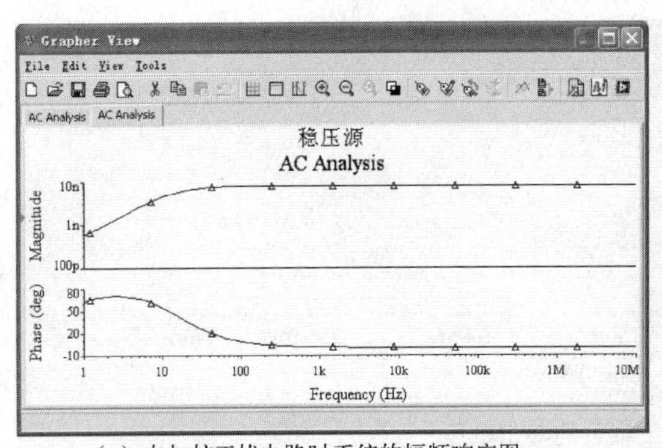

（a）未加抗干扰电路时系统的幅频响应图

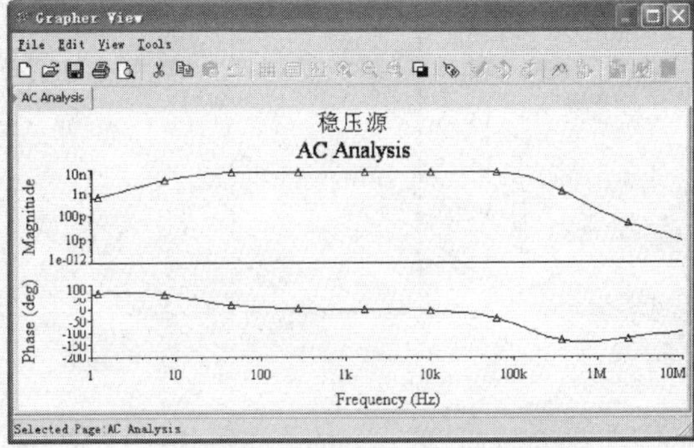

（b）加抗干扰电路后系统的幅频响应图

图 15-14　输出抗干扰电路分析

电路分析完成后，对电路进行仿真得到的实验结果，见表 15-2。

表 15-2　实验数据

温度/℃	0	10	20	30	40	50
电压/mV	0. 049531	7. 946	15. 843	23. 74	31. 637	39. 534
温度/℃	60	70	80	90	100	
电压/mV	47. 431	55. 328	63. 225	71. 122	79. 013	

15. 3　LabVIEW 虚拟仪器设计

1. 数据显示子程序设计

将 15. 2 节中表 15-2 的数据经 Matlab 多项式拟合后，得式（15-2）：

$$U = \frac{0.7897T + 0.0492}{10^3} \quad (\mathrm{V}) \tag{15-2}$$

反解得到

$$T=\frac{1000U-0.0492}{0.7897}\quad (℃) \tag{15-3}$$

根据式（15-3），建立本设计子 VI，其步骤如下所述。

（1）从开始菜单中运行“National Instruments LabVIEW 8.2”，在“Getting Started”窗口左边的 Files 控件中选择 Blank VI 建立一个新程序。

（2）框图程序的绘制：设计的子程序框图如图 15-15 所示。本设计关于数据的转换采用第三种方法设计程序框图，用这种方法设计的子程序在接口电路设计时，不必考虑数据转换。利用 For Loop 进行两次自动索引，便可以使数据变为单个值显示，这里省去了矩阵索引函数。需要注意的是，后面的数据通道不能设为自动索引，否则输出将不再是单个数值。图中，U_o数为时域信号采集器，它将电压的波形提取出来，再将连续电压值作为 VI 的输入。时域信号的采集器由控制模板 I/O 模块里的波形函数经矩阵化而成。连续的电压波形在外层 For 循环内必须加一个波形元素提取模块，以便把 Y 值提取出来，否则数据在里层 For 循环中不能利用自动索引，达不到数据转换的目的。根据式（15-3），在里层 For 循环中用常数和运算函数构建程序框图，输出包括电压数显模块和温度计。

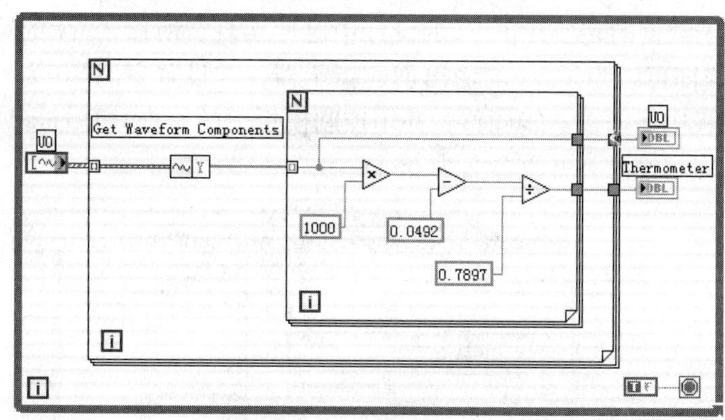

图 15-15　子程序框图

（3）定义图标与连接器：双击右上角图标，进行编辑后，用鼠标右键单击前面板窗口中的图标窗格，在快捷菜单中选择“Show Connector”，定义连接。

建立前面板上的控件和连接器窗口的端子关联。连接器输入只有一个，与时域波形采集器相关联，输出有两个，分别与电压数显模块和温度计相关联。完成上述工作后，将设计好的 VI 保存。下次调用该 VI 时，图标与端口如图 15-16 所示。

2. 接口电路的设计与编译

子程序设计好后，需要设计接口电路。本设计中接口电路的设计与编译分以下 6 个步骤。

（1）把 Multisim 安装目录下 Sampling/LabVIEW Instruments/Templates/Input 文件夹复制到另外一个地方。

（2）在 LabVIEW 中打开步骤（1）中所复制的 Starter Input Instrument. lvproj 工程，如

图15-17所示。接口电路的设计是在Starter Input Instrument. vit中进行的。

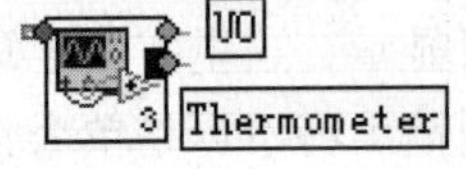

图15-16 子VI图标与端口

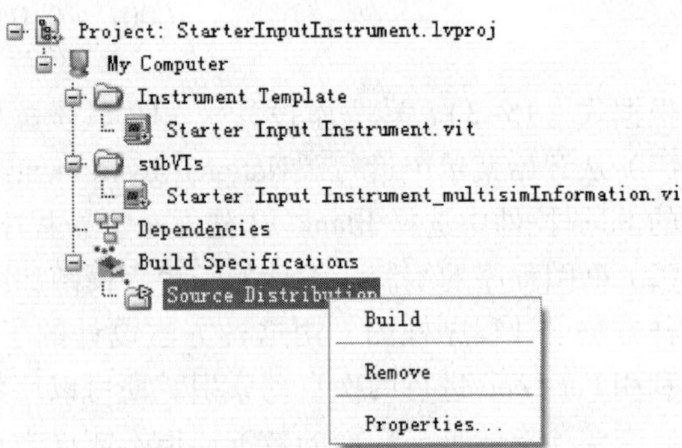

图15-17 StarterInputInstrument . lvproj工程图

（3）打开Starter Input Instrument. vit的框图面板，完成接口框图的设计。在数据处理部分，选择CASE结构的下拉菜单中的“Update DATA”选项进行修改。按框图中的说明，在结构框中单击鼠标右键，从弹出的菜单中选择“Select a VI”，把在LabVIEW完成的子VI添加到“Update DATA”选项中即可。此时只能添加功能，不可修改框图面板的原状，如图15-18所示。由于数据的转换在子VI的设计中已经实现，所以子VI的输入直接与Multisim的输出数据相连即可。为子VI的输出创建指示器，并设置室温T0为“25”。框图面板设计好后，在前面板中还需进一步调整，并用控制模板下的修饰（Decorations）子模板对界面进行美化。最后保存修改，并重命名为proj3. vit。

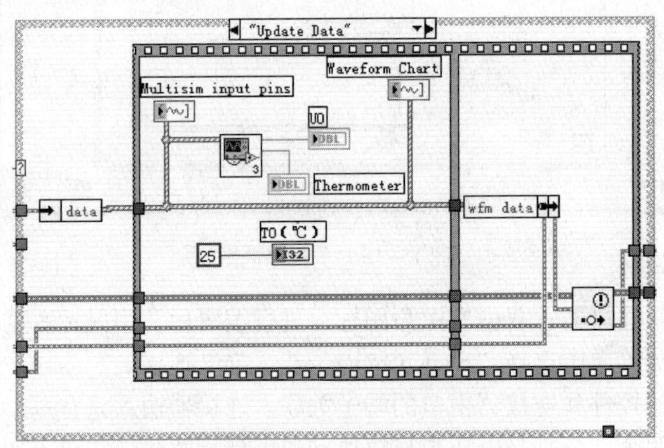

图15-18 接口框图的设计

（4）注意，虚拟仪器信息的设置也可在Instrument Template下proj3. vit的程序框图里设计，如图15-19所示。打开Multisim Instr Info子程序设置各项，在仪器ID中和显示名称中输入唯一的标志，同时把输入端口数设为“1”（因为只有一个电压输入）；把输出端口设为“0”（此模块不需要向Multisim输出）。修改后将其另存为proj3_multisimInformation. vi。保存后，查看工程文件StarterInputInstrument. lvproj下的SubVIs，它下面的子程序已被修改。

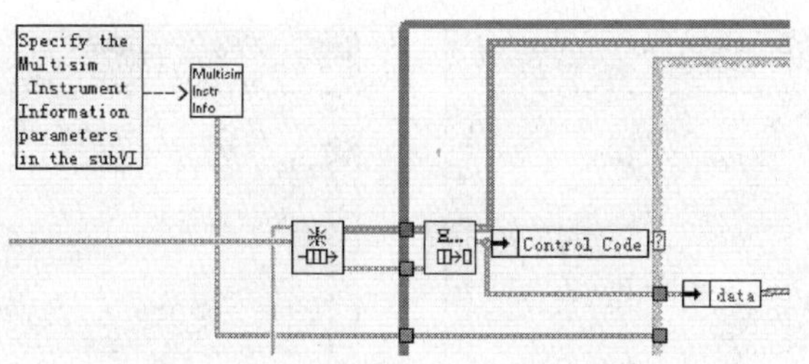

图 15-19　虚拟仪器信息的设置

（5）打开 Build Specifications，用鼠标右键单击“Source Distribution”，选择属性设置，在保存目录和项目目录中，都将编译完成后要生成的库文件重命名，如 proj3（.lib）。同时，在原文件设置中选择总是包括所有包含的条目，如图 15-20 所示。属性设置完成并保存后，再在“Source Distribution”上单击鼠标右键，从弹出的菜单中选择“Build”即可。

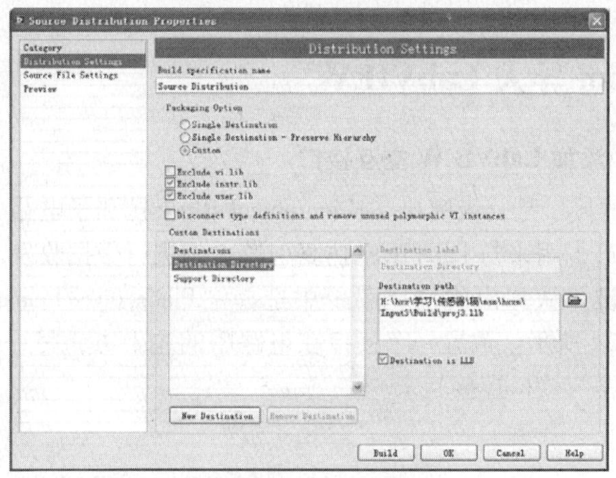

图 15-20　编译属性设置

（6）编译完成后，在 Input 文件夹下生成一个 Build 文件夹，打开后把里面的文件复制到 Electronics Workbench/EWB9 下的 lvinstruments 文件夹中，这样就完成了虚拟仪器的导入，当再打开 Multisim 时，在 LabVIEW 仪器的下拉菜单中就会显示所设计的模块。

打开热电偶的测温电路，把设计好的显示模块接电路输出，电路调零后得如图 15-21 所示的在不同温度下的验证结果，可见误差较小。

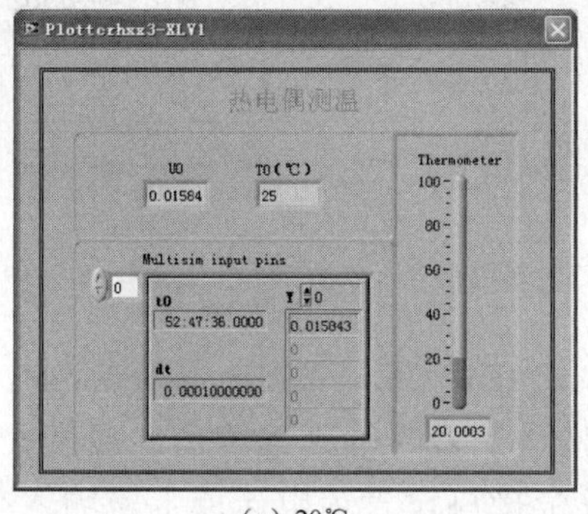

（a）20℃

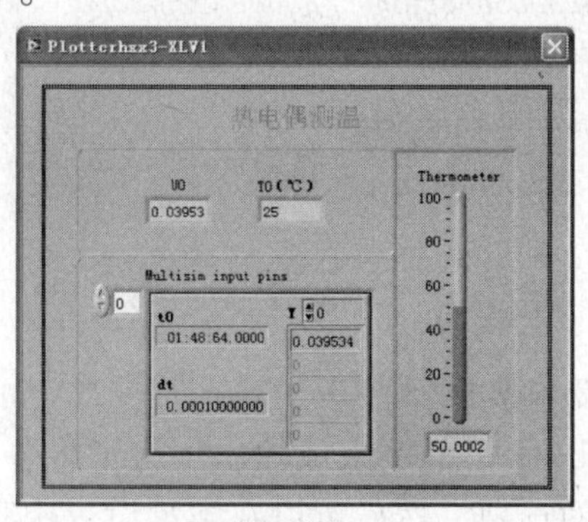

（b）50℃

图 15-21　不同温度时的验证结果

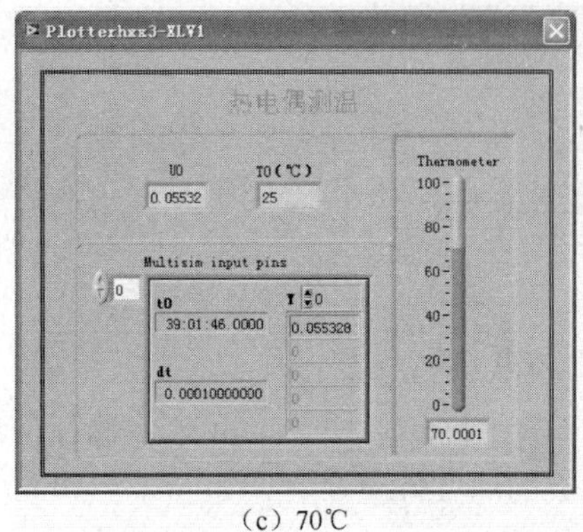

（c）70℃

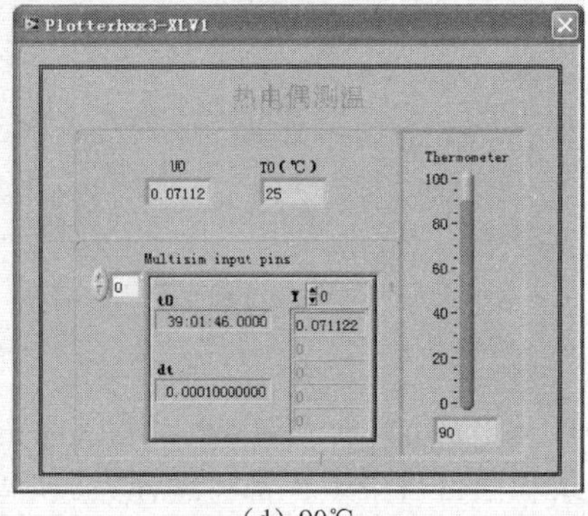

（d）90℃

图15-21　不同温度时的验证结果（续）

15.4　将 Multisim 导入 LabVIEW

1. 在 Multisim 中添加 LabVIEW 交互接口

这些 Multisim 中的接口是分级模块（Hierarchical Block）和子电路（Sub-Circuit）接口（Hierarchical connector），用来与 LabVIEW 仿真引擎之间进行数据收发。

（1）单击鼠标右键，从弹出的快捷菜单中选择“Place on schematic”→“Hierarchical connector”，如图15-22所示。放置一个接口在电路图的左上方，另一个放置在右上方。按照图15-23所示将电路与接口连接起来。

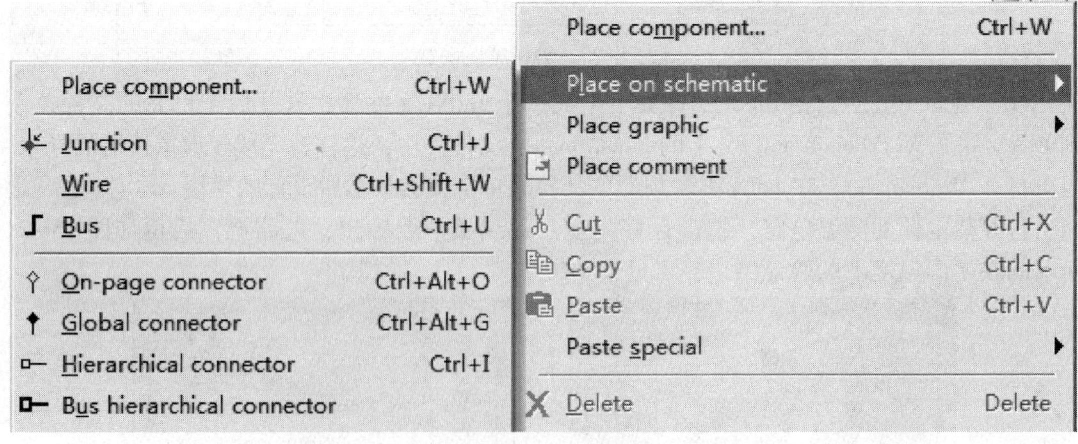

图15-22　选择交互接口

（2）设置接口：打开“View”菜单下的 LabVIEW Co-simulation Terminals 窗口，设置针对 LabVIEW 的输入或输出。为了将各个接口配置为输入或输出，在模式设置中选择所需要的选项，然后可以在类型设置中将各个接口设置为电压或电流输入/输出。最后，如果想将放置的 I/O 接口设置为不同的功能时，可以选择“Negative Connection”。

将 IO1 配置为输入，然后将 IO2 配置为输出。图 15-24 所示为设置好的 LabVIEW Co-simulation Terminals 窗口，图 15-25 所示为即将被 LabVIEW 调用的 Multisim design VI preview 图标。

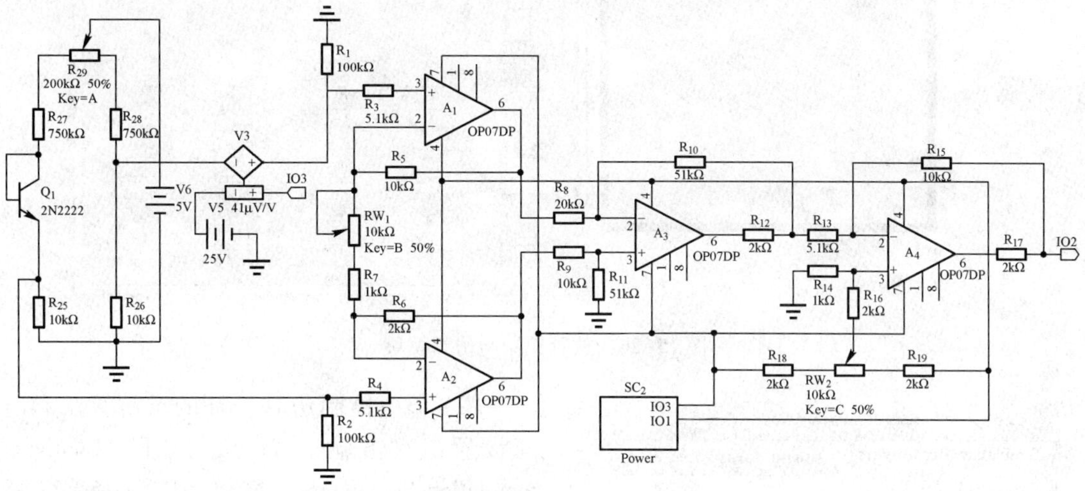

图 15-23　接口电路

LabVIEW terminal	Positive connection	Negative connection	Direction	Type
Input				
测量温度	IO3	0	Input	Voltage
Output				
显示温度	IO2	0	Output	Voltage
Unused				

图 15-24　设置接口

图 15-25　即将被 LabVIEW 调用的 Multisim design VI preview 图标

2. 在 LabVIEW 中创建一个数字控制器

要在 LabVIEW 和 Multisim 之间传送数据，首先需要使用 LabVIEW 中的控制与仿真循环（Control & Simulation Loop）。

【注意】 Multisim 安装包中没有这个模块，需要从 http：//www. ni. com/labview/cd-sim/zhs/网站下载，然后安装在 Multisim 的安装路径下。

（1）打开 LabVIEW 的程序框图（后面板），单击鼠标右键，打开函数选板，浏览到 "Control Design & Simulation" → "Simulation" → "Control & Simulation Loop"。用鼠标左键单击不放，并将其拖放到程序框图上，如图 15-26 所示。

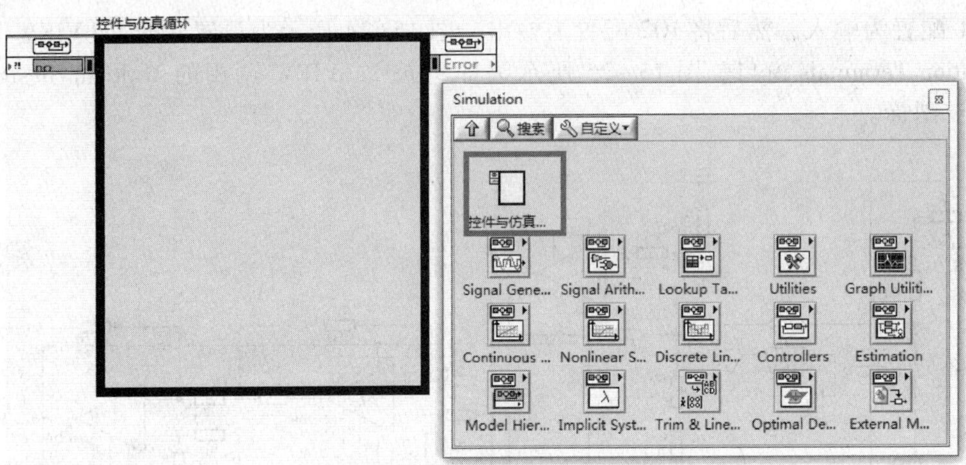

图 15-26　放置控制与仿真模块

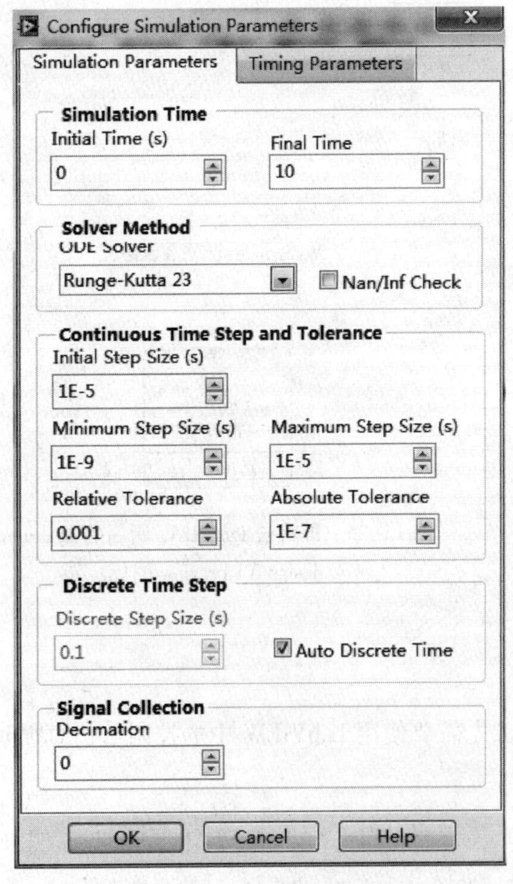

图 15-27　节点参数设置

（2）修改控制仿真循环的求解算法和时间设置：双击输入节点，打开“Configure Simulation Parameters”窗口。按图 15-27 所示输入参数。

（3）在 VI 中添加仿真挂起（Halt Simulation）函数来停止控制仿真循环：单击鼠标右键，打开函数选板，浏览到“Control Design & Simulation”→“Simulation”→“Utilities”→“Halt Simulation”。用鼠标左键单击不放，并将其拖放到程序框图上，然后在布尔输入端上单击鼠标右键，选择“Create”→“Control”。这样就可以在 VI 的前面板上创建一个布尔控件来控制程序的挂起，从而停止仿真 VI 的运行，如图 15-28 所示。

3. 放置 Multisim Design VI

Multisim Design VI 是用于管理 LabVIEW 和 Multisim 仿真引擎之间通信的。

（1）单击鼠标右键，打开函数选板，浏览到“Control Design & Simulation”→“Simulation”→“External Models”→“Multisim”→“Multisim Design”，用鼠标左键单击不放，并将其拖放到控制与仿真循环中。

【注意】 这个 VI 必须放置到控制仿真循环中。

将 Multisim Design VI 放置到程序框图上后，会弹出选择一个 Multisim 设计（Select a

Multisim Design）对话框。在对话框中可以直接输出文件的路径，或者浏览到文件所在的位置来进行指定，如图 15-29 所示。

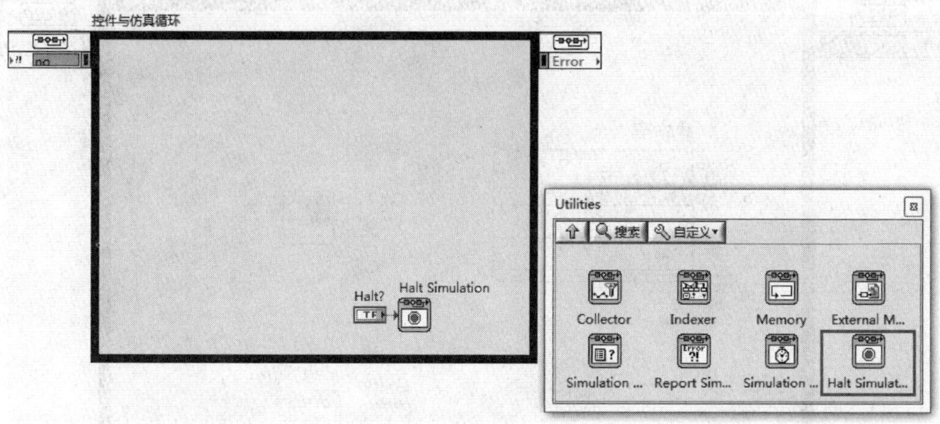

图 15-28　添加仿真挂起函数

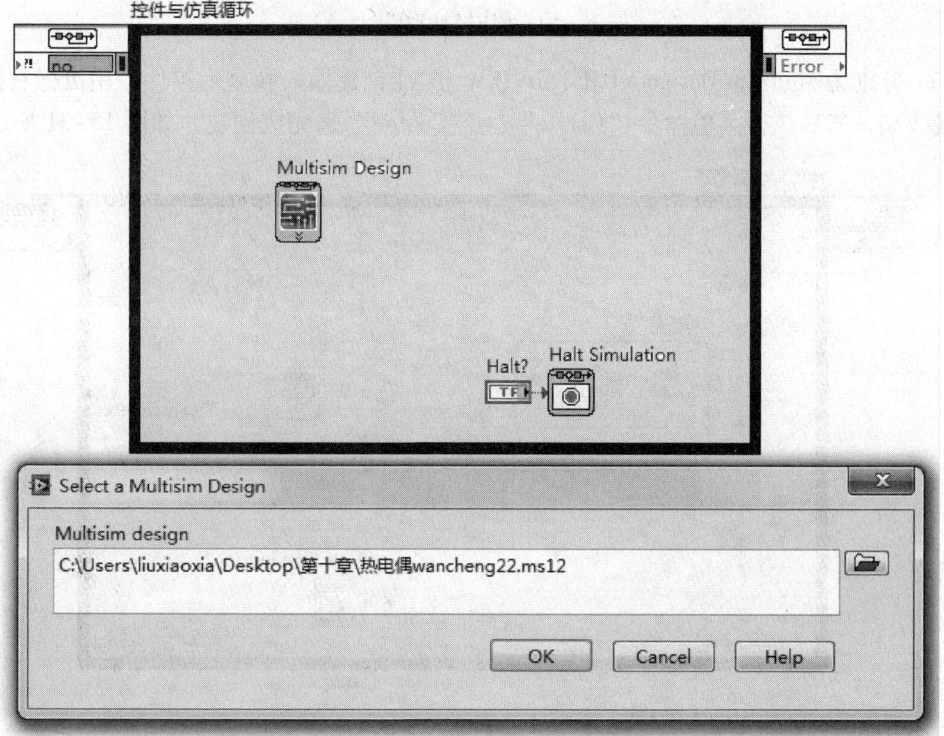

图 15-29　放置 Multisim design VI preview

Multisim Design VI 会生成接线端，接线端的形式与 Multisim 环境中的 Multisim Design VI 预览一致，具有相对应的输入端与输出端。如果接线端没有显示出来，用鼠标左键单击双箭头，展开接线端。

（2）调用 LabVIEW 子 VI：在 LabVIEW 的程序框图中，打开函数选板，选择前面设计好

的子 VI，将其放在控件与仿真循环中，如图 15-30 所示。

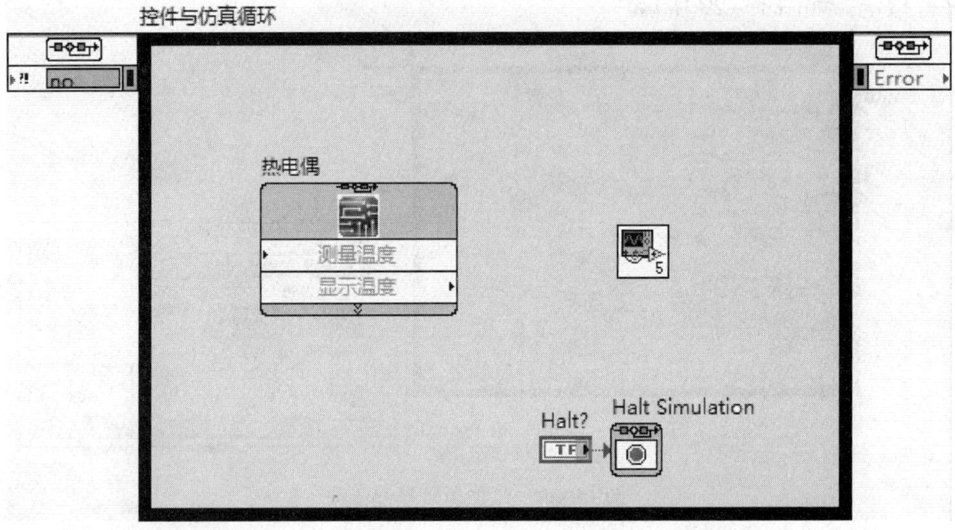

图 15-30　调用 LabVIEW 子 VI

（3）分别为 Multisim Design VI 和 LabVIEW 子 VI 创建输入和显示控件。用鼠标右键单击输入接线端，然后执行菜单命令“Create”→“Control”来完成创建，如图 15-31 所示。

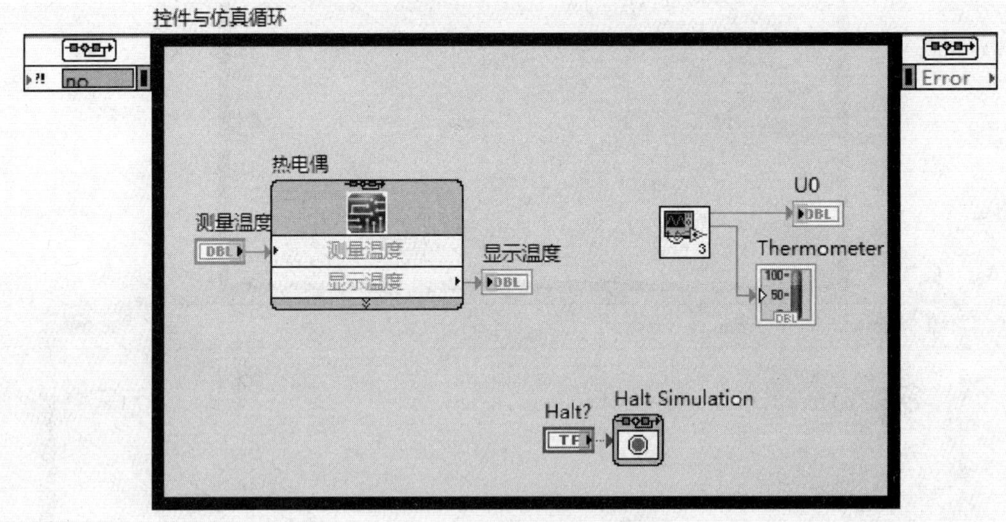

图 15-31　创建输入及显示控件

（4）连接 Multisim Design VI 和 LabVIEW 子 VI：这里涉及数据匹配问题，打开 LabVIEW 的即时帮助，可以看到 LabVIEW 子 VI 的输入端需要接入的数据类型，如图 15-32 所示。

由即时帮助可以知道，LabVIEW 子 VI 需要接入的数据类型是数组和波形的叠加，但是 Multisim Design VI 的输出是一个双精度的实数，所以这里需要创建一个一维数组和波形。

用鼠标右键单击程序框图，打开函数选板，选择“Programming”→“Array”→“Build

Array"（编程→数组→创建数组），如图 15-33 所示。然后单击鼠标左键不放并将其拖放到程序框图中，将光标放到 Build Array 函数下面中间位置，就会变成大小调整指针，然后单击鼠标左键，拖动函数，将 Build Array 函数调整到两个输入端口。将 Multisim Design VI 的位移（输入端）连接到数组上面的输入端口，电压（输出端）连接到数组下面的端口。这样就可以创建一个两个元素的一维数组，如图 15-34 所示。

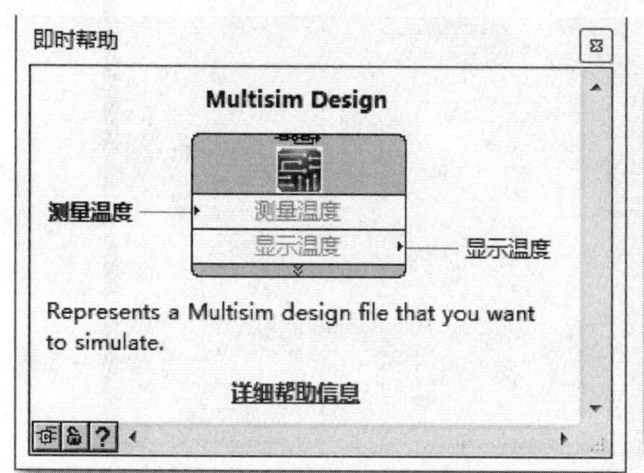

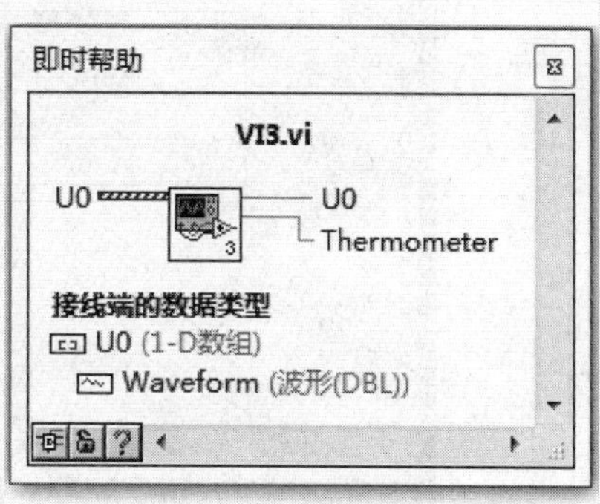

图 15-32　即时帮助

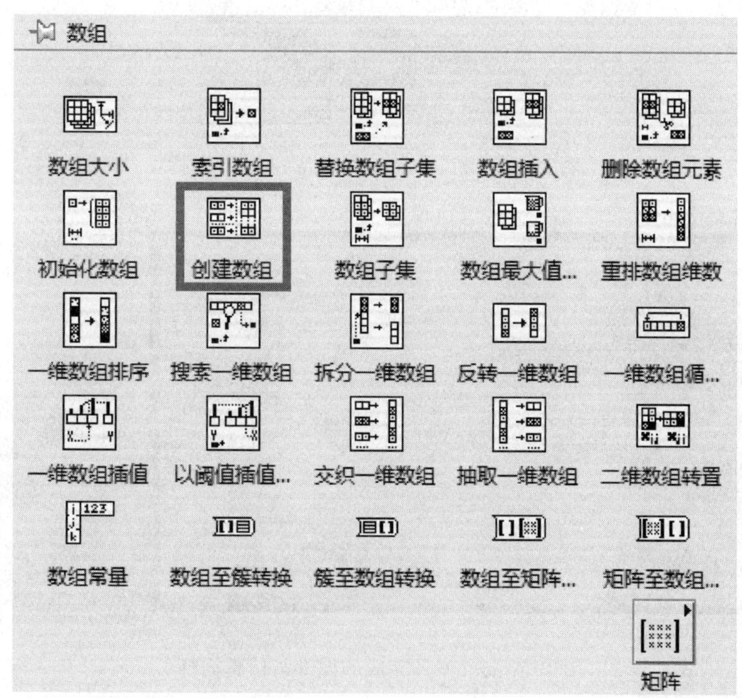

图 15-33　创建数组

现在需要创建一个仿真时间波形来达到数据类型的匹配。打开程序框图，单击鼠标右键，选择“Control Design & Simulation”→“Simulation”→“Graph Utilities”→“Simulation Time Waveform”，VI 会自动地放置一个波形图表（Waveform），如图 15-35 所示。但这里不需要这个图表（Waveform），所以要将它删除。然后将 Simulation Time Waveform 的输出端与子 LabVIEW 的 VI 连接，如图 15-36 所示。

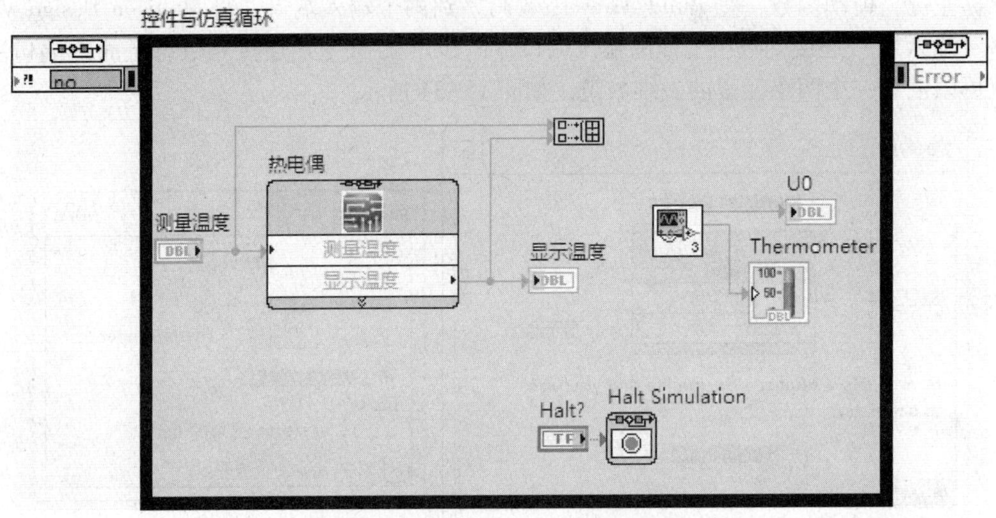

图 15-34　连接接口组成一维数组

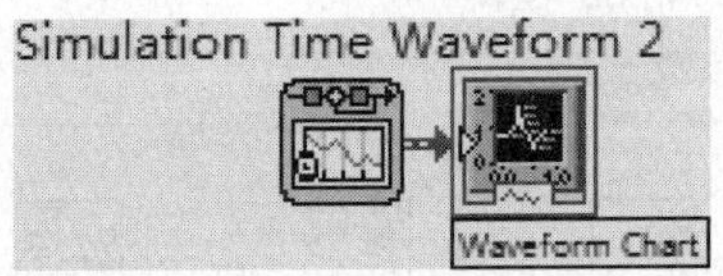

图 15-35　Simulation Time Waveform 图标

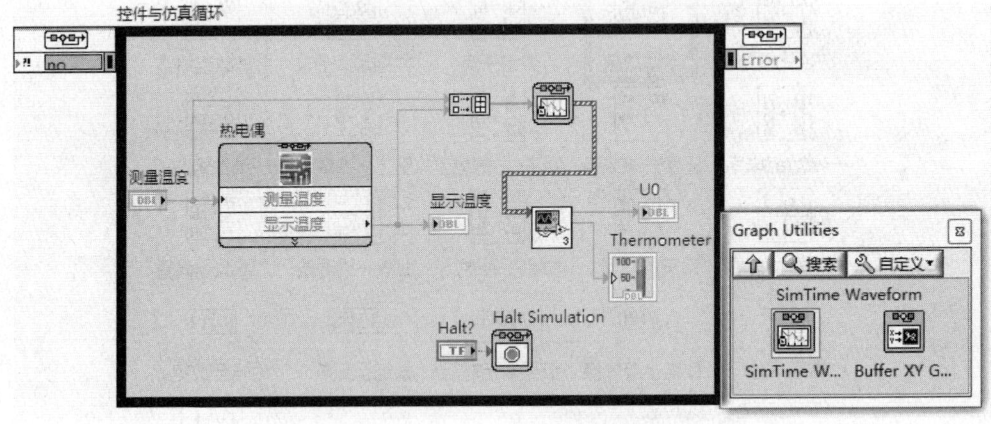

图 15-36　设计完成的控件与仿真循环

（5）整理前面板：打开前面板窗口，前面板的控件如图 15-37 所示。

（6）开始仿真：如图 15-38 所示，用鼠标左键单击仿真控制按钮开始仿真，所得的实验结果如图 15-39 所示。

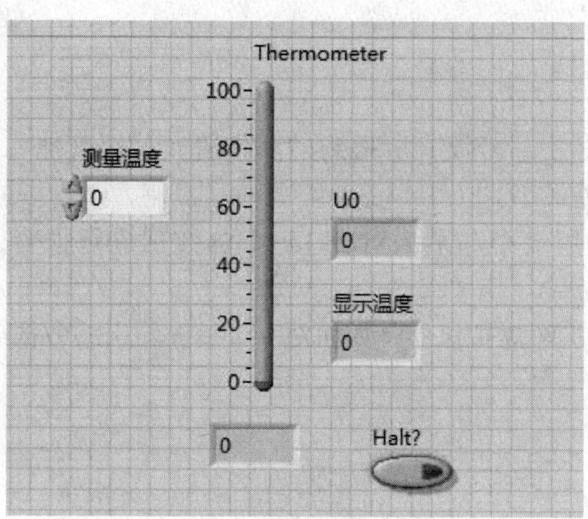

图 15-37 前面板的控件

图 15-38 仿真控制按钮

由结果可知，设计基本符合要求。

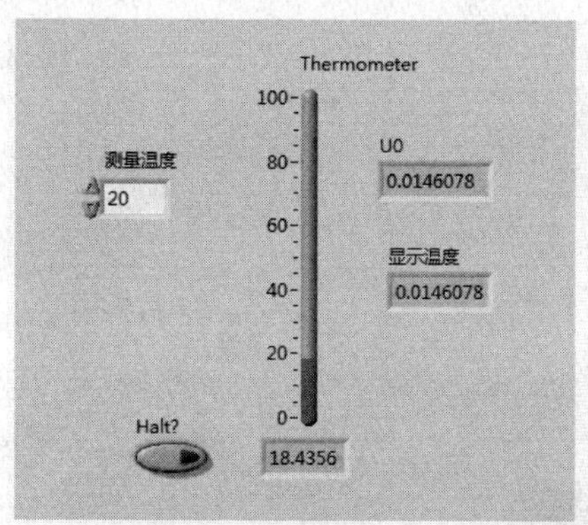

（a）测量温度为20℃

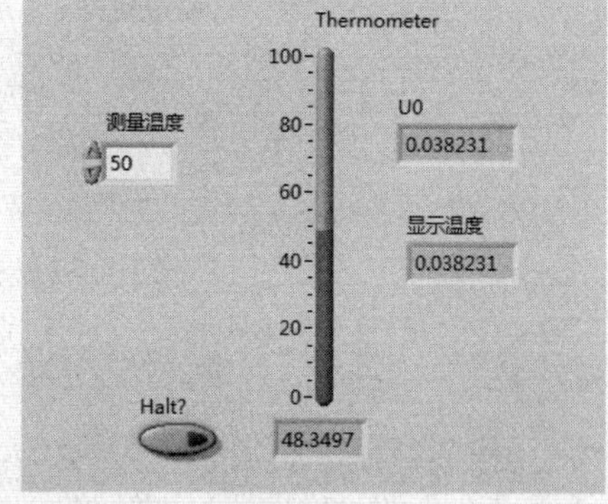

（b）测量温度为50℃

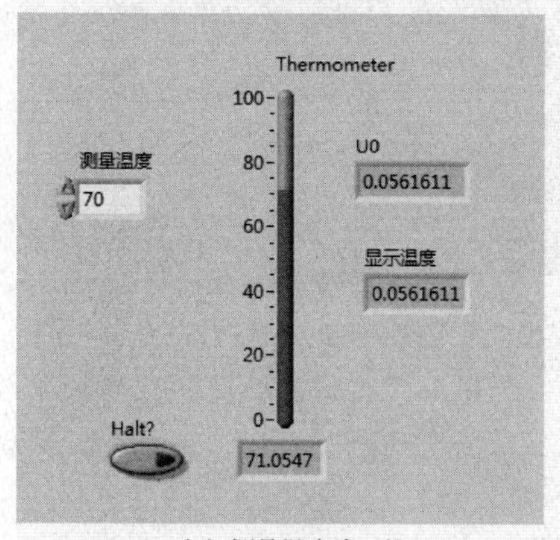

（c）测量温度为70℃

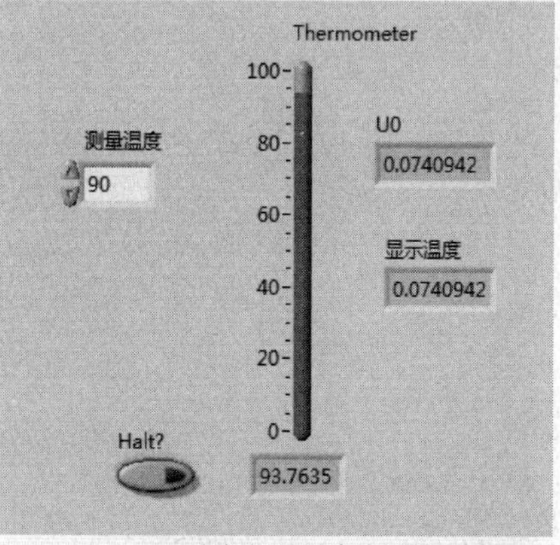

（d）测量温度为90℃

图 15-39 实验结果

习题

(1) 热电偶补偿电桥中，若没有所提到的晶体管，请用其他元件代替，并调整电桥电路，使补偿后的输出误差最小。

(2) 试在 Matlab 中用最小二乘法对表 15-1 的数据进行拟合，以得到热电偶的近似模型。

(3) 本设计中 LabVIEW 虚拟仪器是如何对 Multisim 输出的数据进行数据类型的转换的？

第16章 位移测量系统的设计

16.1 设计要求

用霍尔传感器设计一个量程范围为-0.6～0.6mm 的位移测量仪。霍尔传感器是利用霍尔效应实现磁电转换的一种传感器。当霍尔元件作线性测量时，最好选用灵敏度低、不等位电位小、稳定性和线性度优良的霍尔元件。当物体在一对相对的磁铁中水平运动时，在一定的范围内，磁场的大小随位移的变化而发生线性变化，利用此原理可制成位移测量器。通过本设计，要掌握以下内容：

☺ 了解霍尔传感器测量位移的原理。

☺ 掌握霍尔元件的测量电路。

☺ 测量电路硬件实现后，当输出模拟信号时，会用数据采集卡进行采集。

☺ 掌握采集后的信号在 LabVIEW 中的处理，实现位移值的显示。

☺ 了解分别采用软件仿真和实际硬件电路时，在 LabVIEW 中编程与处理的不同。

16.2 电路原理与设计

1. 传感器模型建立

霍尔传感器是基于霍尔效应的传感器，其物理特性用公式表示为

$$U_H = K_H IB \tag{16-1}$$

式中，U_H为霍尔电压；K_H为霍尔元件灵敏度；I 为控制电流；B 为垂直于霍尔元件表面的磁感应强度。

两块相对放置的磁铁间形成磁场，当物体在沿垂直于磁场方向运动时，由于在一定的测量范围内磁感应强度与位移的关系是近似线性的，所以输出电压与位移也存在线性关系。

图 16-1 所示为实际霍尔传感器测量位移的特性，可见当位移在-0.6～0.6mm 之间时，电压－位移关系近似线性。对实验数据进行拟合，由于实际数据是经过放大后的数据，所以在拟合前要将数据除以放大倍数。拟合后的数学表达式为

$$U_H = 151.7155X \tag{16-2}$$

式中，U_H为霍尔元件输出电压，单位为 mV；X 为被测位移量，单位为 mm。

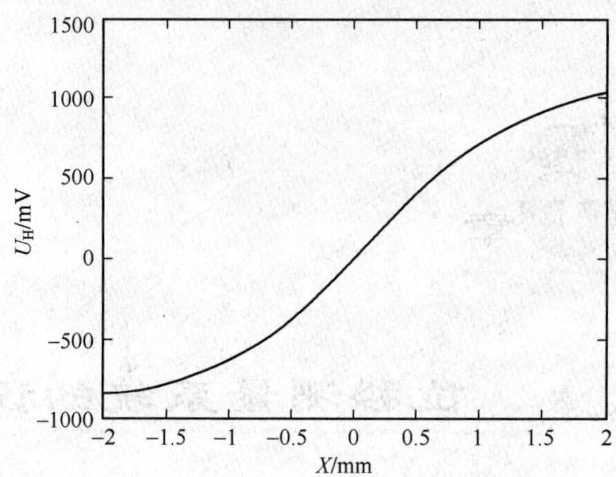

图 16-1　实际霍尔传感器测量位移的特性

由以上分析可知，霍尔位移传感器只在很小的范围内呈线性，所以它是用来测量微小位移的。在 Multisim 中建立的霍尔传感器模型如图 16-2 所示（图中 1、2 为激励电极，3、4 为霍尔电极），它的测量范围是-0.6～0.6mm。在图中 V_1 可模拟位移，压控电压源 V_2 模拟霍尔元件随位移而变化的输出电压 U_H。

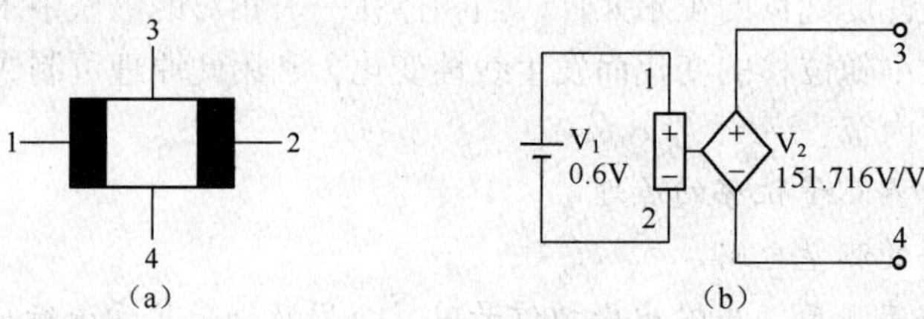

图 16-2　霍尔传感器模型

2. 放大电路设计

由于霍尔电势一般在 mV 量级，所以在实际使用时必须加放大电路，此处加的是差分放大电路，如图 16-3 所示。

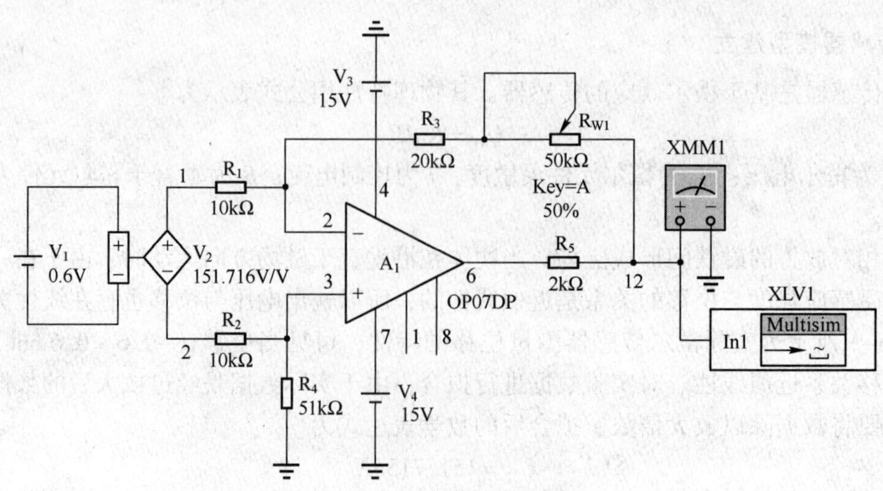

图 16-3　位移测量电路

3. 电路仿真分析

1）交流分析　将图 16-3 所示电路的节点 1 和节点 2 之间改接一个交流电压源，设其幅值和相位分别为 1V 和 50Hz，然后对电路进行交流分析。设开始和终止频率分别为 1Hz 和 1MHz，输出节点选择节点 12，其他设置按默认设置，仿真结果如图 16-4 所示。由图可见，该放大电路的带宽约 100kHz。

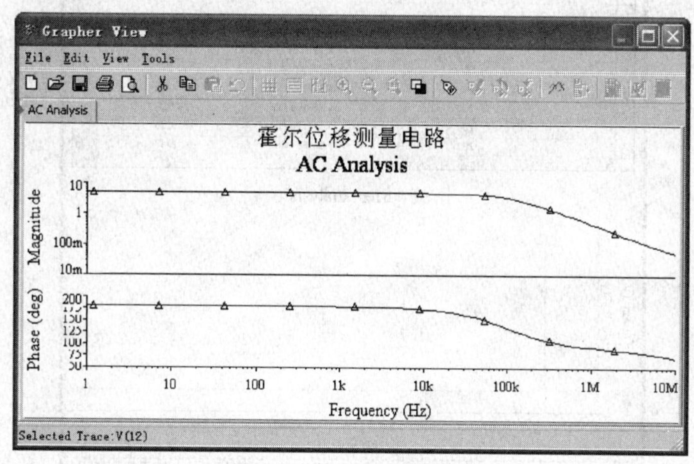

图 16-4　交流分析结果

2）傅里叶分析　电路的输入端仍然接上述的交流源，并对电路进行傅里叶分析，其设置如图 16-5 所示。频率分辨率（基本频率）项和采样停止时间项都可通过单击其后的"Estimate"按钮进行估计，输出节点仍然选择节点 12，分析结果如图 16-6 所示。由图中表格可知，电路的总谐波失真（THD）较小，各次谐波的幅值也非常小。

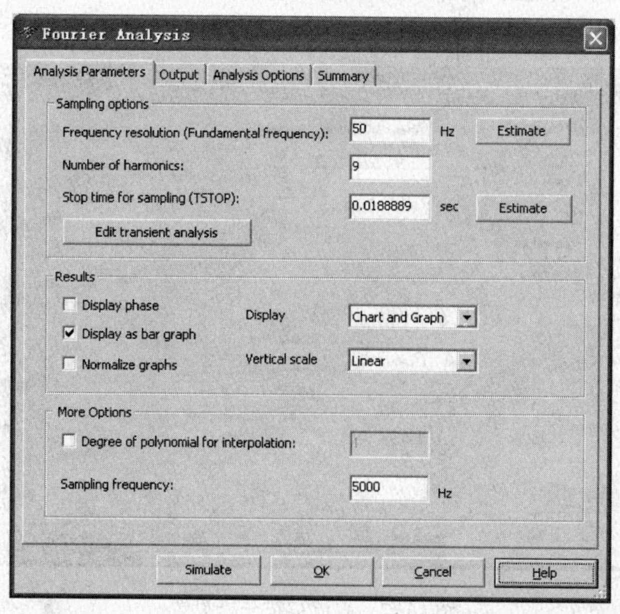

图 16-5　傅里叶分析设置

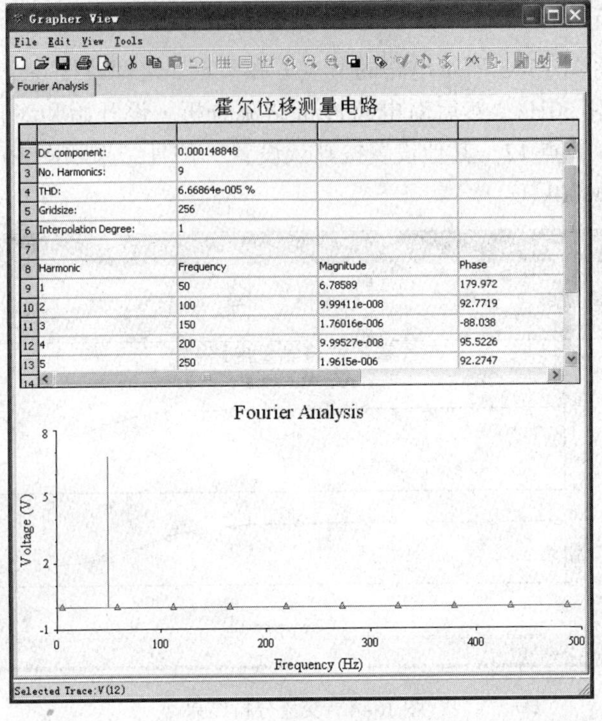

图 16-6　傅里叶分析结果

3）直流扫描分析　按图 16-3 所示，输入端接霍尔传感器模型，对模拟实际位移量的电压源 V_1进行直流参数扫描，分析设置如图 16-7 所示。扫描的范围为-0.6～0.6V，每隔 0.2V 扫描一次，输出节点选择节点 12，扫描的结果如图 16-8 所示。由图可见，在-0.6～0.6mm 位移范围内，电路的输出近似线性。

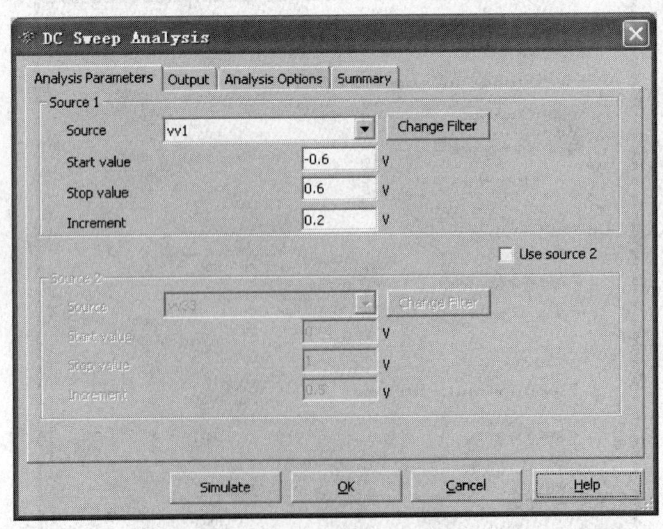

图 16-7　直流扫描分析设置

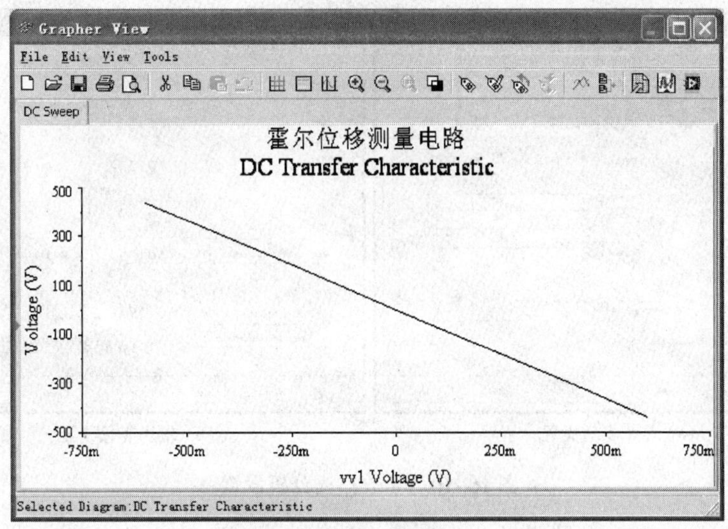

图 16-8　直流扫描分析结果

4）传递函数分析　将放大电路的输入端改接一个小信号直流电压源作为输入源，然后进行传递函数分析，结果如图 16-9 所示。由结果可见，放大电路的放大倍数约为 -4.8，电路输入阻抗约为 20kΩ，输出阻抗约为 0.024Ω。

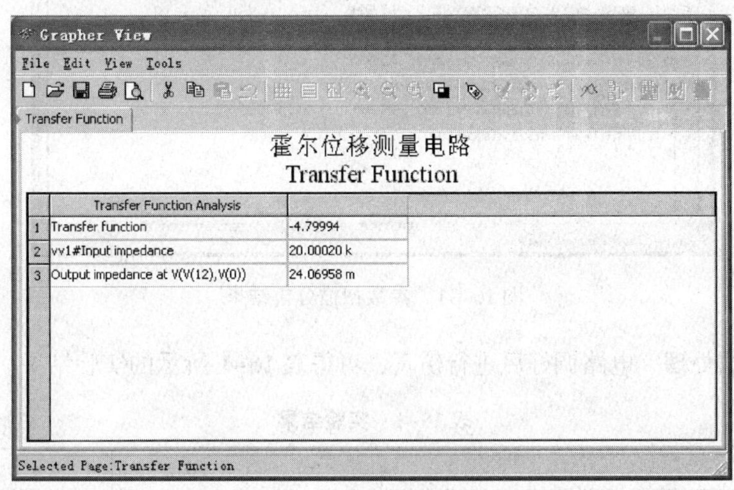

	Transfer Function Analysis	
1	Transfer function	-4.79994
2	vv1#Input impedance	20.00020 k
3	Output impedance at V(V(12),V(0))	24.06958 m

图 16-9　传递函数分析结果

5）参数扫描分析　将滑动变阻器 R_{W1} 的中心抽头置于中间位置不变，对电阻 R_3 的电阻值进行参数扫描，分析其大小的变化对电路放大倍数的影响。参数扫描的设置如图 16-10 所示，要分析的输出变量设为输出节点的输出电压与两个输入节点的电压之差的比值，即放大电路的放大倍数。参数扫描的分析结果如图 16-11 所示，由于电阻 R_4 的电阻值为 51kΩ，所以当反馈回路上总的电阻值和 R_4 的电阻值不相等，即参数不对称时，放大倍数并不等于反馈回路总电阻值与 R_1 的电阻值的比值，其还和 R_4 的电阻值有关。

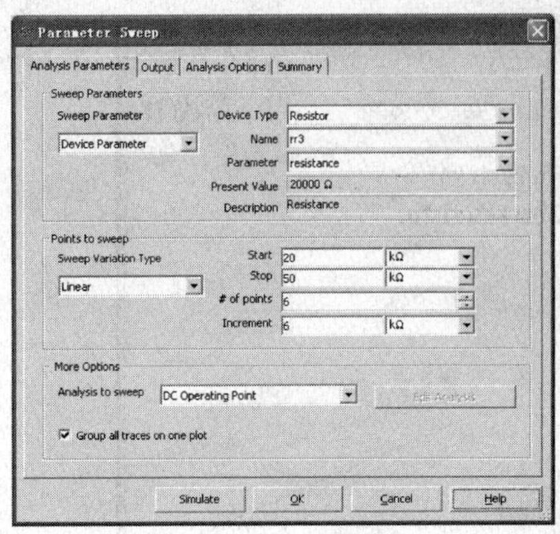

（a）分析参数设置

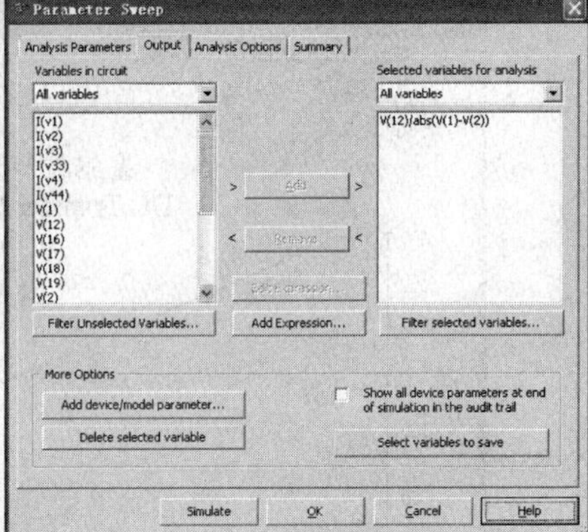

（b）输出变量设置

图 16–10　参数扫描分析设置

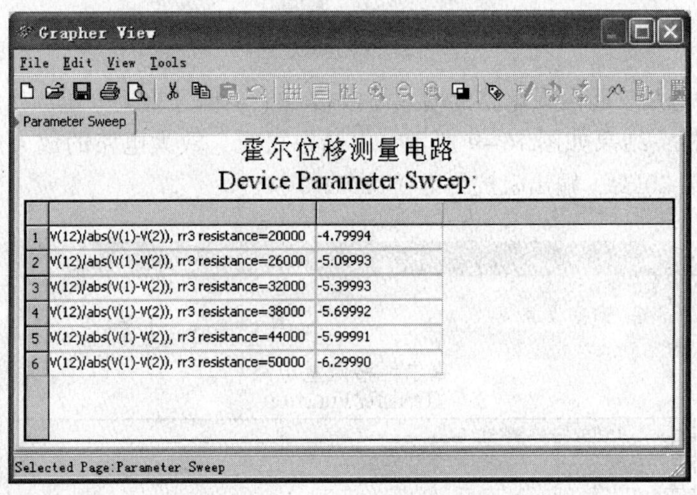

图 16–11　参数扫描分析结果

6）实验数据处理　电路调好后进行仿真，可得表 16–1 所示的实验结果。

表 16–1　实验结果

位移 X/mm	–0.6	–0.4	–0.2	0	0.2	0.4	0.6
电压 U_o/mV	464.408	309.659	154.911	0.162598	–154.586	–309.334	–464.083

用 Matlab 进行对表 16–1 所示的实验结果拟合后得

$$U_o = -773.7421X + 0.1625 \tag{16-3}$$

16.3　LabVIEW 显示模块设计

1. 位移测量子程序的设计

由 16.2 节中式（16–3）可得位移表达式

$$X = \frac{0.1625 - U_o}{773.7421} \tag{16-4}$$

根据式（16-4）可建立一个子 VI，具体步骤如下所述。

（1）从开始菜单中运行“National Instruments LabVIEW 8.2”，在“Getting Started”窗口左边的 Files 控件中选择 Blank VI 建立一个新程序。

（2）框图程序的绘制：为了解决数据转换问题，采用第 15 章所讲述的设计中采用的数据转换的第 3 种实现方法设计程序框图。用这种方法设计的子程序在接口电路设计时，不必考虑数据转换。利用 For Loop 进行两次自动索引，使数据变为单个值显示，这里省去了矩阵索引函数。需要注意的是，后面的数据通道不能设为自动索引，否则输出将不再是单个数值。图中，Input 为时域信号采集器，它由控制模板 I/O 模块里的波形函数经矩阵化而成。连续的电压波形在外层 For 循环内必须加一个波形元素提取模块，以便把 Y 值提取出来，否则数据在里层 For 循环中不能利用自动索引，达不到数据转换的目的。根据式（16-4），在里层 For 循环中用常数和运算函数构建程序框图，输出为位移值，如图 16-12 所示。

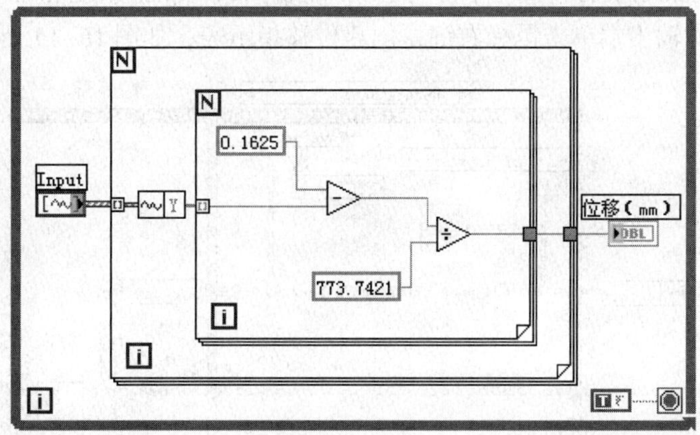

图 16-12　子程序框图

（3）定义图标与连接器：双击右上角图标，编辑后如图 16-13（a）所示。用鼠标右键单击前面板窗口中的图标窗格，在快捷菜单中选择“Show Connector”，此时连接窗格为默认模式，用鼠标右键单击选中一种单输入/单输出的模式，左边窗格与时域信号采集器 Input 相关联，右边窗格与位移显示相关联。关联后的连接器窗格如图 16-13（b）所示。完成上述工作后，将设计好的 VI 保存。

2. 接口电路的设计与编译

关于接口的研究及 LabVIEW 仪器向 Multisim 的导入的原理请参照第 12 章的内容。本设计中接口电路的设计与编译分以下 6 步：

（1）把 Multisim 安装目录下 Sampling/LabVIEW Instruments/Templates/Input 文件夹复制到另外一个地方。

（2）在 LabVIEW 中打开步骤（1）中所复制的 StarterInputInstrument. lvproj 工程，如图 16-14所示。接口电路的设计是在 Starter Input Instrument. vit 中进行的。

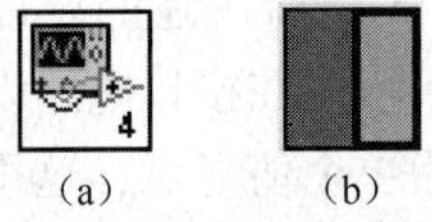

图16-13　图标与连接器

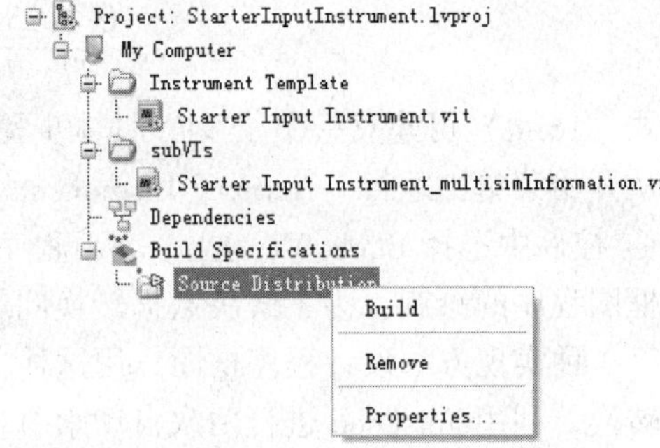

图16-14　StarterInputInstrument. lvproj 工程图

（3）打开 Starter Input Instrument. vit 的框图面板，完成接口电路框图的设计。在数据处理部分，选择 CASE 结构的下拉菜单中的"Update DATA"选项进行修改。按框图中的说明，在结构框中单击鼠标右键，在弹出的菜单中选择"Select a VI"，把在 LabVIEW 完成的子 VI 添加到"Update DATA"选项中即可。子 VI 输入端 Input 与 Multisim 的对仪器的输入端相连，在子 VI 的输出端单击鼠标右键，创建位移指示表，如图 16-15 所示。

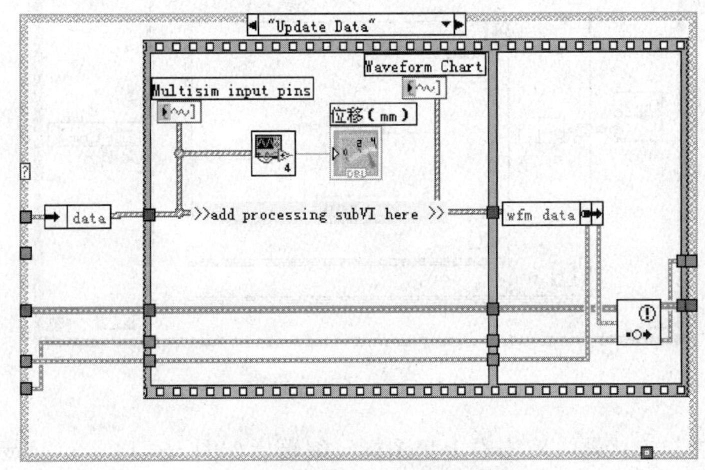

图16-15　接口框图的设计

程序框图设计好后，要进行前面板的设计，除了要完成功能外，还要兼顾美观。设计好的前面板如图 16-16 所示。完成修改后选择重命名，保存为 proj4. vit。

（4）编译前，要对虚拟仪器进行基本信息设置。打开 subVIs 下的 Starter Input Instrument _multisimInformation. vi 的后面板，如图 16-17 所示，在仪器 ID 中和显示名称中输入唯一的标志，如一起设为 Plotterproj4。同时把输入端口数设为"1"（因为只有一个电压输入）；把输出端口设为"0"（此模块不需要输出）。设置完后另存为 proj4_multisimInformation. vi（注意前半部分的名字和接口程序部分的命名必须一致）。

（5）编译属性设置：打开 Build Specifications，用鼠标右键单击"Source Distribution"，选择属性设置，在保存目录和项目目录中，都将编译完成后要生成的库文件重命名，如 proj4（. lib）。同时，在原文件设置中选择总是包括所有包含的条目，如图 16-18 所示。属

性设置完成并保存后，再在“Source Distribution”上单击鼠标右键，从弹出的菜单中选择“Build”即可。

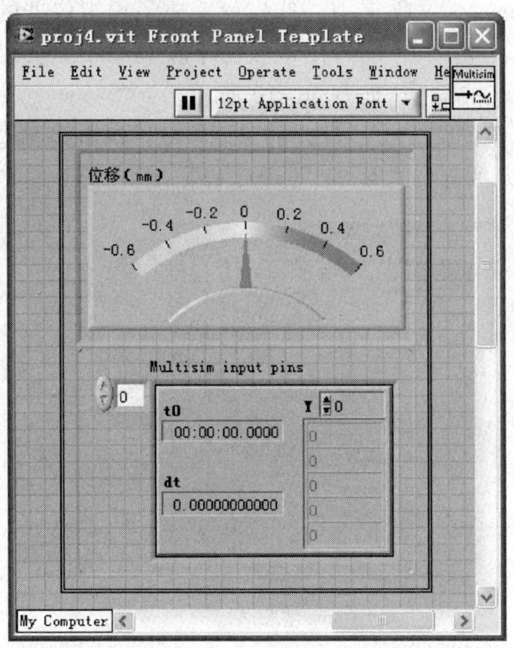

图 16-16　前面板的设计

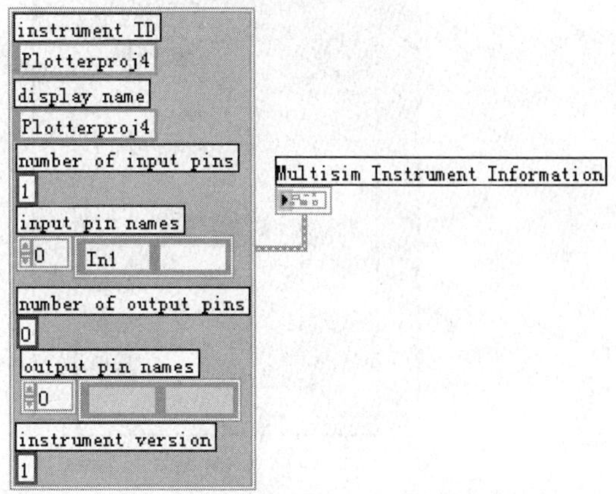

图 16-17　Starter Input Instrument_multisimInformation. vi 的后面板

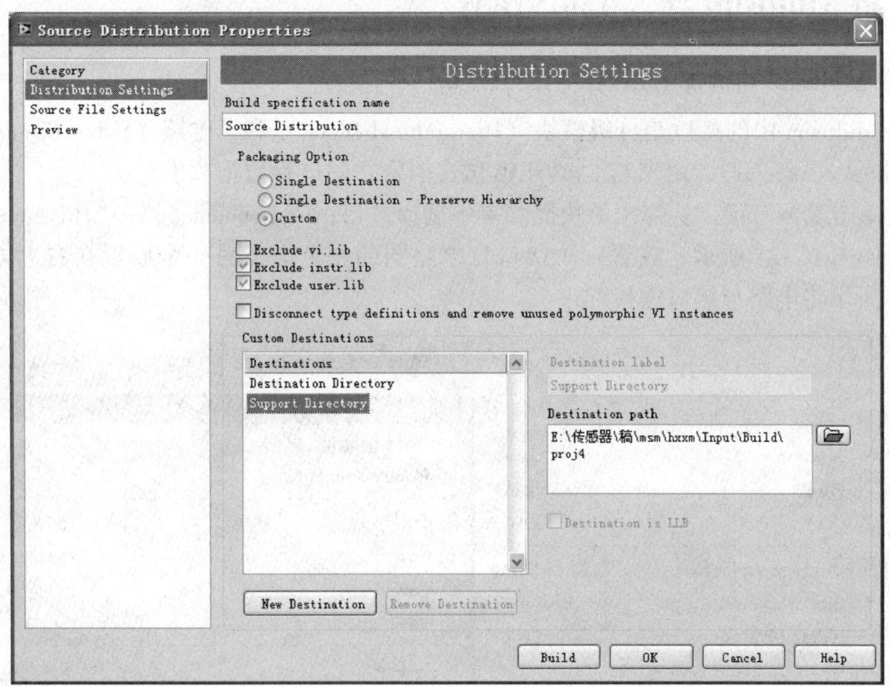

图 16-18　编译属性设置

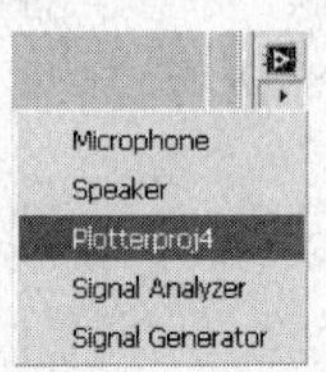

图 16-19　Multisim 下 LabVIEW 仪器下拉菜单

（6）编译完成后，在 Input 文件夹下生成一个 Build 文件夹，打开后把里面的文件复制到 National Instruments/Circuit Design Suite 10.0 下的 lvinstruments 文件夹中，这样就完成了虚拟仪器的导入，当再打开 Multisim 时，在 LabVIEW 仪器下拉菜单中就会显示所设计的模块（Plotterproj4），如图 16-19 所示。

将霍尔位移测量电路的输出接设计好的显示模块，对电路调零后，可得如图 16-20 所示的部分结果，可见设计结果基本符合要求。

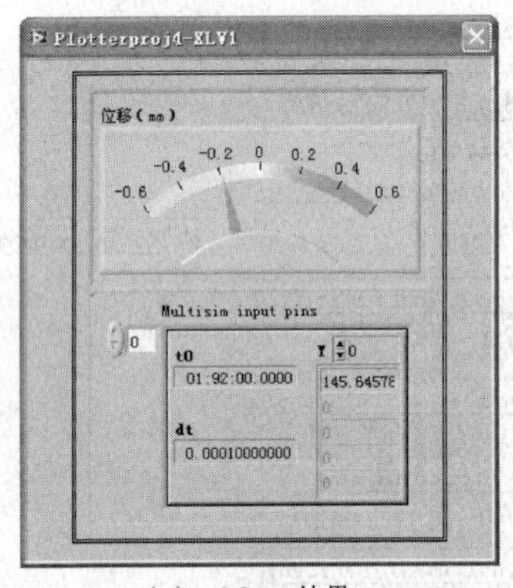

（a）-0.2mm结果

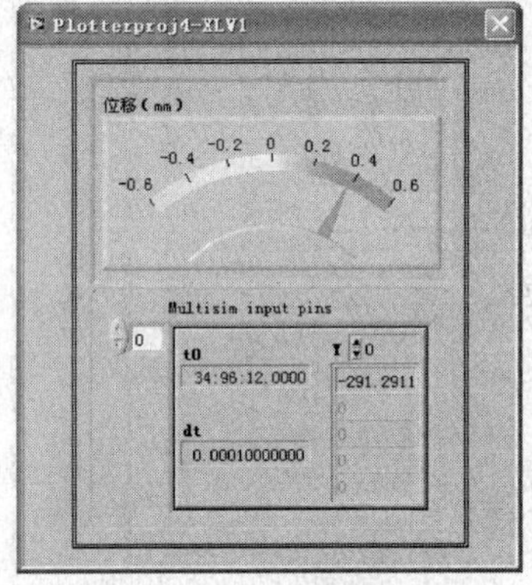

（b）0.4mm结果

图 16-20　实验结果

16.4　将 Multisim 导入 LabVIEW

1. 在 Multisim 中添加 LabVIEW 交互接口

这些 Multisim 中的接口是分级模块（Hierarchical Block）和子电路（Sub - Circuit）接口（Hierarchical connector），用来与 LabVIEW 仿真引擎之间进行数据收发。

（1）单击鼠标右键，从弹出的快捷菜单中选择"Place on schematic"→"Hierarchical connector"，如图 16-21 所示。放置一个接口在电路图的左上方，另一个放置在右上方。按照图 16-22 所示将电路与接口连接起来。

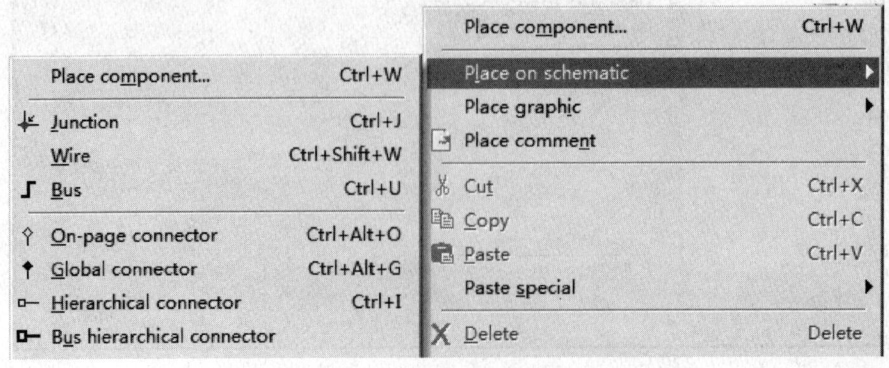

图 16-21　选择交互接口

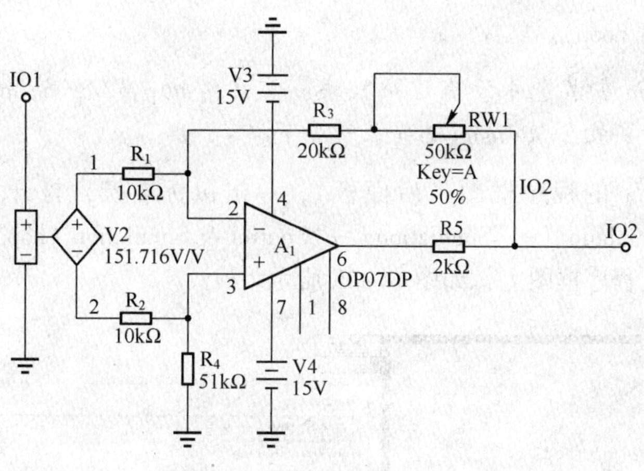

图 16-22　接口电路

（2）设置接口：打开“View”菜单下的 LabVIEW Co - simulation Terminals 窗口，设置针对 LabVIEW 的输入或输出。为了将各个接口配置为输入或输出，在模式设置中选择所需要的选项，然后可以在类型设置中将各个接口设置为电压或电流输入/输出。最后，如果想将放置的 I/O 接口设置为不同的功能时，可以选择“Negative Connection”。将 IO1 配置为输入，然后将 IO2 配置为输出。图 16-23 所示为设置好的 LabVIEW Co - simulation Terminals 窗口，图 16-24 所示为即将被 LabVIEW 调用的 Multisim design VI preview 图标。

LabVIEW terminal	Positive connection	Negative connection	Direction	Type
Input				
位移	IO1	0	Input	Voltage
Output				
电压	IO2	0	Output	Voltage
Unused				

图 16-23　设置接口

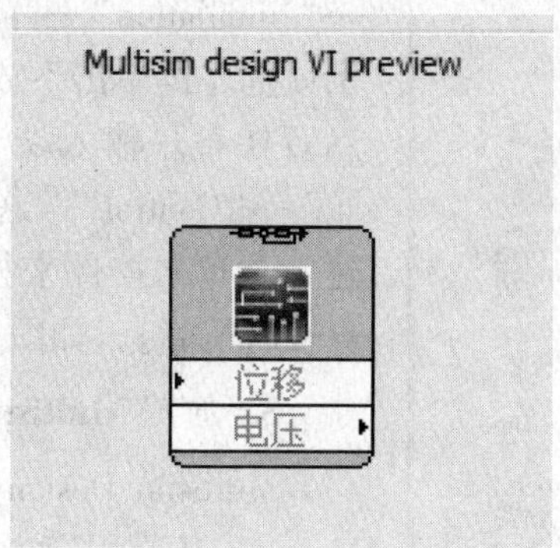

图 16-24　即将被 LabVIE 调用的 Multisim design VI preview 图标

2. 在 LabVIEW 中创建一个数字控制器

要在 LabVIEW 和 Multisim 之间传送数据，首先需要使用 LabVIEW 中的控制与仿真循环

（Control & Simulation Loop）。

【注意】 Multisim 安装包中没有这个模块，需要从 http：//www. ni. com/labview/cd - sim/zhs/下载，然后安装在 Multisim 的安装路径下。

（1）打开 Labview 的程序框图（后面板），单击鼠标右键，打开函数选板，浏览到“Control Design & Simulation”→“Simulation”→“Control & Simulation Loop”。用鼠标左键单击不放，并将其拖放到程序框图上，如图 16-25 所示。

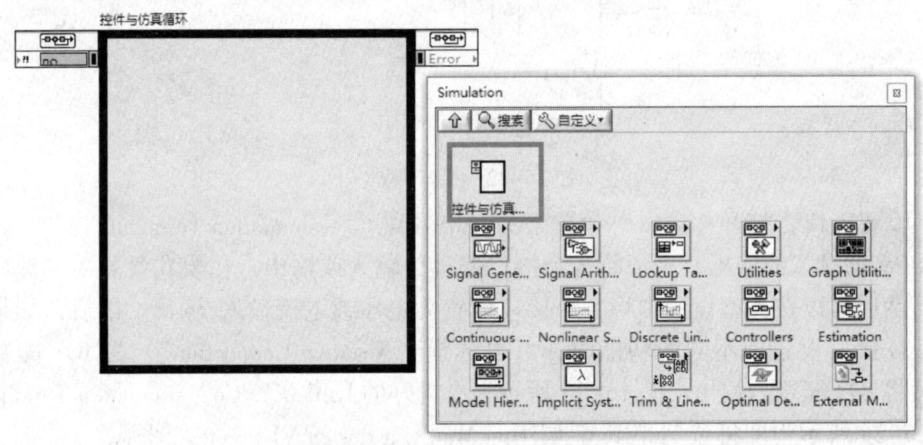

图 16-25　放置控制与仿真模块

图 16-26　节点参数设置

（2）修改控制仿真循环的求解算法和时间设置：双击输入节点，打开“Configure Simulation Parameters”窗口。按图 16-26 所示输入参数。

（3）在 VI 中添加仿真挂起（Halt Simulation）函数来停止控制仿真循环：单击鼠标右键，打开函数选板，浏览到“Control Design & Simulation”→“Simulation”→“Utilities”→“Halt Simulation”。用鼠标左键单击不放，并将其拖放到程序框图上，然后在布尔输入端上单击鼠标右键，选择“Create”→“Control”。这样就可以在 VI 的前面板上创建一个布尔控件来控制程序的挂起，从而停止仿真 VI 的运行，如图 16-27 所示。

3. 放置 Multisim Design VI

Multisim Design VI 是用于管理 LabVIEW 和 Multisim 仿真引擎之间通信的。

（1）单击鼠标右键，打开函数选板，浏览到“Control Design & Simulation”→“Simulation”→“External Models”→“Multisim”→“Multisim De-

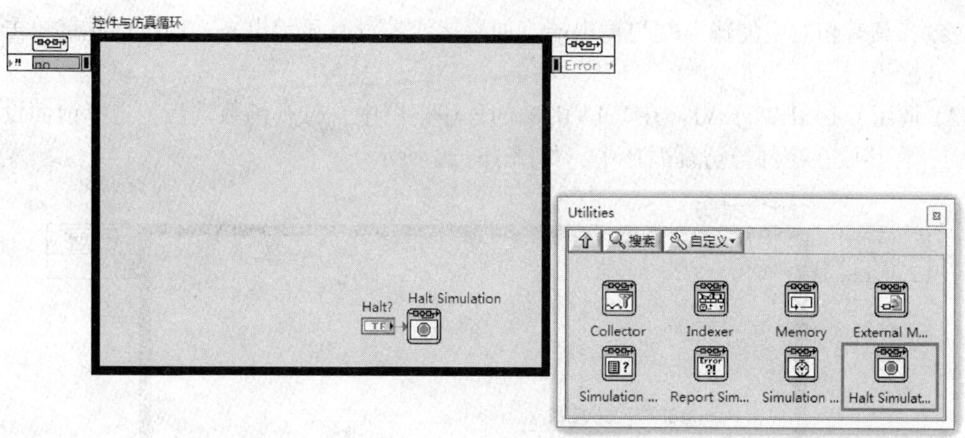

图 16-27　添加仿真挂起函数

sign”，用鼠标左键单击不放，并将其拖放到控制与仿真循环中

【注意】这个 VI 必须放置到控制仿真循环中。

将 Multisim Design VI 放置到程序框图上后，会弹出选择一个 Multisim 设计（Select a Multisim Design）对话框。在对话框中可以直接输出文件的路径，或者浏览到文件所在的位置来进行指定，如图 16-28 所示。

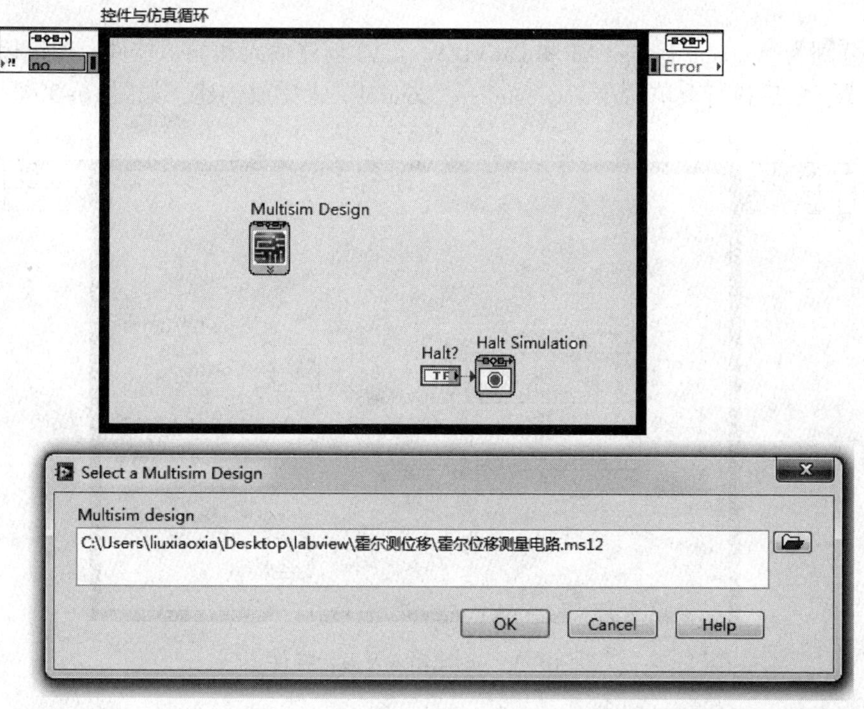

图 16-28　放置 Multisim design VI preview

Multisim Design VI 会生成接线端，接线端的形式与 Multisim 环境中的 Multisim Design VI

预览一致，具有相对应的输入端与输出端。如果接线端没有显示出来，用鼠标左键单击双箭头，展开接线端。

（2）调用 LabVIEW 子 VI：在 LabVIEW 的程序框图中，打开函数选板，选择前面设计好的子 VI，将其放在控件与仿真循环中，如图 16-29 所示。

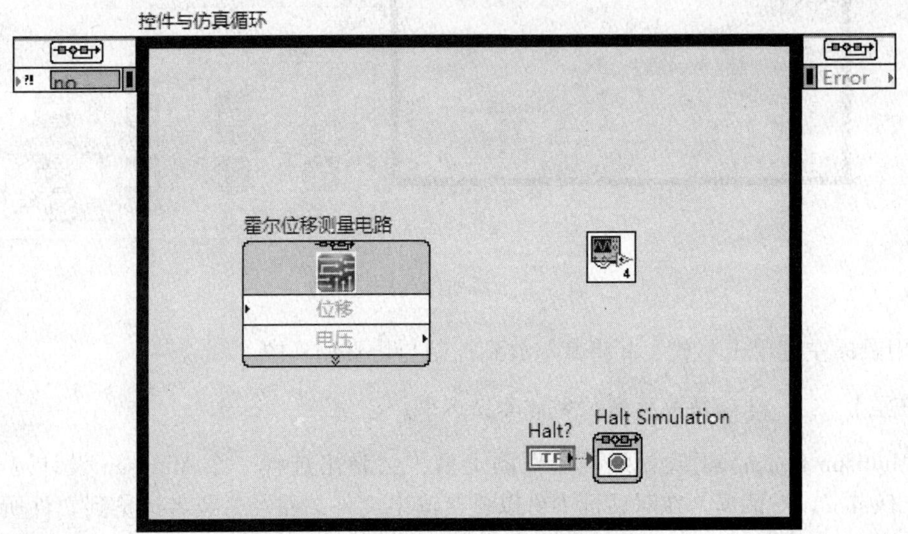

图 16-29　调用 LabVIEW 子 VI

（3）分别为 Multisim Design VI 和 LabVIEW 子 VI 创建输入和显示控件。用鼠标右键单击输入接线端，然后执行菜单命令“Create”→“Control”来完成创建，如图 16-30 所示。

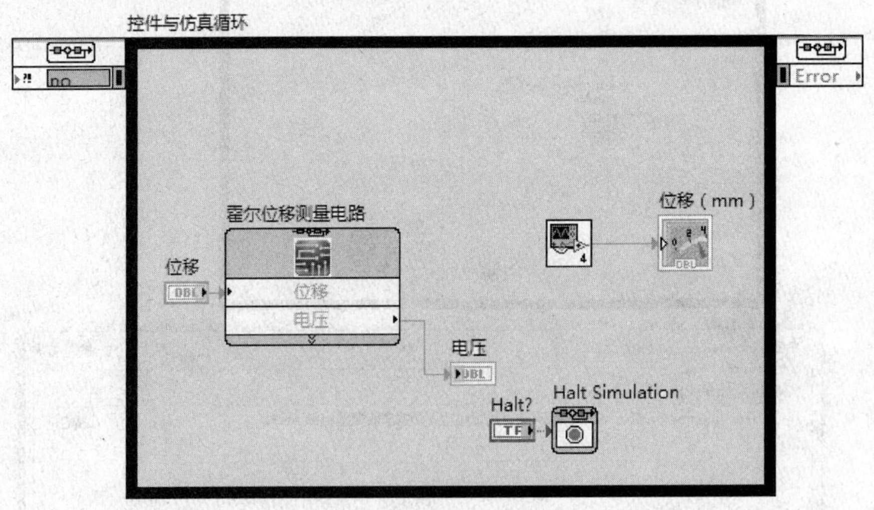

图 16-30　创建输入及显示控件

（4）连接 Multisim Design VI 和 LabVIEW 子 VI：这里涉及数据匹配问题，打开 LabVIEW 的即时帮助，可以看到 LabVIEW 子 VI 的输入端需要接入的数据类型，如图 16-31 所示。

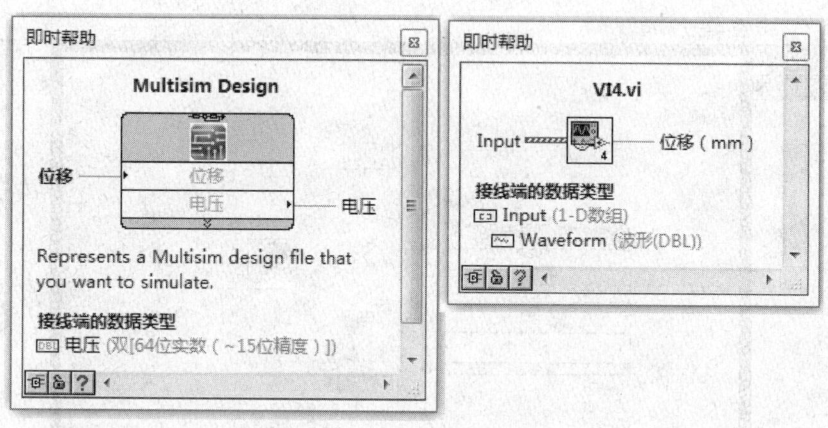

图 16-31　即时帮助

由即时帮助可以知道，LabVIEW 子 VI 需要接入的数据类型是数组和波形的叠加，但是 Multisim Design VI 的输出是一个双精度的实数，所以这里需要创建一个一维数组和波形。

用鼠标右键单击程序框图，打开函数选板，选择“Programming”→“Array””→“Build Array”（编程 →数组→创建数组），如图 16-32 所示。然后单击鼠标左键不放并将其拖放到程序框图中，将光标放到 Build Array 函数下面中间位置，就会变成大小调整指针，然后用鼠标左键单击，拖动函数，将 Build Array 函数调整到两个输入端口。将 Multisim Design VI 的位移（输入端）连接到数组上面的输入端口，电压（输出端）连接到数组下面的端口。这样就可以创建一个两个元素的一维数组，如图 16-33 所示。

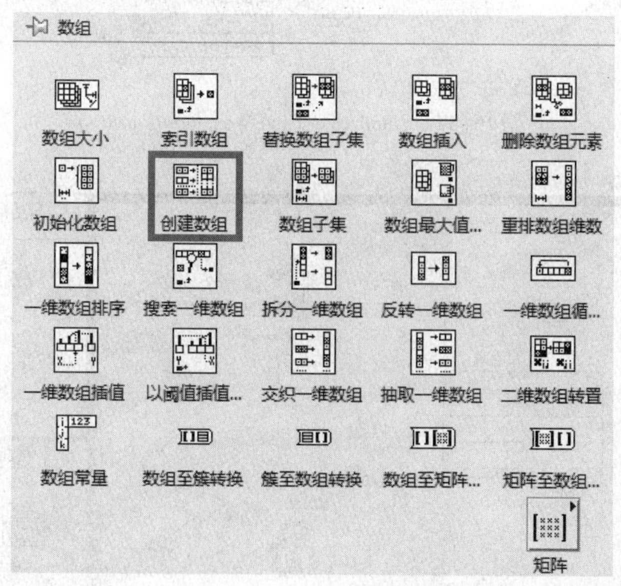

图 16-32　创建数组

现在需要创建一个仿真时间波形来达到数据类型的匹配。打开程序框图，单击鼠标右键，从弹出的菜单中选择“Control Design & Simulation”→“Simulation”→“Graph Utilities”→

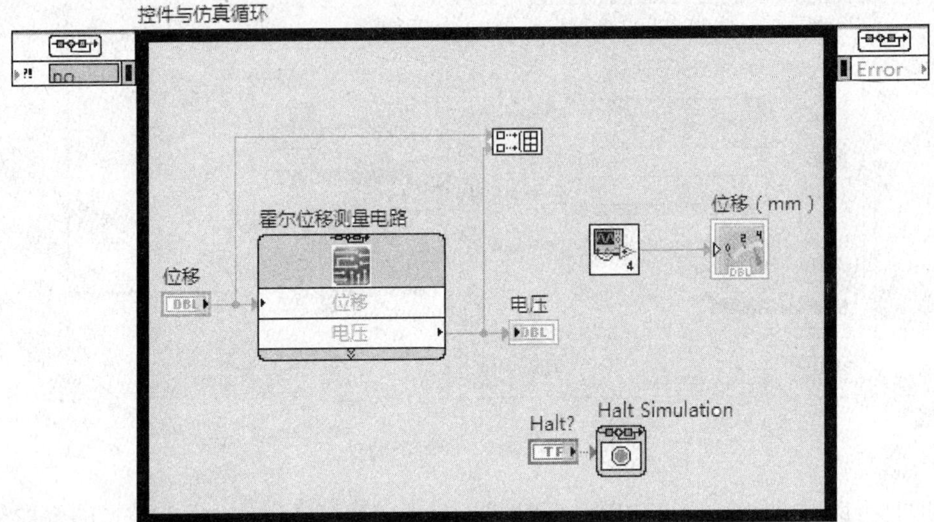

图 16-33　连接接口组成一维数组

“Simulation Time Waveform”，VI 会自动地放置一个波形图表（Waveform），如图 16-34 所示。但这里不需要这个图表（Waveform），所以要将它删除。然后将 Simulation Time Waveform 的输出端与子 LabVIEW 的 VI 连接，如图 16-35 所示。

图 16-34　Simulation Time Waveform 图标

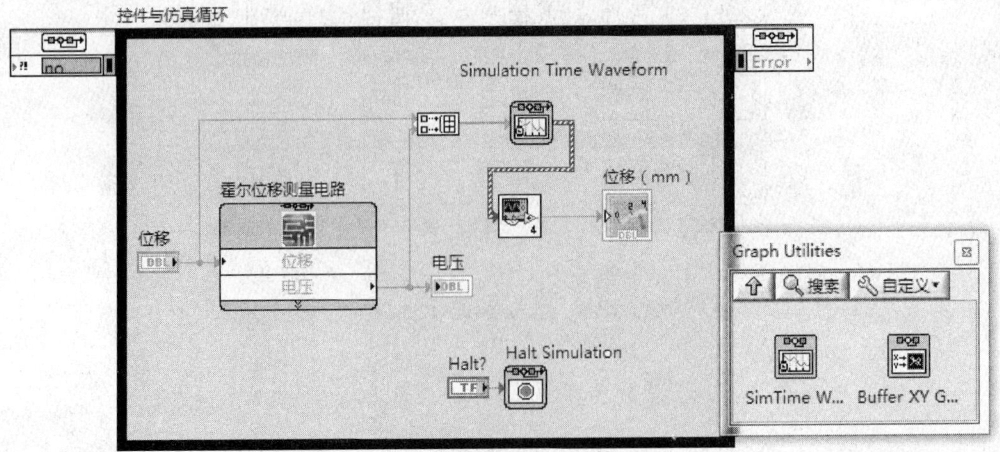

图 16-35　设计完成的控件与仿真循环

（5）整理前面板：打开前面板窗口，前面板的控件如图 16-36 所示。

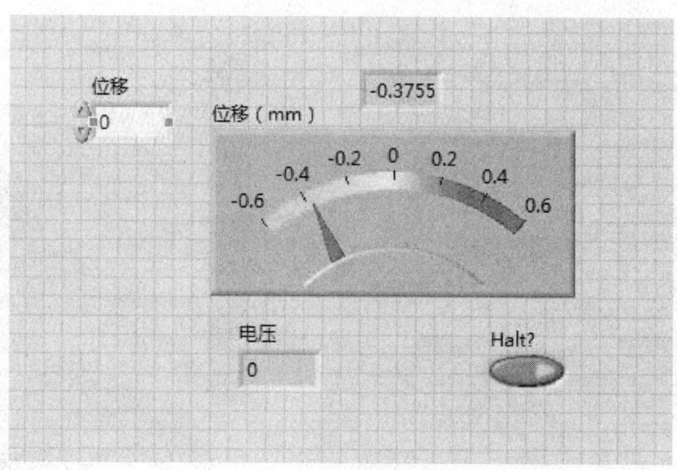

图 16-36　前面板图

这里可以把输入控件替换成其他的样式，如用一个滑杆或旋钮代替输入控件。用鼠标右键单击位移输入控件，在弹出的菜单中用鼠标左键单击替换，然后选择需要的数字输入控件。这里选择一个垂直的填充滑杆代替原先的输入控件。并设置其标尺范围为 -0.6 ~ 0.6mm，如图 16-37 所示。

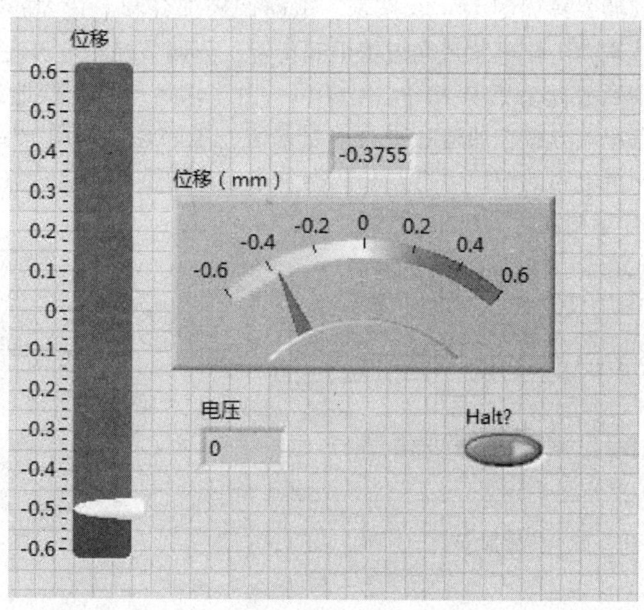

图 16-37　整理好的前面板图

（6）开始仿真：如图 16-38 所示，用鼠标左键单击仿真控制按钮开始仿真，所得的仿真结果如图 16-39 所示。

图 16-38　仿真控制按钮

由结果可知，设计基本符合要求。

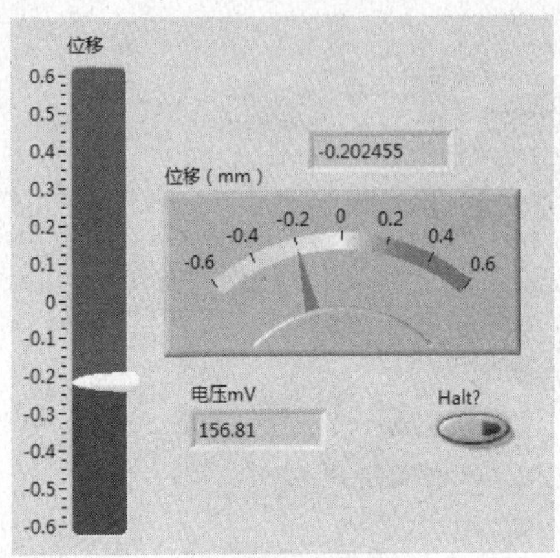

（a）测量位移为-0.2mm

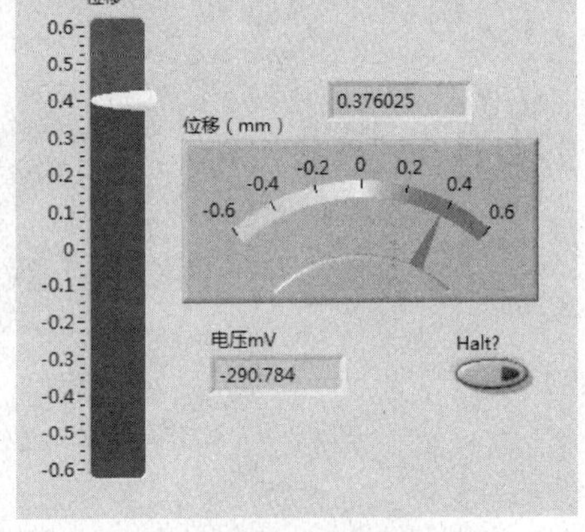

（b）测量位移为0.4mm

图16-39　仿真结果图

16.5　硬件验证与数据采集卡的应用

1. 硬件连接

霍尔位移传感器的安装如图16-40所示，电路调理部分和上述Multisim仿真的电路相同。开启电源，调节测微头使霍尔片在磁钢中间位置，再调节控制电流使霍尔调理电路输出为零。连接电路输出到数据采集卡NI PCI-6014，由于输入信号为接地信号，且输入干扰少，所以采用非参考单端方式在通道0进行信号采集，电路连接如图16-41所示，其中V_1正极就是霍尔位移测量电路的输出电压，和数据采集卡的通道0相连；负极为地信号，和数据采集卡的AISENSE端相连。

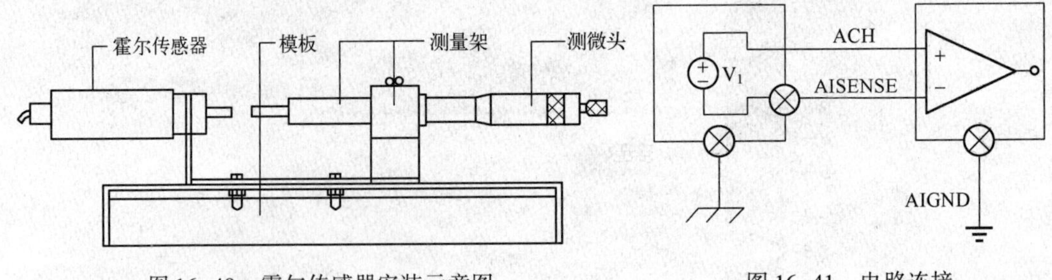

图16-40　霍尔传感器安装示意图

图16-41　电路连接

2. 软件设计

1）数据采集卡的配置　连接好数据采集卡，并安装硬件驱动程序。打开资源管理程序Measurement& Automation Explorer，其界面如图16-42所示，在本机系统Devices and Interfaces子树下可以看到数据采集卡PCI-6014已经安装好，且PCI-6014只限于传统NI-DAQ系统的数据采集。

使用前，需要对数据采集卡的属性进行设置，同时测试用到的I/O通道是否正常工作。在PCI-6014图标上单击鼠标右键，从弹出的菜单中选择“Properties…”，在弹出的设备属

性对话框中可对设备进行设置，如图 16-43 所示。在这个对话框中可对硬件作如下设置。

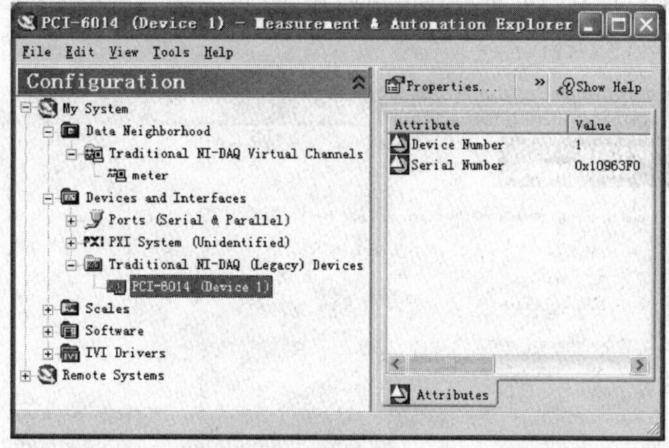

图 16-42　“Measurement&Automation Explorer”界面

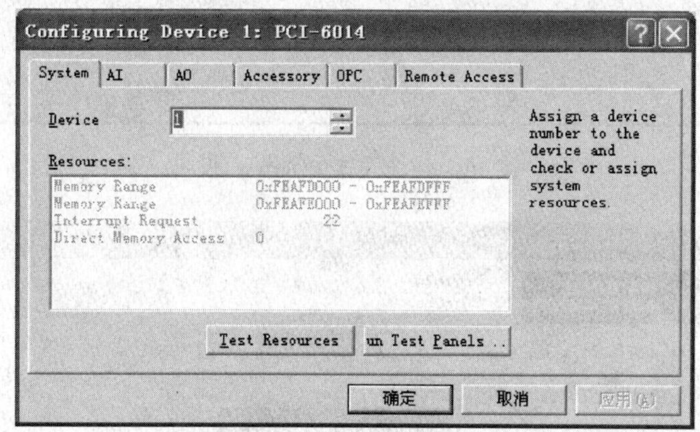

图 16-43　设备属性对话框

☺ System：包括设备的编号和 Windows 给数据采集卡分配的系统资源，在这个选项卡中单击“Test Resources”按钮，弹出一个对话框，说明资源已通过测试。

☺ AI：包括设备默认的采样范围和信号的连接方式（本设计选择非参考单端方式）。

☺ AO：显示系统默认的模拟输出极性 Bipolar，双极性表示模拟输出既包含正值，也包含负值。

☺ Accessory：数据采集卡的附件（I/O 接线板），选 CB－68LP。

☺ OPC 和 Remote Access 本设计中没有用到。

单击“System”下的“Test Panel”选项可对设备进行详细测试。开始测试前，按参考单端方式将 CB－68LP 接线端子的第 68 针与第 22 针、第 67 针与第 55 针分别连接起来，这样使数据采集卡的模拟输出 0 通道为模拟输入 0 通道提供信号。模拟输出测试面板如图 16-44 所示，测试输出 0 通道，可选择输出直流或正弦波电压，并可调节其幅度。选模拟输入选项卡可进行模拟输入测试，其测试面板如图 16-45 所示，产生的正弦波是由模拟输出通道 0 提供的。回到模拟输出选项卡下，还可选择输出直流电压，拖动幅值滑块选择一个电压值，单击

“Update Channel”按钮，再回到模拟输入测试状态，观察直流电压输入情况。测试结束后，需要回到模拟输出测试面板，并把电压值拖回 0，然后单击“Update Channel”按钮，否则输出电压值会一直保持到关机。

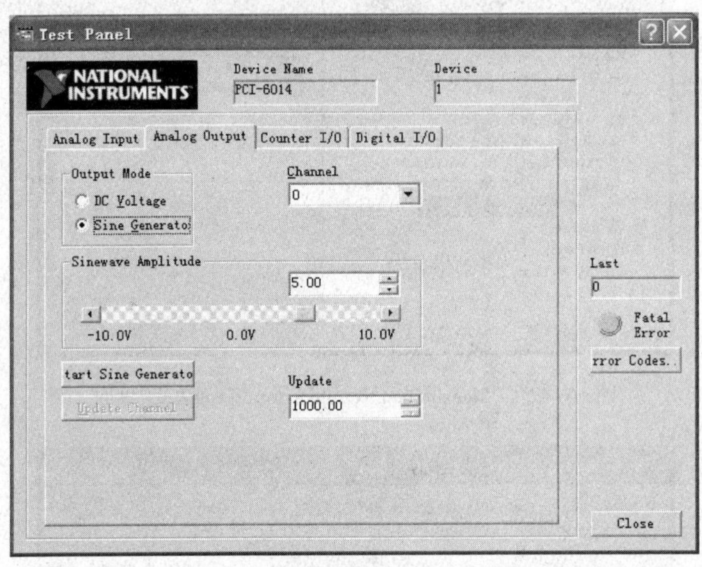

图 16-44　模拟输出测试面板

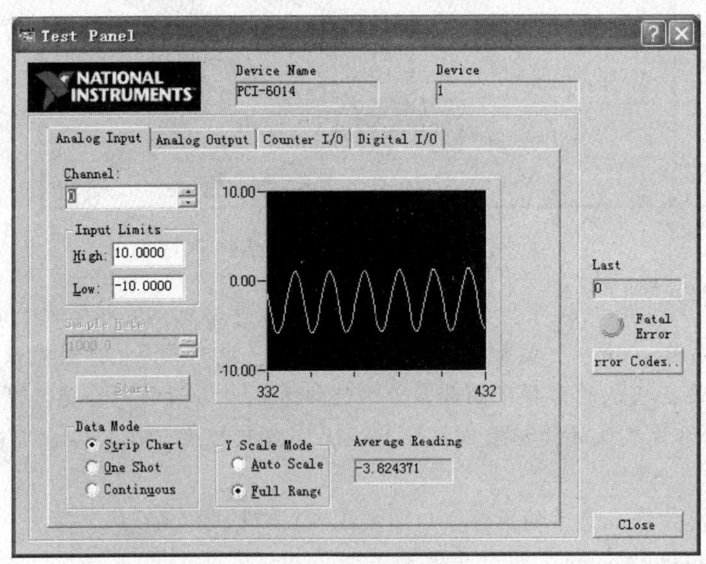

图 16-45　模拟输入测试面板

对设备测试后，需要建立一个虚拟通道 meter。建立虚拟通道的优点是通道的参数在通道建立时已配置完成，而不用在程序中设置。在图 16-42 本机系统 Data Neighborhood 子树下用鼠标右键单击“Traditional NI - DAQ Virtual Channels”，选择新建一个输入通道，命名为“meter”。通道设置中，信号的连接方式选择非参考单端方式，其他选默认设置即可。虚拟

通道建立后在编程中可被选择，在图 16-44 所示的测试面板中有“测量通道”选项，在下拉菜单中选择 meter 通道，则程序的输入信号来自 meter 虚拟通道。

2）虚拟仪器程序设计　从开始菜单中运行“National Instruments LabVIEW 8.2”，在“Getting Started”窗口左边的 Files 控件中选择 Blank VI 建立一个新程序。

根据设计目的来设计程序，得到图 16-46 所示的程序流程图。根据此流程图，得到图 16-47 所示的程序框图。因为位移值是缓慢变化的输入信号，所以采用易用函数 AI Sample Channel 进行单通道单点采集。由于电路输出数据存在小范围波动，因而可对信号求平均值来得到一个稳定值，这里采样数用 Mean 函数模块默认的值 100，平均化处理后的电压值根据式（16-4），并经过几次运算后即得位移值。采样处理后的电压值需要乘以 1000，这是因为经数据采集卡采集到的电压信号的单位是 V，而计算公式中电压的单位为 mV，所以需要进行单位转换。

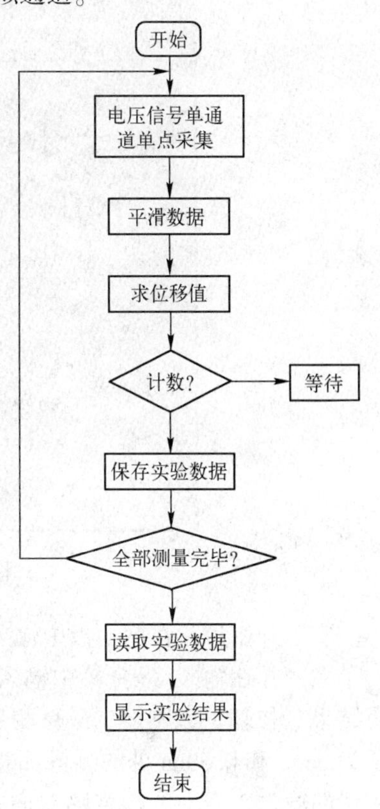

图 16-46　程序流程图

本程序还设计了数据的读取模块，While 循环内右上部的 Case 循环结构实现的功能是记录关键的实验数据。当位移传感器检测的位移发生变化时，按下计数键，把记录得到的位移值与位移次数组成的二维数组写入与当前程序同存储路径的一个文件中，这个文件以实验人的姓名来命名，得到的文件可用 Windows 自带的记事本打开，如图 16-48所示。在调用显示结果时，单击“显示测量结果”按钮，读文件函数输出实验记录的二维数组，编程实现显示数组值与位移曲线。

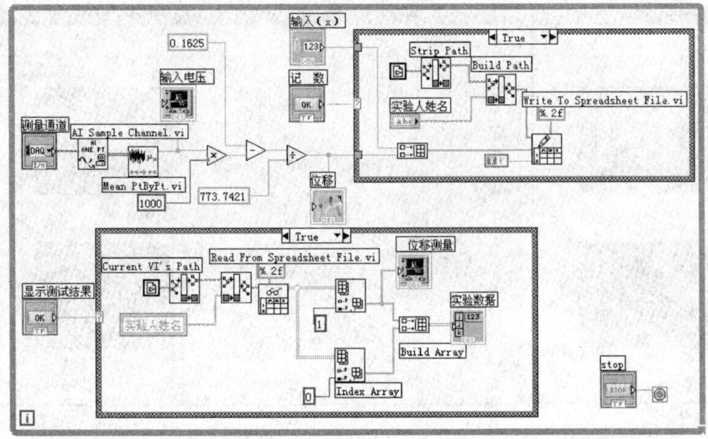

图 16-47　数据处理程序框图

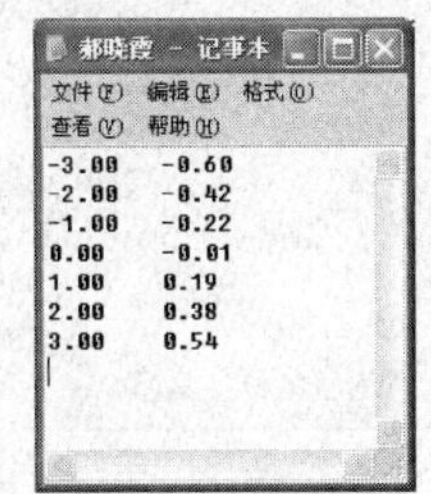

-3.00	-0.60
-2.00	-0.42
-1.00	-0.22
0.00	-0.01
1.00	0.19
2.00	0.38
3.00	0.54

图 16-48　记录的数据

编程完成后，调整前面板中各控件的位置，并利用 Controls \ Modern 下的修饰（Decora-

tions）子模版对前面板进行美化。调整好的前面板如图 16-49 所示。

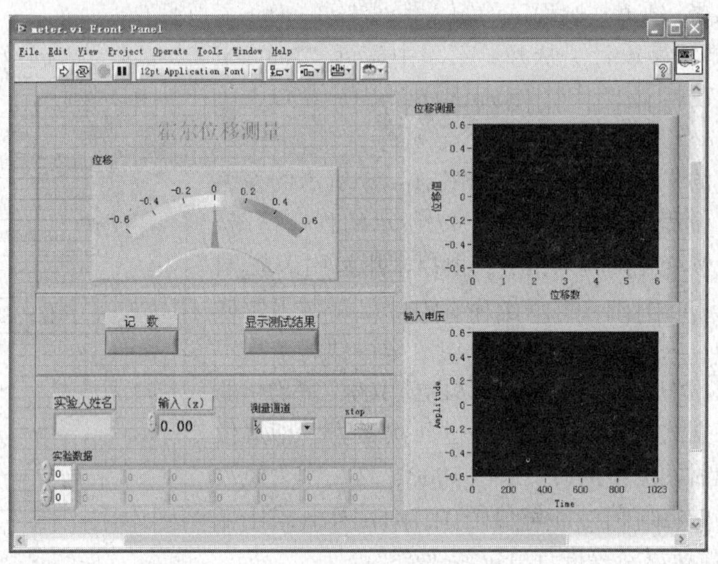

图 16-49　调整好的前面板设计

实验开始后，在前面板中输入实验者的姓名，在-0.6～0.6mm 之间每移动 0.2mm 记录一个数，并在输入（x）栏中输入当前计数的序号，等全部数据记录完毕后，单击“显示测量结果”按钮，就刷新了位移测量波形图，同时在面板底部显示了实验数组。图 16-50 所示为 0mm 和 0.6mm 处的测量面板图。输入 x 表示的是左右位移的序号，如图 16-50（a）所示的输入 3 表示位移传感器向右移动了 3 次，每次 0.2mm，即当前位置为 +0.6mm。从图 16-50（b）所示的输入电压波形可以看出当位移改变时，电压有一个缓慢的跳变，然后又趋于恒值。观察位移波形，基本呈线性关系，只在 0.6mm 处有一点偏差，实验结果基本满足要求。

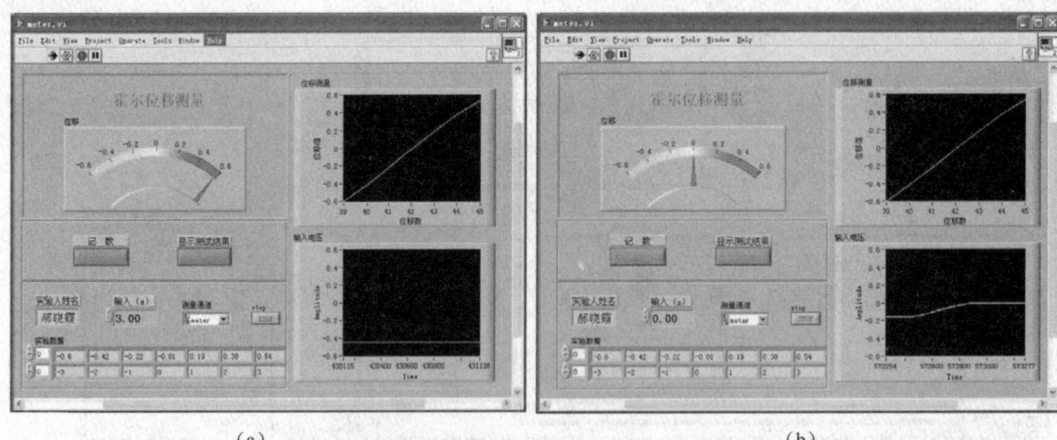

（a）　　　　　　　　（b）

图 16-50　实验结果显示

习题

(1) 霍尔传感器的原理是什么？

(2) 硬件电路与数据采集卡连接时，选择非参考单端方式连接的原因是什么？

第17章

转速测量系统的设计

17.1 设计任务

在生产中，物体转速的准确测定常关系到产品的质量和工效。例如，由织布机转盘的转速可以计算布匹的产量，水电发电机叶轮的转速是计算发电机电功率必不可少的数据等。

本章将利用光电传感器设计转速测量仪，关于电路的仿真是基于 Multisim 和 LabVIEW 这两种软件的联合仿真：①Multisim 中的主要工作是模拟光电传感器的 I/O 特性，对光电传感器的输出信号进行滤波及波形转换处理，使其最终的输出信号为方波；②LabVIEW 中的主要工作是设计转速器，在这一设计上用了两种方案，一是基于功率谱分析的转速器，二是基于测量固定周期测时间的方法测量转速。因为本文在 Multisim 中所选用的电路输出信号的频率与转速的对应关系为1:1，所以在本文中测量转速实际也就是测量频率。最后在 Multisim 原有的与 LabVIEW 的接口模块中插入转速器，然后进行编译，使得在 LabVIEW 中的虚拟仪器能被 Multisim 调用。通过本设计，需要掌握以下内容。

☺ 能利用光电传感器测量转速，在 Multisim 中建立光电传感器的模型。

☺ 掌握在 LabVIEW 中设计转速器的 3 种方法。

☺ 熟悉光电传感器转速测量的原理。

17.2 电路原理与设计

1. 光电测量原理

光电测量结构原理图如图 17-1 所示。

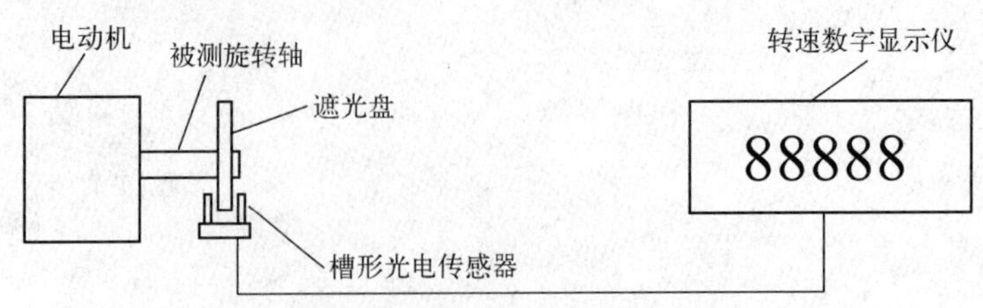

图 17-1　光电测量结构原理图

在遮光盘的同心圆上均匀分布若干个通光孔，光电传感器固定在遮光盘工作的位置上，且工作时光线应该通过通光孔照射在光电传感器上。所以，当遮光盘转动一周时，光电传感器感光次数与遮光盘上的通光孔数目相等，因而产生相同数目的脉冲信号。对脉冲信号进行滤波和整形后，通过在固定时间内测量相应的脉冲个数，就可以计算出转速。

直流电动机转速的计算公式为

$$n = 60 \times m / (T_0 \times N) \tag{17-1}$$

式中，n 为直流电动机转速；N 为遮光盘上的通光孔的个数；m 为固定时间内测得的脉冲数；T_0为固定的时间。

2. 仿真模型的建立

在 Multisim 10 中所作的主要工作是对光电传感器的特性进行仿真，其电路图如图 17-2 所示。

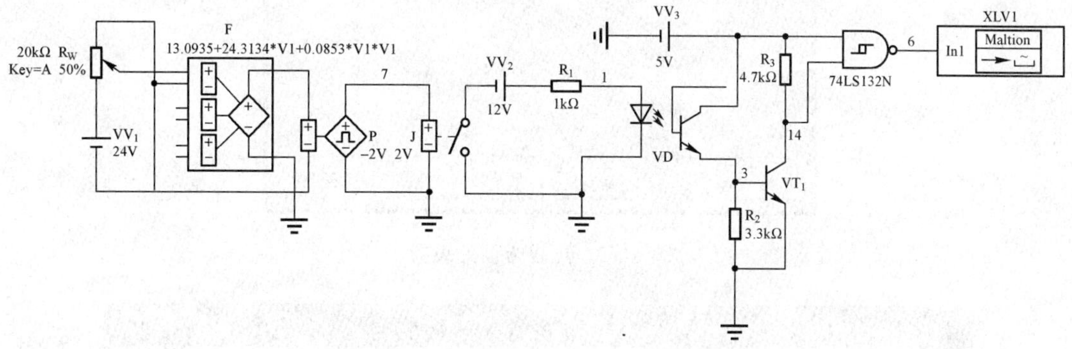

图 17-2　光电传感器仿真电路

由图 17-2 可以知道，可调电阻 R_W和电压源 VV_1模拟了电动机的可调电压源，功能控制模块 F、压控方波 P 和压控开关 J 模拟了转盘的转速和通光孔的通光情况。光耦合器 VD 模拟了光电传感器的开关工作特性。

这个电路的工作原理是，当 R_W变化时，F 的输出电压也跟着呈近似直线的变化，F 的方程式是经过测量实验室的转速测量实验的输入电压和输出频率之间的关系用最小二乘法拟合出来的。在此，P 的输入电压和输出频率的对应关系为 1:1。如图 17-3 所示的设置，通过 P 模块电压大小的变化转化成了频率的变化，输出的压控方波幅值为 ±2V，频率根据控制电压的变化而变化。VD 模拟了光电传感器的开关工作特性，即 J 闭合时（通光孔通光时）VD 就接通一次。因为这里所设计的转速与频率的对应关系是 1:1 的关系，所以测得的转速也就是频率。电路最后接芯片 74LS132N 的目的除了将输出信号进行与非操作外，还可对波形进行整形，使输出为标准的矩形波信号。

3. 模型仿真分析

下面对图 17-2 所示的光电传感器仿真模型进行仿真分析。首先对电路进行瞬态分析，观察节点 7 和节点 1 的波形，如图 17-4 所示，节点 7 的波形为压控方波模块输出波形，改变滑动变阻器中心抽头的位置可控制功能模块的输出电压值，从而控制节点 7 输出方波的频率，方波幅值的范围为−2 ~ 2V；节点 1 波形为光耦合器左端的波形。

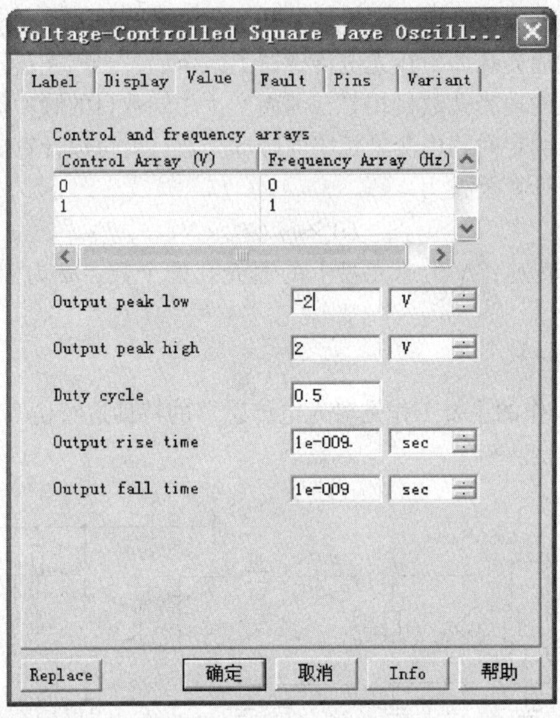

图 17-3　压控方波的设置

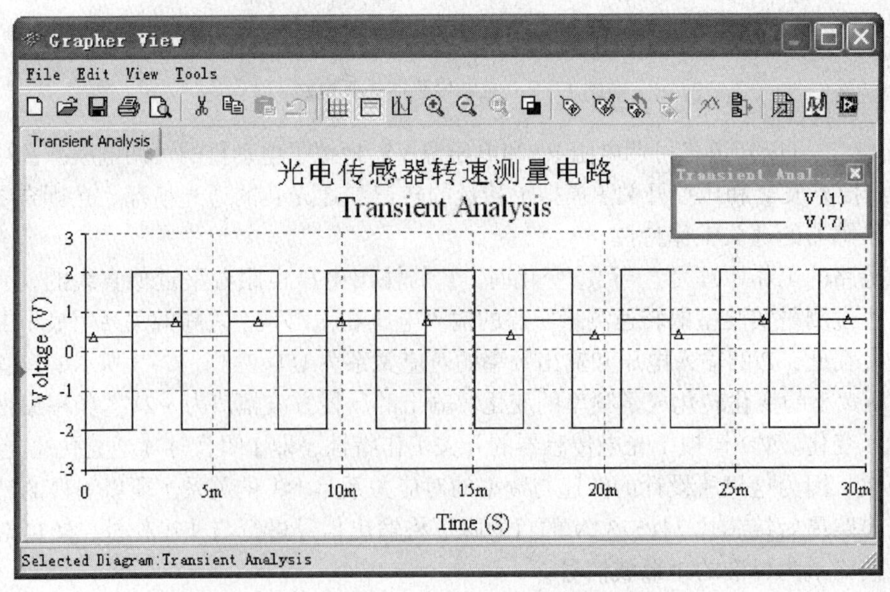

图 17-4　电路中节点 7 和节点 1 的仿真波形

再对电路进行瞬态分析，观察节点 14 和节点 3 的波形，如图 17-5 所示，其中节点 3 波形为晶体管基极的波形，节点 14 为放大电路输出端波形，经晶体管放大电路放大后，输入波形与输出波形相位相反。

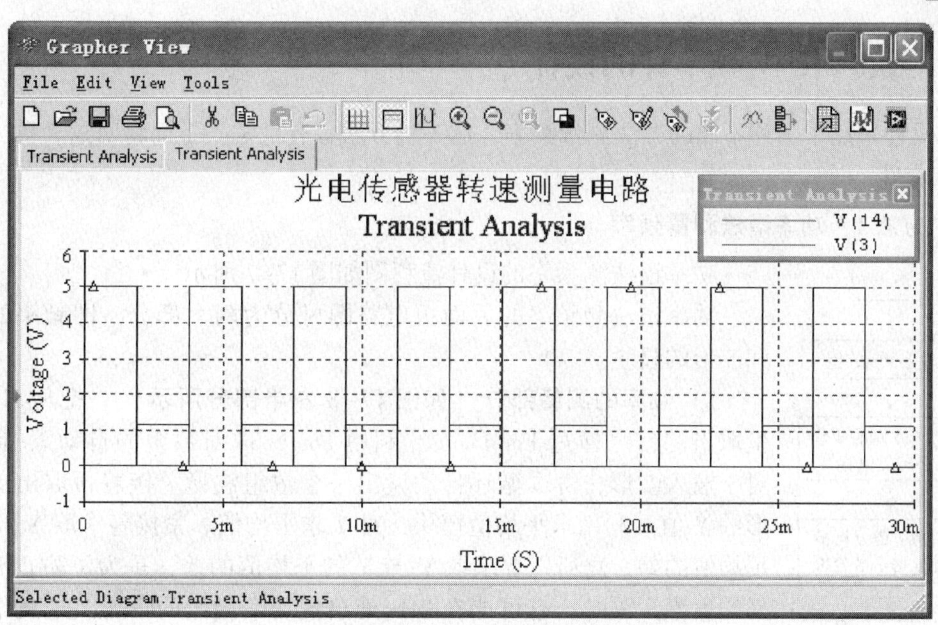

图 17-5　电路中节点 14 和节点 3 的仿真波形

芯片 74LS132N 对输出的节点 14 波形进行整形并反相后，输出波形如图 17-6 中未标志波形所示，其中已标志波形为节点 14 的输出波形。

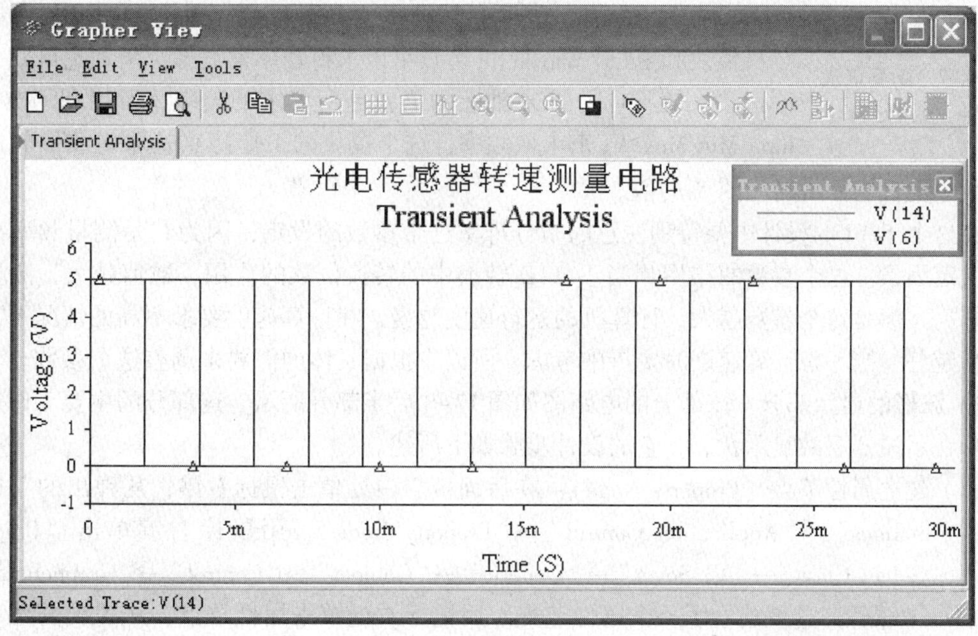

图 17-6　输出波形

17.3 LabVIEW 频率计的设计

本设计采用了3种不同的方法测量频率，这3种方法各有优劣。下面将对这3种方法进行详细说明。

1. 方法1：功率谱法测量频率

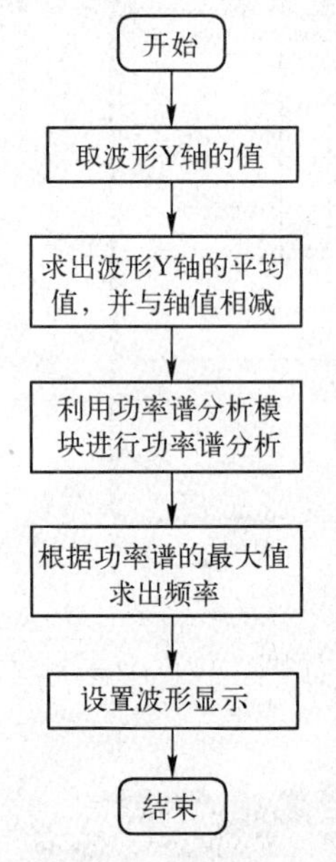

图17-7　功率谱法测频率的设计流程图

功率谱法测频率的设计流程图如图17-7所示。

功率谱法测频率的后面板电路图可分为两大部分，即频率的测量和波形的显示。

1）频率的测量部分（如图17-8左半部分所示）　把从 Multisim 里取出的信号通过 For Loop，利用 For Loop 对数组的自动索引功能，对于输入波形，每次循环自动读出一个数组波形。接着再取出这个波形的Y值。利用求平均值模块，对Y求平均值。紧接着求取Y与Y的平均值的差。之所以要求取Y与Y的平均值的差，是为了防止波形的平均值不为零时，有可能在0Hz处出现功率最大的情况，这就给功率法测量频率带来了很大误差。而这一个步骤相当于把波形平移，使其关于X轴对称，所以能避免这一可能性误差的出现。利用 Build Waveform 这一节点对原来的波形进行整形。到了这一步就实现了对原波形的按比缩放及平移，使其关于X轴对称。把整形后的波形通过 Get Waveform Component 取出波形的Y值及采样间隔时间。通过功率谱的分析模块和 Build Waveform 节点可以求得功率谱波形。由理论可知，功率谱波大值所对应的X轴上的值就是所要求的频率，所以利用 Waveform Min Max. VI 来求取频率，这个模块的工作特点是取出波形的最大值与最小值及它们所对应的X的值。

在这个子VI的设计中要特别注意的是分辨率这个参数的设定，因为它是测量频率准确度的决定因素。这个参数的作用相当于A/D转换中的转换位数的作用，数值越大，测量准确度越高。但是这个参数越大，计算机的运行速度越慢，在计算速度要求不高的情况下，该值越高越好。当考虑计算速度时要折中考虑。所以应根据具体的需要来调整这个参数。

2）波形的显示部分　该部分的电路图如图17-8后半部分所示。这部分的主要工作是设计波形在示波器下的显示状态。它的设计步骤如下所述。

（1）建立属性节点（Property Node）：在后面板空白处单击鼠标右键，从弹出的菜单中选择“Functions”→“Application Control”→“Property Node”，用鼠标右键单击“Property Node”→“Select Class”→“VI Sever”→“Generic”→“Gobject”→“Control”→“Graphchart”→“WaveformChart”，这就建立了一个属性节点。用鼠标右键单击属性节点，从弹出的菜单中选择“Select Class”→“VI Sever”→“Generic”→“Gobject”→“Control”→“Graphchart”→“WaveformChart”，就可以设置这个属性节点节点的属性。

（2）添加属性：单击属性节点，添加需要设计的属性。这里需要注意的是 Xscale. ScaleFit 节点，当该节点的值设为0、1时，X轴的 Xscale. Minimun 和 Xscale. Maximum

的设计才有效。

(3) 建立 WfchartRefnum 节点：用鼠标右键单击属性节点，从弹出的菜单中选择“Reference ”→“Create”→“Control”，就建立了一个 WfchartRefnum 节点。

综上所述，功率谱法测频率的整体电路图如图 17-8 所示。

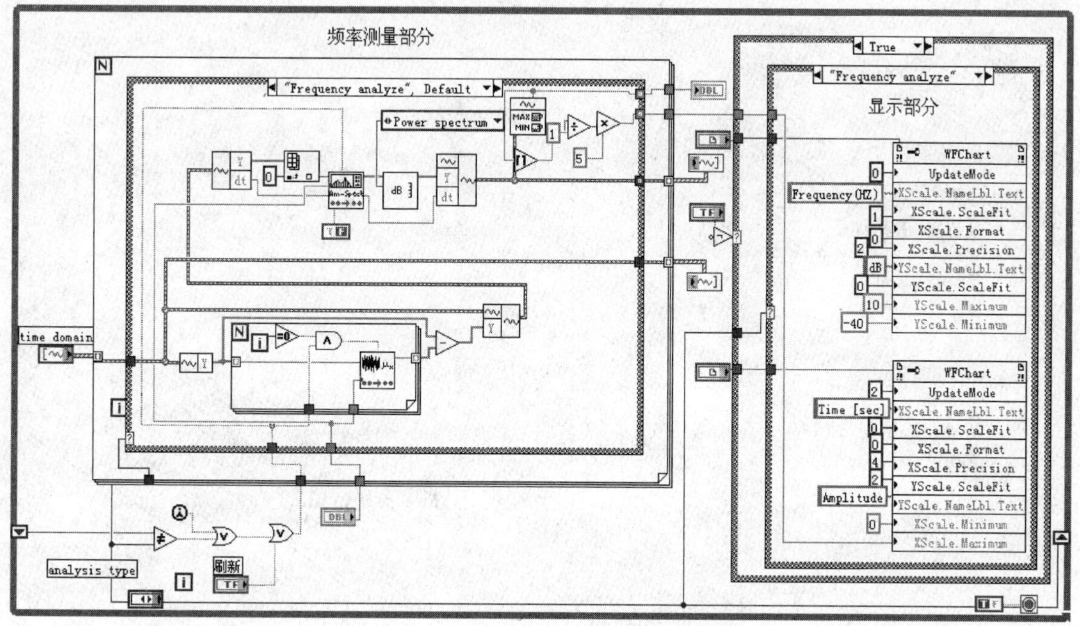

图 17-8　功率谱法测频率整体电路

刷新按钮起到的作用是，每次频率的改变时，单击此按钮，能刷新一次功率谱波形，同时使得新频率的计算更快。

【注意】 While 循环的条件设定只能让它在有限的时间内循环完毕，否则当被 Multisim 调用时，会因为程序在 LabVIEW 中的死循环而不能达到预期的处理功能。

功率谱法测频率的前面板如图 17-9 所示。

图中的输入包括：①稳定图形：用来稳定时域波形；②分辨率：决定测量的准确度，应根据需要来设定；③刷新：用来刷新功率谱波形；④WFChart Refnum：用来设定时域波形的显示；⑤WFChart Refnum2：用来设定功率谱波形的显示；⑥Analysis type：用来选择多种功能。输出包括：①processed signal2：功率谱波形的输出；②processed signal：时域波形的输出；③Frequency（HZ）：测得的频率。

双击右上角图标进行编辑（如图 17-10 所示子 VI 的图标），然后进行连接器的定义。用鼠标右键单击前面板右上角的图标，执行菜单命令“Show Connector”→“Patterns”，然后根据 I/O 的端口个数选择连接器窗格类型。此子程序有 7 个输入和 3 个输出，把子程序中对应于 I/O 的元件与连接器的 I/O 窗格对应关联后，保存子 VI。创建成子 VI 后的图标，如图 17-10所示。

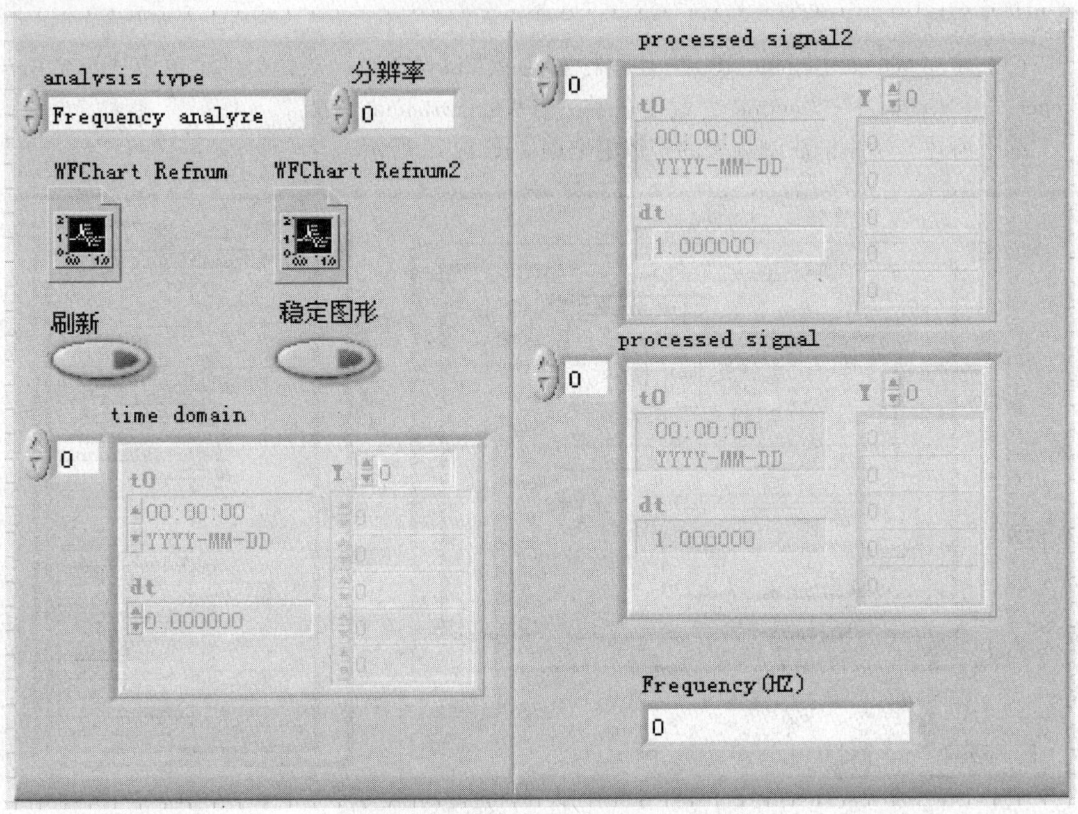

图 17-9　功率谱法测频率的前面板

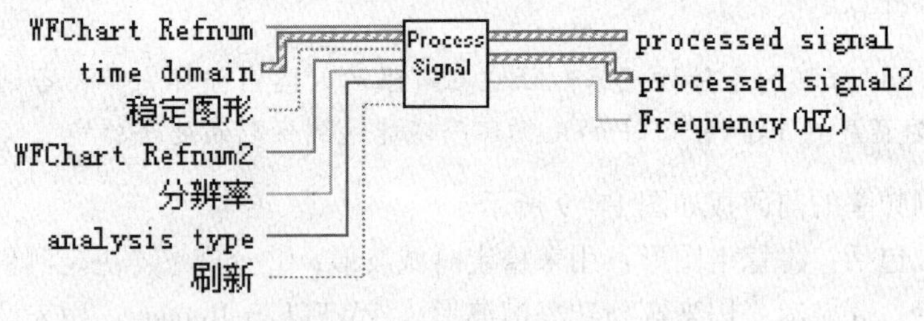

图 17-10　子 VI 的图标

2. 方法 2：定周法测量频率

之所以称它为定周法，是因为它的设计思想是在低频时固定测量周期，测量固定周期内的时间。与功率谱法相比，它在低频时测量快且准确度高。

定周法测量频率后面板电路图如图 17-11 所示，它的设计思路可以用如图 17-12 所示的流程图表示。

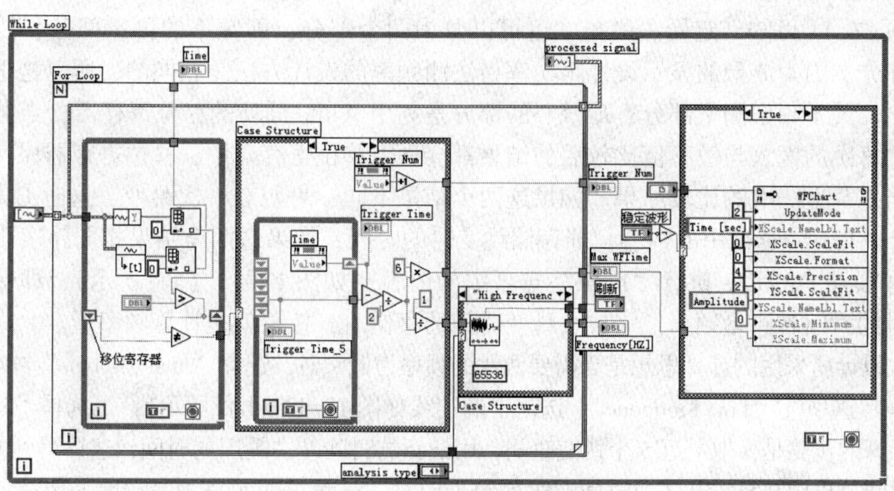

图 17-11　定周法测量频率后面板电路图

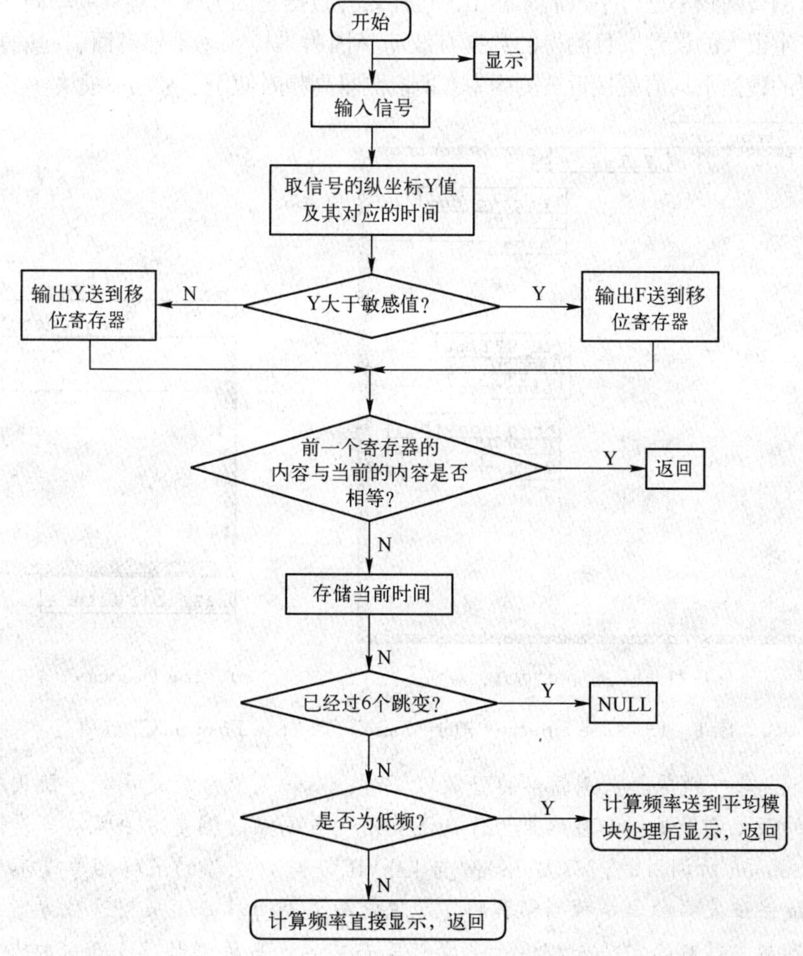

图 17-12　定周法流程图

由图17-11可知，定周法测频率也可以分为两个部分，即频率的测量部分和波形的显示设计部分。因为波形的显示设计跟功率谱法测频率的设计方法是相同的，所以这里就不再重复介绍。关于频率测量部分，最核心的部分是利用While循环的移位寄存器，当循环条件满足时，每次的输入与敏感值比较后的结果都会送入移位寄存器中，移位寄存器保存了当前的比较结果及上一次的比较结果。如果这两个结果不同，表明有一次跳变，这时Case Structure执行“True”选项中的内容，即存储跳变时的时间；如果这两个结果相同，表明没有跳变，这时Case Structure执行“False”选项中的内容（如图17-13（a）所示），即保持前一次跳变时的时间和测量频率。完成了跳变时间的存储后，接着就是计算频率了。

本次设计所采用的计算思想是当需要测量的频率为低频时，选择“analysis type”中的“Low Frequency”选项（“Low Frequency”选框中的连线如图17-13（b）所示），当选择了这个选项后，其计算的步骤是，取最近5个跳变时间，用最新的时间减去最旧的时间，这样得到的是两个周期的时间，再用0.5除以这个时间，就得到了频率；在测量的频率为高频时，选择“analysis type”中的“High Frequency”选项。计算高频步骤与低频时相似，只是它又添加了一个平均值模块，即把所有测得的频率进行平均后才输出。这样处理数据是因为，当输入频率高时用测低频的方法测量会产生很大的误差，且测得的数据有波动（因为采样频率不够高而引起的）。通过观察可发现，测得的数据平均值更接近被测频率。所以测量高频时使用了平均值模块。

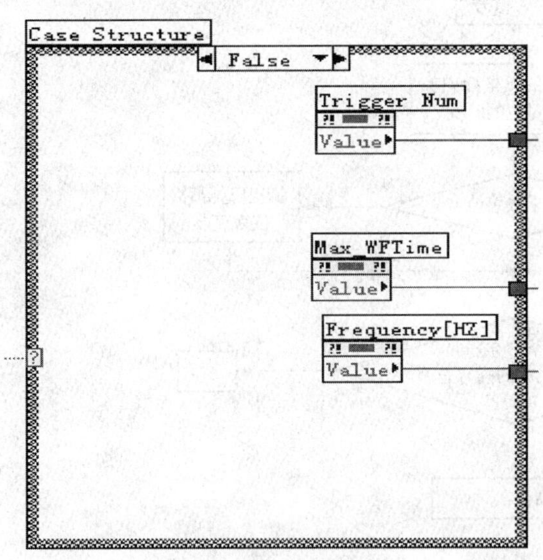

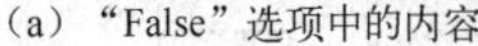

（a）“False”选项中的内容

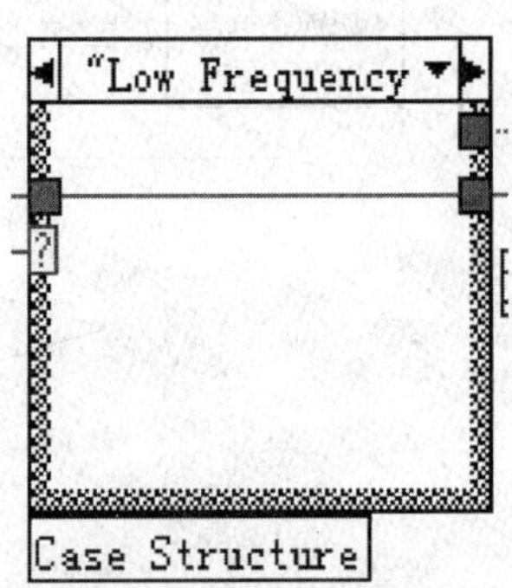

（b）“Low Frequency”选框中的连线

图17-13　Case Structure中的“False”和“Low Frequency”选项

【说明】当采样频率是被测频率的整数倍频时，不管是低频还是高频，使用测低频的方法测量产生的误差都很小。而在这里为什么还要用测量高频的测量方法呢？那是因为这个子VI是要被Multisim所调用的，而Multisim与LabVIEW接口电路的采样频率是不能在线更新的，因此不能保证采样频率是被测频率的整数倍频关系，所以必须采用这种方案。在这里还应该指出，高频与低频的定义是相对于采样频率而言的。当被测频率小于采样频率的1%时可视为低频，否则为高频。图中的Max_WFTime控制了显示波形时X轴的最大值。

定周法测频率前面板如图 17-14 所示，它的 I/O 端口的意义如下所述。

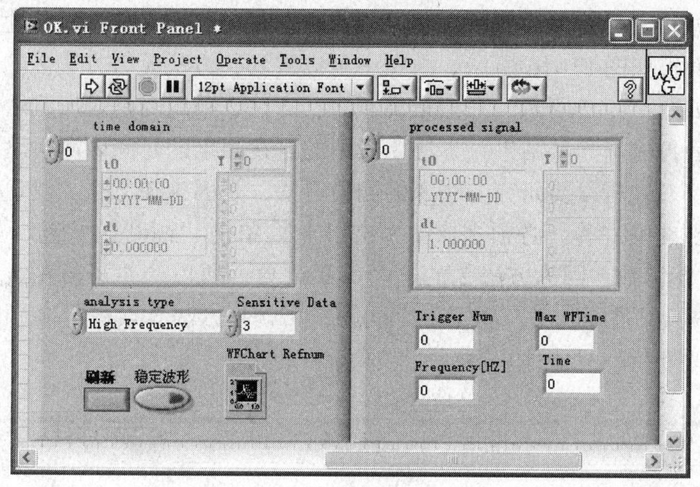

图 17-14　定周法测频率的前面板

1）输入

☺ 刷新：该按键只有在“analysis type”为“High Frequency”时有效，它用于对频率刷新。

☺ Sensitive Data：敏感信号，当时域波形的输入大于这个值时，表示有一个跳变。

☺ WFChart Refnum：设计波形显示的输入。

☺ analysis type：用于选择测量频率的类型。

☺ time domain：时域信号的输入。

☺ 稳定波形：用于稳定显示的波形。

2）输出

☺ Max WFTime：波形显示的横轴的最大值。

☺ Trigger Num：已检测的跳变沿的个数。

☺ processed signal：时域信号的输出。

☺ Frequency［HZ］：检测得到的频率。

☺ Time：实时的时间输出。

图标与连接器的定义与方法一相同，定周法测量频率的子 VI 框图如图 17-15 所示。

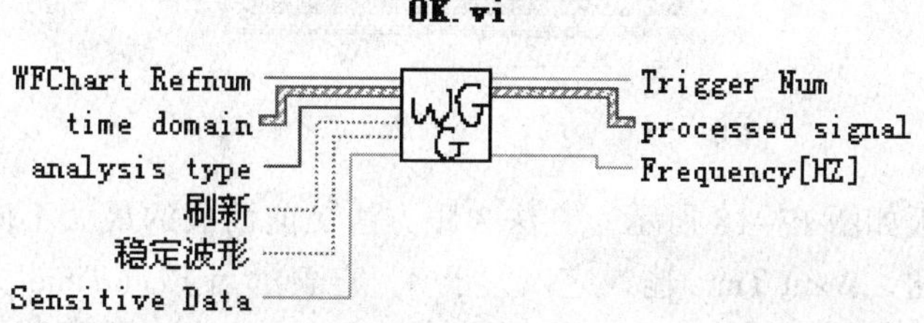

图 17-15　定周法测量频率的子 VI 框图

3. 方法 3：定周期法的高频改进

方法 3 是对方法 2 在高频部分进行改进的一种方法，但是它也有局限性的一面。

方法 3 的后面板如图 17-16 所示。由图中可以看到，方法 3 与方法 2 的最主要区别在于高频测量部分，如图 17-17 所示。在测量高频时，方法 2 采用的是对所测得的多个频率值进行叠加取平均值后再输出测量结果；方法 3 采用的是在固定的时间内测量跳边缘的个数，然后计算出所测频率。之所以要研究方法 3 的测量方法，是因为在方法 2 测量高频时，为了使频率响应更快和更准确一些，必须多次（3 次以上）单击“刷新”按钮，且在单击按钮后要等待约 1min 才能读数。因为方法 2 的这个不足之处，所以产生了方法 3。方法 3 取消了“刷新”这一动作，但是同时又产生了一个问题，那就是方法 3 没有了高频时在线测频率的能力，测量频率改变后，只能停止运行后再重新启动。

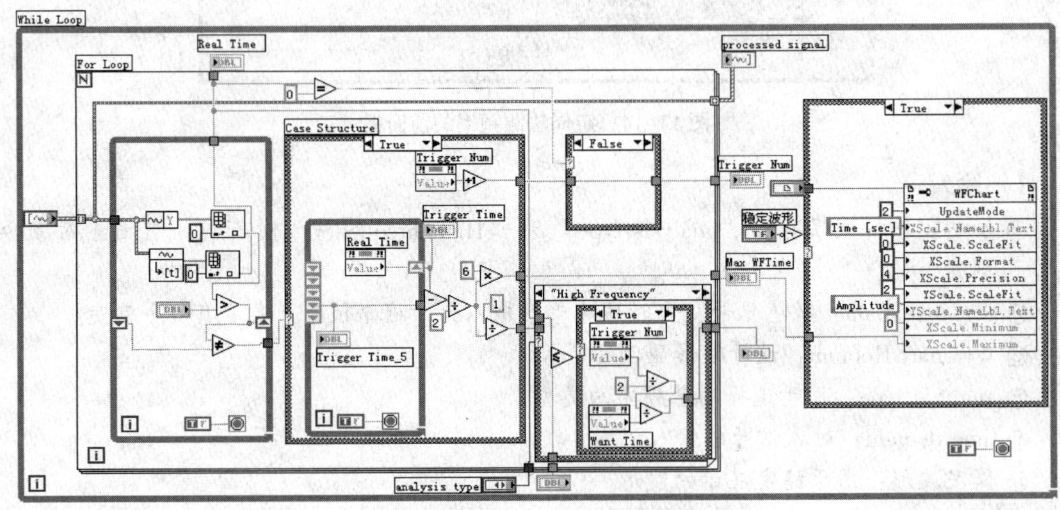

图 17-16　方法 3 的后面板

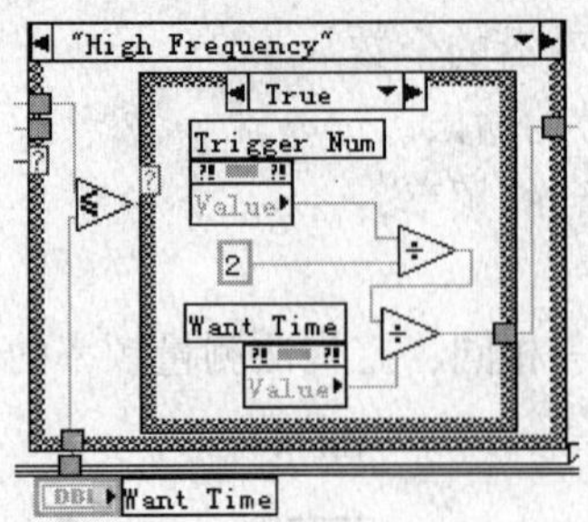

图 17-17　方法 3 与方法 2 的不同之处

方法 3 的前面板如图 17-18 所示。方法 3 跟方法 2 前面板的最大不同在于用 Want Time 输入取代了刷新按钮。Want Time 输入应该大于 0，它表示当 Real Time 大于这个设定值时，输出的频率为输出所测得的频率。

方法 3 子 VI 的图标如图 17-19 所示。

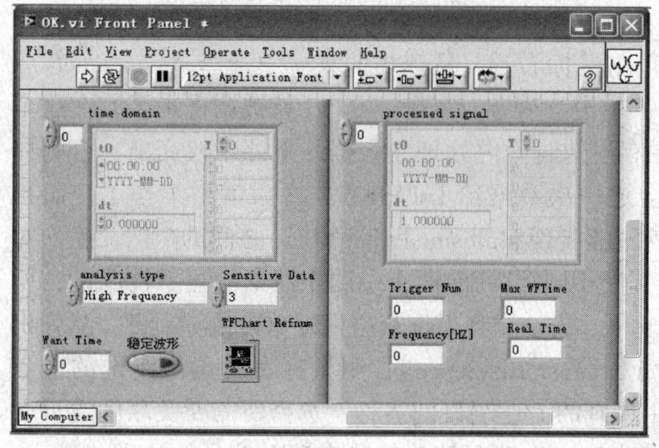

图 17-18　方法 3 的前面板

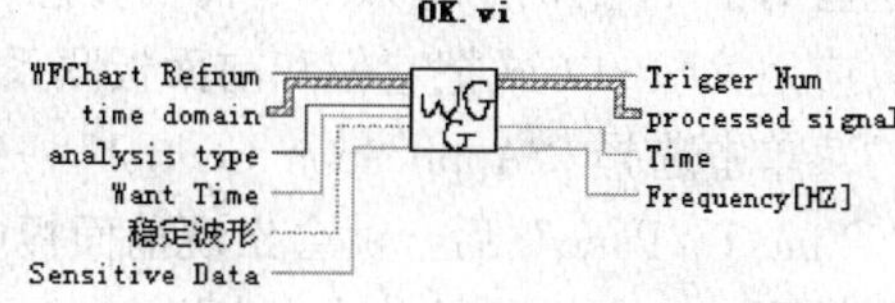

图 17-19　方法 3 子 VI 的图标

4. 三种测量方法的对比

（1）方法 1 对于波形的规则性要求不是很严格；而方法 2、方法 3 要求的波形必须是规则的波形。

（2）只要采样频率是测量频率的 10 倍，方法 1 所测得的频率误差将小于 1%；而方法 2、方法 3 测量所要求的采样频率要在 100 倍以上时，测量误差才能达到小于 1% 的要求。但是有一点必须指出，当采样频率是测量频率的整倍数时，方法 2、方法 3 测量误差接近于 0，且它所要求的最低倍频为两倍。这是方法 1 所不能及的。

（3）对于低频的测量，建议使用方法 2 或方法 3；对于高频的测量，建议使用方法 1 或方法 3。

（4）方法 3 虽然对于低频和高频的测量误差都比较小，但它没有在线更新的能力。当测量要求在线更新时，只能选择方法 1 或方法 2。

5. 接口的设计与 Multisim 中虚拟仪器的导入

Multisim 和 LabVIEW 的接口电路是由 Multisim 所提供的模板。本设计中接口电路的设计与编译分以下 6 个步骤。

（1）把 Multisim 安装目录下 Sampling/LabVIEW Instruments/Templates/Input 文件夹复制到另外一个地方。

（2）在 LabVIEW 中打开步骤（1）中所复制的 StarterInputInstrument. lvproj 工程，如图 17-20 所示。接口电路的设计是在 Starter Input Instrument. vit 中进行的。

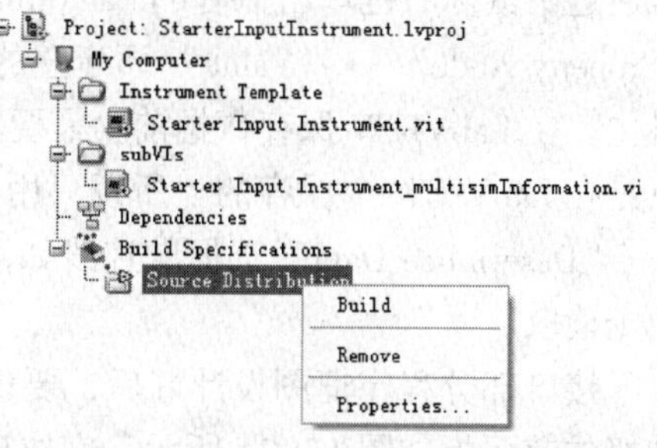

图 17-20　StarterInputInstrument. lvproj 工程图

（3）打开 Starter Input Instrument. vit 的框图面板，完成接口电路框图的设计。在数据处理部分，本设计需要在 Case Structure 中的 3 个情况选框中进行设计。

“Update Data” 选框的连线如图 17-21 所示。

在这个选框中的主要工作是调用已经做好的子 VI 频率计，使其实现所需要的频率计算功能。调用的方式是，在后面板子选框空白处单击鼠标右键，从弹出的菜单中选择“Functions”→“Select a VI”，选择需要调用的子 VI 后，单击“确定”按钮，子 VI 就被调进来了。在这个选框中调用子 VI 时必须注意，它必须在有限的时间内处理完数据并把处理权交出，否则如果在子 VI 中不断循环，则 Multisim 只会送一次数据给 LabVIEW，之后就不工作了，而且 Multisim 还会产生自动关闭现象，这样就不能实现 Multisim 和 LabVIEW 之间的数据交换。对这里的子 VI 的两个输入节点需要注意，它是用来设计前面板中两个波形的显示情况的，所以应用关联的方式把它们和前面板联系起来。方法是在后面板空白处单击鼠标右键，从弹出的菜单中选择“Application Control”→“VI Server Reference”，用鼠标右键单击所选的节点“/Line To/Pane”后，就会出现前面板中所有的 I/O 端口的名称，选择所需要关联的端口名称就可以建立关联了。总的来说，“Update Data”选框的功能是实现对信号的处理与输出。数据匹配的处理在子程序中已完成，所以接口部分可直接连接 Multisim 输出的数据。

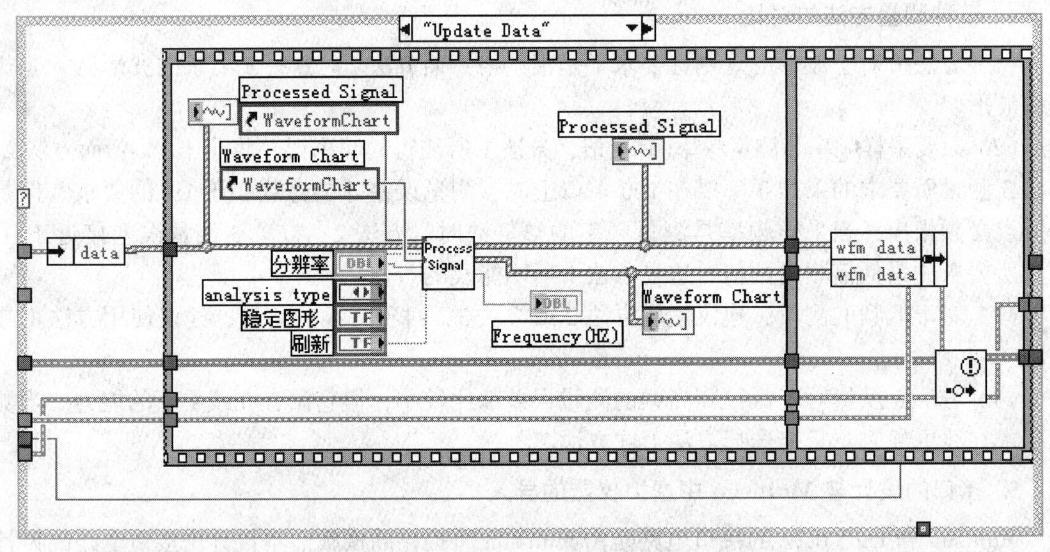

图 17-21 “Update Data”选框的连线

“Serialize Data”选框的连线如图 17-22 所示。在这里，Sampling Rate [HZ] 这个节点是通过用鼠标右键单击原有的 Sampling Rate [HZ] 节点，从弹出的菜单中选择“Create”→“Property Node”→“Value”而建立的属性节点。这个子选框中的主要工作是对数据进行平滑化。在 LabVIEW 保存数据前，需要将数据平滑化为一个单个的字符串。因为这里的数据只是在 LabVIEW 中保存的，所以只用 Flatten to String 节点就可以实现数据平滑化了。

“Deserialize Data”选框的连线如图 17-23 所示，它的功能是将数据反平滑化，使数据便于读取。

接口部分程序框图设计好后，要进行前面板的设计，即虚拟仪器界面的设置与美化。设计好的前面板如图 17-24 所示。完成后选择重命名，保存为 Proj5. vit。

（4）编译前，要对虚拟仪器进行基本信息设置。打开 subVIs 下的 Starter Input Instrument _ multisimInformation. vi 的后面板，在仪器 ID 中和显示名称中输入唯一的标志，如一起设为

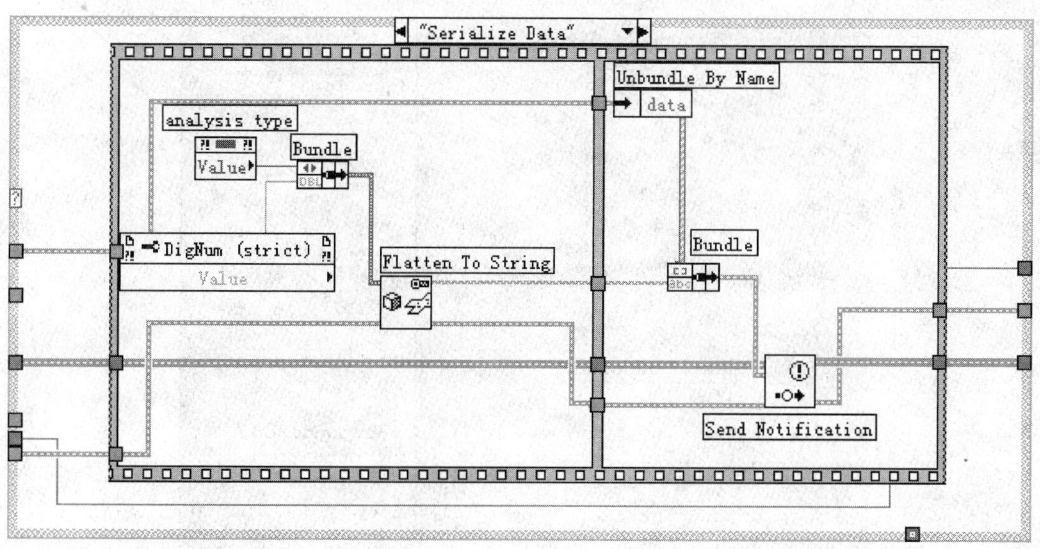

图 17-22　"Serialize Data" 选框的连线

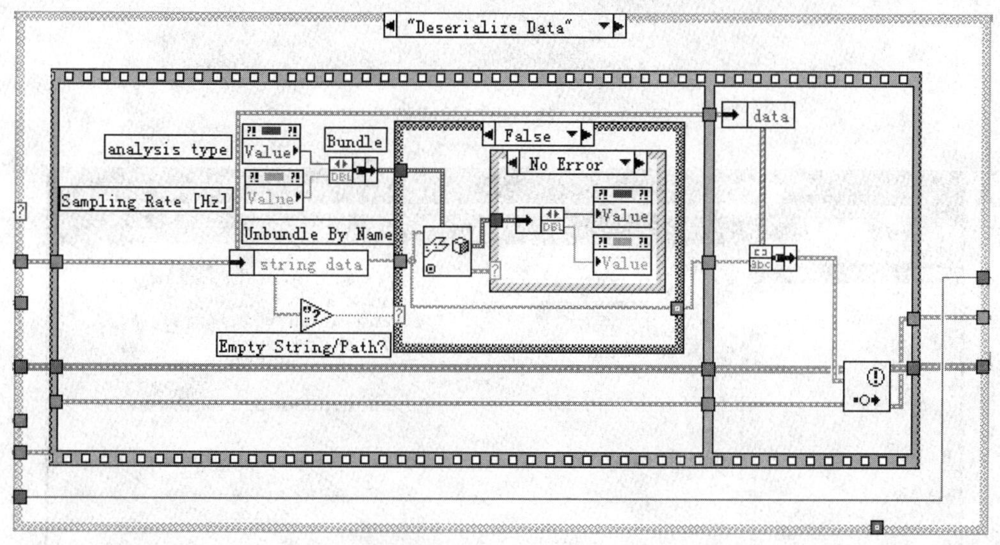

图 17-23　"Deserialize Data" 选框的连线

Proj5。同时把输入端口数设为“1”（因为只有一个电压输入）；把输出端口设为“0”（此模块不需要输出）。设置完后，另存为 Proj5_ multisimInformation. vi（注意前半部分的名字和接口程序部分的命名必须一致）。

（5）打开 Build Specifications，用鼠标右键单击“Source Distribution”，选择属性设置，在保存目录和支持目录中，将编译完成后要生成的库文件重命名，如 Proj5（. lib）。同时在原文件设置中选择总是包括所有包含的条目，如需对程序加密，可为所有包含的条目设置密码，如图 17-25 所示。属性设置完成，并保存后，再在“Source Distribution”上单击鼠标右键，在弹出的菜单中选择“Build”即可。

（6）编译完成后，在 Input 文件夹下生成一个 Build 文件夹，打开后把里面的文件复制

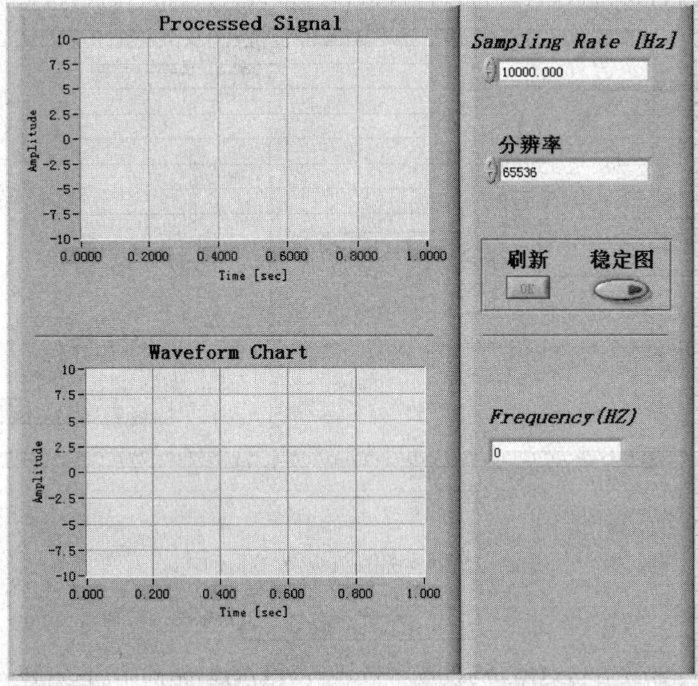

图 17-24　接口电路前面板设计

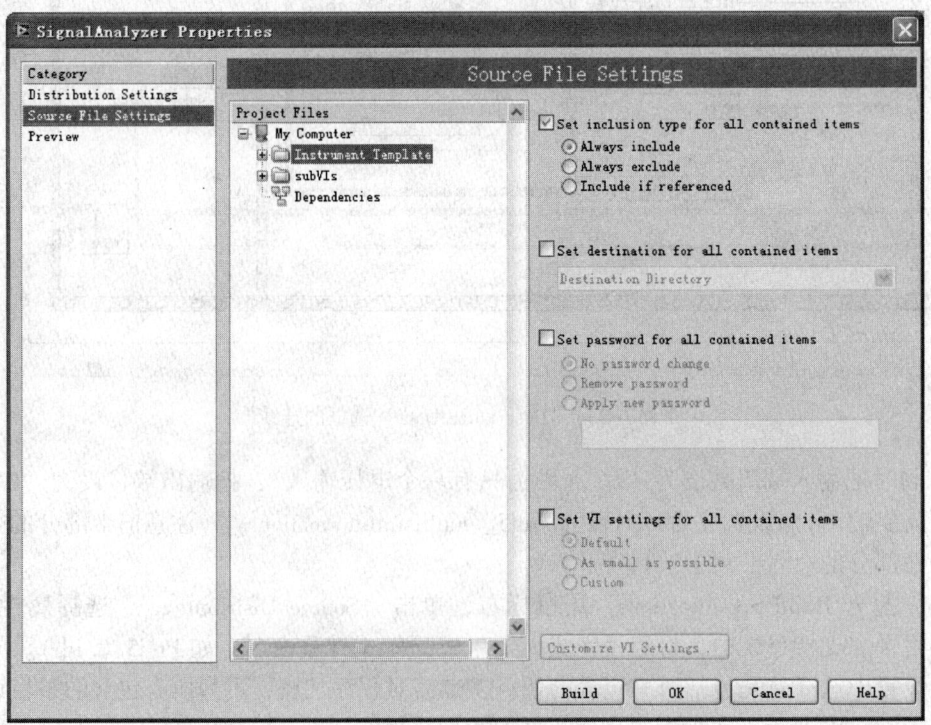

图 17-25　属性设置

到 Electronics Workbench/EWB9 下的 lvinstruments 文件夹中，这样就完成了虚拟仪器的导入。当再打开 Multisim 时，在 LabVIEW 仪器下拉菜单下就会显示所设计的模块（proj5）。

6. LabVIEW 和 Multisim 的联合仿真

当 LabVIEW 中的仪器被导入 Multisim 中后，就可以进行 Multisim 和 LabVIEW 的联合仿真了。在 Multisim 中的主要工作是模拟、仿真光电传感器的工作特性。在 LabVIEW 中的工作是测量 Multisim 输出信号的频率。因为所设计的光电传感器每转一周输出一个周期的波形信号，所以这里所测得的频率也就是光电传感器的转速。联合仿真的电路图如图 17-2 所示。根据所选的测量方法不同，选择已导入 Multisim 的不同的 LabVIEW 虚拟仪器。

1）方法 1 测频率　测频率的测量结果见表 17-1。

表 17-1　方法 1 测量结果

输入频率	10.21	33.17	101.65	168.62	190.61	298.27	381.57	462.36	521.30
输出频率	9.92	33.11	101.32	168.46	190.43	298.44	381.47	462.35	521.24
误　差	2.8%	0.19%	0.32%	0.09%	0.09%	0.06%	0.03%	0.00%	0.01%
采样频率	10000	10000	10000	10000	10000	10000	10000	10000	10000

2）方法 2 测频率　测频率的电路图与方法 1 测频率电路图的不同之处只是在于调用的 LabVIEW 虚拟仪器不相同，其测量结果见表 17-2。

表 17-2　方法 2 测量结果

输入频率	10.21	33.27	101.65	168.62	190.61	298.27	381.57	462.36	521.30
输出频率	10.17	33.28	101.52	169.04	190.50	298.15	382.51	463.23	522.09
误　差	0.39%	0.03%	0.12%	0. 24%	0.08%	0.04%	0.25%	0.03%	0.15%
采样频率	10000	10000	10000	10000	10000	10000	10000	10000	10000

3）方法 3 测频率　测量结果见表 17-3。

表 17-3　方法 3 测量结果

输入频率	10.21	33.27	101.65	168.62	190.61	298.27	381.57	462.36	521.30
输出频率	10.17	33.28	101.5	168.5	190.50	298.00	381.5	462.0	521.00
误　差	0.39%	0.03%	0.14%	0. 07%	0.06%	0.09%	0.02%	0.08%	0.06%
采样频率	10000	10000	10000	10000	10000	10000	10000	10000	10000

4）三种方法测量结果的比较与分析

（1）由实验数据可知，采样率不变的条件下，当所要测量的频率为低频时，方法 2 和方法 3 的测量相对误差比方法 1 的相对误差小，且频率响应速度也比方法 1 快。这种结果的出现是显而易见的，因为方法 1 是用波形叠加收敛原理来获取波形信息的，所以它必须等待多个波形叠加后才能测出频率；而方法 2 和方法 3 在低频时是在波形出现 5 个跳变后（即两个周期后）就可以测出频率了。

（2）当测量频率为高频时，方法 1 的测量误差比方法 2 的小，且响应速度比方法 2 的

快。其原因是，高频时，方法1叠加收敛的速度快，而方法2在测量高频时所使用的方法是把所测得的频率叠加取平均后才输出，这样方法2是两个周期后数据叠加一次，所以频率响应速度变慢。

（3）定周法对于波形的规则性要求比功率谱法的高，所以在相同的条件下它要求的采样率也相对高些。

（4）当所要测量的频率为低频时，推荐使用方法2或方法3；高频时，推荐使用方法1或方法3，但是方法3只能用在不要求频率在线更新的情况下。

（5）方法3在测高频时，如果将Want Time设为1，则测量值与实际值的最大绝对误差为±0.5；如果将Want Time设为0.1，则测量值与实际值的最大绝对误差为±5；如果将Want Time设为0.01，则测量值与实际值的最大绝对误差为±50。

习题

（1）本设计中的光电传感器仿真电路中，哪部分电路完成了电压到频率的转换？

（2）简述本设计中3种测量频率方法的基本思想。

第18章 检测系统的抗干扰设计

电磁干扰是普遍存在且经常发生的。为了使硬件系统能和谐且正常地工作，不至于因电磁干扰而造成性能改变或受到损坏，设计者在设计系统时必须从各个侧面多方考虑。

18.1 概述

1. 抗干扰的三要素

形成电磁干扰必须同时具备以下 3 个因素：

(1) 电磁干扰源，是指产生电磁干扰的元件，器件、设备、分系统、系统或自然现象。

(2) 耦合途径，是指能把能量从干扰源耦合（或传输）到敏感设备上，并使该设备产生响应的媒介。

(3) 敏感设备（或称被干扰设备），是指对电磁干扰产生响应的设备。

所有的电磁干扰都是由上述 3 个因素的组合而产生的，它们是电磁干扰的三要素，如图 18-1所示。

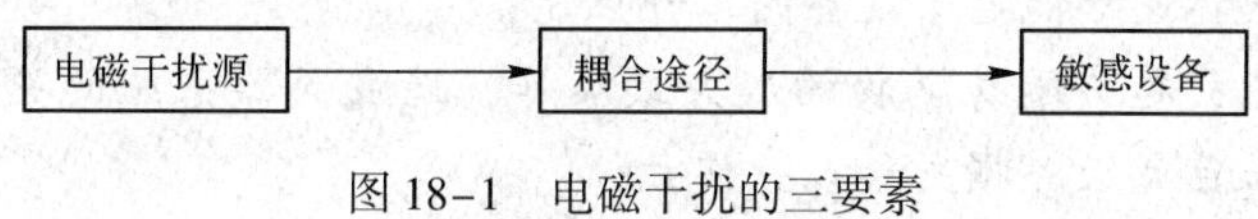

图 18-1　电磁干扰的三要素

2. 电磁干扰源的分类

电磁影响的起源可以来自自然界或是人为的。

电磁干扰源有许多种划分方法。按功能划分，有功能性干扰源和非功能性干扰源；按性质划分，有自然干扰源和人为干扰源；按传输方式划分，有传导干扰源和辐射干扰源；按频带划分，有窄带干扰源和宽带干扰源等。

功能性干扰源是指设备实现功能过程中造成对其他设备的直接干扰；非功能性干扰源是指用电装置在实现自身功能的同时伴随产生或附加产生的副作用。

电磁干扰源通过传导或辐射形式施加电磁干扰。传导干扰是指干扰能量沿着导线以电流的形式传播的干扰；辐射干扰是指干扰能量以电磁波的形式传播的干扰。图 18-2 所示的是电磁干扰源的分类。

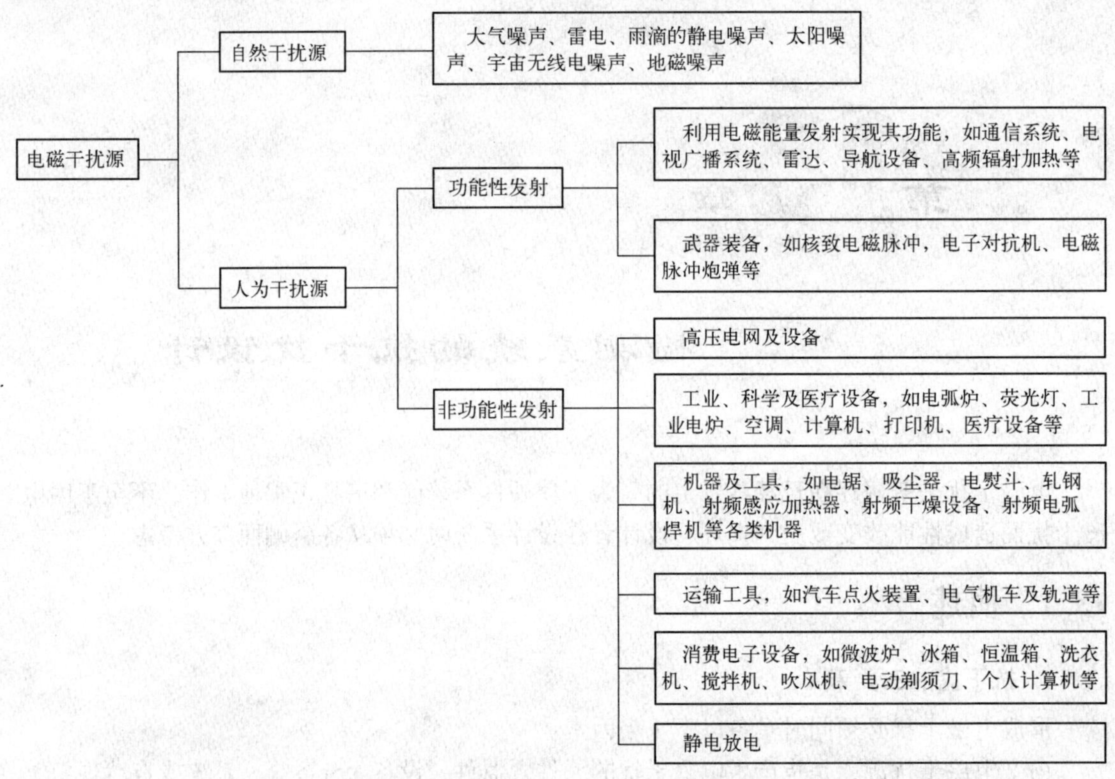

图 18-2　电磁干扰源的分类

3. 电磁干扰的危害

电子设备和系统受强电设备干扰或系统内部的电磁影响造成性能下降或不能工作的情况是电磁干扰最为常见的危害。概括而言，电磁干扰对人类活动有如下 3 大危害。

☺ 电磁干扰会破坏或降低电子设备的工作性能；

☺ 电磁干扰可能引起易燃易爆物的起火或爆炸，造成武器系统的失灵、储油罐起火爆炸，从而带来巨大经济损失和人身伤亡；

☺ 电磁干扰可对人体组织器官造成伤害，危及人类的身体健康。

4. 干扰的耦合方式

任何电磁干扰的发生都必然存在干扰能量的传输和传输途径。通常认为电磁干扰传输有两种方式，即传导方式和辐射方式。因此，从被干扰的敏感角度来看，干扰的耦合方式可分为传导耦合和辐射耦合两类。

传导耦合按其机理可分为 3 种基本的耦合形式，即电阻性耦合、电容性耦合和电感性耦合。在实际情况中，它们往往是同时存在、互相联系的。

【电阻性耦合】 电阻性耦合是最常见最简单的传导耦合方式。其耦合途径为载流导体，如两个电路的连接导线、设备之间的信号连线，电源负载之间的电源线等。

【电容性耦合】 电容性耦合又称为静电耦合，存在于干扰源与被干扰电路之间存在着电容通路的情况下。显然，这种电容一般不是人为加上的，而是两者之间的分布电容。干扰脉

冲或其他高频干扰就会经过分布电容耦合到电子线路中，如图 18-3 所示。

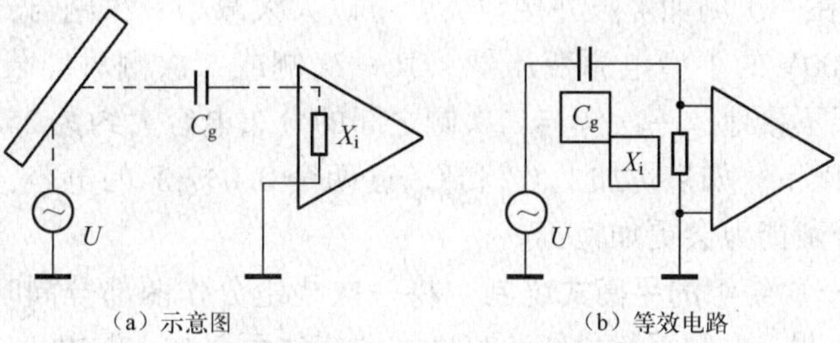

图 18-3　干扰的静电耦合

可以利用图 18-3 (b) 所示的等效电路分析干扰的影响。若干扰信号 $U=5V$，分布电容为 0.1pF，信号频率为 1MHz，放大器输入阻抗为 100kΩ，则此干扰在放大器输入端所造成的电干扰信号为 $U_z=3120mV$。可见，干扰电压在放大器的输入端已达到 314mV，经放大器放大后，其影响是难以预料的。

【电感性耦合】 电感性耦合又称互感耦合或电磁耦合，它是由于两个电路之间存在着互感而产生的，一个电路中电流的改变引起磁交链而耦合到另一电路。若某一电路有干扰，则同样可以通过互感而耦合到另一电路中。其等效电路如图 18-4 所示。

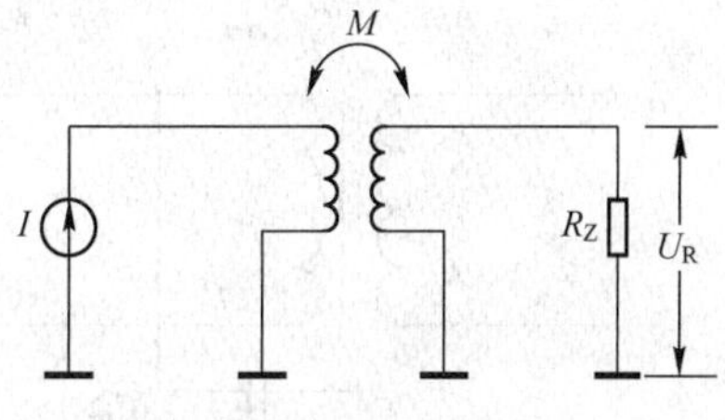

图 18-4　电磁耦合等效电路

根据图 18-4，若干扰源的电流为 I，频率为 f，而两电路的互感系数为 M，则该干扰在电路负载 R_z 的干扰为：

$$U_R = j2\pi fMI \tag{18-1}$$

可见，干扰的大小正比于干扰电流 I、互感系数 M 和干扰的频率 f。

【注意】 任何两电路或任何两条导线之间必定存在着互感，只是互感系数的大小不同而已。

18.2　电源电路的抗干扰设计

电源电路是电子电路能量的供应部分。现在一般的电子电路几乎都是采用由市电变换成直流的方式来供电的。由于电子电路通过电源电路接到市电电网，所以电网的噪声就会通过电源电路引入电子电路，这是电子电路受干扰的主要原因之一。所以电源电路是电子电路中抗干扰的一个关键所在。

1. 电源变压器的抗干扰措施

1）变压器一次侧、二次侧的屏蔽　电源变压器的一次侧与二次侧之间存在着分布电容。由于一次绕组和二次绕组靠得很近，因此它们之间的分布电容可以大到数百 pF。这种分布电容不仅电容量大，而且有较好的频率特性，对高频噪声有很低的阻抗。要抑制这种电容性耦合的噪声，很自然地想到采用加静电屏蔽的方法。在一次侧与二次侧之间加屏蔽，并将屏

蔽层接地，如图 18-5 所示。

在图 18-5 中，在一次侧加屏蔽并接地，就可以大大减小一次侧与二次侧之间的分布电容。例如，一个约 200V 的小型电源变压器，其一次侧或二次侧对屏蔽层的容量为 500pF，也就是说如果屏蔽层不接地，一次侧与二次侧之间的分布电容大约为 250pF，当屏蔽层接地后，可减小到 20pF 以下，如果再加上 C_{p1} 和 C_{p2} 这两个 0. 047pF 的电容，并且与屏蔽层共同接地，则变压器的屏蔽能力会更加完善。

2）**电源变压器一次绕组的平衡式绕制**　将一次绕组分作两部分同时绕制，再将它们串联在一起，这就是所谓一次侧平衡式绕法。这样的绕法可以减小漏电流，还对抑制共模干扰有一定效果。

3）**防雷变压器**　这种变压器实际上就是一个加屏蔽的绝缘变压器，附加避雷器、浪涌吸收器件、电容器等。

防雷变压器除了能够抑制因雷击或雷电感应所产生的浪涌电压外，也能很好地抑制电网中的其他干扰。一种常用的小型防雷变压器的结构如图 18-6 所示。

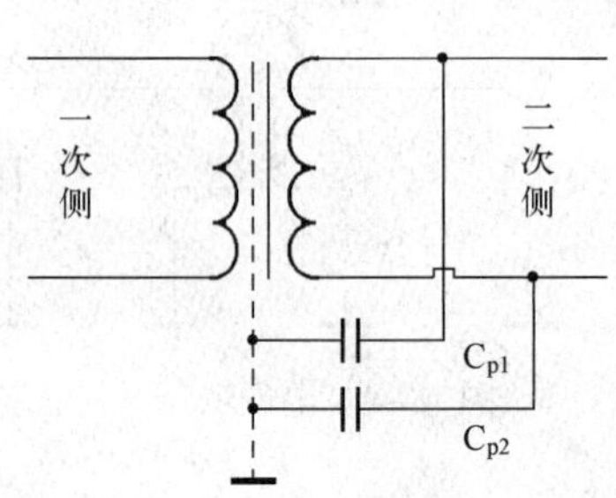

图 18-5　变压器一次侧、二次侧的屏蔽

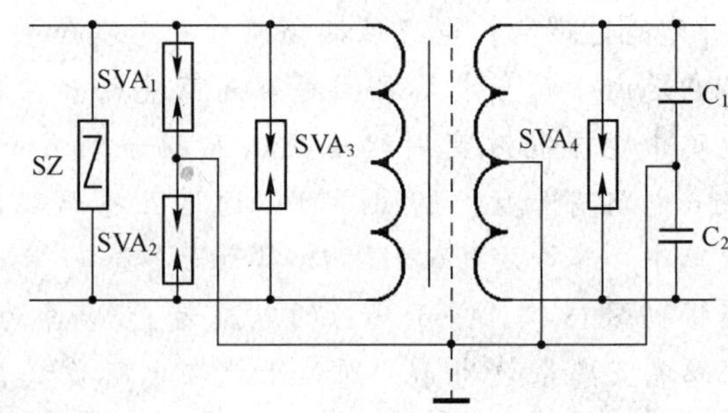

图 18-6　小型防雷变压器的结构

图 18-6 所示的防雷变压器具有以下的特点：

☺ 绝缘变压器的一次侧和二次侧均采用平衡式绕制。

☺ 一次绕组和二次绕组之间加静电屏蔽。

☺ 如果以防浪涌为目的，则保留浪涌吸收器 $SVA_1 \sim SVA_4$ 并去掉避雷器 SZ。

☺ 二次侧加两个容量为 10μF 的金属化纸介电容器。

☺ 该变压器还可以抑制共模和串模干扰（SVA_1 和 SVA_2 可以有效地抑制共模干扰，而 SVA_3 和 SVA_4 对串模干扰有着较好的抑制作用）。

4）**减少电源变压器的泄漏磁通**　电源变压器的泄漏磁通本身就是一种干扰，必须采取措施尽可能减少泄漏的发生。通常可采用下述的一些措施：

☺ 采用平衡绕制法在一次侧和二次侧各自的左右铁心上两边绕制相同的圈数，然后再各自并接（串接也有相同效果）。

☺ 采用泄漏小的铁心。一般来说，EI 型铁心变压器的漏磁要大一些，而环型铁心变压器的漏磁要小一些。

☺ 在变压器铁心上加短路环，短路环中电流产生的磁通可抵消漏磁通。

☺ 改变变压器的安装位置，可以抑制磁通的泄漏及其影响。

5）**噪声隔离变压器**　噪声隔离变压器是近年来为抗干扰而专门研制的一种电源变压器，

它的性能比屏蔽变压器更好。

噪声隔离变压器的铁心材料与一般变压器不同，其磁导率在高频时会急剧下降。同时，这种变压器在其绕组和变压器外部都采取了多层电磁屏蔽措施。正是它的这些特性，使它在抗共模及差模干扰性能上更加优越。

噪声隔离变压器最大的优点是在一次侧输入有较大的高频噪声干扰时，此干扰也很少能耦合到变压器的二次侧。它可以抑制电网中幅度高达 5000V 的高频脉冲干扰。同时，这种变压器对雷电引起的浪涌也有很大的抑制效果。

噪声隔离变压器常用于如下的场合中：

☺ 硬件系统采用浮地时；

☺ 电网中干扰的频率范围很宽时；

☺ 低频共模干扰比较严重时；

☺ 不允许系统的干扰反馈到电网中去时。

2. 电源滤波器

电源滤波器是一种让电源频率附近的频率成分通过，而给高于这种频率成分以很大衰减的电路。

电源滤波器不仅可以接在电网输入处，以阻止电网中的噪声进入，也可以接在输出处，以抑制噪声输出。它不仅可以接在交流的输入端口或输出端口上，也可以接在直流的输入端口或输出端口上。

1）交流电源滤波器

【电容滤波器】 这是最简单的滤波器，就是在交流输入端并上两个电容，从而滤除电网中的一些高频干扰，如图 18-7 所示。

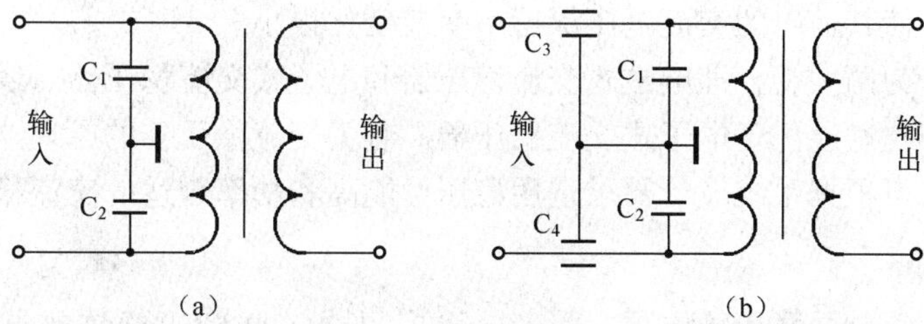

图 18-7　电容滤波器

【电容电感滤波器】 电容滤波器尽管简单，但效果较差。为此，可采用如图 18-8 所示的电容电感滤波器。

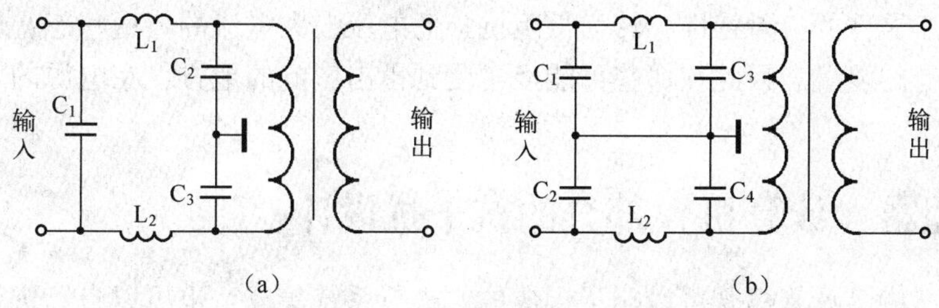

图 18-8　电容电感滤波器

【使用抗共模扼流圈的电源滤波器】 这是一种能够抑制共模及串模干扰的电源滤波器，如图18-9所示。

选择不同的电源滤波器的电感和电容参数，可以滤除不同频段上的干扰。当选择的参数较大时，可以滤除频率较低的干扰；反之，可以滤除频率较高的干扰。前者体积、质量较大；而后者则小。

2）滤波防雷模块 目前，厂家为用户提供了许多专门用于电源的滤波防雷模块。例如，587B×××LPE系列模块就具有防雷电（浪涌）及交流滤波双重功能，这类模块的引线图如图18-10所示。

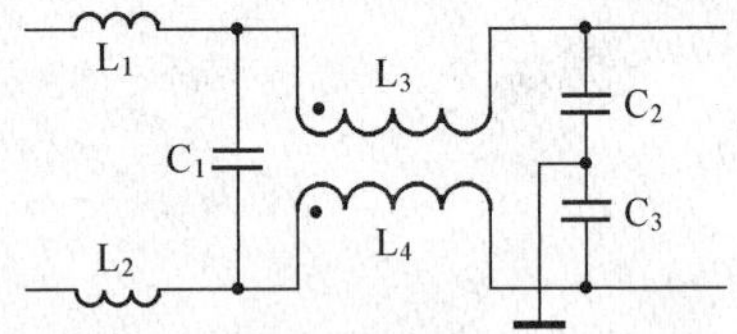

图18-9 使用抗共模扼流圈的电源滤波器

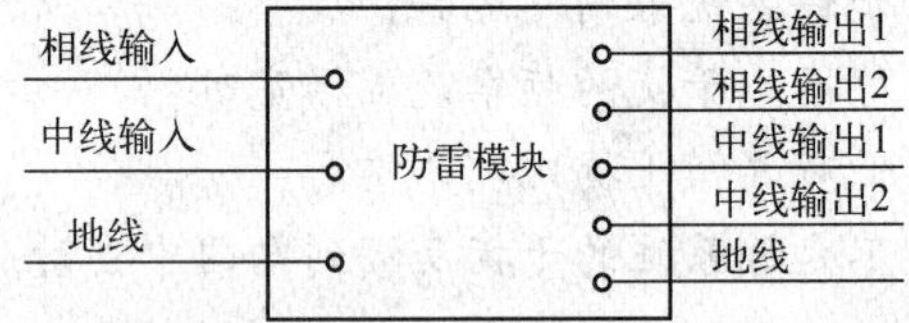

图18-10 587B×××LPE系列滤波防雷模块引线图

587B×××LPE系列防雷模块的主要技术参数如下所述。

☺ 最高输入相电压（对中性线）：240V；

☺ 最大输入电流：6～30A（视型号而定）；

☺ 保护峰值电压：6000V；

☺ 瞬时峰值电流：3000A。

3. 电源稳压器

当电网电压出现过高或过低的情况时，将输入电网电压大的波动进行稳压，保证在输入电网电压变化时，使其输出的交流电压保持不变或变化很小。

交流稳压器分为两大类，即电磁式交流稳压器和电子式交流稳压器。经验表明，电磁式交流稳压器的抗干扰性能优于电子式交流稳压器。有关交流稳压器的原理这里不做说明。在设计电源系统时，可根据系统设计要求选用稳压性能高和功率合适的交流稳压器。

4. 瞬态抑制器

在交流电网进线端并联压敏电阻、瞬变电压抑制器（TVS）、气体放电管和固体放电管等瞬态抑制器，用于吸收电网中的浪涌电压。同时还可以将其作为一种防雷措施。

压敏电阻和瞬变电压抑制器（TVS）是具有非线性伏安特性曲线的器件，可以作为浪涌电压的箝位元件。气体放电管（包括固体放电管在内）是一种引导型元件，在遭受浪涌电压激励后，由于器件的负阻特性，转为低阻抗、低电压、大电流的导通状态，通过它能较好地转移浪涌拥有的能量。因此在那些可能经常受到雷击影响的地方，在电源的输入端可并接上气体放电管。

18.3 处理器（计算机）部分的抗干扰设计

在检测系统中，计算机既可以购买现成的，进行系统集成，也可以自己进行设计。在许多情况下，检测系统在结构、规模、体积、质量、安装方式、耗电等方面有特殊要求，很可

能无现成计算机可用，这时就需自行设计。无论是系统集成还是自行设计，在整个系统设计过程中，均需要从抗干扰角度出发，采取一定的措施。

单片机系统是一个含有多种电子元器件和电子部件（乃至子设备和子系统）的复杂电子系统，外来的电磁辐射和传导干扰，以及内部元器件之间、部件之间、子系统之间、各传送通道之间的相互干扰对单片机及其数据信息所产生的干扰与破坏，严重影响了单片机系统的工作稳定性、可靠性和安全性。所以对单片机系统的开发设计人员来说，要保证系统各项功能实现的同时，对其运行过程中出现的各种干扰信号以及来自系统外部的干扰信号进行有效的抑制，这是决定系统可靠性的关键。

1. 单片机系统电磁干扰的来源

单片机系统的电磁干扰是以脉冲形式进入单片机系统的，其主要渠道有 3 条，即空间、供电系统及信号通道。

空间干扰多发生在高电压、大电流、高频磁场附近，通过静电感应、电磁感应等方式入侵系统内部。供电系统的干扰通过同一电网里用电设备工作时产生的噪声干扰和瞬变干扰来影响单片机工作。信号通道的干扰则通过输入通道和输出通道侵入系统。

此外，接地的不可靠性也是产生系统干扰的重要原因。

2. 干扰的不良影响

【数据采集误差加大】当干扰侵入单片机系统的前向通道时，干扰叠加在有用信号之上，会使数据采集误差增大。如果有用信号比较微弱，那么干扰就更加严重。

【控制状态失灵】单片机系统中，控制状态输出常常是依据某些条件的输入和条件状态的逻辑处理的结果。在这些环节中，由于干扰的侵入，都会造成条件状态偏差、失误，致使输出控制误差加大，甚至控制失灵。

【数据发生变化】在单片机控制系统中，虽然 ROM 能避免干扰破坏，但单片机片内部和外部的 RAM，以及片内各种特殊功能寄存器等的状态，都有可能受干扰而变化，造成数值误差，程序状态改变，导致系统工作不正常。

【程序运行失常】单片机应用系统的程序运行正常与否与单片机中程序计数器（PC）的正常状态息息相关，一旦外部干扰使 PC 值产生改变，程序运行就会偏离原来设定的方向，致使程序失控，甚至会使程序陷入死循环而导致系统崩溃。

3. 单片机系统抗电磁干扰的措施

单片机系统的抗干扰就是针对干扰产生的性质、传播途径、侵入的位置和侵入的形式，采取相应的方法消除干扰源，抑制干扰传播途径，减弱电路或元器件对噪声干扰的敏感性，使单片机系统能正常、稳定地运行。干扰的抑制方法一般分为硬件抗干扰和软件抗干扰两种。

1）硬件抗干扰技术　硬件抗干扰是单片机系统抗干扰设计的重要途径，其涉及面非常广泛。在设计过程中应遵循的基本原则是抑制干扰源、隔断干扰传播路径、提高敏感器件的抗干扰性能。主要从以下 5 个方面进行设计：

【合理选择处理器及元器件】选择合适的处理器，对实现用户需求、提高系统性能、降低系统成本和缩短开发周期都是十分重要的。

☺ 单片机的选择不仅要考虑硬件配置、存储容量等，更要选择抗干扰能力强的单片机。

☺ 应选择接口驱动能力强的单片机。

☺ 时钟是高频的噪声源，对系统内部和外部都能产生干扰，因此在满足需要的前提下，选用频率低的单片机是明智之举。

【电源设计】 在单片机控制系统中，危害最严重的干扰来自电源的噪声。因此，应选择性能好、抗干扰能力强的供电系统，尽量减少从电源引入的干扰。使用交流稳压电源，可以保证供电系统的稳定性，防止电源系统的过电压或欠电压；电源采用隔离变压器或超隔离变压器，以提高抗共模干扰的能力；根据干扰源的特性、频率范围、电压和阻抗等参数及负载特性的要求，选择合适的滤波器。

【光电隔离技术】 单片机与I/O通道进行信息传送时，信号可能会出现延时、衰减、畸变，另外还有通道干扰。因此，在输入和输出信号处加光耦合器隔离，将单片机系统与各种传感器、开关、执行机构从电气上隔离开来，可有效地使很大一部分干扰被阻挡。

【屏蔽技术】 对容易产生干扰和被干扰的部件及电路使用金属盒进行屏蔽，如开关电源、高灵敏度的弱信号放大电路等。屏蔽措施可以防止电子设备向外辐射干扰电磁波，也可以削弱电磁干扰源对电子设备的干扰。屏蔽本身要真正接地，从而使干扰电磁波短路接地。

【PCB的工艺技术】 在PCB设计中可采取以下抗干扰设计：尽量采用多层PCB，多层PCB可提供良好的接地网，防止产生地电位差和元器件的耦合。PCB要合理分区，模拟电路区、数字电路区、功率驱动区要尽量分开；若设计只由数字电路组成的PCB的接线系统，将接地线做成网络以提高抗干扰能力；对元件面和焊接面应采用相互垂直、斜交或弯曲布线，避免相互平行以减少寄生耦合；使用满足系统要求的最低频率的时钟，时钟发生器要尽量靠近该时钟的器件，石英晶体振荡器外壳要接地，时钟线要尽量短并远离I/O线；闲置不用的IC引脚不要悬空，以避免引入干扰；IC器件尽量直接焊在PCB上，少用IC座；闲置不用的运算放大器正输入端接地，负输入端接输出，不用的I/O口定义成输出等。

2）软件抗干扰技术 干扰信号产生的原因很复杂，且有很大的随机性，硬件抗干扰措施不可能完全解决抗干扰问题，还须结合软件抗干扰措施构成双重抑制，以提高系统的稳定性。常见的软件抗干扰方法主要有睡眠抗干扰、指令冗余、软件陷阱、软件“看门狗”等。

【睡眠抗干扰】 CPU很多情况下处于等待状态，这时它虽没有工作但却清醒，很易受干扰。若让CPU在无正常工作时休眠，必要时再由中断系统来唤醒它，可以使其受到的干扰大大降低，同时功耗也大大降低。

【指令冗余】 以MCS-51为例，CPU取指令过程是先取操作码，再取操作数。当PC受干扰出现错误时，程序便会脱离正常轨道，出现乱飞，如果乱飞到某双字节指令，若取指令时刻落在操作数上，误将操作数当做操作码，程序将出现混乱。这时若在一些双字节、三字节指令后面插入两个单字节指令NOP或在一些对程序的流向起决定作用的指令（如RET、LCALL、SJMP等）前面插入两条NOP指令，即可使乱飞的PC指针指向程序运行区，使程序执行恢复正常。这种抗干扰方法称为指令冗余。

【软件陷阱】 当跑飞的程序进入非程序区时，冗余指令便不起作用，这时可通过软件陷阱拦截跑飞的程序，将其引向指定位置，再进行出错处理。软件陷阱是用来将捕获的跑飞程序强行引向专门处理错误的程序的入口地址。假设这段处理错误的程序入口地址为ERROR，

则下面 3 条指令即组成一个软件陷阱：

```
NOP
NOP
LJMP
ERROR
```

通常在 EPROM 非程序区填入这样的软件陷阱。由于软件陷阱都安排在正常程序执行不到的地方，故不会影响程序的执行效率。

【软件“看门狗”】 如果跑飞的程序落到一个临时构成的死循环中，冗余指令和软件陷阱都将无能为力。这时，可用软件程序来形成“看门狗”，使 CPU 复位。“看门狗”程序是根据程序在运行指定时间间隔内未进行相应的操作，即未按时复位“看门狗”定时器，来判断程序运行出错的。通过不断检测程序循环运行时间，若发现程序循环时间超过最大循环运行时间，则可以认为系统陷入“死循环”，需进行出错处理。

18.4　数字电路的抗干扰设计

1. 数字电路的抗干扰容限

对于模拟电路，在正常的输入信号上即使混有很小的干扰噪声，在其输出信号中也一定会看到噪声的影响。然而，在数字电路中却不然，在输入信号中混有的噪声电压，只要其幅度不超过这个电路的阈值电压 U_T，那么在输出中就不会看到这种噪声的影响。

干扰能量容限 N_E 可以表示为

$$N_E = U_T \cdot T_p \cdot U_T/R_O \tag{18-2}$$

式中，U_T 为数字电路刚刚能翻转的阈值电压；T_p 为电路翻转的传输延迟时间；U_T/R_o 为形成干扰电压的干扰电流；R_o 为电路的输出阻抗。

从式（18-2）可以看出，一个数字电路产生误动作的能量容限既与加在电路上的干扰电压 U_T 有关，又与电路的速度和输出阻抗有关。电路的速度越快（即 T_P 越小）、内阻越大（即 R_o 越大），则电路的能量容限就越小，越容易受到干扰。

2. 数字电路的负载能力

在数字集成电路芯片的使用中，应注意到它们的驱动能力及不用输入端的处理。如果某一数字电路接的负载太多，超出了它的负载能力，其工作必定不可靠。数字电路输入及输出引线应尽可能短，平行走向的引线不要太长，以减小冲击电流的影响。

在 TTL 电路中，遇到容性负载时要特别小心，因为容性负载会使下一级输入波形边沿变慢，而缓慢边沿输入会在数字电路状态变换过程中产生幅度较大的振荡，形成一个干扰源。遇到这种情况，可以利用施密特触发器首先对波形进行整形，然后再送到下一级电路。也可以利用 DTL 电路来处理容性负载的输出，它不会因为前沿慢而产生振荡。

同样，在遇到感性负载时，在电流关断瞬间会产生很高的感应电压，它会使电路元器件击穿，从而产生干扰，因此必须加以克服。通常可以在电感负载上并联保护二极管或电阻和电容。

对于 CMOS 电路来说，同样存在 TTL 电路中出现的问题。若输入信号在 CMOS 的转换特

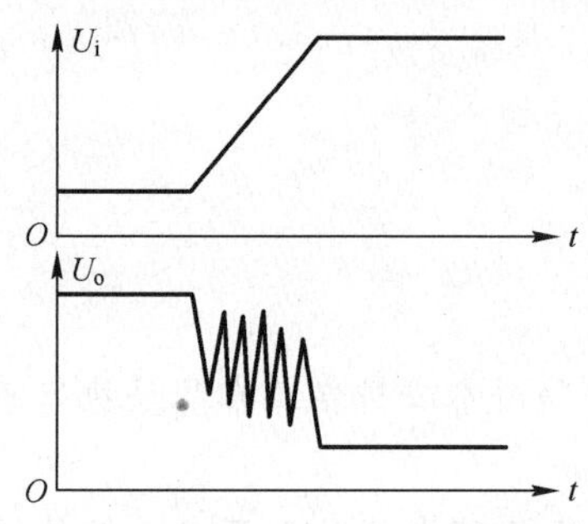

图 18-11　输出的振荡波形

性的过渡段里产生波动，则在其输出端必然会出现振荡，其原因是过渡段具有放大倍数很大的放大特性，如图 18-11 所示。

根据图 18-11 所示的波形可以想到，数字电路的输出端出现振荡的原因是输入信号变化太慢，尤其是在过渡过程中由电源或其他途径混入电压波动。当输入电压的过渡时间大于 1μs 时，这种输出振荡就会产生。

克服这种干扰的方法是减小输入电压的过渡时间，更有效的方法就是采用施密特电路。

在电路设计中可能会遇到这样的情况：要获得的信号必须经过一段很恶劣的干扰环境才能到达信号的输入端，而信号源在这段恶劣环境中会耦合比信号本身还大的干扰，使系统无法正常工作。为了克服干扰的影响，可以在信号源处先对信号进行放大，使信号幅度足够大；在目的地的输入端再进行衰减。例如，5V 的信号首先被放大到 100V，传输后再衰减为 5V。那么，即使干扰环境造成 2V 的干扰，经衰减也就微不足道了。

施密特触发器的输入和输出具有滞后特性。利用这种特性，可以对输入端的干扰产生较好的抑制。在设计电路时，遇到干扰比较大的地方，可以采用这种电路。

对于幅度大而持续时间短的干扰，在电路中可以利用低通滤波器进行滤除。因为这种干扰的频率比信号的频率高，简单的 RC 低通滤波器就能奏效。

3. 数字电路输入端的抗干扰措施

在数字电路的输入端采取必要的抗干扰措施，以利于消除干扰的影响。所采取的抗干扰措施主要有：

(1) 若信号传输线上有比较大的干扰，则可以在传输前将信号放大，在输入端再进行衰减，从而消除干扰的影响。

(2) 对于一些窄脉冲干扰，由于它的频带比数字电路的输入信号宽得多。因此，可以在输入端加上积分电路（低通滤波器），从而消除干扰的影响。

(3) 在输入按键的状态时，必须注意消除按键抖动的影响。在工程应用中可采用以下两种方法去除按键抖动的影响。

☺ 利用软件延时的方法：即当发现有按键被按下后，再延时数十 ms，而后再去读取按键的状态。

☺ 采用硬件消抖动电路：有的厂家为用户生产硬件消抖动的集成电路芯片，在进行系统设计时，可以选用。例如，MOTOROLA 公司的 M14490 就是 6 输入的硬件消抖动集成电路芯片。也可以采用如图 18-12 所示的硬件消抖动电路。

(4) 电源滤波：干扰信号经常会通过电源引入。因此，在进行数字电路设计时，在 PCB 的电源输入端并联多个电容，同时在芯片的电源到地端并联电容，以便消除干扰的影响。

(5) 不用输入端的处理：门电路中不用的输入端不能悬空。悬空会造成很大的干扰，以至于使电路不能正常工作。

☺ 与门、与非门空着不用的输入端，若是 LS 门可以直接接到 +5V 电源；若是其他类型门电路可经数 kΩ 的电阻接到 +5V 电源上；也可与其他有用输入端并接在一起；还

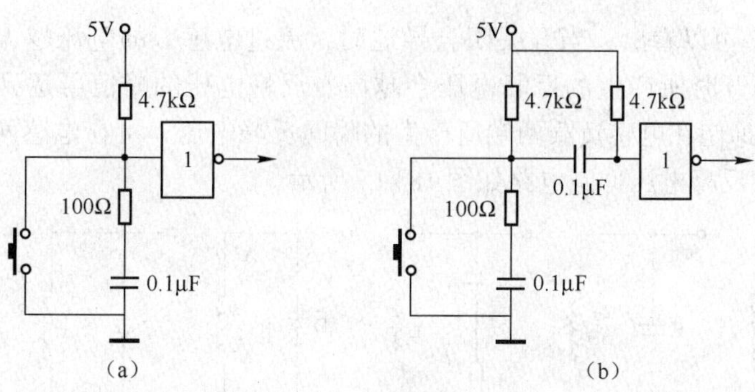

图 18-12　硬件消抖动电路

可以将某反相器输入端接地，将空着不用的输入端接到该反相器的输出端上。

☺ 或门、或非门空着不用的输入端，可以直接接到地上；也可与其他有用输入端并接在一起；还可以将某反相器输入端接高电平，将空着不用的输入端接到该反相器的输出端上。

☺ 其他芯片的输入控制端也不可悬空，应根据芯片工作时的逻辑关系接某一固定电平，以便保证芯片正常工作。

4. 减小负载的影响

1）容性负载　如果数字电路接有容性负载，则在接通负载时会产生很大的冲击电流。电路导通时的等效电路及电路中的电流如图 18-13 所示。当某一时刻数字电路导通时，会有较大的瞬时电流流过负载。该时刻的瞬时电流为 U_{cc}/R，其中 R 为开关电路的内电阻值。瞬时的大的尖峰电流会对其他电路构成干扰。

为了减少尖峰电流的影响，可用加大电阻 R 的电阻值的方法，减小尖峰电流。例如，在负载边串联一定的电阻。另外，也可以在负载边串联上一个小电感，用此电感来减小尖峰脉冲。

2）感性负载的影响　在检测系统中经常会遇到感性负载。例如，在开关电源实例中，电子开关的负载就是变压器的绕组。感性负载在开关电路断开时，会在电感上感应出很高的反峰电压，其示意图如图 18-14 所示。

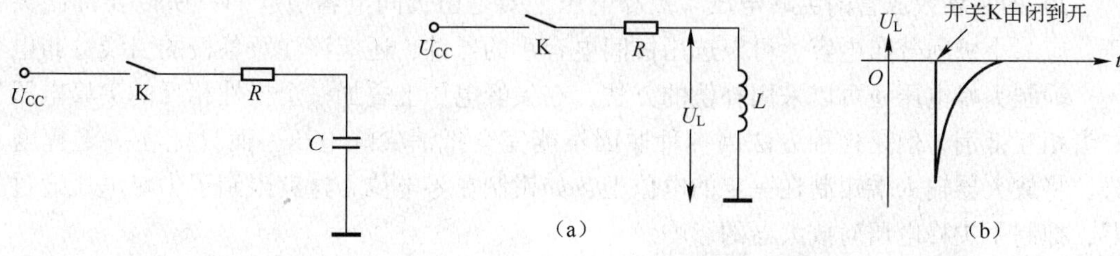

图 18-13　容性负载电路的等效电路　　图 18-14　感性负载及其开关特性

当数字电路的开关 K 由闭合变为断开时，电感两端形成的反峰电压为

$$U_L = -L\frac{dI}{dt} \tag{18-3}$$

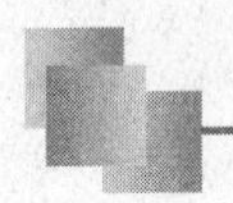

由式（18-3）可以看出，当开关闭合导通时，流过电感 L 的电流越大，电感 L 的电感量越大，在开关断开时所产生的反峰电压会越高。反峰电压的峰值可达到供电电源电压的10～200倍。为了抑制在电感负载两端所产生的瞬间反峰电压，可在电感两端并联反峰电压抑制电路。常用的反峰电压抑制电路如图18-15所示。

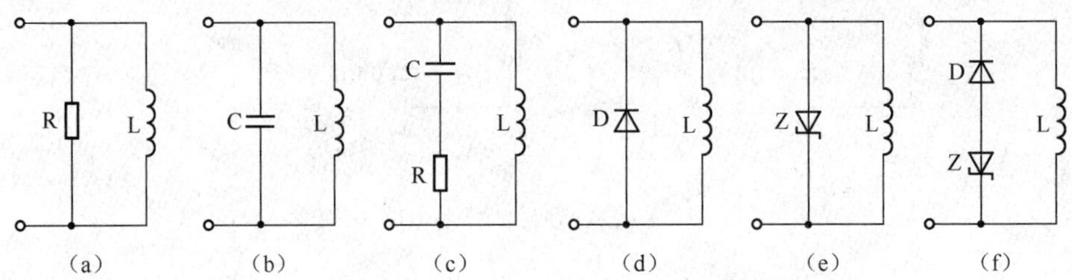

图18-15　常用的反峰电压抑制电路

18.5　模拟电路的抗干扰设计

在检测系统中，一般采用模拟集成电路（或称线性集成电路）来放大微弱信号或产生某种波形信号，或者向负载提供一定的功率等。模拟器件易受干扰的影响，也会产生干扰而影响其他元器件。

1. 晶体管放大器的抗干扰措施

双极型晶体管放大器或场效应管放大器在低频放大或高频放大电路中经常被使用。它们的优点是寿命长，工作频率高等；其缺点是即使输入为零，仍有一定输出电压，这种电压也是一种噪声。它主要由下列噪声因素所构成：外界电磁场的噪声；晶体管开关元件本身的噪声；开关元件因不是理想开关而造成的输出端残余电压；由于晶体管极间电容造成的尖峰电压等。其中，主要的因素是晶体管的残余电压。

1）抑制晶体管残余电压的措施　首先，选择适当的晶体管类型。晶体管的反向电流及饱和压降越小，它的残余电压也越小，锗管的饱和压降比硅管的小，但它的反向电流较大且随温度而变化，所以它将引起残余电压的漂移。硅管的反向电流较小，饱和压降大。当工作温度高、负载电阻值及信号源内阻值较大时，还是用硅管较为有利。

2）抑制场效应管的尖峰电压　尖峰电压主要是由极间电容引起的，所以要抑制尖峰电压，应减小极间分布电容。可以选用极间电容小的器件，还应该注意各极的引线分布电容。

抑制尖峰电压还可以采用补偿的方法，在尖峰电压上叠加一个极性相反的尖峰电压，使二者相互抵消。但是这种方法因种种原因不能完全抵消尖峰电压，而只能在一定程度上闭合，将放大器输入端钳制在一定的电位上，如钳制在零电位。这就限制了尖峰电压通过放大器，抑制了尖峰电压对放大器的影响。

2. 运算放大器的抗干扰设计

在检测系统中，运算放大器多用于微小信号的放大或微小电流向电压的变换。这样的运算放大器输入信号小、输入阻抗高，极易受到干扰的影响。

1）干扰及噪声　在运算放大器用于放大小信号时，这些信号通常是mV级甚至是μV级

的信号。除了在本章开始时所提到的各种干扰会对运算放大器构成影响外，还必须注意运算放大器自身及其所采用的元器件的噪声。尽管噪声也是一种干扰，但它们是由元器件自身产生的，主要有闪烁噪声、散粒噪声、热噪声和爆裂噪声等。

另外，运算放大器的自激振荡、静电耦合、电磁耦合和公共阻抗耦合等也会对运算放大器产生影响。

2）运算放大器的自激振荡的抑制　在实际应用中，为提高运算放大器的运算精度，有时必须提高其开环放大倍数。同时，电路中总有一些附加的电抗元件或分布寄生参数，这些参数会使信号产生相移。当满足一定条件时，放大器出现正反馈，从而产生自激振荡。自激振荡必须被消除，否则运算放大器将无法正常工作。

消除自激振荡的方法是在电路中加校正网络。其目的是使电路的幅频特性和相频特性发生变化，破坏自激振荡的条件。图 18-16 所示的是消除运算放大器自激振荡的方法。

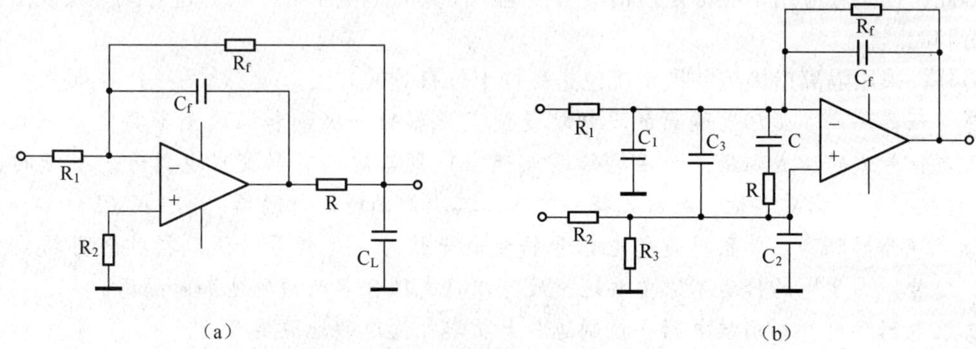

图 18-16　消除运算放大器自激振荡的方法

在图 18-16（a）中，运算放大器的输出端接有容性负载。容性负载使相移增加，容易引起自激振荡。在电路中加上由 R_f 和 C_f 构成的校正元件，它们的超前与容性负载的滞后相抵消，可有效地避免自激振荡的发生。在图 18-16（b）中，由于运算放大器的输入传输线比较长，其线间及传输线对地的电容比较大（如图中 C_3、C_2、C_1 所示），容易造成电路工作不稳定，产生自激振荡。可以在 I/O 端并联电容 C_f，也可以在输入端并接 RC 校正网络。

3）减少运算放大器的共模干扰　共模干扰电压往往是由信号源与接收回路之间产生的接地电位差所造成的，其间距越大，共模干扰电压也越大，如图 18-17 所示。这种共模干扰电压的频率可从市电频率 50Hz 到数百 MHz，要在如此广的频率范围内全部消除这种共模噪声的影响是极其困难的，但在某个频带范围内较有效地抑制也是可以办到的。

单个运算放大器的共模抑制能力很有限。在那些要求高的地方，为了能提高抗共模干扰的能力，可以用 3 个运算放大器，如图 18-18 所示。

利用图 18-18 所示的 3 个运算放大器构成的放大部件可以获得更高的抗共模干扰的能力。而且，利用调节电位器 R_3 可以改变整个放大电路的增益。这种由 3 个运算放大器构成的放大电路经常用在高准确度的测量仪器中，起到放大小信号的作用。

当信号源对地有较大的绝缘电阻时，也就是 R_G 比较大时，共模干扰 U_{CM} 的影响就比较小。而且，如 R_G 越大，共模干扰 U_{CM} 的影响就越小。

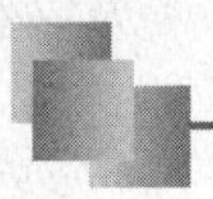

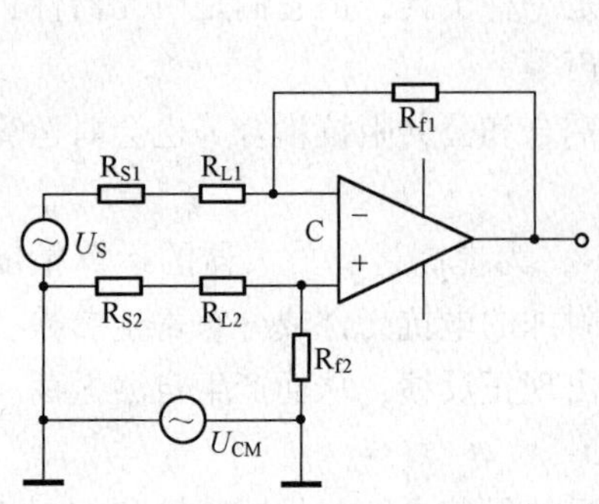

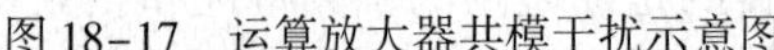

图18-17 运算放大器共模干扰示意图

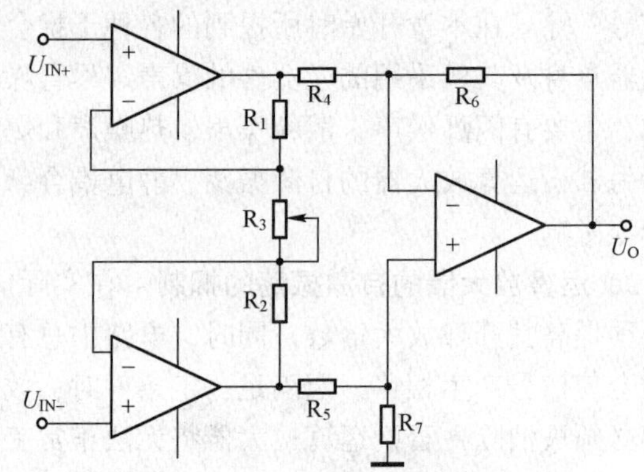

图18-18 3个运算放大器抗共模干扰

因此，在实际应用中应尽量使信号不接地，使其对地电阻大一些，这对减小共模干扰是十分有利的。

另外，采用隔离措施抗共模干扰也是一种十分有效的方法。

☺ 变压器隔离：变压器隔离的思想就是使变压器的一次侧和二次侧不共地。一次侧的电信号先转变成磁场，经磁场传送（耦合）到二次侧再转变成电信号。磁场的传送（耦合）不需要共地，故可以将一次侧、二次侧的地进行隔离。

☺ 光耦合器隔离：其思路是将电信号转变成光信号，光信号传送到接收边再转换成电信号。由于光的传送不需要共地，故可以将光耦合器两边的地加以隔离。

☺ 继电器隔离：利用继电器将控制边与大功率外设边的地隔离开。

4）电源电压的影响 用于小信号放大的模拟电路，除了要注意干扰及噪声的影响外，还要注意电源电压对放大器的影响。选用电源的稳定性要好，同时电源的纹波系数和噪声要小。

电源电压的变动可以折算为放大器输入端的信号变化。例如，如果运算放大器的电源电压抑制比为120μV/V，则电源电压有1V的变化，折算到运算放大器的输入端就有120μV的变化。显然，这对于放大微弱信号（信号为mV级甚至μV级）放大器来说，其影响可能是不能接受的。

电源中会包含高频干扰。特别是前面提到的开关电源，如果滤波不彻底，就会混有高频干扰。同时，如果电源靠近高频辐射源，也会在电源中造成高频干扰。而运算放大器对电源中高频干扰抑制能力很低。当干扰频率达到MHz时，运算放大器对它们几乎无任何抑制能力。因此，如果电源在这样的频率上有1mV的干扰，则该干扰几乎会全部加到放大器的输入端上。可以想象，对那些微小信号放大器来说，这是一种多么严重的干扰。

为了克服电源电压对微小信号放大器的影响，对微小信号放大器的电源需专门采取措施，即采用高稳定的电源电路，减小电源内阻，尽量减小供电线路的长度，以及加粗加宽供电线，采用更多的电源滤波措施。

18.6 信号传输回路的抗干扰措施

在信号传输过程中，信号 U_s、串模干扰信号 U_N、共模干扰信号 U_{CM} 的关系如图18-19所示。

信号传输线通常是比较长的，短则数米，长则数十米甚至超过百米。信号在长距离的传

输中一定会混入各种串模干扰。而由于传输线很长，传输线两端的地肯定有电位差，那就是共模干扰。在某种特定的场合中，共模干扰甚至可以达到 2kV。

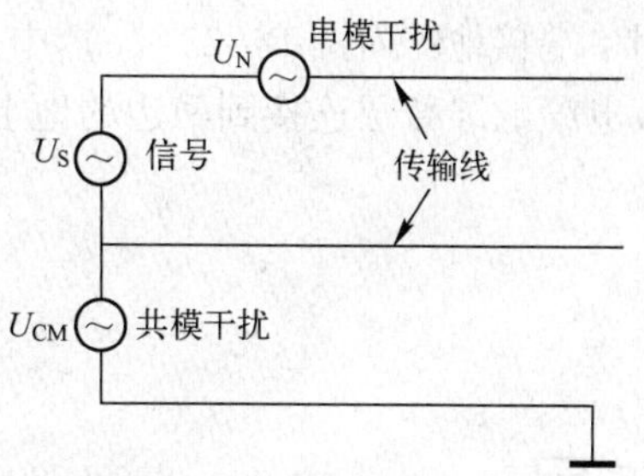

图 18-19　信号与共、串模干扰的关系

1. 减少串（差）模干扰

1）串模干扰的产生　产生干扰的干扰源有多种，这些干扰源所发出的干扰可以经过不同的途径进入信号的传输线中形成串模干扰（也有人称之为差模干扰）。了解了串模干扰产生的原因，就可以有的放矢地采取措施来克服它的影响。

【信号源本身产生的干扰】信号源本身产生的干扰与信号源的有用信号叠加在一起，形成串模干扰，如图 18-21 中 a 点所示。

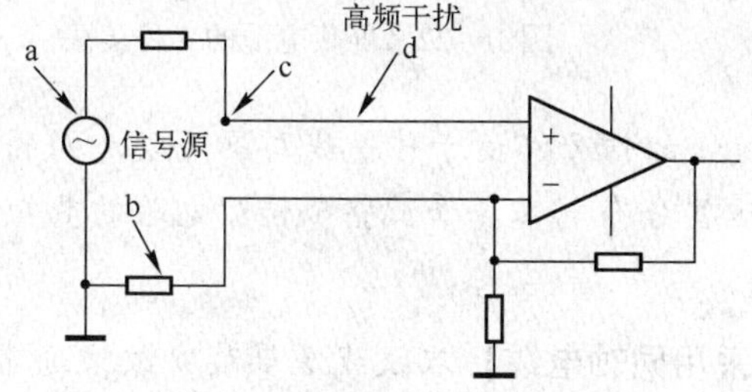

图 18-20　串模干扰示意图

【与信号源配套的元器件产生的干扰】信号源工作时，与之配套工作的电子元器件也会产生噪声干扰。这些干扰与信号源的有用信号叠加在一起，形成串模干扰，如图 18-20 中 b 点所示。

【传输线的接插头产生的干扰】信号源产生的信号需用传输线传送到远距离的主机端。通常，信号源与传输线都会利用插头插座相互连接。插头插座的接触电阻或接触电势是一种典型的串模干扰源，如图 18-20 中 c 点所示。

【辐射性串模干扰】传输信号的传输线无异于无线电接收天线，传输线附近的高频电磁场一定会在传输线上产生串模干扰。这种电磁干扰的强度与电磁辐射的强度有关，也与传输线的长度及两个传输线间的距离有关，如图 18-20 中 d 点所示。

2）抑制串模干扰

【选择信号源】应选用噪声干扰小的信号源，噪声小的不易氧化的插头、插座，使串模干扰减到最小。

【在接收端加上滤波器】一般来说，无论是信号源本身产生的串模干扰，还是由于高频电磁辐射所产生的串模干扰，其频率都比较高，而有用信号的频率都很低。基于这种情况，可以在信号传输线的终端（即接收端）加一个低通滤波器，将高频的串模干扰滤除，只留下低频有用信号。

【采用双绞线传输】高频辐射性串模干扰与传输线所围成的面积有关。若将两个传输线紧紧地绞在一起，可将所围成的面积减到最小。同时，由于绞线的方向每循环变化一次（如图 18-21 所示），则每个循环中所感应的干扰信号的极性刚好相反，故可以相互抵消。实际上完全抵消是不可能做到的，但这种措施会大大地减小辐射性串模干扰的影响。

【采用屏蔽电缆】当串模干扰是在信号传输线上耦合产生时，采用屏蔽电缆传输信号可以有效地屏蔽高频辐射干扰的影响。在使用中，将传输线外面的屏蔽层有效地接地，从而使其内部的传输线不受辐射的干扰。具体连接可采用如图 18-22 所示 3 种方法中的任一种。

在这 3 种方法中，所不同的仅是接地的方式不同。其中图 18-22（a）和（b）中均采

用单端接地；而图 18-22（c）中是因为信号源和放大器必须接地，在这种情况下只好将屏蔽电缆的屏蔽层连接到两边的地上。

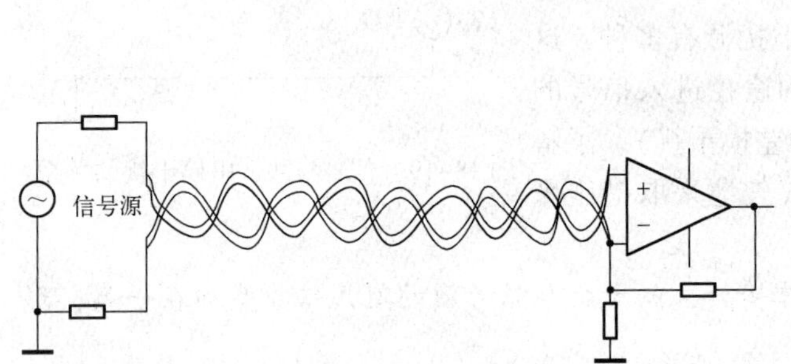

图 18-21　采用双绞线抵消辐射性串模干扰

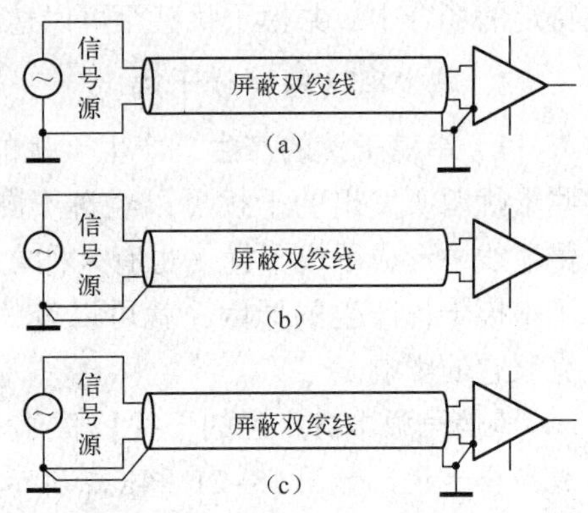

图 18-22　屏蔽电缆的 3 种接法

【注意】 屏蔽双绞线适合于传送直流及变化缓慢的信号。由于传输线与屏蔽层之间的分布电容比较大，不适于传送高频信号。而且，这些分布电容会降低整个传输电路的共模抑制比。

图 18-23　利用同轴电缆传输信号

【采用同轴电缆】 双绞线及屏蔽双绞线通常用于传送直流及频率不太高的信号，如 1MHz 以下。而对于数十 MHz 以上的信号，多采用同轴电缆进行传送，其形式如图 18-23 所示。

【说明】 在图 18-23 所示的电路中可以在放大器端接地，也可以在信号源端接地，还可以两端均接地。

【先放大后传送】 在传送微小信号前先进行放大，将信号放大到足够大再进行传送，这样可以有效地减小从传输线上耦合进入的串模干扰的影响。但是，这种思路具体实现起来会有困难，其原因在于信号源经常放置在设备的现场，那里未必有现成的为前端放大器所需要的电源。而且，设备现场环境一般都比较恶劣，这必定有大量的干扰影响到前端放大器。要克服这些不利因素，就要做很多工作。在系统设计中，是否值得这样做就需要仔细分析，权衡利弊。

【对运算放大器进行屏蔽】 接地与屏蔽是抑制辐射干扰最有效的方法。当微小信号经传输线到达运算放大器时，除了前面所提到的措施外，如果运算放大器处于高频辐射比较严重的场合，则可以将运算放大器整体屏蔽起来。同时，对运算放大器输入端、输出端及电源端加上滤波电容，如图 18-24 所示。

在图 18-24 中，将整个运算放大器置于屏蔽盒内，并将屏蔽盒牢固接地，屏蔽掉电磁场的辐射。图中，电容器 $C_1 \sim C_4$ 是用于对运算放大器的输入信号进行滤波的，而 $C_5 \sim C_8$ 是用于对屏蔽盒内放大器正、负电源进行滤波的。

以上所描述的是对串模干扰的抑制方法。在那些干扰不太严重的地方，这些方法可以单独使用。在那些干扰比较严重的地方，可以将多种措施结合在一起使用，以便达到更好地抑制串模干扰的目的。

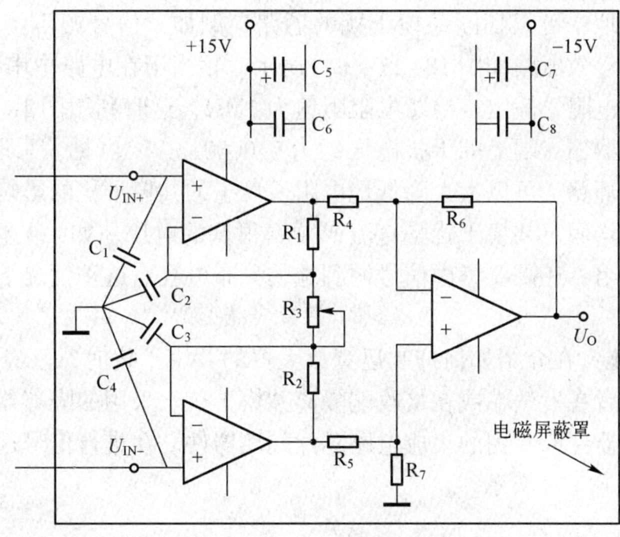

图 18-24　运算放大器的电磁屏蔽

2. 减少共模干扰

1）切断共模干扰的环路　对于微弱信号的放大电路，信号源与放大器之间存在着地电阻。当某种干扰电流流过此电阻时，就会形成共模干扰电压。放大器、信号源及其等效电阻如图 18-26（a）所示。在地电阻 R_G上加上图中所示的干扰电压，即图 18-25（a）中的 U_G。当放大器和信号源同时接地时，其等效电路如图 18-25（b）所示。

在图 18-25（b）所示电路中，假设信号源内阻 $R_s=500\Omega$，引线电阻 $R_c=1\Omega$，地电阻 $R_G=1Q$，地电阻上的干扰电压 $U_o=10\text{mV}$，放大器的输入电阻 $R_L=10\text{k}\Omega$。可以利用图 18-25（b），计算出加到放大器输入端上的干扰电压约为 9mV，即地电阻上的干扰绝大部分都加到了放大器的输入端上。

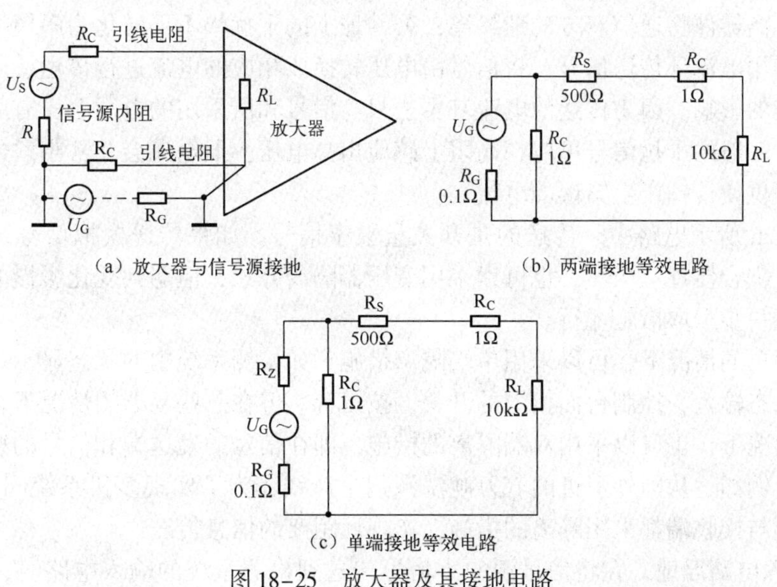

图 18-25　放大器及其接地电路

如果采取单端接地，可以切断共模干扰的通路。例如，信号源不接地，只将放大器接地，这种接地方式的等效电路如图18-25（c）所示。相当于在电路中串联一个电阻 R_z，它是信号源到地的绝缘电阻。假定该绝缘电阻阻值为1MΩ，这时利用图18-25（c）所示的电路可计算出加到放大器输入端上的干扰电压约为0.00001mV。可见，采取单端接地的方式，即可切断共模干扰的环路，可以大大降低地电阻所产生的共模干扰的影响。

在上述方法中，均假定共模干扰是直流或频率很低的电压。如果共模干扰为高频电压，则不仅要考虑绝缘电阻，还需要考虑信号源到地的分布电容。这种情况下，共模干扰的影响会大一些。

2）采用隔离措施 在介绍如何抑制运算放大器的共模干扰时，已经说明可以采用简单的单端隔离措施，或者在发送端或在接收端隔离共模干扰。采用的隔离器件可以是光耦合隔离器件、变压器隔离器件或专用的集成电路芯片隔离器件。在进行信号远距离传输时，所采用的光隔离方法如图18-26所示。

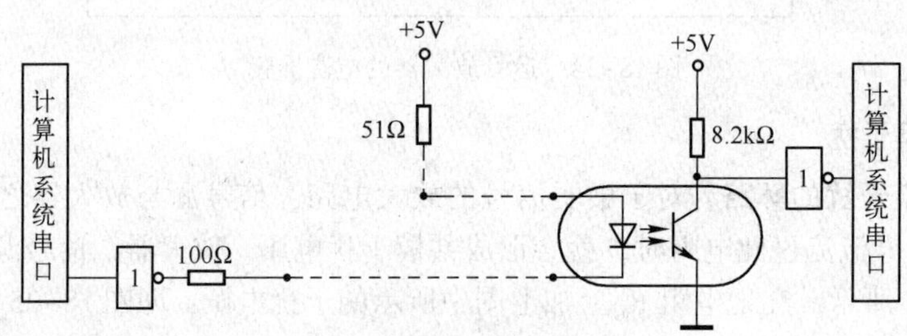

图18-26 光隔离方法

在图18-26所示电路中，由于通信距离比较远，两地间的电位差及传输线对地的高频辐射均会产生较强的共模干扰。为了实现计算机与计算机之间的远距离串行通信，必须采取措施抑制这种干扰，否则必将会使通信出现错误。同时采用光隔离器件与20mA电流环来传输信号。光隔离器件将通信双方的地隔离，公共地上的干扰将不再转化为串模干扰。

同时，采用电流环传送信号，将信号由电压转换成相应的电流进行传送，可以大大减小串模电压干扰的影响。因为传送的电流基本上只与信号和所采用的电源电压有关，而与干扰无关。显然，一般的干扰信号可以在高阻上感应出高电压，但电流会非常小。也就是说，干扰信号很难提供使传输产生错误的电流。

在图18-26所示电路中，传送的是开关量数字信号。如果传送模拟信号，可采用前面提到的模拟光耦合器件。当然，也可以采用变压器隔离方式，但遇到变化缓慢的信号或直流信号时，需进一步采取措施才行。

在一些简单的情况下，可以采用单端隔离措施，如检测系统中的状态显示灯，继电器的控制输出和状态输入，控制台面板上的开关、按键等。但在一些复杂的情况下，或者传送距离比较远的情况下，也可以采用双端隔离的措施，即在信号的发送端和信号的接收端均采取隔离的方式。例如，从国外引进的五万吨洗涤剂生产线，为了实现多机系统间的相互通信，在信号发送端与接收端都采用隔离的措施，实现远距离的信息传送。

3）将输入电路浮地 在将信号源的小信号传送到检测系统的输入电路时，可将输入电

路浮地，即将该电路“浮”在空中，不接地，如图 18-27 所示。可以看出，这相当于前面提到的信号源和放大器单端接地。放大器到地的电阻 R_z 可以是很大的。在这种情况下，共模干扰 U_{CM} 的影响可以降至很小。

同时，黑线框表示的是一个金属屏蔽盒，它将放大器屏蔽起来，可以使放大器免受电磁辐射干扰的影响。此屏蔽盒与机柜连起来，而机柜要接到大地上。

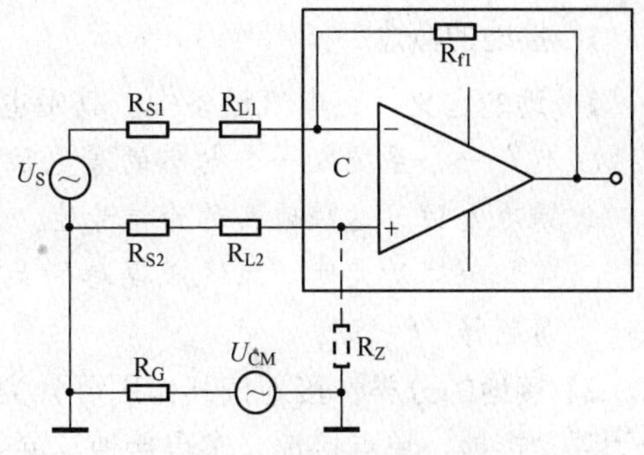

图 18-27　输入电路浮地

4）在传输线上加上磁珠　当传输信号线上有高频的共模干扰时，可在两条传输线上套上磁珠。磁珠对有用信号不产生任何影响。磁珠对共模信号来说，就相当于在两条传输线上分别串联一个电感，对高频共模干扰有很好的抑制效果。显然，也可以将传输线绕在磁环上，这种方案抑制共模干扰的效果会更好。

5）其他抑制共模干扰的方法

【采用差分方式的传输和接收】 采用差分方式传送可以有效地抑制共模干扰，这种方式有现成的集成电路可以选用，实现起来不困难。

【用强信号传输】 在发送端先将信号进行放大，提高信噪比后再进行传送。

【采用光纤传输】 光纤可以克服电气通信传输介质的许多缺点，使抗干扰能力有了突破性的进展。光纤的传输容量大，速率高，抗干扰性能好，是理想的传送介质，只是造价要高一些。

【在信号传送过程中保持双线的平衡】 只有传输双线平衡时，才能将共模电压减到最小。否则，共模干扰会转化成串模干扰而造成影响。

【限制传输线的长度】 一般来说，传输线长度越长，越容易受到干扰。这还与传输线的种类、结构、电路等有关。但无论在什么样的情况下，都有各自的最大长度的限制，在使用中应予以注意。

【降低地电阻】 由于地电阻的存在，当有电流流过时，就会在地电阻上产生电位差，所产生的电位差就成为共模干扰。地电阻总是存在的，但可以采取措施降低地电阻。当地电阻很小时，其上所产生的干扰也就会相应地减小。

以上描述了多种共模干扰的抑制方法。在那些共模干扰不太严重的地方，可以单独使用。在那些共模干扰比较严重的地方，可以将多种措施结合到一起使用，以便达到更好地抑制共模干扰的目的。

18.7　接地

接地是检测系统抗干扰的重要手段，是系统设计者提高检测系统可靠性所必须具备的技术素质之一。可以这样认为，接地与屏蔽是抗干扰的永恒主题，也是每个系统设计者都会遇到的问题。它看起来似乎简单，但如果处理不好，会使系统的干扰大大增加，甚至使系统无法工作。

1. 接地的概念

1）地的含义 在电气设备中，其中也包括本书所涉及的检测系统，地的含义包括两种：

☺ 代表一个系统或一个电路的等电位参考点，为系统或电路的各部分提供一个稳定的基准电位。这种地又称为信号地。显然，没有信号地，系统及电路是无法工作的。

☺ 是指地球的大地。系统或电路的某些部分需要与该地连接，以提供安全电势及电磁屏蔽等。

2）接地的分类 接地按其作用可分为信号接地和安全接地两大类。其中，信号接地又分为浮动接地、单点接地、多点接地与混合接地；安全接地分为设备安全接地、接零保护接地和防雷接地。

信号接地为设备、系统内部各种电路的信号电压提供一个零电位的公共参考点或面，以提高系统的稳定性。

安全接地就是采用低阻抗的导体，将用电设备的外壳连接到大地上，以保证人身及财产的安全，同时也可以防雷击。

2. 信号接地的方式

信号地的接地方式有多种，下面分别予以说明。

【浮地】 对电子设备而言，浮地是指设备地线系统在电气上与大地隔离，这样可以减小由入地电流引起的电磁干扰。浮地方式的最大优点就是抗干扰性能好，主要适用于杂散分布电容耦合通路可以忽略不计和频率较低的场合。

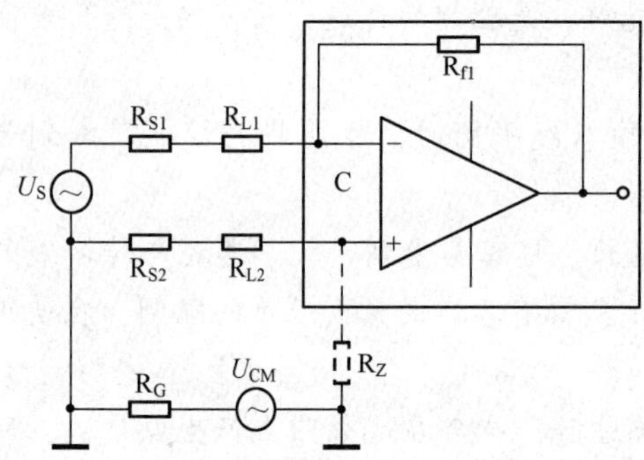

图18-28 输入电路浮地

浮地的主要缺点是设备不与公共地直接连接，容易产生静电积累，当电荷积累到一定程度时，在设备与公共地之间的电位差会引起强烈的静电放电，成为破坏性很强的干扰源。作为折中，可以采用浮地的设备与公共地之间接进一个电阻值很大的电阻，以便泄放所积累的电荷，如图18-28所示。

【单点接地】 单点接地是指整个电路系统中，只有一个点被定义为接地参考点，其他各个需接地的点通过公共地线串联到该点，也可由各点分别引出独立地线直接接于该点。由于没有地回路的存在，因而也就没有干扰问题。

单点接地的最大缺点是，当系统工作频率很高，以至于波长小到与系统接地线长度可以比拟时，就不能再用单点接地了。此时，这根接地线就好像是一根天线，通过它向外辐射电磁波，影响周围设备和电路的工作。在这种情况下，应用多点接地。

【多点接地】 多点接地是指电子设备或系统中的各个接地点都直接接到距它最近的接地平面上，以使接地引线的长度最短。这种接地结构能够提供比较低的接地阻抗，适合在高频场合中使用。

多点接地的最大缺点是接地点多，因任何接地点上的腐蚀、松动都会使接地系统出现高阻抗，从而使接地效果变差，而且对维护也提出了更高的要求。

【混合接地】因单点接地和多点接地的缺点，促使人们想到了混合接地的方式，即个别要求高频接地的点选择多点接地，其余各点都采用单点接地。

3. 安全接地的方式

1）设备安全地　为了人、机安全，任何高压电气设备、电子设备的机壳、底座均需要安全接地，以避免高电压直接接触设备外壳，或者避免由于设备内部绝缘损坏造成漏电打火使机壳带电，伤及人身安全。

2）接零保护接地　用电设备通常采用 220V 或 380V 电源提供电力。设备的金属外壳除了正常接地外，还应与电网零线相连接，称之为接零保护。

3）防雷接地　防雷接地是将建筑物等设施和用电设备的外壳与大地连接，将零电电流引入大地，从而保护设施、设备和人身的安全，使之避免被雷击，同时消除雷击电流窜入信号接地系统，以避免影响用电设备的正常工作。

4. PCB 的地线设计

检测系统可由许多 PCB 组成。实践证明，PCB 的制作与设计和系统的抗干扰性能有着很大的关系。这个课题包括的内容十分广泛且复杂。在设计计算机 PCB 时，应遵循数字电路 PCB 设计的原则，各芯片的电源到地之间加滤波电容；芯片不用的输入端应小心处理，不要悬空；采用加阻尼的办法减少信号的辐射，如在有脉冲电流的引线上串联一个小磁珠。在 PCB 设计时，引线尽量短。线间的窜扰问题也必须加以消除。下面仅就 PCB 的地线设计提出一些原则，在设计中应予以注意。

1）引线阻抗　PCB 的印制线具有一定的电阻。当信号是脉冲信号或信号频率较高时，其电抗也将产生影响。在设计 PCB 时，要尽可能加粗并缩短引线，以便减小引线阻抗的影响。尤其是对流过大电流的引线，如电源线、地线等要更加注意，要尽可能减少其引线阻抗。对地线来说，应使它允许通过 3 倍以上的该 PCB 上的电流。如有可能，接地线的宽度应大于 2mm。

2）仔细设计地线　地线上的公共电阻（抗）能产生干扰。在设计 PCB 时，要特别注意地线的安排。

- ☺ 在设计多层 PCB 时，可以把其中一层或多层整个作为地线。这种大面积接地可以使地电阻减到最小。同时，利用平面接地，还可以起到层间屏蔽的作用。因此，在多层 PCB 设计中，这种方法经常被采用。
- ☺ 对于单面或双面 PCB，可将地线设计成网格状，这样做有利于降低接地电位差。
- ☺ 将 PCB 上的数字地与模拟地分开。如果 PCB 上既有数字电路又有模拟电路，应使它们尽量分开。低频电路应尽可能做到单点接地，如果布线上有困难，可部分串联后再并联到一点上接地。高频电路宜采用多点大面积接地。同时，将数字地和模拟地单点接到一起。
- ☺ 在数字电路的 PCB 上，可将接地线构成闭环回路，这样做可提高 PCB 的抗干扰能力。

18.8　滤波、去耦及屏蔽

1. 滤波

滤波器是一种对特定频率的信号具有选择性的网络。它对某一频率范围内的信号给以很

小的衰减，使这部分信号能够顺利通过，而对其他频率的信号或干扰给以很大的衰减。滤波器通常由电容、电阻、电感或有源器件组成，作为电路中的选择性传输网络来完成选择性衰减输入信号中不需要的频率分量。

1）在设计滤波器时应注意以下 5 点。

☺ 应明确工作频率和所要抑制的干扰频率，如二者非常接近，则需要应用频率特性非常陡峭的滤波器，才能把二者分离开来。

☺ 由于电磁干扰的形式和大小的多样性，滤波器的耐压必须足够高，以保证在高电压情况下可靠地工作。

☺ 滤波器连续通过最大电流时，其温升要低，以保证以该额定电流连续工作时，不破坏滤波器中元器件的工作性能。

☺ 为使工作时的滤波器频率特性与设计值吻合，要求与它连接的信号源阻抗和负载阻抗的数值等于设计时的规定值。

☺ 滤波器必须具有屏蔽结构，屏蔽箱盖和本体要有良好的电接触，电容引线应尽量短。

2）滤波器的分类

☺ 按照滤波原理分类，可分为反射式滤波器和吸收式滤波器。

☺ 按照工作条件分类，可分为无源滤波器和有源滤波器。

☺ 按照频率特性分类，可分为低通滤波器、高通滤波器、带通滤波器和带阻滤波器。

☺ 按照使用场合分类，可分为电源滤波器、信号滤波器、控制器滤波器、防电磁脉冲滤波器、防电磁信息泄漏滤波器、PCB 专用微型滤波器等。

3）反射式滤波器 反射式滤波器通常由电抗元件（如电感器和电容器）组合构成，使其在滤波器的通带内提供低的串联阻抗和高的并联阻抗，而在滤波器的阻带内提供大的串联阻抗和小的并联阻抗。反射滤波器是通过把不需要的频率成分的能量返回信号源而达到抑制的目的。滤波器按种类分为带阻滤波器、带通滤波器、高通滤波器和低通滤波器。

☺ 带阻滤波器是用做串联在负载和干扰源之间的抑制器件。

☺ 带通滤波器并接于干扰线和地线之间，以消除电磁干扰。

☺ 低通滤波器常用于直流或交流电源线路中，对高于市电的频率进行衰减；用于放大器电路和发射机输出电路中，让基波信号通过，而谐波和其他乱真信号受到衰减；用于在数字设备中，消除脉冲信号的高次谐波等。

☺ 高通滤波器用于从信号通道上滤除交流电流频率的信号或抑制特定的低频外界信号。

4）吸收式滤波器 吸收式滤波器是将干扰频率成分的能量损耗在滤波器内（使之转化成内能），而不是反射回去，因此这种滤波器又称为有耗滤波器。凡是由缠绕在磁心上的扼流圈、铁氧体磁环、内外表面镀上导体的铁氧体管所构成的传输线都可以作为吸收式滤波器。

2. 去耦

无论是模拟信号还是数字信号，尤其是数字信号，在其工作过程中由于电流的突变，会在供电电源的电路上造成波动而使电源产生脉冲，这种脉冲通过电源将会对其他电路造成干扰。

减小电流突变影响的办法通常是在数字电路中减小电源内阻，减小电源引线电阻，并在

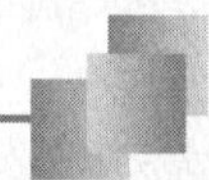

每块集成电路的电源到地之间并联电容器。一般并联电容的数值在 0.01 ~ 1μF 之间。如前所述，在每块 PCB 的直流供电电源上并联多个大电容（滤除低频）和多个小电容（滤除高频）。

3. 屏蔽

切断干扰源的耦合途径可以有效地减小干扰的影响。通常，干扰可以通过磁场、电场或电磁场耦合而进入检测系统。若能切断这些耦合的途径，就可以达到抗干扰的目的。

1）磁场屏蔽　在有干扰磁场的地方，只要有电感（当然也包括电路或设备的引线电感、分布电感），就会在这些电感上感应出干扰信号。所以磁场干扰也称电感耦合干扰。例如，电源变压器有漏磁场，则它就有可能通过电感而造成磁场干扰。

为消除磁场的干扰，可实行磁场屏蔽。正如式（18-6）所描述的那样，受磁场耦合干扰的大小由两个因素决定，即干扰源电流的大小和互感的大小。因此，消除或减小磁场干扰就应从这两个方面来做工作。实现对磁场的屏蔽有多种形式，如用低电阻率的金属材料做成盒子，将可能产生变化磁场的部件放在盒内，当部件工作时，会在盒壁上产生涡流，抵消了部件产生的磁场，从而保证部件的磁场不致泄漏。显然，也可以用高磁导率材料做成盒子，将易受磁场干扰的电路放在盒内，外部干扰磁场可以通过高磁导率的盒子流过而不干扰电路。

2）电场屏蔽　电场屏蔽也称为静电屏蔽。电场的干扰主要是由分布电容的耦合产生的，因此抑制电场产生的干扰就是想办法将分布电容减到最小，同时用将电荷导入大地的办法消除静电荷的影响。例如，在图 18-7 所示电路中利用在变压器的一次侧与二次侧之间插入金属导体接地，从而达到一次侧与二次侧电场屏蔽的目的。

3）电磁屏蔽　电磁屏蔽的目的包括两个方面，一是防止外部高频电磁场辐射对电路的干扰，二是防止系统内部电路的辐射干扰其他电路。

4）屏蔽措施　采取屏蔽的手段是抑制磁场、电场及高频辐射干扰的有效方法。

【采用金属屏蔽箱】将电子系统放入金属屏蔽箱内，并将屏蔽箱接地。制作金属屏蔽箱的材料有多种，有的电阻率低而有的磁导率高。在使用时，可根据电子系统的具体情况选择不同的金属。例如，电阻率低的材料有银、铜等，而磁导率高的有坡莫合金、硅钢等。

【采用金属编织网】现在厂家为用户生产各式各样的金属编织网、金属编织网套管、带橡胶芯的编织网屏蔽衬垫，它们可以用于机箱、机柜、屏蔽室的缝隙处的屏蔽。屏蔽箱上的通风孔、缝隙均有可能泄漏电磁干扰或导入电磁干扰。利用这种产品可以消除这种现象。

【采用导电橡胶制品】厂家为用户生产各种导电橡胶制品，利用导电橡胶制成各种屏蔽衬垫、屏蔽板、屏蔽条，用户可将这些板、条黏贴在机箱内，也可以将导线放在衬垫或导电橡胶管中进行屏蔽。

【导电薄膜】如果将电子设备放置在不导电的塑料箱中，为实现屏蔽可以采用在机箱外壳上涂上一层导电涂料或黏贴上一层导电薄膜的方法，将整个机箱包起来。

【其他 】在本章前面的抗干扰方法介绍中，曾多次提到同轴电缆、屏蔽双绞线、屏蔽线、屏蔽盒等。在它们的应用中，都是用于电磁屏蔽的，经实践证明是行之有效的。当进行检测系统设计时，如果实际工程中需要，可加以采用。

18.9 静电及其防护

静电对每一个人来说都会遇到。在干燥的秋冬季节，经常会出现静电放电现象。在检测系统中，会用到输入阻抗很高的场效应器件及MOS（CMOS）集成电路，静电有可能会损坏这些器件。因此，在系统设计时，必须注意静电防护的问题。

1. 静电的产生

静电的产生主要有如下两种方式。

1）摩擦生电 两种不同的物质接触、分离或摩擦均可以产生静电荷，这就是俗称的摩擦生电。静电荷只分布在物体的表面，而不在其内部。而绝缘体上的电荷仅保留在产生静电的区域，只有该区域接地时电荷才会消失。导体一旦接地，其所带的静电会立即消失。

2）感应生电 导体在静电场的作用下，其表面不同部位会感应出不同的电荷，使导体表面的电荷重新分布，从而使原先不带电荷的导体变成了带电导体。

2. 静电的危害

据文献介绍，人体的等效电容为50～250pF，而等效电阻为1～5kΩ，人体的电抗为二者的串联。人体在不同的情况下所带静电电压是不一样的，最高可达20kV。当静电电压很高时，必然会对电子元器件造成如下影响。

1）使器件击穿或性能变坏 各种半导体器件，如二极管、晶体管、结型场效应管、运算放大器、TTL集成电路等，它们的耐静电放电的电压耐受力在数百到3kV的范围内。而MOS场效应管、EPROM芯片等器件的耐静电放电的电压耐受力低于200V。当带有数千伏乃至上万伏电压的人体接触这些器件而产生直接放电时，很容易造成这些器件的损坏。

另外，由于静电感应或电磁感应而造成的器件的损坏也十分常见。当带有高静电压的电场接近那些静电敏感器件时，器件会因为极化而损坏。当带有高静电电压的物质接触到与其不等电位的导体时，就会产生大电流放电，形成很强的干扰，也有可能会使器件的性能变坏甚至损坏器件。

2）高压静电放电犹如雷击 高压静电放电如果发生在器件上，犹如对器件的直接雷击，很容易损坏器件。而且高压静电放电会产生火花，如果附近有易燃易爆物，则很容易将它们引燃或引爆，造成严重后果。

3）产生严重干扰 静电放电会产生干扰，干扰的严重程度取决于放电脉冲的能量。据资料介绍，静电放电的能量可比使TTL电路翻转的能量大数个数量级。因此，静电放电很容易对数字电路造成干扰。

4）吸附灰尘 带有静电荷的物体极易吸附极小的灰尘。大量的灰尘会使电路耐压能力降低，会影响元器件的工作，尤其是在集成电路制造过程中，这种灰尘会影响到产品的质量及可靠性。

3. 静电的防护

对于检测系统来说，在系统设计及使用过程中均需要注意对静电的防护。

(1) 减少静电的产生与积累：在放置检测系统的地方，应采取防静电措施。例如，使用防静电地板，工作台及台上的工作垫、机柜应良好接地；系统工作人员穿着不易产生静电的

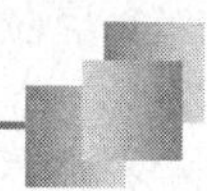

衣物；必要时让安装检修人员戴上接地腕带，接地腕带应通过不小于 1MΩ 的电阻接地。

(2) 保持环境湿度：环境越干燥，越容易产生静电。因此，保持检测系统的环境相对湿度在 40% ~65% RH 之间比较好。湿度太大对系统的可靠性是不利的。

(3) 选择对静电放电敏感度低的元器件。不同的元器件对静电的耐受力是不一样的。在进行检测系统设计时，可选用对静电耐受力高的元器件。

(4) 仔细进行电路设计，在设计电路时应注意以下 6 点。

☺ MOS 电路中不用的输入端不允许悬空。不用的输入端可根据电路的功能通过电阻接地或接到电源上，为静电荷提供泄放的通路。所接电阻为数千欧。

☺ 器件输入端引线比较长时，可在输入端加滤波器。

☺ 加保护电路。现在的许多 MOS 和 CMOS 器件的输入端内部都集成了静电保护电路(如齐纳二极管)。如果在设计电路时遇到需要进行静电保护的器，件可采用前面提到的防雷电、防浪涌的器件加以保护。该保护措施也可以用于电缆的输入保护。

☺ 在触发电路设计时，选用电平触发式电路而不用脉冲边沿触发式电路。

☺ 采用金属屏蔽：将那些易受静电影响的电路或部件放在金属屏蔽盒中。有金属盒的屏蔽，可以保障电路或部件的安全。

☺ 接地：在进行系统设计时，为了消除静电的影响，将需要接地的地方牢固接地。例如，系统的机箱、机柜、操作台、屏蔽盒、操作人员的腕带、电烙铁等都应当很好地接地。

在进行检测系统设计时，为提高系统的可靠性，从设计开始时就必须注意电磁兼容性问题。本章对不同的干扰、不同部件的抗干扰问题是分别说明的，在进行系统设计时应将它们综合应用，也就是说应采取前面所提到的多种措施以达到电磁兼容的目的。在那些可靠性要求高、各种干扰强的地方，应从不同的方面采取更多的措施，从而实现系统设计的电磁兼容性。

习题

(1) 解释抗干扰的三要素。

(2) 说明电源电路中还常出现的干扰。

(3) 给出两种利用硬件消除按键抖动的方法。

(4) 在电路设计时遇到感性负载，为消除感性负载的反峰干扰可采取哪些措施？

(5) 在模拟信号传输过程中可采取哪些隔离措施？试绘制出电路图，并说明其中一种隔离方法的原理。

(6) 说明减少进入运算放大器的共模干扰的方法。

(7) 说明检测系统中接地的含义及接地的目的。

(8) 说明静电产生的原因，描述静电可能造成的危害，并提出一些对静电的防护措施。

参考文献

[1] 蔡萍，赵辉．现代检测技术与系统．北京：高等教育出版社，2005.

[2] 陈平，罗晶．现代检测技术．北京：电子工业出版社，2004.

[3] Ramon Pallas－Areny，John G. Webster. 传感器与信号调节（第2版）．张伦 译．北京：清华大学出版社，2003.

[4] 郁有文，常健等．传感器原理及工程应用（第二版）．西安：西安电子科技大学出版社，2003.

[5] 黄贤武，郑筱霞．传感器原理与应用．成都：电子科技大学出版社，1999.

[6] 黄贤武，郑筱霞．传感器实际应用电路设计．成都：电子科技大学出版社，1997.

[7] 雷振山．LabVIEW7 Express 实用技术教程．北京：中国铁道出版社，2004.

[8] 童诗白，华成英．模拟电子技术基础（第三版）．北京：高等教育出版社，2001.

[9] 郑华耀．检测技术．北京：机械工业出版社，2004.

[10] 丁镇生．传感器及传感技术应用．北京：电子工业出版社，1998.

[11] 陈杰，黄鸿．传感器与检测技术．北京：高等教育出版社，2002.

[12] 罗庆扬，罗四维，王德成．常用电子电路例解．北京：电子工业出版社，1994.

[13] 松井邦彦．传感器实用电路设计与制作．梁瑞林 译．北京：科学出版社，2005.

[14] 高光天．传感器与信号调理器件应用技术．北京：科学出版社，2002.

[15] 张洪润，傅瑾新．传感器应用电路200例．北京：北京航空航天大学出版社，2006.

[16] 腾召胜，罗隆福，等．智能检测系统与数据融合．北京：机械工业出版社，2000.

[17] 蒋焕文，孙续．电子测量（第二版）．北京：中国计量出版社，1988.

[18] 郭振芹，等．非电量测量．北京：中国计量出版社，1986.

[19] 强锡富．传感器．北京：机械工业出版社，1996.

[20] 张福学．传感器应用及其电路精选．北京：电子工业出版社，1992.

[21] 方佩敏．新编传感器原理·应用·电路详解．北京：电子工业出版社，1994.

[22] 高桥清，小长井诚．传感器电子学．秦起佑，等 译．北京：宇航出版社，1987.

[23] 郑仁元，等．传感器应用一百例．北京：电子工业出版社，1986.

[24] 刘慧彬，刘玉刚．测试技术．北京：北京航空航天大学出版社，1989.

[25] 刘迎春，叶湘宾．现代新型传感器原理与应用．北京：国防工业出版社，1998.

[26] 刘君华．智能传感器系统．西安：西安电子科技大学出版社，1999.

[27] 李伯成．嵌入式系统可靠性设计．北京：电子工业出版社，2006.